流固耦合仿真技术

陈东阳　金思雅　张新盛　李佳益　编著

西北工業大學出版社
西　安

【内容简介】 本书详细介绍实际工程中所涉及的流固耦合动力学的若干问题，涵盖海洋软管、风力机柔塔、旋转弹箭、水下航行器舵系统、波浪能发电装置等工程结构的典型流固耦合动力学问题，涉及气动弹性、水弹性、计算流体力学、结构动力学、多体系统动力学等学科知识，内容包括基于商业软件ANSYS、MATLAB、SIMULINK的常规数值模拟方法，也包括若干基于多体系统传递矩阵法的流固耦合动力学最新成果。本书将理论知识与实际工程紧密结合，从实际工程项目中获得算例，通过模型的建立和数值方法的确定，以及具体仿真软件的计算，从而获得相应的结果，在过程中给学生传授相应的仿真技能和抽象建模的思维。

本书既可作为高等学校船舶与海洋工程、机械设计制造及其自动化、工程力学、兵器科学与技术等专业的高年级本科生和研究生教材，也可供航空、航天、船舶等相关领域的工程技术人员参考使用。

图书在版编目(CIP)数据

流固耦合仿真技术 / 陈东阳等编著. —西安：西北工业大学出版社，2023.11

ISBN 978-7-5612-9081-1

Ⅰ.①流… Ⅱ.①陈… Ⅲ.①流体动力学-仿真 Ⅳ.①O351.2

中国国家版本馆CIP数据核字(2023)第244057号

LIU GU OUHE FANGZHEN JISHU

流 固 耦 合 仿 真 技 术

陈东阳　金思雅　张新盛　李佳益　编著

责任编辑：朱晓娟　董珊珊　　　**策划编辑**：胡西洁
责任校对：孙　倩　　　**装帧设计**：李　飞
出版发行：西北工业大学出版社
通信地址：西安市友谊西路127号　　　**邮编**：710072
电　　话：(029)88493844，88491757
网　　址：www.nwpup.com
印 刷 者：西安五星印刷有限公司
开　　本：787 mm×1 092 mm　　　1/16
印　　张：20　　　彩插：1
字　　数：474千字
版　　次：2023年11月第1版　　　2023年11月第1次印刷
书　　号：ISBN 978-7-5612-9081-1
定　　价：68.00元

如有印装问题请与出版社联系调换

前　言

航空、航天、船舶领域发展迅猛，航行器的速度和机动性逐渐提高。工程装备要求质量小、性能好。这使得航行器以及工程装备呈现出柔性大、结构轻的特点。当流体流过这些柔性结构时，就会诱发流固耦合振动的问题。在流体力的作用下，柔性结构会发生弹性变形，而结构变形又改变了流场分布，这种相互耦合作用会使得弹性体的振动逐渐达到平衡状态，或者发散失控。这种发散现象就会导致结构的破坏。概括地讲，流固耦合动力学就是研究流体和结构相互耦合作用而产生的各种动力学问题的学科。

以气体为流体介质的流固耦合问题称为气动弹性问题，以水为流体介质的流固耦合问题称为水弹性问题。许多的气动弹性、水弹性问题涉及流体力、弹性力和惯性力，这类问题称为动气动弹性或者动水弹性问题。此外，一些气动弹性、水弹性问题只涉及流体力和弹性力，这类问题称为静气动弹性或静水弹性问题。随着计算机技术和数值方法的不断发展，虽然流固耦合高保真仿真技术水平不断提高，但计算代价依然很高，计算非常耗时。因此，研究适用于工程实际的流固耦合快速建模和仿真方法具有重要意义。

本书基于笔者近些年来发表的论文以及结合自己在流固耦合动力学领域的科研体会，以水下航行器尾舵系统、海洋立管、柱体结构、柔塔风力机、旋转弹箭为研究对象，介绍解决这些工程实际问题对应的流固耦合仿真方法。

本书整体编写框架的设计、实际工程项目的选择和主要内容由陈东阳完成。金思雅、张新盛、李佳益参与了本书部分章节的编写。全书由陈东阳统稿。

在编写本书的过程中，曾参阅了相关文献资料，在此谨向其作者一并表示感谢。同时，感谢宁宇航、饶志、周立旭对本书所做出的贡献。

感谢中央高校建设世界一流大学(学科)和特色发展引导专项资金的支持。感谢国家自然科学基金面上项目(52471342)、中国博士后科学基金(2023M743108)、浙江省领军型创新创业团队项目(2022R01012)、广东省基础与应用基础研究基金(2024A1515011046)、姑苏青年创新领军人才项目(ZXL2023168)的支持。

由于水平有限,本书难免存在不足之处,恳请读者批评指正。

编著者

2023 年 6 月

目　录

项目二　弹箭飞行器流固耦合动力学仿真技术与工程应用

项目三　水下航行器操舵系统流固耦合动力学仿真技术与工程应用

第 1 章　流固耦合工程问题概论

多物理场耦合是一个系统中由两个或两个以上的物理场发生相互耦合作用而产生的一种现象，它在工程实际中广泛存在。常见的多物理场耦合有流-电-磁耦合、流-热-固耦合、热-电-结构耦合、电-热耦合、热-结构耦合、流-固耦合、声-结构耦合等。图 1-1 所示为航天领域的高速飞行器，它们易受到气动、热、结构三场的相互作用。

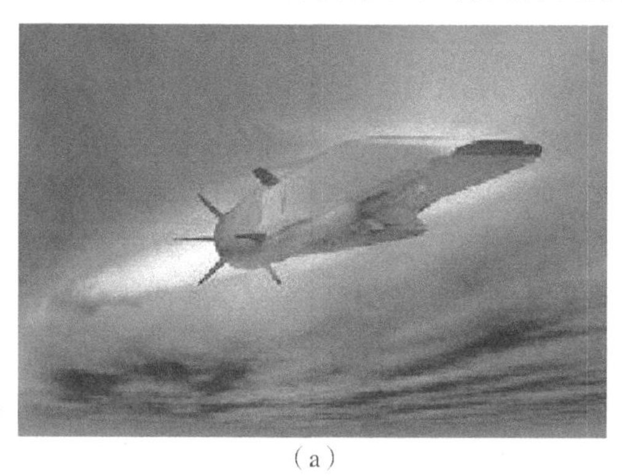

(a)

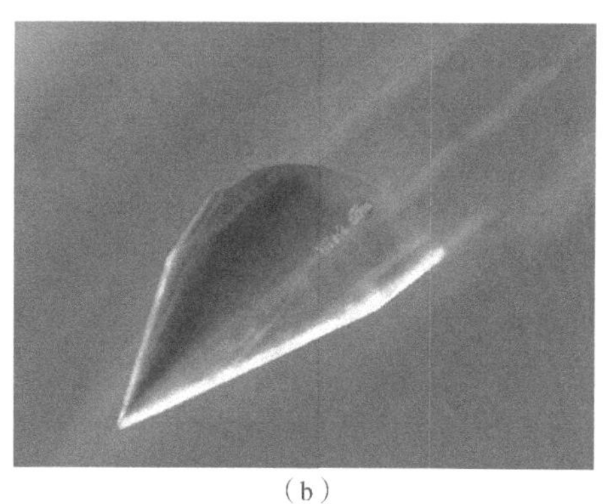

(b)

图 1-1　航天领域中的高速飞行器

(a) X-51 超燃冲压巡航导弹；(b) 猎鹰 HTV-2 号飞行器

本书研究的柔性结构流固耦合动力学问题正是多物理场耦合研究中的关键问题之一。随着现代计算机技术的高速发展，流固耦合分析已经逐步运用到航空航天工程、兵器工程、船舶与海洋工程、生物医学工程、结构工程等领域。飞行器的气动弹性设计、风力发电机的气动弹性导致叶片断裂问题、气动弹性颤振引起的塔科马海峡大桥被破坏、高层建筑的气动弹性设计等问题，无一不需要进行流固耦合分析，如图 1-2 所示。

流固耦合动力学研究流体和结构相互耦合作用而产生的各种力学问题。以气体为流体介质的流固耦合问题称为气动弹性问题，以水为流体介质的流固耦合问题称为水弹性问题。许多的气动弹性、水弹性问题涉及流体力、弹性力和惯性力，这类问题称为动气动弹性或者动水弹性问题。另外，一些气动弹性、水弹性问题只涉及流体力和弹性力，称为静气动弹性或静水弹性问题。流固耦合仿真已经逐步成为解决工程上许多关键问题的必要手段。

(a)　　(b)

(c)　　(d)

图 1-2　不同领域的流固耦合问题

(a)飞行器;(b)风力发电机;(c)塔科马海峡大桥;(d)高层建筑

在流体的作用下,流场中的结构会发生弹性变形,这种结构的弹性变形又对流场分布产生影响,从而使流体和结构形成一个相互联系、相互作用的复杂系统[1-3]。流固耦合现象会诱发许多工程问题,如结构静发散、载荷重新分布、颤振、极限环振荡及涡激振动(Vortex-Induced Vibration,VIV)等。特别是在船舶与海洋工程领域,对流固耦合问题的分析至关重要,高速行驶的水翼船的水翼可能会发生颤振导致结构破坏、潜艇舵系统可能发生的持续的流固耦合振动会诱发水流噪声导致潜艇的隐蔽性降低、Spar 平台上安装螺旋列板来抑制涡激振动、海洋立管的设计、波浪能发电装置、结构物冲击入水等都很大程度上涉及流固耦合分析,如图 1-3 所示。

(a)

(b)

图 1-3　船舶与海洋工程领域中的部分流固耦合问题

(a)水翼船;(b)潜艇围壳舵

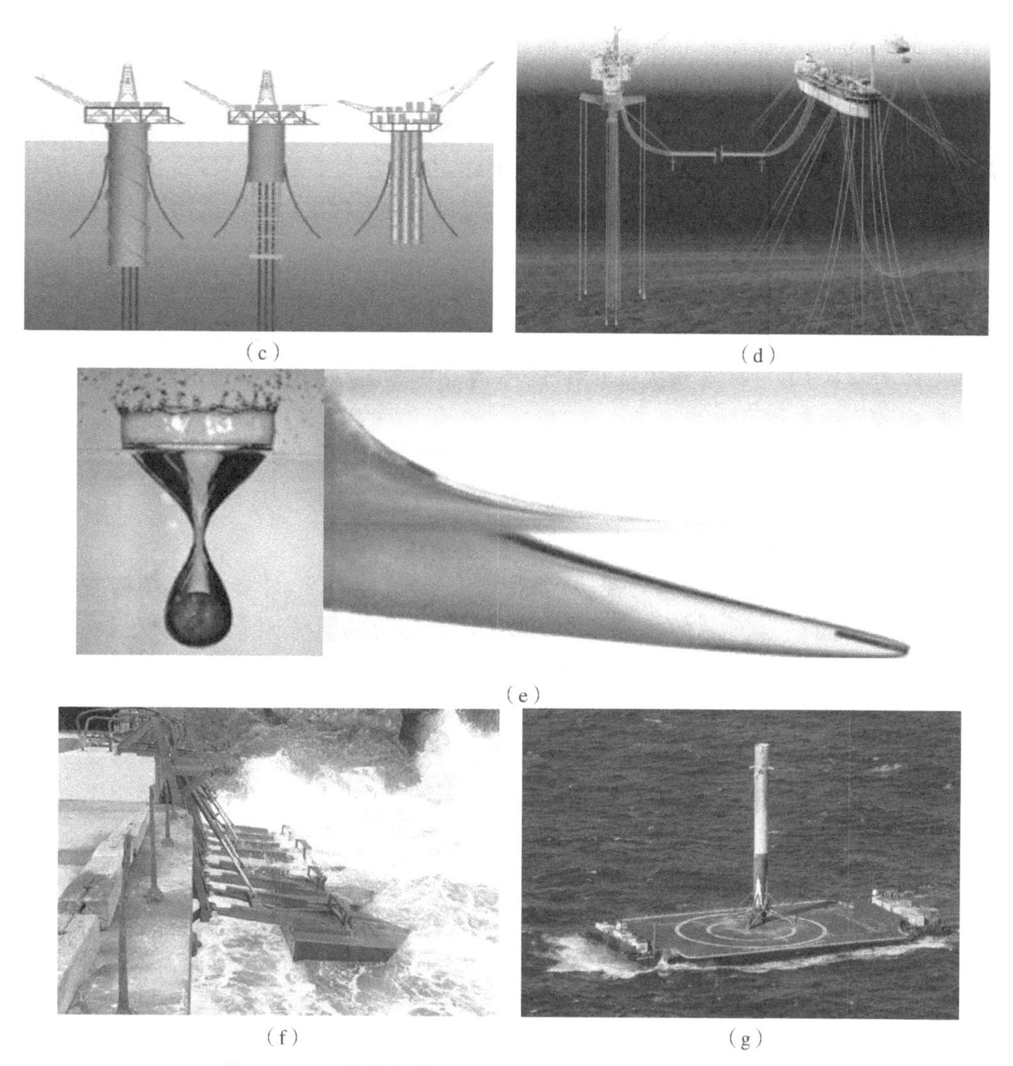

(c) (d) (e) (f) (g)

续图1-3 船舶与海洋工程领域中的部分流固耦合问题

(c)Spar平台;(d)海洋立管;(e)结构物冲击入水;(f)波浪能发电装置;(g)火箭海上回收

本书针对刚性结构、柔性结构典型的流固耦合动力学问题,以包含结构间隙非线性的水下航行器舵系统、包含流体非线性的海洋立管系统、风力机柔塔系统、旋转弹箭、冲击入水结构物、波浪能发电装置为研究对象,探索工程实用的、高效的建模和仿真方法,研究结构的振动特性、流固耦合动力响应等。不管是水下航行器的舵系统,还是海洋立管系统、旋转弹箭,抑或是冲击入水结构物、波浪能发电装置,这些结构的设计与开发都离不开流固耦合仿真与分析。特别是包含间隙非线性的水下航行器舵系统的非线性颤振、包含流体非线性的海洋柔性柱体结构的涡激振动等问题,都是典型的具有强烈非线性的复杂流固耦合问题,也是柔性结构由于疲劳损伤而降低使用寿命的重要因素。因此,对结构进行流固耦合动力学研究具有重要的科学意义。

流固耦合问题的复杂性和非线性,使其成为计算力学中最具挑战的问题之一。流固耦合动力学计算往往需要耗费大量的仿真时间,而且由于目前用于流体仿真的数值模拟方法还不是完全成熟，因此在计算复杂流场中的高度非线性问题时还经常面临计算精度较低，甚至无法得出计算结果的困难。但是，由于工程上往往需要快速计算分析，因此，针对不同的流固耦合问题，建立高效的数学模型，提出工程实用的流固耦合快速建模和仿真方法也是流固耦合问题的至关重要的研究方向之一。鉴于此，在结合商业软件 ANSYS 仿真分析的基础上，本书还提出基于多体系统传递矩阵法(MSTMM)的适用于工程流固耦合问题的快速建模与仿真方法，展示基于 MSTMM 的最新研究成果。

本书主要针对海洋立管、风力机柔塔涡激振动、水下航行器舵系统线性、非线性水弹性振动、旋转弹箭、结构物入水、波浪能发电装置单双向流固耦合等工程实际问题，分别介绍基于计算流体力学(CFD)、有限元法(FEM)的高保真仿真方法，以及基于多体系统传递矩阵法的工程快速建模与仿真方法。

1.1 流固耦合工程问题研究现状

流固耦合问题具有学科交叉的性质，涉及动力学、流体力学、计算力学、结构力学等学科的知识。由于流固耦合问题的复杂性，因此 20 世纪初其研究进展速度较慢。1903 年，Langley 的单翼机首次在进行有动力的飞行试验时因机翼断裂而坠入波托马克河中，Fung 在 10 多年后的研究中指出这一事故是典型的静气动弹性静扭转发散问题[4]。随后，Marshall等人[5]以及 Dowell 等人[6]开始研究飞机尾翼颤振问题。因此，流固耦合问题最早来自飞机工程中的气动弹性问题。气动弹性力学概念是 20 世纪 30 年代由航空工程师首先提出的[7-9]。第二次世界大战前夕，飞机工业快速发展，急需解决大量的飞机气动弹性问题，因此，当时大批科学家和工程师投入气动弹性的研究中。气动弹性力学也因此逐渐发展成为力学学科之一[7-9]。早期的气动弹性领域著名的科学家有 Theodorsen、Garrick、Bisplinghoff、Fung，以及将随机概念引入气动弹性的 Liepman、Lin、Davenport 等人[9]。尤其是 Theodorsen 系统地建立了非定常流体理论，为气动弹性不稳定及颤振机理的研究奠定了基础[9]。1940 年，塔利罗海峡大桥在仅有 18 m/s 的风速下发生颤振而倒塌，该事件使得气动弹性问题研究不再局限于航空领域，人们也认识到了流固耦合问题研究的重要性。20 世纪 50 年代中期，Watkins[10]提出计算亚声速三维谐振非定常空气动力学的核函数方法，使得三维亚声速非定常气动力理论可以用于工程中。20 世纪 60 年代末，Albano 等人提出了计算三维亚声速谐振荡非定常空气动力的偶极子网格法[11-13]。20 世纪 70 年代开始，随着计算机技术与数值计算方法的快速发展，流固耦合研究迈上了一个新的台阶，相继建立和发展了小扰动方程、全位势方程、欧拉/N-S 方程的计算方法[14-15]。我国的气动弹性研究起步较晚，管德在 20 世纪 90 年代出版了《非定常空气动力学》《飞机气动弹性力学手册》等，为我国的气动弹性研究奠定了基础[16]。

直到 1980 年，美国机械工程师学会(ASME)出版的权威力学刊物《应用力学评论》才有流固耦合这一词条，之前只有气动弹性、颤振等词条。随着工程技术和计算机技术的高速发展，流固耦合分析逐步运用到了更多的工程领域。从 ASME 应用力学部召开的历年流固耦合研讨会上也可以看出，流固耦合问题涉及很多工程领域，如飞行器的气动弹性问题、水下航行器或海洋工程装备的水弹性分析、心血管的流固耦合分析、管道中的水锤效应、充液容器罐的晃动、沉浸结构的瞬态运动、声固耦合问题、高层建筑和桥梁的涡激振动问题、机械工程中的机械气动弹性问题等[17]。在流固耦合研究领域，一大半的研究范畴与飞机、桥梁、高层建筑的气动弹性相关。在水动力学研究领域，随着船舶与海洋工程、水力机械等领域的快速发展，人们对于水中工程结构和航行器的性能、安全性等要求不断提高，对水中结构的水弹性研究也逐渐成为热点[17]。不管是气动弹性还是水弹性问题，本质上都是流固耦合问题，且涉及的非线性因素较多，其中包括来自结构方面的非线性，如控制面铰链处的间隙非线性或迟滞非线性、大展弦比机翼弯曲变形引起的立方非线性、机翼在跨声速或大攻角情况下涉及空气动力学非线性、水流中的钝体结构涉及流体非线性等。这些非线性都给气动弹性、水弹性分析带来巨大的挑战。经典的气动弹性、水弹性理论是假定结构和作用在结构上的气动力、水动力都是线性的，通过求解一组线性的方程即可。线性的气动弹性计算结果大多数情况下与实验结果还是吻合的。然而，当系统存在结构非线性或者流体非线性时，计算结果便经常不准确[8-9,16]。因此，考虑结构非线性和流体非线性的流固耦合问题在近些年成为主流趋势。

流固耦合问题的研究方法主要包括实测实验、模型实验、数值计算三种[18]。实测实验能够获得最为直接、可靠的数据，对理论分析和数值模拟也具有重要的指导意义，但一般需要耗费大量的人力、物力和财力；模型实验是通过在比例缩小或等比模型上进行相应的实验，例如根据一定的相似原理，将如舵叶、海洋立管等柔性结构制成物理模型，在实验室中获取相关数据，检查设计缺陷；流固耦合问题的数值计算常用的方法主要有经验模型、半经验模型、有限元法、有限体积法等。有些方法的建模、计算极其耗时，根据工程实际问题，选择合适的建模仿真方法是解决工程问题的关键。数值仿真在整个流固耦合研究中起到非常关键的作用，可以更加深刻地理解问题产生的机理，为实验提供指导，模拟风洞、水洞实验无法模拟的条件，节省实验所需的人力、物力和时间。本书的主要思想是对柔性结构流固耦合动力学问题建立数学模型，来研究包含结构间隙非线性和流体非线性的柔性结构复杂流固耦合问题，采用数值方法进行研究，并与相关文献实验数据进行对比验证，为工程上类似的流固耦合问题研究提供参考。

1.2　水下航行器舵系统水弹性振动研究进展

水下航行器舵系统的颤振问题是指弹性结构（舵系统）在均匀水流中的自激振动。它是把流体和弹性结构作为一个统一的动力学系统来研究它们之间的相互作用（包括弹性力、惯性力和水动力三者的相互作用）的问题。在水弹性作用过程中，水动力作用会使得弹性结构发生结构变形，同时弹性结构的结构变形又会使得流场分布改变，从而改变水动力的大小。这种相互作用的物理性质表现为流体对弹性结构在惯性、阻尼和弹性诸多方面的耦合现象。惯性耦合使得弹性系统产生附加质量；在有流速场存在的条件下，阻尼耦合使得弹性系统产生附连阻尼；弹性耦合使得弹性系统产生附连刚度。它们取决于流场条件及流体与弹性系统的边界连接条件，求解相当复杂。弹性结构如果要在没有外界激励条件下获得振动激励，就只能是从水流中吸取能量。当这个能量大于各种阻尼产生的能耗时，就会发生水动力自激颤振。流固耦合的早期研究集中在飞行器气动弹性研究领域，人们对于气动力作用下的飞行器机翼气动弹性问题较为熟悉，也有大量的文献可查阅。而水下航行器或者船舶的舵系统水弹性问题研究往往被忽视了。人们往往认为，水下航行器舵系统在高密度的水中，且航行器的速度较低，舵系统刚度较大，不会发生颤振现象。而工程实际中，如水翼艇的水翼、潜艇中的舵翼等船舶构件作为动力学系统，结构参数设计不当时，在流场中高速运动会产生颤振现象导致结构破坏，或发生持续的弱振动现象诱发水噪声，降低水下航行器的隐蔽性。从20世纪60年代开始，美国戴维泰勒海军研究中心对舵叶等水翼结构水弹性问题进行了大量的实验和仿真研究，仿真研究大多以两自由度的水翼为出发点，采用的是Theodorsen等不可压缩非定常流体理论建立二元颤振模型来计算舵叶的线性颤振边界[1,19-20]。二元颤振模型一般用于气动弹性、水弹性问题的原理分析和验证[21-26]。在仿真计算中，舵叶处理为刚体，舵轴处理为柔性体，通过舵轴的弯曲刚度和扭转刚度获得二元颤振模型的计算参数，计算了不同的结构参数对舵系统的颤振速度的影响规律，为舵系统的结构设计提供了一定的参考价值[19]。我国对舵系统水弹性研究起步较晚。2000年，中国船舶科学研究中心的张效慈等人采用俄罗斯二元颤振时域仿真程序对潜艇舵系统进行了颤振研究，但是研究过程中也是将舵叶处理为了刚体，仿真结果表明结构参数匹配不合理有可能导致舵系统发生颤振[27]。但前人的研究中将舵叶处理为刚体，这与实际舵叶结构并不相符。图1-4所示的水下航行器的升降舵，舵叶一般由蒙皮、骨架组成，且随着航行器航速的提升、新材料的应用，舵叶的质量越来越轻，柔度也越来越大。因此，将舵叶处理为刚体的做法不再适用。

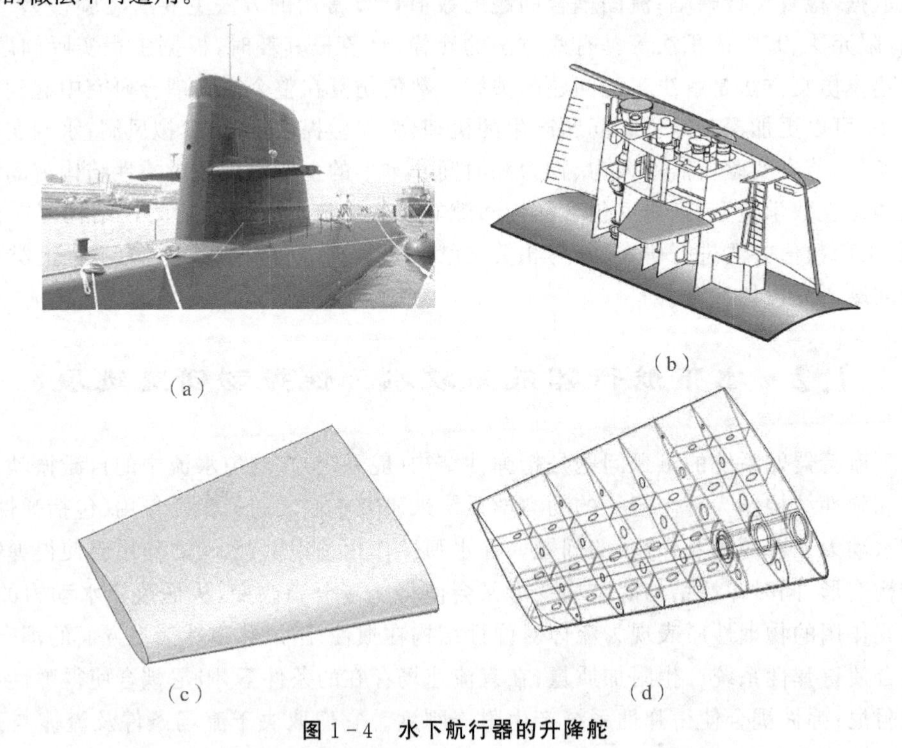

图1-4 水下航行器的升降舵

(a)潜艇升降舵；(b)升降舵内部图；(c)舵叶；(d)舵叶内部透视图

在近代的水弹性研究中，随着计算流体力学和计算机的快速发展，许多复杂的水弹性问题得以解决。余志兴等人[28-29]运用Navier-Stokes方程建立了考虑黏性流动的二维机翼的流固耦合运动，研究了二维机翼的振动响应。刘晓宙等人[30]基于余志兴的工作，继续利用二维机翼模型研究了二维运动物体的声辐射问题，结果表明：在大攻角时，机翼涡脱频率和其固有频率接近时，声辐射达到最大。Zhang等人[31]通过结合大涡模拟求解器和有限元求解器，采用双向流固耦合方法，研究了三维水轮机叶片的流固耦合振动响应，但是该方法计算量过大，非常耗时，无法满足工程优化设计的需求。Amromin和Kovinskaya[32]研究了带空泡二维翼型的振动响应，频谱分析结果显示翼型的振动包含了结构的固有频率以及空泡的脉动频率。Young[33]采用边界元和有限元的耦合求解器模拟了柔性复合材料螺旋桨的空泡流问题。Chae等人[34-35]对两自由度水翼进行了一系列系统的研究，研究了附加水质量、水动力阻尼等对水翼稳定性的影响。

国内外学者对于舵系统或者水翼的水弹性研究，多数采用二元颤振模型，或者单个水翼加一根扭簧等简化模型来进行理论计算分析。对于二元颤振模型的计算，关键在于如何获得二元颤振模型的计算参数。在早期的计算中，舵叶往往被处理成刚体[1,19]，采用舵轴的等效弹簧刚度、等效扭簧刚度作为二元颤振模型中的弹簧和扭簧，从而建立二元颤振模型。近期研究中，学者们逐渐将舵叶等水翼结构处理为柔性体，沿展向的所有剖面的翼型都是相同的，并假定每个翼型片条为刚体。水翼的弯曲和扭转变形分别采用两自由度水翼的沉浮和俯仰运动来模拟[25]。对于非均直舵叶，一般取翼展方向70%～75%处的典型截面来建立二元颤振模型，通过二维模型来对弹性升力面建模[36-39]。但是在这些学术论文中，几乎未提及如何获取水翼、控制面的纯弯、纯扭频率，以及如何将系统模型简化为二元颤振模型。且国内外对于舵系统水弹性的研究中很少涉及间隙非线性对舵系统流固耦合振动的影响。

1.3 海洋立管涡激振动研究进展

在国民经济高速发展的今天，石油和天然气资源的需求量急剧增长，石油和天然气已占据人们生活的方方面面，成为关系国家安全、经济发展的重要战略物资。经过100多年的开采，陆地油气资源已经日益匮乏。因此，向海洋油气资源开发进军已经成为全世界共同的目标。在我国的海洋资源开发中，很多海洋装备都是柱体结构，如海洋立管、Spar平台、锚缆、海底管线等[40]。这些柱体结构在海洋洋流作用下均会遇到涡激振动问题，因此对于柱体结构涡激振动预测方法和机理研究十分必要。

海洋立管是一种最为典型的海洋柔性柱体结构，其涡激振动问题是典型的包含流体非线性的复杂流固耦合问题。海洋立管作为海洋油气田开发系统最关键的结构之一，它是连接海洋平台和水下生产系统的唯一关键结构，中间没有任何支撑，具有独特的挑战性，要求更强烈的创新和更高的技术含量[41-45]。立管会发生涡激振动及多立管干涉振动等。其中，涡激振动现象是美国石油协会(Amreican Petroleum Institute，API)规范和挪威船级社(Det Norske Veritas，DNV)规范认定的引起立管疲劳损伤的主要因素，当立管固有频率与外界激励力频率接近时，就会发生流固耦合振动“锁定”现象，使得振幅显著加大，从而导致立管的疲劳破坏，造成立管失效。立管一旦发生结构破坏，将会产生巨大的经济损失。实际工程中的海洋平台-立管系统，如图1-5所示。立管系统的设计技术难度随着水深的增加越来越大,成本也越来越大。海洋立管没有统一的分类,主要根据其结构形式和用途的不同,大致分为柔性立管、顶张力立管、钻井立管和塔式立管等[41-43]。复合材料柔性立管属于常见的柔性立管种类之一,具有质量轻、强度高、耐腐蚀、绝热性好、阻尼大等性能,慢慢被海洋开发领域所接受并开发使用。复合材料立管具有良好的可设计性,并且允许在立管结构加强和完善的同时不对其他方面产生影响。在张力腿平台或者塔式平台上采用复合材料立管,可以大大降低平台的质量,减少海洋平台锚张力、立管顶张力,显著降低开采成本,满足绝大多数海洋油气田的开发需要[46-53]。

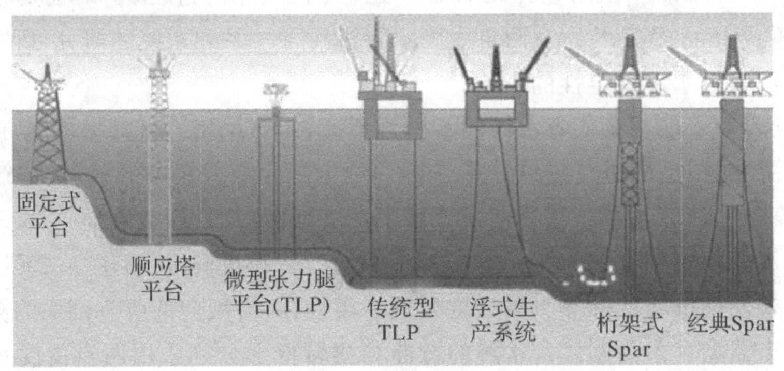

图 1-5　平台-立管系统

海洋热塑性增强管(Reinforced Thermoplastic Pipe,RTP)是一种复合材料管道,可用作立管,具有可盘卷(数百米一卷)、海陆施工快捷、质量轻、耐疲劳、保温性能好、耐腐蚀等性能[47,54-57]。使用 RTP 操作成本低,对系统其他构件的影响相对较小,相比传统的钢制立管有更多的优越性[58-59]。目前国内各种 RTP 的生产工艺、装备、材料和铺设条件已初步配套。RTP 产品种类繁多,包括预制增强带 RTP、多层钢复合 RTP、纤维纱缠绕 RTP、连续纤维带 RTP、钢丝缠绕 RTP、丝编织 RTP 等。我国海洋油气资源丰富,RTP 用于海洋立管、海底管线的优势突出,虽然使用 RTP 的投资大、技术要求高,但 RTP 产业发展迅猛,RTP 的海洋用市场将超过陆用市场[60-62]。

国内对复合材料立管的研究起步较晚,关于完全非金属的预制增强带 RTP 复合材料立管涡激振动的研究更少。能够适用于工程上快速评估复合材料立管涡激振动性能的方法未见报道。目前,以航天晨光公司为代表的主要产品是预制增强带 RTP,如图 1-6 所示,结构主要由热塑性塑料衬管、增强层、热塑性塑料外护套层组成。本书以复合材料预制增强带 RTP 立管的涡激振动问题作为研究对象之一,探索适合工程的复合材料立管的建模方法,以及研究其涡激振动响应,为工程上类似的细长柱体结构的流固耦合振动分析提供参考。

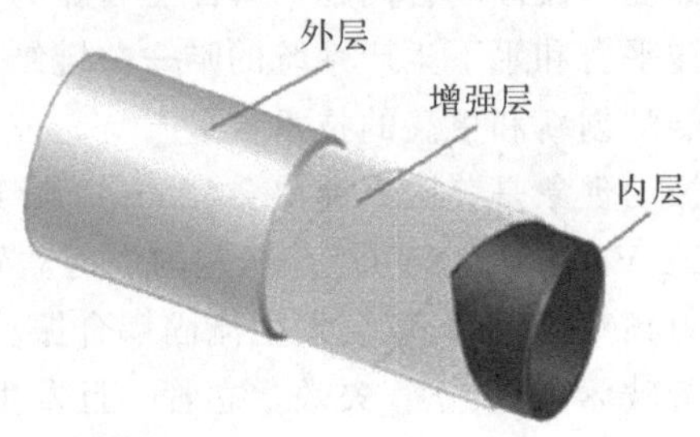

图 1-6　预制增强带 RTP 结构示意图

立管涡激振动即立管尾流涡脱落的频率与结构频率接近时发生的自激振动，一直以来是立管结构疲劳破坏的一个主要因素[63-66]，由于海流速度沿水深变化的非均匀性及流固耦合的复杂性，因此涡激振动长期以来是海洋工程中最具挑战性的问题之一。涡激振动的准确预报依然是一个巨大难题[67]，目前人们尚未能对海洋柔性柱体结构的 VIV 问题给出精确的理论解，尤其对其中的一些非线性现象的认识和机理解释仍然存在诸多争议[68-72]。涡激振动的研究一般有经验模型（常用的有 DNV 模型等[73]），还有半经验模型（如 Van der Pol 尾流振子模型）[74-78]以及具有高精度的 CFD 等方法[79-84]。一般对于海洋柔性柱体结构涡激振动的抑制方式有主动控制和被动控制两种。主动控制主要是通过自适应改变结构的阻尼系统，或者改变结构的固有频率等方式降低结构的振动响应，需要输入大量的能量[85-88]。而被动控制主要是通过安装一些扰流装置达到破坏漩涡结构或者改变涡脱模式的目的，从而达到减弱激振力的目的。主动控制方法尽管可以在一定程度上抑制涡激振动，但相比于被动控制，其成本太高，且技术复杂。工程上一般通过在柱体结构表面安装扰流装置抑制漩涡的形成和泄放。但是，采用被动控制方式，使用扰流装置，往往会使阻力显著增大，并且还会引起其他形式的振动。尽管如此，适当改变截面的形状对于涡激振动的抑制还是十分有效的，国内外最常用的扰流装置是控制柱[89-90]、螺旋列板[91]和整流罩[92]。非线性能量阱（Nonlinear Energy Sink，NES）也是一种被动控制装置，本质上是一个吸振器，由振子、阻尼器、立方非线性弹簧组成，NES 具有宽频吸振的特性，主要靠共振俘获，将能量从结构传递给振子，并通过阻尼消耗掉能量。近几年，陆续有学者将其用于柱体结构涡激振动抑制研究上面来，但基本都是针对单自由度振动的柱体、低雷诺数（$Re<200$）情况进行了研究[93-96]。本书主要基于 CFD 模型研究 NES 作用下的弹性支撑 2-DOF 柱体中等雷诺数范围的涡激振动预测方法和机理。该部分研究内容由笔者在皇家墨尔本理工大学（RMIT）工程学院做访问学者期间完成。

1.4 风力机柔塔横风向涡激振动研究进展

风能是一种清洁无污染的可再生能源，风力发电是世界上发展最快的新能源技术。随着风力机机组单机容量和叶轮尺寸的日益增大，风力机塔筒也朝着高耸化发展[97-98]。

近几年来，尤其是高柔塔筒（塔筒固有频率小于风轮额定旋转频率的塔筒，称为高柔塔筒，简称为柔塔，反之称为传统塔筒）技术的发展与应用颇受行业关注。目前，柔塔可以将风力机轮毂托举到 110～150 m 的高度，相比于传统塔筒，其增加的成本较少且能够有效提高机组发电能力。但柔塔为圆锥筒型薄壁结构，具有柔性大、阻尼小、质量轻等特点，由强风所引发的柔塔风力机流固耦合振动问题也日益突出，每年由于塔筒结构破坏甚至倒塔引起的事故时有发生，造成了严重的经济损失。例如，2019 年 2 月 22 日，新墨西哥州 Casa Mesa 风能中心的一台运行不到半年的 GE 2.5－127 风机倒塔[见图 1－7(a)]。2019 年 5 月 21 日，俄克拉荷马州格兰特郡 Chisholm View 2 号风场一台仅运行了两年的 GE 2.4MW 风机倒塔[见图 1－7(b)]。根据当地媒体报道，两次事故发生时，附近地区都有强风、大风天气，但尚未公开倒塔的具体原因。再例如 2018 年 3 月初，我国山东省菏泽市李村风电场的轮毂高度达 137 m 的维斯塔斯 V110－2.0MW 柔塔风机仅运行半年就发生了倒塔事故，据当地媒体报道，在强风天气该风机柔塔便会随风摇动，具体倒塔事故的原因尚未公开。但毋庸置疑，强风、大风诱发的柔塔振动、疲劳破坏是引起倒塔事故的重要因素之一[99-101]。

图 1－7　GE 风机倒塔事故

(a)GE 2.5－127 风机；(b)GE 2.4MW 风机

风力机结构破坏的成因分布如图 1－8 所示，由于强风和疲劳损伤引起的风力机结构破坏占 15.10％和 13.21％的比例[102]。根据伯明翰大学工程学院对 2000 年至 2016 年发生的 48 起典型风机倒塔事故的研究，多数事故都是由多重因素共同作用导致的，而其中强风、极端大风引起的风激振动问题是最常见的。柔塔作为风力发电机组的重要承载部件，其变形和振动不仅会降低柔塔自身的结构强度和稳定性，而且会影响整个风力发电机组的安全运行[103]。

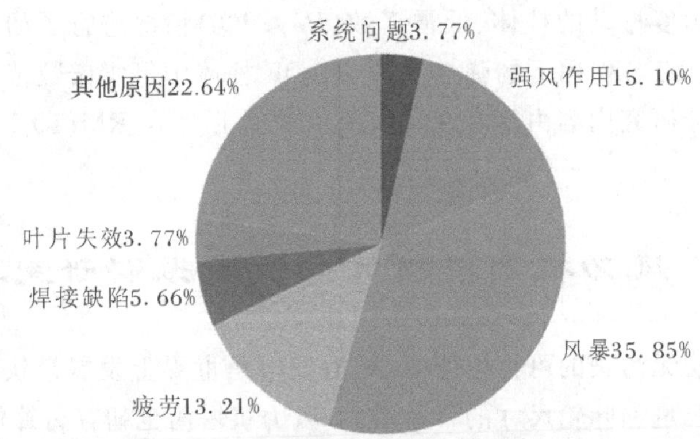

图 1－8　风力机结构破坏成因分布[102]

通常情况，风力机柔塔所受顺风向荷载比横风向荷载的振动响应要大很多，但当风速在亚临界和过临界工况时，横风向荷载对风力机振动的影响变得尤为重要。具有圆截面的高耸结构横风向振动主要来自尾流漩涡脱落引起的涡激振动，简称涡振。风力机柔塔在吊装和运输阶段，可能发生亚临界涡振“锁定”现象，导致柔塔晃动，不利于机组吊装，工程上一般采用扰流条来抑制柔塔亚临界涡振，在机组吊装完成后拆卸扰流条[104]。在风力机运行工况下，风速引起的风荷载对柔塔影响较小。而停机工况，风速大，这种情况下风速引起的风力机柔塔结构振动问题突出。当风速在过临界范围内时，容易激发出柔塔一阶、二阶甚至更高阶的涡振（涡脱频率与柔塔某阶固有频率接近，可能激发出该阶模态的涡振），将导致几十倍于正常风力的效应，从而引起柔塔寿命急剧降低甚至结构直接破坏[103-104]。北京鉴衡认证中心做过测算，对于140 m的柔塔，过临界风速诱发柔塔二阶涡振1 min，相当于消耗机组4天寿命，累积涡振30 h就会发生疲劳破坏。因此，过临界涡振对风力发电机组的安全造成巨大隐患。

风绕柔塔的流动可近似为圆柱绕流问题。风绕过柔塔结构，会不断出现漩涡脱落，按照雷诺数(Re)的范围，可大致分为三个区域[104]。$3\times10^2<Re<3\times10^5$为亚临界区域，涡的脱落有明显主频率，但风速小、激振力小，工程上已有成熟的规避措施和亚临界涡振控制方法。$3\times10^5<Re<3\times10^6$为超临界区域，漩涡脱落具有随机性，没有明显的主频率。该区域气动力是随机的，此时的柔塔风激振动响应问题属于小阻尼系统在随机力作用下的响应问题。$Re>3.5\times10^6$为过临界区域，涡的脱落再次出现周期性，具有明显的主频率。在该区域内，当漩涡脱落频率与柔塔某阶固有频率接近时，一旦发生频率“锁定”现象，横风向将产生几十倍于正常风力的效应，快速消耗柔塔的寿命，甚至有可能产生极限载荷，让机组发生直接结构破坏。

因此，本书针对近几年发展并应用的风力机柔塔的涡激振动问题，提出工程快速建模的动力学仿真方法，为后续研究人员对柔塔流固耦合动力学进行的研究提供参考。

1.5 旋转弹箭流固耦合研究进展

超声速飞行旋转弹箭也是本书研究对象之一，旋转有利于弹体的稳定飞行，可以简易控制，并提高打击密集度。飞行速度范围较大、转速较低的弹箭气动力设计是弹箭滚转控制的关键，而且这个关键的气动力设计也是难度较大的部分。尤其是在跨声速飞行阶段，由于弹箭飞行速度与声速接近，此阶段会发生音爆现象，气流不稳定导致滚转力矩等特性变化较大并且不明确。旋转弹箭的滚转力矩及其滚转阻尼力矩决定了它们的平衡转速的大小，对于它们的滚转力矩和滚转阻尼的准确数值计算是很关键的一步，因此，对于旋转的弹箭，准确计算其滚转气动特性参数十分必要。

弹箭往往是在有攻角的情况下飞行的，因此弹体周围气流不对称，这也就导致了弹体周围的热流也是呈不对称分布的。国内外很多相关的实验发现，弹箭迎风面之所以会产生严重的气动加热，是它们在有攻角的情况下持续飞行造成的。然而零攻角飞行的弹箭的热流密度却相对小很多，即使来流条件一样，有攻角的弹箭迎风面的热流密度也会成倍地加大。因此，准确模拟有攻角情况下飞行弹箭的气动热问题是十分必要的。旋转会导致弹体表面边界层畸变，对流传热现象变得非常复杂。同时，许多弹箭是旋转飞行的，或者导弹在高超声速再入时也是旋转下落的，因此研究旋转对于气动热的影响也是十分必要的。随着CFD技术和计算机计算能力的不断进步和提高，集成了高保真的CFD流动分析工具和高保真计算结构力学(Computational Structure Dynamics，CSD)结构分析工具等模块的计算机辅助工程(CAE)分析平台在飞行器气动弹性、气动热弹性设计领域中得到了迅速的发展。本书最后章节将充分利用商用数值模拟平台的便利性与经济性对超声速旋转弹箭的滚转气动特性、气动热，静气弹、静气热弹进行计算、分析和探索，为相关研究积累数据和经验。

在气动弹性、气动热弹性的研究现状方面，早在1903年，Langley在进行飞行试验中机翼发生断裂，也就是这个时候气动弹性问题进入了人们的研究范畴，人们发现机翼断裂是由于静气动弹性扭转发散引起的。在第一次世界大战刚爆发的时候，常常发现轰炸机坠毁事故，在这个时期，气动弹性问题进入人们思考的范畴，人们发现，坠毁事故是由于机翼颤振引起的。但是直到20世纪20年代，人们才正在开始全方位地研究气动弹性问题[8]。20世纪30年代，飞行器的飞行速度开始靠近声速，也就是飞机速度和声速很接近，这个时候气流很不稳定，出现了很多气动弹性问题。同时，这个时期“气动弹性力学”以一门独立学科的形式为科研工作者所知。20世纪50年代开始，人们主要着眼于超声速飞行的飞机的后掠机翼和三角形机翼的断裂、结构破坏等问题的研究，人们发现，在超声速情况下，这些机翼断裂主要是气动弹性颤振造成的。与此同时，计算机时代的到来为解决气动弹性的计算问题注入了新的活力。伴随航天科技的高速发展，飞行器速度越来越高，黏性的气流冲击飞行器表面，与飞行器表面剧烈地摩擦，从而产生气动加热，就是“热障”问题[105]，再考虑到与结构弹性力学耦合的问题，也就形成了气动热弹性的问题。20世纪60年代时期，制约航空航天技术发展的重要原因就是“热障”问题，同时这个时期的传热学学科领域中正式提出了“耦合”(Conjugated)这个概念[106]。20世纪70年代时期，随着发动机、载人飞船、卫星热结构等问题的不断解决，气动热力学研究领域增添了包括气动-热-结构的耦合研究等新内容。但是，20世纪70年代时期的计算机、计算方法比较落后，因此无法将气动-热-结构进行一体化研究，当时人们只能将气动特性、气动热和热结构分开处理。到了20世纪80年代初期，得益于航天飞机的快速研究发展，科学家们将气动-热-结构作为一体化进行研究，也就是气动-热-结构耦合，而气动-热-结构的一体化研究很大程度上依赖计算流体力学的发展，同时也比计算流体力学更加复杂和困难。到20世纪90年代末期，多物理场耦合概率正式进入人们的研究范畴，这很大程度上得益于计算机技术高速发展和计算机并行计算技术的广泛运用，实现了多学科之间的相互耦合。

我国在多物理场耦合领域的研究起步相对较晚，对飞行器气动热弹性研究的相关资料也比较少，对于旋转弹箭多物理场耦合问题的研究更少。近些年，吕红庆等人在飞行器热结构方面进行了一些研究[107]，主要是对高超声速的飞行器进行了一些外形上的设计和气动加热的计算，同时还对飞行器的热防护也做了比较全面的计算研究。杨琼梁在高速飞行器的烧蚀问题、气动弹性、气动伺服弹性等领域都做了一些研究[108]，对于气动弹性问题，他主要运用结构动力学范畴内的方法，分析气动-伺服-弹性的稳定性问题，还研究了不同飞行速度、不同攻角情况下的飞行器的伺服颤振边界。王华毕等人主要对细长火箭弹的气动弹性问题做了一些研究，他们考虑了火箭弹的旋转，主要计算分析了由于旋转产生的马格努斯力对火箭弹静和动稳定性的影响[109]。夏刚等人在高超声速飞行器气动加热、结构耦合热传递、气动-热-结构耦合等方面做了一些数值计算，他们对高超声速圆柱绕流问题分别采用了松耦合和紧耦合两种方法，得到了热传递的瞬态过程[110]。黄唐等人和夏刚等人一样，也对圆管绕流做了研究，采用流场、热、结构一体化的方法进行了数值计算[111]。苏大亮在他的博士论文中对高超声速飞行器的热结构问题进行详细的计算，并做了一定的设计，他采用的是有限元法，在计算中得到了高速飞行器的结构温度场分布以及热应力分布[112]。杨荣等人在对旋转体飞行器流-热-固耦合计算中，考虑了辐射换热的影响[113]。李国曙等人在飞行器机翼的气动弹性和气动热弹性领域也做了相关研究，他们主要计算分析了气动热对静气动弹性的影响[114]。

国外方面，对于超声速、高超声速飞行器的气动弹性力学研究，科研工作者们大都采用了活塞理论，这种方法基本上都是假设超声速、高超声速气流是没有黏性的，同时还忽略真实气体的效应，尽管做了很多简化，但是在一些特定情况下还是得到了足够精确的结果[115-117]。但实际上，科学家们也发现气流的黏性会加厚飞行器机体的厚度，这种相对实际厚度的改变必然对飞行器表面的气动载荷分布产生影响，气动载荷和结构之间相互作用特性也必然发生了改变，可能对气动弹性稳定性产生一定的影响。20世纪50年代开始，随着超声速、高超声速飞行器的发展，早期主要展开对X-30和X-15两个高超声速项目的模型进行实验研究。由于颤振边界对飞行器的刚度相关的一些参数很敏感，因此飞行器的气动弹性实验不能采用缩比后的几何模型。Thornton等人[118]对气动-热-结构进行一体化计算分析，通过求解N-S方程得到了机翼段处的气动加热和动压结果，计算结果表明在$Ma=6.6$的情况下，机翼段处的变形使得空气流产生了压缩波、膨胀波和回流区是动压和气动加热导致的。Shahrzad等人[119]对机翼颤振问题做了比较全面的计算研究，他们采用了中心流形、谐波平衡法等方法。Librescu等人[120]也对机翼的气动弹性计算问题提出一套解决方法，对于颤振问题的研究给出了一些判据的方法，还给出了求解颤振速度的解析式，他们的研究基于活塞理论。Yang等人[121]对机翼气动弹性极限环颤振等领域进行了比较全面的研究，他们提出了一种颤振稳定性判据方法，该方法比较直观，同时他们还研究了混沌运动产生的机理[122]。Knight在高超声速飞行器科学研究中总结了一些实验情况，并介绍了计算流体力学在这些领域的运用。Cockrell等人研究了高超声速气动力和热流的计算方法，主要在Hyper2X设计计划中对X243A飞行器的气动力和气动热进行了计算，分析了飞行的气动特性和热流分布。Wang等人研究了高超声速气动力和气动加热的实验方法，并且做了相关的数值研究，如湍流模型的选择方法等。超声速、高超声速飞行器的研发是很复杂的工作，难点往往在于复杂外形的气动特性分析以及结构热弹性一体化计算分析。

1.6　柔性结构流固耦合研究存在的问题及解决方法

柔性结构的流固耦合问题主要可以分为线性流固耦合问题、结构非线性流固耦合问题、流体非线性流固耦合问题等。结构非线性主要包括材料非线性、几何非线性、间隙非线性等。流体非线性主要是流体绕过钝体结构引起的流动分离和漩涡产生等现象。本书以包含结构间隙非线性的水下航行器舵系统、包含流体非线性的海洋立管系统以及风力机柔塔系统、旋转弹簧作为研究对象，研究柔性结构典型的流固耦合动力学问题。高保真流固耦合数值模拟方法计算非常耗时，如果需要研究结构参数对多刚柔体系统流固耦合动力学响应的影响规律，那么将会形成一个非常庞大的计算量，无法满足工程需求。因此，根据不同的流固耦合问题提出相应的工程实用的流固耦合快速建模和仿真方法非常必要。

大多数工程机械和结构在一定程度上都存在振动问题，它们的结构设计通常需要考虑其振动特性[123]。为了提高如图 1-4 和图 1-5 所示的柔性结构的结构性能，更好地计算出柔性结构的水弹性，就必须准确地计算出柔性结构的固有频率和振型。在工程问题中，如果不能准确计算结构的振型和频率，就很难得到一个具有良好性能的结构系统并且很难进行下一步的振动控制分析[124]。芮筱亭[125]及其团队建立了多体系统动力学新方法——多体系统传递矩阵法(MSTMM)。该方法先后实现了线性多体系统的固有振动特性和动力响应及非线性、时变、大运动、受控、一般多体系统动力学研究，无须系统总体动力学方程，程式化程度高，系统矩阵阶次低，可以实现复杂系统的快速建模与快速计算[126-129]，为水下航行器舵系统和海洋立管系统以及风力机柔塔系统的振动特性和动力响应的快速计算提供了基础。

对于复杂多刚柔体的水下航行器舵系统，部分学者采用有限元法将舵系统的舵叶处理成柔性系统，将舵系统处理为单个柔性舵叶加一根扭簧的简化模型，计算出系统的振动模态，再结合势流理论或 CFD 理论，计算水翼系统的水弹性问题。前人很少从整个舵系统的角度出发，建立整个舵系统的动力学模型，考虑所有部件的影响。采用有限元法对简化系统进行建模，单元数过多，矩阵阶次高，计算效率低且理论背景复杂，推导过程烦琐。本书基于 MSTMM 推导考虑轴向振动的弯扭耦合梁模型，对整个舵系统动力学进行快速建模和仿真。二维模型一般用于结构系统水弹性的原理性研究。前人对于舵系统的研究大多基于二元颤振模型，但几乎未提及如何将舵系统建立为二元颤振模型以及如何获取二元颤振模型的重要参数。此外，之前的研究中也很少涉及结构间隙非线性对水下航行器舵系统的影响。本书基于 MSTMM 提出二元颤振模型的建模思路以及采用 MSTMM 计算出二元颤振模型所需的舵系统纯弯、纯扭频率，建立舵系统的二元线性、非线性颤振模型，研究舵系统的结构参数和间隙非线性对舵系统的水弹性的影响规律。

本书所研究的柔性结构流固耦合动力学的另一类问题，即包含流体非线性的海洋立管系统或者柔塔风力机的流固耦合问题。海洋立管和风力机柔塔的流固耦合问题即具有强烈流体非线性的立管涡激振动问题。涡激振动是一种具有强烈流体非线性的流固耦合现象，对于涡激振动的数值计算和机理研究至今依然是海洋工程领域研究的热点和难点。对于海洋柔性柱体的 VIV 计算分析中，大部分的研究仍然停留在经验性的描述上，其理论尚不成熟，大多使用半经验模型。基于 CFD 的高保真计算又避免不了网格畸变，动网格出现负网格问题，计算量较大。本书基于 CFD 模型引入嵌套网格技术并进行 CFD 软件二次开发研究，建立二维弹性支撑柱体的涡激振动仿真系统，可以避免由于柱体运动幅度较大而产生的负网格问题，研究海洋柱体结构的涡激振动机理。同时，本书对比分析采用 Van der Pol 尾流振子模型计算柱体涡激振动的计算误差和计算效率。海洋立管非常细长，因此，部分学者通常采用有限元法对立管进行建模的计算量大。如果改变立管长度、直径等结构参数每次都需重新进行建模，划分单元，定义复合材料铺层等工作，程式化程度就较低，且之前的研究中很少考虑立管的刚性接头等细节对涡激振动响应的影响。本书主要基于 MSTMM 和 Van der Pol 尾流振子模型建立海洋立管的流固耦合模型，可以实现快速计算不同立管长度、刚性接头个数、来流分布、顶张力大小等对海洋立管涡激振动的影响规律。同样地，针对风力机柔塔涡激振动问题，本书基于 MSTMM 建立风力机柔塔涡激振动快速仿真模型，研究不同结构和流体参数对柔塔涡振的响应规律。

除了快速建模方法，本书也适当地介绍基于商业软件的高保真数值模拟方法。本书部分章节对光弹体和翼身组合体弹箭的滚转气动特性、卷弧翼火箭弹在旋转情况下的气动特性、气动热、静气动弹性以及静气动热弹性进行计算分析。该部分计算结果对我国大长细比、高速飞行的旋转弹箭的气动特性以及流固耦合分析具有一定的参考价值，这些重要的计算分析应当在弹箭设计的初始阶段予以考虑。

1.7 结构物入水问题研究进展

结构物的冲击入水是一个较为复杂的过程，结构物自身的外形、材质、入水姿态等初始参数均会导致其在抨击瞬间以及入水后期中形成不同的物理现象，如气垫现象、空泡现象等。这些现象会直接影响到结构物的冲击载荷以及运动姿态的响应结果。飞机水上迫降、空投鱼雷入水以及船舶在风浪中前行等过程中会产生剧烈的冲击现象，机体瞬时受到较大的冲击载荷，进而对机体内的部件产生疲劳破坏或一次性破坏甚至会产生过载，伤及乘客。然而，水上冲击相对于地面冲击也有其优势，流固耦合过程中冲击载荷会相对减小。为此，许多沿海国家在进行返回舱回收时，都选择了水上回收。因此，对结构物冲击入水流固耦合问题的研究具有很强的工程实际应用意义。

结构物冲击入水流固耦合问题经过研究人员的总结和发展，其求解方法主要分为三大类：解析方法、试验方法、数值仿真模拟方法[130-132]。最早研究结构入水动压力的是 Von Karman，他于 1929 年针对船体提出了简化的楔形体模型的入水理论。他提出的理论解的主要思想是在流固接触面上引进了由于水作用而产生的附加质量的概念。然而，该方法仅粗糙地得到了入水耦合过程中结构物受到的总反力，并没有研究流场运动，致使结果与试验结果相差较大，因此，近年来很少应用。1932 年，Wagner 对 Von Karman 的方法进行了修正，他发现水波的驱赶使得在流固分离点附近有水堆现象，因此他在 Von Karman 的方法中加入了一个水波影响因子，使结果更符合实际。Zhao 和 Faltisen 采用非线性边界元方法分析了二维任意横截面结构物入水，忽略水的压缩性和重力，认为入水过程中无空泡现象产生，采用非线性边界元方法在楔形体结构的飞溅区引入一个附加的射流单元，计算结果与 Wanger 理论具有较好的一致性。考虑入水过程中水面呈现非线性，以上理论分析过程中都做了相应的简化，只适用于一定范围。近年来，Don 等人相继就流固耦合问题的解析方法进行了深入的探究，对其进行完善，使其适用性更加广泛。

国际上对结构物入水原理进行研究最早开始于 1897 年，Worthington[133]应用高速闪光从水面拍摄了伴随结构物入水而产生的一系列飞溅以及空泡现象。随后依照该方法，White 利用照相技术观察了球体垂直和斜入水初期的喷溅现象，获得了典型的入水喷溅形状[134-135]。美国航空航天局（NASA）于 20 世纪 60 年代进行了返回舱入水试验，如图 1－9 所示。通过控制返回舱入水姿态来研究入水倾角对整个结构冲击入水效果的影响，这对于返回舱成功回收的意义很大。然而，在结构物入水试验方面进行的比较全面的是 Worthington 等人[133,135-137]，他们相继进行了平板、楔形体、弹性体、圆锥体等简单结构物的入水试验，对结构物入水试验的完善做出了较大的贡献。此外，近年来，Greenhow 等人也对二维楔形体、圆柱体等结构物的入水和出水的形成过程进行了大量的试验研究[138-141]，总结了结构物入水的响应规律。在国内，郑际嘉、张清杰和李世其等人在流-固冲击屈曲与塑性失效的试验研究方面做了出色的工作。他们利用自己设计搭建的冲击塔，对各种类型的柱状结构和薄板进行了大量的垂直入水试验，围绕流-固冲击屈曲的破坏规律，得到了一些有价值的结果。上海交通大学孙辉等人对 V 形剖面的 ABS 板进行了入水冲击的动态试验，研究了 ABS 板在入水过程中的加速度以及应变的动态响应特性，分析了弹性结构物入水的响应特点。施红辉等人进行了几种不同工况下细长体结构高速入水的试验研究，并用高速摄影仪采集了细长体高速入水时与自由液面之间的瞬态冲击作用，观察到了细长体高速入水后诱导空泡形成的工况。

图 1-9　返回舱入水试验

随着计算机的飞速发展，越来越多的研究人员开始开发仿真软件，利用数值仿真软件来解决结构物的抨击问题。该方法成本较低且效率高，能较好地模拟抨击过程，从而得到广泛的应用。在各类仿真模拟方法中，虽然 CFD 方法可以较好地模拟水体的大变形特点，但是该方法相对于有限元方法而言计算时间过长。随着有限元方法的发展，已经存在很多的方法来有效的模拟入水冲击问题。基于有限元方法的流固耦合计算方法主要分为两类，即网格方法和无网格方法，其中网格方法主要分为拉格朗日方法、欧拉方法和任意拉格朗日-欧拉(Arbitrary Lagrange - Euler，ALE)方法[142-144]。近年来，无网格中的光滑粒子(SPH)方法被广泛应用于冲击入水的仿真模拟中。Wu 等人[145]在考虑了结构弹性的情况下，进行了二维楔形体入水的仿真计算研究，结果表明结构变形与跨距的关系会影响结构的水弹性，从而对抨击压力有较大的影响。NASA 利用 LS - DYNA 软件对返回舱入水姿态控制等进行了仿真模拟，并与试验进行了比较；此外，还对机身中段进行了地面以水面的冲击试验，从而验证了机身结构模型以及防冲撞装置。陈宇翔、史如坤等人[146-147]利用动网格的方法对零浮力水平圆柱体入水过程的气液两相流动和刚体运动耦合的问题进行了数值模拟，研究了圆柱体入水过程中射流的形成、运动和空气垫等自由表面的变化现象，模拟了圆柱体竖直运动过程。

1.8　波浪能发电装置流固耦合问题研究进展

随着人们对清洁能源的需求不断增加，人们正在探索多种可再生能源，其中波浪能是最具潜力的可再生能源之一[148-149]。各种形式的波浪能发电装置（Wave Energy Converter，WEC）已经被开发出来，用来捕获波浪能并转化为电能[150-152]。在开发一个完整的 WEC 系统的过程中，对 WEC 与入射波浪之间的流固耦合问题进行全面、准确、高效的描述是至关重要的。WEC 与入射波浪之间流固耦合问题的数学描述对于波浪能装置中发电机（Power Take-off，PTO）的设计以及控制系统的开发非常重要，因为这些 WEC 的子系统都会受到 WEC 与波浪之间流固耦合水动力的影响[153-156]。

人们开发了多种方法来描述 WEC 与波浪流固耦合的动力学[157]，其中采用最广泛的是基于线性势流理论的边界元法（Boundary Element Method，BEM）衍生的常规线性建模方法。该线性水动力方法具有以下优点：①可以快速地给出 WEC 装置在频域和时域的水动力响应特性[158-159]；②便于进行控制方法的集成[156,160]。然而，这种线性建模方法可能会过大预测 WEC 的运动响应和发电功率，尤其是在 WEC 达到共振响应的时候[155,161]。这主要是由于该方法是基于线性假设条件[162]，例如：波浪是线性的，WEC 的运动响应要小，WEC 有效尺寸应与入射波长相当。在这种情况下，实际的非线性因素，如大波浪振幅、黏滞系数、撞击等均被忽略。

一些研究者倾向于采用高精度的物理模型实验方法[163-164]或者计算流体力学（CFD）方法进行 WEC 与波浪流固耦合问题的求解，这些方法均考虑了 WEC 的非线性性能。例如：通过 CFD 分析，Yu 等人[165]证明了过顶现象降低了双体竖直振荡点吸式波浪能装置的幅值响应；Wei 等人[166]得出了黏性系数对铰接振荡波浪能装置水动力响应的影响与装置的宽度有关的结论。然而，这些高精度的方法很难进行控制方法的集成与应用。

因此，对考虑了非线性因素的部分非线性建模方法的研究受到越来越多的关注。一种方法是用一个线性等价项来近似非线性效应。例如，Son 等人[167]在传统的线性模型中加入了一个线性等效黏性阻尼项来表示黏性效应。Davidson 等人[168]从 CFD 波槽中的自由衰变研究中总结了线性化辐射阻尼与质量随初始位置的变化规律。文献[169]的实验结果表明，考虑二次黏性力线性化的数值动力学模型可以有效地模拟双体竖直振荡 WEC 在小波浪低速运动条件下的水动力特性。然而，这种方法是有限的，因为线性化项需要根据不同的波浪条件进行调整。因此，得到一个包含实际非线性项的非线性模型非常有必要。Beatty[169]提出，在较大的波浪条件下，有必要提高二次黏性阻力动力学模型的精度。Bhinder 等人[170]将实验数据与 CFD 数据对比发现，传统的线性模型加上附加的二次黏性项，可以更好地描述 WEC 的水动力性能。Guo 等人[171]从自由衰减实验研究中指出，包含非线性黏性和摩擦项的建模方法可以更实际地表示不同初始位移下 WEC 的非线性行为。这些研究强调了建立非线性动力模型来描述 WEC 水动力特性的必要性。基于一个常见的圆柱形竖直振荡的 WEC，本书将详细介绍其线性和非线性动力建模的方法。

习　题

流固耦合指的是在流体的作用下，流场中的结构发生的弹性变形，这种弹性变形又会对流场分布产生影响，从而使二者成为一个相互联系、相互作用的系统。流固耦合现象会诱发很多工程问题，如结构静发散、颤振、涡激振动等。请查阅相关资料，总结实际工程中存在流固耦合现象的其他案例。

第2章 流固耦合问题的基本理论与方法

2.1 概　　述

流固耦合问题在很多技术领域得到了研究,如涡轮机械设计、海岸海洋工程、高层建筑工程、流体管路输送和生物医学工程等领域,而这些工程领域的共同特点就是流体和结构相互作用,不能单纯地只考虑流体对结构的作用,而忽略了结构变形对流场的影响。对流固耦合现象的研究有利于专家、学者、工程人员更好地了解流固耦合现象,避免工程上的流固耦合振动问题,甚至利用一些流固耦合振动现象来造福人类。

流固耦合力学是研究流体与结构相互作用的一门新型学科,它是力学学科的一个分支。本书的研究范围主要是柔性结构的流固耦合动力学问题,即水弹性问题。为了了解气动弹性与其他学科之间的关系,Collar利用图2-1所示的方式对气动弹性问题做了分类[8-9,16]。类似地,水弹性也可以用图2-1所示的形式表达。图中包括三种类型的力,即气/水动力、弹性力、惯性力。这三种力分别位于三个圆中,是气动/水弹性涉及的力的类型。这三种类型的力相互作用,产生的力学问题可以从图2-1中直观地看到。如果三种力同时作用,那么产生的就是动气动/水弹性问题,而仅仅气/水动力与弹性力相互作用,产生的则是静气动/水弹性问题。

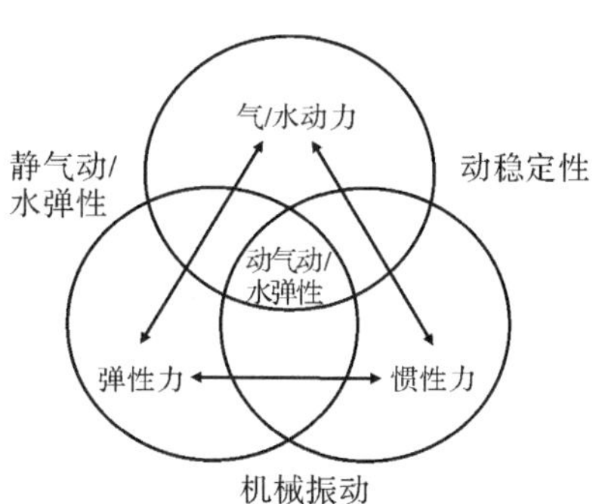

图2-1　描述气动/水弹性的力三角形

流固耦合的数值求解方法在近30年得到了较大的发展,并且依然是最热门的主题之一。本章主要针对本书所涉及的流固耦合计算的基本理论与研究方法进行论述。

2.2 多体系统动力学求解方法

多体系统是以一定方式相连接的多个物体组成的系统，如本书所研究的水下航行器的舵系统，用于输送油、气的海洋软管系统等都是多体系统。求解多体系统动力学的方法有很多种，诸如有限元、边界元等理论的发展，实现了结构分析的程式化，为解决复杂结构动力学问题提供了强有力的工具，开发了 NASTRAN、ANSYS 等大型计算机软件。通常的多体系统动力学方法需要建立多体系统总体动力学方程，涉及系统矩阵阶次高，计算量大，难以满足工程上快速计算的要求。多体系统传递矩阵法[136]无须建立系统总体动力学方程，矩阵阶次低，计算速度快，易编程，为工程上多体系统动力学分析提供了全新的思路。

2.2.1 多体系统传递矩阵法(MSTMM)基本理论

一个复杂的多刚柔体系统可以由刚体、弹性体、集中质量等体元件按照一定的铰接方式连接而成。"铰"是"体"与"体"之间的连接，包括球铰、滑移铰、柱铰、弹性铰、固结铰等。铰不计质量，其质量全部归入相邻的"体"中。这些元件在多刚柔体的连接点上传递力、力矩、位移、角度。在 MSTMM 中，将多体系统的某一边界点定义为传递末端，称为根，其他边界点称为梢，从梢往根的方向称为传递方向。沿着传递方向，进入元件的连接点称为输入点，用 I 表示。离开元件的连接点称为输出点，用 O 表示。在研究多体系统动力学时，采用相对描述方法建立多体系统各元件的运动学关系。基于 MSTMM 建立不同的拓扑结构，如链形、树形、闭环等。通常，沿着一条传递路径上面有多个元件。两个元素之间的连接点是前一个元件的输出和后一个元件的输入。在线性多体系统传递矩阵法中，输入点和输出点的位移与坐标 x、y、z，角位移与转角θ_x、θ_y、θ_z 间的正向，均为惯性直角坐标系三个坐标轴的正向。输入点力矩 m_x、m_y、m_z 逆坐标轴正向为正，输入点力 q_x、q_y、q_z 沿坐标轴正向为正，如图 2-2(a)所示。输出点力矩 m_x、m_y、m_z 沿坐标轴正向为正，输出点力 q_x、q_y、q_z 逆坐标轴正向为正，如图 2-2(b)所示。

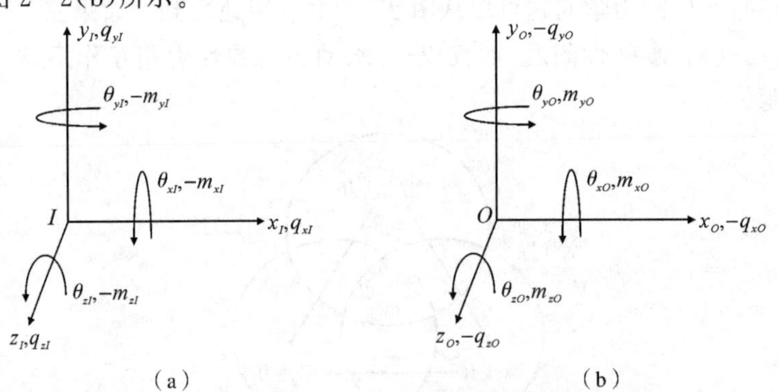

图 2-2 线位移、角位移、力、力矩的正向约定

(a)输入端；(b)输出端

在线性多体系统传递矩阵法中，用 $\boldsymbol{r}=[x,y,z]^{\mathrm{T}}$ 表示惯性坐标系下任一元件上某点相对于其平衡位置的线位移，用 $\boldsymbol{\theta}=[\theta_x,\theta_y,\theta_z]^{\mathrm{T}}$ 表示该点处相对于平衡位置的角位移物理坐标列阵，用 $\boldsymbol{m}=[m_x,m_y,m_z]^{\mathrm{T}}$ 表示该点处的内力矩(不包括阻尼力矩)物理坐标列阵，用

$\boldsymbol{q}=[q_x,q_y,q_z]^{\mathrm{T}}$表示该点处的内力（不包括阻尼力）物理坐标列阵，用 $\boldsymbol{R}=[X,Y,Z]^{\mathrm{T}}$ 表示线位移 r 对应的模态坐标列阵，用 $\boldsymbol{\Theta}=[\Theta_x,\Theta_y,\Theta_z]^{\mathrm{T}}$ 表示角位移 θ 对应的模态坐标列阵，用 $\boldsymbol{M}=[M_x,M_y,M_z]^{\mathrm{T}}$表示内力矩 m 对应的模态坐标列阵，用 $\boldsymbol{Q}=[Q_x,Q_y,Q_z]^{\mathrm{T}}$ 表示内力 q 对应的模态坐标列阵。也就是说，小写字母表示物理坐标，大写字母表示对应的模态坐标。在线性时不变振动系统中，物理坐标可以用模态坐标表示为

$$\boldsymbol{r}=\sum_{k=1}^{n}\boldsymbol{R}^k q^k(t),\quad \boldsymbol{\theta}=\sum_{k=1}^{n}\boldsymbol{\Theta}^k q^k(t),\quad \boldsymbol{m}=\sum_{k=1}^{n}\boldsymbol{M}^k q^k(t),\quad \boldsymbol{q}=\sum_{k=1}^{n}\boldsymbol{Q}^k q^k(t) \tag{2-1}$$

式中：k 表示模态阶数；n 表示系统的自由度数；t 表示时间；$q^k(t)$表示广义坐标。

用带有下标的小写黑斜体字母 $\boldsymbol{z}_{i,j}$ 代表物理坐标下连接点处的状态矢量(SV)，对应的模态坐标下的状态矢量用带有下标的大写黑斜体字母 $\boldsymbol{Z}_{i,j}$ 表示，如下所示：

$$\left.\begin{aligned}\boldsymbol{z}_{i,j}&=[x,y,z,\theta_x,\theta_y,\theta_z,m_x,m_y,m_z,q_x,q_y,q_z]^{\mathrm{T}}\\ \boldsymbol{Z}_{i,j}&=[X,Y,Z,\Theta_x,\Theta_y,\Theta_z,M_x,M_y,M_z,Q_x,Q_y,Q_z]^{\mathrm{T}}\end{aligned}\right\} \tag{2-2}$$

讨论单个元件时，为叙述和书写方便和直观，用带 $\boldsymbol{Z}_I(\boldsymbol{z}_I)$ 和 $\boldsymbol{Z}_O(\boldsymbol{z}_O)$ 分别表示元件输入端和输出端的状态矢量。状态矢量中的位移通常包括线位移和角位移，位置坐标包括位置和转角，力通常包括力和力矩，为书写简洁，在不引起混淆的情况下，一般不再专门说明。用带有下标的大写黑斜体字母 $\boldsymbol{U}_i$ 表示元件的传递矩阵，其中 i 表示元件的序号。用大写黑斜体字母 $\boldsymbol{I}_n$ 表示 n 阶单位矩阵，用大写黑斜体字母 $\boldsymbol{O}_{m\times n}$ 表示 m 行 n 列的零矩阵。线性多体系统传递矩阵法，对任一线性多体系统，均可“化整为零”“分割”成若干个元件。为了方便地写出系统的总传递方程和总传递矩阵，以图 2－3 为例，链式的振动系统有 j 个元件和$j+1$ 个连接点。对于通常单入单出的元件的传递方程(TE)可以写为 $\boldsymbol{Z}_o=\boldsymbol{U}_j\boldsymbol{Z}_I$。一旦得到元件的传递矩阵，根据系统结构特性，拼装各元件的传递矩阵可得系统总传递方程和总传递矩阵为

$$\left.\begin{aligned}\boldsymbol{Z}_{\mathrm{O}}&=\boldsymbol{T}\boldsymbol{Z}_I\\ \boldsymbol{U}_{\mathrm{all}}\boldsymbol{Z}_{\mathrm{all}}&=\boldsymbol{0}\end{aligned}\right\} \tag{2-3}$$

式中：$\boldsymbol{T}=\prod_{k=0}^{j-1}\boldsymbol{U}_{j-k}$；$\boldsymbol{Z}_{\mathrm{all}}^{\mathrm{T}}=[\boldsymbol{Z}_{\mathrm{I}}^{\mathrm{T}}\quad \boldsymbol{Z}_{\mathrm{O}}^{\mathrm{T}}]^{\mathrm{T}}$；$\boldsymbol{U}_{\mathrm{all}}=[\boldsymbol{T}\quad -\boldsymbol{I}_{n_s}]$。这里的 $\boldsymbol{U}_{\mathrm{all}}$ 是系统的总传递矩阵，$\boldsymbol{Z}_{\mathrm{all}}$ 是系统边界点状态矢量，$\boldsymbol{T}$ 表示从系统根边界点到系统梢边界点的路径上所有元件传递矩阵的依序连乘积。

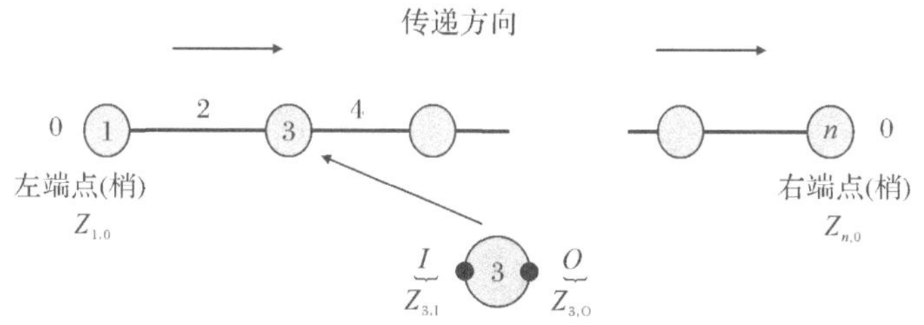

图 2－3　传递矩阵法中链式系统的拓扑图

将系统边界条件代入式，可得系统特征方程为

$$\overline{\boldsymbol{U}}_{\mathrm{all}}\overline{\boldsymbol{Z}}_{\mathrm{all}}=0 \tag{2-4}$$

式中：$\overline{\boldsymbol{Z}}_{\mathrm{all}}$为 $\boldsymbol{Z}_{\mathrm{all}}$ 去掉零元素后得到的列阵；$\overline{\boldsymbol{U}}_{\mathrm{all}}$为消去 $\boldsymbol{U}_{\mathrm{all}}$ 中与 $\boldsymbol{Z}_{\mathrm{all}}$ 中零元素对应的列得到的方阵。

从上面的推导过程可见，无论$\overline{\boldsymbol{U}}_{\mathrm{all}}$还是$\boldsymbol{U}_{\mathrm{all}}$都只与系统的结构参数和固有频率$\omega_k$($k=1,2,\cdots$)有关，对于实际的线性振动系统，式(2-4)必有非零解，则系统的固有频率对应的矩阵$\overline{\boldsymbol{U}}_{\mathrm{all}}$需满足下面的条件：

$$\det(\overline{\boldsymbol{U}}_{\mathrm{all}})=0 \tag{2-5}$$

式(2-5)即为系统的特征方程，求解特征方程式(2-5)即可得系统的固有频率，求解式(2-4)可得到对应于固有频率ω_k的系统边界点状态矢量$\overline{\boldsymbol{Z}}_{\mathrm{all}}$和$\boldsymbol{Z}_{\mathrm{all}}$，进而通过元件传递方程得到对应于固有频率$\omega_k$的系统全部连接点的状态矢量，即为系统的振型。以上为MSTMM中的基本符号约定和最简单的链式系统的振动特性求解方法[136,172]。

多体系统传递矩阵法中常见的拓扑图如图2-4所示，一般多体系统由链式系统、树形系统、闭环系统组成。在MSTMM的思想中，处理复杂多体系统动力学问题的宗旨是把复杂多体系统分解成许多可用矩阵形式表达的力学特征元件。把每个元件的传递矩阵视为一个“建筑砌块”，将这些“建筑砌块”按系统动力学模型拓扑图及系统总传递方程自动推导定理进行拼装，就可得整个多刚柔体系统的动力学特征[127,175-177]。多体系统传递矩阵法及其拓扑方法可以大大简化求解过程，在近些年已经成功地应用于多项国家重大项目及许多工程设计和基础理论研究中，如图2-5所示的多管火箭发射系统、自行火炮系统、多级运载火箭等[127,173-174]。

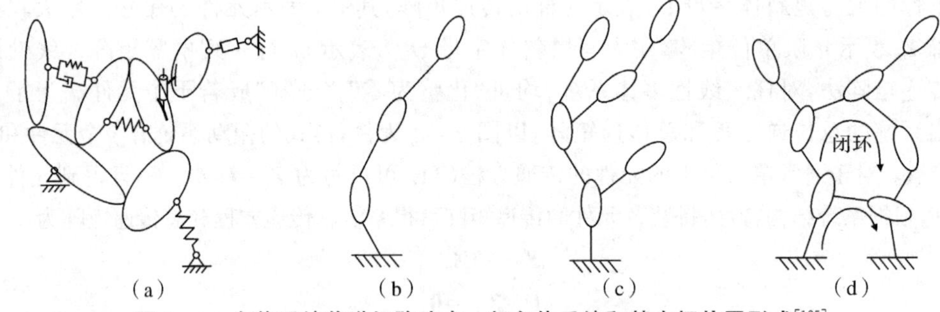

图2-4　多体系统传递矩阵法中一般多体系统和基本拓扑图形式[125]

(a)一般多体系统；(b)链式；(c)树形；(d)闭环

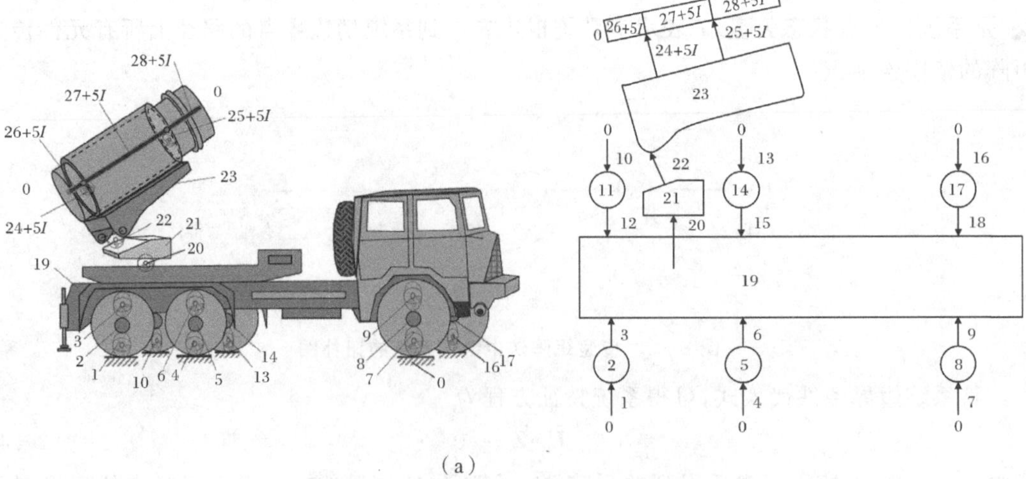

(a)

图2-5　MSTMM及其拓扑方法在工程领域的应用[127,173-174]

(a)多管火箭模型及其拓扑图；

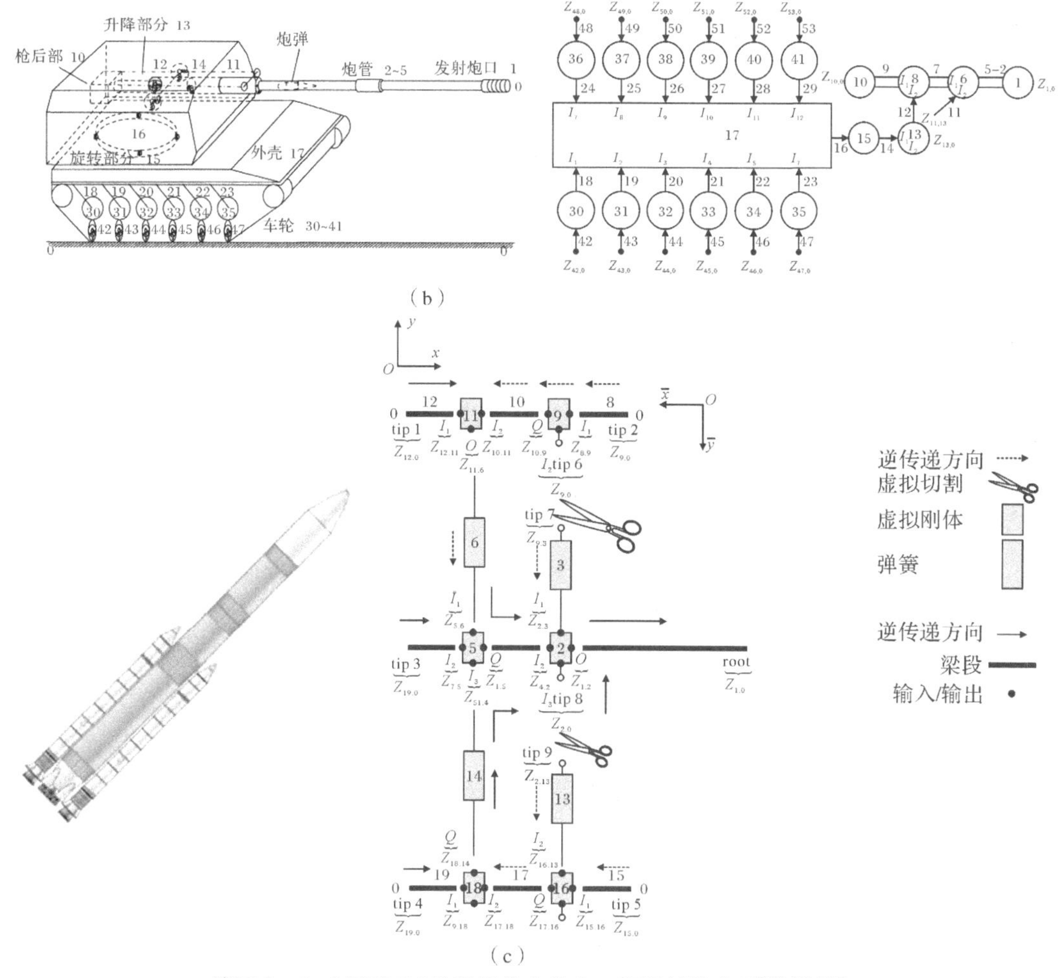

(b)

(c)

续图 2-5　MSTMM 及其拓扑方法在工程领域的应用[125,173-174]

(b)自行火炮模型及其拓扑图；(c)多级运载火箭模型及其拓扑图

在 MSTMM 中，用大写黑斜体字母 $\boldsymbol{V}$ 表示系统的增广特征矢量，第 k 阶模态对应的增广特征矢量用 $\boldsymbol{V}^k$ 表示，对应的物理坐标列阵用小写黑斜体字母 $\boldsymbol{v}$ 表示，$\boldsymbol{v}$ 对时间 t 的 1 阶导数用 $\boldsymbol{v}_t$ 表示，$\boldsymbol{v}$ 对时间 t 的 2 阶导数用 $\boldsymbol{v}_{tt}$ 表示。

无阻尼多刚柔体系统的体动力学方程为

$$\boldsymbol{M}\boldsymbol{v}_{\mathrm{u}}+\boldsymbol{K}\boldsymbol{v}=\boldsymbol{f} \tag{2-6}$$

式中：$\boldsymbol{f}$ 为外力。

用增广特征矢量用 $\boldsymbol{V}^k$ 将动力响应物理坐标展开成

$$\boldsymbol{v}=\sum_{k=1}^{n}\boldsymbol{V}^k q^k \tag{2-7}$$

将式(2-7)代入到式(2-6)，得到

$$\sum_{k=1}^{n}\boldsymbol{M}\boldsymbol{V}^k\ddot{q}^k(t)+\sum_{k=1}^{n}\boldsymbol{K}\boldsymbol{V}^k q^k(t)=\boldsymbol{f} \tag{2-8}$$

用增广特征矢量用 $\boldsymbol{V}^p$ $(p=1,2,\cdots,n)$对式(2-8)两边取内积，并利用增广特征矢量的正交性[125]：

$$\left.\begin{aligned}\langle \boldsymbol{MV}^k, \boldsymbol{V}^p\rangle = \delta_{k,p}\boldsymbol{M}_p \\ \langle \boldsymbol{KV}^k, \boldsymbol{V}^p\rangle = \delta_{k,p}\boldsymbol{K}_p\end{aligned}\right\} \tag{2-9}$$

得

$$\ddot{q}^p(t) + \omega_p^2 q^p(t) = \frac{\langle \boldsymbol{f}, \boldsymbol{V}^p\rangle}{\boldsymbol{M}_p}, \quad p=1,2,\cdots,n \tag{2-10}$$

假设该多刚柔体系统的初始条件为

$$\left.\begin{aligned}\boldsymbol{v}(t)\big|_{t=0} = \boldsymbol{v}_0 \\ \boldsymbol{v}_t(t)\big|_{t=0} = \dot{\boldsymbol{v}}\end{aligned}\right\} \tag{2-11}$$

系统的固有频率ω_p ($p=1,2,\cdots,n$)及其对应增广光特征矢量 $\boldsymbol{V}^p$ 可由式(2－5)求出。通过求解式(2－9)～式(2－11)可以计算出系统的动力响应。

2.2.2 有限元法(FEM)基本理论

有限元法(FEM),是一种有效解决数学物理问题的数值计算近似方法,主要用来解决结构中力与位移的关系,FEM 最先应用于航空工程结构力学分析。

FEM 的基本求解思想是基于变分原理和加权余量法,把连续系统分割成有限个互不重叠的单元,在每个单元内,选择一些合适的节点作为求解函数的插值点,将微分方程中的变量改写成由各变量或其导数的节点值与所选用的插值函数组成的线性表达式,从而达到将微分方程进行离散求解的目的[178-179]。有限元方法最早应用于结构力学,后来随着计算机技术的高速发展,FEM 迅速扩展到流体力学、传热学、电磁学、声学等其他领域。图 2－6 为有限元法形成的发展历程[178]。

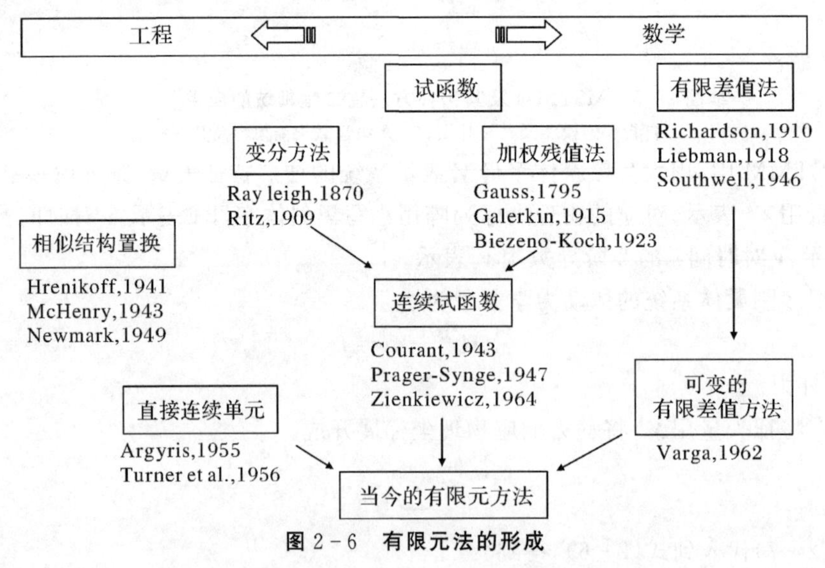

图 2－6　有限元法的形成

有限元法基于“离散逼近”的基本策略,可以采用较多数量的简单函数的组合来“近似”代替非常复杂的原函数。以下为两种典型的函数逼近思想:①经典瑞利-里兹思想,即基于全域的函数展开(如采用傅里叶级数展开),如图 2－7(a)所示;②有限元方法的思想,即基于子域的分段函数组合（如采用分段线性函数的连接），如图 2-7(b)所示。该方法就是现代力学分析中的有限元方法的思想，其中的分段就是“单元”的概念。

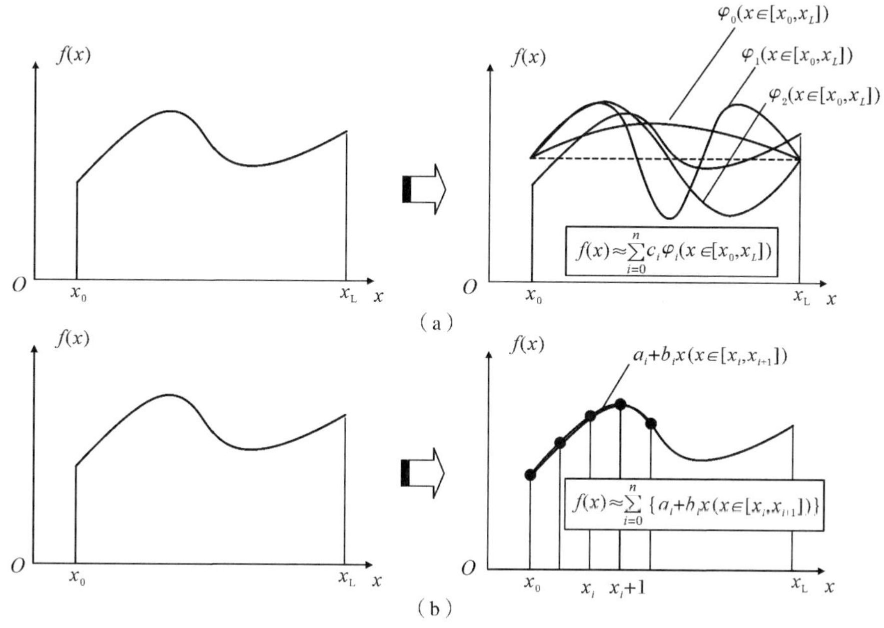

图 2-7　函数的展开与逼近方法

(a)基于全域 $[x_0, x_L]$ 的函数展开与逼近；(b)基于子域 $[x_i, x_{i+1}]$ 的函数展开与逼近

有限元法的基本思想是用离散单元的集合体代替原来的连续体。随着计算机技术的飞速发展，目前已经出现了大量的基于有限元方法原理的优秀软件，如 ANSYS、NASTRAN、ABAQUS、ADINA 等，并在工程实际中发挥了重要作用[180-181]。有限元分析的最大特点就是标准化和规范化，单元是实现有限元分析标准化和规范化的载体。这些单元就类似于建筑施工中一些标准的预制构件（如梁、楼板等），可以按设计要求搭建出各种各样的复杂结构，如图 2-8 所示。ANSYS 软件中常用的一些单元如图 2-9 所示[180-181]。

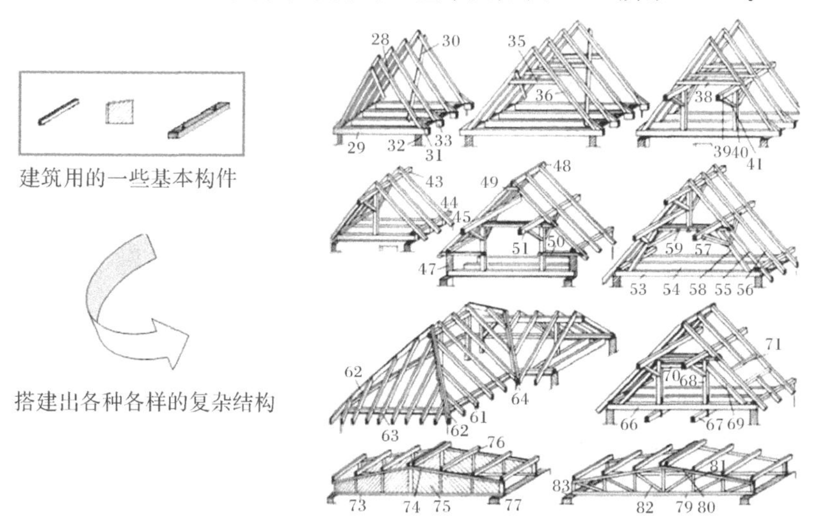

图 2-8　在建筑中采用一些基本构件可以搭建出各种各样的复杂结构

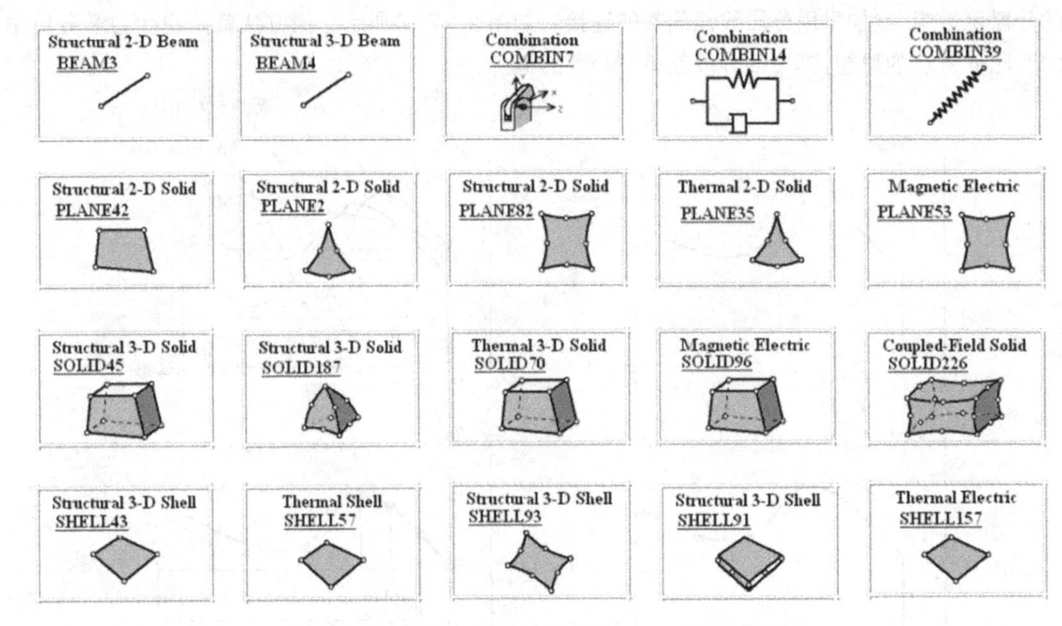

图 2-9　常用的一些典型单元(ANSYS 软件)[180-181]

有限元方法求解问题主要分为以下几步：

(1)将连续体离散成为单元组合体，即划分网格；

(2)利用弹性力学的平衡方程、几何方程、物理方程和虚功原理得到单元节点力和节点位移之间的力学关系，即建立单元刚度矩阵；

(3)建立整个结构的所有节点载荷与节点位移之间的关系(整体结构平衡方程)，即建立结构的的总体刚度矩阵；

(4)边界条件，即排除结构发生整体刚性位移的可能性；

(5)求解线性方程组，即方程组有唯一解，得到结构中各节点的位移，单元内部位移通过插值得到。

基于 FEM 的模态计算方法如下：

对于具有 n 个自由度的系统，其结构动力方程为

$$\boldsymbol{M}\boldsymbol{x}+\boldsymbol{C}\dot{\boldsymbol{x}}+\boldsymbol{K}\boldsymbol{x}=\boldsymbol{F} \tag{2-12}$$

式中：$\boldsymbol{M}$ 为质量矩阵；$\boldsymbol{C}$ 为阻尼矩阵；$\boldsymbol{K}$ 为刚度矩阵；$\boldsymbol{x},\dot{\boldsymbol{x}},\ddot{\boldsymbol{x}}$ 为节点的位移、速度、加速度矢量；$\boldsymbol{F}$ 为作用在海洋柔体结构表面的流体力，可以由 CFD 势流理论模型、半经验模型计算得到。

当不计阻尼作用，系统做自由振动，即 $\boldsymbol{C}=0,\boldsymbol{F}=0$ 时，方程改写为

$$\boldsymbol{M}\ddot{\boldsymbol{x}}+\boldsymbol{K}\boldsymbol{x}=\boldsymbol{0} \tag{2-13}$$

在系统自由振动时，假设所有的质点都做简谐运动，则方程解的形式为

$$\boldsymbol{x}_i=\boldsymbol{A}^{(i)}\sin(\omega_{ni}t+\varphi_i) \tag{2-14}$$

式中：ω_{ni},φ_i 分别为第 i 阶振型对应的固有频率和相位角；$\boldsymbol{x}_i$ 为第 i 阶振型的诸位移的列阵；

$\boldsymbol{A}^{(i)}$为第 i 阶振型中的位移最大值或振幅向量。

将式(2-14)代入式(2-13),得到

$$(\boldsymbol{K}-\omega_{ni}^{2}\boldsymbol{M})\boldsymbol{A}^{(i)}=\boldsymbol{0} \tag{2-15}$$

令

$$\boldsymbol{K}-\omega_{ni}^{2}\boldsymbol{M}=\boldsymbol{H}^{(i)} \tag{2-16}$$

式(2-16)称为特征矩阵。

对于振动系统,式(2-15)中振幅 $\boldsymbol{A}^{(i)}$必有非零解,则必有

$$\left|\boldsymbol{K}-\omega_{ni}^{2}\boldsymbol{M}\right|=0 \tag{2-17}$$

由式(2-17)可得出不同的ω_{ni}^{2},共有 n 个根,此根即为特征值,开方后即得固有频率ω_{ni}的值,系统有多少个自由度,便存在多少个对应的固有频率,而其对应的特征向量 $\boldsymbol{A}^{(i)}$便为该固有频率对应的振型。若质量矩阵 $\boldsymbol{M}$ 是正定的,且刚度矩阵 $\boldsymbol{K}$ 是正定或者半正定的,则方程(2-17)的特征值ω_{ni}^{2}全部为正数,特殊情况下会存在重根或者零根,将 n 个固有频率由小到大排列。

$$0\leqslant\omega_{n1}\leqslant\omega_{n2}\leqslant\cdots\leqslant\omega_{nn} \tag{2-18}$$

本书 FEM 建模的部分主要采用 shell181 壳单元、solid186 实体单元、solid187 实体单元进行建模,其中 shell181 还可以用于复合材料铺层建模,壳单元节点为 6-DOF,实体单元节点为 3-DOF[45,47]。求解结构的动力学响应可以采用模态叠加法或者直接积分法。对于本书所需解决的海洋工程瞬态动力学问题,运动方程保持为时间的函数,并且可以通过显式或隐式的方法求解。本书有限元计算部分主要基于商业软件 ANSYS 完成。

2.3 流体载荷求解方法

2.3.1 Theodorsen 非定常流体理论

对于经典线性颤振计算方法,其气动力模型基于平板气动力理论建立,而其中 Theodorsen 理论就是一种常用的方法,适用于不可压缩气体,也可以适用于水动力计算,其计算方法简单,计算效率高,在颤振初步设计阶段有非常好的适用性,主要用在二元机翼、水翼和大展弦比机翼的线性、非线性颤振计算中。一个单位展长的二元水翼如图 2-10 所示。水翼的半径长为 b,刚心(弹性轴位置)E 距离翼弦中点为 ab,a 为翼弦中点到刚心的距离占半弦长的百分比,刚心在翼弦中点后时>0,刚心在翼弦中点前时<0。水翼的运动由刚心的沉浮位移 h 和水翼绕刚心的俯仰角 α(迎风抬头为正)来描述。Theodorsen 理论的推导极其复杂,这里直接给出频域上 Theodorsen 非定常流体理论的表达式,即在不可压缩流中的二元水翼,当它以角频率 ω 做简谐运动和俯仰运动时,水翼单位展长的升力 L(向上为正)和对刚心的俯仰力矩 T_{α}(迎风抬头为正)分别为[182]

$$L=\pi\rho b^{2}(\ddot{h}+V\dot{\alpha}-ba\ddot{\alpha})+2\pi\rho VbC(k)\left[V\alpha+\dot{h}+b\left(\frac{1}{2}-a\right)\dot{\alpha}\right] \tag{2-19a}$$

$$T_\alpha=\pi\rho b^2\left[b\ddot{h}-Vb\left(\frac{1}{2}-a\right)\dot{\alpha}-b^2\left(\frac{1}{8}+a^2\right)\ddot{\alpha}\right]+$$
$$2\pi\rho Vb^2\left(a+\frac{1}{2}\right)C(k)\left[V\alpha+\dot{h}+b\left(\frac{1}{2}-a\right)\dot{\alpha}\right] \tag{2-19b}$$

式中：V 为来流速度；ρ 为不可压缩流体的密度；$C(k)$ 为 Theodorsen 函数，其值与折合频率 $k=\frac{\omega b}{V}$ 有关。$C(k)$ 函数的具体表达式见文献[199]。

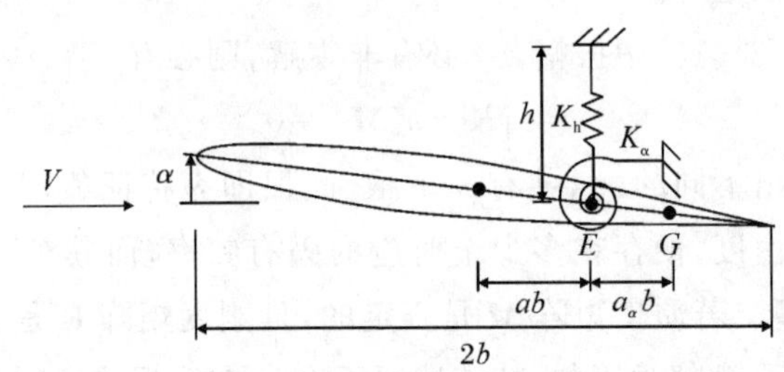

图 2-10 Theodorsen 理论计算非定常气动力

任意运动时域水动力的计算对结构非线性水弹性系统的响应计算具有重要意义。首先从做简谐沉浮和俯仰运动的二元水翼所受的水动力出发来建立二元水翼任意运动水动力的表达式。

在处理不可压缩流中水翼做任意运动时所受的非定常水动力时，式(2-19)中的环量部分和非环量部分是可以分开来处理的。式(2-19)中与 $C(k)$ 无关的部分属于非环量部分，代表的是惯性效应，对于非环量部分中的 $\dot{\alpha}$ 项，它虽然是产生环量的基础，但与 k 无关。式(2-19)中与 $C(k)$ 相关的部分属于环量部分。因此，当水翼作任意沉浮和俯仰运动时，非环量部分的表达式是保持不变的，但对于包含 $C(k)$ 的环量部分则需要进一步处理。Theodorsen理论表达式(2-19)中，有环量升力是作用在 1/4 弦点，并且对非定常水动力的环量部分起决定作用的只是 3/4 弦长处的下洗，有

$$W_{3/4}(t)=-\left[V\alpha+\dot{h}+b\left(\frac{1}{2}-a\right)\dot{\alpha}\right]=-Q_{3/4}(t) \tag{2-20}$$

将$W_{3/4}(t)$看作 $f(\omega)$ 的傅里叶逆变换，有

$$W_{3/4}(t)=-\frac{1}{2\pi}\int_{-\infty}^{\infty}f(\omega)\mathrm{e}^{\mathrm{i}\omega t}\,\mathrm{d}\omega \tag{2-21}$$

而 $f(\omega)$ 是$W_{3/4}(t)$的傅里叶正变换，即

$$f(\omega)=\int_{-\infty}^{\infty}W_{3/4}(t)\mathrm{e}^{-\mathrm{i}\omega t}\,\mathrm{d}t \tag{2-11}$$

设由单位幅值的谐和下洗诱导产生的单位翼展有环量升力幅值为 ΔL_c，则 ΔL_c 可表示为

$$\Delta L_c=-2\pi\rho VbC(k) \tag{2-23}$$

于是，由$W_{3/4}(t)$诱导的总的升力由傅里叶逆变换给出：

$$L_c=\frac{1}{2\pi}\int_{-\infty}^{\infty}f(\omega)\Delta L_c\mathrm{e}^{\mathrm{i}\omega t}\,\mathrm{d}\omega=-\rho Vb\int_{-\infty}^{\infty}C(k)f(\omega)\mathrm{e}^{\mathrm{i}\omega t}\,\mathrm{d}\omega \tag{2-24}$$

这样，升力和力矩就可表示为

$$L=\pi\rho b^2(\ddot{h}+V\dot{\alpha}-ba\ddot{\alpha})-\rho Vb\int_{-\infty}^{\infty}C(k)f(\omega)\mathrm{e}^{\mathrm{i}\omega\tau}\,\mathrm{d}\omega \tag{2-25a}$$

$$T_\alpha = \pi\rho b^2\left[ba\ddot{h} - Vb\left(\frac{1}{2}-a\right)\dot{\alpha} - b^2\left(\frac{1}{8}+a^2\right)\ddot{\alpha}\right] - \rho V b^2\left(a+\frac{1}{2}\right)\int_{-\infty}^{\infty} C(k)f(\omega)\mathrm{e}^{\mathrm{i}\omega t}\mathrm{d}\omega \tag{2-25b}$$

Wagner 问题考虑的是水翼攻角做阶跃变化情形。设攻角阶跃变化的幅值为α_0，则有

$$\alpha=\begin{cases}0, & t<0,\\ \alpha_0, & t\geqslant 0,\end{cases}\quad h\equiv 0 \tag{2-26}$$

因此，当 $t\geqslant 0$ 时，有 $\dot{h}=\dot{\alpha}=0$，根据式(2－21)可知此时在翼型 3/4 弦点的下洗可写为

$$W_{3/4}=\begin{cases}0, & t<0\\ -V\alpha_0, & t\geqslant 0\end{cases} \tag{2-27}$$

式(2－27)中的下洗$W_{3/4}$的傅里叶变换为

$$\int_{-\infty}^{\infty} W_{3/4}(t)\mathrm{e}^{-\mathrm{i}\omega t}\mathrm{d}t = -V\alpha_0\frac{1}{i\omega},\quad \omega\neq 0 \tag{2-28}$$

下洗$W_{3/4}$是$-V\alpha_0/\mathrm{i}\omega$ 的傅里叶逆变换，写为

$$W_{3/4}=\frac{-V\alpha_0}{2\pi}\int_{-\infty}^{\infty}\frac{1}{i\omega}\mathrm{e}^{-\mathrm{i}\omega t}\mathrm{d}\omega,\quad \omega\neq 0 \tag{2-29}$$

根据式(2－28)和式(2－29)，得到水翼攻角做幅值为α_0 的阶跃变化时产生的单位展长上有环量升力为

$$L_{\mathrm{cstep}}=\frac{-V\alpha_0}{2\pi}\int_{-\infty}^{\infty}\frac{1}{i\omega}\Delta L_c\mathrm{e}^{\mathrm{i}\omega t}\mathrm{d}\omega=\rho V^2 b\alpha_0\int_{-\infty}^{\infty}\frac{C(k)}{i\omega}\mathrm{e}^{\mathrm{i}\omega t}\mathrm{d}\omega = \rho V^2 b\alpha_0\int_{-\infty}^{\infty}\frac{C(k)}{ik}\mathrm{e}^{\mathrm{i}k\hat{\tau}}\mathrm{d}k \tag{2-30}$$

式中：$\hat{\tau}=\dfrac{Vt}{b}$为无量纲时间。

通常将式(2－30)用 Wagner 函数 $\phi_\omega(\hat{\tau})$来表示，即

$$L_{\mathrm{cstep}}=2\pi\rho VbV\alpha_0\phi_\omega(\hat{\tau}) \tag{2-31}$$

式中：

$$\phi_\omega(\hat{\tau})=\frac{1}{2\pi}\int_{-\infty}^{\infty}\frac{C(k)}{ik}\mathrm{e}^{\mathrm{i}k\hat{\tau}}\mathrm{d}k \tag{2-32}$$

为 Wagner 函数。

为考察 $\phi_\omega(\hat{\tau})$的物理意义，将式(2－31)改写为

$$\frac{L_{\mathrm{norm}}}{V\alpha_0}=\phi_\omega(\hat{\tau}) \tag{2-33}$$

式中：$L_{\mathrm{norm}}=L_{\mathrm{cstep}}/(2\pi\rho Vb)$表示正则化有环量升力。由式(2－33)可清楚看出 ϕ_ω的物理意义是：水翼 3/4 弦点处的单位阶跃下洗所诱导的正则化有环量升力。

直接计算式(2－33)给出的 Wagner 函数是比较困难的。经推导，式(2－33)还可表示为

$$\phi_\omega(\hat{\tau})=\frac{2}{\pi}\int_0^{\infty}\frac{F(k)}{k}\sin k\hat{\tau}\,\mathrm{d}k = 1+\frac{2}{\pi}\int_0^{\infty}\frac{G(k)}{k}\cos k\hat{\tau}\,\mathrm{d}k \tag{2-34}$$

式中：$F(k)$、$G(k)$分别是 Theodorsen 函数 $C(k)$的是实部和虚部。

可根据式(2－34)得到 Wagner 函数的近似表达式：

$$\phi_{\omega}(\hat{\tau})=1-A_1\mathrm{e}^{-b_1\hat{\tau}}-A_2\mathrm{e}^{-b_2 t} \tag{2-35}$$

式中：$A_1=0.165$，$A_2=0.335$，$b_1=0.0455$，$b_2=0.3$，这个近似表达式的精度在1%以内。

Wagner 函数的另一种近似形式为

$$\phi_{\omega}(\hat{\tau})=\frac{\hat{\tau}+2}{\hat{\tau}+4} \tag{2-36}$$

式(2-36)可进行简单的拉普拉斯变换，因此实际应用中多采用式(2-36)给出的 Wagner 函数形式。

若已知水翼3/4弦点处单位阶跃下洗与诱导的正则化有环量升力，即 Wagner 函数，则根据叠加原理就可把任意时间函数的下洗$W_{3/4}(t)$诱导产生的非定常水动升力表示为 Duhamel积分的形式。水翼任意运动所受升力与力矩表达式有以下形式[182]：

$$\begin{aligned}L=&\pi\rho b^2(\ddot{h}+V\dot{\alpha}-ba\ddot{\alpha})+\\&2\pi\rho Vb\left[Q_{3/4}(0)\phi_{\omega}(\hat{\tau})+\int_0^t\frac{\mathrm{d}Q_{3/4}(\sigma)}{\mathrm{d}\sigma}\phi_{\omega}(\hat{\tau}-\sigma)\mathrm{d}\sigma\right]\end{aligned} \tag{2-37a}$$

$$\begin{aligned}T_{\alpha}=&\pi\rho b^2\left[ba\ddot{h}-Vb\left(\frac{1}{2}-a\right)\dot{\alpha}-b^2\left(\frac{1}{8}+a^2\right)\ddot{\alpha}\right]+\\&2\pi\rho Vb^2\left(a+\frac{1}{2}\right)\left[Q_{3/4}(0)\phi_{\omega}(\hat{\tau})+\int_0^t\frac{\mathrm{d}Q_{3/4}(\sigma)}{\mathrm{d}\sigma}\phi_{\omega}(\hat{\tau}-\sigma)\mathrm{d}\sigma\right]\end{aligned} \tag{2-37b}$$

2.3.2 Van der Pol 尾流振子模型

当流体流过圆柱体边缘时，流动压力上升，速度减小，边界层发生分离，在柱体的后面会产生漩涡，这种漩涡的出现具有周期性，而且在一定的条件下会形成流体与结构之间的耦合作用。漩涡泄放会产生垂直于来流方向的周期性变化的升力F_L，进而引起立管发生横向涡激振动(Cross-flow Vibration)；同样，漩涡泄放还会使得柱体顺流向拖曳力F_D周期性变化，引起柱体发生顺流向涡激振动(In-line Vibration)。每一个单一漩涡的产生和泄放构成F_D的一个周期。一般F_D的周期为F_L的一半，但F_D比F_L小很多，甚至小一个数量级，因此，拖曳力产生的顺流向结构响应要比脉动升力产生的结构响应小很多。工程上往往直接只计算横向涡激振动响应，忽略顺流向涡激振动响应。

如图2-11所示，流体绕过柱体产生的漩涡的形态和雷诺数(Re)有关，Re是黏性力和惯性力之比，即

$$Re=\frac{\rho UD}{\mu} \tag{2-38}$$

式中：ρ是流体密度；U是来流速度；D是特征长度，一般是柱体结构的外径；μ是动力黏性系数。

当$Re<5$时，流体为理想绕流形式，无分离现象发生。当$5\leqslant Re<40$时，圆柱体后端的压力梯度不断增大，使得流体边界层发生分离，并在柱体后端形成一对稳定的小漩涡。当$40\leqslant Re<150$时，漩涡逐渐拉长并交替脱离柱体表面，柱体后面产生周期性交替的层流漩涡。当$150\leqslant Re<300$时，尾流逐渐由层流开始向湍流形式过渡。当$300\leqslant Re<3\times10^5$时，柱体表面边界层也逐渐向湍流状态过渡，周期性交替泄放的湍流漩涡，该段区域称为亚临界范

围。当 $3\times10^5 \leqslant Re < 3.5\times10^6$ 时，柱体尾流变化进入过渡状态，漩涡泄放没有明确频率，此时柱体曳力会急剧下降。当 $Re \geqslant 3.5\times10^6$ 时，即达到超临界状态，涡街再次建立起来[40]。在亚临界范围内，漩涡以一个相当明确的频率周期性的脱落。本书的研究范围主要是亚临界范围。

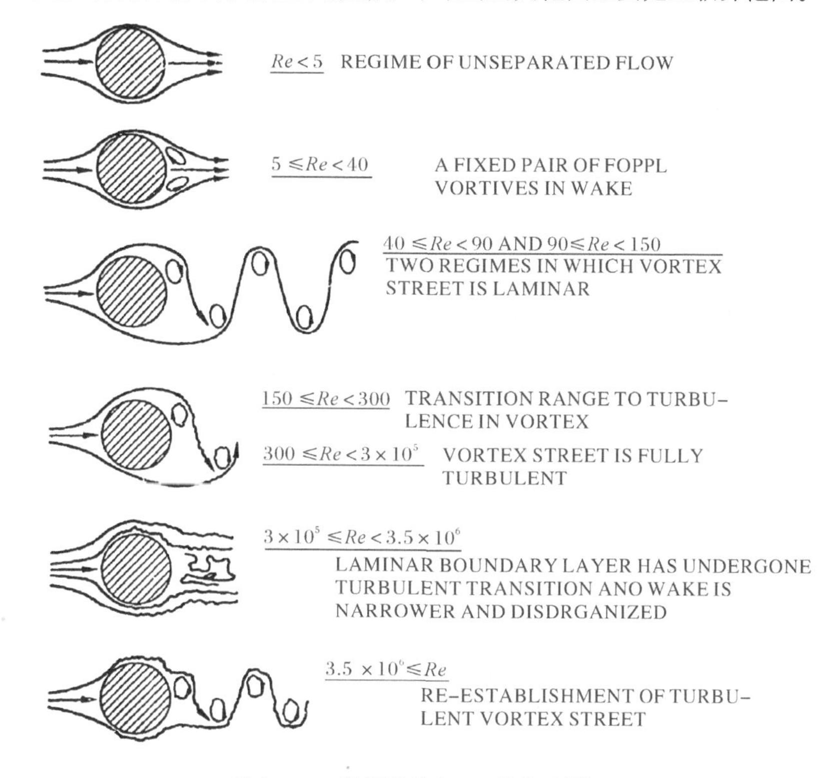

Re<5　REGIME OF UNSEPARATED FLOW
5 ≤Re<40　A FIXED PAIR OF FOPPL VORTIVES IN WAKE
40 ≤Re<90 AND 90≤Re<150
TWO REGIMES IN WHICH VORTEX STREET IS LAMINAR
150 ≤Re<300　TRANSITION RANGE TO TURBU-LENCE IN VORTEX
300 ≤Re<3×10^5　VORTEX STREET IS FULLY TURBULENT
3×10^5 ≤Re<3.5×10^6
LAMINAR BOUNDARY LAYER HAS UNDERGONE TURBULENT TRANSITION ANO WAKE IS NARROWER AND DISDRGANIZED
3.5×10^6≤Re
RE-ESTABLISHMENT OF TURBU-LENT VORTEX STREET

图 2-11　漩涡脱落与 *Re* 的关系[40]

描述圆柱绕流现象的一个重要参数是 Strouhal 数(St)，St 数代表流体的非定常性质。St 与漩涡脱落的频率 Ω_f 的关系式为

$$St=\frac{\Omega_f D}{U} \tag{2-39}$$

式中：Ω_f 为漩涡脱落的频率，通过对升力系数时间响应做快速傅里叶(FFT)变换得到，因此又叫升力频率；D 为柱体的外径；U 为来流速度。国外大量实验研究得到 St 与 Re 的关系图，如图 2-12 所示，在亚临界范围，$St\approx0.2\sim0.23$[183]。

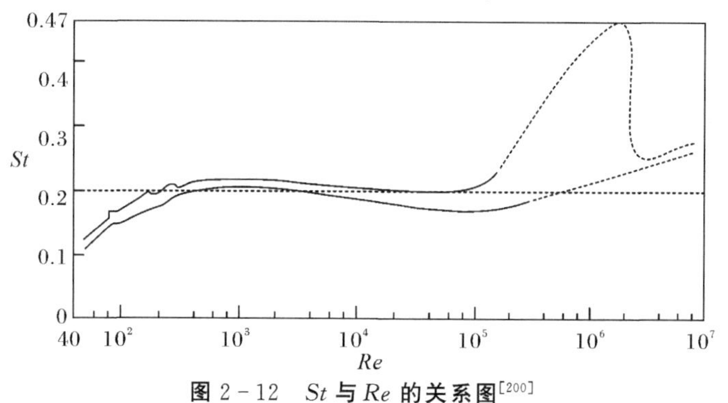

0.47
0.4
0.3
St
0.2
0.1
0
40
10^2
10^3
10^4
10^5
10^6
10^7
Re

图 2-12　*St* 与 *Re* 的关系图[200]

涡激振动研究中经常用到的约化速度U_r的定义式：

$$U_r=\frac{U}{f_n D} \tag{2-40}$$

式中：f_n 一般指的是柱体的湿模态固有频率。

在涡激振动研究领域，经常涉及频率“锁定”这个概念。频率“锁定”现象是涡激振动的主要特点之一，“锁定”现象即结构的振动频率与漩涡脱落频率一起锁定在结构固有频率 f_n 附近，造成流体与结构之间的非线性流固耦合作用。这是造成柱体结构疲劳损坏的主要因素。当频率“锁定”发生时，图 2-12 的关系便不再成立，而是在一个较大的流速范围内锁定在结构的自然频率 f_n 附近。对于涡激振动机理研究一般采用 CFD 方法，但是计算量较大。寻找一种合适于工程上快速计算分析的方法十分重要。

工程上，尾流振子模型是用以描述流体与结构耦合作用的一种常用的半经验方法，模型中的系数主要依赖模型实验和经验。尾流振子是一个抽象的概念，它对应着漩涡交替脱落的尾迹特征，可以用一个隐含流场变量来表示，并对应结构的升力变化[184]。该模型的原理是用一个非线性振荡器来代替相应流体力，通过简单的数学方法模拟流体与结构之间复杂的相互关系。在这一过程中，不考虑流场的详细变化，只用于结构振动稳定后的计算。采用该方法可以快速地解决工程中涡激振动的难题，该方法也被称为唯象模型(Phenomenological Model)[40]。随着尾流振子模型的不断改进及发展，目前其已广泛应用于解决二维、三维问题。但尾流振子模型只在模拟振幅较大的动力响应时可取得较好的效果，且该模型只能得到数据曲线图，无法像 CFD 一样分析流场，具有一定的局限性。

工程上用于涡激振动分析的尾流振子模型有很多种，如 Van der Pol 尾流振子模型、Iwan 尾流振子模型、Blevins 尾流振子模型等[85,184-186]。本书主要采用的是 Van der Pol 尾流振子模型。根据 Van der Pol 尾流振子模型，对于某柱体结构的外部激励可以写为

$$f(x,t)=f_D(x,t)+f_L(x,t) \tag{2-41}$$

外激励由漩涡泄放产生的涡激升力和柱体结构横向振动产生的流体拖曳力组成(Morison 公式中的阻尼力项)。实际上柱体结构外部激励还包括由于振动产生的附加惯性力(Morison公式中的惯性力项)，这一部分力一般合并到结构动力学方程中去，一般不单独列出在外部激励项中。因此，$f(x,t)$中不再包含惯性力项。

式(2-41)中：

$$\left.\begin{aligned} f_D(x,t)&=-\frac{1}{2}C_D\rho DU\frac{\partial y(x,t)}{\partial t}\\ f_L(x,t)&=\frac{1}{4}C_{L_0}\rho DU^2q_v(x,t)\end{aligned}\right\} \tag{2-42}$$

式中：ρ 是流体密度；D 是柱体结构外径；C_{L_0} 是刚性固定柱体的升力系数；U 是流速，可以是均匀来流，也可以是剪切流；C_D 是曳力系数。

考虑柔性立管与流体之间的流固耦合影响，基于如下方程描述漩涡的尾流特性：

$$\ddot{q}_v+\Omega_f(q^2-1)\dot{q}_v+\Omega_f^2q_v=\frac{A\ddot{y}}{D} \tag{2-43}$$

式中：变量 q_y 可以表示局部脉动的升力系数 C_L 与固定圆柱升力系数 C_{L0} 之比，$q_v=2C_L/C_{L0}$；Ω_f 是漩涡脱落的圆频率，$\Omega_f=2\pi\cdot St\cdot U/D$；$A$ 和 ε 是系数，由实验确定；$\ddot{y}$ 是$y(x,t)$的二阶导数。

2.3.3　计算流体力学(CFD)理论

CFD 数值模拟技术能够预测冷/热流体、多相流的流动特性、热传递、化学反应等物理现象，是一门独立的新学科[187-188]。CFD 数值模拟可以很好地预测具有复杂几何外形模型的流场结构[189-191]，可以更加深刻地理解问题产生的机理，为实验提供指导，模拟实验无法模拟的条件，节省实验所需的人力、物力和时间，并对实验结果整理和总结规律起到很好的指导作用。目前，CFD 技术已具备模拟三维黏性流场绕流的能力，为柔性结构提供精确的海洋环境流体响应载荷，成为研究海洋工程领域研究的重要工具[192-193]。

流体流动通常需要遵守质量、动量、能量等守恒定律，流动是湍流状态，需要添加湍流模型[187-188,194]。

(1)质量守恒方程。质量守恒方程又称为连续性方程，即

$$\frac{\partial \rho}{\partial t}+\frac{\partial \rho u}{\partial x}+\frac{\partial \rho v}{\partial y}+\frac{\partial \rho w}{\partial z}=0 \tag{2-44}$$

矢量符号 $\mathrm{div}\boldsymbol{a}=\frac{\partial a_x}{\partial x}+\frac{\partial a_y}{\partial y}+\frac{\partial a_z}{\partial z}$，则式(2－36)的矢量形式为

$$\frac{\partial \rho}{\partial t}+\mathrm{div}(\rho \boldsymbol{u})=0 \tag{2-45}$$

式中：ρ 为密度；t 为时间；$\boldsymbol{u}$ 为速度矢量。

(2)动量守恒方程。x、y 和 z 三个方向的动量方程为

$$\frac{\partial \rho u}{\partial t}+\mathrm{div}(\rho u\boldsymbol{u})=-\frac{\partial p}{\partial x}+\frac{\partial \tau_{xx}}{\partial x}+\frac{\partial \tau_{yx}}{\partial y}+\frac{\partial \tau_{zx}}{\partial z}+F_x \tag{2-46a}$$

$$\frac{\partial \rho v}{\partial t}+\mathrm{div}(\rho v\boldsymbol{u})=-\frac{\partial p}{\partial y}+\frac{\partial \tau_{xy}}{\partial x}+\frac{\partial \tau_{yy}}{\partial y}+\frac{\partial \tau_{zy}}{\partial z}+F_y \tag{2-46b}$$

$$\frac{\partial \rho w}{\partial t}+\mathrm{div}(\rho w\boldsymbol{u})=-\frac{\partial p}{\partial z}+\frac{\partial \tau_{xz}}{\partial x}+\frac{\partial \tau_{yz}}{\partial y}+\frac{\partial \tau_{zz}}{\partial z}+F_z \tag{2-46c}$$

式中：p 为流体微元上的压力；τ_{xx}、τ_{xy} 和 τ_{xz} 为作用在流体微元表面上的黏性应力 τ 的分量；F_x、F_y 和 F_z 为微元体上的体积力。

对于牛顿流体，黏性应力 τ 和流体变形率成比例，即

$$\left.\begin{aligned}
\tau_{xx}&=2\mu\frac{\partial u}{\partial x}+\lambda\mathrm{div}\boldsymbol{u}\\
\tau_{yy}&=2\mu\frac{\partial v}{\partial y}+\lambda\mathrm{div}\boldsymbol{u}\\
\tau_{zz}&=2\mu\frac{\partial w}{\partial z}+\lambda\mathrm{div}\boldsymbol{u}\\
\tau_{xy}&=\tau_{yx}=\mu\left(\frac{\partial u}{\partial y}+\frac{\partial v}{\partial x}\right)\\
\tau_{xz}&=\tau_{zx}=\mu\left(\frac{\partial u}{\partial z}+\frac{\partial w}{\partial x}\right)\\
\tau_{yz}&=\tau_{zy}=\mu\left(\frac{\partial v}{\partial z}+\frac{\partial w}{\partial y}\right)
\end{aligned}\right\} \tag{2-47}$$

式中：μ 是动力黏度；λ 是第二黏度，此次取 $\lambda=-2/3$。

将式(2-47)代入式(2-46)，得

$$\frac{\partial(\rho u)}{\partial t}+\mathrm{div}(\rho u\boldsymbol{u})=\mathrm{div}(\mu\cdot\mathbf{grad}u)-\frac{\partial p}{\partial x}+S_x \tag{2-48a}$$

$$\frac{\partial(\rho v)}{\partial t}+\mathrm{div}(\rho v\boldsymbol{u})=\mathrm{div}(\mu\cdot\mathbf{grad}v)-\frac{\partial p}{\partial y}+S_y \tag{2-48b}$$

$$\frac{\partial(\rho w)}{\partial t}+\mathrm{div}(\rho w\boldsymbol{u})=\mathrm{div}(\mu\cdot\mathbf{grad}w)-\frac{\partial p}{\partial z}+S_z \tag{2-48c}$$

式中：矢量符号 $\mathbf{grad}(\ )=\frac{\partial(\ )}{\partial x}+\frac{\partial(\ )}{\partial y}+\frac{\partial(\ )}{\partial z}$；$S_x$、$S_y$ 和S_z 是动量守恒方程的广义源项。$S_x=F_x+s_x$，$S_y=F_y+s_y$，$S_z=F_z+s_z$，其中的 s_x、s_y、S_z 是小量，当黏性系数是常数的不可压缩流体时，$s_x=s_y=s_z=0$。s_x、s_y、s_z 的表达式为

$$s_x=\frac{\partial}{\partial x}\left(\mu\frac{\partial u}{\partial x}\right)+\frac{\partial}{\partial y}\left(\mu\frac{\partial v}{\partial x}\right)+\frac{\partial}{\partial z}\left(\mu\frac{\partial w}{\partial x}\right)+\frac{\partial}{\partial x}(\lambda\mathrm{div}\boldsymbol{u}) \tag{2-49a}$$

$$s_y=\frac{\partial}{\partial x}\left(\mu\frac{\partial u}{\partial y}\right)+\frac{\partial}{\partial y}\left(\mu\frac{\partial v}{\partial y}\right)+\frac{\partial}{\partial z}\left(\mu\frac{\partial w}{\partial y}\right)+\frac{\partial}{\partial y}(\lambda\mathrm{div}\boldsymbol{u}) \tag{2-49b}$$

$$s_z=\frac{\partial}{\partial x}\left(\mu\frac{\partial u}{\partial z}\right)+\frac{\partial}{\partial y}\left(\mu\frac{\partial v}{\partial z}\right)+\frac{\partial}{\partial z}\left(\mu\frac{\partial w}{\partial z}\right)+\frac{\partial}{\partial z}(\lambda\mathrm{div}\boldsymbol{u}) \tag{2-49c}$$

式(2-48)即为动量守恒方程，也称为 Navier-Stokes 方程。

(3)能量守恒方程。能量守恒定律也称为热力学第一定律，方程为

$$\frac{\partial(\rho T)}{\partial t}+\mathrm{div}(\rho\boldsymbol{u}T)=\mathrm{div}\left(\frac{k}{c_{\mathrm{p}}}\cdot\mathbf{grad}T\right)+S_{\mathrm{T}} \tag{2-50}$$

式中：c_{p} 是比热容；T 是热力学温度；k 是传热系数；S_{T} 是内热源以及黍性耗散项。

综合以上的方程组，可以发现有 5 个方程，有 6 个未知量，它们分别是 u、v、w、ρ、T、p，因此方程组是不封闭的，需要添加理想气体状态方程，即

$$p=\rho RT \tag{2-51}$$

式中：R 是气体摩尔常数。

(4)雷诺数 N-S 方程。在工程上，一般采用时间平均的方法对 N-S 方程进行处理，就是用两种流动的叠加的方法来描述湍流的运动，两种流动分别是时间平均后的流动和瞬态的脉动流动，把瞬态脉动部分分离出来，便于处理和研究。这种方法称为 Reynolds 平均法，对场变量的时间平均定义为[187]

$$\overline{\varphi}=\frac{1}{\Delta t}\int_t^{t+\Delta t}\varphi(t)\,\mathrm{d}t \tag{2-52}$$

式中：符号“$^-$”代表时间平均。

$$\varphi=\overline{\varphi}+\varphi' \tag{2-53}$$

式中：φ 代表僻时值；$\overline{\varphi}$代表平均值；φ' 代表脉动值。

那么，采用平均值和脉动值之和来代替流动变量的瞬时值，则有

$$u=\overline{u}+u',u=u+u',v=v+v',w=\overline{w}+w',p=\overline{p}+p' \tag{2-54}$$

将式(2-54)代入式(2-45)、式(2-46)和式(2-50)，然后对时间作平均，可以得到湍

流时均的流动控制方程(除了脉动值的时均值以外,去掉了表示时均值的符号“—”)。

质量守恒定律:

$$\frac{\partial \rho}{\partial t}+\operatorname{div}(\rho \boldsymbol{u})=0 \tag{2-55}$$

动量守恒定律:

$$\left.\begin{aligned}
&\frac{\partial(\rho u)}{\partial t}+\operatorname{div}(\rho u \boldsymbol{u})=\operatorname{div}(\mu \cdot \mathbf{grad} u)-\frac{\partial p}{\partial x}+\\
&\qquad\left[-\frac{\partial(\rho \overline{u'^2})}{\partial x}-\frac{\partial(\rho \overline{u'v'})}{\partial y}-\frac{\partial(\rho \overline{u'w'})}{\partial z}\right]+S_u\\
&\frac{\partial(\rho v)}{\partial t}+\operatorname{div}(\rho v \boldsymbol{u})=\operatorname{div}(\mu \cdot \mathbf{grad} v)-\frac{\partial p}{\partial y}+\\
&\qquad\left[-\frac{\partial(\rho \overline{u'v'})}{\partial x}-\frac{\partial(\rho \overline{v'^2})}{\partial y}-\frac{\partial(\rho \overline{v'w'})}{\partial z}\right]+S_v\\
&\frac{\partial(\rho w)}{\partial t}+\operatorname{div}(\rho w \boldsymbol{u})=\operatorname{div}(\mu \cdot \mathbf{grad} w)-\frac{\partial p}{\partial z}+\\
&\qquad\left[-\frac{\partial(\rho \overline{u'w'})}{\partial x}-\frac{\partial(\rho \overline{v'w'})}{\partial y}-\frac{\partial(\rho \overline{w'^2})}{\partial z}\right]+S_w
\end{aligned}\right\} \tag{2-56}$$

其他变量的输运方程可以写为

$$\begin{aligned}
&\frac{\partial(\rho \varphi)}{\partial t}+\operatorname{div}(\rho \varphi \boldsymbol{u})=\operatorname{div}(\Gamma \cdot \mathbf{grad} \varphi)+\\
&\qquad\left[-\frac{\partial(\rho \overline{u'\varphi'})}{\partial x}-\frac{\partial(\rho \overline{v'\varphi'})}{\partial y}-\frac{\partial(\rho \overline{w'\varphi'})}{\partial z}\right]+S
\end{aligned} \tag{2-57}$$

式(2-55)称为时均化的连续方程,式(2-56)称为时均化的 N-S 方程,也称为雷诺数平均的 N-S 方程,式(2-57)称为场变量 φ 的时均输运方程。

对式(2-55)、式(2-56)、式(2-57)引入张量符号,则

$$\frac{\partial \rho}{\partial t}+\frac{\partial}{\partial x_i}(\rho u_i)=0 \tag{2-58}$$

$$\frac{\partial(\rho u_i)}{\partial t}+\frac{\partial}{\partial x_j}(\rho u_i u_j)=-\frac{\partial p}{\partial x_i}+\frac{\partial}{\partial x_j}\left(\mu \frac{\partial \mu_i}{\partial x_j}-\rho \overline{u'_i u'_j}\right)+S_i \tag{2-59}$$

$$\frac{\partial(\rho \varphi)}{\partial t}+\frac{\partial}{\partial x_j}(\rho u_j \varphi)=\frac{\partial}{\partial x_j}\left[\Gamma \frac{\partial \varphi}{\partial x_j}-\rho \overline{u'_j \varphi'}\right]+S \tag{2-60}$$

式中:下标 i 和 j 的取值范围是 1,2,3。定义 $-\rho \overline{u'_i u'_j}$ 为雷诺数应力项,即

$$\tau_{ij}=-\rho \overline{u'_i u'_j}=-\rho\begin{Bmatrix}\overline{u'u'} & \overline{u'v'} & \overline{u'w'}\\ \overline{v'u'} & \overline{v'v'} & \overline{v'w'}\\ \overline{w'u'} & \overline{w'v'} & \overline{w'w'}\end{Bmatrix} \tag{2-61}$$

τ_{ij} 对应 6 个雷诺数应力,即 3 个正应力和 3 个切应力。

综合以上公式可以发现,式(2-51)、式(2-58)、式(2-59)、式(2-60)6 个方程构成了方程组,而现在又增加了 6 个雷诺数应力项,再加上 6 个未知量 u_x、u_y、u_z、ρ、φ、p,共有 12 个未知量,此时,方程组没有封闭,无法求解,必须增加湍流模型才能使得方程组封闭。

湍流数值模拟方法主要有两大类方法:①直接模拟方法,就是直接求解瞬时的N-S方

程组;②非直接的数值模拟方法,就是对湍流进行近似和简化,然后再求解。例如,雷诺数平均方程就是一种典型的方法,根据近似和简化的程度和方法不同,湍流数值模拟的大致分类方法如图 2-13 所示[194]。

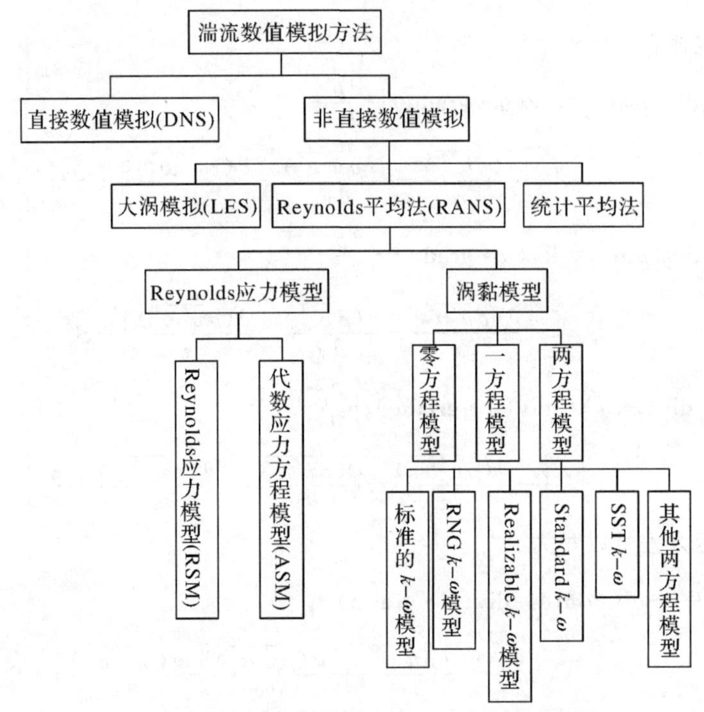

图 2-13 湍流数值模拟方法和对应的湍流模型

直接求解瞬态的 N-S 方程的方法就是直接数值模拟(DNS),它不需要对湍流流动作简化和近似,是这个方法最大的优点。从理论上来讲,是可以得到相对最准确的数值模拟结果[187]。但是,直接模拟对计算机要求太高,因为在模拟高 Re 的湍流运动中,湍流包含的尺度是 10～100 μm 的涡,即便是只模拟 $0.1\times0.1\,\mathrm{m}^2$ 大小的流动区域,计算的网格的节点数也将达到10^9～10^{12}个。如果湍流是 10 kHz 的脉动频率,那么时间步长则必须取到100 μs以下,对计算机的内存和性能要求太高,无法应用于实际工程中的计算。随着计算机技术的不断提高,这种直接的数值模拟的方法也有可能适用于实际的工程计算当中。

大涡模拟方法对计算机的内存以及中央处理器(CPU)的性能要求依然非常高,但是低于直接数值模拟法[187]。目前主要在工作站和高端的个人电脑上可以采用 LES 方法工作,这个方法是当前进行 CFD 研究的重要手段,也是 CFD 研究的热点之一。RANS 法也就是对 N-S 方程做时间平均化处理。从式(2-52)可以看到,方程中和湍流脉动值相关的雷诺数应力项$-\rho\overline{u'_i u'_j}$是新的未知量,为了使方程组封闭,必须对雷诺数应力做出假设,就是说需要引进湍流模型[188]。一般采用根据假设和处理方式的不同把湍流模型分为两大类,也就是雷诺数应力模型和涡黏模型。其中雷诺数应力模型是直接构建雷诺数应力方程的,并将其与式(2-51)、式(2-52)、式(2-53)联立求解。而雷诺数应力方程是微分形式,若将该微分形式转变为代数方程形式,则模型变为代数应力方程模型。在应用涡黏模型的方法中,一般雷诺数应力项并不直接处理，而是增加湍流黏度或者涡黏系数，然后湍流黏度的函数就是由这些湍流应力表示而成，那么整个计算的关键就是在于求解湍流黏度[195]。

Boussinesq 在早期针对二维流动的流动特性提出了涡黏性假设，该假设建立了平均速度梯度与雷诺数应力之间的关系，也就是湍流黏度和平均速度梯度的乘积用速度脉动的二阶关联量表示，即

$$-\rho\overline{u'_1u'_2}=\mu_t\frac{\partial u_1}{\partial x_2} \tag{2-62}$$

将其推广到三维问题，有

$$-\rho\overline{u'_iu'_j}=\mu_t\left(\frac{\partial u_i}{\partial x_j}+\frac{\partial u_j}{\partial x_i}\right)-\frac{2}{3}\left(\rho k+\mu_t\frac{\partial u_i}{\partial x_i}\right)\delta_{ij} \tag{2-63}$$

式中：μ_t 为湍流黏度，是空间坐标的函数，取决于流动状态，而不是物性参数，下标“t”表示湍流；u_i 为时均速度；δ_{ij} 是“Kronecker delta”符号，就是当 $i=j$ 时，$\delta_{ij}=1$，当 $i\neq j$ 时，$\delta_{ij}=0$；k 为湍动能，即

$$k=\frac{\overline{u'_iu'_j}}{2}=\frac{1}{2}(\overline{u'^2}+\overline{v'^2}+\overline{w'^2})$$

引入 Boussinesq 假设后，湍流的数值模拟的最重要的步骤就是在于求解湍流黏度 μ_t，而涡黏模型就是把湍流黏度和湍流时均参数联系起来的一种关系式[188]。根据确定湍流黏度 μ_t 的微分方程个数，涡黏性模型可以划分成多种类型的模型。其中，两方程涡黏模型在工程上应用最广，本书采用的是两方程剪切应力传输(Shear Stress Transport $k-\omega$，SST $k-\omega$)模型。

最通用的 $k-\varepsilon$ 湍流模型，在边界层中的修正后的壁面函数也很难解决实际特征与计算模型之间的问题，SST $k-\omega$ 模型在边界层内的模拟能力相对较弱。文献[194]对几种湍流模型的计算进行了比较分析，Standard $k-\omega$ 模型和 SST $k-\omega$ 模型对摩阻的数值模拟效果较好。SST $k-\omega$ 湍流模型混合了 Standard $k-\omega$ 湍流模型，在边界层内能很好地模拟低雷诺数流动，标准 $k-\varepsilon$ 模型在边界层外能很好地模拟完全湍流流动的优势，适用于计算较大速度范围的来流和由于逆压梯度引起的分离问题。该湍流模型包含了修正了的湍流黏性公式，并且考虑了湍流剪切应力产生的效应。在考虑了湍流剪切应力的 SST $k-1$ 模型不会对涡流黏度造成过度预测，这是它的最大的优点之一[194]。

本书选用的是涡黏模型(EVM)中的 SST $k-\omega$ 湍流模型，k 和 ω 的输运方程如下所示[195]：

$$\frac{\mathrm{d}(\rho\omega)}{\mathrm{d}t}=\frac{\gamma\rho}{\mu_t}\tau_{ij}\frac{\partial u_i}{\partial x_j}-\beta\rho\omega^2+\frac{\partial}{\partial x_j}\left[(\mu+\sigma_k\mu_t)\frac{\partial\omega}{\partial x_j}\right] \tag{2-64}$$

$$\frac{\mathrm{d}(\rho\omega)}{\mathrm{d}t}=\frac{\gamma\rho}{\mu_t}\tau_{ij}\frac{\partial u_i}{\partial x_j}-\beta\rho\omega^2+\frac{\partial}{\partial x_j}\left[(\mu+\sigma_\omega\mu_t)\frac{\partial\omega}{\partial x_j}\right]+2\rho(1-F_1)\sigma_{\omega2}\frac{1}{\omega}\frac{\partial k}{\partial x_j}\frac{\partial\omega}{\partial x_j} \tag{2-65}$$

式中：$\tau_{ij}=\mu_t\left(\frac{\partial u_i}{\partial x_j}+\frac{\partial u_j}{\partial x_i}-\frac{2}{3}\frac{\partial u_k}{\partial x_k}\delta_{ij}\right)-\frac{2}{3}\rho k\delta_{ij}$。

混合函数 F_1 为

$$F_1=\tanh(\arg_1^4) \tag{2-66}$$

式中：$\arg_1=\min\left[\max\left(\frac{\sqrt{k}}{0.09\omega y},\frac{500v}{y^2\omega}\right),\frac{4\rho\sigma_{\omega2}k}{CD_{k\omega}y^2}\right]$ $CD_{k\omega}=\max\left(2\rho\sigma_{\omega2}\frac{1}{\omega}\frac{\partial k}{\partial x_j}\frac{\partial\omega}{\partial x_j},10^{-20}\right)$。

式中：涡黏系数定义为

$$\mu_t=\frac{\rho\alpha_1 k}{\max(\alpha_1\omega,\Omega F_2)} \tag{2-67}$$

式中：Ω 是涡量的绝对值。

混合函数 F_2 定义为

$$F_2=\tanh(\arg_2^2) \tag{2-68}$$

式中：$\arg_2=\max\left(\frac{2\sqrt{k}}{0.09\omega y},\frac{500\mu}{\rho y^2\omega}\right)$。

SST 湍流模型中常数通过式(2-69)混合，即

$$\phi=F_1\phi_1+(1-F_1)\phi_2 \tag{2-69}$$

式中：集合(ϕ_1)代表标准的 $k-\omega$ 湍流模型中的常数；集合(ϕ_2)代表标准的 $k-\varepsilon$ 湍流模型中的常数。

集合(φ_1)中的常数为

$$\sigma_{k1}=0.5,\quad \sigma_{\omega1}=0.5,\quad \beta_1=0.075,\quad \beta^*=0.09,\quad \kappa=0.41$$

$$\gamma_1=(\beta_1/\beta^*)-(\sigma_{\omega1}\kappa^2/\sqrt{\beta^*})$$

集合(ϕ_2)中常数为

$$\sigma_{k2}=1.0,\quad \sigma_{\omega1}=0.856,\quad \beta_2=0.0828,\quad \beta^*=0.09,\quad \kappa=0.41$$

$$\gamma_2=(\beta_2/\beta^*)-(\sigma_{\omega2}\kappa^2/\sqrt{\beta^*})$$

其他参数见文献[213]。

在流体力学计算中，在一定的初始条件和边界条件的情况下求解欧拉或 N-S 方程组时，它们的解才是唯一的。求解欧拉和 N-S 方程组的关键问题之一就是边界条件的选择和设置以及离散方式的处理。数值计算和模拟的精度在较大程度上受边界条件的处理方法的影响。若处理不当，则很可能导致数值模拟计算发散。有了封闭的方程组，再给出合理的初始条件和边界条件，才能得到方程组的解。本书主要用到的 CFD 流场边界条件为速度入口边界、压力出口边界、滑移壁面、无滑移壁面等边界条件。本书采用 CFD 的流体力学控制方程的离散方法为有限体积法，采用隐式时间推进。

2.4 流固耦合问题研究的基本方法

流固耦合问题的研究方法可简单分为两种，即分离耦合和直接耦合。主流的 CFD/FEM 方法计算流固耦合问题基本上都采用分离耦合方法。分离耦合又分为单向耦合和双向耦合，一般双向耦合的常见问题即流体结构耦合振动分析。当两种场间相互不重叠、渗透时，两者的耦合作用是通过界面力来起作用。双向耦合可以是顺序求解也可以是同时求解。即使是同时求解，本质上依然是分离耦合，即流体和固体分开算，同时在交界面上交换数据。而真正意义上的直接耦合是同时联立流体域和结构域的动力学方程，然后进行求解。目前很难做到采用 CFD 和 FEM 对复杂结构同时联立，即使是简单结构的流固耦合问题。如果采用 CFD/FEM 直接耦合的话，那么计算量也是极其大的。因此，如果是基于 CFD、FEM

等高精度方法，一般工程上最多就只能接受分离耦合的方法。例如，如图 2-14 所示，笔者在早先的研究工作中，对细长火箭弹的静气动弹性问题研究，采用的就是双向流固耦合方法。双向流固耦合分为流体域和结构域两个场，如图 2-14、图 2-15 所示，这两个场分别各自计算，通过耦合平台传递两个场上面的数据，然后流体力插值到结构上，结构变形反馈给流场，通过动网格技术重新得到新的流场域，然后进行下一步计算[196-197]。这样的双向流固耦合方法在工程上已经逐渐开始应用，但是计算量依然较大，无法实现快速分析计算。一般工程上采用合适的势流理论、经验模型也可以得到符合工程要求的流体力计算结果。而对于多刚柔体结构，芮筱亭[125]对创立的多体系统传递矩阵法可以实现多刚柔体的结构的振动特性、动力响应快速计算。采用多体系统传递矩阵法和势流理论或经验模型可以直接联立动力学方程，直接耦合求解，无须分离耦合求解。

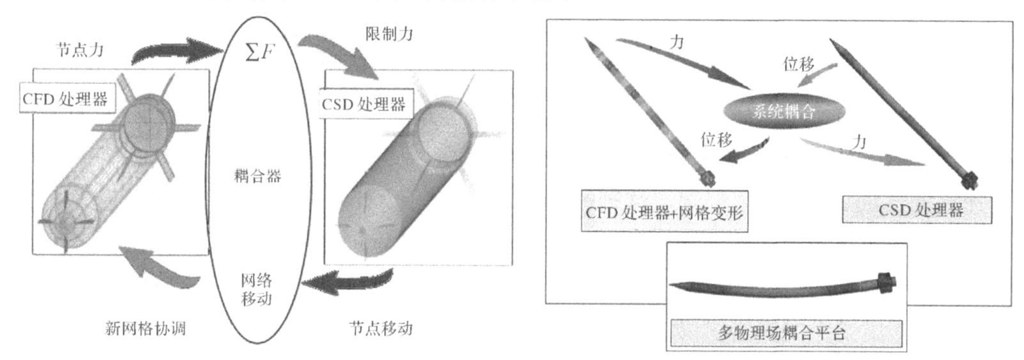

图 2-14 火箭弹双向流固耦合流程图[196-197]

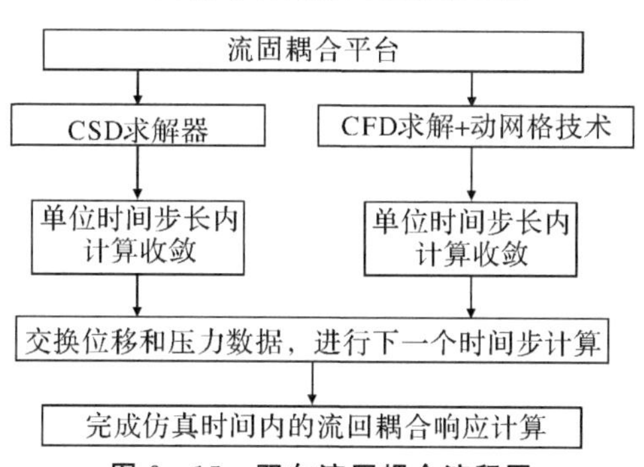

图 2-15 双向流固耦合流程图

不管是分离耦合还是直接耦合，在船舶与海洋工程领域，柔性结构的动力学方程都可以写成式(2-12)的形式。式(2-12)中，$\boldsymbol{F}$ 随着时间变化，根据具体的物理作用，$\boldsymbol{F}(x,y,z,t)=\boldsymbol{F}_1+\boldsymbol{F}_2+\boldsymbol{F}_3$，$\boldsymbol{F}_1$、$\boldsymbol{F}_2$、$\boldsymbol{F}_3$ 分别是来流引起的水动力，海洋柔体结构振动加速度和速度引起的辐射力，结构振动位移引起的回复力。因此，$\boldsymbol{F}_2$、$\boldsymbol{F}_3$ 可以写为

$$\boldsymbol{F}_2=-(\overline{\boldsymbol{M}}\ddot{\boldsymbol{x}}+\overline{\boldsymbol{C}}\dot{\boldsymbol{x}}),\boldsymbol{F}_3=-\overline{\boldsymbol{K}}\boldsymbol{x} \tag{2-70}$$

式中：$\overline{\boldsymbol{M}}$、$\overline{\boldsymbol{C}}$、$\overline{\boldsymbol{K}}$ 分别表示流体附加质量、阻尼和刚度矩阵。因此，水弹性方程可以写为

$$(\boldsymbol{M}+\overline{\boldsymbol{M}})\ddot{\boldsymbol{x}}+(\boldsymbol{C}+\overline{\boldsymbol{C}})\dot{\boldsymbol{x}}+(\boldsymbol{K}+\overline{\boldsymbol{K}})\boldsymbol{x}=\boldsymbol{F}_1$$

近年来，人们主要基于 FEM 对柔性结构系统进行动力学特性分析，基于 CFD/FEM 双向流固耦合的方法对柔性结构进行振动响应分析。这些方法的理论背景和分析流程都非常

复杂且计算比较耗时,无法满足工程实际快速计算的需要。多体系统传递矩阵法是描述元件力学状态间传递关系的多体系统动力学新方法。该方法采用积木式建模,方便地实现复杂多体系统的快速建模。该方法无须系统总体动力学方程,程式化程度高、系统矩阵阶次低,可以实现线性多体系统的固有振动特性和动力响应快速计算。合适的势流理论模型、半经验模型也可以满足工程上非定常流体计算的需要。建立适合工程上的流固耦合力学模型和计算方法至关重要。因此,本书主要基于多体系统传递矩阵法和势流理论模型以及降阶的高保真模型研究水下航行器舵系统动力学特性、线性、非线性颤振,海洋立管的振动特性、涡激振动响应等,并与 FEM、CFD/FEM 双向耦合的方法、国外经典实验的实验数据进行对比验证。

2.5 本章小结

本章对本书所用到的流固耦合基本理论和研究方法进行了论述,首先介绍了用于多刚柔体动力学计算的多体系统传递法基本理论、有限元法,介绍了用于气动弹性、水弹性流体激励计算的 Theodorsen 非定常流体理论和用于涡激升力计算的尾流振子模型,接着介绍了计算流体力学基本理论,最后给出了本书所用的流固耦合问题的基本研究方法。下一章开始详细介绍柔性结构的流固耦合动力学模型快速建模和仿真方法。

习 题

近年来,流固耦合的数值求解方法得到了较大的发展。本章详细介绍了多体系统传递矩阵法。请查阅相关资料,总结关于流固耦合的数值求解方法的其他理论方法。

PROJECT 1

项目一

柔性柱体流固耦合仿真技术与工程应用

第3章 柱体结构涡激振动仿真方法与结果分析

3.1 引 言

流体与结构之间相互作用会使得结构产生复杂的流固耦合振动现象，进而可能诱发结构破坏或者疲劳损伤等问题。流固耦合动力学的一类典型问题是包含流体非线性的流固耦合问题。柱体结构涡激振动(Vortex-Induced Vibration，VIV)现象就是一种典型的具有强烈流体非线性的流固耦合振动现象，常见于有细长结构的工程领域，如桥梁缆绳、烟囱、海洋立管和风力机塔筒等。当流体流过钝体时，针体下游流场持续产生和脱落漩涡，从而导致结构受到周期变化的流体力作用[198-199]。在脉动气动载荷作用下，当涡脱频率接近结构固有频率时，就会发生"频率"锁定现象产生共振，共振作用下会产生远大于正常情况下振幅的振动[70,200]。涡激振动导致结构受到周期性的疲劳应力，所产生的横向高振幅振动将导致疲劳损伤甚至结构破坏问题。

由于流体来流速度沿高度变化的非均匀性及流固耦合的复杂性，以及涡激振动现象本身的复杂性，涡激振动的准确预报一直是一个巨大的难题。目前对于涡激振动响应预测主要包括半经验模型和CFD模型，预测精度最好的是CFD模型。但是基于CFD高保真计算又避免不了网格畸变，动网格出现负网格问题，且计算量较大。对于复杂涡激振动现象的研究一般从二维入手，即降阶的高保真模型入手，然后再扩展到三维。

本章主要以弹性支撑的二维刚性柱体来研究柱体结构的涡激振动预测方法和机理，然后以风力机塔筒和海洋立管为例，进一步研究三维柔性柱体的涡激振动响应。本章首先分别基于Van der Pol尾流振子模型和CFD模型，基于CFD商业软件引入嵌套网格技术，解决负网格问题。之后，对CFD软件进行二次开发研究，实现涡激振动数值模拟，建立二维弹性支撑柱体的涡激振动模型，研究柱体结构的涡激振动机理，讨论两种模型的优缺点，并与文献实验数据、文献计算方法对比，验证本章计算方法的正确性。然后扩展到具体的三维柱体结构，基于Van der Pol尾流振子模型和MSTMM，为风力机塔筒和复合材料立管建立适用于工程快速预测振动特性和涡激振动响应的动力学模型。

3.2　二维弹性支撑柱体 VIV 动力学模型

对于二维弹性支撑柱体的实验研究，国外著名学者 A. Khalak、C. H. K. Wlliamson 等人做了许多经典的实验[200-201]。许多学者基于二维弹性支撑柱体的数值模拟，来实现准三维立管涡激振动研究。一般是将立管等细长柔性柱体简化为多质点模型，采用静力等效方法获得各质点刚度参数，因此各质点被简化为弹簧-阻尼模型，然后分别对每个二维弹簧-阻尼模型进行涡激振动计算获得各质点的涡激振动响应。人们近似认为立管等细长柔性柱体上各质点响应幅值为立管等细长柔性柱体结构在流体作用下的涡激振动响应幅值[95-96,183]。总而言之，进行二维弹性支撑柱体的数值模拟是研究海洋柱体结构涡激振动现象和机理的重要手段。

在第 2 章中介绍了 Van der Pol 尾流振子模型和 CFD 模型的基本理论。本章将采用经典的 Van der Pol 尾流振子模型和高保真的 CFD 模型建立二维弹性支撑柱体 VIV 动力学模型，并研究其振动机理。

根据牛顿第二定律，2 - DOF 弹性支撑的柱体运动的控制方程可以写为

$$\left.\begin{aligned} m\ddot{x}+c\dot{x}+kx=F_{\mathrm{D}}(t) \\ m\ddot{y}+c\dot{y}+ky=F_{\mathrm{L}}(t) \end{aligned}\right\} \tag{3-1}$$

式中：m 为圆柱体的质量；c 为结构阻尼系数；k 为结构刚度系数。

式(3 - 1)又可以写为

$$\left.\begin{aligned} \ddot{x}+2\zeta\omega_0\dot{x}+\omega_0^2 x=\frac{F_{\mathrm{D}}(t)}{m} \\ \ddot{y}+2\zeta\omega_0\dot{y}+\omega_0^2 y=\frac{F_{\mathrm{L}}(t)}{m} \end{aligned}\right\} \tag{3-2}$$

式中：柱体固有频率 $\omega_0=\sqrt{\dfrac{k}{m}}$；阻尼比 $\zeta=\dfrac{c}{2\sqrt{km}}$。

3.2.1　基于 Van der Pol 尾流振子模型的弹性支撑柱体 VIV 模型

当流体绕过柱体结构时，在横向和流向都会产生涡激振动响应，但当柱体结构的质量比较大时，其在流向的振幅很小，可忽略不计。因此，许多学者在进行数值模拟或模型实验时都没考虑流向振动的影响，即将柱体结构视为单自由度结构。Van der Pol 尾流振子模型是用于涡激振动计算分析的有效模型，该模型计算时不需要对流场进行分析，方程的系数主要来源于模型实验或经验，且 Van der Pol 模型只能计算涡激升力。采用 Van der Pol 方程作为瞬时升力系数的控制方程，并同二维弹性支撑柱体运动方程联立，以建立二维弹性支撑柱体 VIV 的预报模型。基于 Van der Pol 尾流振子模型，考虑阻尼作用的单自由度弹性支撑柱体的结构示意图如图 3 - 1(a)所示，对应的二维单自由度弹性支撑刚性柱体的示意图如

图3－1(b)所示。图中 m 为圆柱体质量，k 为支撑弹簧的刚度，c 为支撑阻尼器的阻尼，U 为来流流速。

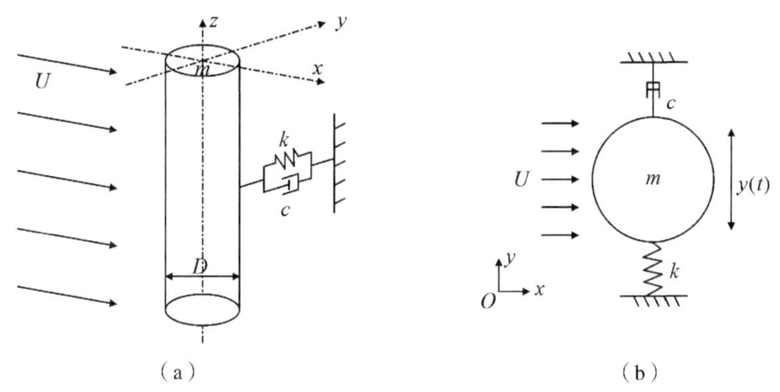

图 3－1　1－DOF 弹性支撑圆柱体 VIV 模型示意图

(a)单自由度弹性支撑刚性柱体；(b)二维单自由度弹性支撑刚性柱体

根据第 2 章介绍的 Van der Pol 尾流振子模型和式(3－1)，得到基于 Van der Pol 尾流振子模型的单自由度弹性支撑圆柱体 VIV 模型如下：

$$(m+m_{\text{fluid}})\ddot{y}+c\dot{y}+ky=-\frac{1}{2}C_{\text{D}}\rho_{\text{f}}DU\dot{y}_1+\frac{1}{4}C_{\text{L}_0}\rho_{\text{f}}DU^2q_{\text{v}}(t) \tag{3-3}$$

$$\ddot{q}_{\text{v}}+\varepsilon\Omega_{\text{f}}(q_{\text{v}}^2-1)\dot{q}_{\text{v}}+\Omega_{\text{f}}^2q_{\text{v}}=\frac{A\ddot{y}}{D} \tag{3-4}$$

式中：$q_{\text{v}}=2C_{\text{L}}/C_{\text{L0}}$；$\Omega_{\text{f}}=2\pi\cdot St\cdot U/D$；$A$、$\varepsilon$、$C_{\text{D}}$、$C_{\text{L}_0}$ 等系数由实验和经验确定；m 为柱体的质量；m_{fluid}为柱体所排开水的质量。质量比 m^* 即为 m/m_{fluid}。

式(3－3)可以写为

$$\ddot{y}+2\zeta\omega_0\dot{y}+\omega_0^2y=-\frac{C_{\text{D}}\rho_{\text{f}}DU\dot{y}}{2(m+m_{\text{fluid}})}+\frac{C_{\text{L}_0}\rho_{\text{f}}DU^2q_{\text{v}}(t)}{4(m+m_{\text{fluid}})} \tag{3-5}$$

式(3－4)、式(3－5)可以通过 4 阶变步长的 Runge-Kutta 法求解，初始条件给 y 一个小值，$\dot{y}=q_v=\dot{q}_v=0$。编写的 1－DOF 弹性支撑柱体 VIV 模型的 MATLAB 程序如下：

```
clc;
clear;
global Ue rou CLo P nameda CD M D
global omqs ome_ga ke_si
Ur=16;
D=0.0554;
L=0.4432;
rou=1003.5;
watermass=rou*L*(pi*D^2)/4;
mass_ratio=6.54;
M=(mass_ratio+1)*watermass;
K=453;
ome_ga=(K/M)^0.5;
f0=ome_ga/2/pi;
```

```
Fs=1/0.01;
nfft= length(sy)-1;
X=fft(sy,nfft);
X = X(1:nfft/2);
mx = 10 * log10(abs(X)/(nfft/2));
f = (0:nfft/2-1) * Fs/nfft;
figure_FontSize=30;
figure(1);
plot(f,mx,'-k','LineWidth',2);
xlabel('f (Hz)')
ylabel('\alpha (db)')
set(gca,'fontsize',30)
axis([0 20 -100 0])
set(gca,'FontName','Time New Roman')
figure (2)
plot(t,response);
xlabel('t')
ylabel('A/D')

function dy=dynew(t,y)
    global Ue rou CLo P nameda CD M D omqs ome_ga ke_si
ome_ga ke_si
CD=1.2;
CLo=0.3;
P=15;
nameda=0.24;
St=0.2;
omqs=2 * pi * St * Ue/D;
c=0.006 * (2 * (K * mass_ratio * watermass)^0.5);
ke_si=c/((2 * (K * M)^0.5));
Re=rou * Ue * D/0.001003
[t,y]=ode45(@dynew,[0:0.01:100],[0.00001 0 0 0]);
response=y(:,1)/D;
sy=y(:,1);
    y1=y(1);
    y2=y(2);
    y3=y(3);
    y4=y(4);

    dy1=y2;
    dy2=(-0.5 * (1/M) * CD * rou * D * Ue * y2+0.25 * (1/M) * CLo * rou * D * ((Ue^2) * y3)
```

```
−2 * ke_si * ome_ga * y2−(ome_ga^2) * y1);
    dy3=y4;

dy4=(P/D) * (−0.5 * (1/M) * CD * rou * D * Ue * y2+0.25 * (1/M) * CLo * rou * D * ((Ue^2) *
y3)−2 * ke_si * ome_ga
 * y2−(ome_ga^2) * y1)−nameda * omqs * (y3^2−1) * y4
−y3 * (omqs^2);

    dy=[dy1;
        dy2;
        dy3;
        dy4];
end
```

3.2.2　基于 CFD 模型的弹性支撑柱体 VIV 建模与二次开发研究

对于涡激振动的数值模拟大多以柱体的横向振动研究为主，同时考虑横向和来流向的耦合振动研究相对较少[95,183-185,202-204]。其主要原因在于，对柱体结构涡激振动数值模拟，必须保证柱体周围网格质量非常好，才能有效预测涡激振动响应。人们一般使用网格质量高的结构化网格，但是当柱体结构发生较大振动位移时，周围流场网格会发生畸变，甚至产生负网格，导致计算失败。如果再考虑流向耦合振动，那么计算难度将非常大，计算成功率也将明显降低。如果采用非结构化网格，且采用网格重构技术，就可以吸收柱体较大的振动位移，但是非结构化网格质量相比结构化网格质量较差，且采用非结构化网格必定需要大大增加网格量，从而大大增加了计算时间。此外，如果对于涡激振动抑制装置设计研究，也就是在柱体结构表面形状变复杂的情况下，网格划分难度和计算难度也将大大增加。因此，寻求一种既可以保证网格质量，又能不大幅度增加网格数量，且可以避免网格畸变或者负网格问题的方法十分重要。

基于 CFD 商业软件 FLUENT 和结构动力学原理，通过用户自定义函数(UDF)及嵌套网格技术，可以建立 2-DOF 弹性支撑柱体结构 VIV 数值模型。根据 2.3.3 节的计算流体力学基本理论，得到非定常不可压缩流体 RANS 方程为

$$\frac{\partial \bar{u}_i}{\partial x_i}=0 \tag{3-6}$$

$$\frac{\partial \bar{u}_i}{\partial t}+\frac{\partial \bar{u}_i \bar{u}_j}{\partial x_j}=-\frac{1}{\rho_f}\frac{\partial \bar{p}}{\partial x_i}+\mu\,\nabla^2 \bar{u}_i-\frac{\partial \overline{u_i' u_j'}}{\partial x_j} \tag{3-7}$$

式(3-7)中：

$$\overline{u_i'}\,\overline{u_j'}=\mu_t\left(\frac{\partial u_i}{\partial x_j}+\frac{\partial u_j}{\partial x_i}\right)+\frac{2}{3}k_t\,\delta_{ij}$$

式中：ρ_f 为不可压缩流体的密度；u_i 表示 i 方向上的瞬时速度分量，u_i' 为 i 方向上速度脉动量，$\bar{u}_i$ 为速度的时间平均值；x_i、t、p、μ 分别表示笛卡儿坐标系、时间、压力、运动黏度；μ_t 为湍流黏度，下标“t”表示湍流；k_t 为湍动能；δ_{ij} 是“Kroneckerdelta”符号，就是当 $i=j$ 时，$\delta_{ij}=$

1,当 $i \neq j$ 时,$\delta_{ij}=0$。

湍流模型选用 SST $k-\omega$ 湍流模型。通过计算流场,可以得到二维柱体表面的压力分布,进而可以得到作用在二维柱体上的升力和阻力系数:

$$F_{\mathrm{D}}=\frac{1}{2}C_{\mathrm{D}}\,\rho_{\mathrm{f}}U^2 D \tag{3-8}$$

$$F_{\mathrm{L}}=\frac{1}{2}C_{\mathrm{L}}\,\rho_{\mathrm{f}}U^2 D \tag{3-9}$$

结合式(3-2),2-DOF 弹性支撑的柱体运动的控制方程可以写为

$$\left.\begin{aligned}\ddot{x}+2\varsigma\,\omega_0\dot{x}+\omega_0^2 x=\frac{1}{2m}C_{\mathrm{D}}\rho_{\mathrm{f}}U^2 D\\ \ddot{y}+2\varsigma\,\omega_0\dot{y}+\omega_0^2 y=\frac{1}{2m}C_{\mathrm{L}}\rho_{\mathrm{f}}U^2 D\end{aligned}\right\} \tag{3-10}$$

两自由度弹性支撑刚性柱体在流体作用下的结构示意图如图 3-2(a)所示,二维 2-DOF振动柱体 VIV 模型示意图如图 3-2(b)所示。一般柱体流场的尾迹区域需要大于等于 22.5D(D 为柱体直径),整体局域高度一般需要大于等于 20D,柱体振动才不受流体区域边界的影响。因此,综合考虑计算条件的情况下,流场域的尺寸大小如图 3-2 中标注所示,尾迹区域 30D,柱体前端和上下距离柱体都是 10D。包围这柱体的组分网格外边界直径大小为 3D。流场入口边界条件为速度入口,出口为压力出口,上下壁面为滑移壁面,柱体表面即动边界为无滑移壁面。

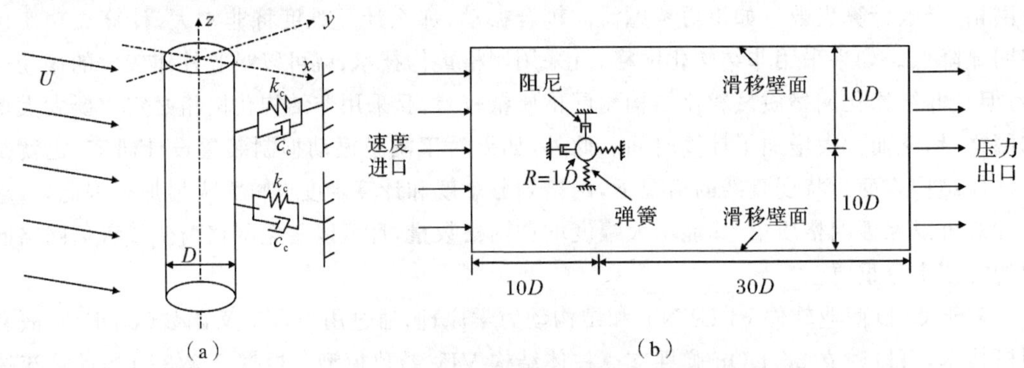

图 3-2 2-DOF 弹性支撑圆柱体 VIV 模型示意图

(a)两自由度弹性支撑刚性柱体;(b)二维两自由度弹性支撑刚性柱体 VIV 模型

流场随着柱体边界的改变而改变,通过动网格技术来实现流场中柱体边界的运动。嵌套网格技术是最新的动网格技术,主要适用于刚性边界运动问题。流场域网格划分采用的是嵌套网格,如图 3-3 所示。背景网格和嵌套网格都使用结构化网格,如图 3-3(a)所示,靠近柱体表面部分为边界层网格($Y^+<1$),较好地保证了网格质量。采用嵌套网格技术,可以无须担心网格畸变以及负网格导致求解失败等问题。同时,不会较多地增加计算量。嵌套网格即多重网格相互重叠组合成的一组网格。有可能存在两套或者两套以上的网格相互重叠。嵌套网格求解的大致思路为:首先划分包裹柱体的组分网格,和外流场的背景网格,求解器识别嵌套网格边界,对被组分网格遮蔽的背景网格部分进行"挖洞",然后对嵌套区域边界单元进行插值,将背景区域的边界单元变量信息插值到嵌套区域的边界单元[见图

3－3(b)]，最后进行流场计算[205]。整个流场的计算网格如图 3－3(c)所示。对于流场的数值计算，时间项采用全隐式积分方法，对流项则采用二阶迎风离散格式。控制方程中速度分量与压力的耦合则采用 COUPLED 算法进行处理。初始条件为 $x(0)=\dot{x}(0)=y(0)=\dot{y}(0)=0$。

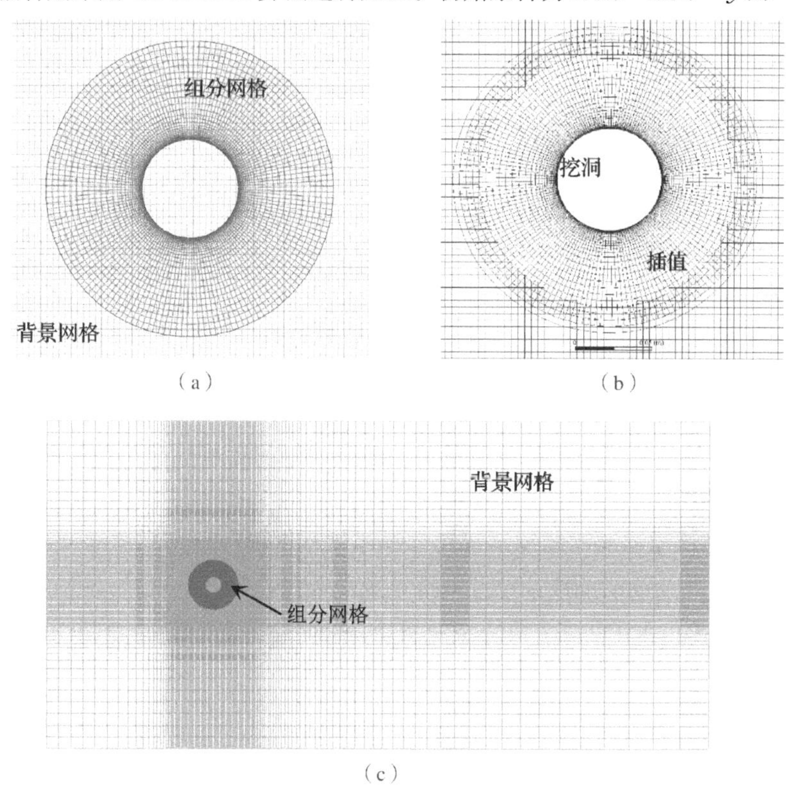

(a)　　(b)

(c)

图 3－3　2－DOF 弹性支撑圆柱体流场计算网格

(a)背景网格与嵌套网格；(b)挖洞和插值；(c)整个流体域的网格

本章流场域求解基于 CFD 商业软件 FLUENT，根据边界条件获得流场和二维柱体表面的压力、速度等信息，提取作用在柱体表面的力，然后代入柱体的结构运动方程，通过求解二维柱体的运动方程，得到当前时间步长下的柱体运动的位移和速度，同时利用得到的柱体位移和瞬时速度，更新流场网格，然后进行下一个时间步的计算。这个双向流固耦合仿真过程是通过 FLUENT 软件的用户自定义函数(UDF)来实现的[79]。

UDF 中可以使用标准 C 语言的库函数，也可使用 FLUENT 中预定义的宏。通过预定义宏可以获得 FLUENT 计算过程中的流场数据。FLUENT 中用户自定义函数是通过 DEFINE 宏来实现的。基于 CFD 的 2－DOF 弹性支撑柱体 VIV 数值求解的计算流程图如图 3－4 所示。图中的虚线框内为通过 C 语言编制的 UDF 程序实现，编制的 2－DOF 弹性支撑柱体 VIV 模型的 UDF 程序如下：

```
#include "udf.h"
#include "sg_mem.h"
#include "dynamesh_tools.h"
#define PI 3.1415926
```

```
#define ball1_ID 2
#define usrloop(n,m) for(n=0;n<m;++n)
#define mass 0.1
#define dtm 0.5
#define ke_si 0.002
#define ome_ga 0.306
real v_body1[ND_ND];
real a1_ctr;
real b1_ctr;
real t=0.0;
FILE *fp;

DEFINE_EXECUTE_AT_END(save_weiyi)
{
int n;
real un,xn,Un,Xn;
real K11,K22,K33,K44;
real vn,yn,Vn,Yn;
real K1,K2,K3,K4;
real x_cg1[3],f_glob1[3],m_glob1[3];

Domain *domain=Get_Domain(1);
Thread *tf1=Lookup_Thread(domain,ball1_ID);
usrloop(n,ND_ND)

x_cg1[n]=f_glob1[n]=m_glob1[n]=0;
x_cg1[0]=a1_ctr;
me_ga-ome_ga*ome_ga*(yn+vn*dtm/2+dtm*dtm*K11/4);
K44=f_glob1[1]/mass-(vn+dtm*K33)*2*ke_si*ome_ga-ome_ga*ome_ga*(yn+vn*dtm
+dtm*dtm*K22/2);
Vn=vn+dtm*(K11+2*K22+2*K33+K44)/6;
Yn=yn+dtm*vn+dtm*dtm*(K11+K22+K33)/6;
v_body1[1]=Vn;
b1_ctr=Yn;
t+=dtm;

fp=fopen("ball1_x.txt","a+");
fprintf(fp,"%5f,%.16f\n",t,x_cg1[0]);
fclose(fp);
```

```
x_cg1[1]=b1_ctr;

if (! Data_Valid_P())
return;
Compute_Force_And_Moment(domain,tf1,x_cg1,f_glob1,m_glob1,False);

un=v_body1[0];
xn=a1_ctr;
K1=f_glob1[0]/mass-2 * ke_si * ome_ga * un-ome_ga * ome_ga * xn;
K2=f_glob1[0]/mass-(un+dtm * K1/2) * 2 * ke_si * ome_ga-ome_ga * ome_ga * (xn+un * dtm/2);
K3=f_glob1[0]/mass-(un+dtm * K2/2) * 2 * ke_si * ome_ga-ome_ga * ome_ga * (xn+un * dtm/
2+dtm * dtm * K1/4);
K4=f_glob1[0]/mass-(un+dtm * K3) * 2 * ke_si * ome_ga-ome_ga * ome_ga * (xn+un * dtm+
dtm * dtm * K2/2);
Un=un+dtm * (K1+2 * K2+2 * K3+K4)/6;
Xn=xn+dtm * un+dtm * dtm * (K1+K2+K3)/6;
v_body1[0]=Un;
a1_ctr=Xn;

vn=v_body1[1];
yn=b1_ctr;
K11=f_glob1[1]/mass-2 * ke_si * ome_ga * vn-ome_ga * ome_ga * yn;
K22=f_glob1[1]/mass-(vn+dtm * K11/2) * 2 * ke_si * ome_ga-ome_ga * ome_ga * (yn+vn *
dtm/2);
K33=f_glob1[1]/mass-(vn+dtm * K22/2) * 2 * ke_si * o

fp=fopen("ball1_y.txt","a+");
fprintf(fp,"%5f,%.16f\n",t,x_cg1[1]);
fclose(fp);
}

DEFINE_CG_MOTION(ball1,dt,vel,omega,time,dtime)
{
NV_S(vel,=,0.0);
NV_S(omega,=,0.0);
vel[0]=v_body1[0];
vel[1]=v_body1[1];
}
```

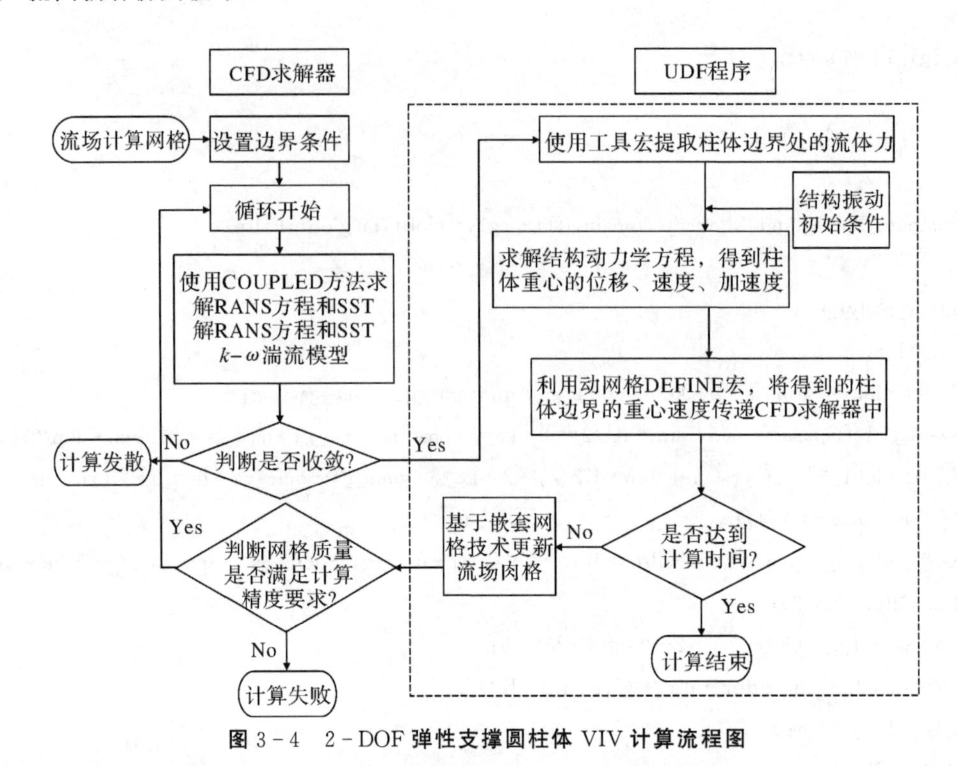

图 3-4　2-DOF 弹性支撑圆柱体 VIV 计算流程图

3.3　二维弹性支撑柱体 VIV 机理研究

3.3.1　基于 Van der Pol 模型的弹性支撑柱体 VIV 模型计算结果

首先采用 Van der Pol 尾流振子模型和相关文献的基本参数进行仿真计算，然后与 Stappenbelt 的实验数据进行对比。选取文献中的两组参数：一组是柱体直径 $D=0.0554$ m，柱体的阻尼比是$\varsigma=0.0056$，柱体的圆频率是 $\omega_0=7.486$ rad/s，质量比是 $m^*=6.54$；另一组参数是 $D=0.0554$ m，$\varsigma=0.0057$，$\omega_0=6.0276$ rad/s，$m^*=10.63$。直接采用 Runge-Kutta 法计算立柱的涡激振动的结构动力学方程，得到涡激振动响应的振幅。图3-5(a)为圆柱的无量纲振幅随着约化速度的数据分布与实验数据对比图。从图中可以看出 Van der Pol 尾流振子模型质量比较大时，基本上可以较好地捕捉到柱体的最大振幅，且整体趋势和实验数据基本吻合。文献对不同质量比、相同尺寸、相同支撑刚度的柱体做了实验，质量比越小，来流向对横向振动的影响越大。从 Van der Pol 的计算结果可以看出，质量较小时，误差较大，但是该方法计算效率非常高。图 3-5(b)为 $U_r=7$ 时，两种质量比情况下的柱体振动响应。图 3-5(c)为 $U_r=7$ 时，两种质量比情况下的柱体振动响应对应的频谱图，从图中可以读出结构的振动响应频率。计算出两种高质量比情况下所有 U_r 对应的响应频率，并除以柱体的固有频率得到图 3-5(d)。从图 3-5(d)可以看出，柱体的实际振动频率 f_v 与固有频率 f_n 之比在约化速度为 4～8 之间接近于 1，说明此时发生了频率“锁定”现象，对应着图 3-5(a)，在该区间内振幅相对于其他的约化速度区间显著变大。因此，用于描述涡激升力的 Van der Pol 尾流振子模型计算效率高，也基本上可以捕捉到柱体的涡激振动特性。

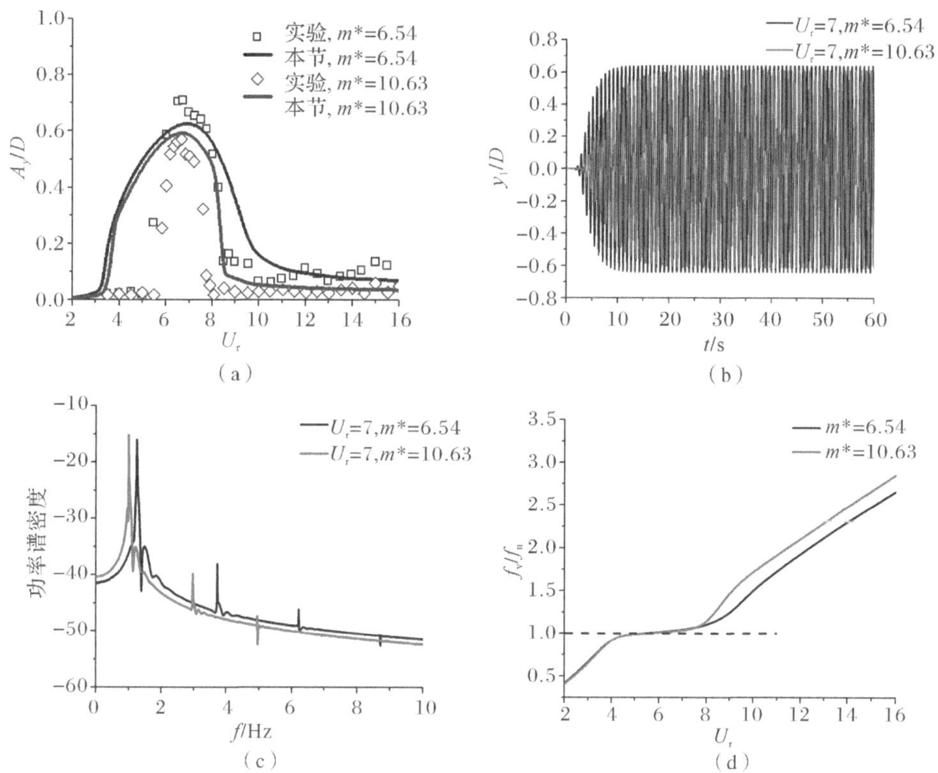

图 3-5　基于 Van der Pol 尾流振子模型的 1-DOF 柱体 VIV 计算结果

(a)圆柱振幅随约化速度变化图；(b)$U_r=7$ 时振动响应；

(c)$U_r=7$ 时的频谱图；(d)频率比随约化速度变化图

3.3.2　基于 CFD 模型的弹性支撑柱体 VIV 模型计算结果

为了建立更加准确的 VIV 模型，且考虑柱体流向对横向振动的影响，采用高保真 CFD 耦合结构动力学方程的方法研究低质量比柱体结构的涡激振动特性。低质量比柱体的涡激振动特性相比高质量比的要复杂很多，更难准确预测其涡激振动特性。以著名的 Khalak 和 Williamson 的实验模型[200]为例，验证本节基于 CFD 的 2-DOF 柱体 VIV 模型的准确性。实验模型中弹性支撑的刚性圆柱的结构参数为：$m=2.732\ 5$ kg，$\varsigma=0.005\ 42$，$k=17.26$ N/m，$f_n=0.4$ Hz；质量比 $m^*=2.4$，质量阻尼比 $m^*\varsigma=0.013$；约化速度 U_r 的变化范围是 0～16；相应的雷诺数从 0 增加到 7 000，时间步长取 0.005 s。计算模型如图3-2所示，所使用的嵌套网格如图 3-3 所示，计算流程如图 3-4 所示。

图 3-6(a)为计算出的弹性支撑柱体的不同约化速度下的运动轨迹，从图中该可以看出，运动轨迹基本上都是“8”字形，横向振幅比来流向振幅大很多。当 $U_r=4$～10 时，柱体的振幅相对其他的约化速度较大。对图 3-6(a)中的柱体的振动响应一一作频谱分析，得到图 3-6(b)(c)。用图 3-6(a)中的运动轨迹的最大幅值以及图 3-6(b)(c)里的频率响应画出图 3-6(d)(e)，与实验数据对比，误差较小，验证了此计算方法的正确性。从图

3-6(d)可以看出，数值仿真出3种响应分支，当U_r在3～4之间的时候，原始分支向上端分支转变；当$U_r=5\sim6$时，出现下端分支。在上端分支中振幅达到最大值0.98，而在下端分支中振幅最大值0.642；从$U_r=11$的时候开始，圆柱体的响应位移又回落到一个很小的数值。从图3-6(e)可以看出，在频率“锁定”区间$U_r=4\sim10$内，柱体的实际振动频率f_v与固定柱体的泄浴频率f_{St}分离，不再符合St与Re关系图。同时，柱体的实际浴泻频率f_v与柱体固有频率f_n比值稳定在1.15附近，而在解锁区域，柱体的实际振动频率f_v与固定柱体的涡脱频率f_{St}相同，这与前人的实验结果大致相同。与图3-5(a)相比，从图3-6也可以看出低质量比情况下频率“锁定”区间较大。

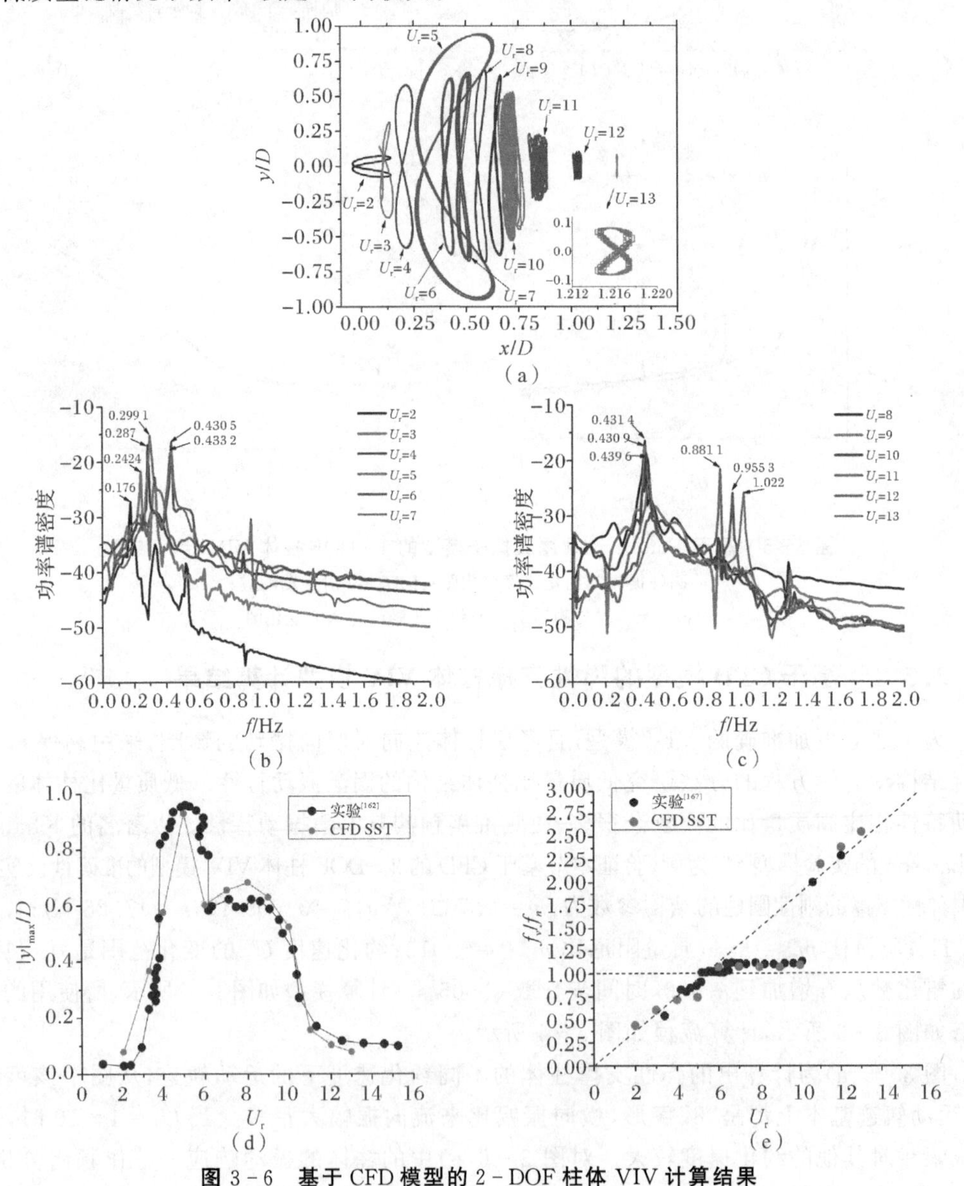

图3-6　基于CFD模型的2-DOF柱体VIV计算结果

(a)2-DOF柱体的运动轨迹；(b)不同约化速度下的的频谱图；(c)不同约化速度下的的频谱图；(d)不同约化速度下的振幅分布；(e)频率比随约化速度变化图

如图 3-7 所示，增加了 U_r=4.3、4.5 时的柱体最大横向振幅计算结果，并对比了文献[79,201]的仿真结果，本节的计算结果更贴近实验数据，尤其在上分支处，文献[79,201]都未能较好地预测到上分支。文献[79,201]采用的都是非结构化网格，单自由度柱体振动模拟，且文献[182]的非结构化网格数量相比文献[79]少很多，因此文献[201]计算结果误差最大。相比之下，体现了本节所采用的嵌套网格技术，不仅可以使用高质量的结构化网格，又可以考虑来流向振动，且不会出现负网格导致计算失败的问题。

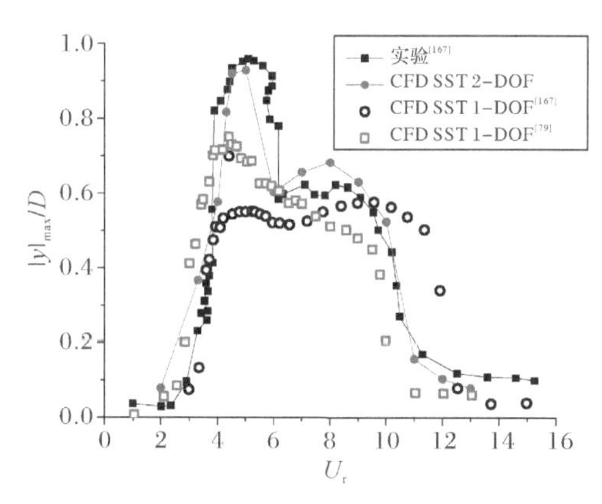

图 3-7 不同约化速度下的柱体最大横向振幅分布

由图 3-6(b)可知，U_r=5 时的响应频率为 0.299 1 Hz，那么周期 T=3.34 s。U_r=5 时的横向振幅最大，图 3-8 给出了 U_r=5 时弹性支撑柱体的 75～78.5 s 的涡量云图，包含了一个周期的运动，从图中可以看出，U_r=5 时的涡脱模式为 P+S 模式(即一个涡脱周期内有一个单个涡+一对涡形成)。Govardhan 和 Williamson 的实验研究表明一般在柱体振幅较大时候，涡脱模式为 P+S 模式或者 2P 模式(即在一个涡脱周期内有 2 对尾涡形成)，在振幅较小的时候涡脱模式为 2S 模式(即在一个涡脱周期内有 2 个单独的尾涡形成)。从图 3-8中可以看出，柱体振动游走的轨迹是一个“8”字形，与图 3-6(a)仿真结果一致。

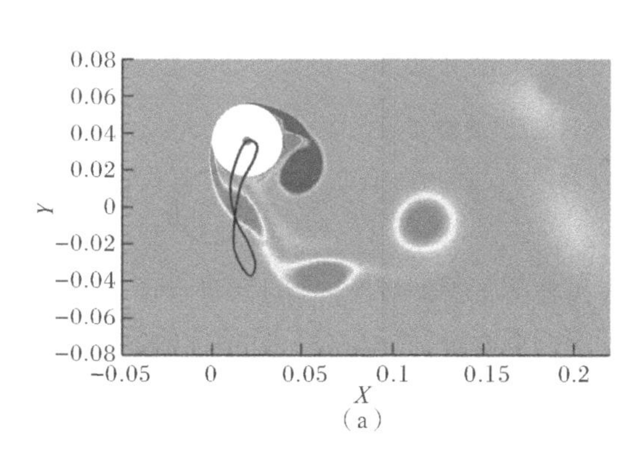

(a)

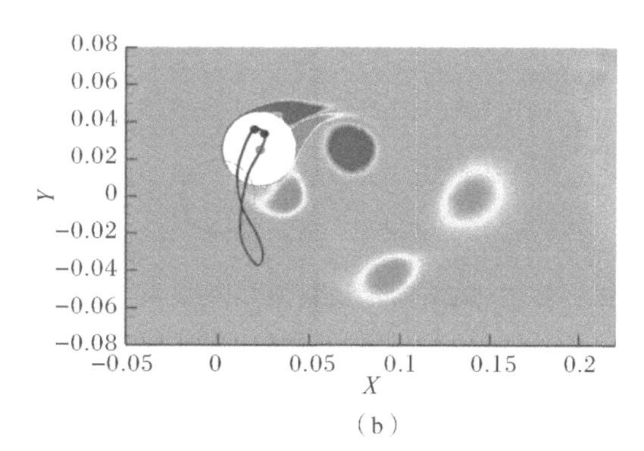

(b)

图 3-8 U_r=5 时，不同时刻的涡量云图(周期 T=3.34 s)

(a)t=75 s；(b)t=75.5 s；

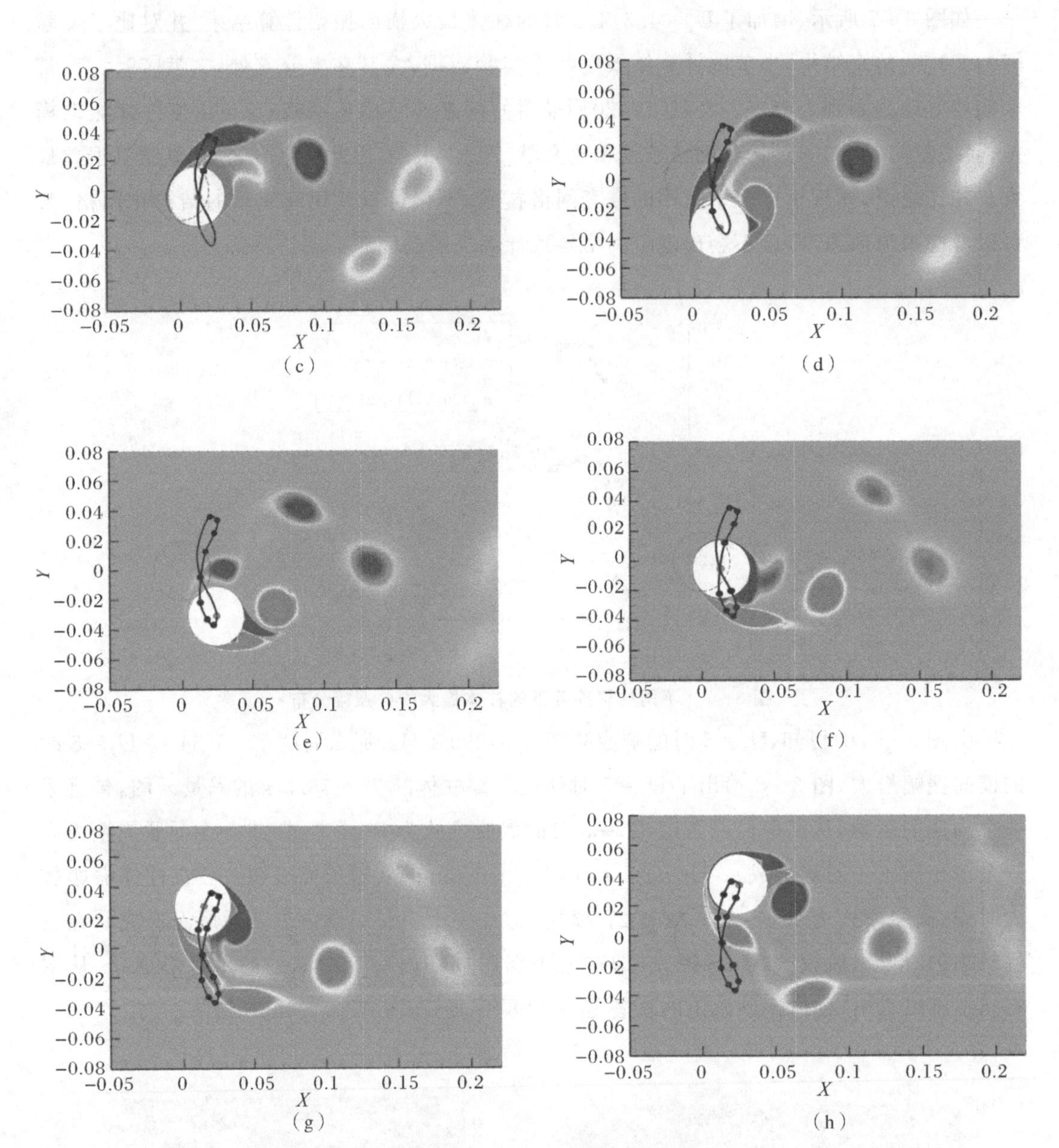

续图 3-8 $U_r=5$ 时，不同时刻的涡量云图(周期 $T=3.34$ s)

(c)$t=76$ s;(d)$t=76.5$ s;(e)$t=77$ s;(f)$t=77.5$ s;(g)$t=78$ s;(h)$t=78.5$ s

图 3-9、3-10 分别为 $U_r=2$ 和 13 时弹性支撑柱体的 75～78.5 s 的涡量云图。从图 3-9和图 3-10 都可以看出，柱体尾迹的涡脱模式为 2S 模式，同时可以看到柱体相对原始位置振幅很小。另外，从图 3-10 中还可以看出，当 $U_r=13$ 时，柱体相对原始位置来流向方向有较大的变形，但是来流向的振幅很小(图中虚线为柱体原始位置)。本节对于柱体涡量云图的仿真结果与前人实验研究结论一致。

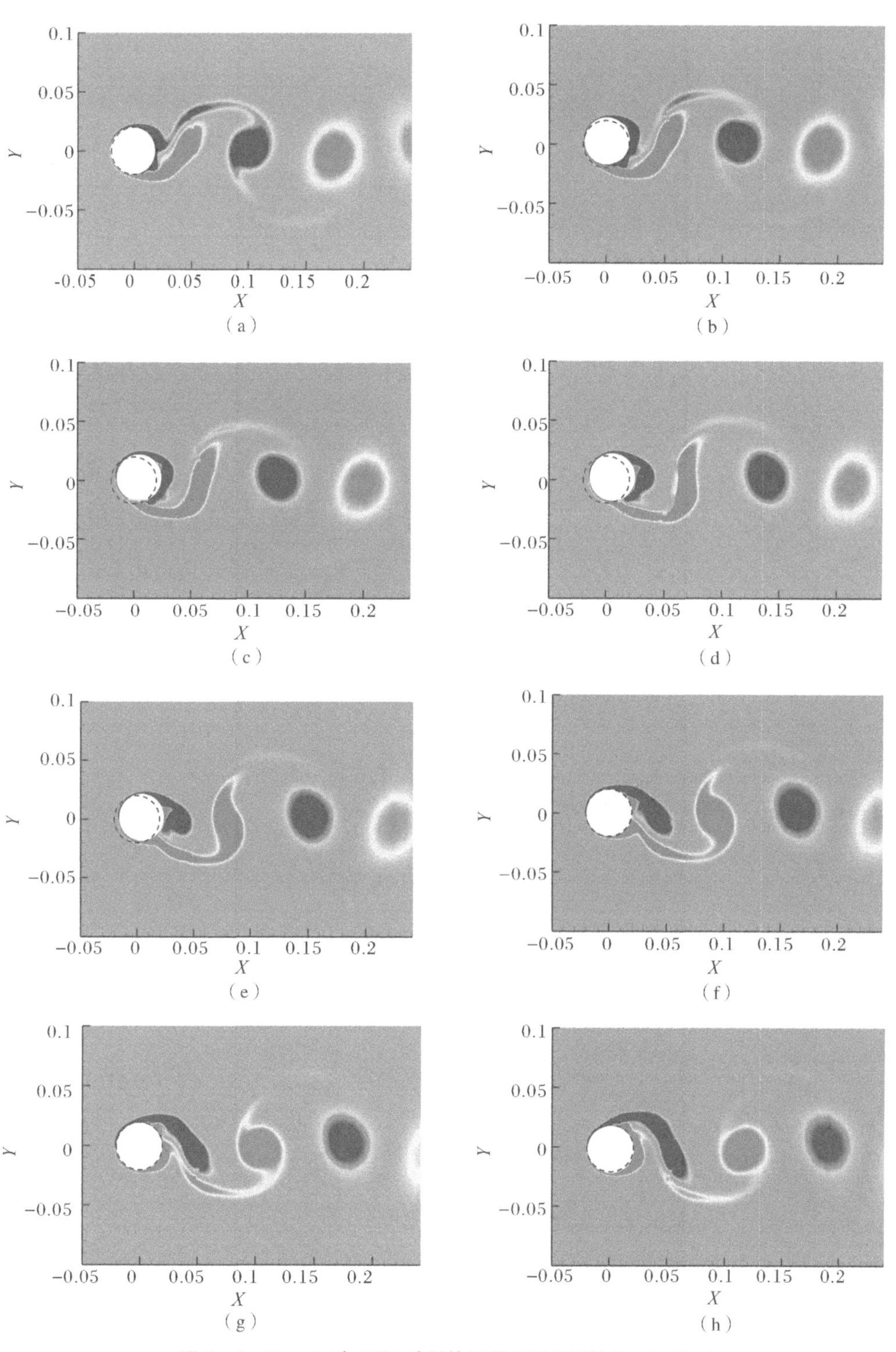

图 3-9　$U_r=2$ 时，不同时刻的涡量云图(周期 $T=5.68$ s)

(a)$t=75$ s;(b)$t=75.5$ s;(c)$t=76$ s;(d)$t=76.5$ s;(e)$t=77$ s;(f)$t=77.5$ s;(g)$t=78$ s;(h)$t=78.5$ s

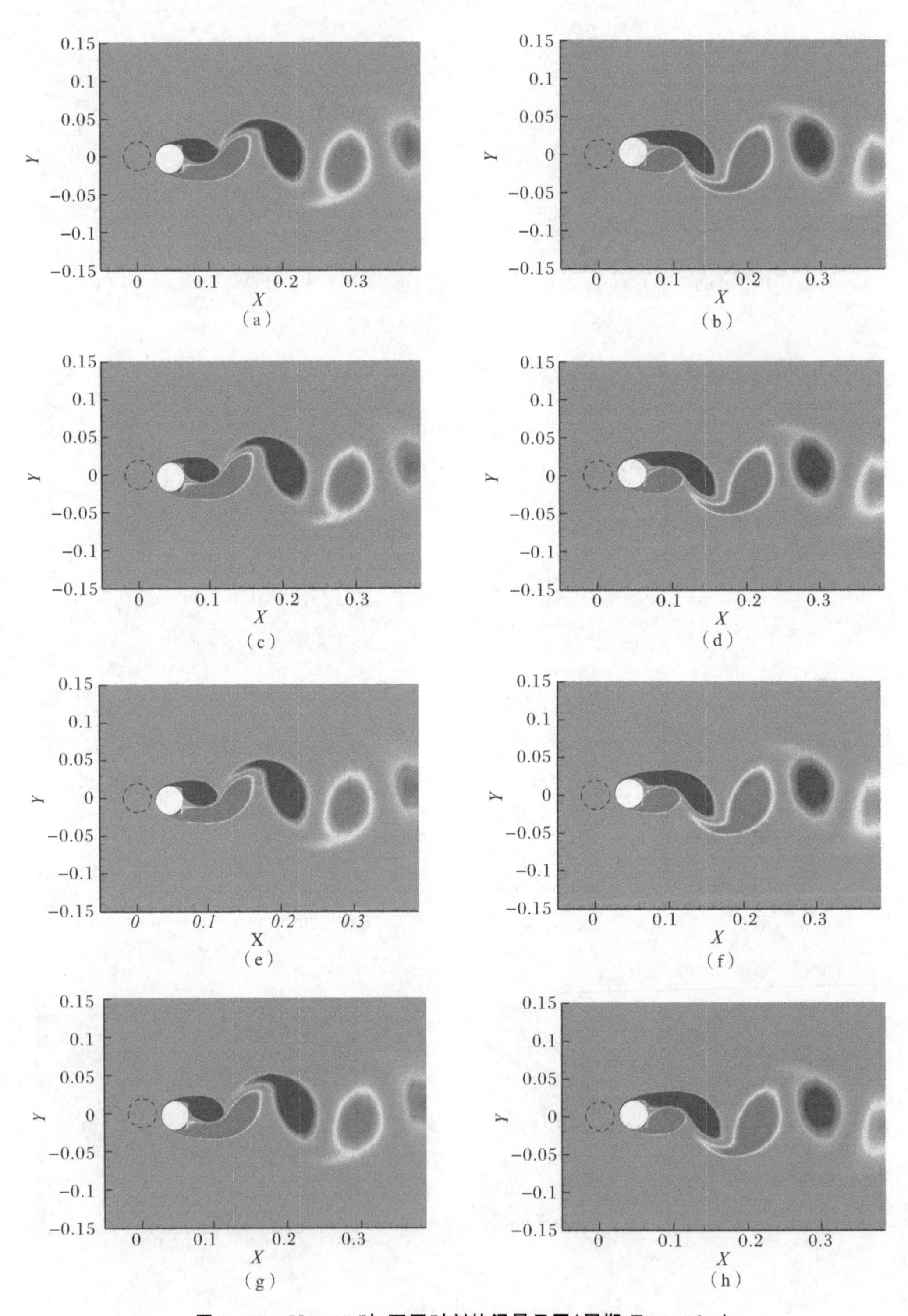

图 3-10　$U_r=13$ 时，不同时刻的涡量云图(周期 $T=0.98$ s)

(a)$t=75$ s;(b)$t=75.5$ s;(c)$t=76$ s;(d)$t=76.5$ s;(e)$t=77$ s;(f)$t=77.5$ s;(g)$t=78$ s;(h)$t=78.5$ s

类似地,基于本书建立的 CFD 柱体涡激振动模型计算 3.3.1 节中的柱体模型,计算结果如图 3－11 所示。计算结果表明,基于 CFD 双向耦合的涡激振动模型具有较高的仿真精度,相比 Van der Pol 尾流振子模型,其能更好地捕捉到"锁定"区间内的最大振幅,可以更为准确地预测频率"锁定"区间范围,但是计算效率远远小于 Van der Pol 尾流振子模型。同样的单核 CPU 计算条件下,采用 CFD 二维弹性支撑柱体涡激振动仿真系统计算一个工况需要 50 h 左右,而采用 Van der Pol 尾流振子模型仅需要 10 s 左右。因此本章建立的 CFD 模型更适用于涡激振动现象的机理研究。而对于计算量巨大的三维柱体结构涡激振动,则可以使用 Van der Pol 尾流振子模型结合 MSTMM 进行快速仿真预测。

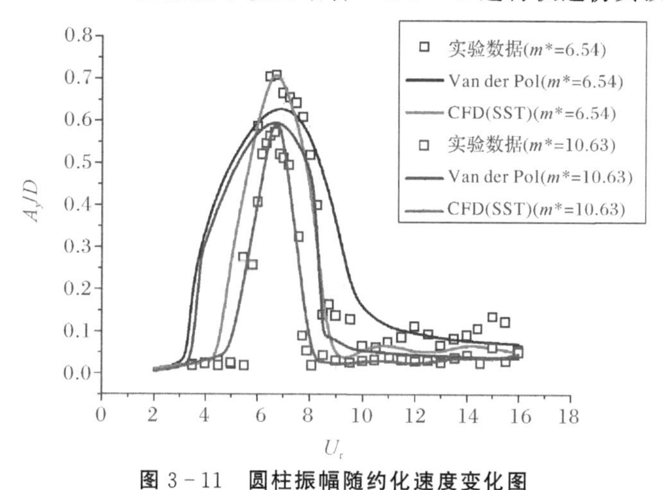

图 3－11　圆柱振幅随约化速度变化图

3.4　三维柔性柱体 VIV 研究

对柱体 VIV 的机理研究中通常将柱体简化为二维刚性模型,而实际工程问题中遇到的大多是三维柔性柱体的 VIV 问题。不同于简单的二维模型,实际细长结构通常具有结构几何非线性,而流体流动具有三维效应。因此,二维仿真结果难以对工程问题做出指导。在风工程和海洋工程中,柱体 VIV 引起的结构疲劳损伤在细长柱体结构十分常见。本节针对海洋 RTP 立管和风力机塔筒进行多体动力学建模,实现对结构的模态分析,并在求得结构模态振型的基础上,加入 Van der Pol 尾流振子模型,建立立管和塔筒的涡激振动模型,实现对工程中三维结构涡激振动的预测。

3.4.1　三维 RTP 立管涡激振动研究

3.4.1.1　RTP 立管物理模型简化

涡激振动是海洋立管发生破坏的主要原因之一,因此对复合材料柔性立管涡激振动快速仿真,预测复合材料立管的涡激振动行为十分重要[44-53]。RTP 产品的种类繁多,本节仅以图 1－6 所示的复合材料预制增强带 RTP 立管作为研究对象,探索适合工程的复合材料立管的建模方法,以及研究其涡激振动行为,为工程上类似的复合材料立管的涡激振动快速分析提供参考。水深小于 500 m，一般采用传统的固定式平台或塔式平台。本节研究的立管长度在 50～150 m 之间，因此采用塔式平台，即固定式平台。针对密度与水接近的 RTP 立管，忽略立管重力，考虑均匀来流和剪切流引起的涡激升力、立管顶部的顶张力、连接管道的刚性接头，简化后的连接在张力腿平台上的 RTP 立管模型示意如图3-12所示，立管下端铰接在位于海底的万向节上，上端铰接于浮体上。图中 T 为顶张力，数字 1 表示均匀来流，数字 2 表示剪切流。研究所用到的立管参数见表 3-2。忽略平台的振动，立管边界条件可视为两端简支，另外做如下假设：

(1)只考虑立管的横向振动，立管的运动始终在横向振动方向的平面内；

(2)不考虑立管的扭转转动；

(3)立管内部流体为油，视为附加质量，不考虑内流速度对立管振动的影响；

(4)忽略立管本身的结构阻尼，仅考虑立管振动引起的水动力阻尼；

(5)立管应变很小，应力应变为线性关系；

(6)海流沿水深为均匀来流或者切线变化。

RTP 管道一般由内管、增强层和外管组成(见表 3-1)。本节研究的 RTP 立管的材料包括高密度聚乙烯(HDPE)、中密度聚乙烯(MDPE)和芳纶纤维。立管参数见表 3-2。

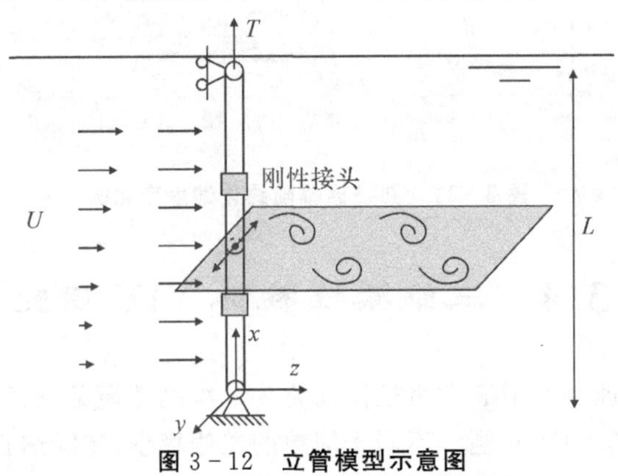

图 3-12 立管模型示意图

表 3-1 RTP 管道材料性质

材 料	密 度/(kg·m⁻¹)	弹性模量/GPa	泊松比
芳纶纤维	1 400	61.722	0.36
HDPE	950	1.020	0.41
MDPE	930	0.700	0.41

表 3-2 立管参数

名 称	参 数
RTP 管外径/mm	365
RTP 管内径/mm	338

3.4.1.2 RTP立管动力学特性建模

考虑柔性立管刚性接头等结构细节，基于多体系统传递矩阵法计算其振动特性。铰-铰约束的带有顶张力的立管的欧拉梁模型如图3-13所示。本节采取将梁分段的方法来建立柔性立管的力学模型。为了便于计算，以刚性接头的长度为参考长度，将RTP立管分为 n 段，那么刚性接头的长度为 L/n（本节针对150 m长RTP立管计算时，取 $n=80$）。这样计算中可以任意选取刚性接头的个数，只需将对应的梁元件的材料改为刚材料即可。

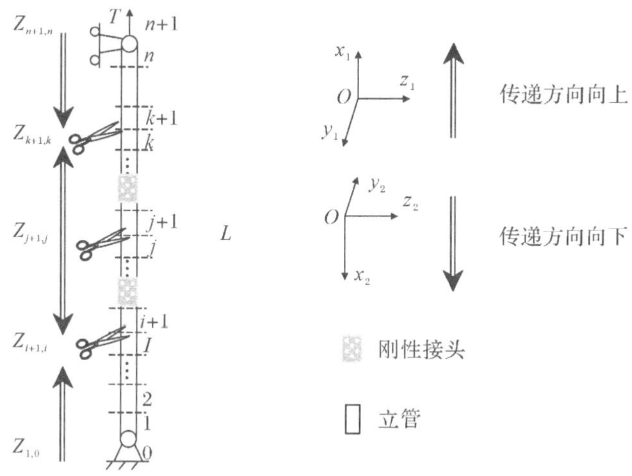

图3-13 包括状态矢量和传递方向的立管模型

假设图3-13中任一段包含顶张力 T 的梁振动控制方程为[206-207]

$$EI\frac{\partial^4 y}{\partial x^4}-T\frac{\partial^2 y}{\partial x^2}+\overline{m}\frac{\partial^2 y}{\partial t^2}=0 \tag{3-11}$$

令 $y(x,t)=Y(x)e^{i\omega t}$，则式(3-11)变为

$$\frac{\partial^4 Y(x)}{\partial x^4}+\left(-\frac{T}{EI}\right)\frac{\partial^2 Y(x)}{\partial x^2}-\frac{\overline{m}\omega^2}{EI}Y(x)=0$$

式(3-12)的通解为

$$Y(x)=A_1\cosh(\lambda_1 x)+A_2\sinh(\lambda_1 x)+A_3\cos(\lambda_2 x)+A_4\sin(\lambda_2 x) \tag{3-13}$$

式中：

$$\lambda_1=\sqrt{-(-T/EI)/2+\sqrt{((-T/EI)^2/4)+\frac{m\omega^2}{EI}}}$$

$$\lambda_2=\sqrt{(-T/EI)/2+\sqrt{((-T/EI)^2/4)+\frac{m\omega^2}{EI}}}$$

同时，对于Euler-Bernoulli梁，由 $Y(x)$ 可以得到模态坐标系下的角位移、内力矩、内力：

$$\left.\begin{aligned}&\Theta_z=\frac{\mathrm{d}Y}{\mathrm{d}x},\\&M_z=EI\frac{\mathrm{d}^2Y}{\mathrm{d}x^2}\\&Q_y=T\Theta_z+\frac{\mathrm{d}M_z}{\mathrm{d}x}\end{aligned}\right\} \tag{3-14}$$

由式(3-13)、式(3-14)可得

$$\boldsymbol{Z}(x)=\boldsymbol{B}(x)\boldsymbol{a} \tag{3-15}$$

式中：$\boldsymbol{Z}(x)$为状态矢量，且$\boldsymbol{Z}(x)=[Y\ \Theta_z\ \ M_z\ \ Q_y]^{\mathrm{T}}$，$\boldsymbol{a}=[A_1\ \ A_2\ \ A_3\ \ A_4]^{\mathrm{T}}$。

$$\boldsymbol{B}(x)=\begin{bmatrix} \cosh(\lambda_1 x) & \sinh(\lambda_1 x) & \cos(\lambda_2 x) & \sin(\lambda_2 x) \\ \lambda_1\sinh(\lambda_1 x) & \lambda_1\cosh(\lambda_1 x) & -\lambda_2\sin(\lambda_2 x) & \lambda_2\cos(\lambda_2 x) \\ EI\lambda_1^2\cosh(\lambda_1 x) & EI\lambda_1^2\sinh(\lambda_1 x) & -EI\lambda_2^2\cos(\lambda_2 x) & -EI\lambda_2^2\sin(\lambda_2 x) \\ (EI\lambda_1^3+T\lambda_1)\sinh(\lambda_1 x) & (EI\lambda_1^3+T\lambda_1)\cosh(\lambda_1 x) & (EI\lambda_2^3-T\lambda_2)\sin(\lambda_2 x) & (T\lambda_2-EI\lambda_2^3)\cos(\lambda_2 x) \end{bmatrix}$$

令式(3-15)中$x=0, x=l$，则$\boldsymbol{Z}(l)=\boldsymbol{B}(l)\boldsymbol{B}^{-1}(0)\boldsymbol{Z}(0)$。因此，任一段梁的传递矩阵为

$$\boldsymbol{U}=\boldsymbol{B}(l)\boldsymbol{B}^{-1}(0) \tag{3-16}$$

由于柔性立管非常细长，如图3-13所示，将立管分成4段，并使用图3-13所示的传递方向，以减小同一方向传递过程中由于过多矩阵相乘引起的高阶振型的数值误差。柔性立管的传递方程为

$$\left.\begin{aligned} \boldsymbol{Z}_{i+1,i\mathrm{up}}&=\boldsymbol{U}^{\mathrm{part1}}\boldsymbol{Z}_{1,0\mathrm{up}} \\ \boldsymbol{Z}_{i+1,i\mathrm{down}}&=\boldsymbol{U}^{\mathrm{part2}}\boldsymbol{Z}_{j+1,j\mathrm{down}} \\ \boldsymbol{Z}_{k+1,k\mathrm{up}}&=\boldsymbol{U}^{\mathrm{part3}}\boldsymbol{Z}_{j+1,j\mathrm{up}} \\ \boldsymbol{Z}_{k,k+1\mathrm{down}}&=\boldsymbol{U}^{\mathrm{part4}}\boldsymbol{Z}_{n+1,n\mathrm{down}} \\ \boldsymbol{C}\boldsymbol{Z}_{i+1,i\mathrm{down}}&=\boldsymbol{Z}_{i+1,i\mathrm{up}} \\ \boldsymbol{C}\boldsymbol{Z}_{k+1,k\mathrm{down}}&=\boldsymbol{Z}_{k+1,k\mathrm{up}} \\ \boldsymbol{C}\boldsymbol{Z}_{1,0\mathrm{down}}&=\boldsymbol{Z}_{1,0\mathrm{up}} \\ \boldsymbol{C}\boldsymbol{Z}_{n+1,n\mathrm{down}}&=\boldsymbol{Z}_{n+1,n\mathrm{up}} \end{aligned}\right\} \tag{3-17}$$

式中：状态矢量的下标 up 和 down 分别表示连接点处的上方和下方对应的状态矢量。另外，由图3-13中的坐标系和传递方向，以及 MSTMM 书中的符号约定可知，式(3-17)中[125]：

$$\boldsymbol{C}=\begin{bmatrix} -1 & 0 & 0 & 0 \\ 0 & 1 & 0 & 0 \\ 0 & 0 & -1 & 0 \\ 0 & 0 & 0 & 1 \end{bmatrix} \tag{3-18}$$

因此，柔性立管的总传递方程为

$$\boldsymbol{U}_{\mathrm{all}}\boldsymbol{Z}_{\mathrm{all}}=0 \tag{3-19}$$

其中，

$$\boldsymbol{U}_{\mathrm{all}}=\begin{bmatrix} \boldsymbol{U}^{\mathrm{Part1}} & -\boldsymbol{C}\boldsymbol{U}^{\mathrm{Part2}} & \boldsymbol{0}_{4\times4} & \boldsymbol{0}_{4\times4} \\ \boldsymbol{0}_{4\times4} & \boldsymbol{0}_{4\times4} & \boldsymbol{U}^{\mathrm{Part3}} & -\boldsymbol{C}\boldsymbol{U}^{\mathrm{Part4}} \\ \boldsymbol{0}_{4\times4} & \boldsymbol{C} & -\boldsymbol{I} & \boldsymbol{0}_{4\times4} \end{bmatrix} \tag{3-20}$$

$$\boldsymbol{Z}_{\mathrm{all}}^{\mathrm{T}}=[\boldsymbol{Z}_{1,0\mathrm{up}}^{\mathrm{T}}\ \ \boldsymbol{Z}_{j+1,j\mathrm{down}}^{\mathrm{T}}\ \ \boldsymbol{Z}_{j+1,j\mathrm{up}}^{\mathrm{T}}\ \ \boldsymbol{Z}_{n+1,n\mathrm{down}}^{\mathrm{T}}]^{\mathrm{T}} \tag{3-21}$$

式中：$\boldsymbol{U}^{\mathrm{part1}}=\boldsymbol{U}_i\cdots\boldsymbol{U}_3\boldsymbol{U}_2\boldsymbol{U}_1$；$\boldsymbol{U}^{\mathrm{part2}}=\boldsymbol{U}_{i+1}\cdots\boldsymbol{U}_{j-1}\boldsymbol{U}_j$；$\boldsymbol{U}^{\mathrm{part3}}=\boldsymbol{U}_k\cdots\boldsymbol{U}_{j+2}\boldsymbol{U}_{j+1}$；$\boldsymbol{U}^{\mathrm{part4}}=\boldsymbol{U}_{k+1}\cdots\boldsymbol{U}_n\boldsymbol{U}_{n+1,n}$。$\boldsymbol{U}_1,\boldsymbol{U}_2,\cdots,\boldsymbol{U}_n$分别代表柔性立管每一段传递矩阵，可以充分考虑柔性立管具体的结构细节。

铰-铰连接的柔性立管的边界条件为

$$\boldsymbol{Z}_{1,0\mathrm{up}}=[0,\Theta_z,0,Q_y]^{\mathrm{T}},\quad \boldsymbol{Z}_{j+1,j\mathrm{down}}=[Y,\Theta_z,M_z,Q_y]^{\mathrm{T}},$$

$$\boldsymbol{Z}_{j+1,j\mathrm{up}}=[Y,\Theta_z,M_z,Q_y]^{\mathrm{T}},\quad \boldsymbol{Z}_{n+1,n\mathrm{down}}=[0,\Theta_z,0,Q_y]^{\mathrm{T}}$$

将系统边界条件代入式(3-19)，可得系统特征方程为

$$\bar{\boldsymbol{U}}_{\text{all}}\bar{\boldsymbol{Z}}_{\text{all}}=0 \tag{3-22}$$

求解方程(3-22)即可得到系统的固有频率 $\omega_k(k=1,2,\cdots)$，然后求出系统边界点状态矢量 $\bar{\boldsymbol{Z}}_{\text{all}}$ 和 $\boldsymbol{Z}_{\text{all}}$，进而通过元件传递方程得到对应于固有频率 ω_k 的系统全部连接点的状态矢量，得到 RTP 立管系统的振型。

3.4.1.3　RTP 立管动力学方程

根据2.2节介绍的 MSTMM 基本理论和2.3.2节的 Van der Pol 尾流振子模型基本理论，RTP 立管体动力学方程为

$$\boldsymbol{M}\boldsymbol{v}_t+\boldsymbol{K}\boldsymbol{v}=\boldsymbol{f} \tag{3-23}$$

式中：$\boldsymbol{M}$、$\boldsymbol{K}$ 分别为质量矩阵、刚度矩阵。

令 $\boldsymbol{V}=[\boldsymbol{V}^1\quad \boldsymbol{V}^2\quad \cdots\quad \boldsymbol{V}^n]$，$\boldsymbol{q}=[\boldsymbol{q}^1\quad \boldsymbol{q}^2\quad \cdots\quad \boldsymbol{q}^n]^{\mathrm{T}}$，$n$ 表示立管系统模态叠加所用的模态阶数，本节对于立管的涡激振动计算取前10阶模态，即 $n=10$。$\boldsymbol{v}=\boldsymbol{V}\boldsymbol{q}$，可以将式(3-23)转化到模态坐标系中，则有

$$\boldsymbol{M}\boldsymbol{V}\boldsymbol{q}+\boldsymbol{K}\boldsymbol{V}\boldsymbol{q}=\boldsymbol{f} \tag{3-24}$$

根据式(2-42)、式(2-43)可得

$$\boldsymbol{M}\boldsymbol{V}\boldsymbol{q}+\boldsymbol{K}\boldsymbol{V}\boldsymbol{q}=\left(-\frac{1}{2}C_{\mathrm{D}}\rho DU\right)\boldsymbol{V}\dot{\boldsymbol{q}}+\left(\frac{1}{4}C_{\mathrm{L}_0}\rho DU^2\right)\boldsymbol{q}_{\mathrm{v}} \tag{3-25a}$$

$$\ddot{\boldsymbol{q}}_{\mathrm{v}}+\Omega_{\mathrm{f}}(\boldsymbol{q}_{\mathrm{v}}^2-1)\dot{\boldsymbol{q}}_{\mathrm{v}}+\Omega_{\mathrm{f}}^2\boldsymbol{q}_{\mathrm{v}}=\frac{A}{D}\boldsymbol{V}\boldsymbol{q} \tag{3-25b}$$

利用增广特征矢量的正交性，在式(3-25a)两边同时乘以 $\boldsymbol{V}^{\mathrm{T}}$，即

$$\boldsymbol{V}^{\mathrm{T}}\boldsymbol{M}\boldsymbol{V}\boldsymbol{q}+\boldsymbol{V}^{\mathrm{T}}\boldsymbol{K}\boldsymbol{V}\boldsymbol{q}=\boldsymbol{V}^{\mathrm{T}}\left[\left(-\frac{1}{2}C_{\mathrm{D}}\rho DU\right)\boldsymbol{V}\dot{\boldsymbol{q}}+\left(\frac{1}{4}C_{\mathrm{L}_0}\rho DU^2\right)\boldsymbol{q}_{\mathrm{v}}\right] \tag{3-26}$$

令 $\bar{\boldsymbol{M}}=\boldsymbol{V}^{\mathrm{T}}\boldsymbol{M}\boldsymbol{V}$，$\bar{\boldsymbol{K}}=\boldsymbol{V}^{\mathrm{T}}\boldsymbol{K}\boldsymbol{V}$，则

$$\bar{\boldsymbol{M}}\boldsymbol{q}+\bar{\boldsymbol{K}}\boldsymbol{q}=\boldsymbol{V}^{\mathrm{T}}\left[\left(-\frac{1}{2}C_{\mathrm{D}}\rho DU\right)\boldsymbol{V}\dot{\boldsymbol{q}}+\left(\frac{1}{4}C_{\mathrm{L}_0}\rho DU^2\right)\boldsymbol{q}_{\mathrm{v}}\right] \tag{3-27a}$$

$$\ddot{\boldsymbol{q}}_{\mathrm{v}}+\Omega_{\mathrm{f}}(\boldsymbol{q}_{\mathrm{v}}^2-1)\dot{q}_{\mathrm{v}}+\Omega_{\mathrm{f}}^2\boldsymbol{q}_{\mathrm{v}}=\frac{A}{D}\boldsymbol{V}\boldsymbol{q} \tag{3-27b}$$

将式(3-27)写成状态空间的形式，令 $\boldsymbol{x}_1=\boldsymbol{q}$，$\boldsymbol{x}_2=\dot{\boldsymbol{q}}$，$\boldsymbol{x}_3=\boldsymbol{q}_{\mathrm{v}}$，$\boldsymbol{x}_4=\dot{\boldsymbol{q}}_v$，则

$$\left.\begin{aligned}
&\dot{\boldsymbol{x}}_1=\boldsymbol{x}_2\\
&\dot{\boldsymbol{x}}_2=\frac{\boldsymbol{V}^{\mathrm{T}}}{\bar{\boldsymbol{M}}}\left[\left(-\frac{1}{2}C_D\rho DU\right)\boldsymbol{V}\boldsymbol{x}_2+\left(\frac{1}{4}C_{L_0}\rho DU^2\right)\boldsymbol{x}_3\right]-\omega^2x_1\\
&\dot{\boldsymbol{x}}_3=\boldsymbol{x}_4\\
&\dot{\boldsymbol{x}}_4=\frac{A}{D}\boldsymbol{V}\dot{\boldsymbol{x}}_2-\varepsilon\Omega_{\mathrm{f}}(\boldsymbol{x}_3^2-1)\boldsymbol{x}_4-\Omega_{\mathrm{f}}^2\boldsymbol{x}_3
\end{aligned}\right\} \tag{3-28}$$

采用 Runge-Kutta 法求解式(3-28)，其初始条件为 $\boldsymbol{q}=\dot{\boldsymbol{q}}=\boldsymbol{0}_{1\times10}$，$\boldsymbol{q}_{\mathrm{v}}=\boldsymbol{0.2}_{1\times80}$，$\dot{\boldsymbol{q}}_{\mathrm{v}}=\boldsymbol{0}_{1\times80}$，时间步长为0.01 s。

3.4.1.4　RTP 立管振动特性及涡激振动模型验证

计算结构的固有振动特性，包括固有频率和振型，是结构振动分析的基础，在工程的实际应用以及在求解结构动力响应方面具有重要的意义。

以文献[208]中的立管参数为例，采用 MSTMM 计算了细长立管的振动特性。图3-14

为采用 MSTMM 计算顶张力为 817 N 的立管的干模态前 8 阶圆频率计算结果，与文献[208]中的理论分析解对比结果见表 3-3，误差小于 0.11%，因此验证了基于 MSTMM 立管动力学特性计算模型的准确性。计算立管的湿模态时，需要将立管的附加质量考虑进去，工程上一般将圆柱形立管的附加质量简化为立管外径对应的圆柱排开流体介质的质量。图 3-15 为立管的湿模态前 8 阶圆频率计算结果，换算成频率后结果见表 3-4，对应的质量归一化后的振型如图 3-16 所示。

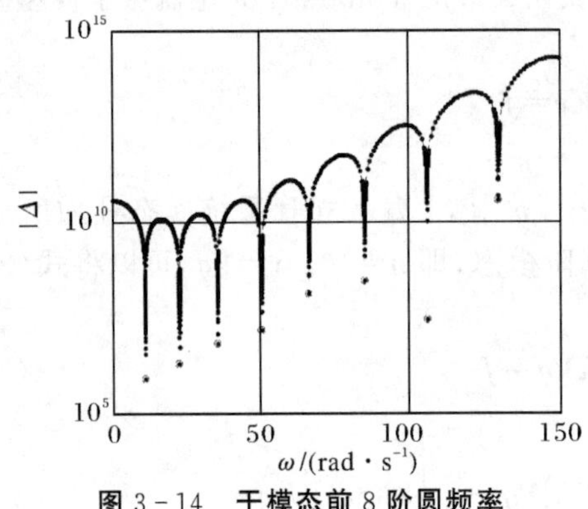

图 3-14　干模态前 8 阶圆频率

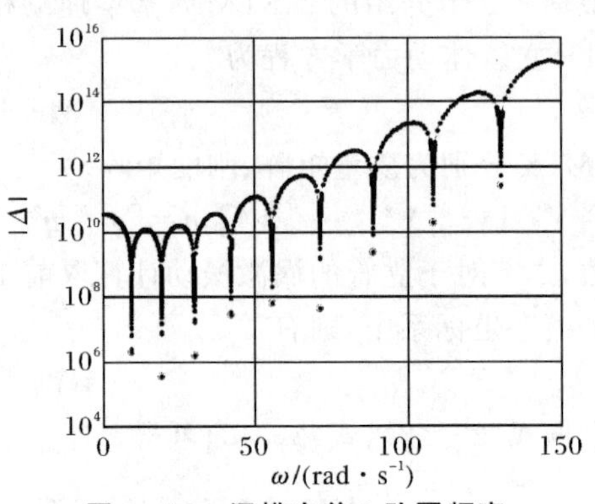

图 3-15　湿模态前 8 阶圆频率

表 3-3　立管干模态前 8 阶频率对比

	f_1	f_2	f_3	f_4	f_5	f_6	f_7	f_8
文献[192]/Hz	1.79	3.67	5.73	8.04	10.65	13.62	16.96	20.71
MSTMM/Hz	1.789	3.669	5.726	8.031	10.642	13.603	16.947	20.696
误差/%	0.05	0.02	0.06	0.11	0.07	0.12	0.07	0.06

表 3-4　立管湿模态前 8 阶频率

f_8	湿模态	f_1	f_2	f_3	f_4	f_5	f_6	f_7
MSTMM/Hz	1.486	3.049	4.758	6.673	8.843	11.303	14.082	17.197

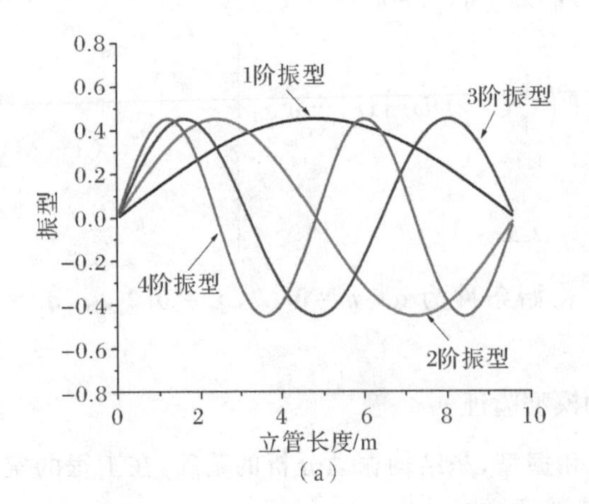

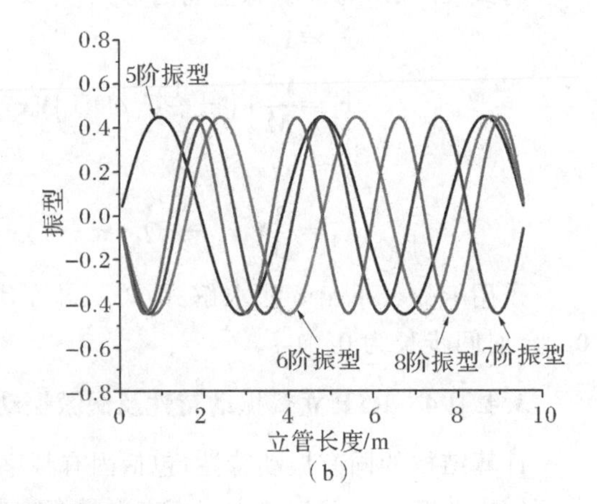

图 3-16　湿模态振型

(a)14 阶振型；(b)5～8 阶振型

在海流作用下，立管上各点由漩涡脱落引起的振动可视为立管各模态振动的叠加(一般为前几阶模态)，且一般存在主导振动模态。以文献[208]中的立管为例，基于 MSTMM 和 Van der Pol 尾流振子模型，通过式(3－26)计算带有顶张力的立管的涡激振动响应。均匀来流速度为 0.2 m/s，直径为 0.02 m，因此 Re 约为 3 988，根据图 2－11 中 St 和 Re 的关系，取 St 约为 0.23。Van der Pol 尾流振子模型的计算精度一定程度上取决于经验系数的选取，本节选取 $A=12$ 和 $\varepsilon=0.3$，$C_{L0}=0.25$，$C_D=1.2$[183,208]。如图 3－17 所示，仿真得到沿立管轴向的涡激振动最大振幅分布。通过与文献[208]的实验数据和 CFD 仿真数据对比，误差较小，验证了本方法的可行性。

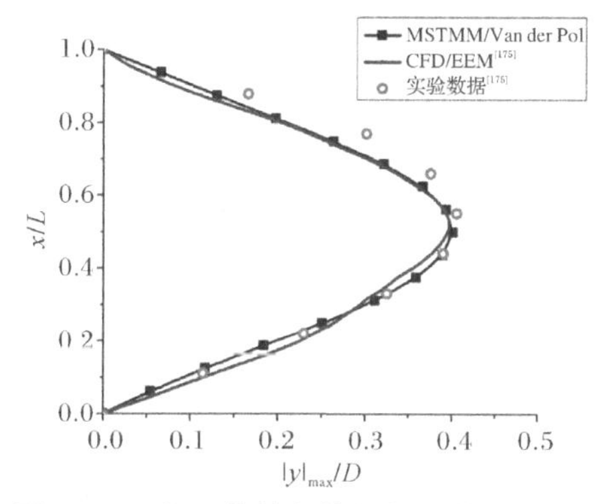

图 3－17 沿立管轴向的涡激振动振幅分布

3.4.1.5 RTP 立管涡激振动特性分析

一般表层海流的水平流速从 0.01 m/s 到 0.3 m/s，深处的水平流速则在 0.01 m/s 以下。基于 MSTMM 和 Van der Pol 尾流振子模型求解立管的涡激振动响应，取 Van der Pol 尾流振子模型中系数 $A=12$ 和 $\varepsilon=0.3$，$C_{L0}=0.25$，$C_D=1.2$[183,249]，St 取 0.2。

首先计算了顶张力为 20 000 N，RTP 立管长度为 50 m，均匀来流速度为 0.1～0.6 m/s 的立管沿着轴向的涡激振动响应振幅分布。如图 3－18 所示，对于 50 m 长的 RTP 立管在速度 0.1～0.6 m/s 的来流速度范围内，最大振幅都发生在立管的中间位置，且都是一阶模态主导的振动，这是由于立管较短，刚度较大，没有激发出较高阶模态。当来流速度为 0.3～0.4 m/s时，立管的振幅较大，随着速度继续增加，立管的振幅降低，说明此时发生了频率“锁定”现象。一般认为当 $f_v\approx(0.9\sim1.4)f_n$ 时，为频率“锁定”区域[210]。

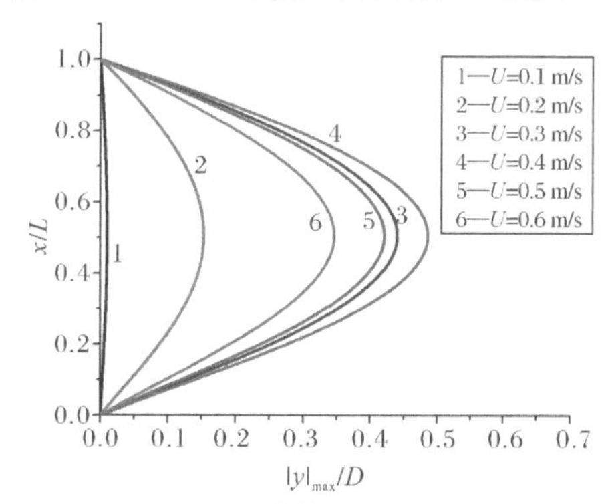

图 3－18 沿 RTP 立管轴向的涡激振动振幅分布

50 m 长 RTP 立管的第 1 阶湿模态频率为 0.165 9 Hz，第 2 阶为 0.565 5 Hz。计算出 0.1～0.6 m/s 的来流速度情况下立管的涡激振动频率，如图 3-19(a)所示，为来流速度为 0.3 m/s 时的沿着立管轴向的涡激振动响应频率分布，响应频率一致，均为 0.161 7 Hz。图 3-19(b)为每一个速度下的涡激振动频率和第 1 阶湿模态频率之比，从图中可以看出，当来流速度为 0.3～0.4 m/s 时频率比接近于 1，发生了频率“锁定”。

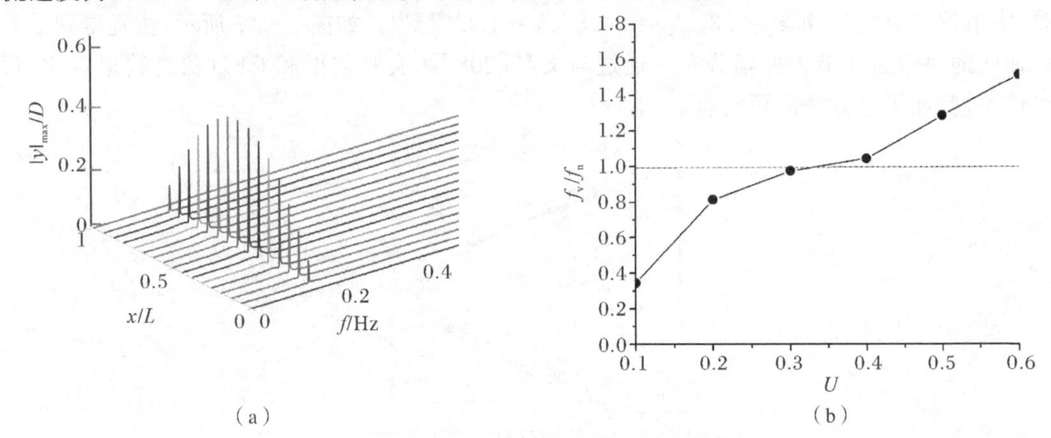

图 3-19　RTP 立管振动响应频率计算

(a)U=0.3 m/s 时沿立管轴向的振动响应频率分布；(b)频率比随速度变化图

立管参数确定以后，立管的固有频率就确定了，但涡激升力的频率会随流速的增大而增大，这就导致不同流速下立管涡激振动激发的模态不同。从图 3-20 可以看出，长度为 150 m、顶张力为 60 000 N 的立管，流速越大，立管涡激振动激发模态越高，但沿着立管轴向的最大振幅略有减小，说明立管涡激振动位移主要受低阶模态控制。这是由于 150 m 长的立管相对于 50 m 长的立管刚度大幅度减小，容易激发出高阶模态为主导的振动响应。图 3-21(a)(b)(c)分别是 L=150 m，T=60 000 N 的立管在 U=0.1 m/s、0.2 m/s、0.3 m/s 时的 y/D 历时云图。图中水平坐标表示时间，垂向坐标表示立管长度方向位置。从图 3-21(a)可以看出，立管主要是以第 1 阶模态为主导的振动，图 3-21(b)可以看出立管在来流速度为 0.2 m/s时，发生第 1 阶和第 2 阶模态切换现象。这是由柔性立管各阶振型对应的频率比较相近造成的。图 3-21(c)为立管在来流速度为 0.3 m/s 时，发生以第 3 阶模态为主导的振动历时云图。

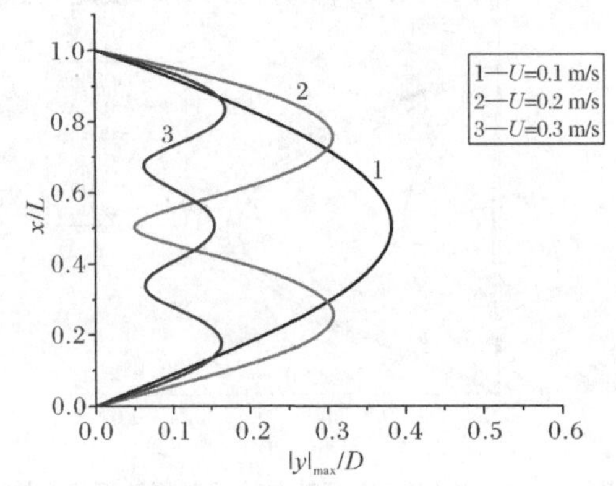

图 3-20　沿 RTP 立管轴向的涡激振动振幅分布

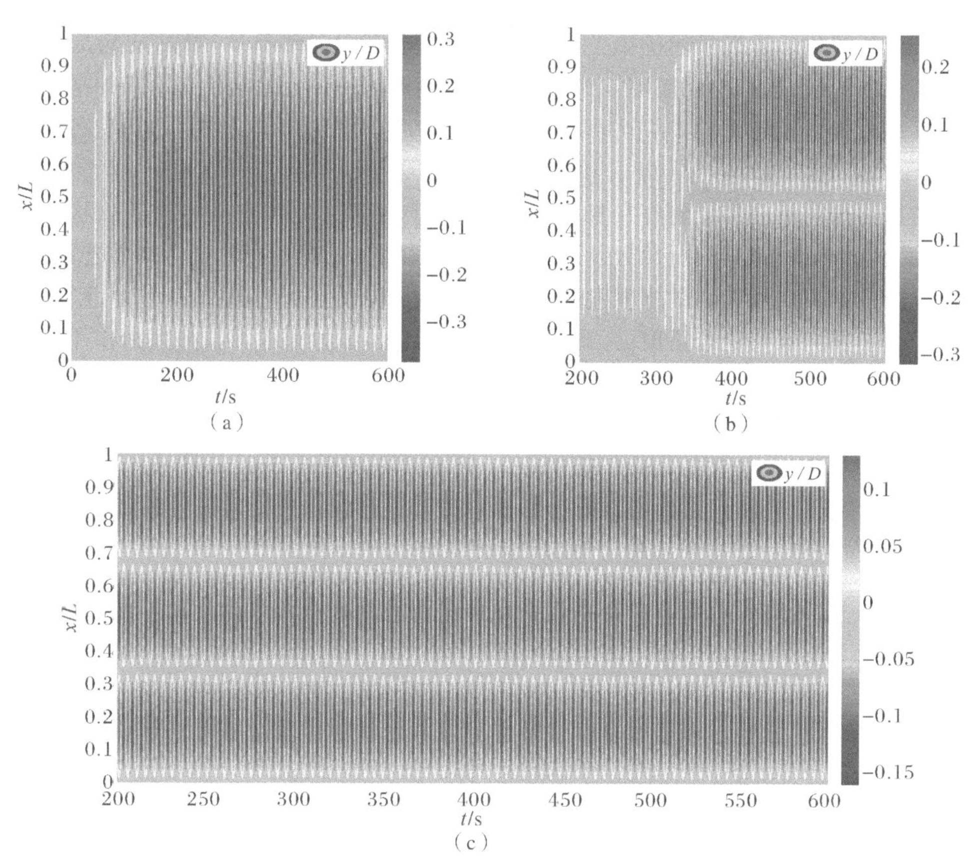

图 3-21　沿 RTP 立管轴向的涡激振动响应 y/D 历时云图

(a)U=0.1 m/s;(b)U=0.2 m/s;(c)U=0.3 m/s

3.4.2　三维风力机塔筒涡邀振动研究

3.4.2.1　风力机塔筒物理模型简化

本节仅以如图 3-22 示的水平轴顺风向三叶片风力机作为研究对象,探索适合工程的风力机塔筒的建模方法,以及研究其涡激振动行为,为工程上类似的风力机塔筒的涡激振动快速分析提供参考。风力机是一个结构复杂的多刚柔体系统,风力机塔筒底部靠桩土固定,塔筒顶部连接机舱,机舱通过传动轴与外部的轮轧和叶片相连。风力发电机组的叶片和塔架都是大型柔性结构,而机舱可以看作是一个刚体。因此,在风力机多体动力学模型中应考虑刚柔耦合效应。为方便生产和运输,塔筒通常需要分成多段,因此塔筒截面沿轴向方向存在非线性变化,而细长的塔筒安装时通过法兰和螺栓分段连接。

为了对风力机系统结构振动特性进行分析,首先需要建立简化的风力机物理模型。风力机塔筒为非线性变截面的薄壁金属外壳结构,为了充分考虑塔筒不同截面的结构特性,风力机塔筒模型中根据不同截面的结构特点,在模型中将塔筒沿轴向划分为若干段。各段按实际尺寸假设为不同参数的 Euler-Bernoulli 梁来处理,而不是将它简单简化为一根等截面的梁。其主要目的是研究塔架的涡激振动,因此忽略了塔架的剪切效应和扭转效应,对模型进行了适当简化。连接塔筒的法兰和螺栓增加了塔筒的局部厚度，增加的局部厚度对塔筒的刚度产生影响，因此不能忽略。文献[211－212]中将法兰、螺栓和支撑它的平台建模为另一个具有较大壁厚的壳段，本节模型中将其简化为作用在塔筒内部的质量块，忽略螺栓的作用。

风力机顶部机舱内和风轮存在复杂的结构，由于本节主要研究风力机停放状态下的塔筒结构稳定性，所以忽略叶片、轮毂及塔筒内部传动轴、齿轮箱和发电机等部件连接的作用，将其简化为一存在质量偏心的空间刚体。空间刚体自身质量对塔筒施加压力，刚体质量偏心产生弯矩。在力学性能分析时，考虑塔顶叶轮、机舱的压力和塔筒自身重力作用。

风力机简化模型如图3－22所示，根据图中定义所用坐标系，z轴为来流方向，y轴为垂直于来流方向，x轴为塔筒轴向方向，与重力方向一致。图中序号为对各元件的编号，沿着图中箭头方向排序，G代表各元件所受重力，$\boldsymbol{Z}$代表状态矢量。元件m代表简化为质量块的法兰、螺栓和平台，模型中也考虑进该元件自身质量。元件n代表简化为刚体的风力机顶部构件，其重心可能不在塔筒中心轴线上，从而对塔筒产生弯矩。

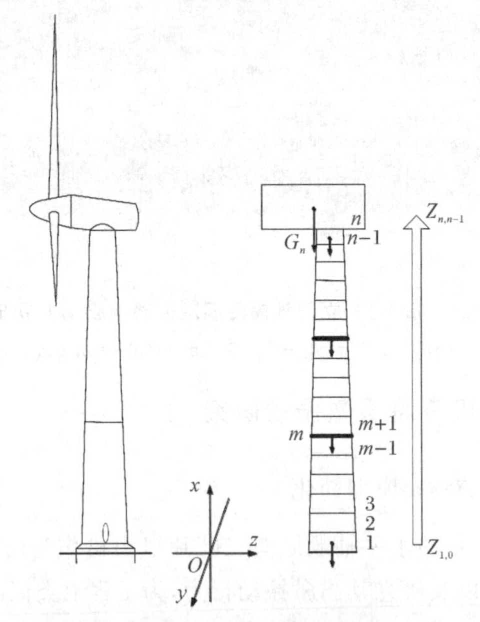

图3－22 风力机模型示意图

考虑到计算效率和研究重点，对风力机结构建模做出如下假设和简化。

(1)假设不存在沿x轴的扭转运动，忽略塔筒模型扭转运动；

(2)假设风力机叶片、轮毂和机舱为一个存在质量偏心的空间刚体，忽略其中复杂部件的影响；

(3)忽略塔筒自身的结构阻尼；

(4)根据塔架的高质量比特性，忽略塔筒内部空气质量；

(5)假设塔筒内部法兰为集中质量，忽略螺栓、螺丝和螺孔造成的影响；

(6)假设塔筒截面始终保持圆形，不考虑壳体截面变形；

(7)假设塔筒表面平滑，不存在焊缝凹陷；

(8)假设塔筒为梁结构，假设不存在剪切效应和局部屈曲效应；

(9)假设塔筒与机舱为固定连接，不考虑机舱相对于塔筒的扭转；

(10)忽略风力机内部爬梯、电缆架、平台等对塔架整体强度影响较小的复杂部件。

3.4.2.2　风力机塔筒动力学特性建模

风力机多体动力学建模时，受力载荷考虑风力机顶端质量和塔筒自身重力和质量偏心产生的弯矩。基于上节中的风力机简化模型，文中定义传递方向为塔筒底部向顶端刚体方向，如图 3-22 中的箭头指向。塔筒被划分为多段元件，按传递方向，对系统中的元件进行编号。根据模型中所有元件的运动和相互作用，状态矢量可统一为 $\boldsymbol{Z}=[Y,Z,\Theta_y,\Theta_z,M_y,M_z,Q_y,Q_z]^{\mathrm{T}}$。塔架基础的边界条件采用固定边界，顶端为自由振动。

使用 MSTMM 建立多体动力学模型，首先需要得到各元件的传递矩阵。为了充分考虑塔筒不同截面的结构特性，将非线性变截面的风力机塔筒简化为多段等截面不同参数分布的 Euler-Bernoulli 梁。梁模型考虑重力作用，忽略其剪切效应，为上方元件提供支撑力。由于来流作用，风力机塔筒在流向和横向上都有一定振幅的运动。假设图 3-22 塔筒中任一段的梁振动控制方程为

$$EI\frac{\partial^4 y}{\partial x^4}+G\frac{\partial^2 y}{\partial x^2}+\bar{m}\frac{\partial^2 y}{\partial t^2}=0 \tag{3-29a}$$

$$EI\frac{\partial^4 z}{\partial x^4}+G\frac{\partial^2 z}{\partial x^2}+\bar{m}\frac{\partial^2 z}{\partial t^2}=0 \tag{3-29b}$$

式中：G 为梁元件上部结构重力对该元件的作用。

令 $y(x,t)=Y(x)\mathrm{e}^{\mathrm{i}\omega t}$ 和 $z(x,t)=Z(x)\mathrm{e}^{\mathrm{i}\omega t}$，将其代入式(3-29)，使偏微分方程变为 4 阶常微分方程，即

$$\frac{\partial^4 Y(x)}{\partial x^4}+\frac{G}{EI}\frac{\partial^2 Y(x)}{\partial x^2}-\frac{\bar{m}\omega^2}{EI}Y(x)=0 \tag{3-30a}$$

$$\frac{\partial^4 Z(x)}{\partial x^4}+\frac{G}{EI}\frac{\partial^2 Z(x)}{\partial x^2}-\frac{m\bar{m}\omega^2}{EI}Z(x)=0 \tag{3-30b}$$

该方程可计算得通解：

$$Y(x)=A_1\cosh(\lambda_1 x)+A_2\sinh(\lambda_1 x)+A_3\cos(\lambda_2 x)+A_4\sin(\lambda_2 x) \tag{3-31a}$$

$$Z(x)=A_5\cosh(\lambda_1 x)+A_6\sinh(\lambda_1 x)+A_7(\cos\lambda_2 x)+A_8(\sin\lambda_2 x) \tag{3-31b}$$

式中：$A_1\sim A_8$ 为常数，并且有

$$\begin{cases}\lambda_1=\sqrt{-\dfrac{G}{2EI}+\sqrt{\dfrac{1}{4}\left(\dfrac{G}{EI}\right)^2+\dfrac{\bar{m}\omega^2}{EI}}}\\[2ex]\lambda_2=\sqrt{\dfrac{G}{2EI}+\sqrt{\dfrac{1}{4}\left(\dfrac{G}{EI}\right)^2+\dfrac{\bar{m}\omega^2}{EI}}}\end{cases}$$

根据 Euler-Bernoulli 梁的特性，可得到模态坐标系下的角位移 Θ_y、Θ_z，力矩 M_y、M_z 和内力 Q_y、Q_z 为

$$
\left.\begin{aligned}
\Theta_y &= \frac{\mathrm{d}Z}{\mathrm{d}x} \\
M_y &= EI\,\frac{\mathrm{d}\,\Theta_y}{\mathrm{d}x} \\
Q_z &= G\Theta_y + \frac{\mathrm{d}M_y}{\mathrm{d}x} \\
\Theta_z &= \frac{\mathrm{d}Y}{\mathrm{d}x} \\
M_z &= EI\,\frac{\mathrm{d}\,\Theta_z}{\mathrm{d}x} \\
Q_y &= G\Theta_z + \frac{\mathrm{d}M_z}{\mathrm{d}x}
\end{aligned}\right\} \tag{3-32}
$$

由方程式(5－31)、式(5－32)可得

$$
\boldsymbol{B}(x)=\begin{bmatrix}
\cosh(\lambda_1 x) & \sinh(\lambda_1 x) & \cos(\lambda_2 x) & \sin(\lambda_2 x) & \cdots \\
0 & 0 & 0 & 0 \\
0 & 0 & 0 & 0 \\
\lambda_1\sinh(\lambda_1 x) & \lambda_1\cosh(\lambda_1 x) & -\lambda_2\sin(\lambda_2 x) & \lambda_2\cos(\lambda_2 x) \\
0 & 0 & 0 & 0 \\
EI\lambda_1^2\cosh(\lambda_1 x) & EI\lambda_1^2\sinh(\lambda_1 x) & -EI\lambda_2^2\cos(\lambda_2 x) & -EI\lambda_2^2\sin(\lambda_2 x) \\
(EI\lambda_1^3+G\lambda_1)\sinh(\lambda_1 x) & (EI\lambda_1^3+G\lambda_1)\cosh(\lambda_1 x) & (EI\lambda_2^3-G\lambda_2)\sin(\lambda_2 x) & (G\lambda_2-EI\lambda_2^3)\cos(\lambda_2 x) \\
0 & 0 & 0 & 0
\end{bmatrix.
$$

$$
\begin{matrix}
0 & 0 & 0 & 0 \\
\cosh(\lambda_1 x) & \sinh(\lambda_1 x) & \cos(\lambda_2 x) & \sin(\lambda_2 x) \\
\lambda_1\sinh(\lambda_1 x) & \lambda_1\cosh(\lambda_1 x) & -\lambda_2\sin(\lambda_2 x) & \lambda_2\cos(\lambda_2 x) \\
0 & 0 & 0 & 0 \\
EI\lambda_1^2\cosh(\lambda_1 x) & EI\lambda_1^2\sinh(\lambda_1 x) & -EI\lambda_2^2\cos(\lambda_2 x) & -EI\lambda_2^2\sin(\lambda_2 x) \\
0 & 0 & 0 & 0 \\
0 & 0 & 0 & 0 \\
(EI\lambda_1^3+G\lambda_1)\sinh(\lambda_1 x) & (EI\lambda_1^3+G\lambda_1)\cosh(\lambda_1 x) & (EI\lambda_2^3-G\lambda_2)\sin(\lambda_2 x) & (G\lambda_2-EI\lambda_2^3)\cos(\lambda_2 x)
\end{matrix}\Bigg] \tag{3-33}
$$

因此,简化为梁结构的塔筒传递矩阵形式为

$$
\boldsymbol{U}=\boldsymbol{B}(l)\boldsymbol{B}^{-1}(0) \tag{3-34}
$$

模型中将法兰、螺栓和支撑其的平台简化为集中质量,作用在塔筒内部。多体系统传递矩阵库[125,214]中,已经列出了许多常用机械结构的传递矩阵。参考传递矩阵库,该坐标系中集中质量的传递矩阵形式为

$$
\boldsymbol{U}_{\mathrm{mass}}=\begin{bmatrix}
1 & 0 & 0 & 0 & 0 & 0 & 0 & 0 \\
0 & 1 & 0 & 0 & 0 & 0 & 0 & 0 \\
0 & 0 & 1 & 0 & 0 & 0 & 0 & 0 \\
0 & 0 & 0 & 1 & 0 & 0 & 0 & 0 \\
0 & 0 & 0 & 0 & 1 & 0 & 0 & 0 \\
0 & 0 & 0 & 0 & 0 & 1 & 0 & 0 \\
m_i\omega^2 & 0 & 0 & 0 & 0 & 0 & 1 & 0 \\
0 & m_i\omega^2 & 0 & 0 & 0 & 0 & 0 & 1
\end{bmatrix} \tag{3-35}
$$

塔筒顶部支撑的叶轮、机舱等风力机部件被简化为一空间刚体，模型如图3-23所示。图中$I(0,0,0)$代表输入点坐标，$O(b_1,b_2,b_3)$代表输出点坐标，$C(c_1,c_2,c_3)$代表质心坐标。空间刚体的传递矩阵已在文献[125]中推导出，根据风力机模型中的状态矢量和坐标系进行修改。

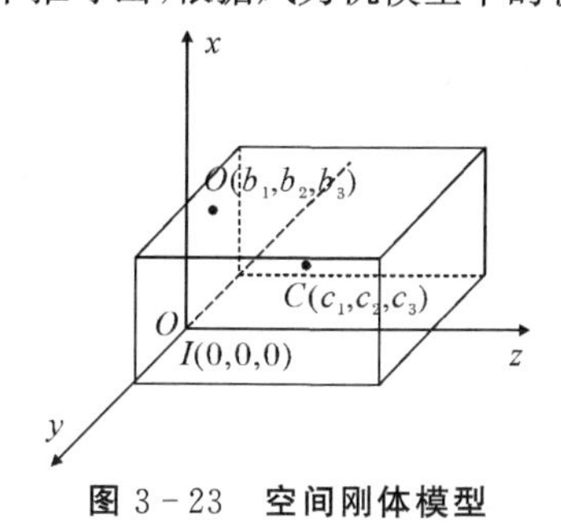

图3-23 空间刚体模型

由于刚体质心并不一定在塔筒轴线上，因此在本模型中其传递矩阵为

$$\boldsymbol{U}_{\text{rigid}}=\begin{bmatrix}\boldsymbol{I}_2 & -\tilde{\boldsymbol{l}}_{\text{IO}} & \boldsymbol{O}_{2\times2} & \boldsymbol{O}_{2\times2}\\ \boldsymbol{O}_{2\times2} & \boldsymbol{I}_2 & \boldsymbol{O}_{2\times2} & \boldsymbol{O}_{2\times2}\\ m\omega^2\tilde{\boldsymbol{l}}_{\text{CO}} & -\omega^2(m\tilde{\boldsymbol{l}}_{\text{IOC}}+\boldsymbol{J}) & I_2 & \tilde{\boldsymbol{l}}_{\text{IO}}\\ m\omega^2\boldsymbol{I}_2 & -m\omega^2\tilde{\boldsymbol{l}}_{\text{IC}} & \boldsymbol{O}_{2\times2} & \boldsymbol{I}_2\end{bmatrix} \tag{3-36}$$

式中：

$$\left.\begin{aligned}&\tilde{\boldsymbol{l}}_{\text{IO}}=\begin{bmatrix}0 & -b_1\\ b_1 & 0\end{bmatrix}\\ &\tilde{\boldsymbol{l}}_{\text{CO}}=\begin{bmatrix}0 & c_1-b_1\\ b_1-c_1 & 0\end{bmatrix}\\ &\boldsymbol{J}=\begin{bmatrix}J_y & -J_{yz}\\ -J_{yz} & J_z\end{bmatrix}\\ &\tilde{\boldsymbol{l}}_{\text{IC}}=\tilde{\boldsymbol{l}}_{\text{IO}}-\tilde{\boldsymbol{l}}_{\text{CO}}=\begin{bmatrix}0 & -c_1\\ c_1 & 0\end{bmatrix}\\ &\tilde{\boldsymbol{l}}_{\text{IOC}}=\begin{bmatrix}-b_3c_3-b_1c_1 & b_3c_2\\ b_2c_3 & -b_1c_1-b_2c_2\end{bmatrix}\end{aligned}\right\} \tag{3-37}$$

式中：$\boldsymbol{J}$为刚体相对于输入点的惯量矩阵，下标代表转动轴。

根据MSTMM对线性多体系统的定义，使用各元件的传递矩阵，可建立系统总传递方程为

$$\boldsymbol{Z}_{n+1,n}=\boldsymbol{U}_n\boldsymbol{U}_{n-1}\cdots\boldsymbol{U}_i\cdots\boldsymbol{U}_2\boldsymbol{U}_1Z_{1,0}=\boldsymbol{U}_{\text{all}}\boldsymbol{Z}_{1,0} \tag{3-38}$$

式中：$\boldsymbol{U}_i$代表序号为i元件的传递矩阵。按传递方向拼接各元件传递矩阵，得到总传递矩阵为$\boldsymbol{U}_{\text{all}}=\boldsymbol{U}_n\boldsymbol{U}_{n-1}\cdots\boldsymbol{U}_i\cdots\boldsymbol{U}_2\boldsymbol{U}_1$。

为方便求解，将式(3-38)改写成如下形式：

$$\begin{bmatrix}\boldsymbol{U}_{\text{all}} & -\boldsymbol{I}_{8\times8}\end{bmatrix}\begin{bmatrix}\boldsymbol{Z}_{1,0}\\ \boldsymbol{Z}_{n+1,n}\end{bmatrix}=\bar{\boldsymbol{U}}_{\text{all}}\bar{\boldsymbol{Z}}_{\text{all}}=0 \tag{3-39}$$

式中：$\boldsymbol{I}_{8\times8}$代表8阶单位矩阵。

确认系统两端边界条件，塔筒底端为固定边界，则状态矢量为$\boldsymbol{Z}_{1,0}=[0,0,0,0,M_y,M_z,$

$Q_y, Q_z]^T$，顶部构件为自由振动，则状态矢量为 $\boldsymbol{Z}_{n+1,n}=[Y, Z, \Theta_y, \Theta_z, 0,0,0,0]^T$。将边界条件代入式(3-39)，即可求解频率方程 $\overline{\boldsymbol{U}}_{all}(\omega)\overline{\boldsymbol{Z}}_{all}=0$，得到该风力机系统的固有频率 ω_k 和对应的模态振型 $\boldsymbol{V}_k$。

3.4.2.3 风力机塔筒动力学方程

为了准确地模拟作用在风力机塔筒流向和横向上的流体力，风力机模型中采用考虑流向和横向振动耦合的双自由度尾流振子模型[232]。通过有序排列的各元件的运动方程，可以得到整个系统的运动方程。根据 MSTMM 基本理论，忽略阻尼项，建立塔筒体动力学方程为

$$\boldsymbol{M}\boldsymbol{v}_{tt}+\boldsymbol{K}\boldsymbol{v}=\boldsymbol{f}$$

式中：$\boldsymbol{M}$、$\boldsymbol{K}$ 分别为质量矩阵、刚度矩阵；$\boldsymbol{v}$ 为位移矩阵；$\boldsymbol{f}$ 为元件所受外力矩阵。通过模态叠加理论 $\boldsymbol{v}=\boldsymbol{V}\boldsymbol{q}$，可将物理坐标中的位移转换到模态坐标中。其中，$\boldsymbol{V}=[\boldsymbol{V}^1 \quad \boldsymbol{V}^2 \quad \cdots \quad \boldsymbol{V}^n]$，$\boldsymbol{q}=[\boldsymbol{q}^1 \quad \boldsymbol{q}^2 \quad \cdots \quad \boldsymbol{q}^n]^T$，$n$ 表示系统模态叠加所用的模态阶数。

流体动力计算方面采用双自由度耦合的改进尾流振子模型[213]。该模型只包含一个 Van der Pol 方程，但它再现了圆柱运动与流体力的耦合，同时考虑进圆柱流向和横向振动的耦合。圆柱忽略结构阻尼，能在流向和横向两个自由度上运动。模型中圆柱质量为 m，弹性刚度为 k，长为 L，直径为 D，来流速度为 U，来流密度为 ρ。通过该尾流振子模型仿真圆柱上的流体力，圆柱的振动可用下式表达：

$$m\ddot{z}+kz=\frac{1}{2}\rho DLU^2C_{VZ} \tag{3-41a}$$

$$m\ddot{y}+ky=\frac{1}{2}\rho DLU^2C_{VY} \tag{3-41b}$$

$$\ddot{q}_v+\varepsilon(q_v^2-1)\dot{q}_v+q_v-\kappa\omega_{st}^2D\frac{\ddot{z}}{(\ddot{z})^2+\omega_{st}^4D^2}q=A\frac{1}{\omega_{st}^2D}\ddot{y} \tag{3-41c}$$

式中：$q_v=2C_{VL}/C_{L0}$；ε、A 和 κ 都为调谐参数；ω_{st} 为涡脱角频率；$(\dot{\cdot})$ 代表对时间 t 的导数；其中流向力系数 C_{VZ} 和横向力系数 C_{VY} 表达为

$$C_{VZ}=\left[C_{DM}\left(1-\frac{\dot{z}}{U}\right)+C_{VL}\frac{\dot{y}}{U}\right]\sqrt{\left(1-\frac{\dot{z}}{U}\right)^2+\left(\frac{\dot{y}}{U}\right)^2}+\alpha C_{VL}^2\left(1-\frac{\dot{z}}{U}\right)\left|1-\frac{\dot{z}}{U}\right| \tag{3-42a}$$

$$C_{VY}=\left[-C_{DM}\frac{\dot{y}}{U}+C_{VL}\left(1-\frac{\dot{z}}{U}\right)\right]\sqrt{\left(1-\frac{\dot{z}}{U}\right)^2+\left(\frac{\dot{y}}{U}\right)^2} \tag{3-42b}$$

式中：$C_{VL}=qC_{L0}/2$；$C_{DM}=C_{D0}-\alpha C_{L0}^2/2$. C_{L0} 为静止刚性圆柱的升力系数，常取 0.3；C_{D0} 为静止刚性圆柱的阻力系数，常取 1.2；α 为经验参数，常取 2.2。

将该改进的双自由度尾流振子模型运用到本模型中的各段塔筒元件流体力计算上，同时转换到模态坐标系中，可以得到风力机柔塔的涡激振动计算模型为

$$\boldsymbol{M}\boldsymbol{V}_z\ddot{\boldsymbol{q}}_z+\boldsymbol{K}\boldsymbol{V}_z\boldsymbol{q}_z=\frac{1}{2}\rho DLU^2\boldsymbol{C}_{VZ}(\boldsymbol{V}_z\dot{\boldsymbol{q}}_z, \boldsymbol{V}_z\dot{\boldsymbol{q}}_y, \dot{\boldsymbol{q}}_v) \tag{3-43a}$$

$$\boldsymbol{M}\boldsymbol{V}_y\ddot{\boldsymbol{q}}_y+\boldsymbol{K}\boldsymbol{V}_y\boldsymbol{q}_y=\frac{1}{2}\rho DLU^2\boldsymbol{C}_{VY}(\boldsymbol{V}_y\dot{\boldsymbol{q}}_z, \boldsymbol{V}_y\dot{\boldsymbol{q}}_y, \dot{\boldsymbol{q}}_v) \tag{3-43b}$$

$$\ddot{\boldsymbol{q}}_v+\varepsilon(\boldsymbol{q}_v^2-1)\dot{\boldsymbol{q}}_v+\boldsymbol{q}_v-\kappa\omega_{st}^2D\frac{\boldsymbol{V}_z\ddot{\boldsymbol{q}}_z}{(\boldsymbol{V}_z\ddot{\boldsymbol{q}}_z)^2+\omega_{st}^4D^2}\boldsymbol{q}_v=A\frac{1}{\omega_{st}^2D}\boldsymbol{V}_y\ddot{\boldsymbol{q}}_y \tag{3-43c}$$

$$C_{VX}=\left[C_{DM}\left(1-\frac{V_z\dot{q}_z}{U}\right)+C_{VL}\frac{V_y\dot{q}_y}{U}\right]\sqrt{\left(1-\frac{V_z\dot{q}_z}{U}\right)^2+\left(\frac{V_y\dot{q}_y}{U}\right)^2}+\alpha C_{VL}^2\left(1-\frac{V_z\dot{q}_z}{U}\right)\left|1-\frac{V_z\dot{q}_z}{U}\right| \tag{3-43d}$$

$$C_{VY}=\left[-C_{DM}\frac{V_y\dot{q}_y}{U}+C_{VL}\left(1-\frac{V_z\dot{q}_z}{U}\right)\right]\sqrt{\left(1-\frac{V_z\dot{q}_z}{U}\right)^2+\left(\frac{V_y\dot{q}_y}{U}\right)^2} \tag{3-43e}$$

式中：q_z、q_y 分别代表广义坐标下流向和横向的位移；V_z、V_y 代表分别流向和横向上的增广特征矢量。

利用增广特征矢量的正交性，等式(3－43a)和式(3－43b)两边分别左乘 V_z^T 和 V_y^T，可将式(3－43)简化为

$$\bar{M}_z\ddot{q}_z+\bar{K}_z q_z=V_z^T\left[\frac{1}{2}\rho DLU^2 C_{VZ}(V_z\dot{q}_z,V_y\dot{q}_y)\right] \tag{3-44a}$$

$$\bar{M}_y\ddot{q}_y+\bar{K}_y q_y=V_y^T\left[\frac{1}{2}\rho DLU^2 C_{VY}(V_z\dot{q}_z,V_y\dot{q}_y)\right] \tag{3-44b}$$

式中：$\bar{M}_z-V_z^T MV_z$，$\bar{K}_z=V_z^T KV_z$，$\bar{M}_y=V_y^T MV_y$，$\bar{K}_y=V_y^T KV_y$，为对角矩阵。

令 $x_1=q_z$，$x_2=\dot{q}_z$，$x_3=q_y$，$x_4=\dot{q}_y$，$x_5=q_v$，$x_6=\dot{q}_v$，将方程写成状态空间的形式，使用变步长的 4 阶 Runge-Kutta 法对其进行求解，可得到柔塔的动力学响应。其初始条件 $q_z=\dot{q}_z=q_y=\dot{q}_y=\dot{q}_v=0$，$q_v=0.1$，时间步长为 0.01 s。状态空间形式如下：

$$\left.\begin{aligned}
&\dot{x}_1=x_2\\
&\dot{x}_2=\frac{V_z^T}{\bar{M}_z}\left[\frac{1}{2}\rho DLU^2 C_{VZ}(V_z x_2,V_y x_4)\right]-\frac{\bar{K}_z}{\bar{M}_z}x_1\\
&\dot{x}_3=x_4\\
&\dot{x}_4=\frac{V_y^T}{\bar{M}_y}\left[\frac{1}{2}\rho DLU^2 C_{VY}(V_z x_2,V_y x_4)\right]-\frac{\bar{K}_y}{\bar{M}_y}x_3\\
&\dot{x}_5=x_6\\
&\dot{x}_6=A\frac{1}{\omega_{st}^2 D}V_y\dot{x}_4-\varepsilon(x_5^2-1)x_6-x_5+\kappa\omega_{st}^2 D\frac{V_z\dot{x}_2}{(V_z\dot{x}_2)^2+\omega_{st}^4 D^2}x_5
\end{aligned}\right\} \tag{3-45}$$

3.4.2.4　风力机塔筒振动特性及涡激振动模型验证

为了避免风力机塔筒在流速范围内的涡激共振，需要得到塔筒的振动频率，因此预测风力机塔筒振动特性对研究风力机塔筒结构稳定性具有重要意义。以文献[211－212]中的 NORDEXS70/1500风力机塔筒为例，采用 MSTMM 和 FEM 分别建模进行模态分析。风力机塔筒总体质量为 91 t，塔筒顶部机舱和叶轮质量分别为 60 t 和 30 t，重心分别距离塔筒轴线 1 m 和 2.5 m。塔筒底部直径为 4.035 m，厚度为 0.025 m；塔筒顶部直径为 2.955 m，厚度为 0.014 m。塔筒截面直径和厚度非线性变化。在塔筒高度 13.4 m、34.2 m 和 61.8 m 处，都存在内部加劲法兰连接塔筒来增加整体的弯曲刚度，防止发生屈曲失效。塔筒材料为钢，型号为 S355。它被处理为一种理想的弹塑性材料，泊松比为 0.3，弹性模量为 200 GPa，密度为 7 850 kg/m³，屈服应力为 355 MPa。更多有关风力机塔筒参数的信息可见文献[230－231,234]。

风力机塔筒有限元模型基于 ANSYS Workbench 软件建立。模型中顶部机舱简化为 60 t 的集中质量,叶轮简化为 30 t 的集中质量。机舱质心沿流向距离塔筒轴线 1 m;叶轮质心距离塔筒轴线 2.5 m,距离机舱质心 3.5 m。机舱和叶轮的质量作用在塔筒顶端,同时模型中考虑重力加速度 9.8 m/s^2。

图 3-24 为采用 MSTMM 计算风力机塔筒横向和流向上的前 4 阶弯曲圆频率计算结果,图中横坐标为圆频率,纵坐标表示特征方程 $|\Delta|$ 的大小,当 $|\Delta|$ 接近于 0 时,对应的圆频率即为该阶模态的固有圆频率。固有圆频率 ω_k 除以 2π 即为固有频率 f_k。

表 3-5 中展示出了 MSTMM 和 FEM 对 NORDEXS70 型号风力机塔筒的弯曲固有频率计算结果,同时与文献[211-212,215]对该风力机的计算结果对比。从表中可以看出,MSTMM 计算出的第 1 阶弯曲模态频率,与 FEM 计算和文献中结果十分接近。在多体动力学模型中,塔架支承的风机部件简化为存在质量偏心的空间刚体,因此计算出的 z 和 y 方向的固有频率值差别更明显。而文献[211-212]和本节有限元建模中仅仅将塔筒顶部结构当作偏离塔筒中心轴线的集中质量处理。文献[212]中为实地测试结果,顶端结构重心位置未知。表 3-5 中显示 MSTMM 和本节 FEM 计算出的第 2 阶固有频率较为接近,而与文献[211-212]中有限元计算结果差别较大。推测原因是该风机的一些结构参数不明确,导致仿真模型存在一定差异。通过对比显示,基于 MSTMM 完成的模态分析结果具有一定精度,足以证明运用 MSTMM 方法适用于对风力机进行建模。

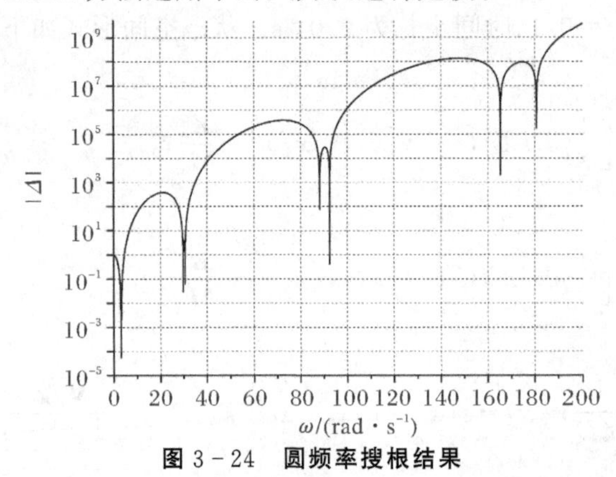

图 3-24 圆频率搜根结果

表 3-5 风力机委塔前 4 阶弯曲模态频率对比

模态阶数	方向	固有频率 f_k/Hz				
		文献[180]	MSTMM	FEM	文献[181]	文献[184]
1	z	0.498 2	0.506 7	0.49	0.49	0.48
	y	0.517 3	0.507 1	0.49	0.48	
2	z	4.712 6	4.607 8	4.32	3.84	4.17
	y	4.959 3	4.715 7	4.42	4.08	
3	z	14.121 8	12.039	12.02	—	—
	y	15.057 6	13.455	12.84		
4	z	27.065 9	—	—	—	—
	y	29.712 6				

表 3-6 中为基于 MSTMM 和 FEM 方法得到的模态振型计算结果对比，从表中可看出两种方法计算出的振型相一致。此外，FEM 计算中 z 方向的第 3 阶弯曲模态顶部壳体发生了变形，而多体动力学模型中不考虑壳体变化，因此基于 MSTMM 计算出的第 3 阶后的固有频率与 FEM 结果有一定差别的原因。

表 3-6　风力机柔塔模态振型对比

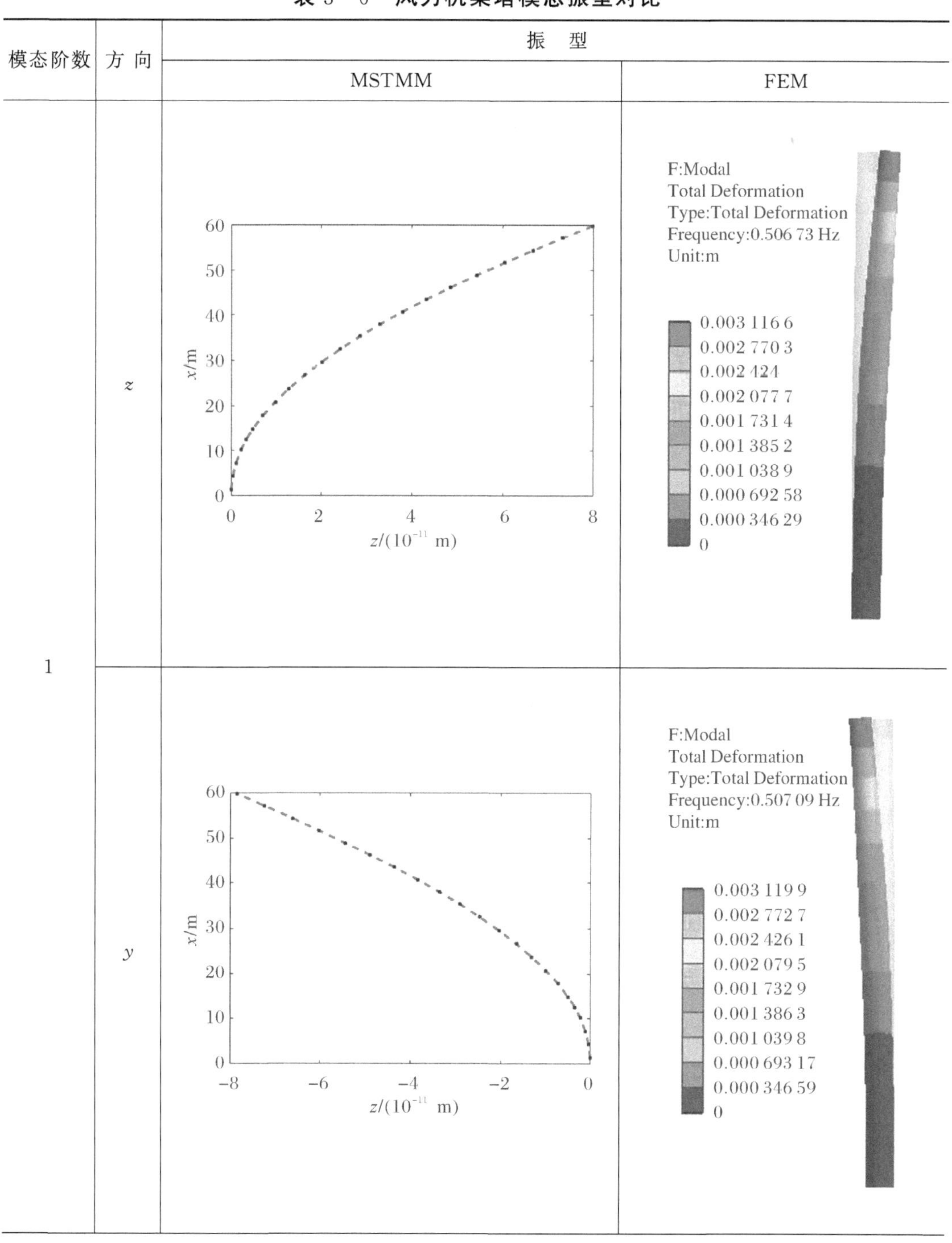

模态阶数	方向	振型	
		MSTMM	FEM
1	z		
	y		

续表

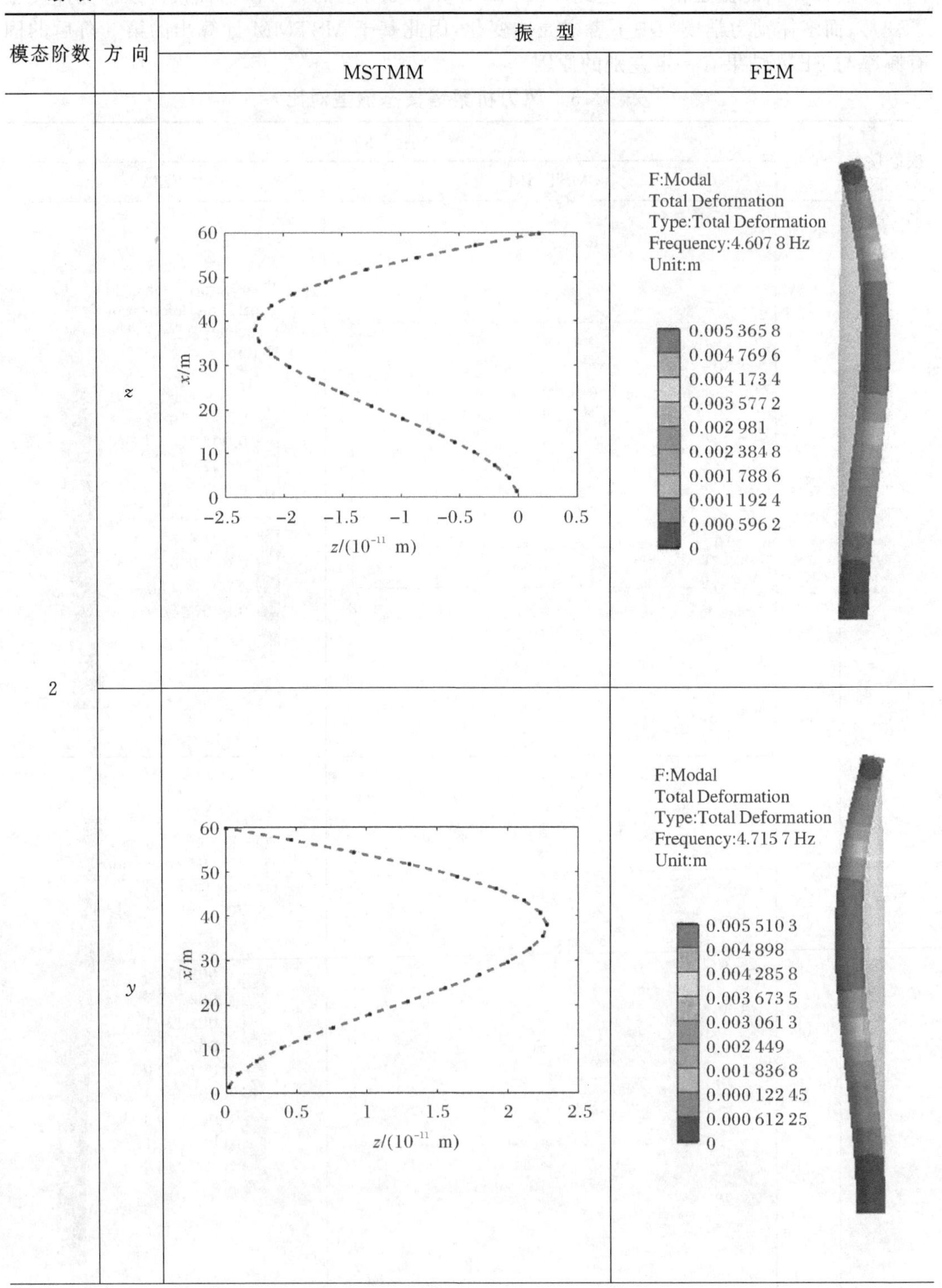

模态阶数
方 向
振 型
MSTMM
FEM
2
z
60
50
40
30
20
10
0
x/m
−2.5
−2
−1.5
−1
−0.5
0
0.5
z/(10⁻¹¹ m)
F:Modal
Total Deformation
Type:Total Deformation
Frequency:4.607 8 Hz
Unit:m
0.005 365 8
0.004 769 6
0.004 173 4
0.003 577 2
0.002 981
0.002 384 8
0.001 788 6
0.001 192 4
0.000 596 2
0
y
60
50
40
30
20
10
0
x/m
0
0.5
1
1.5
2
2.5
z/(10⁻¹¹ m)
F:Modal
Total Deformation
Type:Total Deformation
Frequency:4.715 7 Hz
Unit:m
0.005 510 3
0.004 898
0.004 285 8
0.003 673 5
0.003 061 3
0.002 449
0.001 836 8
0.000 122 45
0.000 612 25
0

续 表

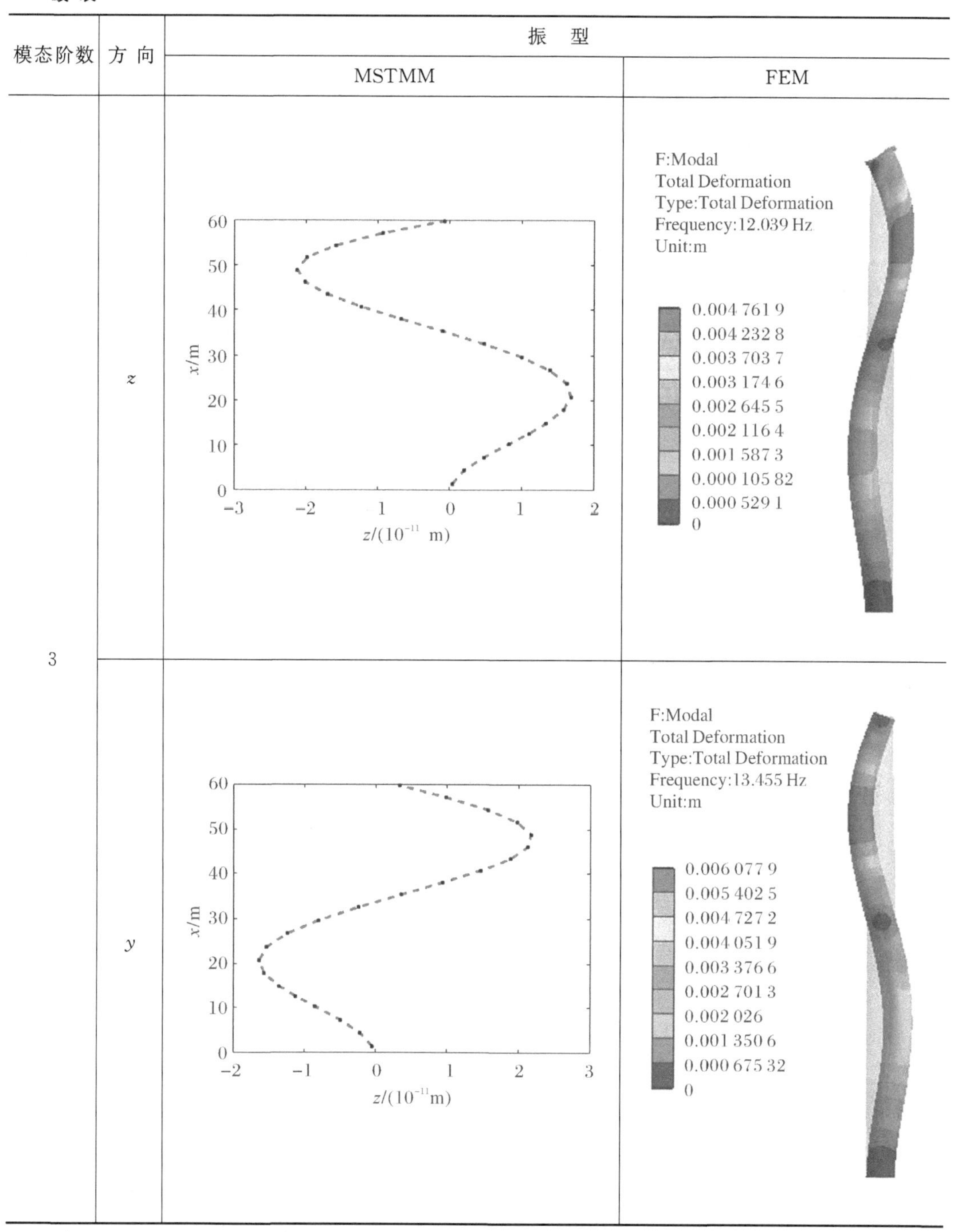

模态阶数	方 向	振 型	
		MSTMM	FEM
3	z		
	y		

综上，基于 MSTMM 建立的风力机结构模型能表现出风力机的基本振动特性，通过对模型求解可实现对风力机系统的振动特性分析。采用该方法省去了每改变一次参数就要对塔筒进行重新建模，也无须划分大量网格单元，且矩阵阶次低、计算量小、计算效率高。本节中基于 MATLAB 实现 MSTMM 计算，使用单线程计算出前 4 阶弯曲模态需要 13 s。而在

ANSYSWorkbench 中进行的有限元计算,使用了 16 线程进行计算,计算到第 3 阶弯曲模态需要 175 s。

3.4.2.5 风力机塔筒涡激振动特性分析

通常风从地面略过呈现剪切流的形态。本节计算中假设来流为定常流动,塔筒底部风速为 0.2 m/s,塔筒顶端风速为 1 m/s,为线性剪切流。塔筒绕流处于亚临界雷诺数范围内,将风剪切用函数表示为

$$U(H)=0.0137\times H+0.1798 \tag{3-46}$$

式中:H 代表塔筒的高度;$U(H)$则代表在此高度处的来流速度。

流经塔筒的流体为空气,其密度为 $\rho=1.225\ \mathrm{kg/m^3}$。根据来流条件,可知流动处于亚临界雷诺数范围内。由于此时塔筒后漩涡为有规则脱落,因此尾流振子模型适用于塔筒上流体力的计算。参考文献[232],取模型中经验系数 $A=12$、$\varepsilon=0.8$ 和 $\kappa=5$。

图 3-25 所示为计算所得风力机塔筒的振幅,其中“zmax”标签代表 z 方向塔筒横截面位移最大值,“zmin”则代表最小值,而“zmiddle”代表中间值。从振幅中可以看出,塔筒的振动由第 1 阶和第 2 阶模态为主导,塔筒轴向最大振幅出现在塔筒中上段某处而不是顶端。单个塔筒结构往往顶部处运动幅度最大,而风力机塔筒的振动响应由于支撑叶轮、机舱等结构而改变。由此可预测出风力机塔筒轴向振幅最大处,也是建立此模型的作用之一。

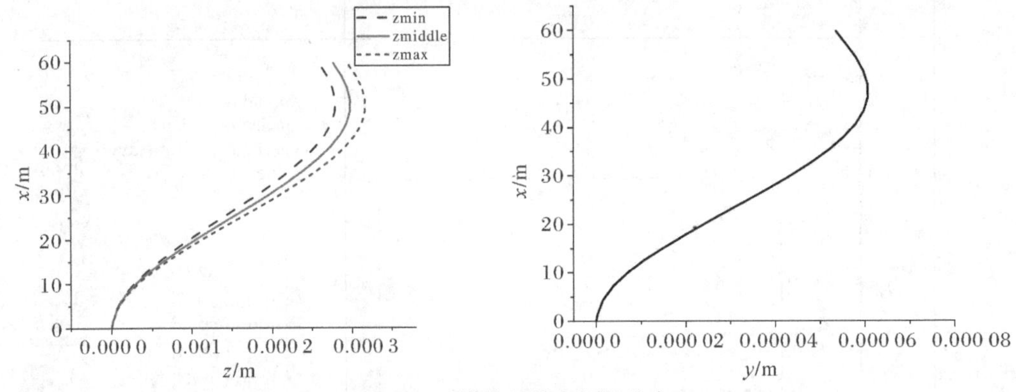

图 3-25 塔筒沿轴向振幅分布

图 3-26 所示为塔筒在 y 方向的振动历时云图,图中横坐标表示时间,纵坐标表示塔筒高度。从图中可以看出,塔筒的振动响应沿轴向有规律地波动。塔筒的大幅振动主要集中在塔筒中上段,与图 3-25 所显示出的一致。通常可以用行波和驻波响应形态来描述塔筒振动。图 3-26(a)显示塔筒振动初期以驻波形态为主。随着时间的推移,产生最大振幅的位置开始沿展向移动,在图 3-26(b)中可以观察到明显的行波效应。行波从能量输入区域向能量输出区域传播,导致能量集中在行波区,此处也更容易产生结构疲劳。

为了观察塔筒的振动频率,采用 Molet 小波变换针对塔筒顶部位移绘制时频尺度图,如图 3-27 所示。图中纵坐标表示振动频率,横坐标表示时间。从图 3-27(a)中可以看到,塔筒顶部流向振动频率主要集中在 0.32 Hz 处,同时也是漩涡脱落频率,振动能量表现出周期变化。在图 3-27(b)中,塔筒顶部横向振动频率主要集中在 0.15 Hz 左右,为流向频率的

一半。同时横向振动频率在 0.49 Hz 处也存在微小的振动能量，这刚好与上文中计算到的第 1 阶固有频率接近。

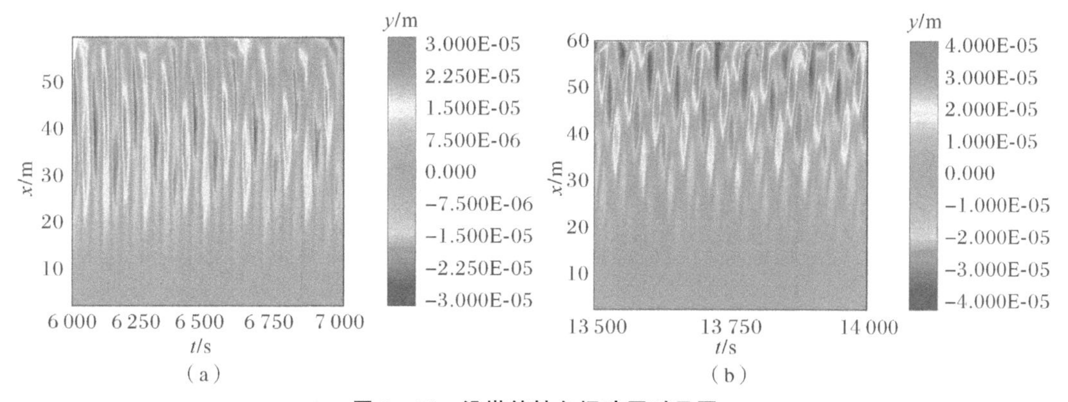

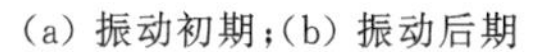

图 3-26　沿塔筒轴向振动历时云图

(a) 振动初期；(b) 振动后期

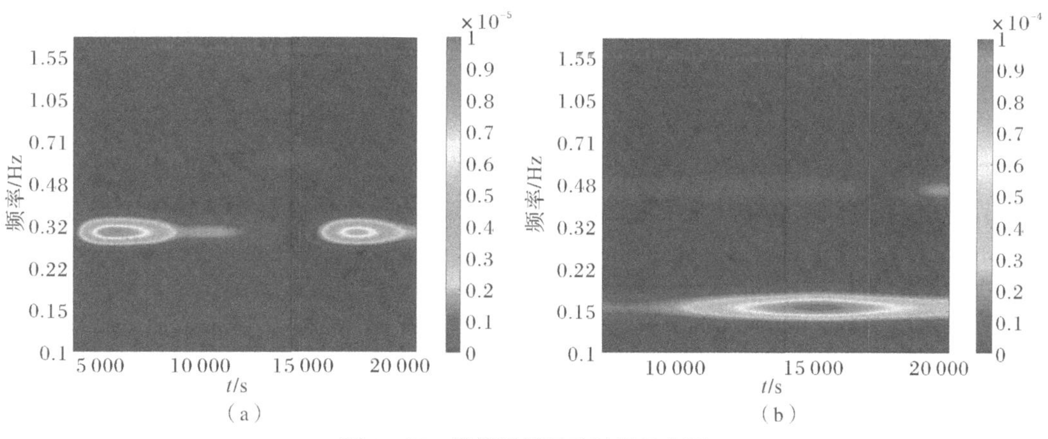

图 3-27　塔筒顶部振动时频尺度图

(a)z 方向；(b)y 方向

3.5　波浪能发电装置研究

随着对气候变化的关注，共有 192 个国家在 1997 年签署了《京都议定书》，用来在全球范围内来应对气候变化[216]。自 1997 年开始，可再生能源在能源结构中就开始扮演着越来越重要的角色。可再生能源有多种形式，主要包括水力发电大坝、风力(陆上/海上)、太阳能、生物能、地热、潮汐和波浪等。其中海上风能、潮汐和波浪能等被统称为海上新能源(Offshore Renewable Energy，ORE)。图 3-28 总结了国际能源署(IEA)发布的《2018 年世界能源报告》中 1973—2017 年世界主要经济体的能源利用的演变过程[217]。从图 3-28 可以看出，可再生能源在能源占比中在日益增加。以英国为例，在 2017 年实现了近 30%的 ORE 的发电量，走在可再生能源利用的前沿。我国目前仍然以化石燃料作为主要的发电能源，对于可再生能源开发利用仍然有很大的开发空间。

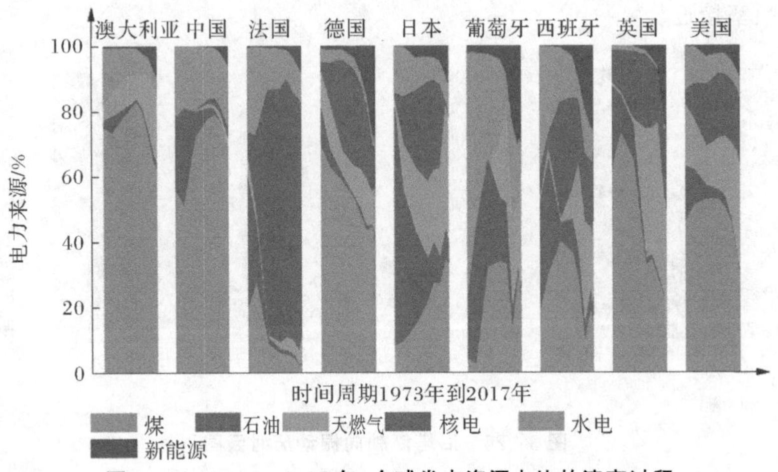

图 3-28　1973—2017 年，全球发电资源占比的演变过程

风能和太阳能在过去 10 年里得到了迅速的发展，目前已经可以与化石燃料竞争，如图 3-29 所示[218]。相比之下，波浪能资源的成本则远远落后。在 2018 年的报告中预计，目前其均等化能源成本(Levelized Cost of Energy，LCoE)约为 300 英镑/(MW·h)，远远高于化石燃料的成本[100 英镑/(MW·h)]。虽然，波浪能仍处于开发利用早期阶段，离商业化仍有很长的路，但由于波浪能具有高能量密度的特点，它是可再生能源中能量密度最高的，并且波浪能对海上风能和太阳能的使用可以提供补偿，因此波浪能在可再生能源组合利用的弹性方面具有巨大的潜力。如果全球可开发的波浪能资源得到充分地开发利用，其可以实现每年大约 29 500 TW·h 的发电量。因此，单单利用波浪能就预计可以满足全球年发电的总量(如 2018 年全球发电量为 26 700 TW·h)。

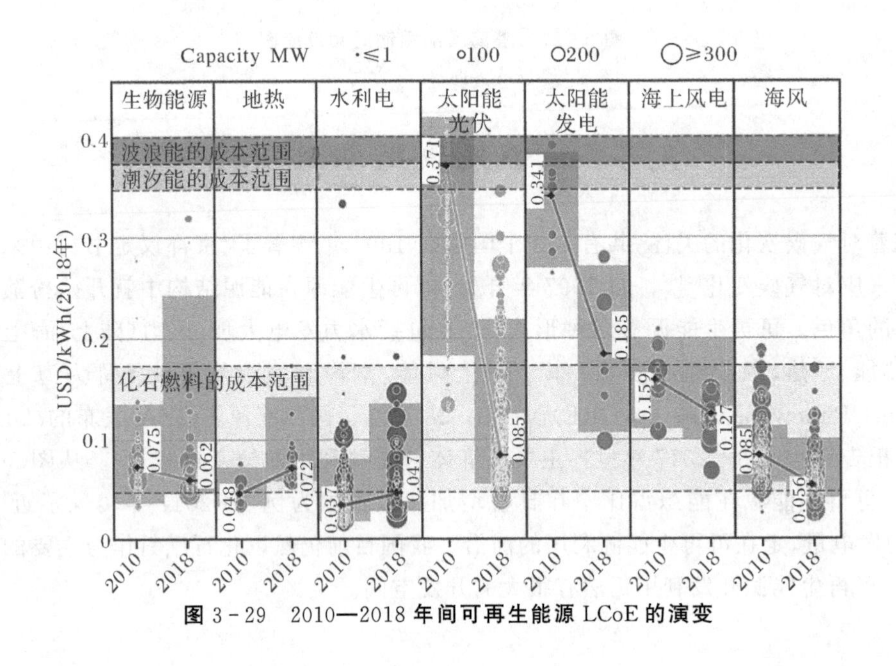

图 3-29　2010—2018 年间可再生能源 LCoE 的演变

3.5.1 波浪能发电装置

根据装置的工作原理、工作地点、安装方向，目前被广泛开发的波浪能发电装置(Wave Energy Converter，WEC)主要包括以下 8 类(见图 3-30)。

(1)衰减器装置(Attenuator)：一种浮动的多段装置，通过相邻两段之间的相对运动驱动液压装置发电。最著名的衰减器装置是由英国 Pelamis Wave Power 发明的 Pelamis 装置。除此，美国 Columbia Power Technologies 的 String RAY 设备、英国 Mocean Energy 公司研发的一个双浮体铰接式装置、我国研发的海龙号均为该类波浪能发电装置的典型代表。

(2)摇摆式装置(Oscillating Wave Surge Converter，OWSC)：一种在波浪俯仰/浪涌方向产生振荡响应来推动动力系统发电的装置。来自 AW-Energy 的 WaveRoller，Aquamarine Power发明的 Oyster，Langlee Wave Power 公司的 Langlee 和“爱丁堡鸭子”都是典型的摇摆式设备。

(3)振荡水柱(Oscillating Wave Column，OWC)：一种淹没的中空结构，其中滞留的空气在波浪的作用下被压缩而运动，从而驱动发电机旋转来发电。其典型的例子是建造在英国艾莱岛海岸线上的 LIMPET 和漂浮装置 Mighty Whale。

(4)点式波能转换器(Point Absorber Wave Energy Converter，PAWEC)：一种相对于入射波长而言较小的小尺寸装置，由于波浪的激励产生运动来驱动电力系统进行能量转换。著名的 PAWEC 装置包括 WaveStar、Wavebob、CET0 和由挪威企业家 Fred olsen 开发的 F03 设备。

(5)凸出波浪装置(Bulge Wave Device，BWD)：一个装满水的橡胶管，其中的凸出是由通过的波浪引起的压力变化产生的，并向船头中的发电机移动以发电。Anaconda 是著名的BWD。

(6)水下压差装置(Submerged Pressure Differential Device，SPDD)：一种利用波浪运动产生压差原理工作的装置。一个著名的 SPDD 是 AWS Ocean Energy 提出的 Achimedes Wave Swing。

(7)旋转质量装置(Rotating Mass Device，RMD)：利用波动使旋转质量旋转以驱动发电机发电的装置。一个著名的例子是 Wello。

(8)溢流装置(Over Topping Device，OTD)：收集器将波浪集中在结构顶部，然后将波浪汇集到水库中，通过势能差产生的水流使水轮机旋转以发电。最著名的 OTD 系统是 Wave Dragon。

开发波浪能技术的关键以及目标是实现其在并入电网上的价值，为碳减排目标做出贡献，并为未来的能源构架提供多样性。然而，波浪能技术目前存在一个关键的特性，即它的复杂性和多样性。目前波浪能装置存在很多形式，装置的形式并没有存在收敛的形式，这会使投资者感到困惑，如图 3-30 所示。然而，从另一个方面看，这也可以被视为波浪能技术的一个优势。可以利用波浪能技术的多样性，针对不同的应用、不同的装机位置和对应的海洋条件进行特定的最优设计。

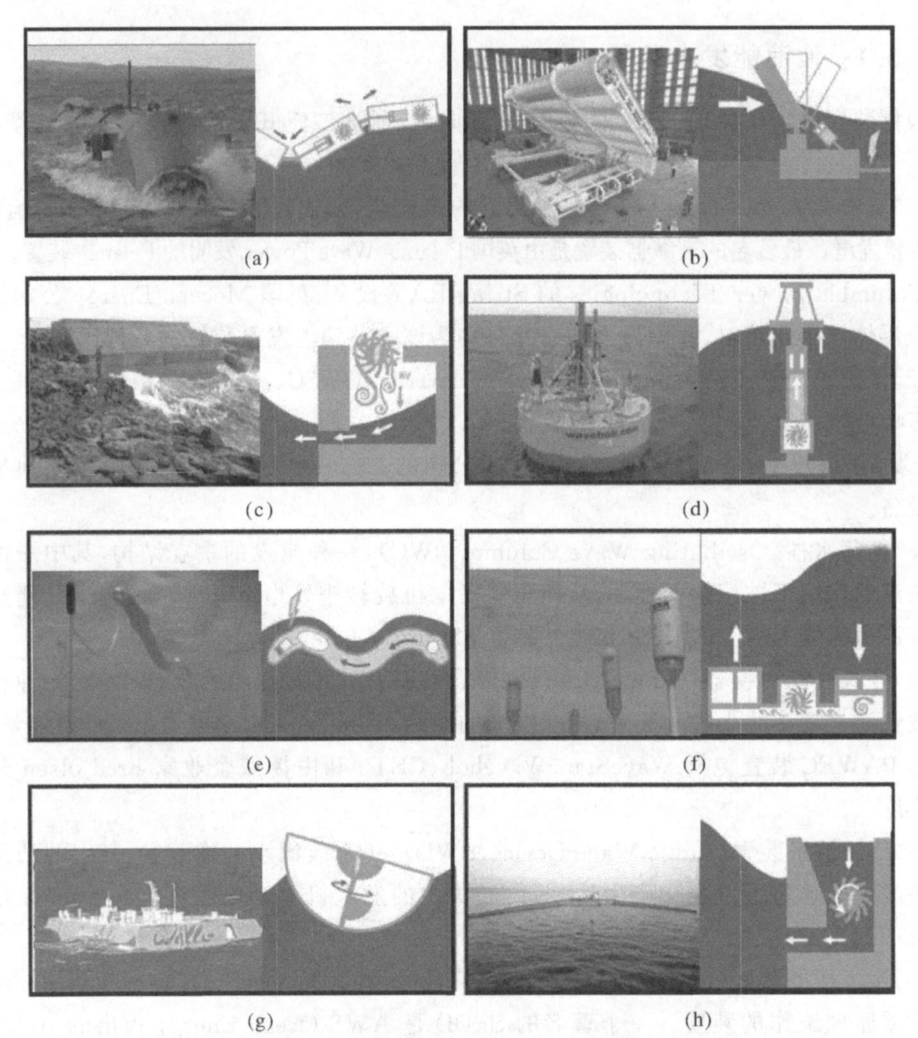

图 3－30　波浪能装置的主要类别及工作原理示意图

(a)衰减器装置;(b)摇摆式装置;(c)振荡水柱;(d)点式波能转换器;
(e)凸出波浪装置;(f)水下压差装置;(g)旋转质量装置;(h)溢流装置

为了积累更多的有价值的经验,帮助降低技术的风险,并吸引进一步的投资,波浪能的小型应用越来越受到关注。小型应用市场的迅速增长可以使波浪能的价值及其与能源系统的结合得到验证。除此,大量小型应用的开发以及成功实现将有效地积累大量的经验,为投资者提供更多的投资信心。与兆瓦级的并网需求不同,目前波浪能的小型应用集中在瓦特至千瓦级容量装置的开发应用中,并在过去的 10 年实现了迅速的发展。更重要的是,与依赖政府支持的兆瓦级波浪能装置的开发相比,小型波浪能发电装置市场的开发可以吸引到更多私营企业的大力支持,包括水产养殖公司和油气公司等。总体而言,小型波浪能发电装置市场的快速增长,可以积累足够的现场经验,用以展示波能与能源系统的集成,并为投资者树立信心,从而推动兆瓦级装置的开发利用。受益于波浪能技术的多样性,本书总结了以下 12 种小型波浪能发电市场应用。

(1)防波堤:将波浪能装置嵌入防波堤结构中,节约成本,提高结构可靠性,并为附近设施提供绿色电力[250-251]。

(2)海水淡化:用波浪能装置发电来代替传统的柴油发电机驱动海水淡化系统,将海水转化为淡水。对于沿海地区和孤立岛屿来说,这是非常有前景的市场[252]。

(3)海水养殖:使用 WEC 设备为海上养殖场提供动力,以满足对海产品不断增长的需求;建立人工珊瑚礁农场,保护海岸线,改善海洋生态系统;大型藻类养殖场为生物燃料生产提供生物量[253]。

(4)用于海上油气应用:使用 WEC 设备为海上油气平台或其海底设施提供绿色能源,以促进油气行业的脱碳。

(5)岛屿微网:建设当地波浪发电微网或波浪集成的可再生能源发电微网,为偏远和经济贫困社区提供绿色电力,缓解进口化石燃料造成的财政负担和潜在的海洋环境污染。

(6)军事和监视:为海军基地提供绿色电力,或作为海上独立的电力和通信站,用于军事用途的无人水下设施。

(7)用于新能源+系统:将波浪集成到风能或太阳能中,以获得更高更平滑的功率输出。

(8)导航浮标:为浮标上的灯、空气喇叭、雷达反射器等提供动力,以起到助航作用,如众所周知的增田导航浮标[227]。

(9)海洋观测浮标:作为一个波浪发电浮标收集海洋数据。

(10)开采海水矿物和气体:利用波浪能驱动系统,如被动吸收、电化学和电解过程,提取有用元素、矿物和气体(如氢)。

(11)豪华度假村:通过 WEC 或波浪-风/波浪-太阳能混合系统为豪华度假区提供绿色电力。波浪能应用到电力设施的豪华度假村可以是一个有前途的市场商业化方向,因为大多数度假村都是私有企业,WEC 实现不会高度依赖地方政府的支持和认可。

(12)海岸保护:减弱近岸波浪,保护岸线免受海岸侵蚀和洪水。

3.5.2　波浪能发电装置的解析解计算方法

3.5.2.1　线性势流理论计算方法

在来波激励的作用下,WEC 通过捕获波浪能并转换为自身的动能,来驱动发电机工作得到所需电能。因此,如何从波浪能中捕获最大的能量是设计波浪能发电装置的关键,即实现最优的水动力特性,如图 3-31 所示。

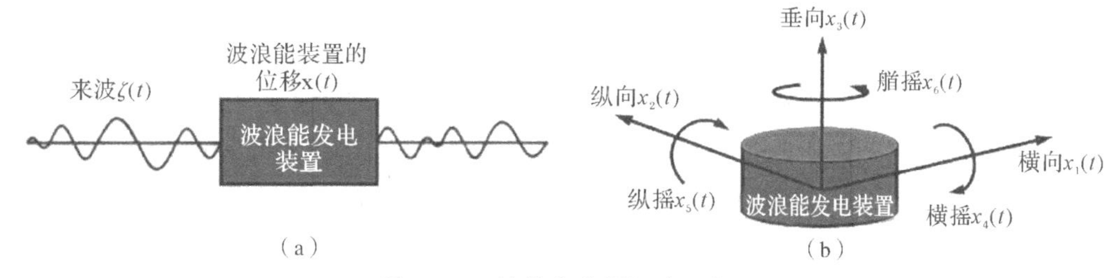

图 3-31　波浪能装置运动示意图

(a)波浪能发电装置的运动与来波的关系;(b)波浪能发电装置的 6 自由度位移 $x(t)$

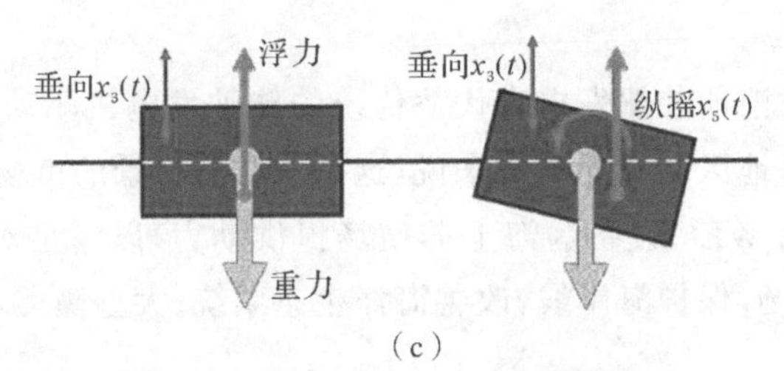

（c）

续图 3－31　波浪能装置运动示意图

（c）垂向 $x_3(t)$ 与纵摇 $x_5(t)$ 之间的耦合关系

3.5.2.2　线性弹簧阻尼振荡模型

简化的线性弹簧阻尼系统经常被用来表征海洋浮动装置的水动力特性，这被广泛地应用于传统的海洋结构的设计中，包括船舶、海上石油钻井平台等。因此，本书先介绍该线性弹簧阻尼振荡模型来引出波浪能发电装置的水动力特性。如图 3－31(b)所示，在波浪激励的作用下，波浪能转换器会生成 6 个自由度上的自由运动。在线性小入射波浪条件下，波浪能转换器和入射波浪之间的动态相互作用可以简化为一个线性弹簧阻尼系统。线性弹簧阻尼系统的运动表达式为

$$m(x)(t)+B(x)(t)+Kx(t)=F(t) \tag{3-47}$$

式中：m 是装置质量；B 是系统的线性阻尼系数；K 是系统的线性弹簧劲度系数；$F(t)$是作用在装置上的外力；$x(t)$是装置的位移。

当该线性弹簧阻尼系统所受外力为零，且存在一个初始位移及初始速度时，即 $F(t)=0$ 并且 $x(0)=x_0$ 和$(x)(t)=u_0$，该装置将根据自身的阻尼以及弹簧系数进行自由衰减运动。相应的自由衰减运动表达式为

$$x(t)=\left(a_1\cos\omega_{\mathrm{D}}t+\frac{1}{\omega_{\mathrm{D}}}a_2\sin\omega_{\mathrm{D}}t\right)\mathrm{e}^{-\frac{B}{2m}t} \tag{3-48}$$

式中：$a_1=x_0$；$a_2=u_0+\dfrac{x_0B}{2m}$；ω_{D} 为系统的无阻尼自然振荡频率，可以表达为

$$\omega_{\mathrm{N}}=\sqrt{\frac{K}{m}} \tag{3-49}$$

而系统的阻尼振荡频率 ω_{D} 即表达为

$$\omega_{\mathrm{D}}=\sqrt{\omega_{\mathrm{N}}^2-\left(\frac{B}{2m}\right)^2} \tag{3-50}$$

当该弹簧阻尼系统受到一个恒定的谐波外力，即 $F(t)=F_{\mathrm{a}}\cos(\omega_{\mathrm{F}}t)\neq0$ 时，该弹簧系统的运动就可以表达为 $x(t)=x^{\mathrm{free}}(t)+x^{\mathrm{F}}(t)$。其中 $x^{\mathrm{free}}(t)$为该系统受自身阻尼以及弹簧劲度所致的自由衰减运动[见式(3－49)]；而 $x^{\mathrm{F}}(t)$则为系统受到谐波外力 $F(t)$(外力的振荡频率为 ω_{F})而导致的运动。经过一段时间后，该系统振荡将会趋向稳定，并且系统的振荡频率将会保持与谐波外力振荡频率一致，为 ω_{F} 而非其自身自然振荡频率 ω_{N}。值得注意的是，当谐波外力的振荡频率 ω_{F} 与系统自身自然振荡频率 ω_{N} 一致时，即 $\omega_{\mathrm{F}}=\omega_{\mathrm{N}}$，该系统将会生成很大的振荡，即实现共振。值得注意的是，系统实现共振即振荡最大化是波浪能发电装置设计的目标。

综上所述，可以将波浪能发电装置的运动简化为一个弹簧阻尼系统的运动模式。但是值得注意的是，式(3－47)主要描述的是一个单自由度的弹簧系统。如图 3－31(b)所示，在受到波浪外激励的作用下，对于一个浮式波浪能发电装置，它的运动是复杂的，将会存在 6 个自由度的运动(包括横向、纵向、垂向、横摇、纵摇和艏摇)，并且各个自由度之间又存在耦合作用。在上下的垂向运动与纵摇之间、前后横向运动与纵摇之间都是存在相互影响作用的。即当不约束结构运动的情况下，当装置产生竖直运动时，由于浮力与重力的不匹配就会产生一个纵倾角而导致结构产生纵摇，如图 3－31(c)所示。因此，可以发现实际的海工结构的运动响应是复杂的。

为了避免数学上求解海工结构水动力上存在的难以解决的问题，本节简化问题并利用简单的弹簧阻尼系统来表征装置动态特性，来对波浪能装置水动力特性进行分析，提出了相应的假设：①入射波浪的幅值很小，可以利用线性波理论以及线性叠加理论；②装置的运动幅值很小、可以应用线性势流理论以及边界元方法来求解装置的水动力、可以假设装置的 6 自由度的运动自相关并且相互耦合影响可以忽略不计。总结而言，即在线性小波以及装置响应幅值很小的假设下，波浪能装置在波浪外激励的作用下，各个自由度的响应之间相互独立，可以根据公式各自简化为一个线性弹簧阻尼系统，并通过线性叠加来研究装置的总体响应。

3.5.2.3　竖直振荡波浪能发电装置的线性弹簧阻尼振荡模型

本节主要以波浪能装置一个自由度上的运动为例，来详细介绍波浪能装置的水动力特性以及相关参数。以波浪能装置单自由度，垂向竖直的运动 $x_3(t)=z(t)$为例，在线性假设下，基于牛顿第二定律，装置响应符合线性运动，可以描述为

$$m\ddot{z}(t)=f_{\mathrm{H}}(t)+f_{\mathrm{PTO}}(t) \tag{3-51}$$

式中：$f_{\mathrm{H}}(t)$是装置浸水面上受到的力的总和；$f_{\mathrm{M}}(t)$是作用在装置上的外力。一般情况下，$f_{\mathrm{PTO}}(t)$特指动力装置如发电机(Power Take-off，PTO)提供给装置的力。对于一个线性发电机，$f_{\mathrm{PTO}}(t)$通常被简化表达为

$$f_{\mathrm{PTO}}(t)=m_{\mathrm{PTO}}\ddot{z}(t)+B_{\mathrm{PTO}}\dot{z}(t)+K_{\mathrm{PTO}}z(t) \tag{3-52}$$

式中：m_{PTO}是发电机的质量；B_{PTO}为 PTO 给装置提供的阻尼力的线性阻尼系数；K_{PTO}是 PTO 给装置提供的激励的劲度系数。

$f_{\mathrm{H}}(t)$是波浪激振力 $f_{\mathrm{e}}(t)$、辐射力 $f_{\mathrm{r}}(t)$以及静水压力 $f_{\mathrm{s}}(t)$的合力，即

$$f_{\mathrm{H}}(t)=f_{\mathrm{e}}(t)+f_{\mathrm{r}}(t)+f_{\mathrm{s}}(t) \tag{3-53}$$

其中：$f_{\mathrm{e}}(t)$是入射波浪作用于装置上的波浪激振力，它由弗洛德-克里洛夫(Froude－Krylov)力以及衍射力组成；$f_{\mathrm{r}}(t)$是由于装置振荡导致相邻流体运动而作用于装置上的辐射力，表达为

$$f_{\mathrm{r}}(t)=-[m_a\ddot{z}(t)+B_{\mathrm{rad}}\dot{z}(t)] \tag{3-54}$$

式中：m_{a} 以及 B_{rad}是由于装置振荡而扰动相邻流体生成的附加质量以及辐射阻尼系数。

$$f_{\mathrm{s}}(t)=-\rho gSz(t) \tag{3-55}$$

式中：S 是装置的水线面面积。例如，对于一个圆柱体外形的装置，$S=\pi r^2$，r 是圆柱体横截面的半径。

综上所述，对于一个竖直振荡的波浪能装置可以变化为

$$(m+m_{\mathrm{PTO}}+m_{\mathrm{a}})\ddot{z}(t)+(B_{\mathrm{rad}}+B_{\mathrm{PTO}})\dot{z}(t)+(\rho gSz+K_{\mathrm{PTO}})z(t)=f_{\mathrm{e}}(t) \tag{3-56}$$

通过式(3-56)可以看出,波浪能装置的运动响应等同于一个弹簧阻尼系统。静水压力 $f_{\mathrm{s}}(t)$ 与弹簧阻尼系统中的弹簧力一致,是一个与装置位移相关的力。因此,式(3-55)中的静水压力系数 ρgS 等同于弹簧劲度系数 K,称为静水力劲度系数。同样,辐射阻尼 B_{rad} 等同于弹簧阻尼系统中的阻尼。为了更加形象地表示式(3-56),图3-32显示了竖直振荡的波浪能捕获装置与波浪、动力输出系统之间的相互作用关系。

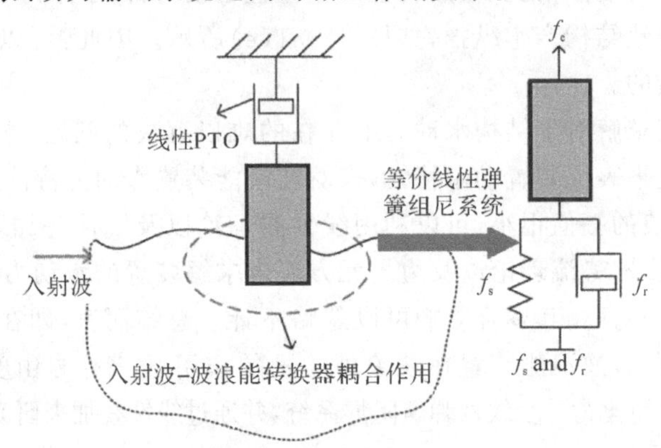

图3-32 竖直振荡波浪能捕获装置工作原理示意图

3.5.2.4 竖直振荡波浪能发电装置线性理论的频域表达

在工程应用中为了方便,入射波浪通常通过频域波浪谱来描述,即一个时序上的不规则入射波浪可以被表征为一组具有不同振幅以及振荡频率的规则波的叠加。在线性理论的假设下,波浪能装置的运动响应同样存在线性叠加性。即一个不规则入射波,可以被表征为一个频域波谱即通过傅里叶变换得到的一组规则波浪,而装置的时序响应同理可以被表征为一组响应规则波的叠加,即得到波浪能装置水动力响应在频域的频率特性。

将公式(3-56)进行傅里叶变换,可以得到竖直振荡波浪能转换器响应的频域表达式为

$$[m+m_{\mathrm{PTO}}+m_{\mathrm{a}}(\omega)]\ddot{z}(\mathrm{i}\omega)+[B_{\mathrm{rad}}(\omega)+B_{\mathrm{PTO}})\dot{z}(\mathrm{i}\omega)]+(\rho gS+K_{\mathrm{PTO}})Z(\mathrm{i}\omega)=F_{\mathrm{e}} \tag{3-57}$$

变换式为

$$-[m+m_{\mathrm{PTO}}+m_{\mathrm{a}}(\omega)]\omega^2+[B_{\mathrm{rad}}(\omega)+B_{\mathrm{PTO}}]\mathrm{i}\omega+(\rho gS+K_{\mathrm{PTO}})Z(\mathrm{i}\omega)=\zeta_{\mathrm{a}}\hat{F}_{\mathrm{e}}(\mathrm{i}\omega) \tag{3-58}$$

式中:ζ_{a} 为规则波浪的波幅;$\hat{F}_{\mathrm{e}}(\mathrm{i}\omega)$ 是波浪激振力的频域系数。式(3-58)可以被简化表达为

$$[-M_{\mathrm{t}}(\omega)\omega^2+B_{\mathrm{t}}(\omega)\mathrm{i}\omega+K_{\mathrm{t}}]Z(i\omega)=\zeta_{\mathrm{a}}\hat{F}_{\mathrm{e}}(\mathrm{i}\omega) \tag{3-59}$$

其中:$M_{\mathrm{t}}(\omega)=m+m_{\mathrm{PTO}}+m_{\mathrm{a}}(\omega)$;$B_{\mathrm{t}}(\omega)=B_{\mathrm{rad}}(\omega)+B_{\mathrm{PTO}}$;$K_{\mathrm{t}}=\rho gS+K_{\mathrm{PTO}}$。

式(3-59)变换可得

$$[-M_{\mathrm{t}}(\omega)\omega^2+B_{\mathrm{t}}(\omega)\mathrm{i}\omega+K_{\mathrm{t}}]Z(\mathrm{i}\omega)=\xi_{\mathrm{a}}\hat{F}_{\mathrm{e}}(\mathrm{i}\omega) \tag{3-60}$$

通过式(3-60),可以得到波浪能转换器的速度响应的频域表达式为

$$\dot{z}(\mathrm{i}\omega)=\mathrm{i}\omega Z(\mathrm{i}\omega)=\frac{\xi_a\hat{F}_{\mathrm{e}}(\mathrm{i}\omega)}{\mathrm{i}\left[M_{\mathrm{t}}(\omega)\omega-\dfrac{K_{\mathrm{t}}}{\omega}\right]+B_{\mathrm{t}}(\omega)} \tag{3-61}$$

通过式(3－61)，需要注意的是，当虚部(即机械电抗)消失，即 $M_t(\omega)\omega-\frac{K_t}{\omega}=0$，入射波频率 $\omega=\omega_0=\sqrt{\frac{K_t}{M_t(\omega_0)}}$ 时，该波浪能转换器即实现了共振，达到最优运动响应。其中，ω_0 即为装置的固有振荡频率。很明显，在波浪外激励振荡周期与装置自身固有振荡频率达到一致时，装置实现共振，装置的响应表现为：装置的运动速度和波浪激振力之间没有相位差；装置的运动速度幅值将达到其最大值。

对式(3－61)进行变化，可以得到用来描述波浪能装置响应频率特性的一个重要参数，即响应幅度算子(Response Amplitude Operator，RAO)：

$$\mathrm{RAO}=\frac{|Z(\mathrm{i}\omega)|}{\xi_a}=\frac{|\hat{F}_e(\mathrm{i}\omega)|}{|-M_t(\omega)\omega^2+K_t+\mathrm{i}\omega B_t(\omega)|} \tag{3-62}$$

应该注意的是，在忽略 $|\hat{F}_e(\mathrm{i}\omega)|$ 和 $B_t(\omega)$ 随着 ω 的变化时，将式(3－62)对 ω 求导，可以推导出在入射波频率 $\omega=\omega_0=\sqrt{\omega^2-\frac{B_t(\omega_0)^2}{2M_t(\omega_0)^2}}$ 时，RAO 可以实现最大值。值得注意的是，由于阻尼项 $\frac{B_t(\omega_0)^2}{2M_t(\omega_0)^2}$ 的存在，实现最大 RAO 对应的入射波频率比装置自身固有频率 ω_0 略小一些。然而在被广泛应用的线性理论中，由于线性小波以及装置小位移等假设，装置在振荡时受到的流体辐射阻尼的 $B_{rad}(\omega)$ 是很小的，导致 $\frac{B_t(\omega_0)^2}{2M_t(\omega_0)^2}$ 项趋近于零。因此，在传统线性理中：当入射波浪的频率与装置的自身固频率一致时，即 $\omega=\omega_0$ 时，装置的 RAO 以及装置的运动速度均会实现最大值，也就是实现共振。

波浪能装置在一个周期(T)的规则入射波外激励的作用下，发电机 PTO 捕获的能量可以表达为

$$E_{\mathrm{PTO}}=\int_{t_0}^{t_0+T}B_{\mathrm{PTO}}\dot{Z}^2\,\mathrm{d}t=\frac{1}{2}B_{\mathrm{PTO}}\omega^2 zz^*T \tag{3-63}$$

式中：装置的位移为 $z=Z\mathrm{e}^{\mathrm{i}\omega t}$；$z^*$ 是 z 的复共轭。

通过式(3－63)，波浪能发电装置的平均捕获功率可以表达为

$$\overline{P}_{\mathrm{PTO}}=\frac{1}{2}B_{\mathrm{PTO}}\omega^2\frac{\hat{F}_e(\mathrm{i}\omega)\hat{F}_e(\mathrm{i}\omega)^*}{-[M_t(\omega)\omega^2+K_t]^2+\omega^2B_t(\omega)^2} \tag{3-64}$$

为了实现捕获功率最大化，可以看出需要使式(3－64)的分母值趋近于零。当装置实现共振，即分母的第一个括号内的值为零，即 $\omega=\omega_0=\sqrt{\frac{K_t}{M_t(\omega_0)}}$ 时，$\overline{P}_{\mathrm{PTO}}$ 变换为

$$\overline{P}_{\mathrm{PTO}}=\frac{1}{2}B_{\mathrm{PTO}}\frac{\hat{F}_e(\mathrm{i}\omega_0)\hat{F}_e(\mathrm{i}\omega_0)^*}{B_t(\omega_0)^2}=\frac{1}{2}B_{\mathrm{PTO}}\frac{\hat{F}_e(\mathrm{i}\omega_0)\hat{F}_e(\mathrm{i}\omega_0)^*}{[B_{rad}(\omega_0)+B_{\mathrm{PTO}}]^2} \tag{3-65}$$

通过式(3－65)，可以推到出当 $B_{\mathrm{PTO}}=B_{rad}(\omega_0)$ 时，装置将实现最大功率捕获 P_{max}，即

$$P_{max}=\frac{1}{8}\frac{\hat{F}_e(\mathrm{i}\omega_0)\hat{F}_e(\mathrm{i}\omega_0)^*}{B_{rad}(\omega_0)} \tag{3-66}$$

3.5.2.5　竖直振荡波浪能发电装置线性理论的时域表达

Cummins 在 1962 年，通过对公式进行傅里叶逆变换，推导出了海洋工程结构在时域内

的响应，即

$$(m+m_{\mathrm{PTO}}+m_{\infty})\ddot{z}(t)+\int_0^t k_{\mathrm{r}}(t-\tau)\mathrm{d}\tau+B_{\mathrm{PTO}}\dot{z}(t)+K_{\mathrm{t}}z(t)=\int k_{\mathrm{e}}(t-\tau)\xi(\tau)\mathrm{d}\tau \quad (3-67)$$

其中：

$$f_{\mathrm{r}}(t)=m_{\infty}\ddot{z}+\int_0^t k_{\mathrm{r}}(t-\tau)\dot{z}(\tau)\mathrm{d}\tau \quad (3-68)$$

并且有：

$$f_{\mathrm{e}}(t)=\int k_{\mathrm{e}}(t-\tau)\xi(\tau)\mathrm{d}\tau \quad (3-69)$$

需要注意：式(3-69)中的 k_{r} 是一个因果函数，是辐射力 $f_{\mathrm{r}}(t)$ 的脉冲响应函数(IRF)。对频率相关的无黏辐射阻尼进行傅里叶反变换，可以计算出 k_{r} 的表达式为

$$k_{\mathrm{r}}(t)=\frac{2}{\pi}\int_0^{\infty}B_{\mathrm{rad}}(\omega)\cos\omega t\,\mathrm{d}\omega \quad (3-70)$$

k_{e} 是一个非因果函数，被称为波浪激励力的脉冲响应函数。同理，通过对频率相关的复数激励力系数 $\hat{F}_{\mathrm{e}}(i\omega)$ 进行傅里叶逆变换，可以得到 k_{e} 的表达式为

$$k_{\mathrm{e}}(t)=\frac{1}{\pi}\int_0^{\mathrm{inffy}}Re(\hat{F}_{\mathrm{e}}(\mathrm{i}\omega))\cos\omega t-\mathrm{Im}(\hat{F}_{\mathrm{e}}(\mathrm{i}\omega))\sin\omega t]\mathrm{d}\omega \quad (3-71)$$

式中：$Re(\hat{F}_{\mathrm{e}}(\mathrm{i}\omega))$ 表示复数外激励系数的实部；$\mathrm{Im}(\hat{F}_{\mathrm{e}}(\mathrm{i}\omega))$ 为复数波浪外激励的虚部。

$k_{\mathrm{e}}(t)$ 是一个非因果函数[231]，这表明在某一时刻施加在海洋工程结构上的波浪激振力不是由在装置位置此刻测量的波浪运动引起的，而是由未来的波浪运动引起的，即还没有传播到装置位置的波浪信息引起的激振力。相较而言，因果函数 $k_{\mathrm{r}}(t)$ 表示的意义即为装置受到的辐射力就是装置在此刻运动而扰动周围流体在当下产生的辐射力。由于波浪激励的非因果性质，在时域分析时，需要对波浪力进行预估或者在波浪装置的时域分析中需要对波浪力进行因果化变换。

3.5.2.6 竖直振荡波浪能发电装置的线性状态空间模型

在时域中求解波浪能转换器的运动方程[见式(3-71)]，可以发现有两个关键问题需要解决：如何快速地求解方程中的辐射力以及波浪激励力的卷积项；如何解决波浪激励力的分因果性。为了解决以上两个问题，本小节引入辐射力以及波浪激励力的状态空间模型。

基于线性假设，公式中辐射力的卷积项可以通过一个状态空间模型来近似，其中将波浪能装置垂荡速度 $\dot{z}(t)$ 设置为该状态空间模型的输入，状态空间模型的输出则为辐射力卷积项 $\dot{f}_{\mathrm{r}}(t)$ 的近似值。辐射力的卷积项的状态空间模型具体表达式为

$$\dot{\boldsymbol{X}}_{\mathrm{r}}(t)=\boldsymbol{A}_{\mathrm{r}}\boldsymbol{X}_{\mathrm{r}}(t)+\boldsymbol{B}_{\mathrm{r}}\dot{z}(t)$$

$$f_{\mathrm{r}}(t)=\boldsymbol{C}_{\mathrm{r}}\boldsymbol{X}_{\mathrm{r}}(t)+\boldsymbol{D}_{\mathrm{r}}\dot{z}(t)\approx\int_0^t k_{\mathrm{r}}(t-\tau)\dot{z}(\tau)\mathrm{d}\tau \quad (3-72)$$

式中：$\boldsymbol{X}_{\mathrm{r}}\in\mathbf{R}^{m\times 1}$ 是该辐射力卷积项状态空间模型的状态向量；$A_{\mathrm{r}}\in\mathbf{R}^{m\times m}$，$B_{\mathrm{r}}\in\mathbf{R}^{m\times 1}$，$C_{\mathrm{r}}\in\mathbf{R}^{1\times m}$ 以及 $D_{\mathrm{r}}\in\mathbf{R}^{1\times 1}$ 均为系统矩阵，可以应用多种识别方法来实现状态空间模型[232]。

本书中笔者主要介绍通过使用 MATLAB 中的 imp2ss 来实现状态空间模型的建立，并且结合 balmar 函数来实现模型的降阶。

与辐射力卷积项类似，需要对波浪激励力的卷积项进行状态空间模型的建立来加速运

动方程的求解过程。相应状态空间模型建立的方法见上一节中的介绍。但对于波浪激励力而言,由于其与波浪高程只见存在的非因果性质,在建立状态空间方程之前需要先对波浪激励力的卷积项进行去非因果化,即将其因果化。因果化转换公式表达为

$$f_e(t)=\int k_e(t-\tau)\xi(\tau)\mathrm{d}\tau=\int k_e(t-t_c-\tau)\xi(t_c+\tau)\mathrm{d}\tau \tag{3-73}$$

从式(3-73)可以看出,为了去非因果化,需要对激励力的核函数 k_e 进行 t_c 时移,并且对入射波表面高程 $\xi(\tau)$ 进行 t_c 时间的预测。接下来需要解决的问题为对于一个波浪能转化器,需要预估多久的波浪能高程($\xi(\tau)$),即 t_c 的大小应取多少,对于不同波浪能发电装置 t_c 的取值是不同的。在波浪激励力,通过式(3-73)进行因果化后,利用 imp2ss 以及 balmar 函数进行波浪激励力的状态空间方程的建立:

$$\begin{gathered}\dot{X}_e(t)=A_e X_e(t)+B_e\xi(t)\\ f_e(t)=C_e X_e(t)+D_e\xi(t)\approx\int k_e(t-t_e-\tau)\xi(t_c+\tau)\mathrm{d}\tau\end{gathered} \tag{3-74}$$

波浪预测的方法有很多种[263],本书中利用 N 阶的 AR 模型对波浪进行预测。对于波浪预测的研究更多细节可以参考文献[264]。

本书介绍使用 MATLAB/Simulink 来直接搭建装置的线性状态空间水动力响应模型(Linear State-Space Model,LSSM)。然后通过 MATLAB 中自带的 ODE45 求解器对该 Simulink 模型进行求解。具体的 Simulink 模型如图 3-33 所示。可以看出,为了方便求解装置与流体之间的耦合关系(即波浪激励力以及波浪辐射力),构建了对应的两个状态空间矩阵。

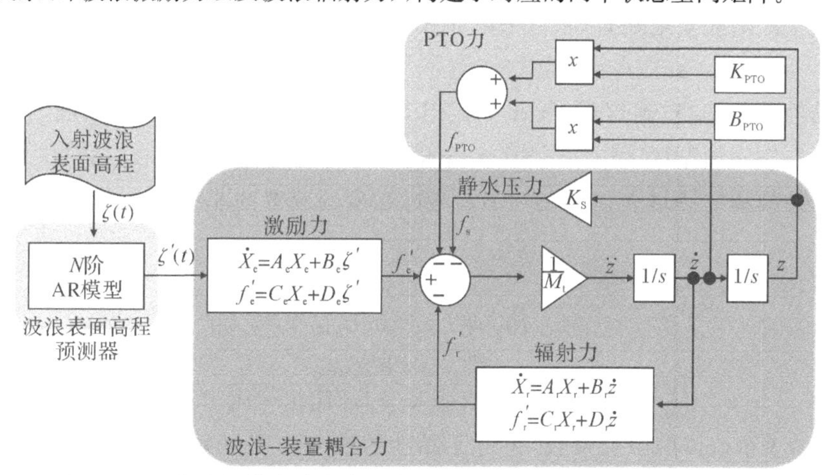

图 3-33 竖直振荡波浪能装置的线性水动力 MATAB/Simulink 模型

3.5.2.7 竖直振荡波浪能发电装置的非线性状态空间模型

在线性方法中,装置响应和入射波之间的动态相互耦合作用可以简化为线性弹簧阻尼系统。这样的简化存在以下的优势。首先,它可以方便地在频域和时域中预测装置的流体动力学。其次,推导得出的 Simulink 模型可以被有效地快速地与控制方法在 MATLAB 设计中进行集成,来研究控制策略对波浪能转换器响应以及发电效率的优化影响。然而值得

注意的是，用一个简单的线性数学模型解决海洋工程装置(如波浪能转换器)的所有水动力响应是不可能的，并且简单的线性数学模型是需要在假设以及近似的条件下成立的。在实际情况中，需要意识到简单线性模型的局限性，特别是当非线性响应存在时，包括在大波浪条件下、波浪破碎、装置存在大的运动响应、装置的几何外形不规则等。对于非线性问题，本书以装置在大幅度运动时引发的非线性黏滞项进行详细的介绍。与传统的大型海洋工程结构不同的是，波浪能转换器的尺寸相对较小，并且需要通过增强装置的水动力响应(即实现共振)来捕获波浪能并转换为电能。在这种小尺寸且大幅值振荡的情况下，会衍生一个非常强的“黏滞性”水动力，它存在非线性并会对装置的响应进行阻碍。因此，传统的不考虑黏滞性的线性水动力模型，将无法对装置的响应进行有效正确的预估。除此，基于线性水动力模型而设计的控制算法或者优化设计将可能无效。

非线性黏滞性可以利用 Morison 方程中的二次黏性项来定义[235]，即

$$f_{\mathrm{v}}(t)=-\frac{1}{2}\rho\pi\left(\frac{D}{2}\right)^2 C_{\mathrm{d}}(\dot{z}(t)-\omega(t))\left|z(t)-\omega(t)\right|$$

$$k_{\mathrm{v}}=-\frac{1}{2}\rho\pi\left(\frac{D}{2}\right)^2 C_{\mathrm{d}} \tag{3-75}$$

式中：$\omega(t)$是表示装置周围流体的垂直速度。在线性小波浪理论下，无限水深条件下，$\omega(t)$的可以近似为$\omega\xi_{\mathrm{a}}\sin(\omega t)$，其中：$\omega$为入射波浪频率，$\xi_{\mathrm{a}}$为入射波浪的波幅。在实际应用中，相邻位置的波高和波速可以由波高仪或者浮漂测得。C_{d}是黏性系数，它是一个经验值。通常可以利用水池实验或者计算流体力学的数值模拟方法(CFD)来估计一个装置的黏性系数。

对于一个波浪能发电装置而言，考虑非线性黏滞性的水动力时域表达式为

$$m\ddot{z}(t)=f_{\mathrm{e}}(t)+f_{\mathrm{r}}(t)+f_{\mathrm{s}}(t)+f_{\mathrm{PTO}}(t)+f_{\mathrm{v}}(t) \tag{3-76}$$

在其黏性系数C_{d}被确定后，线性 MATLAB/Simulink 模型可以被拓展为加入黏滞性的非线性状态空间模型(Nonlinear State-Space Model，NSSM)(见图 3-34)。

参考线性模型的频域表达式(3-76)，考虑黏度的装置的非线性 RAO 的线性等价式可以表示为

$$\mathrm{RAO}=\frac{|\hat{F}_{\mathrm{e}}(\mathrm{i}\omega)|}{|-M_{\mathrm{t}}(\omega)\omega^2+K_{\mathrm{t}}+\mathrm{i}\omega[B_{\mathrm{PTO}}+B_{\mathrm{rad}}(\omega)+B_{\mathrm{v}}]|}$$

$$\mathrm{RAO}=\frac{|\hat{F}_{\mathrm{e}}(\mathrm{i}\omega)|}{|-M_{\mathrm{t}}(\omega)\omega^2+K_{\mathrm{t}}+\mathrm{i}\omega[B_{\mathrm{PTO}}+B_{\mathrm{hyd}}(\omega)]|} \tag{3-77}$$

式中：$B_{\mathrm{hyd}}(\omega)$表示流体的阻尼系数，包含无黏性的辐射力阻尼系数$B_{\mathrm{red}}\omega$和黏性的B_{v}。黏滞阻力f_{v}和相应的等效黏滞阻尼系数B_{v}都与装置的运动响应呈正相关，具体体现在波浪与装置之间的相对速度$v_{\mathrm{r}}=\dot{z}(t)-\omega(t)$。可以看出，较大的相对速度$v_{\mathrm{r}}$可能会导致较大的黏滞阻力$f_{\mathrm{v}}$和黏滞阻尼系数$B_{\mathrm{v}}$。很明显，$v_{\mathrm{r}}$的大小与入射波浪频率$\omega$以及波浪幅值有关。因此，相较于仅仅频率相关的波浪能装置的线性水动力模型而言，即 RAO(ω)，由于考虑了非线性黏滞项，非线性的水动力模型不仅仅是一个与波浪频率相关的函数，还受到波浪幅值的影响，即 RAO(ω,ξ_{a})。随着波浪幅值的增大，装置的非线性增强。这也从侧面说明了在小波理论下线性假设是成立的。

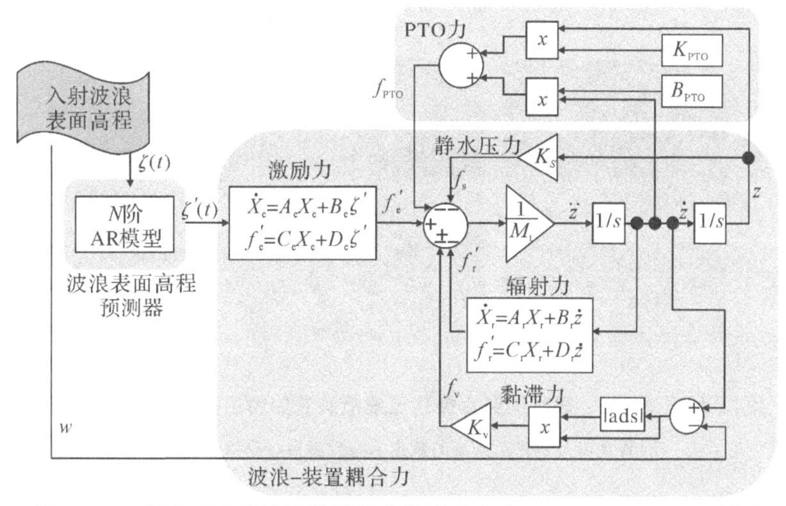

图 3 - 34 竖直振荡波浪能装置的非线性水动力 MATAB/Simulink 模型

3.5.3 竖直振荡波浪能发电装置实例分析

3.5.3.1 物理水池实验模型描述

图 3 - 35 显示了一个 1/50 缩比尺寸下的圆柱形竖直振荡波浪能装置的物理模型实验方案。该实验是在英国赫尔大学的物理水池中进行的，造浪池入口边界处配置 8 台造波机用于造浪。该圆柱体波浪能装置的几何参数如下：直径为 0.3 m，吃水深度为 0.28 m。如图 3 - 35(b)所示，该装置的位移响应是通过线性可变位移传感器(LVDT)记录，加速度计(Accel)连接在装置上以测量其加速度，5 个压力传感器(PS)分布在装置的底部用于测量流体在其表面产生的动压，沿水池造波的方向上分布了 5 个波浪计(WG)用来测量实际的波浪高度。装置的运动通过一个垂直导杆被限制为仅竖直垂荡。为了减弱装置与导杆之间的相对运动产生的机械摩擦，使用了滚珠轴承连接部件，如图 3 - 35(c)所示。然而，正如实验研究所示，使用滚子轴承无法完全消除作用在装置上的机械摩擦[236]。

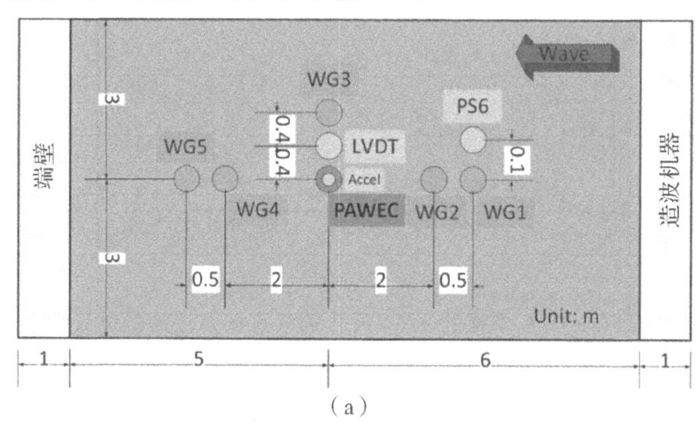

(a)

图 3 - 35 圆柱形竖直振荡波浪能装置的物理模型实验方案

(a)英国赫尔大学进行的 1/50 尺寸的竖直振荡点式波浪能装置的水池实验采集仪分布示意图

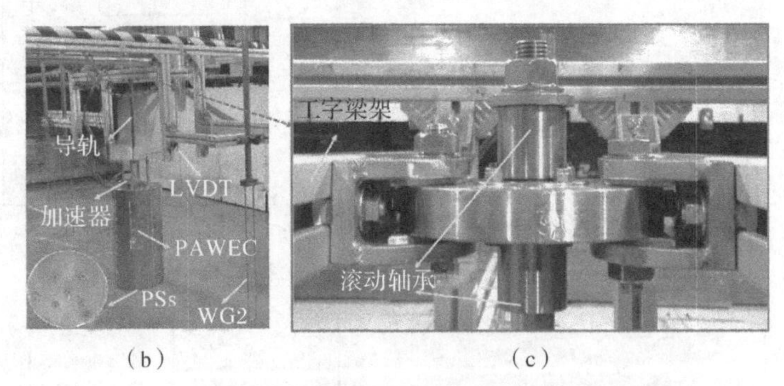

(b)　　　　　　　　　　　　(c)

续图 3-35　圆柱形竖直振荡波浪能装置的物理模型实验方案

(b)装置以及装置上安装的数据采集传感器;(c)装置连接元件

3.5.3.2　局部非线性模型

本节以竖直振荡波浪能装置为例,详细介绍利用 MATLAB/Simulink 构建线性模型以及局部非线性模型的过程。通过对结果的分析,读者可以更好地理解波浪能装置的响应特性,以及如何利用 MATLAB/Simulink 构建波浪能发电装置的动力模型。

3.5.3.3　边界元方法得到的频域特性水动力参数

被广泛应用的商用边界元方法(Boundary Element Method,BEM)有 ANSYS/AQWA、WAMIT,开源软件有 NEMOH。根据垂直振荡的波浪能装置参数,利用 ANSYS/AQWA 可以得到该装置对应的频域流体动力学参数,包括附加质量 m_∞ 和 $m_a(\omega)$、线性辐射力阻尼系数 $B_{imv}(\omega)$、波浪激励力 $\hat{F}_e(i\omega)$ 的幅值以及相位(见图 3-36)。

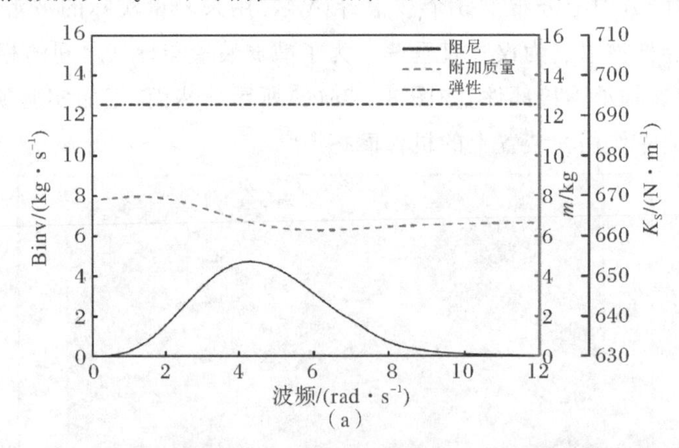

(a)

图 3-36　通过 ANSYS/AQWA 求得的 1/50 尺寸的垂直振荡波浪能装置的频域流体动力学参数

(a)装置的附加质量、辐射力阻尼系数以静水压力劲度系数;

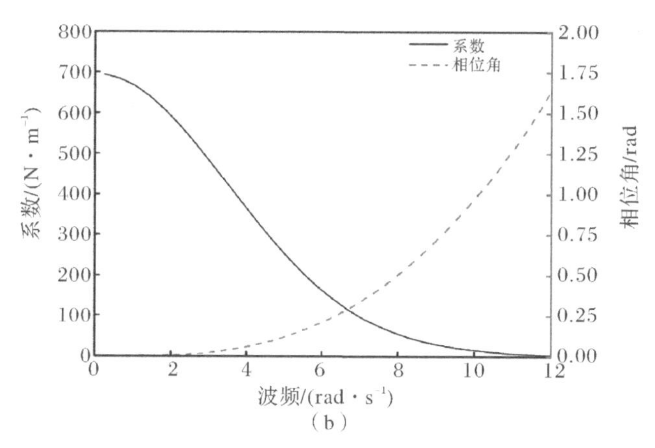

续图 3-36　通过 ANSYS/AQWA 求得的 1/50 尺寸的垂直振荡波浪能装置的频域流体动力学参数

(b)装置波浪激励力的幅值以及相对于入射波的相位

利用图 3-37 中得到的水动力参数,结合式(3-70)和式(3-71),可以推导出辐射力以及波浪激励力的核函数,如图 3-37 所示。辐射力的核函数是一个因果函数,而波浪激励力的核函数是一个非因果的函数,因为在 $t<0$ 时,函数 $k_e(t)\neq0$。

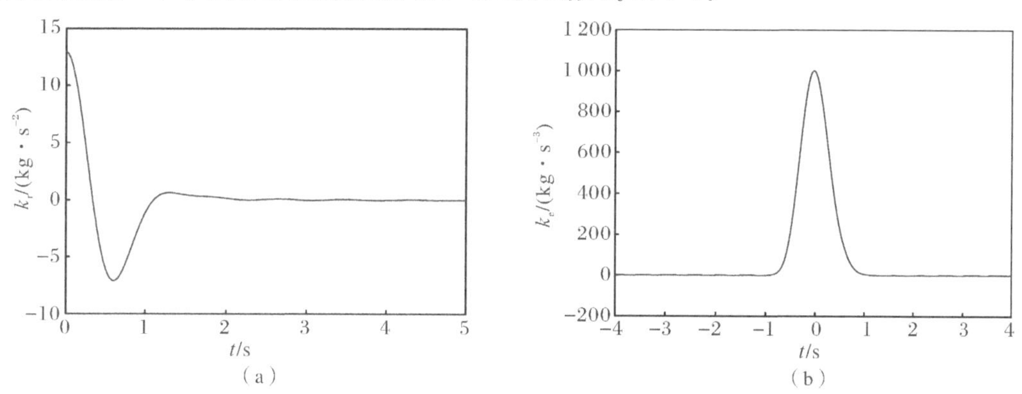

图 3-37　1/50 尺寸的垂荡波浪能装置的辐射力及波浪激励力的核函数

(a)辐射力的核函数;(b)装置波浪激励力的核函数

3.5.3.4　线性辐射力以及激励力的状态空间模型的构建

在平衡精度和计算量后,采用了一个 4 阶状态空间模型作为辐射力卷积项的近似值。图 3-38 比较了该 4 阶状态空间模型结果以及辐射力卷积项原始值之间的差异。可以看出,该 4 阶模型可以很好地表征辐射力的卷积项。

图 3-37(b)中所示波浪能发电装置所受的波浪激励力是一个非因果函数,在推导波浪激励力状态空间模型之前需要先对该核函数进行因果化,即需要对波浪升沉进行预测。根据图 3-39(b)所示,计算了因果化的激励力核函数 $k_e^1(t)$ 相对于原始核函数 $k_e(t)$ 的误差随对不同因果化时间的变化曲线。根据图 3-39(b)可以看出,当 $t<-1$ s 时,$k_e(t)$ 的值可以忽略不计。这证实了图 3-39(b)中显示的结果,即当 $t_c>1$ s,因果化的 $k_e^1(t)$ 足以保留原始 $k_e(t)$ 的信息,误差小于 0.065%。因此,对于本书介绍的这一竖直振荡波浪能发电装置而言,t_c 取 1 s 即可,即需要对波浪进行至少 1 s 的预测。通过应用 $t_c=1$ s,结合式(3-72)可

以推导出一个 6 阶线性状态空间模型用来近似因果化的激励力核函数 $k_e^1(t)$。

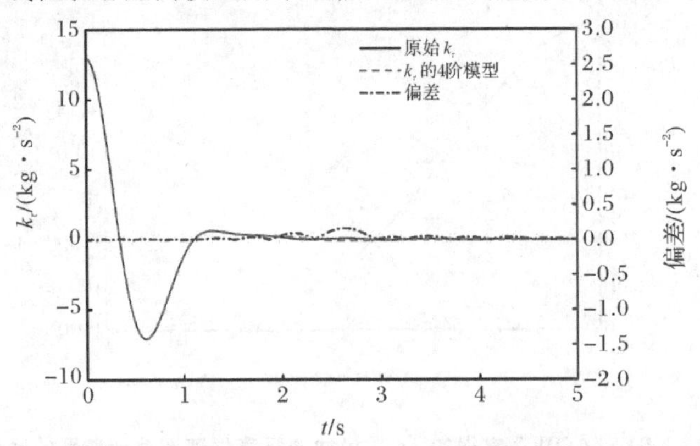

图 3 - 38　原始辐射力核函数与对应 4 阶状态空间模型近似值之间的比较

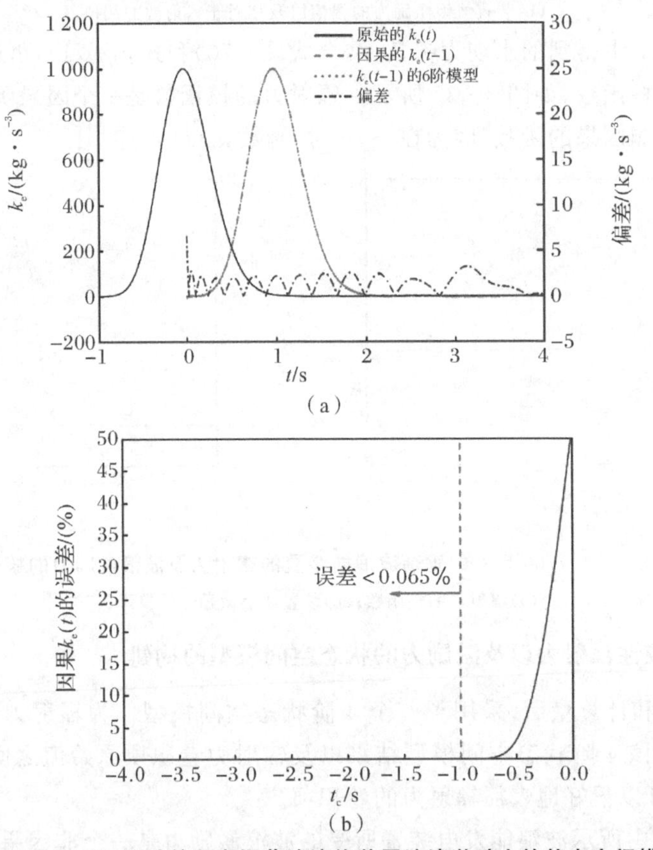

图 3 - 39　1/50 尺寸的竖直振荡波浪能装置波浪激励力的状态空间模型

(a)原始激励力核函数与对应的 6 阶状态空间模型近似值之间的比较；

(b)波浪激励力因果化与原始核函数的偏差值与预测时间之间的关系

为了清楚地说明波浪预测的必要性和 6 阶线性子系统在波浪激振力识别中的可行性，图 3 - 40 给出了一个代表性的例子。如图 3 - 36(b)所示，在波浪幅值为 0.08 m，波浪周期为 2 s 的波浪条件下，该圆柱形波浪能发电装置受到的波浪激励力幅值大小约为 37 N，并且激励力与入射波浪的相位几乎保持一致。如图 3 - 40 所示，通过使用具有 1 s 波浪预测的

6 阶模型可以正确识别激振力的信息,不论是幅值还是相位。相比之下,在没有波预测的情况下,得到的波浪激振力完全失去了相位信息上的准确性。

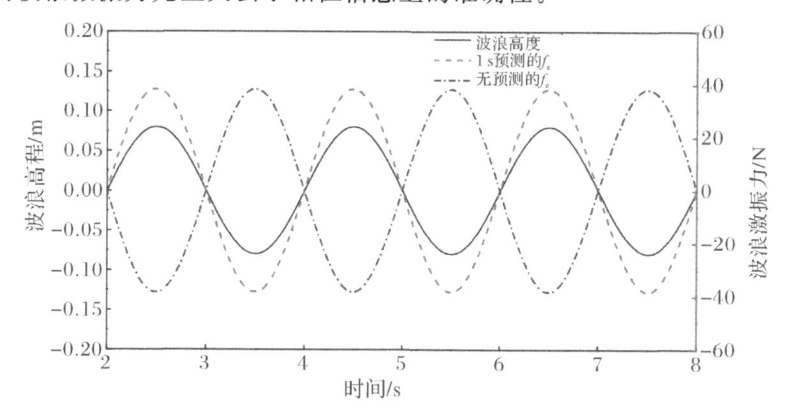

图 3-40 有无波浪升沉预测后通过波浪激励力状态空间模型得到的波浪激励力

3.5.3.5 非线性黏滞力阻尼系数的估计

目前,对于该波浪能发电装置而言,不确定参数仅剩黏性系数 C_d。本书介绍如何基于最小二乘法,通过 CFD 模型的结果来验证 C_d,表达式如下:

$$p_e = \min \sum \left[Z_{simulink}(t_i, p) - Z_{CFD}(t_i) \right]^2 \tag{3-78}$$

式中:$Z_{simulink}(t_i, p)$是通过 MATLAB 中的默认求解器 ODE45 求解获得的装置的位移;$Z_{CFD}(t_i)$是从 CFD 模型中获得的装置的位移;p 是不确定性,p_e 表示最佳拟合的验证值。显然,C_d 代表式(3-78)中的不确定值 p。

如图 3-41 所示,本书以该波浪能装置的自由衰减试验为例,通过在 CFD 模型以及 MATLAB/Simulink(详见图 3-33 的 LSSM 模型和图3-34的 NSSM 模型)中同时进行自由衰减试验,然后比较对应的时序结果来确定该波浪能装置的 C_d。

在物理水池(EXP)、CFD 数值水池以及 MATLAB/Simulink(LSSM、NSSM)中进行自由衰变试验,装置的初始位移为 0.2 m。根据式(3.78)中描述的最小二乘法,得到C_d=1.4,具体结果如图 3-41 所示。NSSM 计算的位移幅值与 CFD 计算结果基本一致,但在振荡周期上存在些许偏差。这是由于通过边界元计算获得的总质量为 26.28 kg,低于该装置的实际总质量。

为了解决这个问题,将黏滞系数 C_d 以及装置的总质量 M_t,两者都设为 NSSM 中的不确定参数。然后,重复上述步骤,基于公式可以得到 C_d 和 M_t 分别为 1.4 和 28.35 kg。由图 3-41 可以看出,在 C_d=1.4,M_t=28.35 条件下的 NSSM 得到的装置自由衰减的响应不仅在振幅演化上符合 CFD 的结果,而且在振荡频率上也符合 CFD 的结果。通过与实验数据(EXP)的对比,验证了 CFD 模型和 NSSM 的准确性,如图 3-41 所示。显然,CFD 和 NSSM 结果与实验结果吻合较好。在 3.5 s 之后,当装置运动衰减到低速接近平衡位置时,物理水池实验得到的振幅大小相对于 CFD 或者 NSSM 得到的结果略有降低。这主要是由于实际物理模型实验中滚珠轴承中存在的摩擦作用,在文献[266]中已经讨论论过。

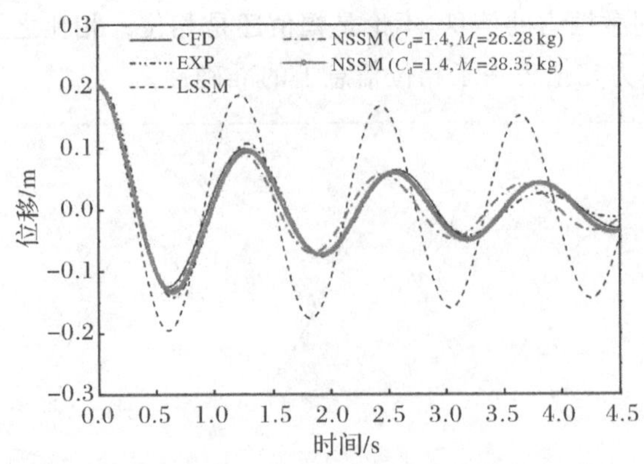

图 3-41　波浪能装置在自由衰减试验条件下(装置初始位移为 0.2 m),EXP、CFD、线性 MATLAB/Simulink 模型 LSSM、非线性 MATLAB/Simulink 模型 NSSM 结果对比

图 3-42 显示了波浪能装置在不同初始位移(分别为 0.12 m 和 0.2 m)衰减实验下的结果。正如预期的那样,线性模型 LSSM 的归一化结果在不同条件下保持一致。与线性数据不同,非线性模型 NSSM 和 CFD 结果均揭示了自由衰减响应的非线性,即初始位移越大波浪能装置会更快地衰减至平衡位置。显然,初始位置越大,会导致波浪能浮子与水面之间产生更大的相对运动速度,从而产生较大的黏滞力,阻碍波浪能浮子的运动。

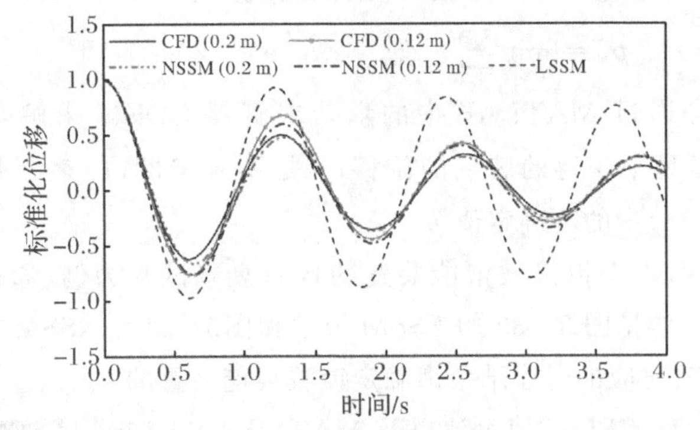

图 3-42　波浪能装置自由衰减实验条件下(初始释放位置为 0.12 m 和 0.2 m),CFD、线性 MATLAB/Simulink 模型 LSSM、非线性 MATLAB/Simulink 模型 NSSM 结果对比

3.5.3.6　MATLAB/Simulink 模型结果分析

基于得到的 LSSM、NSSM 模型,进行该波浪能装置在规则波浪条件下的实验研究,结果如图 3-43 所示。可以看出,当波浪频率远离波浪能装置的固有频率时(即 $\omega \leqslant 3.84$ rad/s),各方法包括 LSSM、NSSM、CFD 和 EXP 得到的波浪能装置的 RAO 结果均近似等于 1。这是由于在相对较低的波浪频率条件下,施加在波浪能装置上的波浪静水压力占主导作用。在该力的主导作用下,波浪能装置会与周围的波浪同步运动,即装置在“随波运动”。因此,非线性黏滞力影响不大,装置的 RAO 数据表现出线性特性占主导作用,即 RAO 几乎与波高无关,并且所有方法得到的 RAO 结果大致相同。

相比之下,当波浪频率接近波浪能装置的固有振荡频率时,线性 LSSM 无法预测装置的 RAO 响应。如图 9-15 所示,线性 LSSM 模型得到的 RAO_{max} 约为物理水池实验值的 5.3 倍。相较而言,非线性 NSSM 和 CFD 模型对 RAO_{max} 的预测能力较好,均表现为比物理数据高一些。这些差异主要是由于物理水池实验中，滚珠轴承上存在的物理摩擦。其次，不同波浪幅值条件下，LSSM 得到的 RAO 曲线是一样的。相反，从非线性 NSSM 模型得到的结果可以看出，RAO_{max}及对应的振荡频率 ω_0 均与波浪幅值存在很强的相关性。较大的波浪幅值可以导致较小的 RAO_{max}和 ω_0。因此，可以看出对于一个圆柱形波浪能发电装置，非线性黏滞项是不容忽略的。

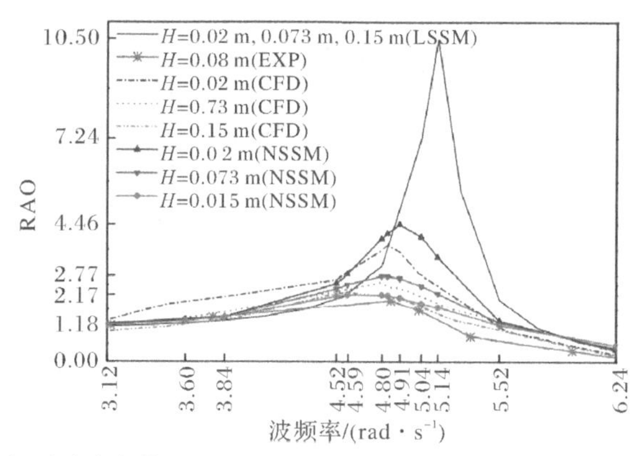

图 3-43 规则波浪条件下，EXP、CFD、线性 LSSM、非线性 NSSM 结果的对比

3.5 本章小结

本章基于 Van der Pol 尾流振子模型和 FLUENT 软件二次开发建立二维弹性支撑柱体的涡激振动模型，并进一步研究了二维柱体结构的涡激振动响应及其机理。仿真结果表明 Van der Pol 尾流振子模型在低质量比情况下误差稍大，但也基本上可以捕捉到柱体的涡激振动特性，可以用于快速预测柱体结构的涡激振动特性。基于 CFD 和嵌套网格技术，同时考虑柱体来流向和振型振动，建立流固耦合仿真系统。计算结果表明，涡激振动的机理是频率锁定，涡脱模式在振幅较大时的泄放模式是 2P 或者 P+S 模式，涡脱模式在柱体横向振幅较小时为 2S 模式。

基于对二维柱体涡激振动的研究结果，本章将计算扩展到三维柔性柱体结构。本章以海洋立管和风力机塔筒为例，使用尾流振子模型和多体系统传递矩阵法(MSTMM)建立了立管和塔筒的多体动力学模型，进一步研究了三维柔性柱体的涡激振动响应。结果显示：流速越大，RTP 立管涡激振动频率越高，但是在频率“锁定”区间的来流速度范围内，涡激振动响应频率与所激发出的某一阶模态为主导的振动对应的频率接近；风力机塔筒振动由第一阶和第二阶弯曲模态主导，塔筒轴向最大振幅出现在塔筒中上段某处。基于 RTP 立管和风力机塔筒建立的涡激振动模型同时能为其他细长柔性结构的动力学建模与仿真提供参考。

基于涡激振动所产生的波动发电，就波浪能发电装置的基本理论、动力响应的解析方法进行了详细的介绍。本章介绍了波浪能装置基于 MATLAB/Simulink 的线性动力响应建模方法以及非线性建模方法。基于一个 1/50 缩比尺寸的圆柱形波浪能装置，本章详细分析了传统线性模型的弊端，以及黏滞非线性项对于建模准确性的影响，详细介绍了考虑黏滞项的非线性模型的建立方法。

第4章　柱体结构涡激振动抑制方法及仿真结果分析

4.1　引　　言

本章主要以二维弹性支撑柱体模型和三维海洋立管为例，通过数值仿真探索了不同装置对抑制柱体结构涡激振动的效果。目前对于涡激振动抑制装置的设计主要采用水槽或风洞实验，但直接采用水槽、风洞实验，实验次数多、准备周期长、实验代价高，通过水槽、风洞实验，无法获得详细的流场信息，缺乏对涡激振动抑制装置流固耦合特性的机理研究。因此，如果先采用数值仿真方法对涡激振动抑制装置进行设计，然后再进行水槽、风洞实验，就可以大大减少实验成本，同时提高产品设计效率。

近年来，大多数学者对于涡激振动抑制装置的数值模拟都是采用二维模型，未考虑漩涡结构的三维效应[3]。对于二维柱体结构涡激振动的计算，经验模型基本适用，能捕获到柱体流固耦合振动的基本特性。并且相比CFD方法，经验模型具有较高的计算效率，并且节约计算成本，适合作为涡激振动抑制装置前期设计的参考。而随着计算机技术和数值模拟技术的快速发展，基于CFD理论的数值模拟技术现已发展到完全可以模拟复杂几何外形的黏性流场绕流等问题的程度，可以为柱体结构涡激振动抑制装置计算出精确的瞬态流场载荷，因此CFD仿真可成为研究三维柱体结构涡激振动抑制装置的重要手段。

针对柱体结构涡激振动的特点，在本书1.4节中详细地介绍了目前主要的涡激振动抑制方法。NES是一种新型被动减振装置，具有宽频吸振的特性，其主要原理是靠共振俘获，将能量从结构传递给振子，并通过阻尼消耗掉能量。近几年，陆续有学者将其用于柱体结构涡激振动抑制研究上面来，但都是针对单自由度振动的柱体，低雷诺数（$Re<200$）情况进行了研究[83-85]。本章在Van der Pol尾流振子模型中，又嵌入了新型被动减振装置NES，研究了NES对柱体结构涡激振动的抑制效果。然后，建立基于CFD实现的NES作用下柱体涡激振动仿真程序，进一步计算出流场信息。涡激振动的抑制方法有很多种，而在海洋立管中最常用的是螺旋列板装置。本章采用CFD/FEM双向耦合模型对低雷诺数的短柔性立管安装不同结构参数的螺旋列板并进行涡激振动仿真计算，以减小计算量，分析了螺旋列板的安装位置、结构参数对立管涡激振动响应的影响规律。

4.2 安装NES的二维弹性支撑柱体涡激振动减振研究

4.2.1 NES简介

NES是一种无优先抑制频率的被动减振器[186-187]，与调谐质量阻尼器(TMD)和调谐液体阻尼器(TLD)的窄频带不同。它能在较宽的频率范围内实现能量捕获，将主要结构中的能量传递到NES并通过其阻尼器耗散掉。NES已应用于各种工程领域，以减轻不必要的结构振动，如复合材料层合板、航天器和汽车传动系统[188-189]。由于其强烈的惯性非线性，因此NES具有定向能量传递(TET)的特性，即能量从主结构单向不可逆地传递到NES[186,190]。

目前，被用于抑制柱体涡激振动的NES主要由两种类型，即平动非线性能量阱(Translational NES，T-NES)和旋转非线性能量阱(Rotational NES，R-NES)。图4-1所示为两种NES作用在柱体内部的结构示意图。从图4-1中可以看出，T-NES由一个具有立方非线性的弹簧k_{nes}、线性阻尼器c_{nes}和质量振子m_{nes}构成，质量振子通过弹簧和阻尼器与柱体结构相连。而R-NES由一顶端附有质量块m_N的刚性杆构成，该质量块能以固定半径r绕圆柱体轴线旋转，传递到R-NES上的能量通过其上的线性阻尼器c_N耗散。由于NES对柱体结构振动的改变，来流中流体力作用也会因为柱体运动轨迹的变化而产生相应改变，即产生流固耦合作用。因此，需建立合理的NES作用下的2-DOF柱体涡激振动模型对柱体减振进行研究。本节分别使用CFD模型和Van der Pol尾流振子模型对NES作用下的柱体涡激振动进行预测。

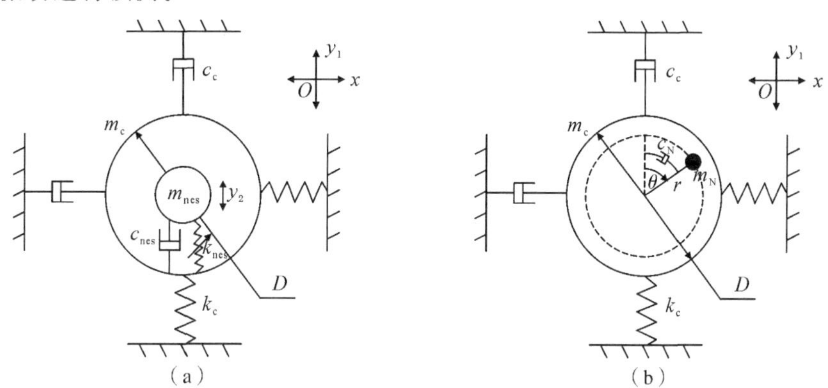

图4-1 包含NES的2-DOF柱体

(a)包含T-NES的二维弹性支撑柱体；(b)包含R-NES的二维弹性支撑柱体

4.2.2 基于Van der Pol尾流振子模型的R-NES减振研究

从图4-1(b)中包含R-NES的柱体结构中可以看出，该结构的非线性本质为R-NES中质量块的转动与圆柱结构运动之间的惯性耦合。同样，R-NES可以放置空心圆柱的内

部,不改变柱体几何外形。根据式(3-1),定义本节模型中无量纲参数如下:

$$\left.\begin{aligned}X&=\frac{x}{D}\\Y&=\frac{y}{D}\\\tau&=\omega_s t\end{aligned}\right\}\tag{4-1}$$

式中:ω_s 为漩涡脱落频率,则斯特罗哈尔数 $St=\omega_{st}D/(2\pi U)$。

由于R-NES中质量块为圆周运动,单自由度模型难以表现出旋转质量块对圆柱的作用,因此选择改进的双自由度尾流振子模型[183]对柱体中的流体力进行仿真。该模型考虑了柱体流向和横向振动耦合,无量纲形式的模型如下:

$$\ddot{X}+2\,\zeta_x\Omega\dot{X}+\Omega^2X=\frac{C_{VX}}{2\,\pi^3St^2(m^*+C_a)}\tag{4-2a}$$

$$\ddot{Y}+2\,\zeta_y\Omega\dot{Y}+\Omega^2Y=\frac{C_{VY}}{2\,\pi^3St^2(m^*+C_a)}\tag{4-2b}$$

$$\ddot{q}+\varepsilon(q^2-1)\dot{q}+q-\kappa\frac{X}{\ddot{X}^2+1}q=A\ddot{Y}\tag{4-2c}$$

式中:$q=2C_{VL}/C_{L0}$;$\Omega=\omega_0/\omega_{st}$,$\varepsilon$、$A$ 和 κ 都为调谐参数,上标($\dot{}$)代表对时间 τ 的导数。

其中流向力系数和横向力系数为

$$\begin{aligned}C_{VX}=&(C_{DM}(1-2\pi St\dot{X})+C_{VL}2\pi St\dot{Y})\sqrt{(1-2\pi St\dot{X})^2+(2\pi St\dot{Y})^2}+\\&\alpha C_{VL}^2(1-2\pi St\dot{X})\left|1-2\pi St\dot{X}\right|\end{aligned}\tag{4-3a}$$

$$C_{VY}=(-C_{DM}2\pi St\dot{Y}+C_{VL}(1-2\pi St\dot{X}))\sqrt{(1-2\pi St\dot{X})^2+(2\pi St\dot{Y})^2}\tag{4-3b}$$

式中:$C_{VL}=qC_{L0}/2$;$C_{DM}=C_{D0}-\alpha C_{L0}^2/2$;$C_{L0}$ 为静止刚性圆柱的升力系数,取0.3;C_{D0} 为静止刚性圆柱的阻力系数,取1.2;α 为经验参数,取2.2[183]。

根据R-NES结构原理图,结构内一个质量块 m_N 以一定旋转半径 r 绕中心轴转动,NES内线性阻尼 c_N 同时将质量块运动能量耗散。系统总质量为 $M=m_a+m_c+m_N$。R-NES与流体之间没有直接接触,因此来流中的能量通过柱体的振动传递到NES中耗散。结合尾流振子模型,建立在R-NES作用下的2-DOF弹性支撑柱体的涡激振动模型:

$$\ddot{X}+[\beta\hat{r}\cos\theta\cdot\ddot{\theta}-\sin\theta\cdot(\dot{\theta})^2]+2\zeta\Omega\dot{X}+\Omega^2X=\frac{C_{VX}}{2\,\pi^3St^2(m^*+C_a)}\tag{4-4a}$$

$$\ddot{Y}-\beta\hat{r}[\sin\theta\cdot\ddot{\theta}+\cos\theta\cdot(\dot{\theta})^2]+2\zeta\Omega\dot{Y}+\Omega^2Y=\frac{C_{VY}}{2\,\pi^3St^2(m^*+C_a)}\tag{4-4b}$$

$$\ddot{\theta}+\frac{1}{\hat{r}}(\cos\theta\cdot\ddot{X}-\sin\theta\cdot\ddot{Y})+2\,\zeta_\theta\Omega\,\dot{\theta}=0\tag{4-4c}$$

$$\ddot{q}+\varepsilon(q^2-1)\dot{q}+q-\kappa\frac{\ddot{X}}{\ddot{X}^2+1}q=A\ddot{Y}\tag{4-4d}$$

式中:θ 为旋转角度,以图4-1(b)中所示虚线位置为起点;ζ_θ 为NES阻尼比,$\zeta_\theta=c_N/(2m_Nr^2\omega_0)$;并定义了R-NES的无量纲结构参数;无量纲质量参数 $\beta=m_N/(m_c+m_a+m_N)$,无量纲阻尼参数 $\xi=c_N/c_c$,无量纲旋转半径 $\hat{r}=r/D$。

编写的在R-NES作用下的2-DOF弹性支撑柱体VIV模型的MATLAB程序如下:

```
clc
clear
global CD0 CL0 CDM omega St epsilon mratio ca kappa ke_si A alpha mnew rr kesi_thi
Ur=8;
d=0.0554;
rou=1000;
ca=1;
St=0.2;
alpha=2.2;
CL0=0.3;
CD0=1.2;
CDM=CD0-alpha*CL0^2/2;
A=10;
epsilon=0.08;
kappa=5;
ke_si=0.006;
mratio=2.36;
f0=1.711;
wn=2*pi*f0;
U=Ur(i)*f0*d;
wst=2*pi*St*U/d;
omega=wn/wst;
mnew=0.1;
cc=0.008;
rr=0.3;
r=rr*d;
M=(mratio+1)*rou*d^2*pi/4*(mnew/(1-mnew)+1);
c=2*wn*M*ke_si;
cnes=cc*c;
kesi_thi=cnes/(2*mnew*M*r^2*wn);

[t,y]=ode45(@rotativeNES2,[0:0.01:1500],[0 0 0 0 0 0 0.01 0]);
responsex=y(:,3);
responsexx=y(:,4)*wst*d;
responsey=y(:,5);
responseyy=y(:,6)*wst*d;

responsethi=y(:,1);
responsethii=y(:,2)*wst;
tt=t/wst;
figure(1)
```

```
plot(tt,responsex,'r');
figure(2)
plot(tt,responsey,'b');
figure(3)
plot(tt,responsethi,'k');
figure(4)
plot(tt,responsethii,'k');

sy=y(:,5);
Fs=1/0.01*wst;
nfft= length(sy)-1;
X=fft(sy,nfft);
X = X(1:nfft/2);
mx = 10*log10(abs(X)/(nfft/2));
f = (0:nfft/2-1)*Fs/nfft;
figure(5)
plot(f,mx,'-k','LineWidth',2);

function dy=rotativeNES2(t,y)
    global CL0 CDM omega St epsilon mratio ca kappa ke_si A alpha mnew rr kesi_thi

    y1=y(1);
    y2=y(2);
    y3=y(3);
    y4=y(4);
    y5=y(5);
    y6=y(6);
    y7=y(7);
    y8=y(8);

    CVL=0.5*y7*CL0;
CVX=(CDM*(1-2*pi*St*y4)+CVL*2*pi*St*y6)*sqrt((1-2*pi*St*y4)^2+(2*pi
*St*y6)^2)+alpha*C

VL^2*(1-2*pi*St*y4)*abs(1-2*pi*St*y4);
CVY=(-CDM*2*pi*St*y6+CVL*(1-2*pi*St*y4))*sqrt((1-2*pi*St*y4)^2+(2*
pi*St*y6)^2);
    CX=CVX/(2*pi^3*St^2*(mratio+ca));
    CY=CVY/(2*pi^3*St^2*(mratio+ca));

    dy1=y2;
```

```
dy2=-((cos(y1)*CX-sin(y1)*CY+sin(y1)*2*ke_si*omega*y6-cos(y1)*2*ke_si*omega*y4+sin(y1)*omega^2*y5-cos(y1)*omega^2*y3)/rr+2*kesi_thi*omega*y2)/(1-mnew);
    dy3=y4;

dy4=CX-2*ke_si*omega*y4-omega^2*y3-mnew*rr*(cos(y1)*(dy2)-sin(y1)*y2^2);
    dy5=y6;

dy6=CY-2*ke_si*omega*y6-omega^2*y5+mnew*rr*(sin(y1)*(dy2)+cos(y1)*y2^2);
    dy7=y8;
dy8=A*(dy6)-epsilon*(y7^2-1)*y8-y7+kappa*(dy4/(1+dy4^2))*y7;

    dy=[dy1;
        dy2;
        dy3;
        dy4;
        dy5;
        dy6;
        dy7;
        dy8];
end
```

使用变步长的4阶Runge-Kutta法对式(4-4)求解即可得到R-NES作用下的柱体振动响应。计算时间步长取$\Delta\tau=0.01$,计算初始条件为$X=\dot{X}=Y=\dot{Y}=\dot{q}=0,q=0.01$。现以如下柱体的结构参数为例来研究R-NES对两种不同质量比的柱体结构涡激振动的影响及机理:$m^*=2.36,\zeta=0.006,\omega_0=10.75$;$m^*=6.54,\zeta=0.006,\omega_0=7.92$。

图4-2给出柱体在不同速度下横向振动的频率,图4-2(a)~(d)为横向振动响应经过小波变换后生成的时频云图。从图4-2中可以看出,在R-NES作用下柱体横向振动的主要频率保持不变,频率锁定现象依旧发生。但在柱体涡激振动得到明显抑制的来流速度,柱体振动频率出现波动,如图4-2(b)(c)所示。柱体振动频率的波动由R-NES的间歇作用产生,因此此时也对柱体的涡激振动产生了抑制效果。

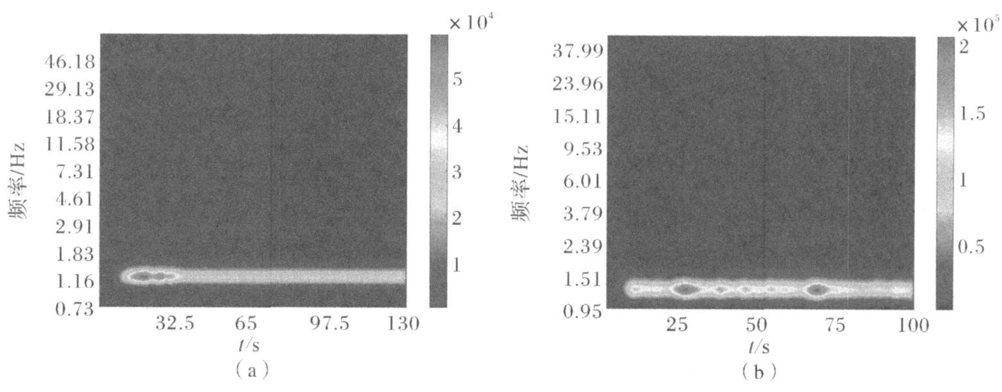

(a)　　　　　　　　　　(b)

图4-2　质量比4.24圆柱横向振动频谱

(a)$U_r=4.6$;(b)$U_r=6$;

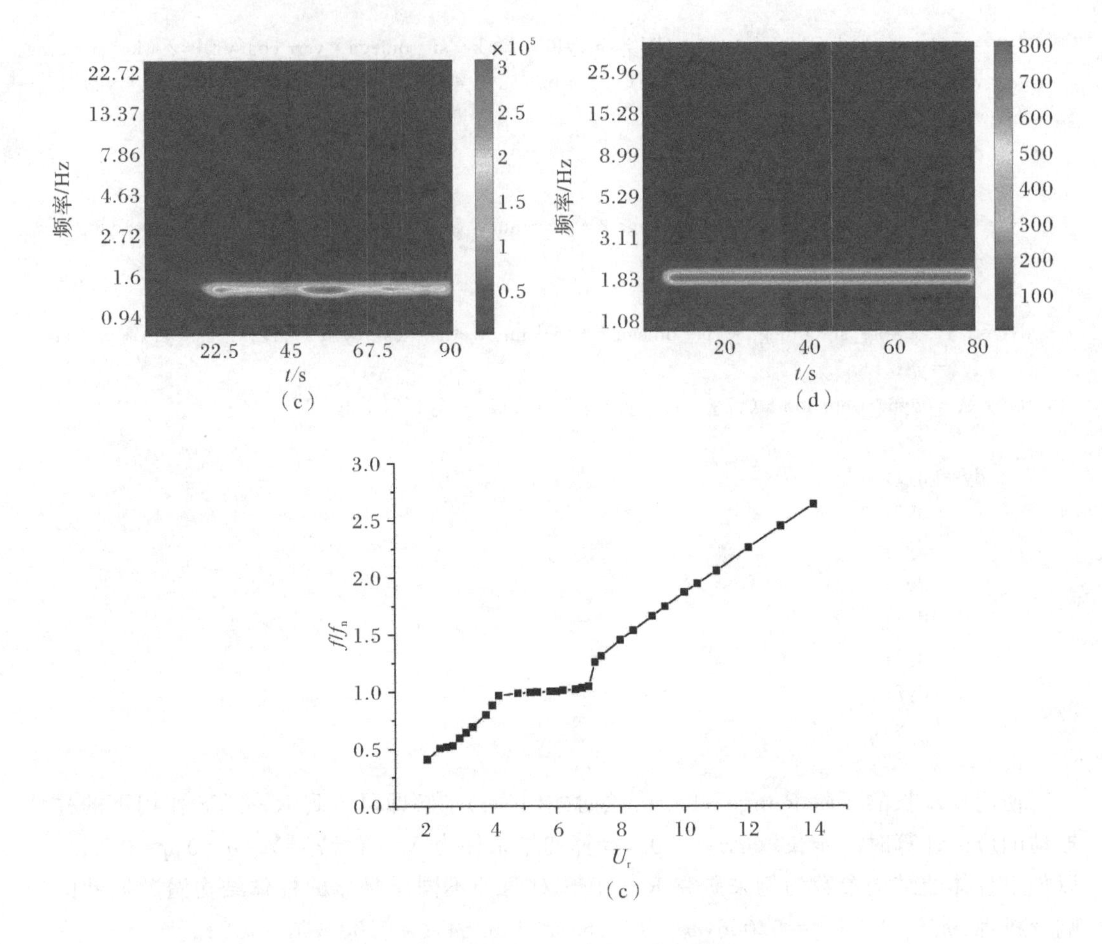

续图 4-2　质量比 4.24 圆柱横向振动频谱

(c)$U_r=7$；(d)$Ur=8$；(e)质量比 6.54 圆柱不同约化速度下的频率比分布

为了观察到更清晰的柱体动力学特征，针对 $m^*=2.36$ 的圆柱选择的 R-NES 结构参数为 $\beta=0.1$，$\xi=0.008$，$\hat{r}=0.3$。图 4-3 所示为 $m^*=2.36$ 的柱体在 R-NES 作用下的振幅曲线对比和两种来流速度下的运动轨迹。在两种风速下，柱体的都按固定轨迹运动，与单个柱体 VIV 时的运动轨迹相似。图像表明，$m^*=6.54$ 圆柱没有出现无规则运动现象，而柱体的横向振幅也几乎没有减小。

在图 4-4 中展示了在 $U_r=5$ 和 $U_r=8$ 情况下，柱体的横向振动响应和 NES 中旋转质量块的位移。图 4-4 中显示，在两种流速下 NES 质量块都以相同模式的运动。两者的区别在于，共振区间内的风速下，质量块来回振荡的范围更大、速度更快，NES 线性阻尼单位时间内耗散的能量更多。因此，在 $U_r=8$ 时，旋转 NES 对柱体横向 VIV 的减振效果比 $U_r=5$时更明显。同样基于小波变换展示出柱体在这两种速度下横向振动频率随时间的变化，如图 4-5 所示。图中柱体振动频率随时间保持不变，对应 R-NES 产生的减振效果也较差。根据以上的现象可以推断，当 R-NES 对柱体涡激振动产生明显的抑制作用时，柱体振动频率通常存在波动变化。

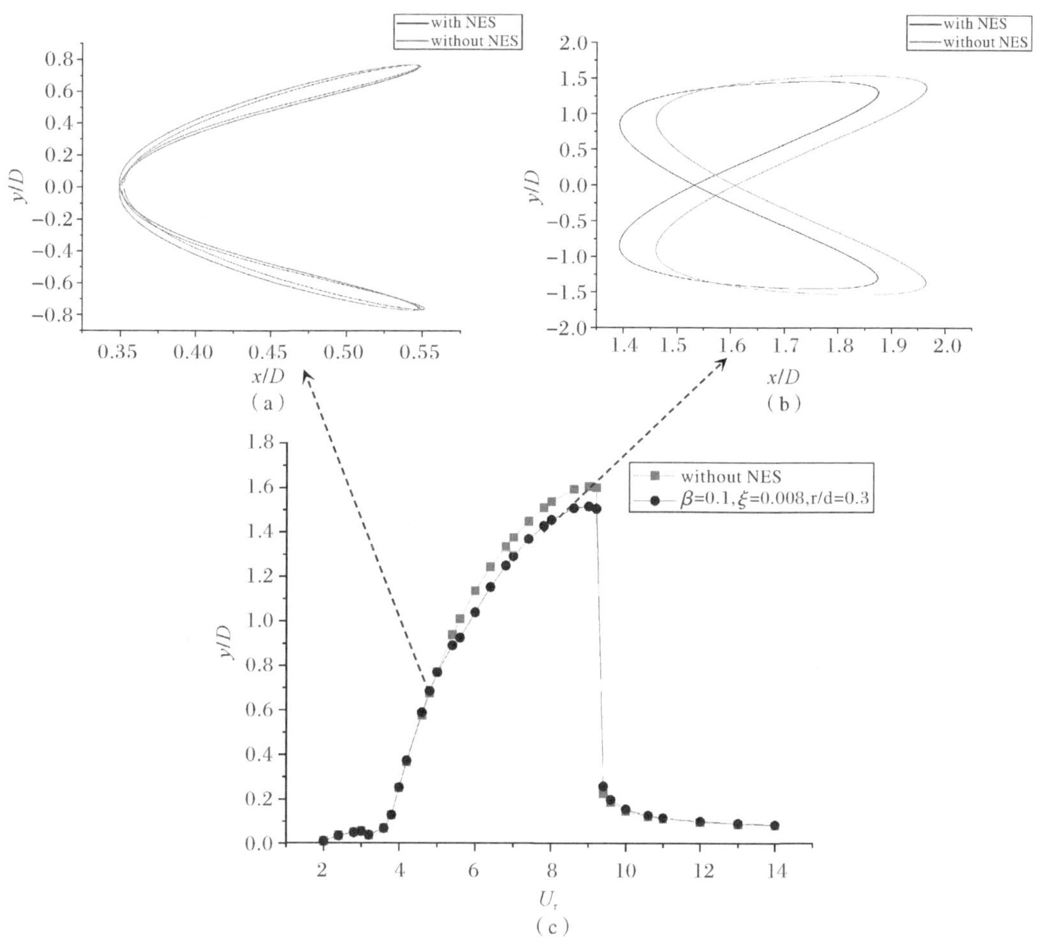

图 4-3　质量比为 2.36 的圆柱在各流速下的计算结果

(a)$U_r=5$;(b)$U_r=8$;(c)质量比 2.36 圆柱横向振幅曲线

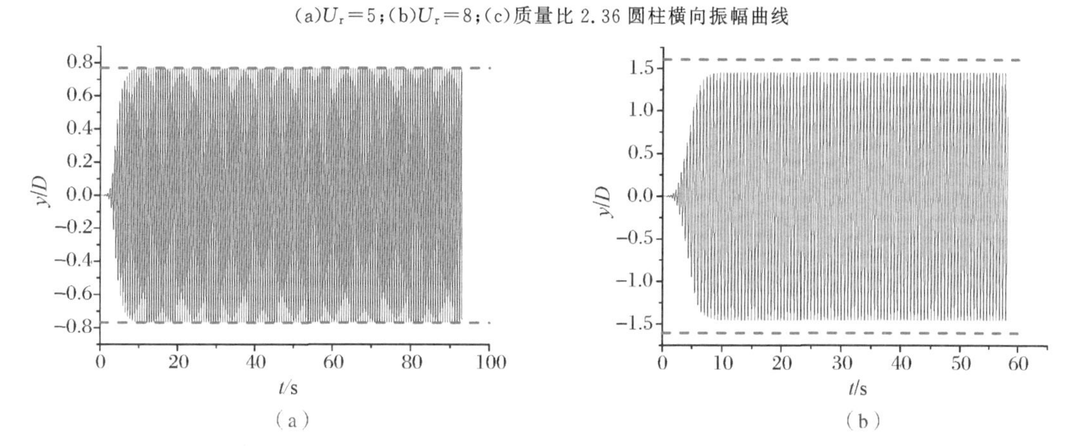

图 4-4　质量比为 2.36 的圆柱横向振动响应和 R-NES 质量块位移

(a)$U_r=5$; (b)$U_r=8$;

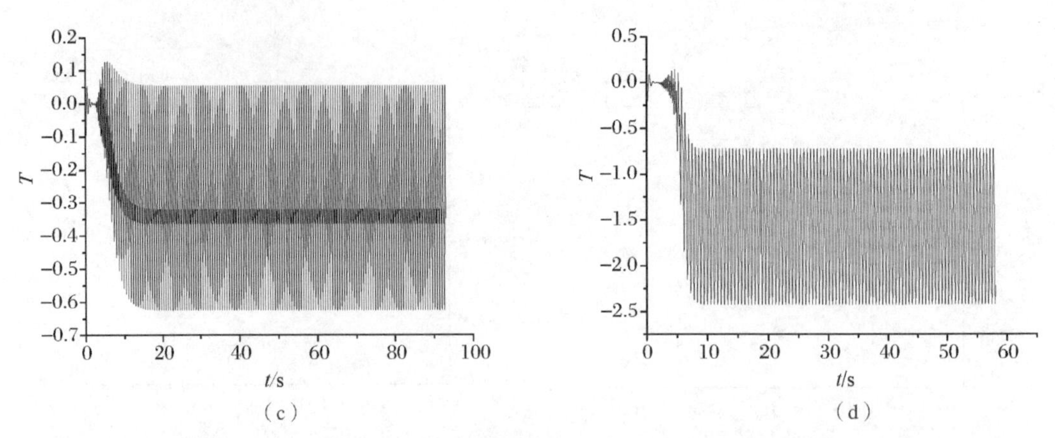

续图 4-4 质量比为 2.36 的圆柱横向振动响应和 R-NES 质量块位移

(c)$U_r=5$；(d)$U_r=8$

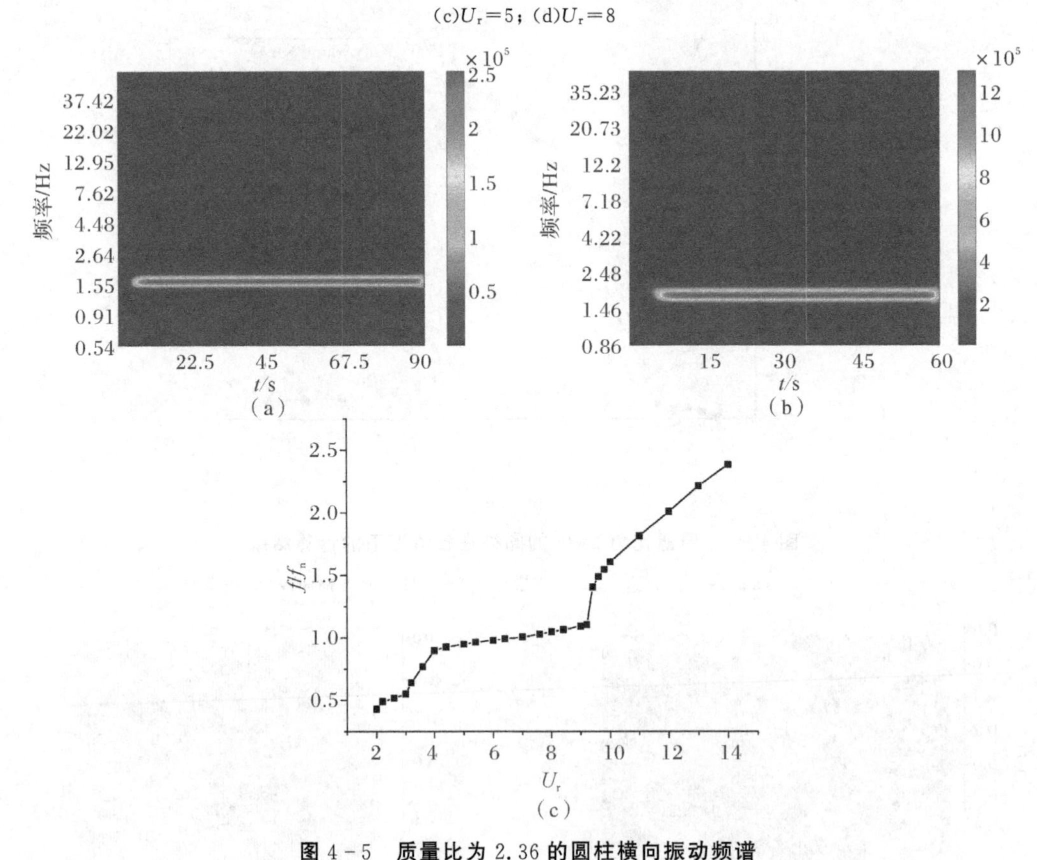

图 4-5 质量比为 2.36 的圆柱横向振动频谱

(a)$U_r=5$；(b)$Ur=8$；(c)质量比 2.36 圆柱不同约化速度下的频率比分布

4.2.3 基于 CFD 模型的 T-NES 减振研究

根据图 4-1(a)中安装在柱体内部的 T-NES 结构示意图，可以建立 T-NES 作用下的柱体结构动力学模型。图中 T-NES 的质量为 m_{nes}、阻尼为 c_{nes}、立方非线性弹簧 k_{nes}。非线性的回复力满足关系式：$F=k_{nes}y_2^3$，即 T-NES 具有硬化立方非线性刚度的特性。柱体

自身质量为 m_c，阻尼为 c_c，弹簧刚度为 k_c。结合式(4-2)，T-NES 作用下的 2-DOF 弹性支撑的柱体运动的控制方程为

$$m_c \ddot{x}_1 + c_c \dot{x}_1 + k_c x_1 = F_D(t) \tag{4-5a}$$

$$(m_c - m_{nes})\ddot{y}_1 + c_c \dot{y}_1 + k_c y_1 + c_{nes}(\dot{y}_1 - \dot{y}_2) + k_{nes}(y_1 - y_2)^3 = F_L(t) \tag{4-5b}$$

$$m_{nes}\ddot{y}_2 + c_{nes}(\dot{y}_2 - \dot{y}_1) + k_{nes}(y_2 - y_1)^3 = 0 \tag{4-5c}$$

式中：x_1、y_1 表示柱体 x 和 y 方向的振动位移；y_2 是 T-NES 振子 y 方向的振动位移。

式(4-5)又可以写为

$$\ddot{x}_1 + 2\zeta\omega_0 \dot{x}_1 + \omega_0{}^2 x_1 = \frac{1}{2}\frac{C_D \rho_f U^2 D}{m_c} \tag{4-6a}$$

$$(1-\beta)\ddot{y}_1 + 2\zeta\omega_0 \dot{y}_1 + \omega_0{}^2 y_1 + 2\zeta_{nes}\omega_0(\dot{y}_1 - \dot{y}_2) + \frac{\gamma}{D^2}\omega_0{}^2 (y_1 - y_2)^3 = \frac{1}{2}\frac{C_L \rho_f U^2 D}{m_c} \tag{4-6b}$$

$$\beta\ddot{y}_2 + 2\zeta_{nes}\omega_0(\dot{y}_2 - \dot{y}_1) + \frac{\gamma}{D^2}\omega_0{}^2 (y_2 - y_1)^3 = 0 \tag{4-6c}$$

式中：$\omega_0 = \sqrt{\frac{k}{m_c}}$；$\zeta = \frac{c}{2\sqrt{km_c}}$；$\zeta_{nes} = \frac{c_{nes}}{2\sqrt{km_c}}$；$\beta = \frac{m_{nes}}{m_c}$；$\gamma = \frac{k_{nes} \cdot D^2}{k}$。

同时，令 $\xi = \varsigma_{nes}/\varsigma$。以如下柱体的结构参数为例来研究 T-NES 对柱体结构涡激振动的影响及机理。柱体结构参数：m=15.708 kg、k=2 530.1 N/m、ζ=0.001 3、D=0.02 m；柱体的湿模态频率 f_n=2 Hz；雷诺数范围为 2 300～5 600，属于较高的雷诺数。包含边界条件的 NES 作用下的 2-DOF 柱体涡激振动模型如图 4-6 所示。流场入口边界条件为速度入口，出口为压力出口，上下壁面为滑移壁面，柱体表面即动边界为无滑移壁面。初始条件为 $x_1(0) = \dot{x}_1(0) = y_1(0) = \dot{y}_1(0) = y_2(0) = \dot{y}_2(0) = 0$，时间步长为 0.005 s。

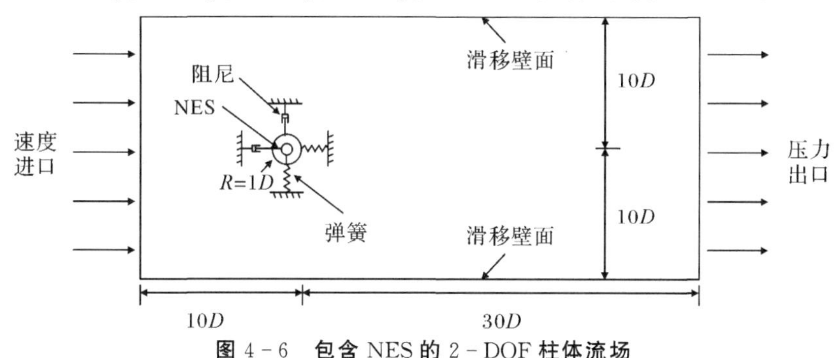

图 4-6 包含 NES 的 2-DOF 柱体流场

根据流场的边界条件开始计算，首先获得流场信息，得到柱体上的压力，然后代入包含 T-NES 的柱体结构运动方程，得到柱体边界的位移和瞬时速度，采用嵌套网格技术更新流场，并进行下一个时间的双向流固耦合计算。T-NES 作用下的 2-DOF 弹性支撑柱体 VIV 的计算流程如图 4-7 所示，编写的包含 T-NES 的 UDF 程序如下：

```
#include "udf.h"
#include "sg_mem.h"
#include "dynamesh_tools.h"
```

```
#define PI 3.1415926
#define ball1_ID 3
#define usrloop(n,m) for(n=0;n<m;++n)
#define mass 6.193536
#define beta 0.5
#define dtm 0.01
#define ke_si 0.0045
#define ke_si_nes 0.0036
#define k_nes 34.8
#define ome_ga 2.6502
real v_body1[ND_ND];
real vv_body1[2]={0.0,0.0};
real a1_ctr;
real b1_ctr;
real bb1_ctr=0;
real t=0.0;
FILE *fp;

DEFINE_EXECUTE_AT_END(save_weiyi)
{
int n;
real un,xn,Un,Xn;
real K1,K2,K3,K4;
real vn,yn,Vn,Yn,vvn,yyn,VVn,YYn;
real T1,T2,T3,T4;
real M1,M2,M3,M4;
real N1,N2,N3,N4;
real L1,L2,L3,L4;
real x_cg1[3],f_glob1[3],m_glob1[3];

Domain *domain=Get_Domain(1);
Thread *tf1=Lookup_Thread(domain,ball1_ID);
usrloop(n,ND_ND)

x_cg1[n]=f_glob1[n]=m_glob1[n]=0;
x_cg1[0]=a1_ctr;
x_cg1[1]=b1_ctr;

if (!Data_Valid_P())
return;
Compute_Force_And_Moment(domain,tf1,x_cg1,f_glob1,m_glob1,False);
```

un=v_body1[0];
xn=a1_ctr;
K1=f_glob1[0]/mass-2*ke_si*ome_ga*un-ome_ga*ome_ga*xn;
K2=f_glob1[0]/mass-(un+dtm*K1/2)*2*ke_si*ome_ga-ome_ga*ome_ga*(xn+un*dtm/2);
K3=f_glob1[0]/mass-(un+dtm*K2/2)*2*ke_si*ome_ga-ome_ga*ome_ga*(xn+un*dtm/
2+dtm*dtm*K1/4);
K4=f_glob1[0]/mass-(un+dtm*K3)*2*ke_si*ome_ga-ome_ga*ome_ga*(xn+un*dtm+
dtm*dtm*K2/2);
Un=un+dtm*(K1+2*K2+2*K3+K4)/6;
Xn=xn+dtm*un+dtm*dtm*(K1+K2+K3)/6;
v_body1[0]=Un;
a1_ctr=Xn;

vn=v_body1[1];
vvn=vv_body1[1];

yn=b1_ctr;
yyn=bb1_ctr;
T1=vn;
M1=(1/(1-beta))*(f_glob1[1]/mass-2*ke_si*ome_ga*vn-ome_ga*ome_ga*yn-2*ke_si
_nes*ome_ga*(vn-vvn)-(k_nes/mass)*(yn-yyn)*(yn-yyn)*(yn-yyn));
N1=vvn;
L1=(1/beta)*(-2*ke_si_nes*ome_ga*(vvn-vn)-(k_nes/mass)*(yyn-yn)*(yyn-yn)*
(yyn-yn));

T2=vn+dtm*M1/2;
M2=(1/(1-beta))*(f_glob1[1]/mass-2*ke_si*ome_ga*(vn+dtm*M1/2)-ome_ga*ome_ga
*(yn+dtm*T1/2)-2*ke_si_nes*ome_ga*((vn+dtm*M1/2)-(vvn+dtm*L1/2))-(k_nes/
mass)*((yn+dtm*T1/2)-(yyn+dtm*N1/2))*((yn+dtm*T1/2)-(yyn+dtm*N1/2))*
((yn+dtm*T1/2)-(yyn+dtm*N1/2)));
N2=vvn+dtm*L1/2;
L2=(1/beta)*(-2*ke_si_nes*ome_ga*((vvn+dtm*L1/2)-(vn+dtm*M1/2))-(k_nes/
mass)*((yyn+dtm*N1/2)-(yn+dtm*T1/2))*((yyn+dtm*N1/2)-(yn+dtm*T1/2))*
((yyn+dtm*N1/2)-(yn+dtm*T1/2)));

T3=vn+dtm*M2/2;
M3=(1/(1-beta))*(f_glob1[1]/mass-2*ke_si*ome_ga*(vn+dtm*M2/2)-ome_ga*ome_ga
*(yn+dtm*T2/2)-2*ke_si_nes*ome_ga*((vn+dtm*M2/2)-(vvn+dtm*L2/2))-(k_nes/
mass)*((yn+dtm*T2/2)-(yyn+dtm*N2/2))*((yn+dtm*T2/2)-(yyn+dtm*N2/2))*
((yn+dtm*T2/2)-(yyn+dtm*N2/2)));
N3=vvn+dtm*L2/2;
L3=(1/beta)*(-2*ke_si_nes*ome_ga*((vvn+dtm*L2/2)-(vn+dtm*M2/2))-(k_nes/

```
mass) * ((yyn+dtm * N2/2)-(yn+dtm * T2/2)) * ((yyn+dtm * N2/2)-(yn+dtm * T2/2)) *
((yyn+dtm * N2/2)-(yn+dtm * T2/2)));

T4=vn+dtm * M3;
M4=(1/(1-beta)) * (f_glob1[1]/mass-2 * ke_si * ome_ga * (vn+dtm * M3)-ome_ga * ome_ga *
(yn+dtm * T3)-2 * ke_si_nes * ome_ga * ((vn+dtm * M3)-(vvn+dtm * L3))-(k_nes/mass) *
((yn+dtm * T3)-(yyn+dtm * N3)) * ((yn+dtm * T3)-(yyn+dtm * N3)) * ((yn+dtm * T3)-
(yyn+dtm * N3)));
N4=vvn+dtm * L2;
L4=(1/beta) * (-2 * ke_si_nes * ome_ga * ((vvn+dtm * L3)-(vn+dtm * M3))-(k_nes/mass) *
((yyn+dtm * N3)-(yn+dtm * T3)) * ((yyn+dtm * N3)-(yn+dtm * T3)) * ((yyn+dtm * N3)-
(yn+dtm * T3)));

Yn=yn+dtm * (T1+2 * T2+2 * T3+T4)/6;
Vn=vn+dtm * (M1+2 * M2+2 * M3+M4)/6;
YYn=yyn+dtm * (N1+2 * N2+2 * N3+N4)/6;
VVn=vvn+dtm * (L1+2 * L2+2 * L3+L4)/6;

v_body1[1]=Vn;
vv_body1[1]=VVn;
b1_ctr=Yn;
bb1_ctr=YYn;
t+=dtm;

fp=fopen("ball1_x.txt","a+");

fprintf(fp,"%5f,%.16f\n",t,x_cg1[0]);
fclose(fp);
fp=fopen("ball1_y.txt","a+");
fprintf(fp,"%5f,%.16f\n",t,x_cg1[1]);
fclose(fp);
fp=fopen("ball1_y2.txt","a+");
fprintf(fp,"%5f,%.16f\n",t,bb1_ctr);
fclose(fp);
}

DEFINE_CG_MOTION(ball1,dt,vel,omega,time,dtime)
{
NV_S(vel,=,0.0);
NV_S(omega,=,0.0);
vel[0]=v_body1[0];
vel[1]=v_body1[1];
}
```

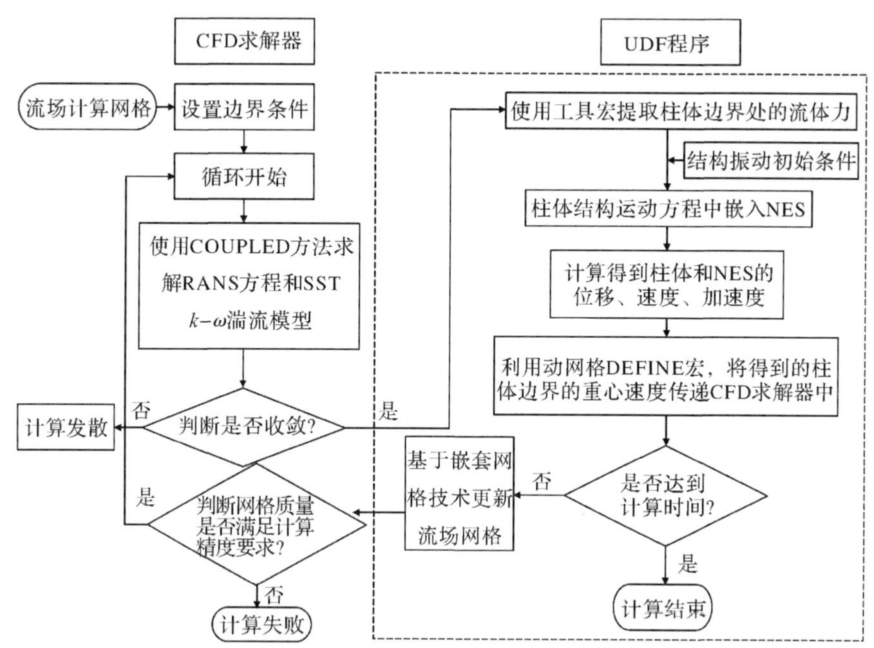

图 4 - 7　T - NES 作用下的 2 - DOF 弹性支撑圆柱体 VIV 计算流程图

本节基于 CFD 模型和结构动力学原理分别建立安装和未安装 T - NES 的 2 - DOF 柱体涡激振动模型，研究 NES 作用下的弹性支撑 2 - DOF 柱体涡激振动特性。图 4 - 8～图 4 - 10分别为不同约化速度情况下的安装和未安装 T - NES 的二维柱体的运动轨迹、最大横向振幅、频率比分布图。表 4 - 1 为 $U_r=5$ 的情况下，安装和未安装 T - NES 情况下的柱体涡量云图对比列表。图 4 - 8(a)给出了未安装 T - NES 情况下柱体的运动轨迹，这些轨迹都成“8”字形，锁定区间的范围 $U_r=5\sim6$，在该区域内振幅较大。图 4 - 9(a)也给出了同样的规律。如图 4 - 10(a)中的未安装 T - NES 的柱体在 $U_r=5\sim6$ 区间内，频率比 $f_v/f_n\approx1$，此时柱体漩涡泄放频率接近柱体固有频率。表 4 - 1 的左边一列为 $U_r=5$，一个周期内的未安装 T - NES 柱体的涡量云图，从图中可以看出，漩涡以 2P 模式泄放，说明此时柱体振幅较大。

T - NES 作为吸振器的主要参数包括 T - NES 与柱体的质量比 β、T - NES 的立方刚度与柱体的支撑刚度比 γ、T - NES 与柱体的阻尼之比 ξ。文献[81 - 84]研究了不同 T - NES 参数对单自由度、低雷诺数情况下的弹性支撑柱体的涡激振动的影响规律，选取参数集中在 $\beta=0.1$，$\gamma=0.8$，$\xi=0.8$ 附近。本节选取三组 T - NES 参数(组 Ⅰ：$\beta=0.1$，$\gamma=0.8$，$\xi=0.8$；组 Ⅱ：$\beta=0.1$，$\gamma=2$，$\xi=0.8$；组 Ⅲ：$\beta=0.5$，$\gamma=0.8$，$\xi=0.8$)为例，研究这三组 NES 参数对两自由度、中等雷诺数弹性支撑柱体涡激振动的影响规律。

如图 4 - 8(b)(c)(d)所示，计算了 3 组 T - NES 参数、不同约化速度情况下的装有 T - NES的柱体的运动轨迹。组 Ⅱ 参数相比组 Ⅰ 参数仅增加刚度比，组 Ⅲ 参数相比组 Ⅰ 参数仅增加质量比。从图中可以看出，安装 T - NES 后，原柱体锁定区间 $U_r=5\sim6$ 时的横向振动振幅明显减小。从图 4 - 9(b)(c)中可以看出，采用组 Ⅰ 和 Ⅱ 的参数，在 $U_r=5\sim6.5$ 时，柱体运动轨迹混乱，而在锁定区间外，柱体运动是“8”字形。图 4 - 8(d)表明柱体在 $U_r=3\sim7$时运动轨迹都是“8”字形，横向振动振幅随着 U_r 增大而缓慢增大。三组 T - NES 参数都可以大大抑制柱体涡激振动的横向振幅。从图 4 - 9(a)可以看出，三组 T - NES 参数的仿真结果都使得锁定区间发生了右移。增大刚度比 γ 或者增大质量比 β 都可以进一步降低横向振动振幅。如图 4-11(b)所示,对应的振子和柱体的相对位移的最大值都小于 $0.5D$,即 T-NES 振子不会碰到柱体壁面。

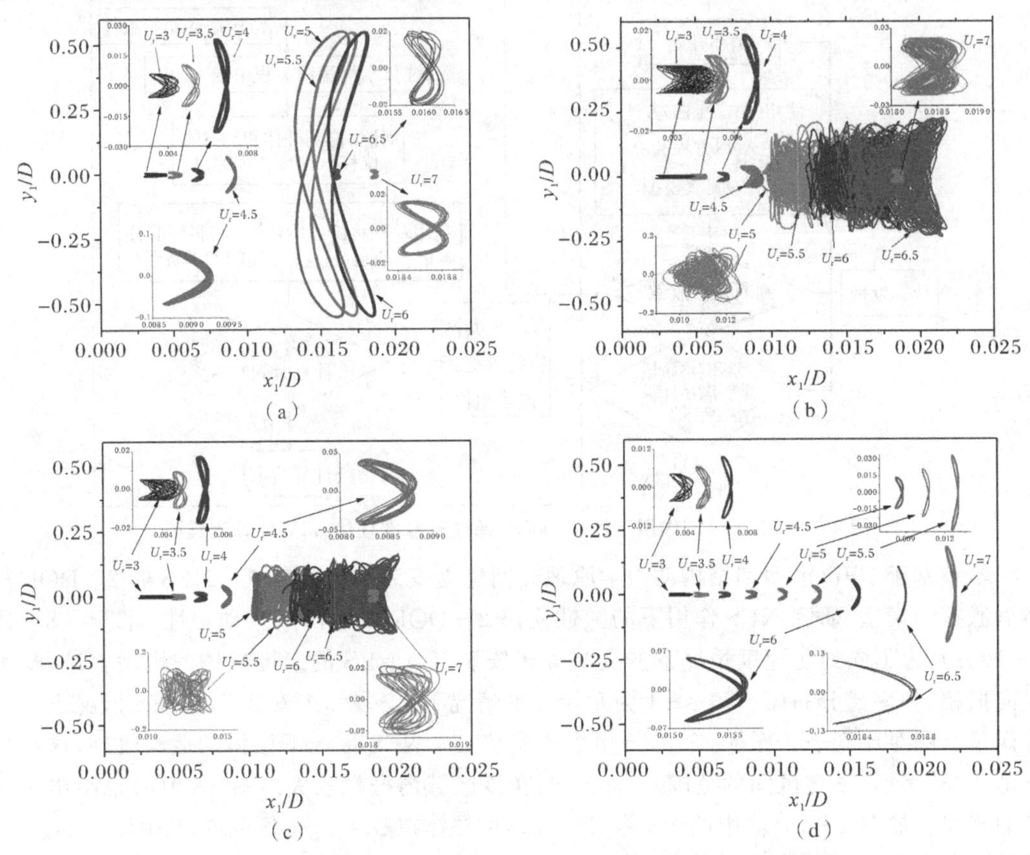

图 4-8　不同计算参数情况下的 2-DOF 柱体 VIV 运动轨迹

(a)不包含 NES;(b)包含 NES,$\beta=0.1$,$\gamma=0.8$,$\xi=0.8$;

(c)包含 NES,$\beta=0.1$,$\gamma=2$,$\xi=0.8$;(d)包含 NES,$\beta=0.5$,$\gamma=0.8$,$\xi=0.8$

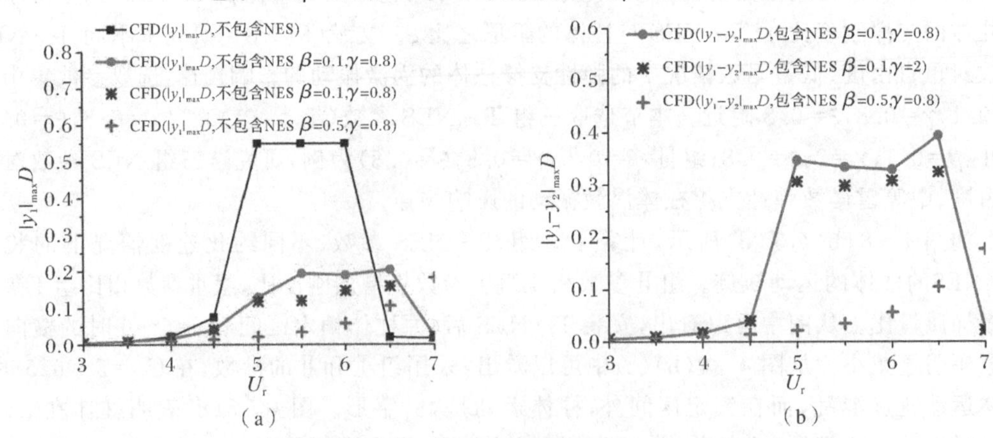

图 4-9　不同约化速度情况下的柱体与 NES 振子的振幅分布($\beta=0.1$,$\gamma=0.8$,$\xi=0.8$)

(a)柱体最大振幅分布;(b)NES 与柱体的相对位移

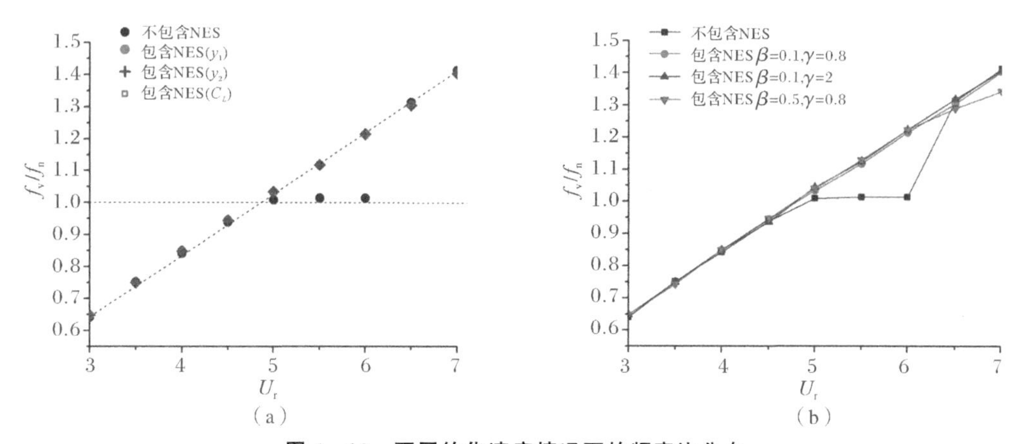

图 4-10　不同约化速度情况下的频率比分布

(a)柱体、振子、升力系数大的响应频率;(b)不同参数情况下的柱体响应频率

对前面 3 组 T-NES 参数计算出的横向振动响应、升力系数响应作频谱分析，安装 T-NES 的柱体不同约化速度情况下频率比分布如图 4-10 所示。从图 4-10(a)可以看出，不同约化速度下组Ⅰ参数的柱体升力系数响应、柱体横向振动响应、T-NES 振子振动响应的频率都相等。这表明 T-NES 是一种没有固有频率的具有强烈非线性的被动控制装置，根据驱动力的能量和频率，T-NES 可以实现共振俘获，将柱体振动能量耗散掉。从图 4-12(b)可以看出，3 组 T-NES 参数都使得原柱体锁定区间(U_r=5～6)内，频率比不再接近于 1，这也是 T-NES 能抑制柱体涡激振动横向振幅的本质原因。原柱体未安装 T-NES，U_r=5 时的横向振幅最大，表 4-1 的右列给出了 U_r=5 时安装 T-NES 后的弹性支撑柱体的一个周期内的涡量云图，从图中可以看出，涡脱模式为 2S 模式，说明此时柱体的振幅较小。

表 4-1　不同时刻的涡量云图(U_r=5,β=0.1,γ=0.8,ξ=0.8)

没有 NES(T=0.5 s)	包含 NES(T=0.48 s)

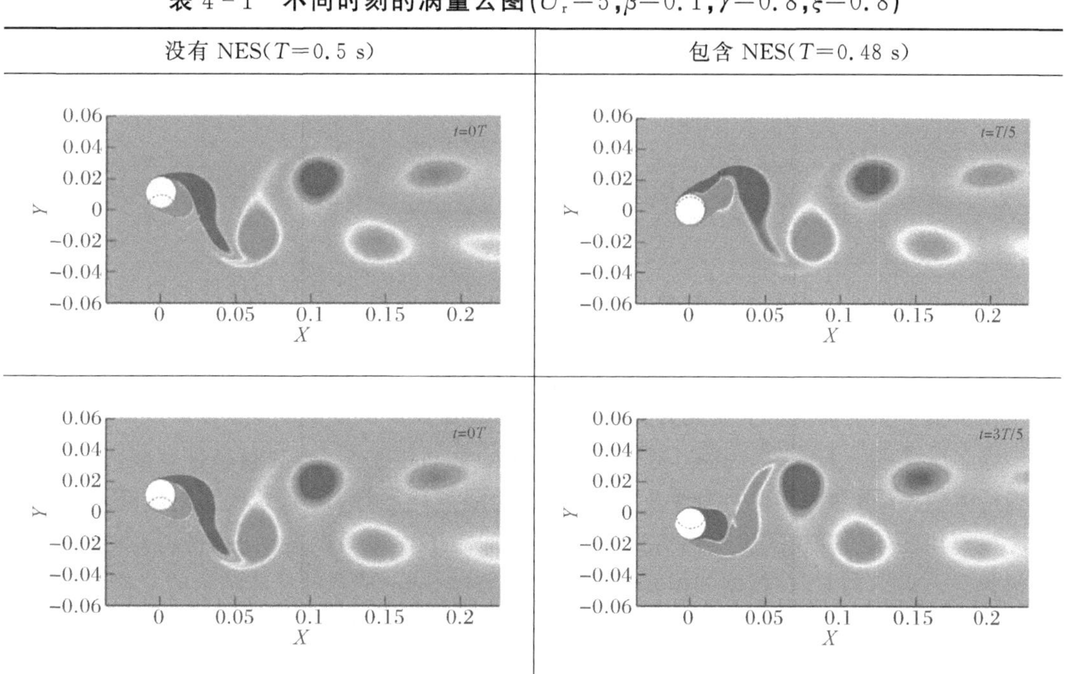

续 表

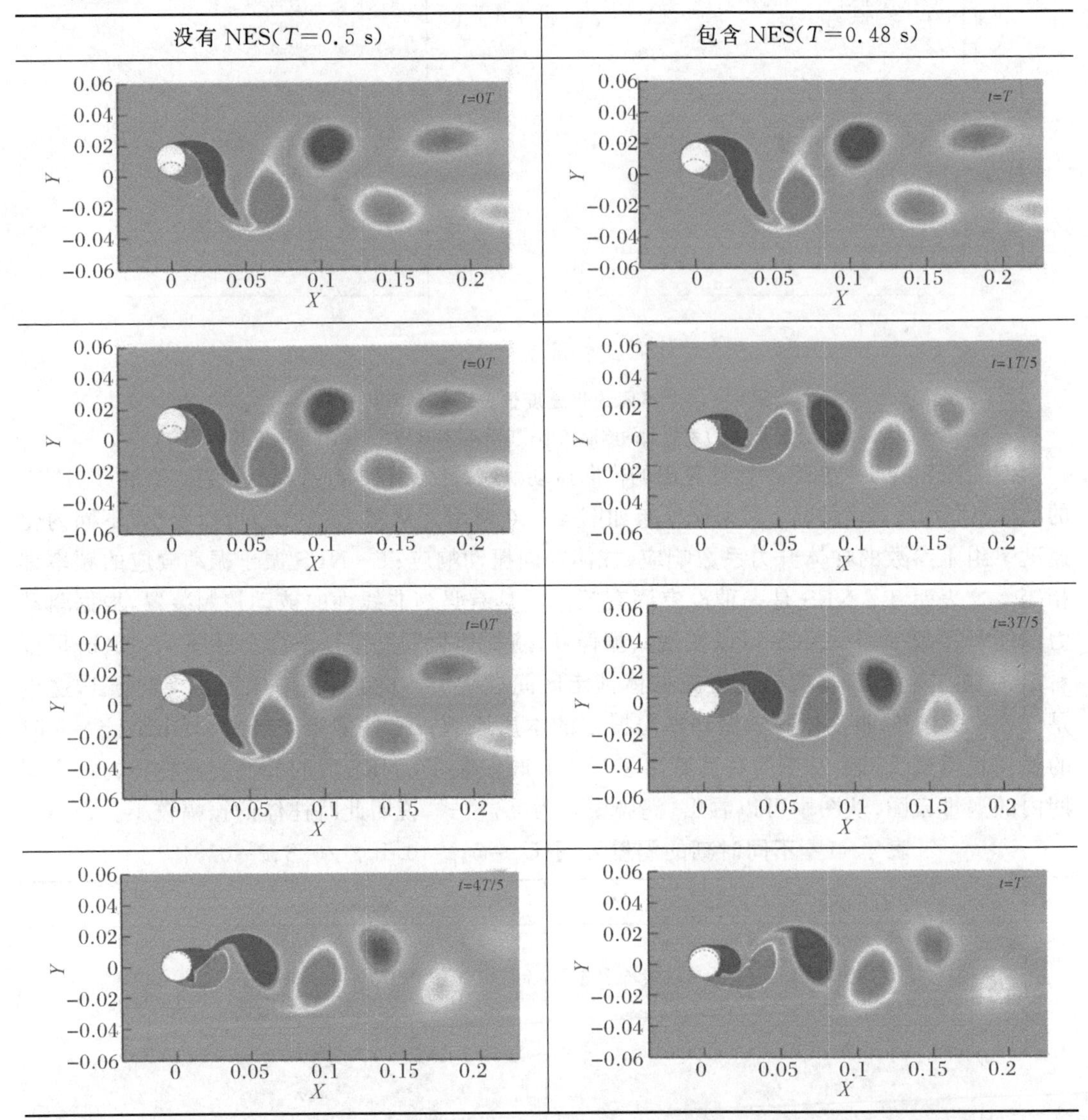

图 4-11 分别给出了 $U_r=3.5$、5、7，组 I 参数，T-NES 作用下的柱体和质量振子的横向振动响应图。$U_r=3.5$、7 时，柱体的横向振动振幅本身就很小，因此，T-NES 起到抑制涡激振动的效果较弱。$U_r=5$ 时，加有 T-NES 的柱体相对原柱体的振幅降低了 76.4%。T-NES 振子的振幅均小于 $0.5D$，可以实现工程设计。

综上所述，T-NES 是一种具有强烈非线性的被动控制装置，其频率带宽较大，可以捕捉到柱体的振动频率，实现共振俘获，将柱体振动能量耗散掉，从而导致锁定区间内的柱体响应频率和柱体固有频率比不再接近于 1，从而抑制了柱体涡激振动的振幅。本章所建立的包含 T-NES 的 CFD 模型和仿真结果可以为海洋 Spar 平台等柱体结构的减振设计提供参考，降低了海洋平台的振动也就等于降低了立管顶端由于平台振动引起的立管振动，同时也为涡激振动抑制装置的设计提供了新思路。

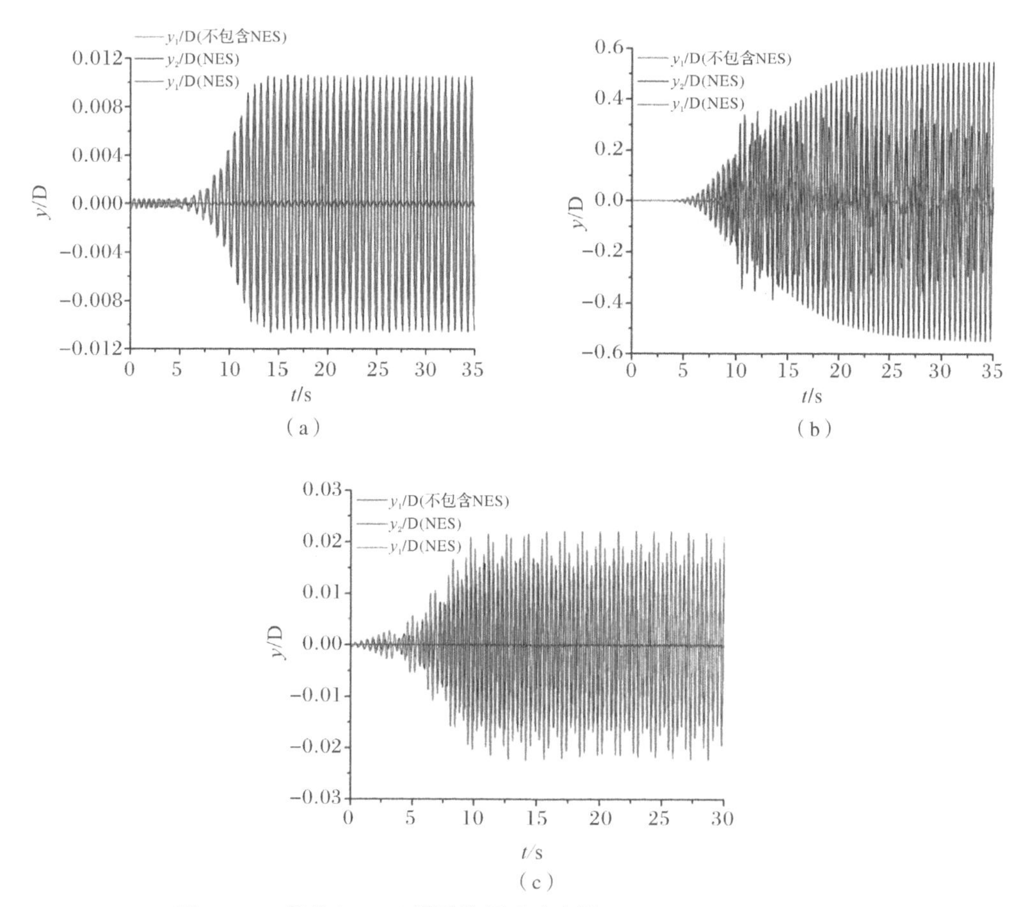

图 4-11 柱体与 NES 振子的振动响应图(β=0.1,γ=0.8,ξ=0.8)

(a)U_r=3.5;(b)U_r=5;(c)U_r=7

4.3 安装螺旋列板的三维海洋立管涡激振动减振研究

海洋立管等柱体结构的涡激振动抑制也是海洋工程领域研究的一个热点。海洋立管涡激振动的抑制方法有很多种,最常用的是螺旋列板装置。本节主要基于一种折中的办法,采用 CFD/FEM 双向耦合模型对低雷诺数的短立管安装不同结构参数的螺旋列板并进行涡激振动仿真计算,以减小计算量,分析螺旋列板的安装位置、结构参数对立管涡激振动响应的影响规律。

4.3.1 基于 CFD/FEM 双向耦合的立管涡激振动模型验证

本节以 BijanSanaati 的实验模型为研究对象[190],立管的两端边界为铰-铰约束,同时立管顶端顶张力大小为 T,如图 4-12(a)所示。文献[190]所用实验模型为 PVC 管,详细结构参数、周围流体环境参数、内部流体介质参数、根据文献[190]换算出的参数见表 4-2。

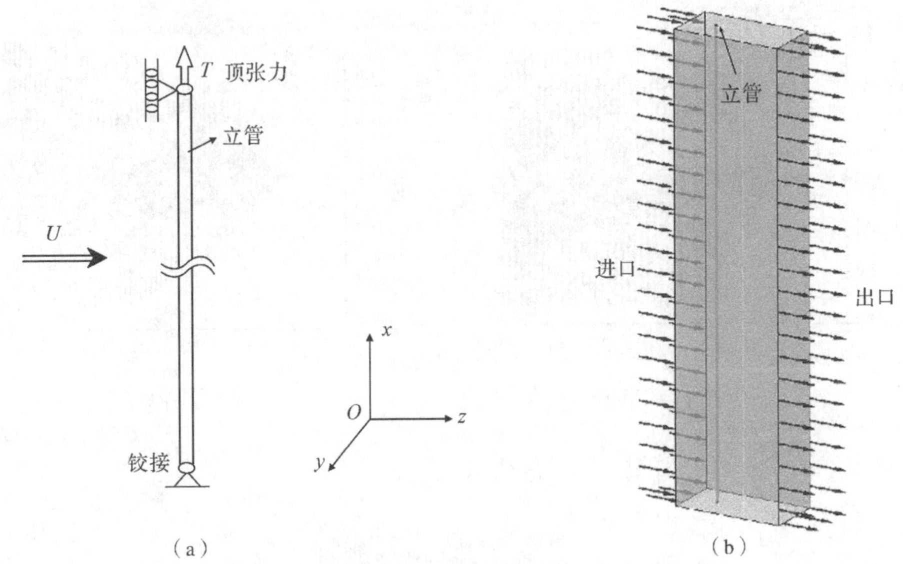

图 4-12 柔性立管模型

(a)模型示意图;(b)流体域模型

表 4-2 立管参数表[190]

名 称	参 数	名 称	参 数
PVC 管外径/mm	18	PVC 管内径/mm	13
PVC 管长度/m	3.6	PVC 管长径比	200
PVC 管密度/($kg \cdot m^{-3}$)	1 314.3	PVC 管弹性模量/Pa	$2.591\ 3\times10^{9}$
PVC 管泊松比	0.3	水的密度/($kg \cdot m^{-3}$)	1 000
PVC 管内部介质密度/($kg \cdot m^{-3}$)	711.959 4	水的声速/($m \cdot s^{-1}$)	1 500
PVC 管内部介质声速/($m \cdot s^{-1}$)	1 350	雷诺数	3 900
顶张力/N	60 110 200 260	重力加速度/($m \cdot s^{-2}$)	10

建立 PVC 立管的外流场,其中 PVC 管的直径为 D。入口处到立管的距离为 $10D$,两边到立管的距离也为 $10D$,出口处到立管的距离为 $30D$。进口处采用速度进口边界条件,出口处采用压力出口边界条件,其他面都采用对称边界条件。流体域模型如图 4-18(b)所示。流体与壁面间相互作用,很多因变量具有较大的梯度,而且黏度对传输过程有很大的影响。采用 SST 湍流模型要求近壁处有 $y^{+}<1$。计算网格如图 4-13 所示,在沿着管长方向分布了 100 个节点,网格数量为 2 776 653。

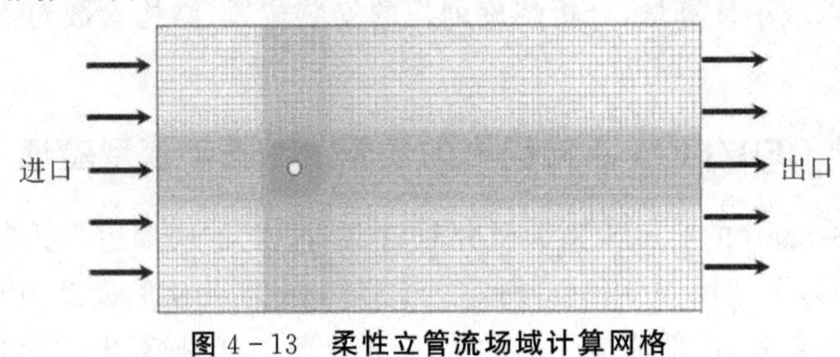

图 4-13 柔性立管流场域计算网格

基于 CFX 软件的 CEL 语言将要监测的系数、位移响应编写成 CCL 文件，导入 CFX 软件。阻力系数为 $C_D=2F_D/\rho U^2DL$，升力系数为 $C_L=2F_L/\rho U^2DL$。F_L、F_D 分别为升力、阻力，L 是立管的长度。斯特鲁哈数 $St=f_sD/U$，f_s 为漩涡脱落的频率，通过对升力系数时域历程做 FFT 变换得到。约化速度 $U_r=U/f_0D$，其中 f_0 是立管的湿模态频率。由于立管周围的尾涡具有三维特性、随机特性，因此采用 CFD/CSD 全三维数值模拟可以克服二维模拟或者切片法带来的误差。本节基于 CFD/CSD 双向流固耦合方法，分别计算了顶张力为 60 N和 260 N 时铰-铰约束的 PVC 立管动态响应。CFD/CSD 双向耦合流程图如图 4-14 所示。

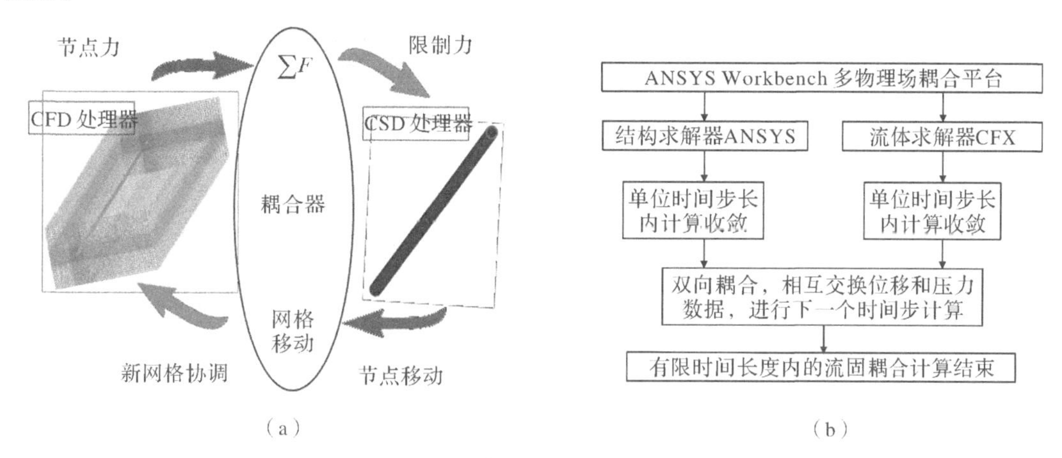

图 4-14　柔性立管双向耦合流程图

(a)双向耦合流程图示意图[191]；(b)CFD/CSD 具体流程图

从图 4-15 中可以看出，立管的质量比为 1，$U_r=4.39\sim12.67$，为本节 PVC 立管的频率锁定区间，该区间内幅值相对周围区间有显著的增大。本节计算了 8 组结果，与文献[208]实验数据对比，误差较小，说明基于 CFD/CSD 双向流固耦合仿真精度较高，也验证了 CFD/CSD 双向耦合计算模型的准确性。

图 4-16 为 $T=60$ N，$U=0.15$ m/s 时的部分仿真结果。图 4-16(a)为立管横向和纵向振幅值均方根沿着立管长度方向的分布，从图中可以看出，横向振幅大于来流向振幅，立管最大幅值发生在立管中部，幅值无量纲量为 0.42，与 $U_r=5.43$ 处实验数据很接近。图 4-16(b)为立管横向振动幅值无量纲量的历时云图，从图中可以看出，该流速情况下，立管主要以第 1 阶模态振动为主。图 4-16(c)为立管中间点处的运动轨迹，从图中可以看出，运动轨迹比较杂乱，横向和来流向的振动位移响应都比较大。图 4-16(d)(e)分别为沿立管长度方向横向和来流向的振动响应频率谱分析结果，横向振动频率几乎都是 1.42 Hz，与文献[190]的实验数据 1.52 Hz 接近，说明仿真结果较好。来流向振动频率几乎都为 2.7 Hz。来流向振动响应频率约为横向振动响应频率的两倍。此处采用 CFD/FEM 双向流固耦合的计算量非常大，仅仅该 8 组数据采用 16 核 32 线程工作站并行计算共耗时近一个月。

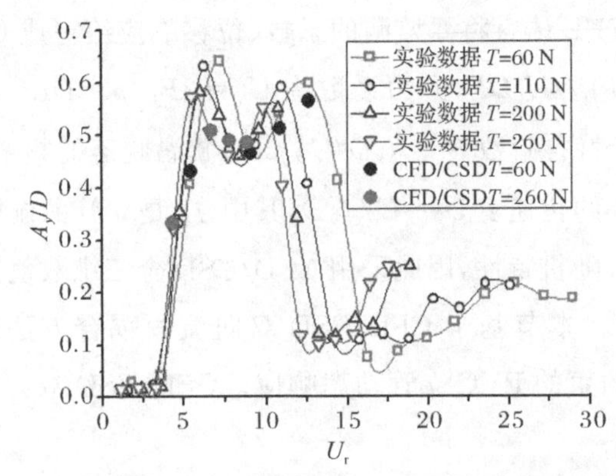

图 4-15　立管 Z 方向幅值均方根随着约化速度变化图

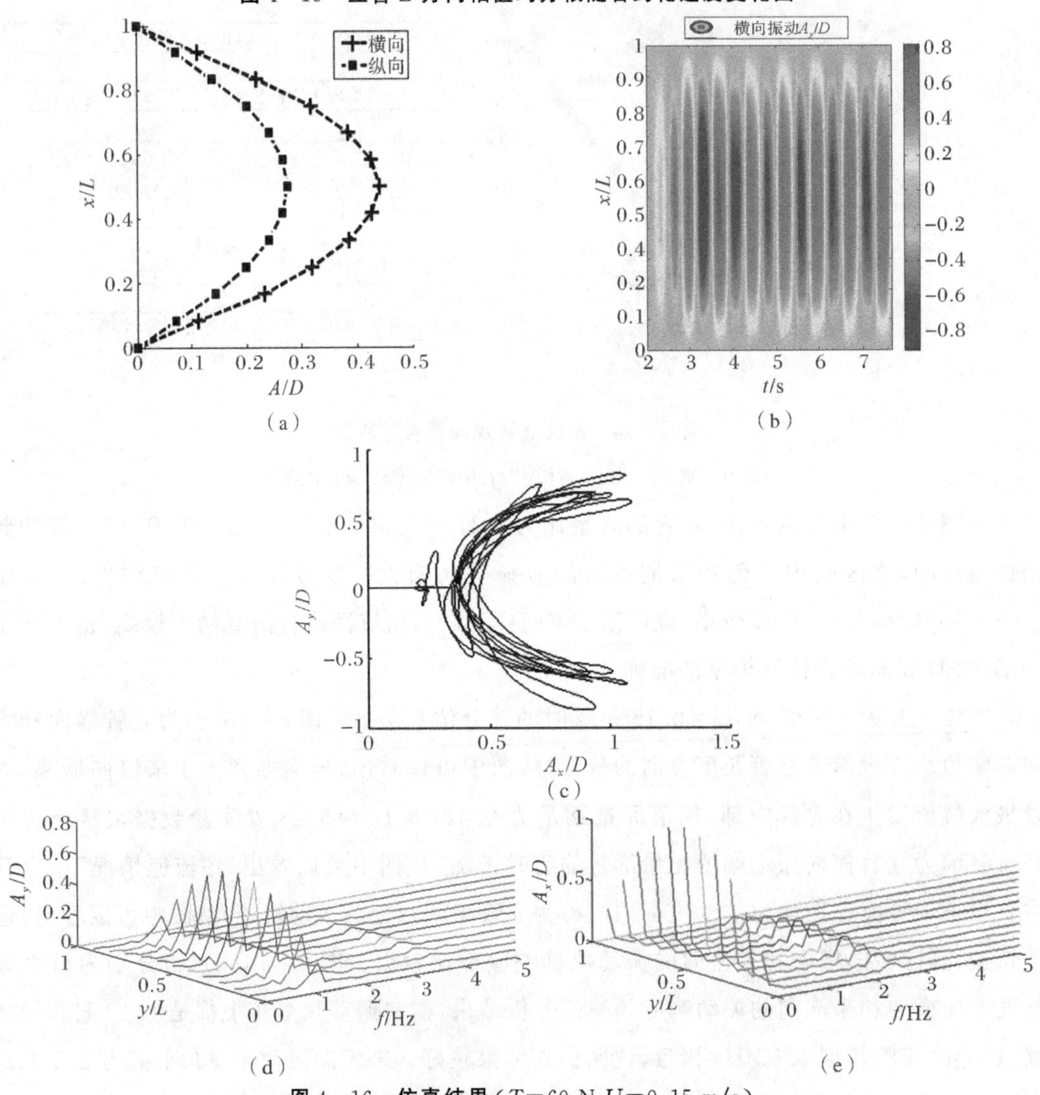

图 4-16　仿真结果(T=60 N,U=0.15 m/s)

(a)沿立管轴向的振动幅值分布;(b)立管 A_y/D 历时云图;(c)立管中点运动轨迹;

(d)立管横向振动响应频率谱分析;(e)立管来流向振动响应频率谱分析

4.3.2　安装有螺旋列板的立管涡激振动响应研究

如果立管涡激振动现象比较严重，那么涡激振动抑制装置的设计就显得至关重要。本节研究不同结构参数的螺旋列板对立管涡激振动特性的影响规律。目前采用全三维 CFD/CSD 计算立管的涡激振动响应，计算量太大。本节采用从细长立管上截取一小段作为研究对象，用短立管来研究安装和不安装螺旋列板两种情况下立管的涡激振动特性。前人对于螺旋列板的研究大量的工作大多基于实验和二维仿真。本节提供了一种可以考虑螺旋列板三维效应的方法，且计算量适中。

计算短立管采用如下参数：$U_r=5$，$Re=200$，短立管两端采用固定-固定约束。因此，立管的第 1 阶固有频率 $f_0=U/U_rD=Re\cdot\mu/\rho D/U_rD=0.1238$ Hz。在 $Re=200$ 左右时，$St=f_sD/U=0.196\sim0.2$，其中 f_s 是漩涡泄放频率，因此 $f_s=St\cdot U/D=St\cdot Re\cdot\mu/\rho D/D=0.1213\sim0.1238$ Hz。此时，漩涡泄放频率与立管固有频率接近，发生频率"锁定"现象，立管振幅变大。在不改变立管其他尺寸的情况下，取短立管的长度为 $10D$。通过降低短立管的弹性模量和增加短立管的密度直到第 1 阶湿模态频率等于 0.123 8 Hz，且质量比等于 10。采用这样的参数，就可以保证立管的频率锁定区间较小[168]，计算更容易实现。带有螺旋列板的立管结构示意图如图 4-17 所示，螺旋列板的齿高为 h，螺距为 p。所研究的螺旋列板的列数为 1、2、3；螺距为 p 为 $5D$、$10D$、$15D$；齿高为 $0.05D$、$0.1D$、$0.2D$；螺旋列板覆盖率为 100% 和 1/3(可安装在短立管的上部、中间、底部)。螺旋列板采用和立管相同的材料，表 4-3 给出了 11 组立管数值仿真工况的计算条件。

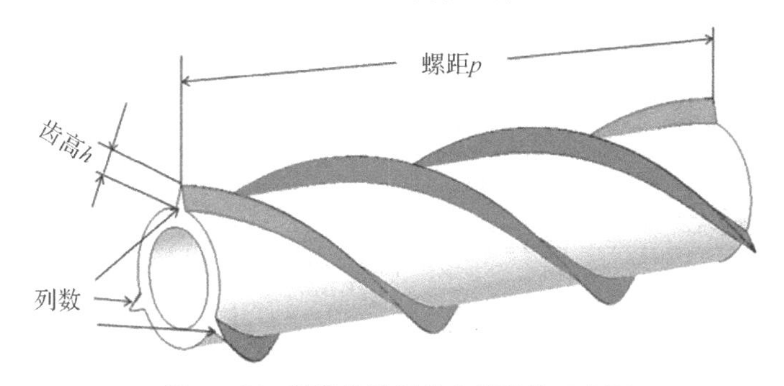

图 4-17　带螺旋列板的立管结构示意图

表 4-3　立管数值仿真工况

工　况	立管状态	工　况	立管状态
1	裸管	7	3 列/$10D$/$0.05D$
2	1 列/$10D$/$0.1D$	8	3 列/$10D$/$0.2D$
3	2 列/$10D$/$0.1D$	9	1/3 覆盖率(上部)
4	3 列/$10D$/$0.1D$	10	1/3 覆盖率(中间)
5	3 列/$5D$/$0.1D$	11	1/3 覆盖率(底部)
6	3 列/$15D$/$0.1D$		

当流体绕过立管时，漩涡以固定的频率泄放。计算结果表明，螺旋列板对立管涡激振动有很好的抑制作用。图 4-18(a)为裸管的不同约化速度情况下的立管中点运动轨迹。从图中可以看出，运动轨迹成"8"字形，锁定区间为 $U_r=6\sim9$，在此区间内振幅较大。图 4-18(b)为不同约化速度情况下带有螺旋列板（螺旋列板覆盖率 100%，3 列，$p=10D$，$h=0.1D$）的立管中点运动轨迹。从图 4-18 中可以看出，加装了螺旋列板后，横向振动的振幅相比裸管明显减小很多，对来流向的振动没有明显的影响。为了更好地理解带有和不带有螺旋列板的立管的动力学行为，对带有和不带有螺旋列板的立管动力学响应作频谱分析。图 4-19 为 $U_r=7$、8 情况下立管带有和不带有螺旋列板的频谱分析图，从图中可以看出，带有螺旋列板的立管主响应频率都接近于 0，次频率都小于裸管的主响应频率。因此可以得出结论，螺旋列板抑制涡激振动机理是改变了漩涡泄放的频率。

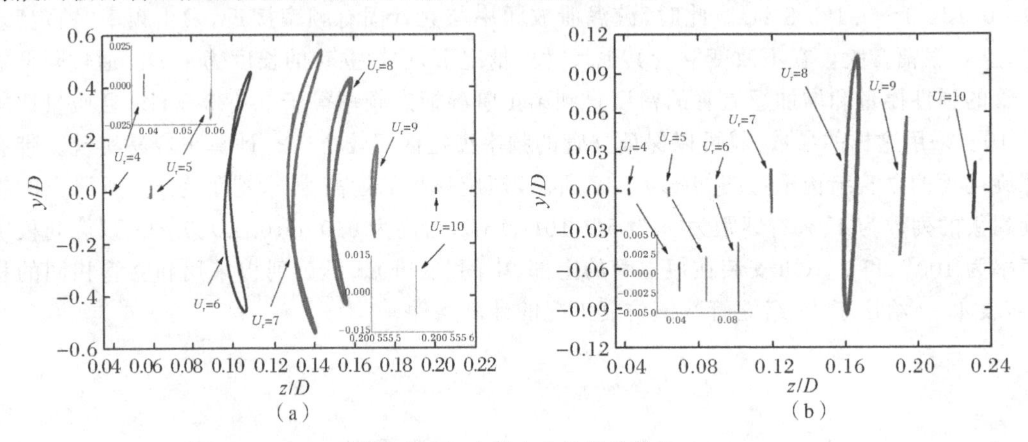

图 4-18 立管中点的运动轨迹

(a)裸管；(b)带螺旋列板（3 列，$p=10D$，$h=0.1D$）

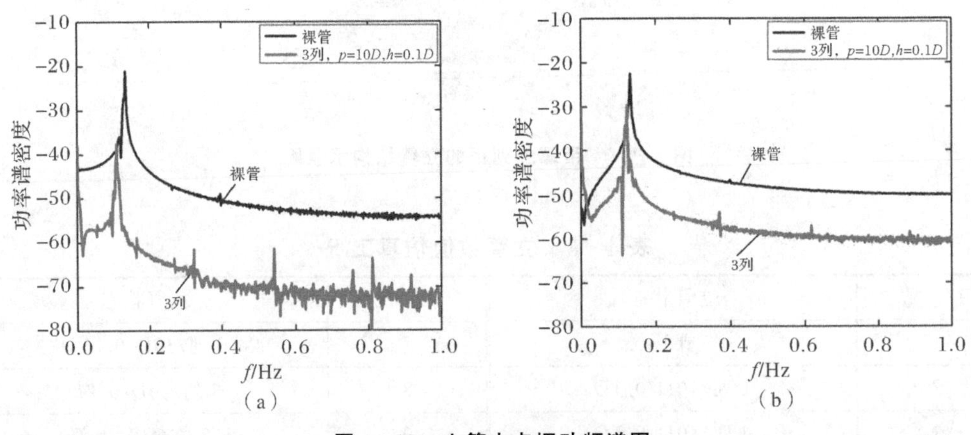

图 4-19 立管中点振动频谱图

(a)$U_r=7$；(b)$U_r=8$

图 4-20 给出了螺旋列板齿高、螺距、列数、不同位置的 1/3 覆盖率对立管横向和来流向的涡激振动的影响。所有计算结果都与 $U_r=7$ 裸管的结果作对比。当齿高 $h=0.1D$，不

同列数对立管的涡激振动响应影响如图4-20(a)所示。计算结果表明增加螺旋列板的列数可以大大减小横向振动的振幅,但是增加了立管来流向的弯曲变形。2列和3列螺旋列板对横向振动振幅抑制效果接近。从图4-20(b)可以看出,$h=0.1D$时不同螺距对立管涡激振动的影响,螺距越小,横向振动的振幅抑制效果越好,但同时增加了立管来流向的弯曲变形。图4-20(c)为3列,$h=0.05D$情况下,不同齿高对立管涡激振动的影响。从图中可以看出,齿高$h=0.1D$和$h=0.2D$对立管横向振动的振幅抑制作用相当,但是$h=0.2D$时大大增加了立管来流向的弯曲变形。综合考虑,$h=0.1D$时,既可以较好地抑制立管的横向振动振幅,又不会引起立管来流向太大的弯曲变形。如图4-20(d)所示,将1/3覆盖率的螺旋列板分别置于立管的上部、中间和底部,计算结果表明,将1/3覆盖率的螺旋列板置于立管的中部对横向振动振幅的抑制效果相比置于立管上部和底部稍微好一点,置于立管上部,立管的来流向振幅也相对减小,综合考虑,将其置于立管上部相比置于立管中部和底部效果要好一点。图4-21为立管带有和不带有螺旋列板情况下的涡核图和涡量云图。从图中很明显可以看到,螺旋列板破坏了漩涡结构,这对漩涡泄放频率产生了较大影响,导致了漩涡泄放频率大大减小。

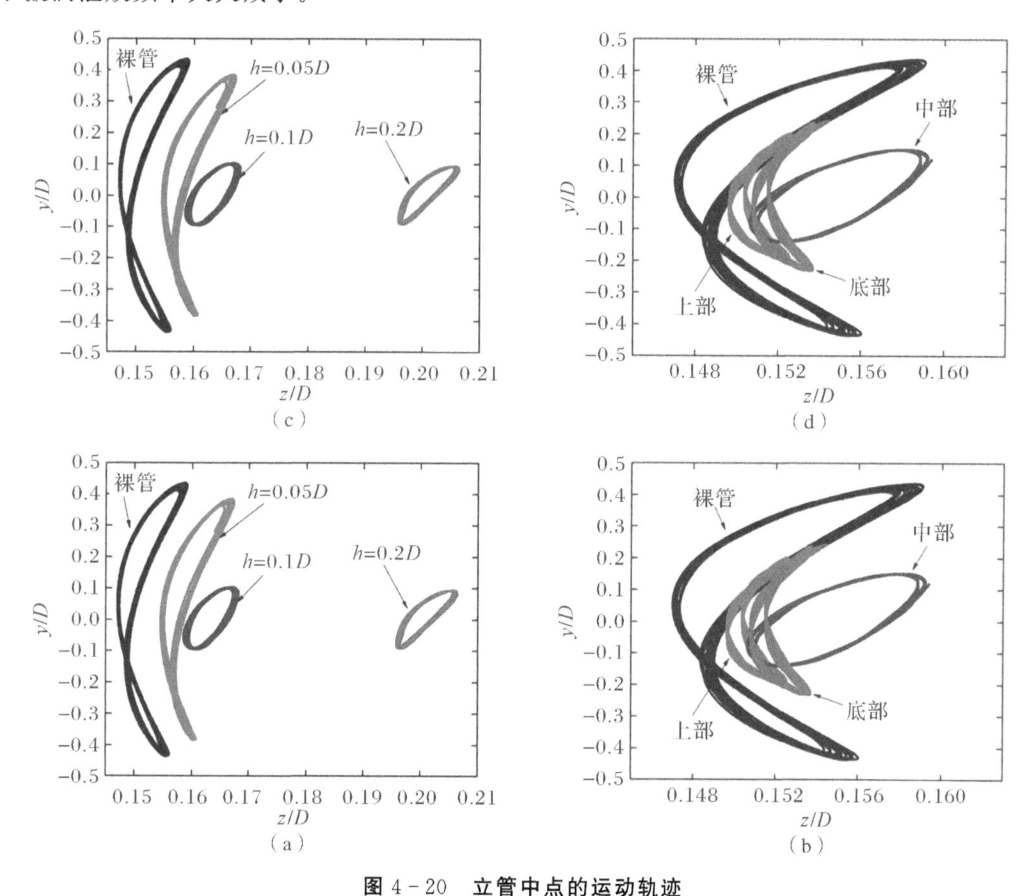

图4-20 立管中点的运动轨迹

(a)不同列数;(b)不同螺距;(c)不同齿高;(d)1/3覆盖率,不同位置

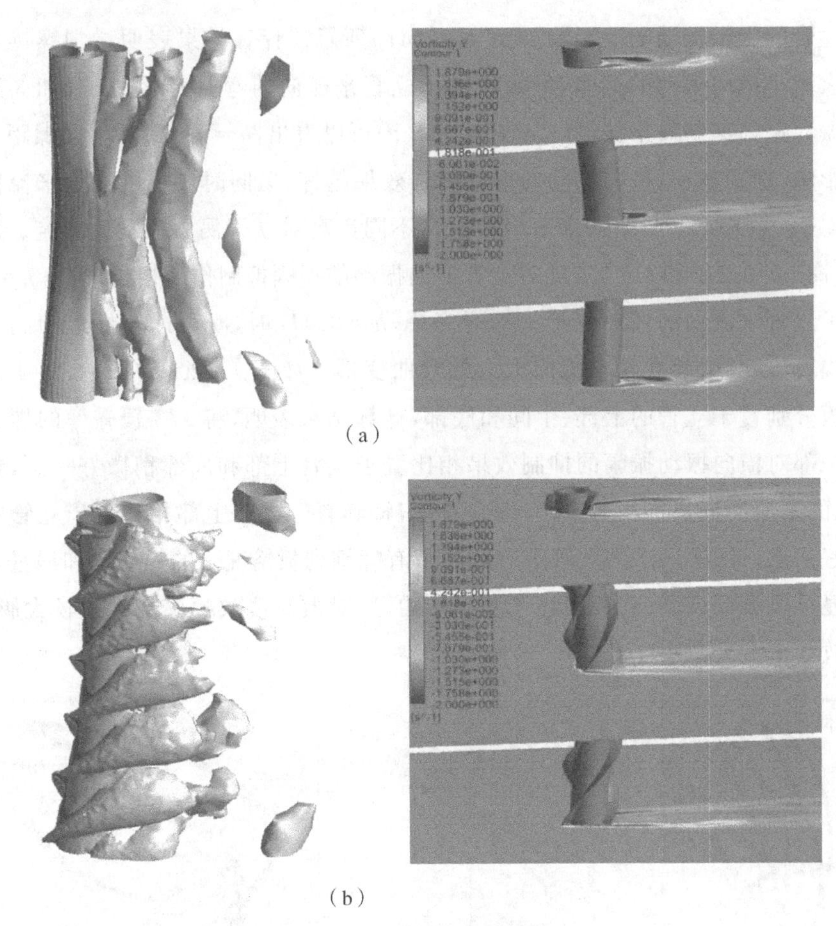

(a)

(b)

图 4-21　涡核图和涡量云图

(a)裸管;(b)带螺旋列板

4.4　本章小结

本章基于第3章建立Van der Pol尾流振子模型和FLUENT软件二次开发建立二维弹性支撑柱体的涡激振动模型,在柱体结构中进一步加入了NES被动减振装置,通过数值计算研究了NES对二维柱体涡激振动的抑制效果。计算结果显示,R-NES对于高质量比的柱体更能产生减振效果,而对低质量比柱体涡激振动抑制效果不明显,并且当R-NES质量块在一段时间内单向高速运动时,对应于这段时间段内柱体的横向振动通常有显著的减弱,而T-NES作用下,能使锁定区间内的柱体响应频率和柱体固有频率错开避免共振,从而抑制了柱体涡激振动的振幅。

针对三维立管产生的涡激振动问题,本章采用CFD/FEM双向耦合模型对低雷诺数的短立管安装不同结构参数的螺旋列板并进行涡激振动仿真计算,以减小计算量,分析了螺旋列板的安装位置、结构参数对立管涡激振动响应的影响规律。计算结果表明,增加螺旋列板的列数、齿高、降低螺距都可以增大涡激振动抑制效果。将1/3覆盖率的螺旋列板置于立管上部相比置于立管的中部和底部略好。但是这往往也会出现降低横向振动振幅的同时增加了立管的阻力，导致来流向弯曲变形加大的情况。通过计算揭示了螺旋列板抑制涡激振动机理，通过螺旋列板破坏漩涡结构，降低漩涡泄放频率，使其错开立管的固有频率。本章建立的减振装置作用下的柱体涡激振动模型，也可以为工程上类似问题减振设计提供参考。

习　　题

练习 1. 风能以储量大、无污染的优点在当今时代得到大力发展。预计到 2050 年我国风力机装机容量将达到 5 亿千瓦。然而，近些年发生了多起因强风引起的振动倒塔事件。因此，研究风力机柔塔风激振动问题尤为重要。风力机叶片停机位置和叶片的停机角度会对柔塔绕流产生影响。如果叶片停机位置和角度不当，那么将发生叶片尾流干涉下的柔塔涡振问题，其振动机理更加复杂。通常尾流干涉下柱体结构涡振幅值会超过没有尾流干涉的情况。因此，叶片尾流干涉有可能更加威胁柔塔结构安全。为了从机理上对叶片尾流干涉下的柔塔涡振特性进行分析研究，将风力机叶片-柔塔耦合系统简化为翼型-双自由度弹性支撑柱体耦合结构，研究不同翼型位置参数对柱体涡振特性的影响。

涡振本质上是非线性的、自激又自限的共振响应，涉及流体动力学中转捩、湍流等诸多复杂问题，单纯根据理论分析得出响应的精确解非常困难，且其中的一些非线性现象的机理解释仍然存在诸多争议。大多数涡振预测采用的是一些半经验模型，如 Van der Pol 尾流振子模型、统计模型等。这些模型非常适用于工程上快速预测涡振响应，计算简便且精度能满足工程需求。但是半经验模型一般只能适用于柱体结构外形，且非常依赖于实验获得的参数及经验系数的选取，所能计算的 Re 范围都有相应的限制，且无法获得流场信息，对于尾流干涉下的柱体涡振计算分析更为复杂，几乎没有理论完善的经验模型或半经验模型可以实现尾流干涉下柱体涡振的准确预测。现有的工程方法对叶片-柔塔多体耦合情况下的涡振机理研究是无法实现的。目前对于尾流干涉下柱体结构涡振预测精度最好的数值方法是计算流体力学(Computational Fluid Dynamics，CFD)方法，无须做线性、无黏或是经验系数的假设，且可以较详细地得到流场信息。但是，基于 CFD 高保真方法计算又避免不了由于结构振动位移大引起的网格畸变和负网格问题，且计算量较大。因此采用嵌套网格技术和二自由度柱体模型，避免由于二元柱体结构运动幅度较大而产生的负网格问题以及计算量过大问题，从而可以进行翼型位置参数研究。已有大量学者基于二自由度涡振模型，研究了亚临界区域柱体结构的质量比、阻尼比对涡振的影响，得到的主要结论是："锁定"区间的宽度由质量比决定，质量比越小，系统"锁定"区间宽度越大；柱体涡振的最大幅值由质量比和阻尼的乘积决定。

目前多柱体干涉效应逐渐成为研究的热点，但所见文献中对于柱体尾流干涉下的柱体结构涡振问题研究还相对较少，叶片尾流干涉下的柱体涡振问题研究更少，且对双柱体涡振的数值模拟大多局限于较低雷诺数。由于柱体与柱体干涉的强非线性，使得下游柱体的振动特征都与单柱体的典型涡振特征有明显差别。大多学者是将两个柱体串联排列，研究两个柱体间距离、约化速度等对下游柱体涡振的影响，分析串列柱体的干涉效应，得到的主要结论是:尾流干涉下的柱体涡振相比典型的单柱体涡振引起的最大振幅更加大;柱间距比越小下游柱体受干涉影响越大;上游柱体开始离开其频率“锁定”区间时,下游柱体振幅迅速增长并大幅超过上游柱体,下游柱体达到其锁振区间的时间要明显滞后于上游柱体。

请基于项目一所学习的 CFD 软件 FLUENT 二次开发方法,嵌入结构动力学方程并结合嵌套网格技术,分别研究不同约化速度、不同翼型与柱体的距离和翼型的不同攻角对下游柱体涡激振动特性的影响,研究翼型-柱体耦合结构流固耦合振动响应。

要求的计算模型与参数如下:翼型干涉下的弹性振动柱体 VIV 模型示意图如图 4-22 所示。柱体直径 $D=0.0381$ m,前壁面距离柱体中心 10D,后壁面距离柱体中心 20D,上下壁面距离柱体中心 10D,翼型与柱体中心距离为 X_d。流场入口设置为速度入口,出口设置为压力出口,上下壁面设置为对称面,柱体表面设置为无滑移壁面。

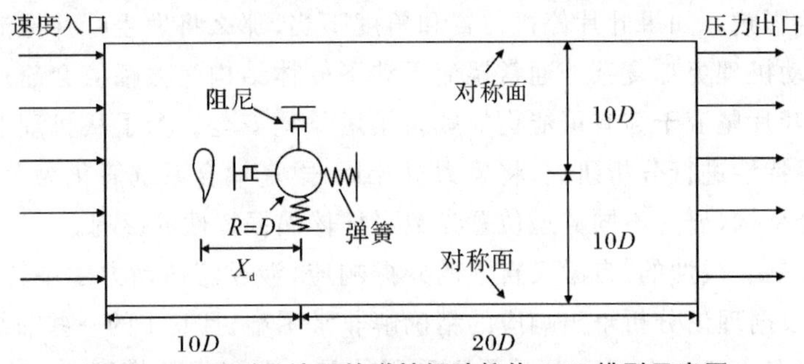

图 4-22　翼型干涉下的弹性振动柱体 VIV 模型示意图

练习 2. 近些年来,化石燃料的大量利用导致了生态环境问题不断增加,利用风能、太阳能、核能和地热能等清洁能源逐渐成为各国发展的趋势。其中风能为空气流动所产生的动能,具有储量大、分布广的特点,是新能源当中非常具有发展潜力的一种可再生清洁能源。研究利用风能已经成为世界各国面对能源危机的应对措施之一,进一步推进风力发电产业的发展尤为重要。

风力机叶片在大攻角的来流情况时,由于角度过大,翼型吸力面气流无法连贯,会产生流动分离,此时外层气流也会对翼型周围气流产生影响,形成分离涡,这种流动分离会导致翼型气动力的恶化,降低风能捕获效率。为了减少气流的流动分离,提高大攻角来流情况时的升阻比与风能的利用率,人们已使用了多种优化方案,如吹气控制流动、脉冲等离子体气动激励、合成射流控制流动分离和设置旋转圆柱等对风力机影响进行实验研究和数值模拟。为了优化大攻角来流时的翼型气动力,有学者提出了一种在翼型前缘增加微小圆柱的流动控制方法,通过改变小圆柱直径与小圆柱距离翼型前缘距离来探究对 NACA0012 在大攻角 18°时的优化效果,模拟发现翼型吸面的分离泡由大到小,可以有效地抑制流动分离。人们对翼型前缘设置小圆柱进行了定常和非定常的数值模拟,研究了不同距离和直径的小圆柱对翼型的流动控制效果,还研究了进行强迫振动的小圆柱对于翼型的流动控制效果。

实际应用时,小圆柱两端或多端被固定在翼型上,在来流的作用下会生成交替发放的泄涡,生成的涡会对小圆柱产生顺流向和横流向的脉动压力,使小圆柱产生形变或者振动,小圆柱的振动又会反过来影响涡的形成。

请基于项目一所学习的 CFD 软件 FLUENT 二次开发方法,嵌入结构动力学方程并结合嵌套网格技术，研究实际涡激振动的小圆柱对翼型边界层流动分离的抑制效果，通过调节微小圆柱的刚度与质量比等参数加剧涡激振动，探究涡激振动对翼型升阻比的影响以及涡激振动的小圆柱对于翼型边界层流动分离的抑制效果。

要求的计算模型与参数如下：圆柱干涉下翼型的弹性振动柱体 VIV 模型示意图如图 4－23所示。柱体直径 $D=0.0381$ m，前壁面距离柱体中心 $10D$，后壁面距离柱体中心 $20D$，上下壁面距离柱体中心 $10D$，翼型与柱体中心距离为 X_d。流场入口设置为速度入口，出口设置为压力出口，上下壁面设置为对称面，柱体表面设置为无滑移壁面。本节选用 NACA0012 为计算对象，选取翼型弦长 $c=1$ m，来流风速 $v=10$ m/s，空气密度 $\rho=1.225$ kg/m^3，动力黏度 $\mu=1.7894\times10^{-5}$ kg/(m·s^{-1})，雷诺数 $Re=7.2\times10^5$，小圆柱固定在翼型前缘。小圆柱直径为 D，小圆柱在翼型前缘正方上，距离为 L。流场计算域如图 4－24 所示，以翼型的前缘处为坐标原点。为保证流场计算中不受边界影响，背景网格为长为 $60c$，宽为 $40c$ 的长方形，速度入口距离翼型前缘 $20c$，压力出口边界距离翼型前缘 $40c$，上下两侧各距离翼型 $20c$，边界条件为对称边。

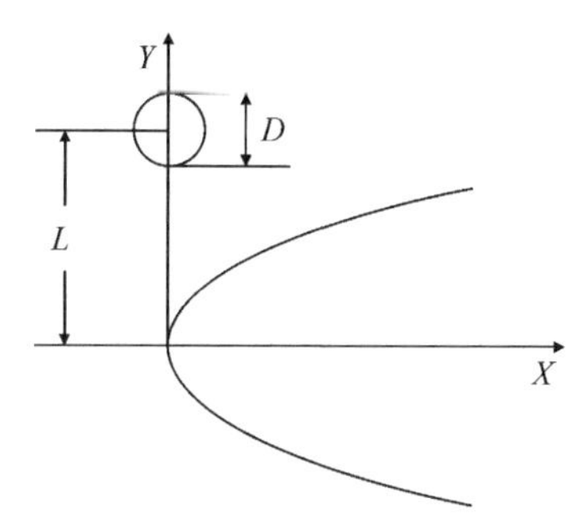

图 4－23 叶片与前缘微小圆柱示意图

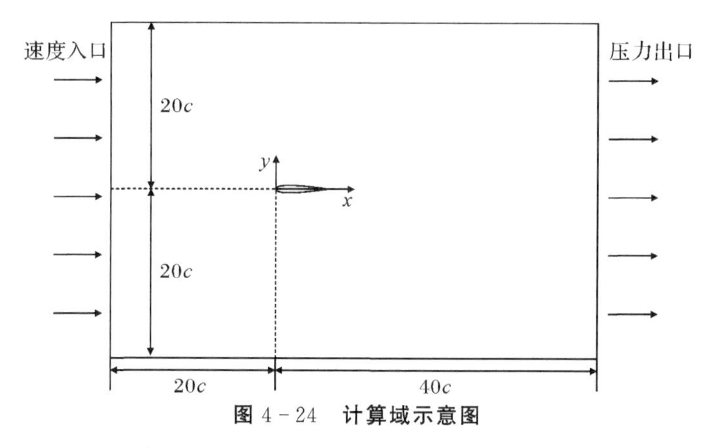

图 4－24 计算域示意图

练习 3. 风能是一种清洁无污染的可再生能源，风力发电是世界上发展最快的新能源技术。随着风力机容量和转子尺寸的不断增大，塔架结构也向高架设计方向发展。近年来，柔性塔技术的发展和应用引起了业界的极大关注。柔性塔是一种圆锥形薄壁结构，具有柔性大、阻尼小、质量轻等特点。柔性风电塔架在强风作用下的流固耦合振动问题日益突出，每年都有结构破坏甚至塔架倒塌的事故发生，造成严重的经济损失。强风引起的柔性塔振动和疲劳破坏是导致塔倒塌事故的关键因素之一。具有圆形截面的高层结构的侧风振动主要来源于尾流涡脱落引起的涡激振动。当风速在临界范围内时，容易激发柔性塔的一阶、二阶甚至更高阶涡扇，导致塔寿命显著降低，甚至直接造成结构损伤。此外，叶片的停放位置和停放角度也会影响柔性塔周围的流动。这是一种典型的涡激振动现象，会导致结构受到周期性的疲劳应力，对结构产生损伤或者破坏。实际工程中常常采用非线性能量阱装置（以下简称 NES）对涡激振动产生抑制。

请基于项目一所学习的 CFD 软件 FLUENT 二次开发方法，嵌入结构动力学方程并结合嵌套网格技术，研究实际涡激振动中 NES 对涡激振动的抑制效果，通过探究合适的 NES 参数，找到振幅抑制程度最大时所对应的约化速度，并获得对应的运动轨迹图、横向振幅响应和质量块位移。

要求研究 NES 对单柱体涡激振动的抑制特性。其中，柱体的相关参数为 $m^*=6.54$，$\xi=0.006$，$\omega_0=7.92$，NES 结构参数为 $\beta=0.1$，$\hat{r}=0.3$，$\xi=0.002$，流场域的前壁面距离柱体中心 $10D$，后壁面距离柱体中心 $30D$，上下壁面距离柱体中心 $10D$，翼型与柱体中心距离为 X_d。流场入口设置为速度入口，出口设置为压力出口，上下壁面设置为对称面，柱体表面设置为无滑移壁面。

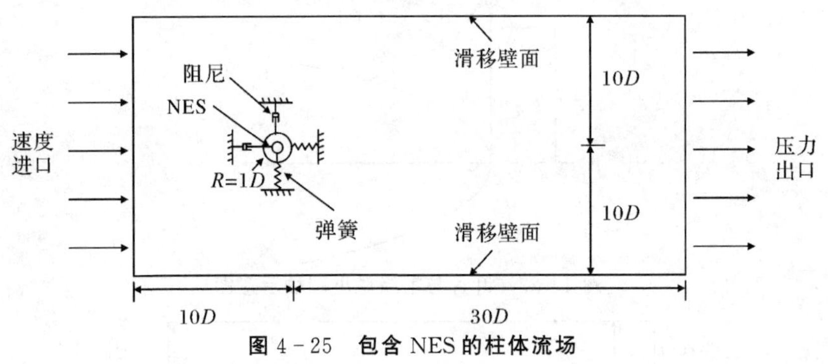

图 4-25 包含 NES 的柱体流场

PROJECT 2

项目二

弹箭飞行器流固耦合动力学仿真技术与工程应用

第5章 旋转火箭弹流固耦合仿真方法

5.1 引 言

本章研究对象主要是超声速飞行的旋转弹箭，旋转有利于弹体的稳定飞行，可以减易控制，并提高打击密集度。对于飞行速度范围较大、转速较低的弹箭气动力设计是弹箭滚转控制的关键，而且这个关键的气动力设计也是难度较大的部分。尤其是在跨声速飞行阶段，由于弹箭飞行速度与声速接近，此阶段会发生音爆现象，气流不稳定导致滚转力矩等特性变化较大并且不明确。旋转弹箭的滚转力矩及其滚转阻尼力矩决定了它们的平衡转速的大小，对于它们的滚转力矩和滚转阻尼的准确数值计算是很关键的一步[274]，因此对于旋转的弹箭，准确计算其滚转气动特性参数十分必要。弹丸、导弹、旋转/不旋转的火箭弹等飞行器在飞行过程中可能会经历超声速、高超声速阶段。在针对飞行器高速飞行阶段的计算研究中，除了气动布局设计等常规设计之外，另一项重要任务就是对飞行器进行气动加热计算。随着当代细长火箭弹飞行速度越来越快，计算气动载荷和弹性力之间的耦合，甚至是气动载荷、热载荷、弹性力之间的耦合影响也越来越重要。在航空航天工程中，计算流固耦合力学方法在火箭弹的气动弹性、气动热弹性设计中极为重要。

在现实中，模型假设为刚体会带来许多工程问题，很多情况下，模型需要假设为柔性体，流固耦合的方法在工程实际运用中显得越来越重要。随着材料科学的发展和加工水平的不断提高，复合材料以及许多轻质合金被广泛应用于飞行器的结构设计当中，使得飞行器的壳体越来越薄。对于细长的飞行器，如火箭、导弹、火箭弹，他们的推力和质量的比值越来越大，并且长细比也越来越大，这就使得“高柔性”“大长细比”等词成为这些细长飞行器设计当中的关键词。正是由于长细比变大，柔性也变大，火箭弹在空中飞行时往往会发生弹性变形，弹体以及尾翼的变形会改变周围流场的分布，也就导致了气动力重新分布。同时，气动力的重新分布又会使弹体的结构变形位移重新分布，这样的流体和结构之间的相互作用就是所谓的气动弹性现象。因此，火箭弹设计的前期工作中往往都需要考虑火箭弹的气动弹性问题。采用计算气动弹性的方法，可以大大减少风洞实验和飞行试验的次数，从而大大节省成本。随着CFD技术和计算机计算能力的不断进步和提高,集成CFD流动分析和计算结构力学(CSD)分析的计算机辅助工程(CAE)分析在飞行器气动弹性设计领域中得到了迅速的发展。

随着航天科技的发展,当今弹箭的速度越来越高。气动加热导致弹箭的头部和舵翼前缘产生高温和热应力是不可以忽略的[243-244]。以往的火箭弹气动弹性设计中,无法获得更加准确的分析数据和结论,往往是由于忽略了气动热载荷和旋转对火箭弹带来的影响。静气动热弹性问题涉及流场、温度场、应力场等多学科的问题,工程上一般采用解耦的方式来处理[245-247]。另外,旋转会使得弹体表面的边界层发生畸变,对流传热现象变得比不旋转的弹箭更加复杂。因此,对于旋转弹箭,对其气动力和气动热计算分析就显得十分必要。飞行器飞行时大都处于湍流状态,流体微团的不规则运动将导致能量的耗散,从而也就引起了摩擦阻力的增加以及气动加热产生。在高速流动中,存在着激波和湍流边界层的相互作用以及激波诱导边界层分离等复杂现象。因此,精确高效的数值模拟对飞行器气动特性设计至关重要。

5.2 旋转弹箭空气动力学计算

5.2.1 M910旋转弹箭计算参数

M910弹丸的尺寸如图5-1所示,弹径参考长度为$D=1.62$ cm。在旋转弹箭的空气动力学特性计算中,M910弹设定为刚体,不考虑他们的受力变形。图5-2(a)为亚声速和跨声速计算流场区域,$Ma<1.4$。根据远场应该取足够远为原则,远场前端距离弹头约为$15D$,后端距离弹尾约为$20D$,周向距弹体约为$12D$。图5-2(b)为超声速计算流场区域,$Ma>1.4$。远场前端距弹头约为$1.5D$,后端距弹尾约为$8D$,周向距弹身约为$5D$,气体都假设为理想气体,黏度和温度之间的变化关系符合Surthland三系数公式,来流的条件是标准大气条件(101.325 kPa,288 K),$Ma=0.6$、0.9、1.2、2、2.5、3.5、4.5,攻角为3°,弹丸旋转速度为1 431~16 100 rad/s不等。

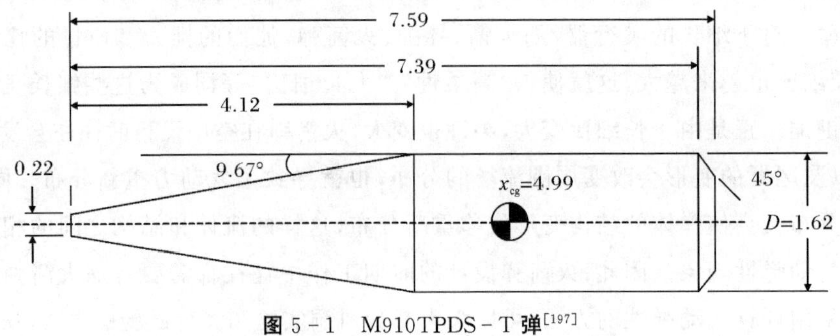

图5-1 M910TPDS-T弹[197]

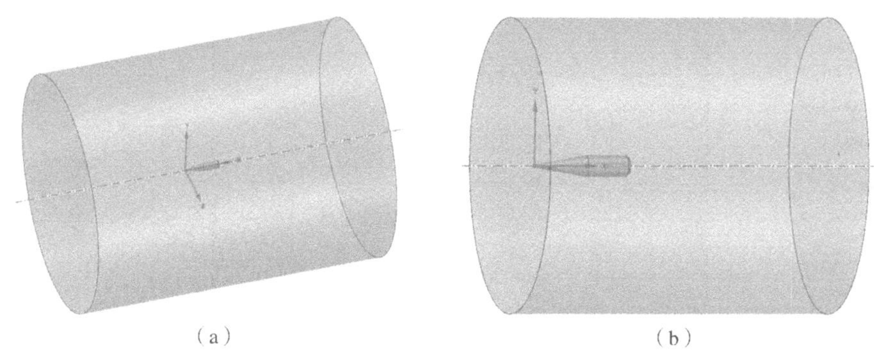

(a)　　　　　　　　　　(b)

图 5－2　M910 TPDS－T **几何模型和流体控制域**

(a)流体控制域(Ma<1.4);(b)流体控制域(Ma>1.4)

5.2.2　计算流场设置

本章研究的对象是旋转弹箭的气动特性问题,因此可以在旋转坐标系下求解流体控制方程,通过添加附加的加速度项来完成对动量方程的处理。对于光弹体 M910 弹丸本章采用 Moving Wall 来处理。在旋转的参考坐标系下,靠近壁面的单元区域是移动的,需要指定的是相对旋转域的旋转速度。如果选择的是绝对速度,那么速度为零,就意味着壁面在绝对坐标系中是静止的。本章都是指定为相对速度,相对速度为零就代表在相对坐标系中壁面是静止的。因此,选择在绝对坐标系中以相对于邻近单元的速度计算,就相当于壁面固定在旋转的参考坐标系上,优点是修改邻近单元区域的速度时不需要对壁面的速度做任何修改。

计算中选用涡黏模型(EVM)中的 SST $k-\omega$ 湍流模型,采用隐式时间推进法。隐式时间推进法具有很好的稳定性,并且可以取较大的时间步长,迭代次数少。特别是在对于超声速黏性流动,飞行器近壁面处的流场会产生急剧的变化,在近壁面处和激波处需要很密的网格的这种情况下,隐式方法具有突出的优势。

如图 5－3(a)(b)所示,为 M910 弹丸的流场 Multi－Block 拓扑图。图 5－4 是包围 M910 弹丸生成的外 O－Block 拓扑结构图。定义节点在边界层内和有激波处适当加密,生成六面体网格。流场的计算网格如图 5－5 所示,纵截面图和横截面图如图 5－6(a)(b)所示,可以看到在边界层区域网格较密,在可能生出激波和膨胀波的地方网格也进行了加密,同时网格过度均匀。为了降低六面体网格的扭曲度,在 M910 弹丸的头部和底部都进行了内 O 处理,如图 5－7 所示。此处,生成的网格数量为 1 500 000 左右,需要选用内存较大(4G 以上),多 CPU(4 核以上)的计算机并行计算。

对于 M910 弹丸模型,流体与壁面间相互作用,很多因变量具有较大的梯度,而且黏度对传输过程有很大的影响。为了准确模拟滚转阻尼等系数以及流场与固体交接面附近的温度梯度,在对边界层内进行网格加密,保证 $y^{+}\leqslant 0.5$,保证有 10 层以上的网格在边界层内。在激波处也进行了加密,保证一定计算精度下,能够较好地预测激波和边界层相互作用带来的影响。本章采用多 Block 生成流场拓扑结构,外 O－Block 生成弹体边界层的方法,生成了高质量的结构化网格。M910 弹丸的流场计算网格如图 5－8 所示。

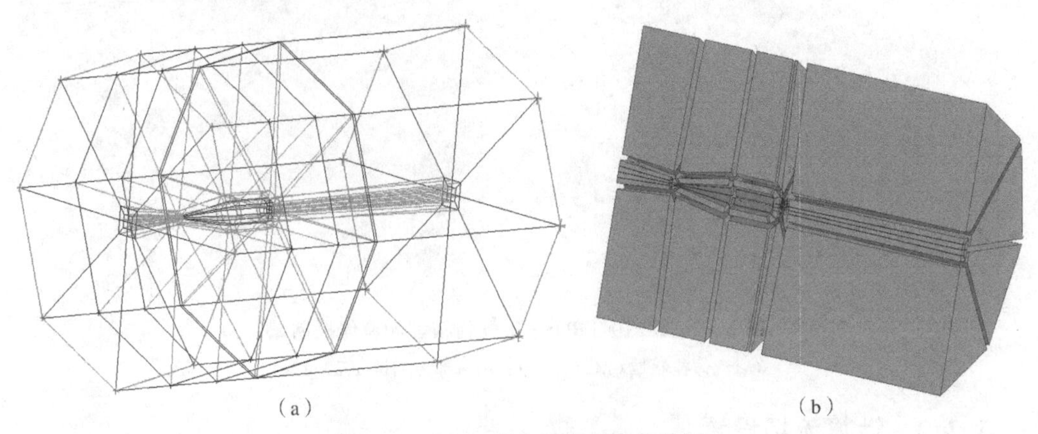

图 5-3　M910 弹丸流场拓扑结构图

(a)M910 弹丸 Multi-Block 拓扑图的边线图;(b)M910 弹丸流场 Multi-Block 拓扑图的半截面图

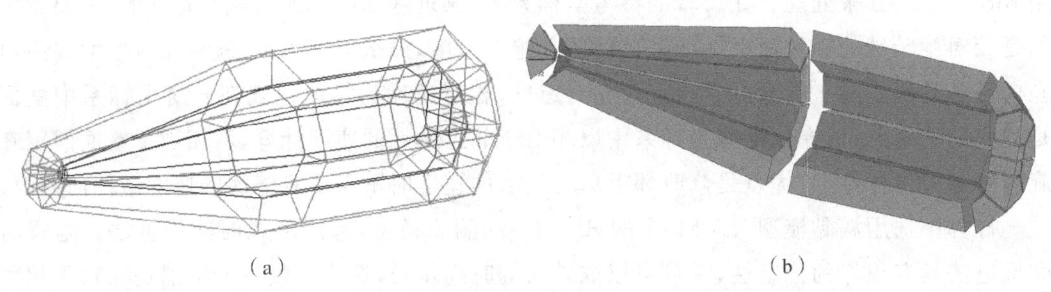

图 5-4　包围 M910 弹丸的外 O-Block 拓扑结构图

(a)外 O-Block 拓扑图的边线图;(b)外 O-Block 拓扑图的半截面图

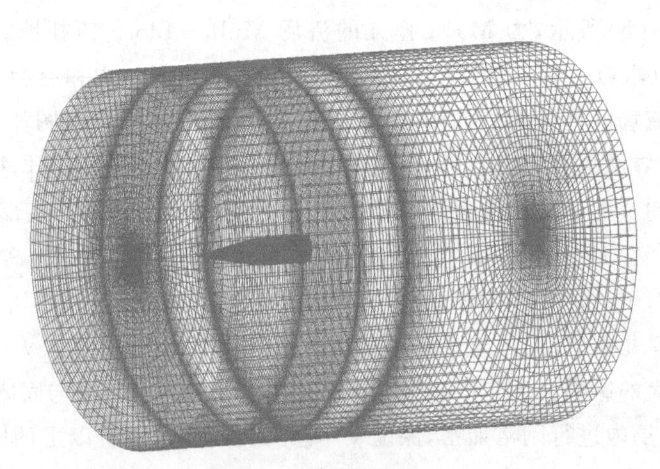

图 5-5　流场计算网格

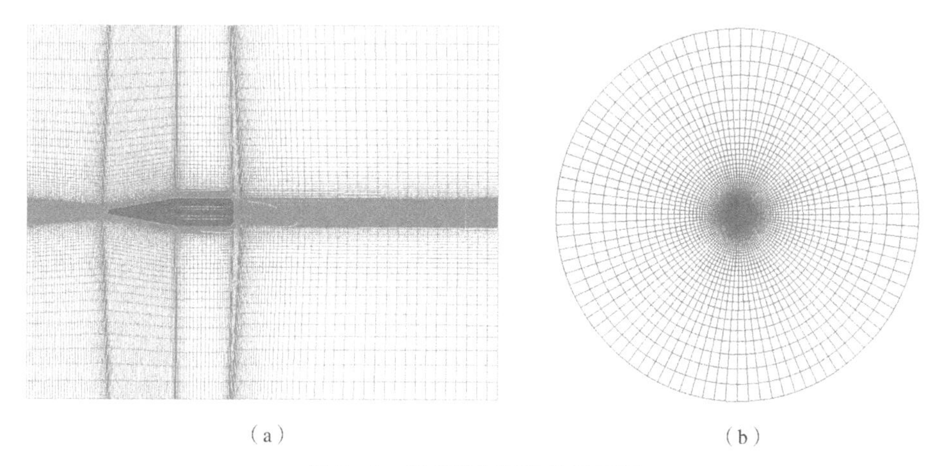

图 5－6　流场计算网格的截面图

(a)流场计算网格横截面图;(b)流场计算网格纵截面图

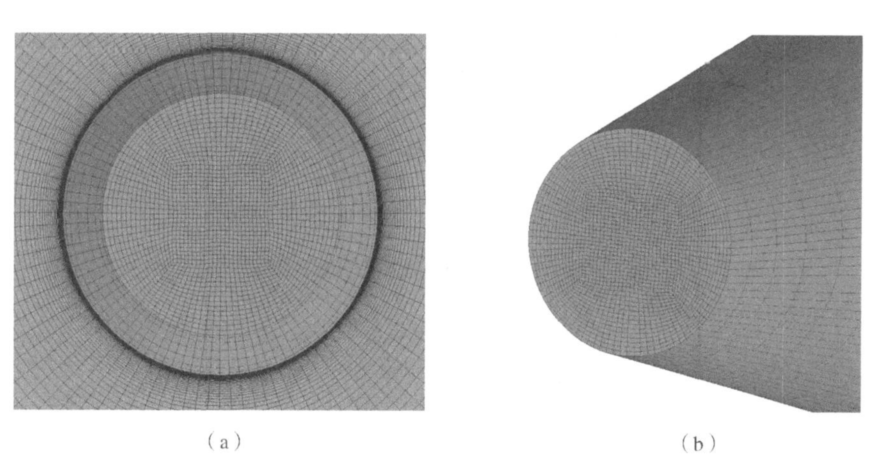

图 5－7　M910 弹头部和底部内 O 网格

(a)M910 弹丸底部内 O 网格;(b)M910 弹丸头部内 O 网格

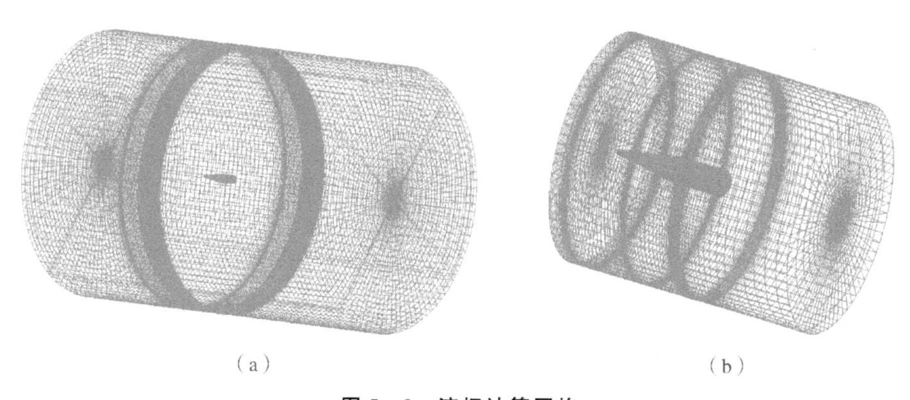

图 5－8　流场计算网格

(a)M910 弹流场计算网格($Ma<1.4$);(b)M910 弹流场计算网格($Ma>1.4$)

5.2.3 气动特性计算公式

在计算流体力学中,求解气动力系数的原理是,先对流场域求解,计算得到流场上每一个网格上的密度、速度、压力等值,然后根据气动力计算公式求出气动系数。以下列出本章中气动力计算公式。

法向力系数 C_N 和法向力系数导数 $C_{N\alpha}$(本节计算的都是基于小攻角,定常情况下的线性假设)的计算公式:

$$F_N=C_N\cdot\left(\frac{1}{2}\rho_\infty V_\infty^2\right)\cdot S \tag{5-1}$$

$$C_N=C_{N\alpha}\cdot\alpha \tag{5-2}$$

轴向力系数 C_A 的计算公式:

$$F_A=C_A\cdot\left(\frac{1}{2}\rho_\infty V_\infty^2\right)\cdot S \tag{5-3}$$

通过式(5-1)和式(5-3)计算出来的法向力系数和轴向力系数可以计算出阻力系数和升力系数。

升力系数:

$$C_L=C_N\cos\alpha-C_A\sin\alpha \tag{5-4}$$

阻力系数:

$$C_D=C_N\sin\alpha+C_A\cos\alpha \tag{5-5}$$

侧向力系数计算公式:

$$F_Y=C_Y q_\infty S \tag{5-6}$$

俯仰力矩系数和俯仰力矩系数导数计算公式:

$$M_z=C_m q_\infty Sl \tag{5-7}$$

$$C_{m\alpha}=\frac{C_m}{\sin\alpha} \tag{5-8}$$

滚转力矩系数计算公式:

$$M_x=C_l q_\infty Sl \tag{5-9}$$

偏航力矩系数计算公式:

$$M_y=C_n q_\infty Sl \tag{5-10}$$

压心位置计算公式:

$$x_{cp}=x_{cg}-\left(\frac{C_m}{C_N}\right) \tag{5-11}$$

式中:$q_\infty=0.5\rho v^2$ 为动压;S 为截面积;l 为参考长度;C_N 是法向力系数;$C_{N\alpha}$是法向力系数导数;C_D 是阻力系数;C_Y是侧向力系数;C_L 是升力系数;C_m 是俯仰力矩系数;$C_{m\alpha}$是俯仰力矩系数导数;C_l是滚转力矩系数;C_n 是偏航力矩系数;x_{cp}是压心位置;x_{cg}是重心位置。

对于本章研究的弹箭外形简单,小攻角的飞行,可以采用 CFD 与经验公式相结合的方法，计算出旋转弹箭的滚转阻尼、马格努斯力矩、仰阻尼等系数。与风洞自由滚转技术原理公式类似，假设弹箭绕 x 轴以指定角速度 ω_x 做匀角速度旋转，则

$$C_l \cdot \frac{1}{2}\rho v^2 Sl - C_{l0} \cdot \frac{1}{2}\rho v^2 Sl - \frac{1}{4}C_{lp}\omega_x \rho v S\, l^2 = J_x \frac{\mathrm{d}\omega_x}{\mathrm{d}t} = 0 \tag{5-12}$$

式中：C_l为平衡力矩，以保证弹体做匀角速度旋转，由定常的 CFD 方法求出；C_{l0}为弹箭无滚转时的滚转力矩。

由公式(5－12)推导出

$$C_{lp} = -\frac{(C_l - C_{l0})}{\omega_x} \tag{5-13}$$

式中：$\omega_x = (\omega_x \cdot l)/(2v_\infty)$；$l$ 为参考长度；v_∞ 为无穷远处来流速度。

同理可以推导出俯仰阻尼力矩系数：

$$C_{mp} = -\frac{(C_m - C_{m_0})}{\omega_z} \tag{5-14}$$

马格努斯力矩系数：

$$C_{np} = -\frac{(C_n - C_{n_0})}{\omega_y} \tag{5-15}$$

马格努斯力系数导数公式：

$$C_{Yp\alpha} = \frac{C_Y}{\omega_x \sin\alpha} \tag{5-16}$$

马格努斯力矩系数导数公式：

$$C_{np\alpha} = \frac{C_{np}}{\sin\alpha} \tag{5-17}$$

5.2.4　M910 旋转弹箭气动特性分析

图 5－9～5－12 给出了 $Ma=2$，攻角为 3°时，流场压力云图、速度云图、密度云图和绕弹体的流线图。从图 7－10～图 7－12 可以看到弹丸头部和尾部形成了清晰的斜激波，在弹肩和弹底部区域形成了低压区。

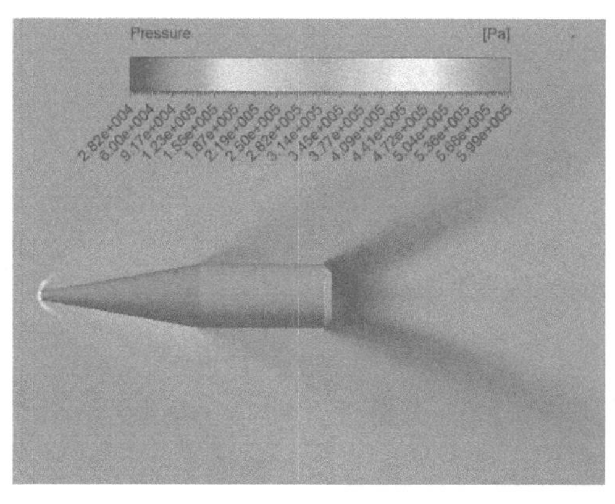

图 5－9　压力云图

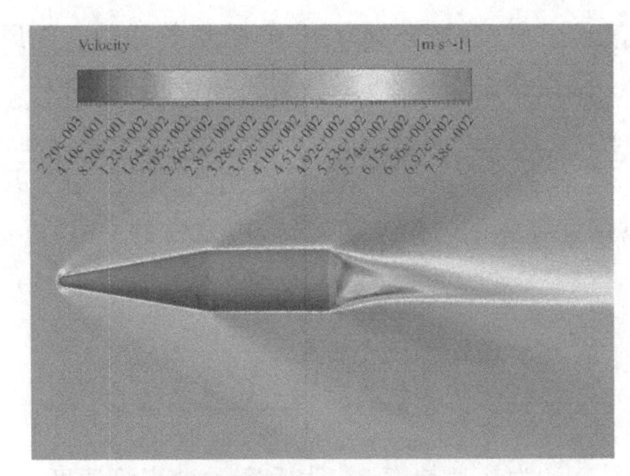

图 5－10　速度云图

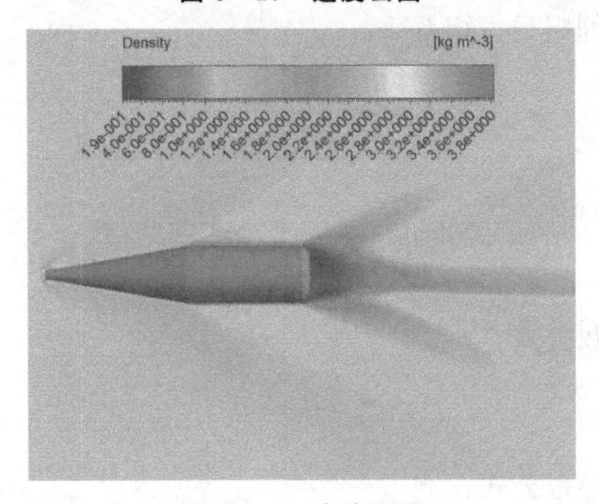

图 5－11　密度云图

由于攻角的存在，模型周围的密度和压力在弹体两侧呈现不对称分布，弹体下方的密度值和压力值高于弹体上方。图 5－12 中为绕弹体周围速度流线图，从图中可以看到在弹底部有许多漩涡。这些激波和漩涡形成的波阻和涡阻给弹丸的飞行增加了阻力。同时，数值模拟计算结果与气动力学规律相符合。

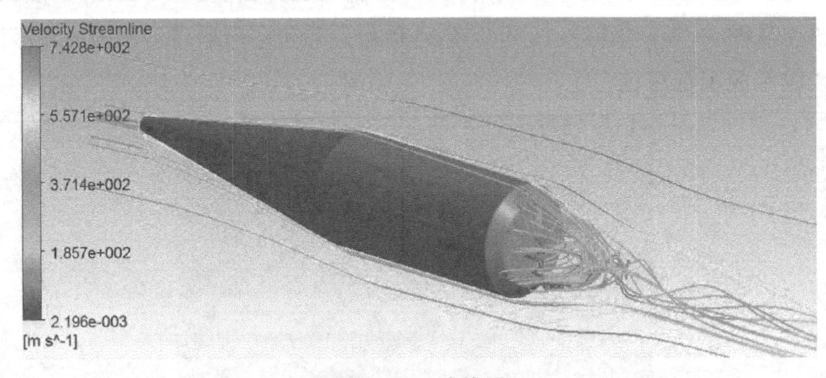

图 5－12　流线图

图 5－16～图 5－18 为 $Ma=2$，攻角为 3°时，$x=0.05$ m 处的横截面上压力等值线云图，速度矢量云图和纵截面上的速度矢量云图。

从图 5－14、图 5－15 可以看到，边界层内速度矢量分布和横截面压力等值线分布不对称,这是有攻角飞行且高速旋转造成的,这也是导致产生马格努斯力的原因。从图5-15 中看到,贴近壁面处的速度矢量是弹体旋转的方向,然后渐变为轴向方向,这符合高速旋转弹丸的气动特性规律,也说明了计算方法的计算精度较高。

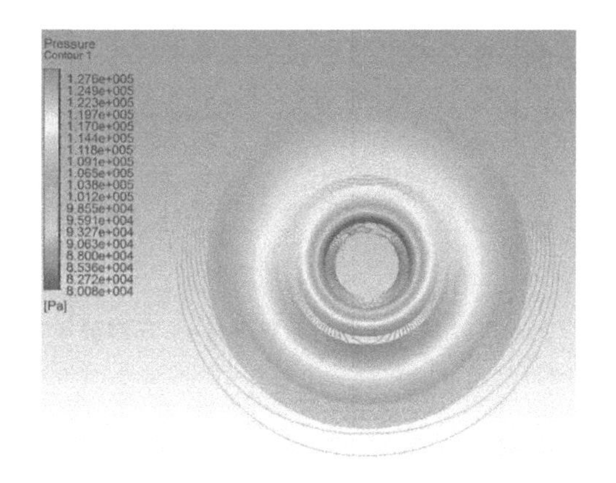

图 5-13 x=0.05 m 处横截面压力等值线图

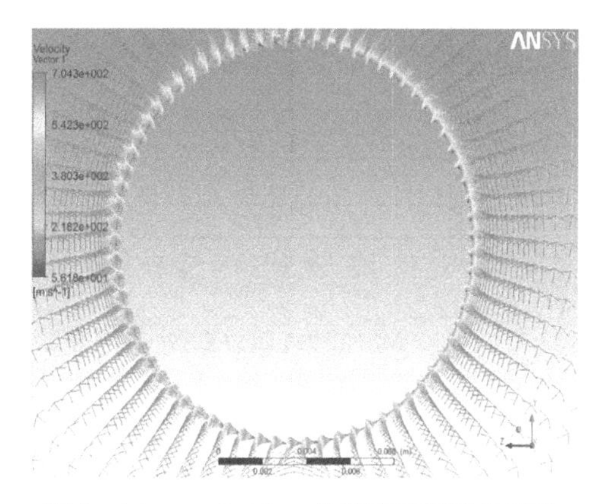

图 5-14 x=0.05 m 处横截面速度矢量图

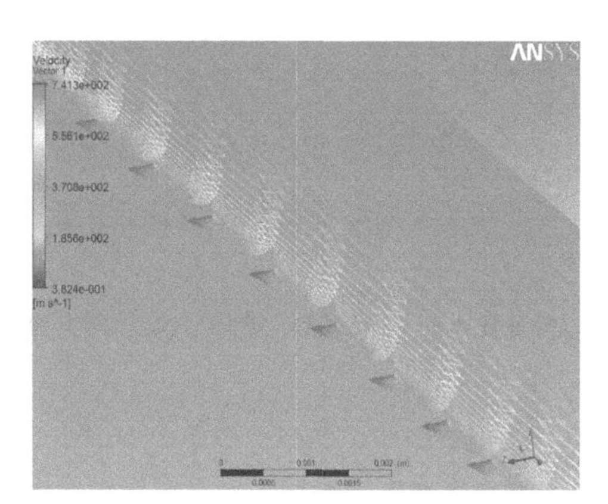

图 5-15 纵截面速度矢量图

M910 旋转弹丸的实验数据来自文献[248]。基于 SST $k-\omega$ 湍流模型,此处采用稳态的 CFD 方法和工程经验公式相结合的方法,对弹丸 M910 进行数值模拟计算。从图 5-9～图 5-15 可以看出,法向力系数导数、阻力系数、俯仰力矩系数、俯仰力矩系数导数误差均在 10%以内。滚转阻尼系数误差在 20%以内,误差都在工程误差范围内。但对于马格努斯力矩系数导数,在超声速部分模拟结果略好,在亚声速和跨声速部分计算结果误差较大。因此,采用稳态的 CFD 方法和两方程涡黏模型已经不能满足数值模拟的要求。因此,对亚声速部分的马格努斯力矩系数导数数值模拟计算,需要采用滑移网格模型或者湍流模型选用雷诺应力模型、大涡模拟或者分离涡湍流模型来模拟,误差相对较小。但是,这些计算方法,所需的网格必须足够精密,数量很多。因此,所需的计算机资源也就过大、计算时间太长,需要较好的计算机硬件性能和内存资源,不适合工程中高效计算。

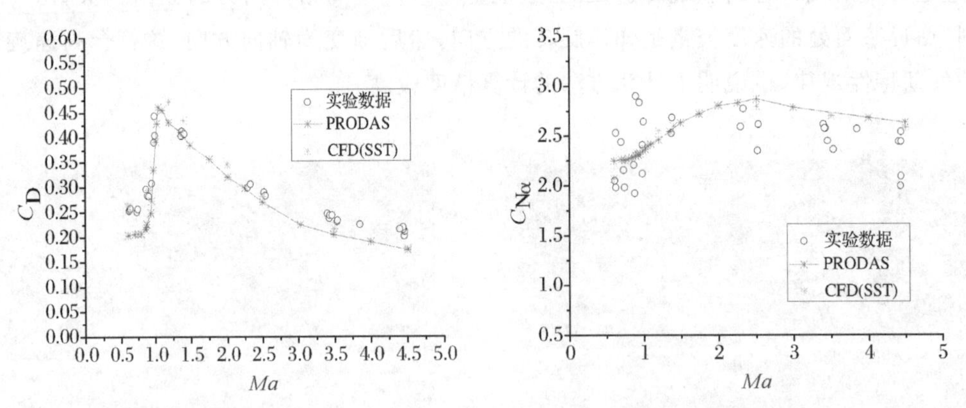

图 5-16　M910 弹丸阻力系数 vs. 马赫数　　图 5-17　M910 弹丸法向力系数导数 vs. 马赫数

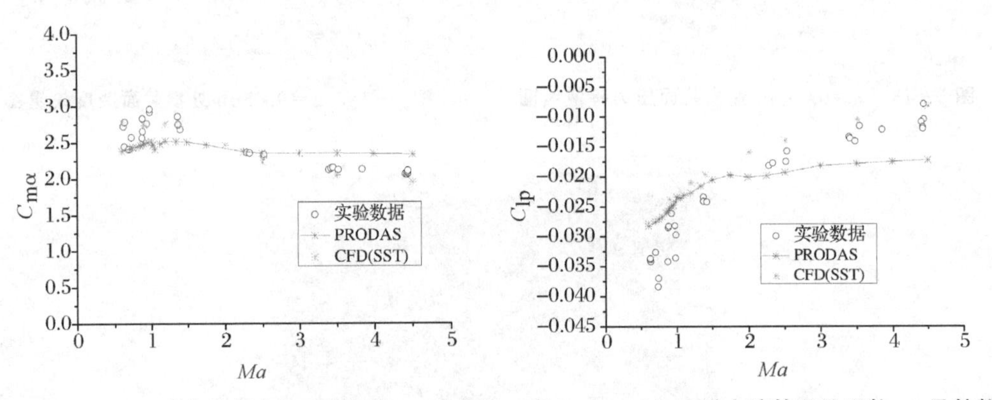

图 5-18　M910 弹丸俯仰力矩系数导数 vs. 马赫数　图 5-19　M910 弹丸滚转阻尼系数 vs. 马赫数

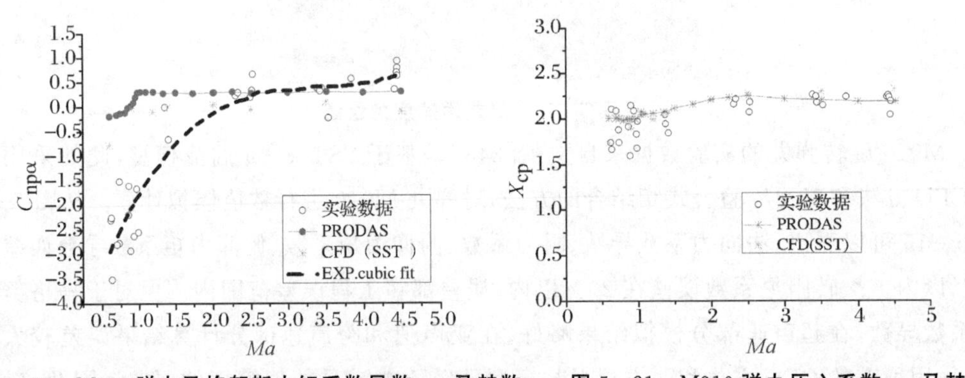

图 5-20　M910 弹丸马格努斯力矩系数导数 vs. 马赫数　　图 5-21　M910 弹丸压心系数 vs. 马赫数

从图 5-16～图 5-21 可以看出，SST $k-\omega$ 湍流模型的 CFD 数值模拟能力要比 PRODAS 软件模拟结果更好。从图 5-22～图 5-24 可以看到，选用 SST $k-\omega$ 湍流模型的计算结果和文献选用的可实现的 $k-\varepsilon$(rke)模型的计算结果精度相当。在跨声速和超声速部分，选用 SST $k-\omega$ 湍流模型的计算结果略好一点。

从图 5-16 看出，阻力系数在跨声速处为极值。从图 5-17、5-18 可以看出法向力系数、法向力系数导数与俯仰力矩系数、俯仰力矩系数导数的绝对值的变化规律是一致的，这些都符合空气动力学特性规律。从图5-19可以看出，平衡状态下模型滚转阻尼力矩与给定CFD计算出来的平衡力矩的方向是相反的，所以滚转阻尼系数的值为负值，从图5-19还可以看到，滚转阻尼系数随马赫数和转速的增加，滚转阻尼系数的绝对值减小。M910弹丸计算时，压心系数计算选取弹径为参考长度，压心系数和马赫数的关系如图5-21所示，计算结果和实验数据相比，误差较小。

5.3 火箭弹静气动弹性仿真计算

5.3.1 弹箭法向力分布数值计算

为了验证火箭弹的变形和法向力分布存在一定的关系，本节选用文献[217]中的多节火箭作为计算模型。采用数值计算方法，忽略其旋转，计算得到火箭弹的法向力系数分布。

计算中的轴对称多节火箭的几何模型的分段图如图5-22所示，火箭由四部分组成，第一部分的半锥角是$\theta_N=15°$，第二部分的圆柱的直径是$D_1=1.67$ m，第三部分的锥角是$\theta_F=5°$，第四部分的圆柱直径是$D_2=2.4$ m，沿着轴向将多节火箭按照表5-2切成22段，每一个小段的中间点作为法向力的作用点。多节火箭三维几何模型和流场控制域如图5-23所示，远场边界距离火箭头部尖端处约为$2D_2$，距离火箭底部约为$8D_2$。远场边界的周向距离火箭轴线约$6D_2$。多节火箭飞行攻角为3°，来流条件是标准大气条件，$Ma=2.36$。此处多节火箭为刚体模型，不考虑它的受力变形。

表5-2 多节火箭的分段方法

Part	比例									
Part1(x/D_1)	0	0.5	1	1.5	1.856 3					
Part2(x/D_1)	0.5	1	1.5	2	2.5	3	3.5	4	4.5	4.712 6
Part3(x/D_2)	0.5	1	1.5	1.721						
Part4(x/D_2)	0.5	1	1.5	1.714 6						

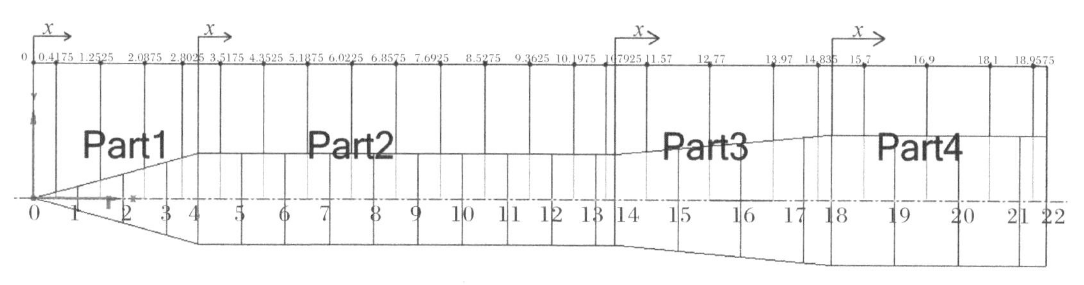

图5-22 多节火箭沿轴向的分段图

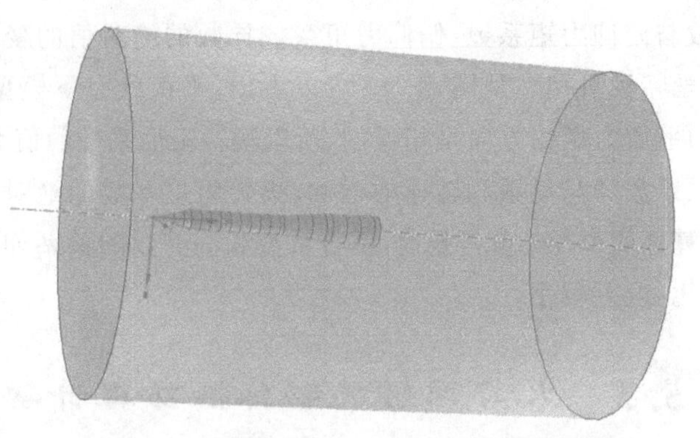

图 5-23　多节火箭的几何模型和流场控制域

采用和 5.2 节中同样的流体域控制方程、边界条件和离散格式。此处多节火箭不旋转，因此不设置单一的旋转坐标系模型(SRF)。生成的网格 Block 如图 5-24 所示，共 708 个块。生成的流场计算网格如图 5-25 所示，$y^+=5$，共 1 209 828 个节点，1 193 790 六面体单元。

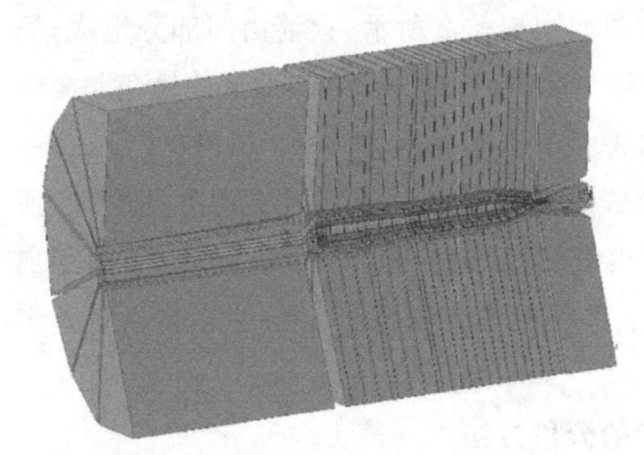

图 5-24　Multi-block 图

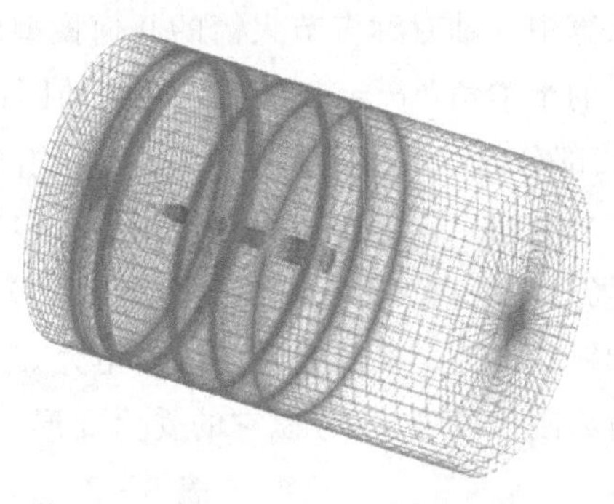

图 5-25　流场计算网格

多节火箭的升力系数、阻力系数的收敛曲线如图 5-26 和图 5-27 所示，在计算 2 000 步以后升力系数和阻力系数不再变化，可视为收敛。图 5-28 和图 5-29 分别为多节火箭的压力等值线云图和速度等值线云图，可以看到激波和膨胀波分布合理，符合空气动力学规律。

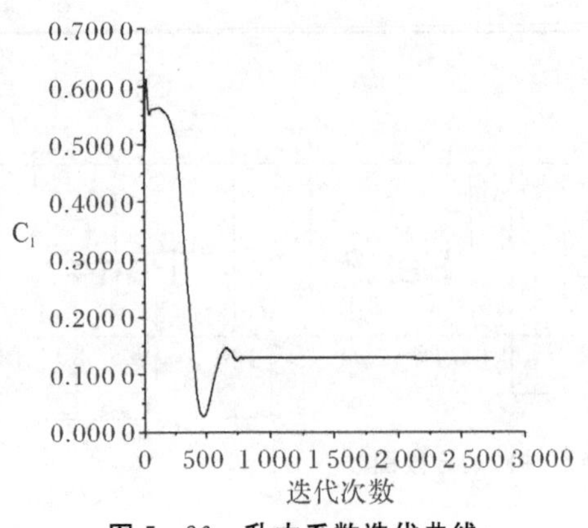

图 5-26　升力系数迭代曲线

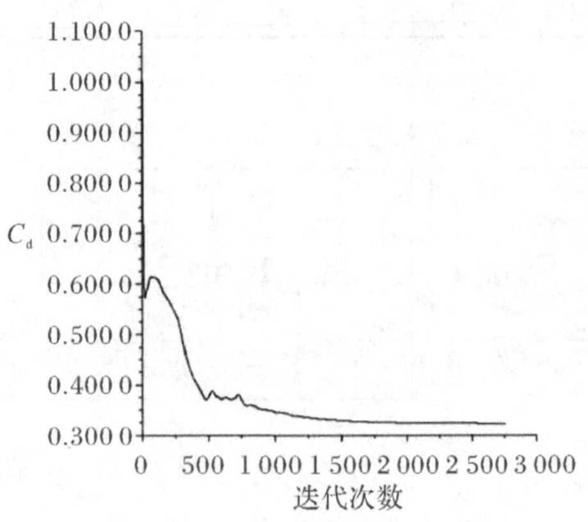

图 5-27　阻力系数迭代曲线

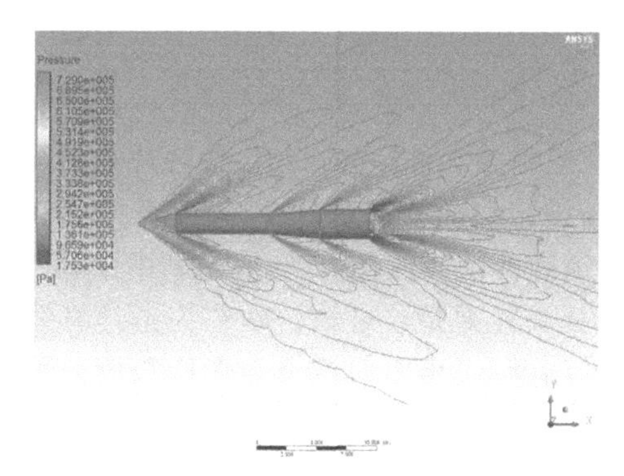

图5-28 压力等值线云图

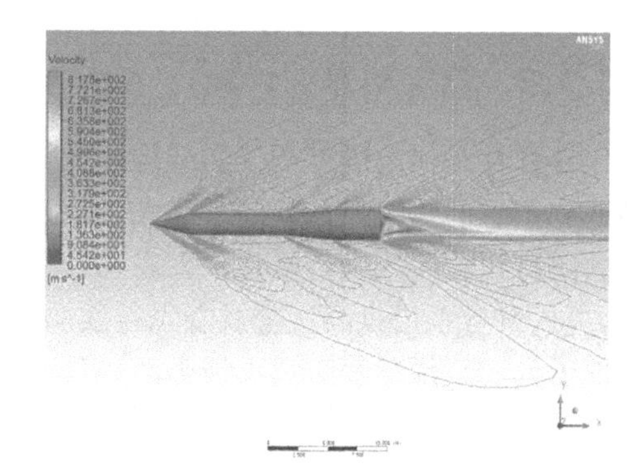

图5-29 速度等值线云图

图5-30为计算出的多节火箭法向力系数导数沿轴向分布图，与图5-31的经验公式计算值和实验数据对比，误差较小，说明本节对于多节火箭的采用分段的方法计算其法向力分布是可行的、合理的。在下面计算火箭弹的气动弹性中，将采用本节的分段方法，计算火箭弹的法向力分布，以便研究法向力分布对火箭弹变形的影响。

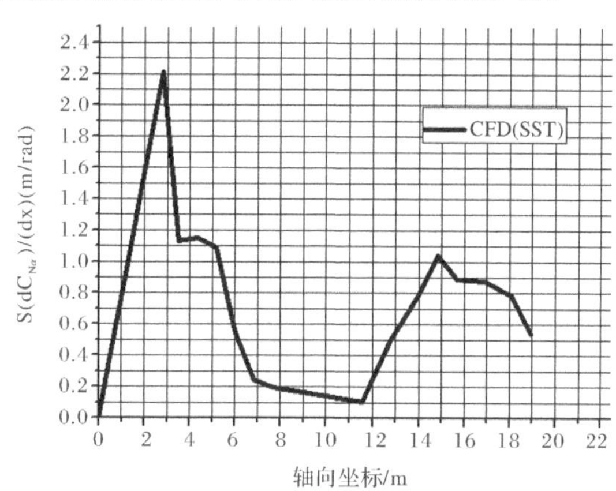

图5-30 $Ma=2.36$，$\alpha=3°$时多节火箭沿轴向法向力系数导数分布的数值计算结果

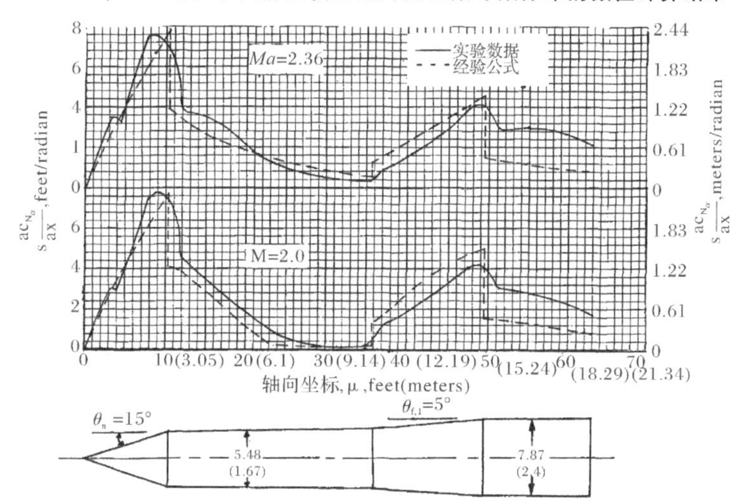

图5-31 多节火箭延轴向的法向力系数导数分布实验数据和经验公式计算值[211]

5.3.2 静气动弹性计算

气动弹性是一门研究空气和结构相互作用及应用的学科。大长细比的轻质火箭弹往往容易遇到严重的气动弹性问题。在大长细比火箭弹结构的初期设计中,需要考虑气动弹性问题。飞行试验和风洞实验代价太高,因此在火箭弹的设计过程中,一般先采用计算气动弹性的方法,最后采用风洞实验或者飞行实验来验证火箭弹是否合格。本节为了计算线性攻角情况下的大长细比卷弧翼火箭弹的静气动弹性问题,采用双向耦合和惯性释放的方法进行了数值模拟,并计算结果和单向耦合的数值计算结果做了对比。

5.3.2.1 基于 CFD/CSD 的双向流固耦合计算流程

计算中不考虑结构变形对流场的影响,采用 CFD 计算出整个火箭弹表面的压力分布,然后将这些压力插值到用于计算结构力学(CSD)计算的单元节点上,最后通过 CSD 程序求解出火箭弹的变形和应力分布,该方法称为单向耦合。

既考虑流场计算出的压力对结构场的影响,又考虑结构变形对流场的影响,先通过稳态的 CFD 计算获得火箭弹表面压力分布,并作为 CSD 分析的初始边界条件,然后通过数据交换平台,把 CSD 计算出来的位移传递到 CFD 计算的流场网格上,并采用动网格技术,使网格变形,再通过 CFD 计算出压力分布,相互迭代直到火箭弹结构不再发生变形,认为结果收敛。该方法称为双向耦合,双向流固耦合流程图如图 5-32 所示。

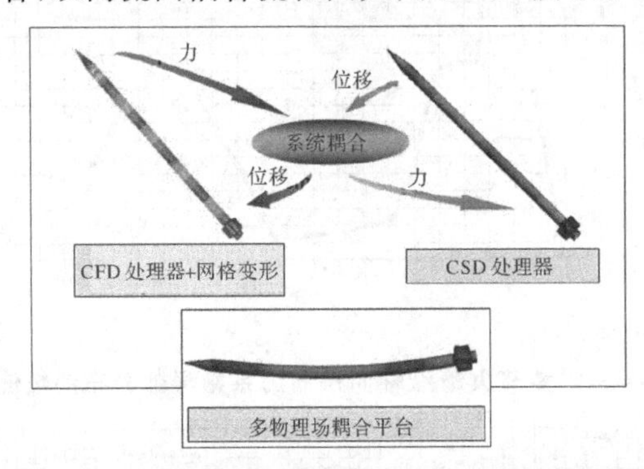

图 5-32　CAE 多物理场耦合平台 AWB 下双向流固耦合流程

旋转和不旋转情况下的大长细比卷弧翼火箭弹的数值模拟步骤如下:

(1)利用 SPACECLAIM 三维建模软件,生成三维几何模型和流体控制域;

(2)利用 ICEM-CFD 网格划分软件,对流场计算域生成高质量的结构化网格;

(3)利用 Fluent 解算器,获得火箭弹的气动特性参数;

(4)通过 System coupling 数据交换平台将气动载荷参数传递到用于有限元分析的 ANSYS Mechanical 解算器中的火箭弹表面单元上;

(5)将 CFD 计算出来的节点压力值插值到 CSD 的单元网格节点上;

(6)通过 ANSYS Mechanical 解算器计算出火箭弹表面每个单元网格节点的位移;

(7)通过 System coupling 数据交换平台将 CSD 计算出的单元网格节点的位移传递到用于 CFD 计算的火箭弹表面网格上;

(8)利用动网格技术使得流场网格变形;

(9)利用流体解算器 Fluent 计算出变形后火箭弹的气动特性参数；

(10)重复步骤(4)～(9)直到 CSD 计算出的单元节点位移和 CFD 计算出的气动特性参数不再改变为止。

5.3.2.2　火箭弹静气弹计算模型

本节研究的大长细比火箭弹长细比超过 25，按照表 5-3 将火箭弹沿轴向分割成 31 段，以便计算出每一段上的气动力参数，每一个小段上的中心点作为每一段上气动力的作用点。如图 5-33 所示，把火箭弹分成三部分，为了便于研究，每一段假设成不同材料，材料参数见表 5-4。火箭弹三维几何模型和流场控制域如图 5-34 所示。远场边界需要离火箭弹足够得远。对于火箭弹只计算超声速部分，远场边界距离火箭弹头部尖端处约为 $5D$，距离火箭弹底部约为 $30D$。远场边界的周向距离火箭轴线约为 $15D$。此处的火箭弹为弹性体，计算攻角为 2°和 4°，来流条件也是标准大气条件，Ma=1.5、2、2.5、3。

表 5-3　火箭弹分段方法

Part	比 例												
Part1 (x_1/D)	1	2	2.3										
Part2 (x_2/D)	0.2	0.4	0.6	0.8	1	1.5	2	3	4	5	6	7	8
	9	10	11	12	13	14	15	16	17	18	19	20	21
Part3 (x_3/D)	2												

表 5-4　火箭弹的材料参数

Part	密　度	杨氏模量	泊松比
Part1	7 850	2×10^{11}	0.3
Part2	2 770	7.1×10^{10}	0.33
Part3	7 850	2×10^{11}	0.3

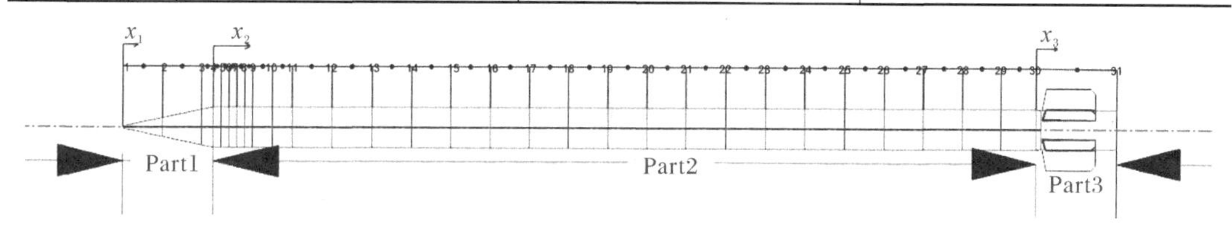

图 5-33　细长火箭弹沿轴向的分段图

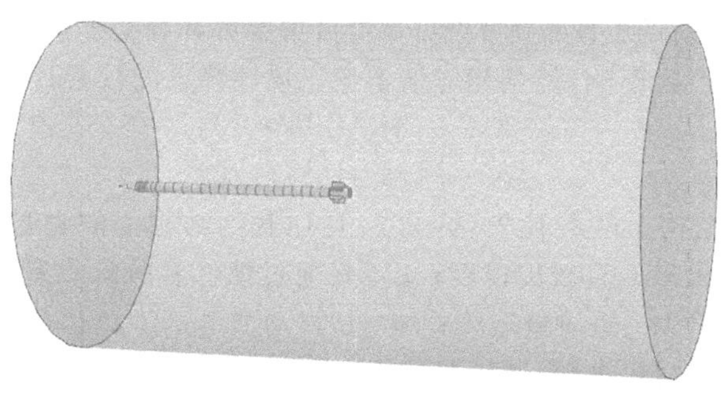

图 5-34　流场控制域

本节流体域流体流动控流制方程以及湍流模型相同，分别计算不旋转和旋转两种情况下的静气动弹性，在计算旋转时候使用单一的旋转坐标系模型(SRF)，在计算不旋转的情况下不使用 SRF 模型。采用基于有限体积法的 AUSM 格式进行空间离散、采用隐式时间离散格式。对于超声速黏性流动，物体近壁面处的流场会产生急剧的变化，因此在近壁面处和激波处加密网格。网格数量为 80 万，$Y^+=30\sim100$，为了获得沿着弹身的法向力分布，火箭弹被切分为 31 段，计算可以得到每一小段上面的法向力，流场计算网格如图 5-35 和图 5-36所示。

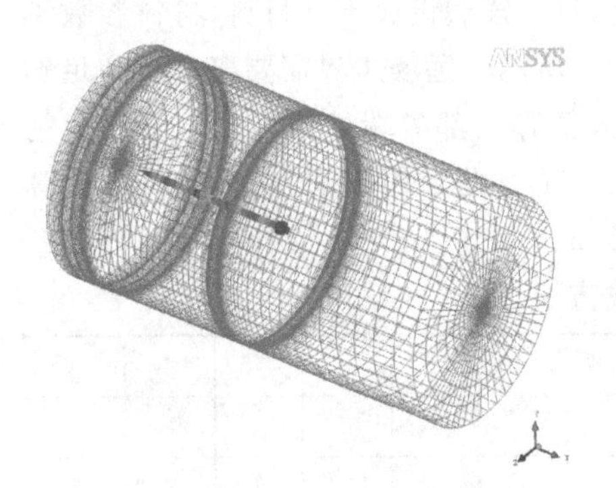

图 5-35 流场计算网格

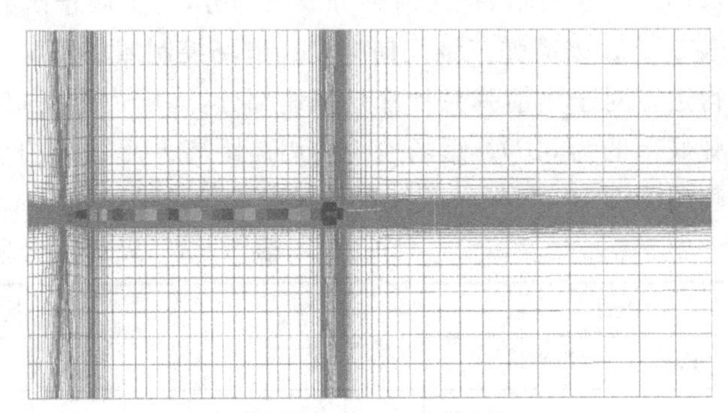

图 5-36 流场网格截面图

对于静气动弹性计算，结构静力学方程可以写为

$$[K]\{\delta\}=\{F\} \tag{5-18}$$

式中：$[K]$是刚度矩阵；$\{\delta\}$是位移矢量；$\{F\}$是由 CFD 计算出来的压力。采用十节点四面体(SOLID187)和二十节点六面体(SOLID186)两种单元划分网格，如图 5-37 所示。

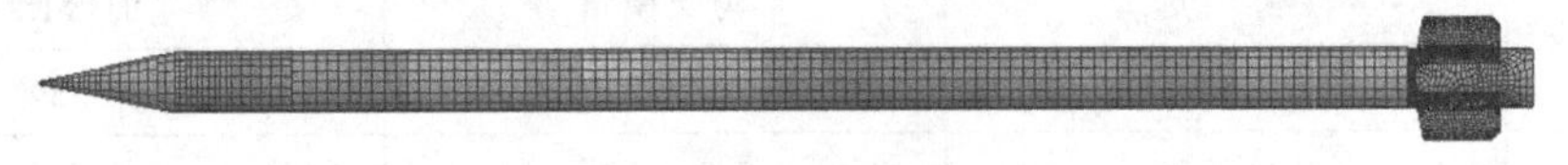

图 5-37 固体域网格

按照表 5-4 所示，弹头和尾翼两部分采用结构钢材料，弹体部分设置为铝合金材料。接触面为绑定接触，并且通过接触传递力。当计算旋转的情况时，需要对火箭弹设置一个旋转角速度。

模型中惯性释放方法是基于达朗贝尔原理，以保证自由飞行的火箭弹在做结构静力学分析的时候没有刚体位移。它的基本思想是在结构中设置一个虚支座，为结构提供全约束，这也使得方程可解。然后，在外力作用下的结构单元上每个节点在每个方向上的加速度由程序计算得到，每个节点上的惯性力由计算出的加速度转换并反向施加得到，因此也就构造出了一个平衡力系，此时的支座反力为零。最后，求解方程，得到相对虚支座的位移。此方法对位移的显示值会产生影响，但是相对值不变。惯性释放的核心计算公式为

$$\{F_t^a\}+[M_t]\{a_t^1\}=\{0\} \tag{5-19}$$

$$\{F_r^a\}+[M_r]\{a_r^1\}=\{0\} \tag{5-20}$$

式中：$\{F_t^a\}$是加载到结构上的载荷矢量；$\{F_r^a\}$是加载到结构上的力矩矢量；$\{a_t^1\}$是通过惯性释放计算程序计算出来的直线加速度；$\{a_r^1\}$是通过惯性释放计算程序计算出来的旋转加速度；$\{r\}=[x,y,z]^T$；$[M_t]$是质量矩阵；$[M_r]$是转动惯量矩阵，$\{F_t^a\}$和$\{F_r^a\}$由 CFD 程序计算得出；$[M_t]$和$[M_r]$是材料参数，通过式(5-19)和式(5-20)计算可得到$\{a_t^1\}$、$\{a_r^1\}$。

计算中采用基于单元体积的网格扩散光顺的方法。通过扩散方程(5-21)来计算网格

节点的运动速度，利用速度更新网格节点的位移。

$$\nabla\cdot(\gamma\nabla\bar{u})=0 \tag{5-21}$$

式中：$\bar{u}$ 是网格节点运动速度；γ 是扩散系数。扩散系数是通过求解方程(5-22)得到的，其中，α 是扩散参数，此处设置 $\alpha=1.9$，V 是正则体积。

$$\gamma=1/V^{\alpha} \tag{5-22}$$

然后，节点位置更新，根据方程(5-23)求出。

$$\bar{x}_{\text{new}}=\bar{x}_{\text{old}}+u\Delta t \tag{5-23}$$

此处，Δt 代表一个耦合步，包括了 1～3 次迭代，每次迭代是计算 30 次流体解算器迭代步，以保证每一个耦合步内都是收敛的。这种方法允许将边界运动扩散至内部区域定义为单元尺寸的函数。在大网格上减少扩散有利于使这些网格吸收更多的网格变形，能更好地保持小体积单元的网格质量。

流固耦合交界面上需要满足以下的条件：

$$d_{\text{f}}=d_{\text{s}} \tag{5-24}$$

$$n\cdot\tau_{\text{f}}=n\cdot\tau_{\text{s}} \tag{5-25}$$

式中：d 是位移场；τ 是应力场；n 代表法向方向；下标 f 和 s 分别代表流体和固体。

5.3.2.3　火箭弹静气弹分析

首先进行了不旋转情况下的火箭弹静气动弹性仿真结果，将刚体火箭弹的气动系数与实验数据对比，结果较好，如图 5-38(a)～(c)所示，误差均在 15%以内。

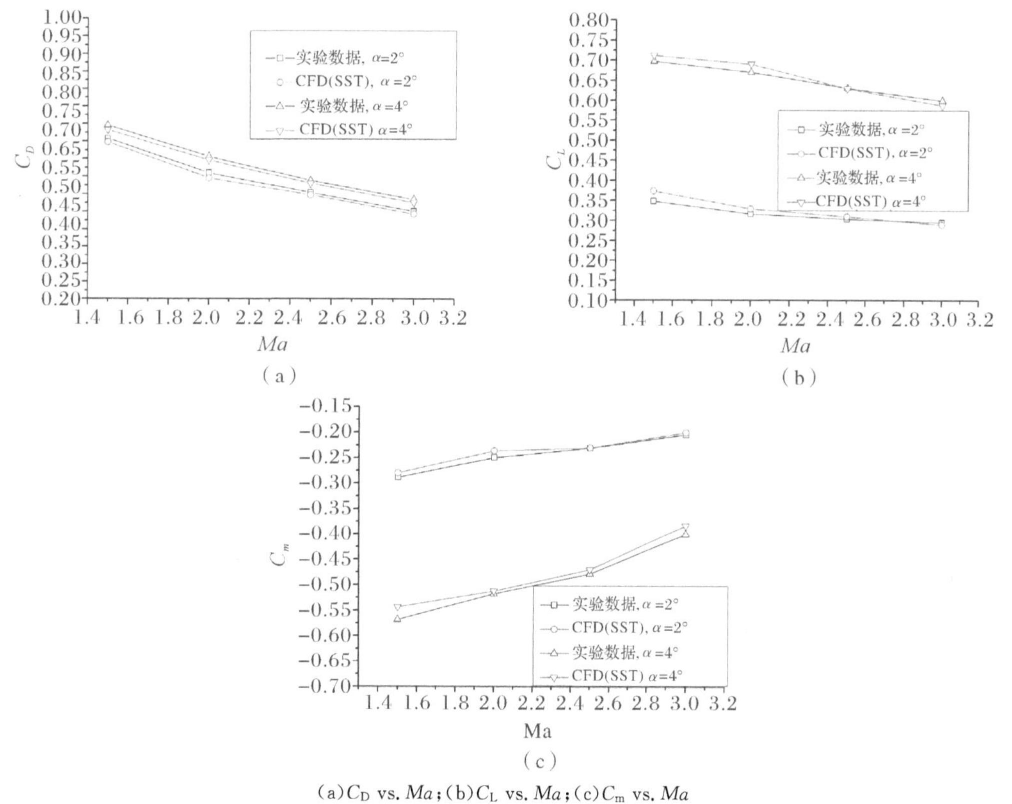

(a)C_{D} vs. Ma；(b)C_{L} vs. Ma；(c)C_{m} vs. Ma

图 5-38　空气动力系数 vs. 马赫数

图 5-39 为弹性火箭弹 $Ma=2$、$Ma=3$ 且攻角为 4°时的法向力沿着弹身的分布图。从图中可以看出,在弹头和尾翼处的法向力明显大于其他位置。按照惯性释放原理,以火箭弹内某一节点,构造虚支座,通过程序计算出相应的惯性力来平衡外力,从而计算出所有节点相对于虚支座的位移。火箭弹 Y 方向的变形是由法向力决定的,此时两头法向力大,中间小,火箭弹将向上弯曲。从图 5-40(a)(b)可以看出,火箭弹 Y 方向变形都是向上弯曲的。

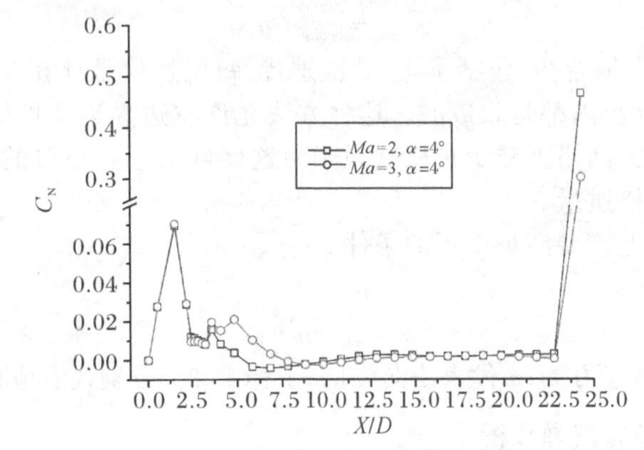

图 5-39 法向力系数沿弹身分布

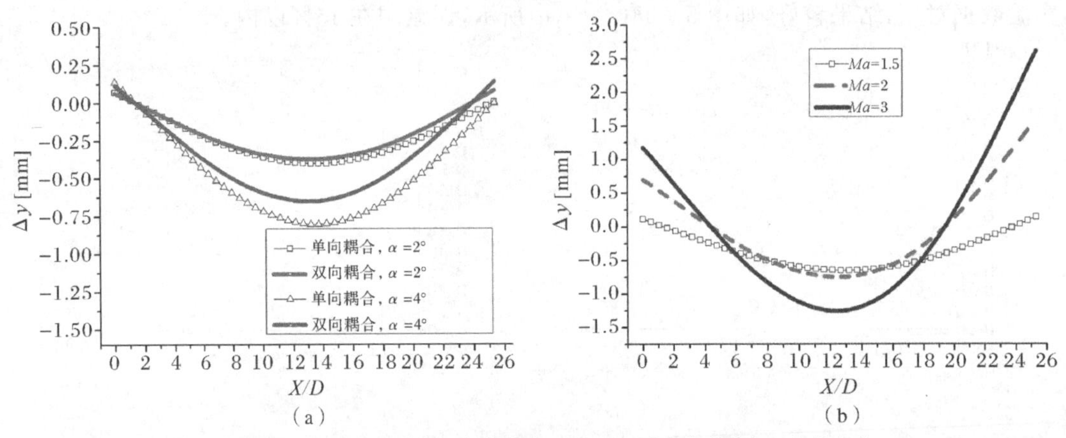

(a)$Ma=1.5$ 时火箭弹弹身 Y 方向变形;(b)$\alpha=4^{\circ}$ 时火箭弹弹身 Y 方向变形

图 5-40 火箭弹弹身 Y 方向的变形

图 5-40(a)是 $Ma=1.5$ 时火箭弹采用单向耦合和双向耦合计算的 Y 方向火箭弹弹身变形分布图,攻角为 2°时,变形十分微小,攻角为 4°时,变形明显变大。单向耦合和双向耦合的计算结果在一个数量级上,双向耦合计算出的变形结果比单向耦合计算出的结果略小,这是由于弹性变形后火箭弹法向力变小。与单向耦合的计算结果相比,也验证了双向耦合计算结果的合理性。图 5-40(b)是攻角为 4°时,火箭弹弹身分别在 $Ma=1.5$、2、3 时 Y 方向的变形分布图。随着马赫数变大,火箭弹弹身变形程度也变大。最大总变形一般发生在火箭弹弹身中部或者卷弧翼上。图 5-41 为 $Ma=1.5$,攻角为 2°时火箭弹在流场中的总变形云图。

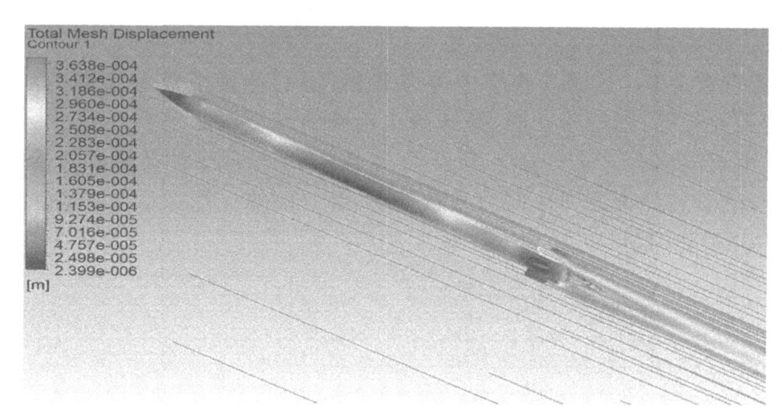

图 5-41 $Ma=1.5, \alpha=2°$时，火箭弹总变形和流线云图

图 5-42 为刚性火箭弹和弹性火箭弹的气动系数随马赫数变化的对比图。从图 5-42(a)～(c)可以看出，不管攻角等于 2°还是 4°，弹性变形都使得火箭弹阻力，升力系数减小，俯仰力矩系数变大。同时，可以看出，即使在攻角为 2°，变形很小的情况下，弹性变形也会对火箭弹气动参数产生影响。

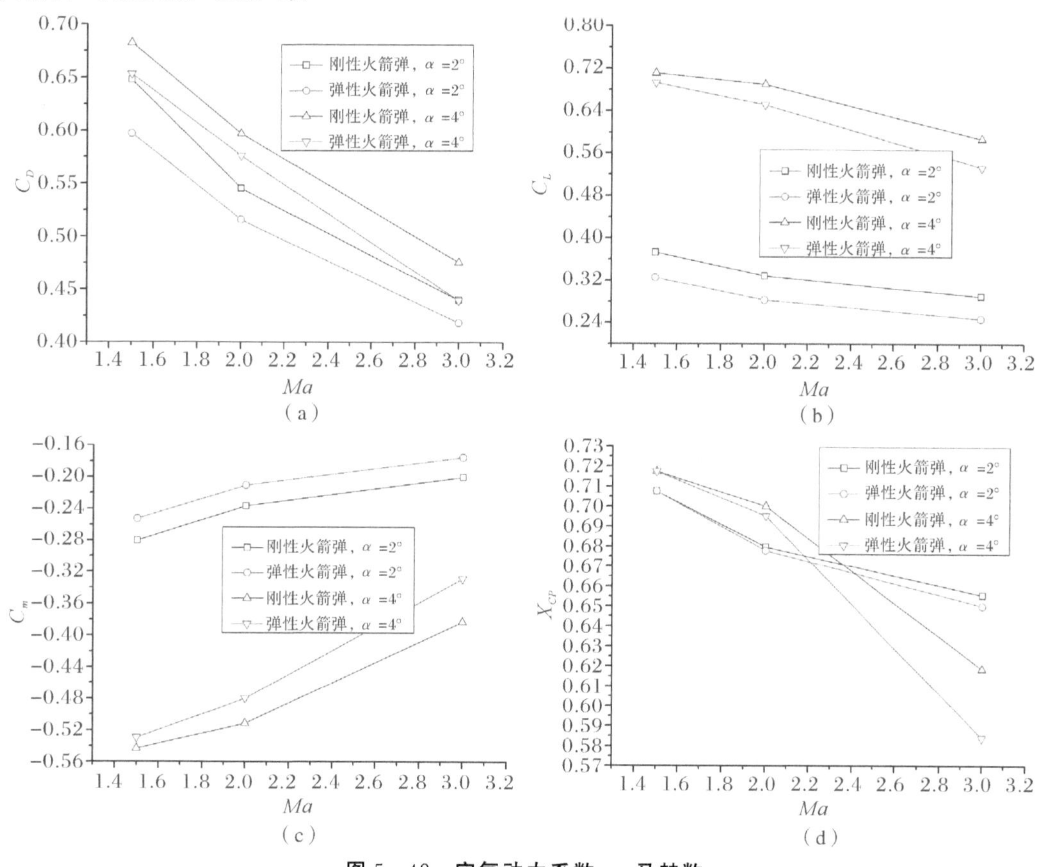

图 5-42 空气动力系数 vs. 马赫数

(a)C_D vs. Ma；(b)C_L vs. Ma；(c)C_m vs. Ma；(d)X_{cp} vs. Ma

图 5-42(d)为刚性火箭弹和弹性火箭弹压心系数对比图。攻角为 2°时，微小的弹性变形对火箭弹压心位置影响较小。弹性变形使火箭弹压心前移，也就说明，弹性变形使得火箭

弹稳定性降低。随着攻角变大，马赫数变大，压心位置前移程度越大。本节以弹顶为参考点，即重心位置系数为0。从图5-42中可以看出，压心位置系数越来越小，当压心位置系数和重心位置系数相等，即等于0时，意味着火箭弹将发生弯曲发散。

进一步采用双向耦合方法计算了 $Ma=2$、3且 $\alpha=4°$ 情况下的旋转和非旋转情况下火箭弹静气动弹性，然后获得火箭弹法向力系数分布，并与刚体火箭弹情况下的法向力系数分布做了比较，如图5-43所示。

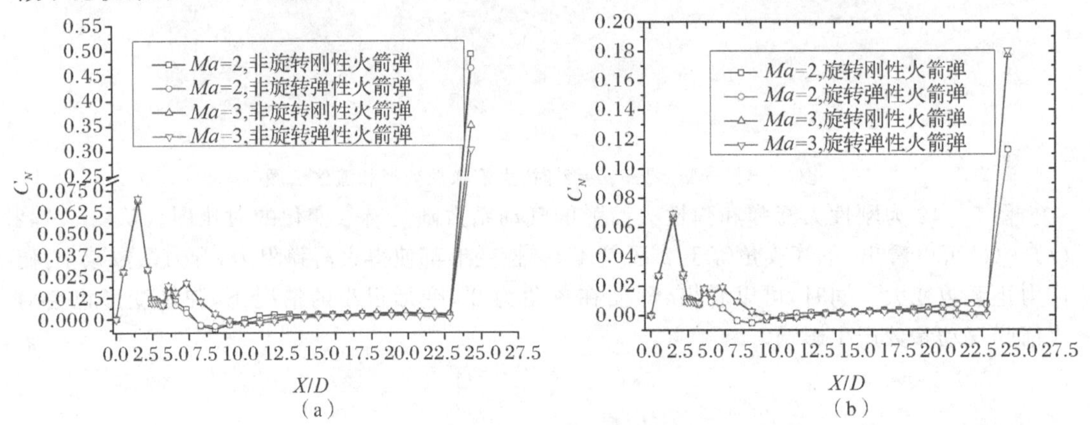

图5-43 $Ma=2$、3且 $\alpha=4°$ 时，沿火箭弹轴向法向力系数分布

(a)非旋转情况下沿火箭弹轴向法向力系数分布；(b)旋转情况下沿火箭弹轴向法向力系数分布

从图5-43中可以看到法向力分布都是两头数值大，中间数值小。根据惯性释放原理，解释了火箭弹的弯曲变形方向为什么是向上弯曲的。由于是向上弯曲，所以卷弧翼的攻角相对刚体火箭弹的卷弧翼的攻角变小了，升力系数也就变小了。从图5-43(a)可以看到，非旋转情况下，在卷弧翼处，刚体火箭弹的法向力系数比弹性体火箭弹的法向力系数要大一点，旋转情况下，效果不明显。$Ma=3$，$\alpha=4°$ 时旋转情况和非旋转情况下火箭弹的总变形云图如图5-44(a)(b)所示。最大变形都发生在卷弧翼的翼片上，这是由于卷弧翼翼片很薄，再加上较大的气动载荷的原因造成的。火箭弹分别为刚体和弹性体时卷弧翼中心截面线上的压力分布如图5-45所示。说明弹性火箭弹的变形对卷弧翼上的气动载荷分布产生了较大的影响。

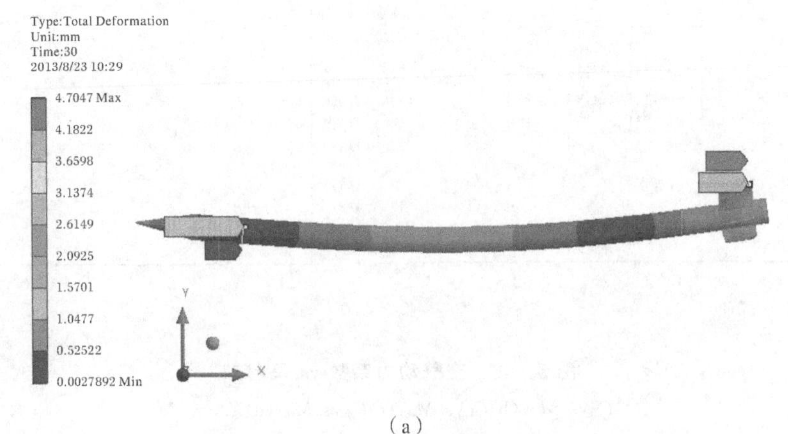

(a)

图5-44 $Ma=3$，$\alpha=4°$ 时火箭弹总变形云图

(a)$Ma=3$，$\alpha=4°$ 时不旋转情况下火箭弹总变形云图；

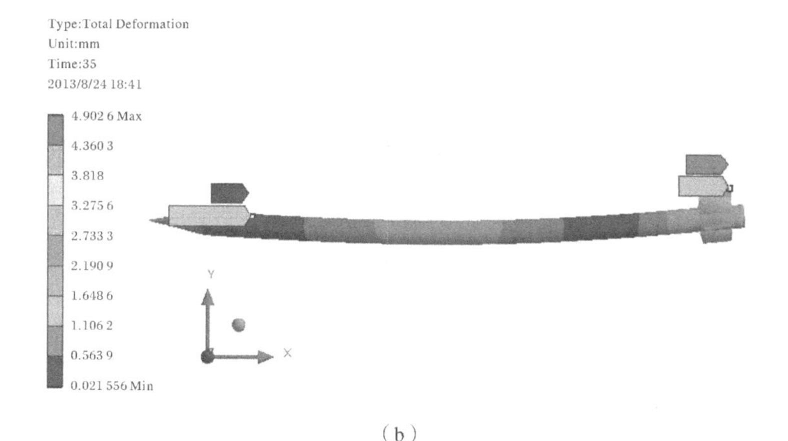

(b)

续图 5-44　$Ma=3,\alpha=4°$时火箭弹总变形云图

(b)$Ma=3,\alpha=4°$时旋转情况下火箭弹总变形云图

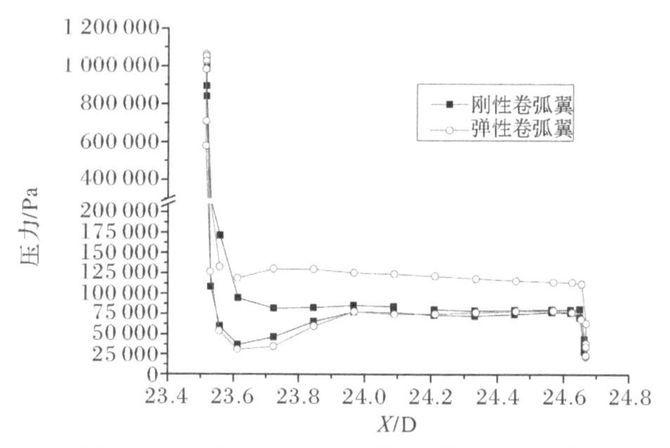

图 5-45　$Ma=3,\alpha=4°$时旋转火箭弹卷弧翼中心截面线上压力分布

旋转情况下火箭弹变形云图如图 5-46(a)(b)所示，火箭弹在 Z 方向上也产生了变形，但是 Z 方向上的变形相对 Y 方向的变形要小得多，这是由于旋转产生的侧向载荷所导致的。因此，火箭弹的设计中应当考虑旋转和双向耦合的方法。

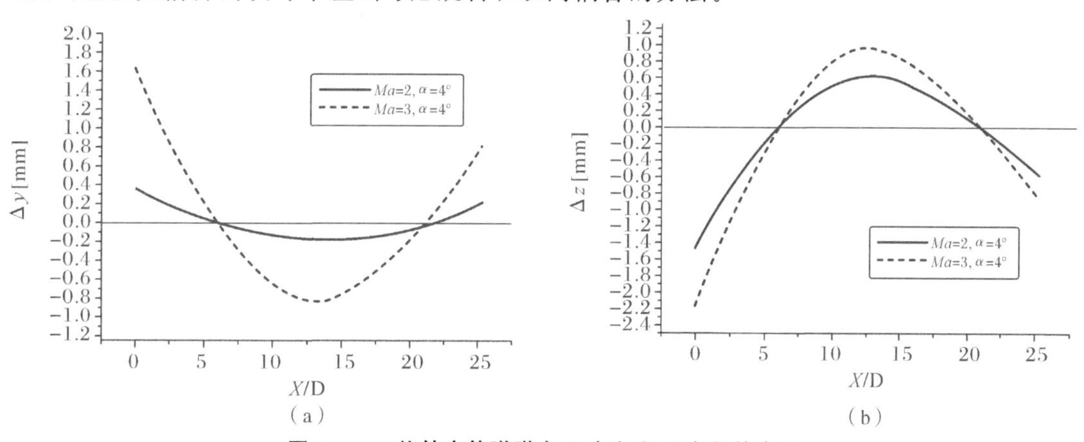

(a)　　　　(b)

图 5-46　旋转火箭弹弹身 Y 方向和 Z 方向的变形

(a)旋转火箭弹 Y 方向的变形；(b)旋转火箭弹 Z 方向的变形

表 5－5 给出了刚体火箭弹和弹性体火箭弹的气动系数。通过双向耦合的方法计算了旋转和不旋转情况下的弹性体火箭弹的气动系数，并和刚体火箭弹的气动系数做了对比，结果表明火箭弹变形对气动特性参数带来了一定的影响。其中，升力和阻力系数分别下降了 1.8%～7.6%和 0.06%～9.3%，俯仰力矩系数增加了 0.2%～14.3%。同时，弹性火箭弹的压心系数提前了 0.4%～5.8%，这就说明在其他参数不变的情况下，火箭弹的稳定性下降了 0.4%～5.8%。计算结果表明弹性变形导致了火箭弹的稳定性下降。

表 5－5　火箭弹气动系数

马赫数	火箭弹	C_D	C_L	C_m	X_{cp}
$Ma=2$	不旋转刚体火箭弹	0.596 7	0.690 2	−0.511 2	0.700
	不旋转弹性体火箭弹	0.576 4	0.651 7	−0.479 9	0.695
	旋转刚体火箭弹	0.567 3	0.320 9	−0.165 4	0.459
	旋转弹性体火箭弹	0.556 7	0.320 7	−0.165 0	0.457
$Ma=3$	不旋转刚体火箭弹	0.475 9	0.587 7	−0.383 1	0.618
	不旋转弹性体火箭弹	0.439 6	0.533 2	−0.328 5	0.582
	旋转刚体火箭弹	0.460 8	0.400 9	−0.210 1	0.486
	旋转弹性体火箭弹	0.446 7	0.400 1	−0.209 6	0.484

5.4　火箭弹静气动热弹性仿真计算

5.4.1　静气动热弹性单向耦合计算方法

火箭弹的静气动热弹性仿真基于包含流体解算器、热分析解算器、结构分析解算器的 AWB 多物理场粡合平台进行。计算中首先利用计算流体力学(CFD)方法对刚体火箭弹进行气动力计算。对一定海拔高度，假设以一定速度持续飞行一段时间的火箭弹，利用稳态的 CFD 方法，选用旋转坐标系方法设置弹体旋转，考虑结构热传导，计算获得弹体表面温度分布和压力分布。再利用有限元热分析方法，将弹体表面温度重新插值到用于有限元计算的弹体表面网格上，通过热分析计算准确获得结构内部温度场分布。同时，也将气动压力载荷插值到用于有限元计算的弹体表面网格上，最后进行静气动热弹性单向耦合仿真计算，单向耦合流程如图 5－47 所示。

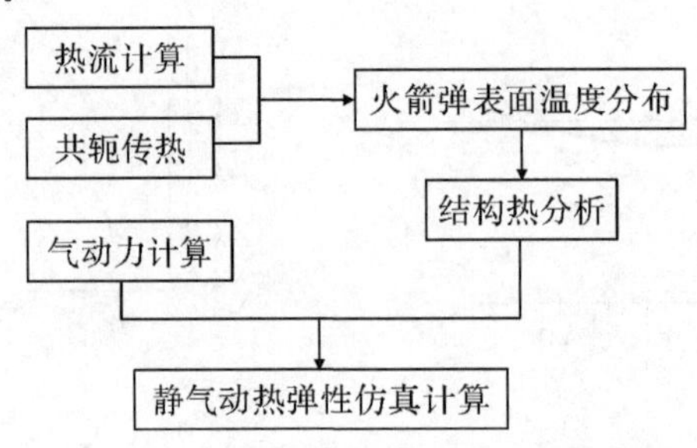

图 5－47　静气动热弹性单向耦合流程图

计算中流体域控制方程、湍流模型以及离散格式选择与 5.1 节中相同。边界条件不再是绝热壁面模型，而是需要考虑共轭传热，因此补充固体计算域的能量方程：

$$\frac{\partial}{\partial t}(\rho h)+\nabla\cdot(v\rho h)=\nabla\cdot(k\,\nabla T)+S_h \tag{5-26}$$

式中：ρ 为密度；h 为显焓；$\int_{T_{\rm rd}}^{T} c_{\rm p}\,{\rm d}T$；$k$ 为导热率；T 为温度；$S_{\rm h}$ 为体积热源，此处瞬态项和体积热源为 0。

计算流场网格的拓扑图、流场计算网格和卷弧翼处的流场截面网格分别如图 5-48～图 5-50 所示，网格数量为 1 500 000，$Y^{+}\leqslant 1$。

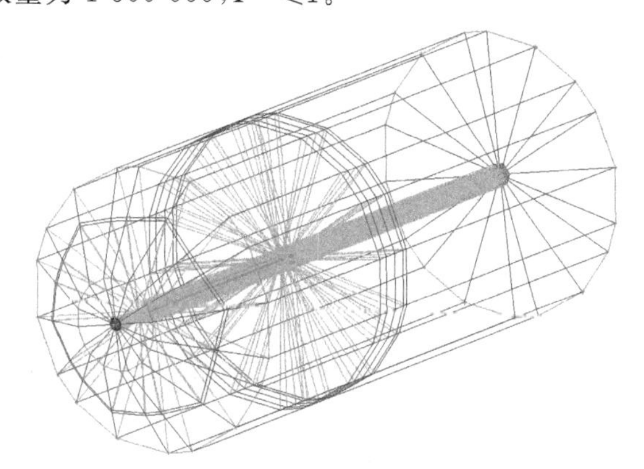

图 5-48　流场拓扑图

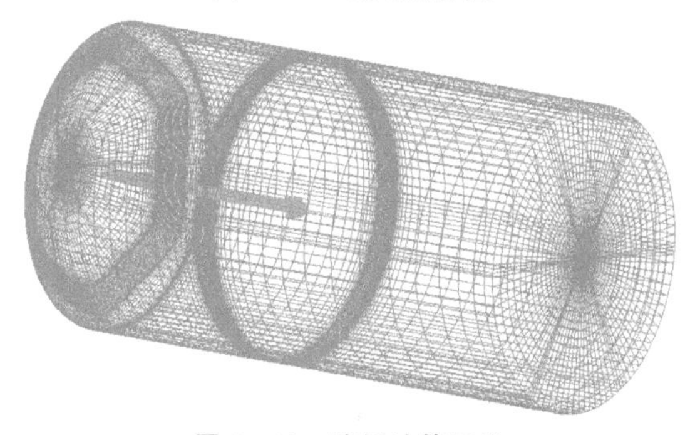

图 5-49　流场计算网格

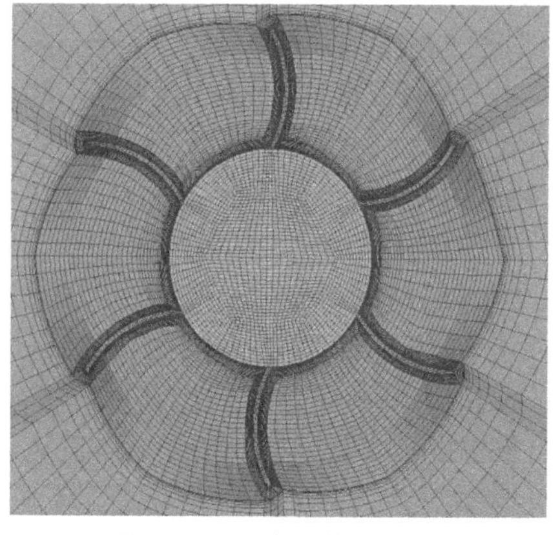

图 5-50　流场截面网格

由于火箭弹受到气动加热问题，因此需要补充结构热分析方程：

$$[K(T)]\{T\}=\{Q(T)\} \tag{5-27}$$

式中：$[K]$是热传导矩阵，可以是常量或者温度的函数；$\{Q\}$是热流率载荷向量，也可以是常量或者温度的函数。

实体采用十节点四面体单元(SOLID87)和二十节点六面体单(SOLID90)，通过热分析获得结构温度场，然后把温度场加载到用于结构单元中，变为热载荷，进而进行结构分析。约束方法采用惯性释放方法，耦合面上的边界条件如下：

$$d_f=d_s \tag{5-28}$$

$$n\cdot\tau_f=n\cdot\tau_s \tag{5-29}$$

$$q_f=q_s \tag{5-30}$$

$$T_f=T_s \tag{5-31}$$

式中：d 是位移场；τ 是应力场；q 是热流；T 是温度场；n 代表法向方向，下标 f 和 s 分别代表流体和固体。固体区域的网格如图 5-51 和图 5-52 所示。

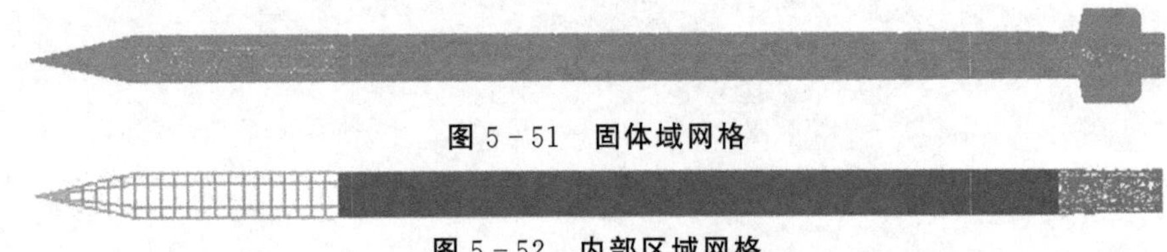

图 5-51　固体域网格

图 5-52　内部区域网格

5.4.2　火箭弹静气动加热数值计算

本节中研究的火箭弹几何尺寸与 5.3 节中相同，在材料假设部分有所不同。假设火箭弹弹壳厚度为 5 mm，其材料为 30CrMnSi。将火箭弹内部分成多段，定义每一段上的材料的密度、泊松比、弹性模量，使其接近真实火箭弹。气动系数验证计算时，采用标准大气条件为远场自由来流条件，攻角为 0°、4°、8°，计算马赫数为 Ma=1、1.2、1.5、2、2.5、3、3.5、4。静气动热弹性计算时，自由来流条件为海拔高度为 1 300 m 处的大气条件(82.822 5 kPa，277 K)，攻角为0.58°、4°和 8°，马赫数为 Ma=3.4，转速超过 130 rad/s。计算中假设气体为理想气体，黏度和温度的变化关系符合 Surthland 三系数公式。火箭弹进行气动计算时假设为刚体，在静气动热弹性计算时则为弹性体。

为了验证 CFD 计算气动加热的准确性，采用 Allan R. Wieting 在 NASA LANGLEY 8-fit高温风洞中的实验模型进行计算，实验模型[249]如图 5-53 所示。来流条件是 Ma=6.47，Re=1.312 336×10^6，P=648.13 Pa，T=241.52 K。圆柱壳体的材料是不锈钢 321 系列，ρ=8 030 kg/m^3，比热 C_p=502.48 J/(kg·k)，导热系数 k=16.27 W/(m·k)。由于实验模型是完全对称的圆柱体，所以计算模拟只需采用 1/4 的 2D 圆柱模型来代替，大大减少计算量。数值方法与相同，即求解 RANS 方程和共轭传热方程，边界条件也是远场边界，物面边界条件是无滑移。为了较好地模拟热流，网格划分时对边界层进行了加密。此处计算为了和实验数据对比，采用非定常 CFD 计算。因为固体的热容量相对于流体的要大得多，因此可以近似认为流场的温度分布在初始时刻达到稳态了，固体域导热还没开始。此处采用等温壁面的物面边界条件先求得稳态流场，然后以稳态流场计算结果为初始条件进行非定常耦合传热计算，以降低收敛难度，流体域和固体域计算网格如图 5-54 所示。

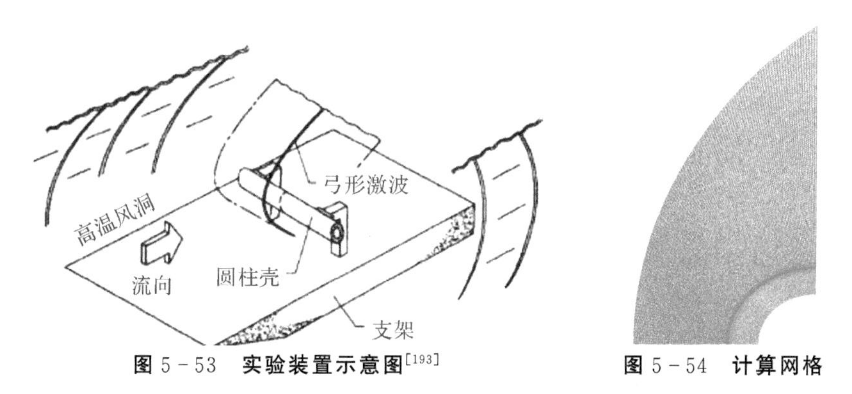

图 5-53　实验装置示意图[193]　　　图 5-54　计算网格

图 5-55 为圆柱壳体在 2 s、3 s、4 s、5 s 时刻的结构温度分布云图，其结构的最大温度均发生在结构的驻点位置，并且驻点温度也随着时间的增加而升高，符合物理现象。5 s 时刻的流场速度云图和流场温度云图如图 5-56、图 5-57 所示。

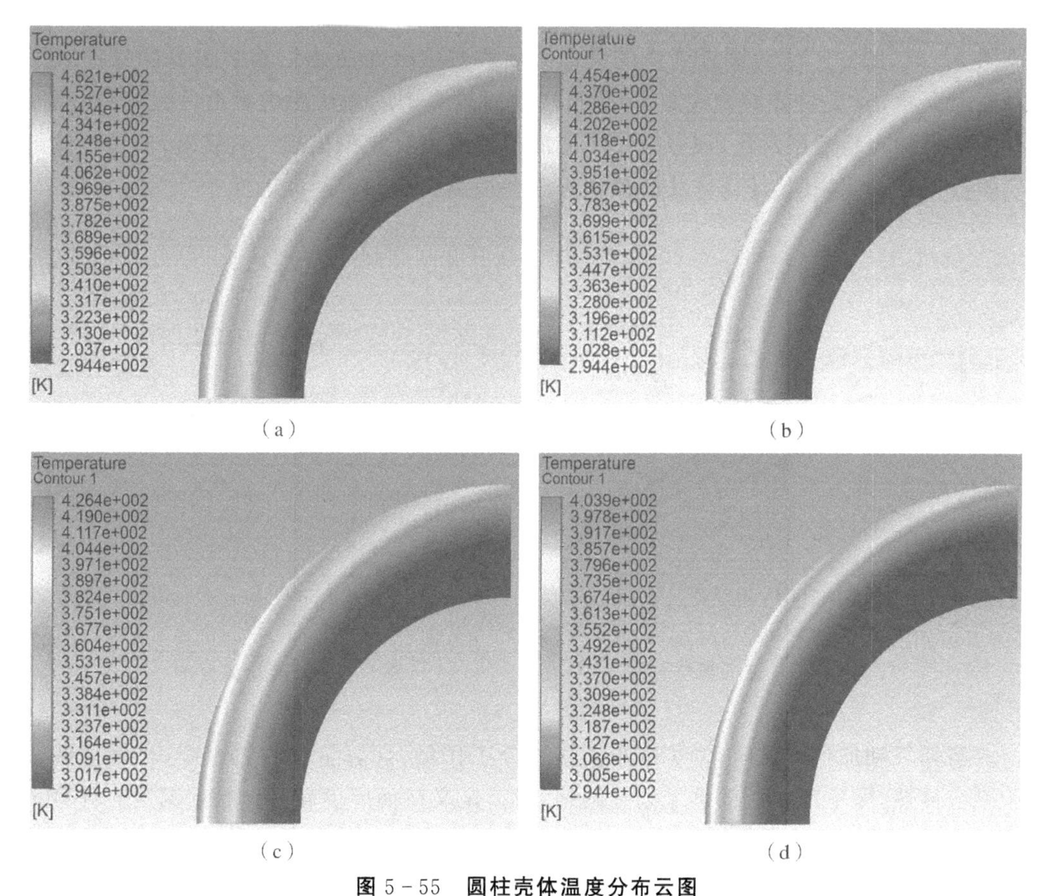

图 5-55　圆柱壳体温度分布云图

(a)t=5 s 时圆柱壳体温度分布云图；(b)t=4 s 时圆柱壳体温度分布云图；

(c)t=3 s 时圆柱壳体温度分布云图；(d)t=2 s 时圆柱壳体温度分布云图

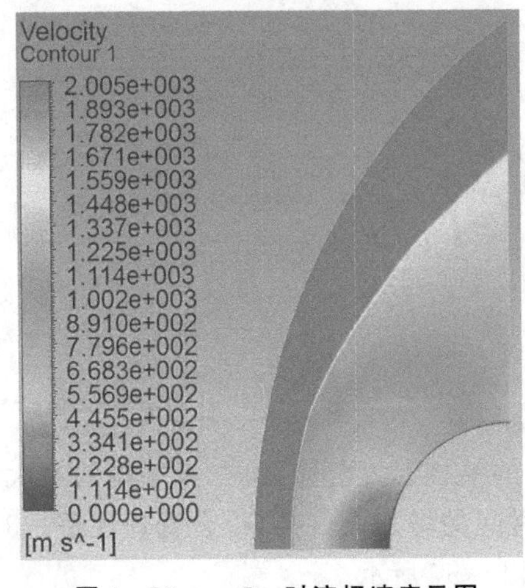

图 5-56 t=5 s 时流场速度云图

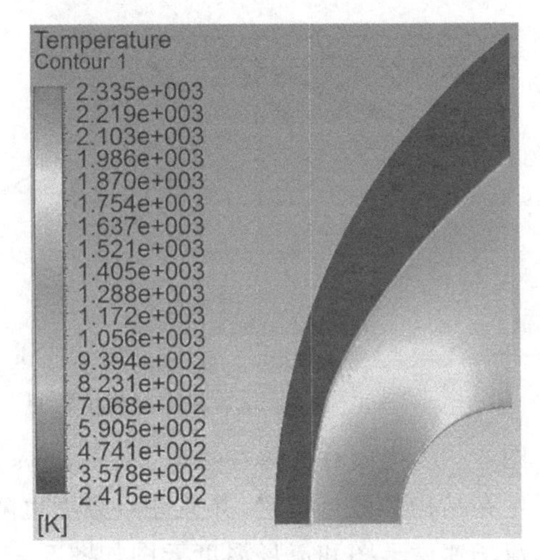

图 5-57 t=5 s 时流场温度云图

图 5-58、图 5-59 为圆柱壳体的壁面温度和热流分布曲线。其中，θ 是圆柱的表面和对称面的夹角，q_0 是驻点热流密度，q 是圆柱壁面热流密度。从图中看出，圆柱壳体温度分布计算结果和实验数据对比，误差较小。壁面热流密度计算中出现一些震荡，但是整体趋势和实验数据相符。说明 CFD 方法模拟计算气动加热具有一定的准确性。

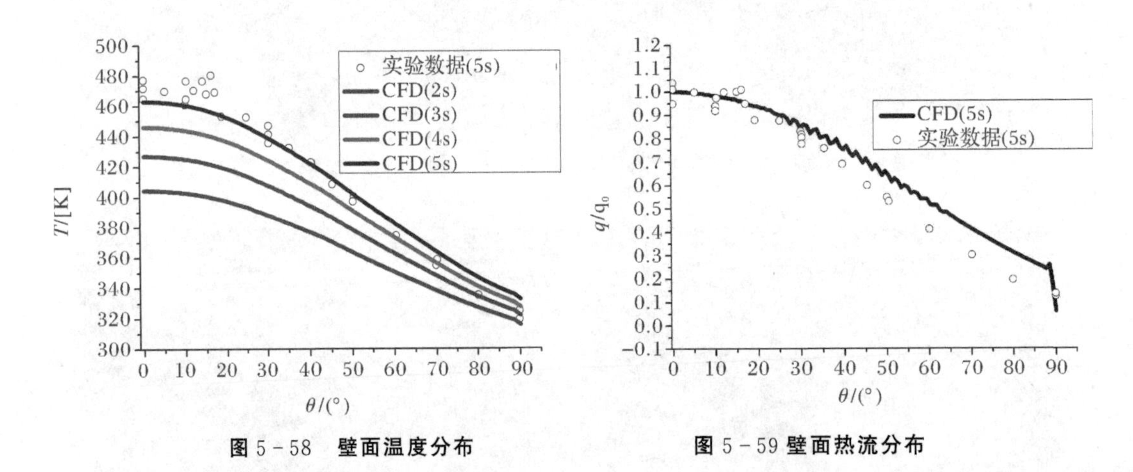

图 5-58 壁面温度分布

图 5-59 壁面热流分布

火箭弹气动加热计算时，为了减小网格划分工作量、计算量和收敛难度，采用薄壁模型模拟耦合传热，即不需要对固体域划分网格，只需定义壁面厚度和弹体初始温度。计算可以得到弹体表面温度分布，通过热分析解算器可以得到结构温度场分布，最后通过结构解算器可以得到热载荷分布。图 5-60(a)～(c)分别是旋转火箭弹在 $\alpha=0.58°$时的弹头温度云图、弹头部流场温度云图和卷弧翼前缘温度云图。图 5-60(d)是旋转火箭弹在 $\alpha=8°$时的弹头部温度云图。从图中可以看到火箭弹上弹头温度最高，卷弧翼前缘温度最高。攻角较大时候弹头由于下表面受到气流压缩更加严重，下表面的温度高于上表面。

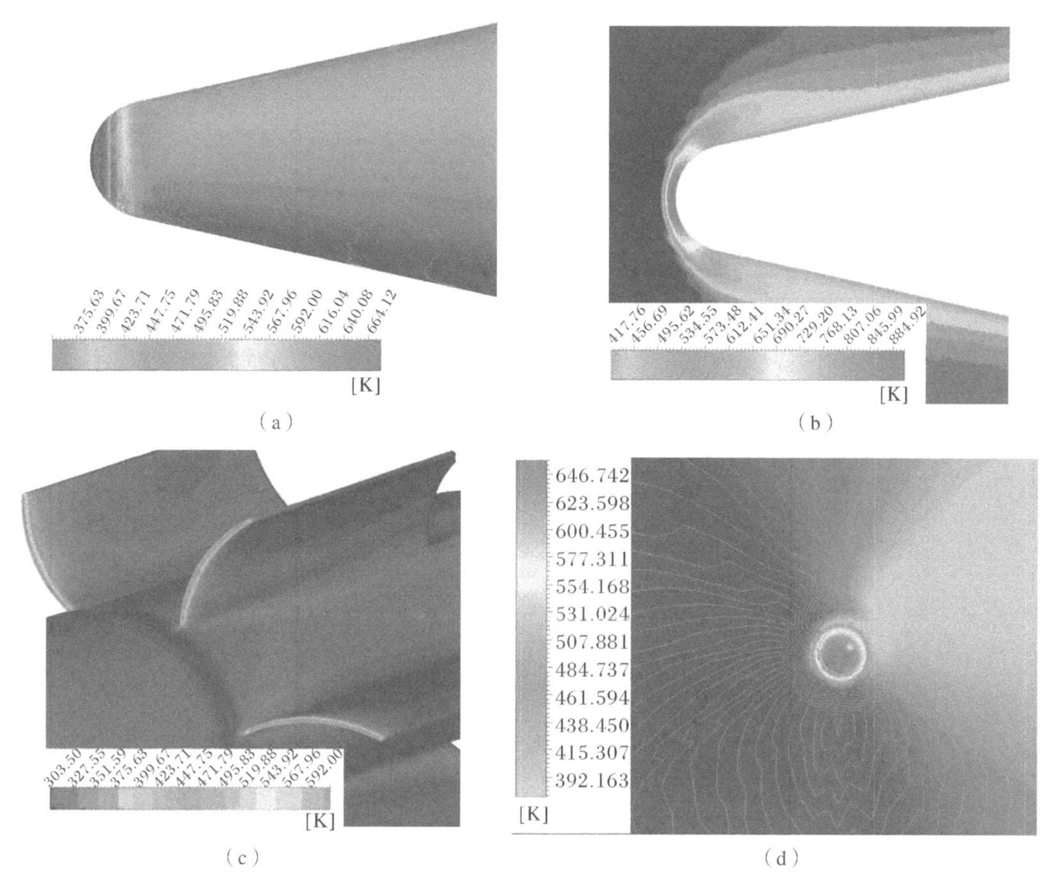

图 5-60　旋转火箭弹温度云图

5.4.3　火箭弹静气动热弹性分析

图 5-61(a)(b)是不旋转情况下火箭弹的流体-结构耦合的计算结果，而图 5-62(a)(b)是旋转情况下火箭弹热-结构耦合的计算结果。从图 5-61(a)和图 5-62(a)可以看出，由气动热引起的结构应力要比气动载荷引起的结构应力大得多。从图 5-61(b)和图5-62(b)也可以看出，气动热引起的结构最大总变形比受到气动载荷导致的结构总变形要大。

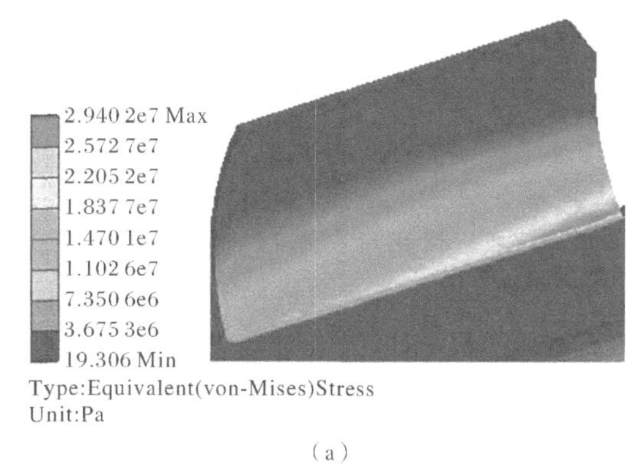

图 5-61　$\alpha=0.58°$的不旋转火箭弹流体-结构粿合时等效应力和总变形云图

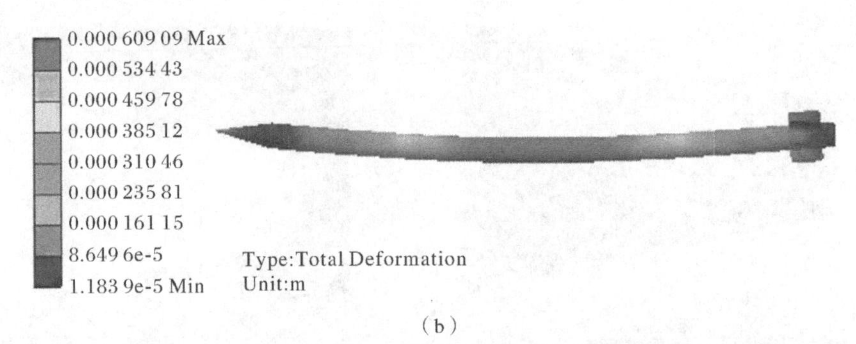

（b）

续图 5－61　α=0.58°的不旋转火箭弹流体-结构耦合时等效应力和总变形云图

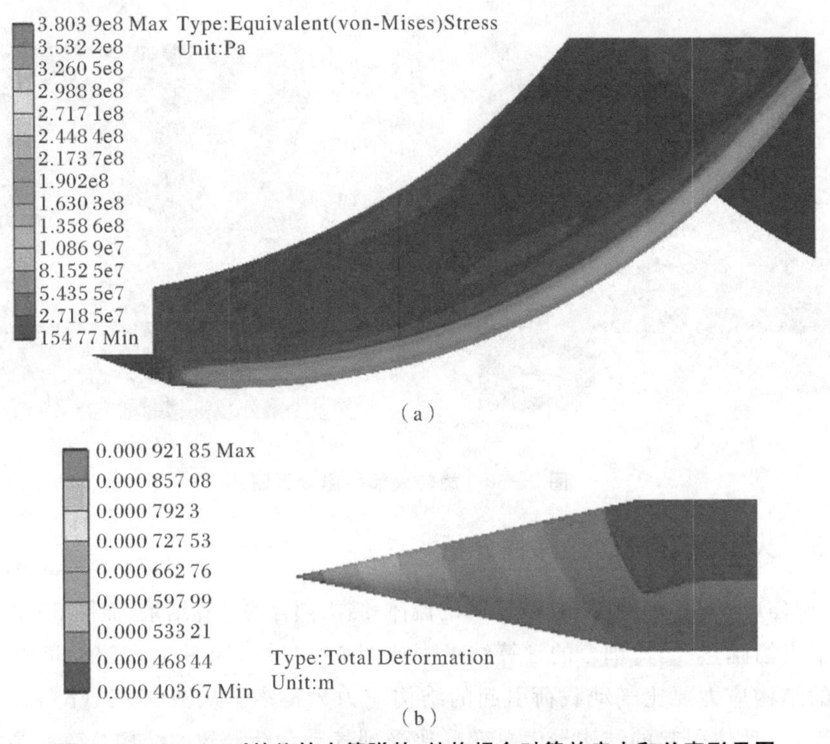

（a）

（b）

图 5－62　α=0.58°的旋转火箭弹热-结构耦合时等效应力和总变形云图

图 5－63 和图 5－64 分别是 α=0.58°的旋转火箭弹流体-热-结构耦合时等效应力和总变形云图。最大应力发生在卷弧翼前缘，最大变形一般发生在火箭弹中部和卷弧翼上。火箭弹的卷弧翼比较薄，又需要承受巨大热载荷，火箭弹头部也要承受巨大的热载荷，这将影响火箭弹内部工作原件的正常工作，因此对火箭弹的卷弧翼前缘和弹头进行热防护很有必要。旋转火箭弹的气动热弹性多场耦合引起的结构等效应力和最大总变形的数值模拟计算结果见表 5－6。结果显示，最大变形和最大等效应力随着攻角的增大而增大。30CrMnSi 的屈服极限$\sigma_s \geqslant$885 MPa，攻角为 8°时，最大应力为 725 MPa 小于材料的屈服极限，因此在此种飞行条件下，不会发生结构破坏。

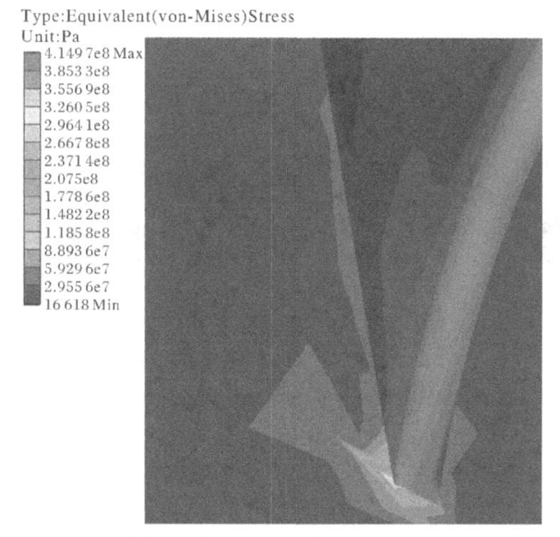

图 5－63　$\alpha=0.58°$的旋转火箭弹流体-热-结构耦合时等效应力云图

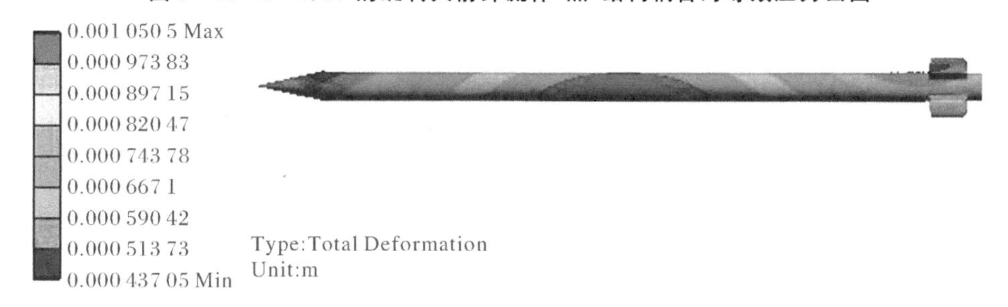

图 5－64　$\alpha=0.58°$的旋转火箭弹流体-热-结构耦合时总变形云图

表 5－6　旋转火箭弹最大等效应力和总变形云图

	$\alpha=0.58°$	$\alpha=4°$	$\alpha=8°$
Maxequivalentstress/MPa	415	470	725
Maxtotaldeformation/mm	1.05	4.82	6.01

5.5　本章小结

本章主要围绕超声速飞行的旋转弹箭的空气动力学特性和流固耦合计算展开研究，介绍了旋转弹箭气动特性及流固耦合数学模型的建立和数值求解方法。本章通过数值模拟旋转弹丸、旋转的翼身组合体的复杂流场，获得气动参数并与实验数据对比，验证本章数值方法对旋转弹箭气动参数计算的准确性，并对旋转弹箭的气动特性进行了比较全面的研究。然后，采用同样的计算方法并结合流固耦合计算方法，计算了大长细比旋转火箭弹的静气动弹性问题。通过模拟计算热风洞实验模型的气动加热，验证了本章对火箭弹气动加热模拟的准确性，并对气动热的具体计算方法进行了具体介绍。最后，基于前面数值方法的准确性，再结合气动加热数值模拟的准确性，对大长细比卷弧翼旋转火箭弹的静气动热弹性进行了数值模拟计算。

第6章 结构物入水流固耦合仿真方法及结果分析

6.1 引 言

本章研究对象主要是结构物冲击入水的问题。结构物的冲击入水是一个复杂的流固耦合过程。结构物的自身参数，包括入水速度、入水姿态、壁厚、几何外形等均会影响其冲击入水瞬间以及入水后期的响应。实际中存在很多有关结构物冲击入水的工程问题，如飞机水上迫降、空投鱼雷入水、船舶在风浪中前行以及返回舱水上回收等。因此，对结构物冲击入水流固耦合问题的研究具有很强的工程实际应用意义。

结构物冲击入水流固耦合问题可以通过解析方法、试验方法、数值仿真模拟方法进行研究、分析。最早研究结构入水解析及的是 Von Karman，他于 1929 年针对船体提出了简化的楔形体模型的入水理论[130]。随后，Wagner 对 Von Karman 的方法进行了修正，加入了一个水波影响因子，使结果更符合实际，得到了更为广泛的应用[131-132]。White 利用照相技术观察了球体垂直和斜入水初期的喷溅现象，获得了典型的入水喷溅形状[132-133]。Chuang 等人在结构物入水试验方面进行了比较全面的研究，相继进行了平板、楔形体、弹性体、圆锥体等简单结构物的入水试验[134-137]。除此，El-Mahdi Yettou、Greenhow、Lin、孙慧等人对二维楔形体、圆柱体等结构物的入水和出水的形成过程进行了大量的试验研究，总结了结构物入水的响应规律[138-141]。在各类仿真模拟方法中，虽然 CFD 方法可以较好地模拟水体的大变形特点，但是该方法相对于有限元方法而言计算时间过长。随着有限元方法的发展，已经存在很多方法来有效地模拟入水冲击问题。基于有限元方法的流固耦合计算方法主要分为两类，即网格以及无网格方法，其中网格方法主要分为拉格朗日、欧拉以及 ALE 方法[142-144]。近年来，无网格中的 SPH(Smoothed Particle Hydrodynamics)方法被广泛应用于冲击入水的仿真模拟中。Stenius 在考虑了结构弹性的情况下，进行了二维楔形体入水的仿真计算研究，结果表明结构变形与跨距的关系，会影响结构的水弹性，从而对抨击压力有较大的影响[145]等。陈宇翔、史如坤等人[146-147]利用动网格的方法对零浮力水平圆柱体入水过程的气液两相流动和刚体运动耦合的问题进行了数值模拟，研究了圆柱体入水过程中射流的形成、运动和空气垫等自由表面的变化现象，模拟了圆柱体竖直运动过程。本章将围绕着结构物冲击入水问题的理论、数值仿真进行详细介绍。

6.2　二维楔形体入水解析解计算方法

结构物冲击入水问题的理论解最早是由 Von Karman 提出的，他利用动量守恒定律以及几何关系推导出了楔形体垂直抨击入水过程中水对楔形体的反力，如图 6-1 所示。但在该公式中当楔形体低升角为零时，抨击压力将会趋于无穷大，这与实际情况非常不符。除此，由该式得到的理论解相对于试验值过大，因此公式在实际应用中很少用到，这里不做详细介绍。

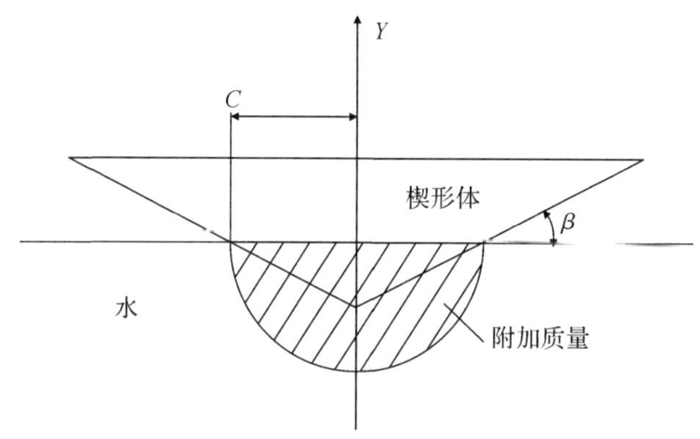

图 6-1　Von Karmann 二维楔形体抨击入水理论

相比而言，如图 6-2 所示，Wagner 在 Von Karman 入水理论的基础上考虑了水面的抬升，提出了小倾角近似平板理论，被广泛应用于抨击压力的计算[148-149]。他认为在不考虑楔形体和水面之间的空气垫的情况下，任何剖面形状的小角结构物表面的冲击压力都可以用近似平板理论进行计算。引入了沾湿宽度 $c(t)$，在垂直入水速度 V 下，楔形体表面抨击压力为

$$P=\rho V\frac{c(t)}{\sqrt{c(t)^2-y^2}}\frac{\mathrm{d}c}{\mathrm{d}t} \tag{6-1}$$

式中：ρ 为液体密度；$c(t)$为沾湿宽度；y 为竖直方向位移；t 为时间。沾湿宽度可以表示为

$$c(t)=\frac{\pi Vt}{2\tan\beta} \tag{6-2}$$

式中：β 表示楔形体底升角（即楔形体底面与水面的夹角），在 $|y|=c(t)$ 时，根据 Wagner 的推导可以得到楔形体表面的压力峰值收敛于：

$$P_{\max}=\frac{1}{2}\rho\left(\frac{\mathrm{d}c}{\mathrm{d}t}\right)^2 \tag{6-3}$$

将式(6-2)代入式(6-3)变换得到 $P_{\max}$ 与入水速度、底升角的关系为

$$P_{\max}=\frac{1}{2}\rho\left(\frac{\pi V}{2\tan\beta}\right)^2 \tag{6-4}$$

通过式(6-4)可以发现楔形体压力峰值只受到垂直入水速度以及底升角的影响:随着垂直入水速度的增大,压力峰值增大;随着底升角的增大,压力峰值减小,并且在密度以及底升角一定的情况下压力峰值与 V^2 呈线性关系;在密度、入水速度一定的情况下,压力峰值与$\tan^2\beta$呈反比例关系。因此,通过 Wagner 的入水基本理论,在给定结构物密度、垂直入水速度和底升角的情况下,就可以通过式(6-4)计算出压力峰值理论的收敛值,从而用来推断数值模拟结果的正确性。此外,通过图 6-2 楔形体表面压力分布曲线可以看出,瞬态下压力大小在楔形体表面变化的趋势是由楔形体的底点开始,先增大然后再逐渐减小,这与实际试验中得到的压力分布趋势一致。因此可以看出,压力的最大值并不是出现在楔形体尖点位置。

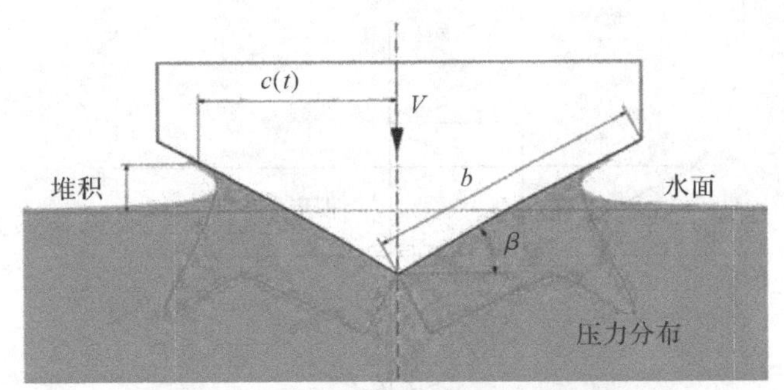

图 6-2 Wagner 楔形体入水示意图

6.3 二维楔形体入水仿真计算

6.3.1 基于 LS-DYNA 软件的 ALE 算法

在进行结构物入水的仿真模拟时,选取不同的数值算法会直接影响到计算效率,并对结果的精度有很大影响。在数值仿真模拟方法方面,主要使用的是 ANSYS/LS-DYNA 中描述三维单元的三种基本算法:Lagrange(拉格朗日)算法、Euler(欧拉)算法、和 ALE(Arbitrary Lagrange-Euler,任意拉格朗日欧拉)算法,这三类方法各有其适用范围。以一个 2D 的长方形变形为例子,来说明三种方法的不同,如图 6-3 所示,可以看出:

(1)Lagrange 算法中,空间网格的节点与假想的材料节点是一致的,即材料变形时,网格也跟着材料一起变形。因此,发生大变形时,网格有可能发生严重畸变而使计算终止。

(2)Euler 算法为两层网格重叠在一起,一个是空间网格固定在空间中不动,另一层附着在材料上随材料在固定的空间中流动,这样的网格总是不动且不变形的,相当于材料在网格中流动,从而可以处理流体流动等大变形问题。

(3)ALE 算法集合了 Lagrange 和 Euler 算法的优势,且将它们的缺陷降至最少,即通过在材料域与空间域外引入了参考域,通过在参考网格上的求解,既解决了 Lagrange 网格下材料的严重变形,又解决了 Euler 格式下移动边界引起的复杂性问题,为解决流体结构耦合问题提供了较好的方法,本书就是利用的该方法。

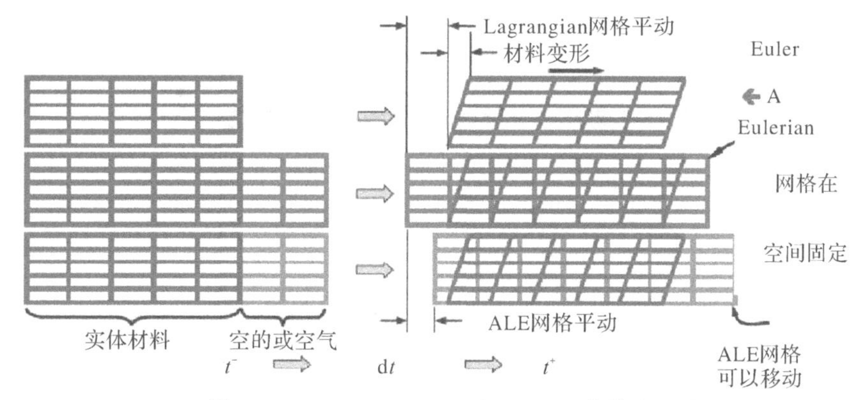

图 6-3 Lagrange、Euler、和 ALE 三种算法区别

近年来，SPH(光滑粒子流体动力学)方法也得到了广泛的运用，利用 SPH 来定义水体的方法(见图 6-4)逐渐应用于研究流固耦合的问题中，该方法可以较好的模拟出水粒子的飞溅情况[150]。

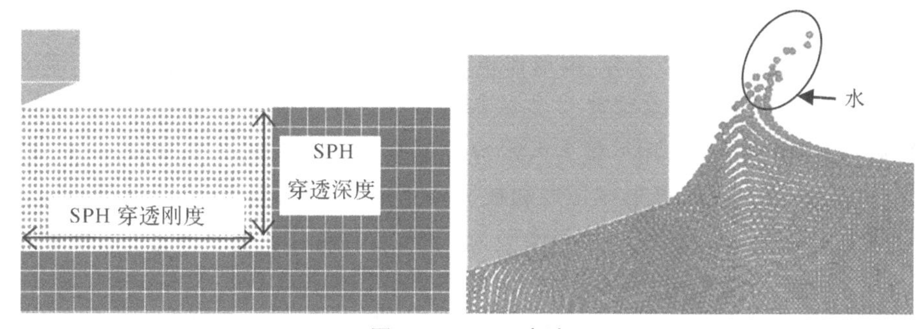

图 6-4 SPH 方法

6.3.2 耦合刚度参数

在 LS-DYNA 中利用 ALE 方法进行流固耦合计算的时候，运用的接触算法是罚函数耦合算法(罚函数接触算法)。因为，该方法的优势在于可以处理在耦合界面上存在不同的网格类型，如拉格朗日网格和欧拉网格耦合。在流固耦合问题中，这种算法的运行法则，如图 6-5 所示[151]。从物理角度描述该现象：在耦合界面上引入了一个弹簧，当结构物接触水面，并产生相对位移时(接触弹簧)，就会产生一个弹簧变形量 d，从而产生一个接触力 $F=kd$；当不接触弹簧时，不产生耦合，就没有接触力。因此，罚函数相当于在界面处定义的这个弹簧，弹簧的刚度直接影响到耦合后从节点相对于主节点的位移，从而影响到响应的结果。具体而言：如果罚函数值取值过大，相当于耦合界面刚度很大，就会导致穿透物质的表面发生钢化现象，即物质表面变得异常刚硬并且很难变形，直接降低程序计算结果的稳定性以及准确性；而当罚函数值选值过小时，由于耦合界面处接触刚度过小，穿透物质表面过软，因此导致接触时结构物穿过水面，发生液体渗漏的现象。综上，在流固耦合的数值模拟问题中，探究罚函数值对耦合计算结果的影响是非常必要的。

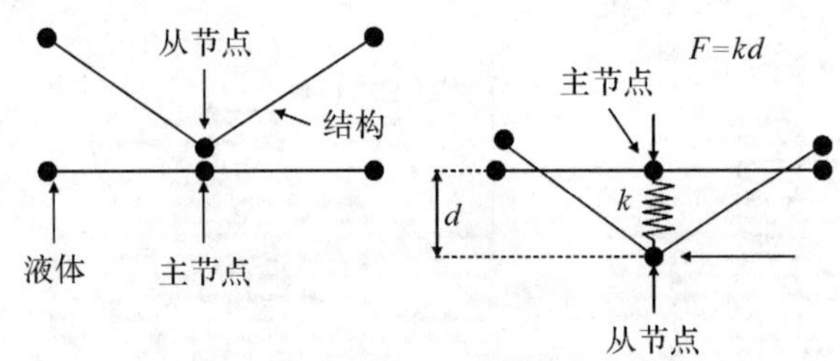

图 6-5 罚函数物理意义

罚刚度直接影响罚函数值。罚刚度受弹簧刚度、网格尺寸等因素的影响。因此,在数值模拟计算之前需要了解这些参数之间的关系,定义合适的罚刚度,从而得到稳定准确的模拟结果。罚刚度 K_D 表示如下:

$$K_D=\frac{k}{A_L}=pf\frac{KA_L}{V_\in} \tag{6-5}$$

式中:k 为弹簧刚度;A_L 为拉格朗日结构的单元面积;$V_\in$ 为欧拉流体单元的体积;pf 为罚刚度系数(LS-DYNA 中需要定义,来描述罚刚度)。

在 ANSYS/LS-DYNA 中建立如下模型。为了缩短计算时间,取对称的二维楔形体模型的一半,建立的入水模型尺寸为:楔形体板宽 $b=0.7$ m,横向底升角 $\beta=18°$,垂直入水速度 $v=3$ m/s,板厚 $t=8$ mm,水域宽 5.0 m(水域宽尽量在楔形体板宽的 6 倍以上,来减小横向边界影响),水深 1.5 m(水深尽量为入水深度的 6 倍以上来减小纵向边界的影响),空气域宽 5.0 m,深 0.5m。因为楔形体板厚和板宽尺寸相差较大,为减小计算时间和方便建模,定义楔形体为 shell163 单元,刚体材料参数为 $E=210$ GPa,$\rho=7\ 850$ kg/m^3,楔形体网格尺寸为 10 mm。空气定义为 solid164 单元,利用状态方程来描述。

网格尺寸会直接影响到计算的结果,考虑到整个模型尺寸较大,整体网格细化会导致过长的计算时间。为了提高计算效率,将水、空气域划分为密网格区域以及疏网格区域,模型如图 6-6所示。在密网格区域,水、空气网格与楔形体网格尺寸比为 1/1,单元尺寸为10 mm×10 mm。在疏网格区域,水、空气网格与楔形体网格尺寸比为 4/1,单元尺寸为40 mm×40 mm。由于是简化的对称二维模型,因此在模型前后面约束 Z 方向位移,保证仅在面内有位移。在对称面处约束 X、Z 方向位移,在边界面上添加无反射条件。

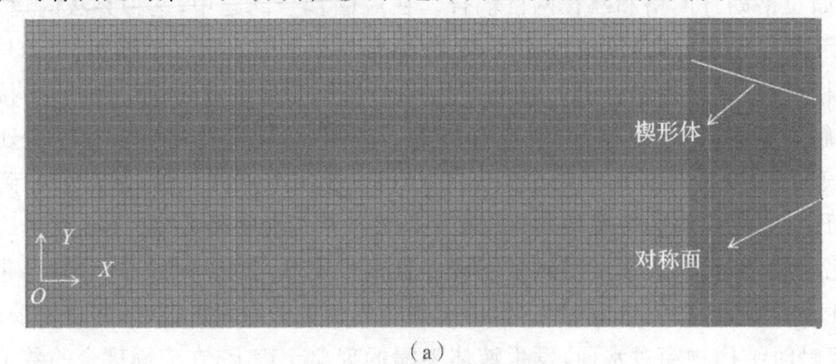

(a)

图 6-6 楔形体入水模型

(a)楔形体入水模型

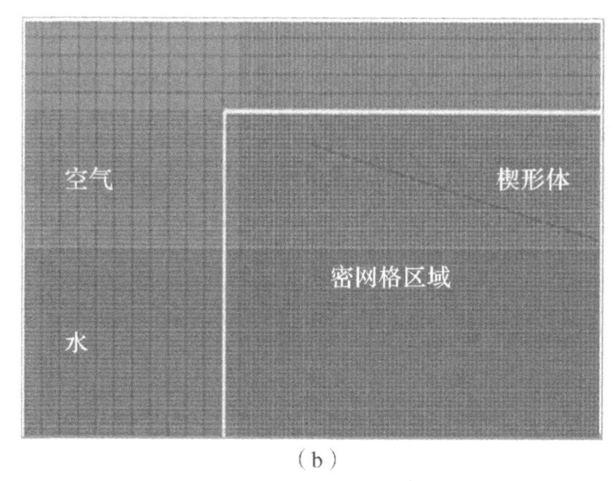

(b)

续图 6-6　楔形体入水模型

(b)密网格区域局部图

利用该模型探讨罚刚度的取值对入水耦合问题中输出结果的影响。LS-DYNA 中计算流固耦合问题时，罚刚度系数(pf)直接影响罚刚度，软件中 pf 默认值是 0.1。前面提到密区域水网格尺寸以及楔形体网格尺寸为 10 mm，因此，可以分别得到 A_L 为 1×10^{-4} m^2，$V_\in$ 为 1×10^{-6} m^3。根据式(6-5)设计 pf 见表 6-1。

表 6-1　罚刚度系数的定义

pf	0.1	0.01	0.000 1	0.000 05	0.000 01

首先，为了判定 K_D 对耦合结果收敛性和准确性的影响，引入 Wagner 的入水基本理论作为参照。根据式(6-4)可以算出，在入水速度为 2.8 m/s、底升角为 18°时，理论的楔形体表面最大压力收敛于 $9.153\ 4\times10^4$ Pa。LS-DYNA 中是通过定义 Segment 单元来输出不同位置的压力响应。定义楔形体底点单元编号为 1，依次向上分别为 2，…，n，如图 6-7 所示，从而可以得到入水过程中整个楔形体表面各个位置的压力响应情况。

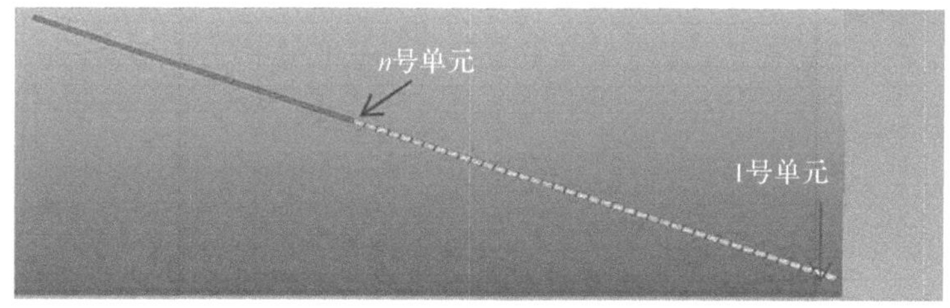

图 6-7　楔形体表面 Segment 单元

当取 pf 由 0.1 到 0.000 01 变化时，对应 K_D 值不断减小。将楔形体表面 1～9 号单元的压力峰值与 Wagner 理论的表面最大压力进行比较，如图 6-8 所示，总结发现：

(1)由 Wagner 理论可得，楔形体表面压力峰值的分布是由底点开始先增大后减小。当 $pf=0.1$ 时，相邻 9 个单元的压力峰值没有出现先增后减的分布情况，且压力峰值远远大于理论的最大压力值。

(2)当 $pf=0.01$ 时，相邻 9 个单元的压力峰值明显降低，且出现先增再减的规律，但还是远大于理论的最大压力值。然而 Wagner 的理论解是大于实际压力值的，因此，以上两种罚刚度系数下的模拟结果严重失真。

(3)当 pf=0.000 1、0.000 05 时,对应 K_D 值逐渐变小,楔形体表面压力峰值分布逐渐符合实际规律,先增大后减小,压力峰值逐渐收敛于理论最大值。在罚刚度系数为 0.000 05 时各个单元压力峰值均小于并收敛于理论最大值,这与经验结论一致。

(4)但当 pf=0.000 01 时,楔形体表面的压力值变得极小,数值计算结果严重失真。

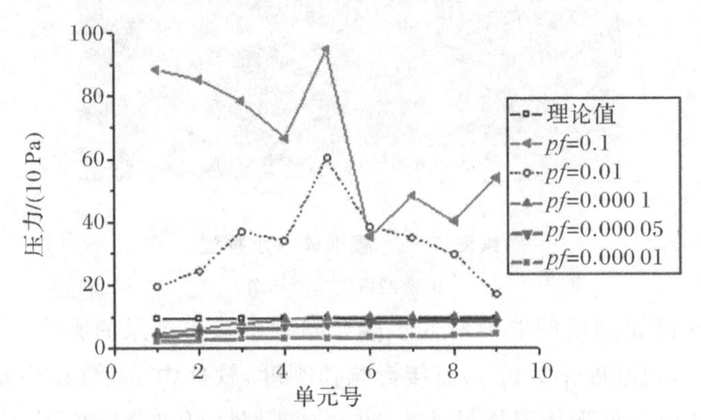

图 6-8　罚刚度系数 pf 对压力峰值的影响

输出相同时刻不同罚刚度系数下响应结果的水花飞溅效果,发现不同 pf 下水花飞溅形态基本一致,说明罚刚度对水花飞溅效果基本没有影响。但当 pf 取值过小,即为 0.000 01 时,耦合界面会出现渗透现象。这主要是由于当罚刚度系数小到一定程度时,接触表面的刚性过低,导致结构与水面一接触就产生穿透,如图 6-9 和图 6-10 所示。

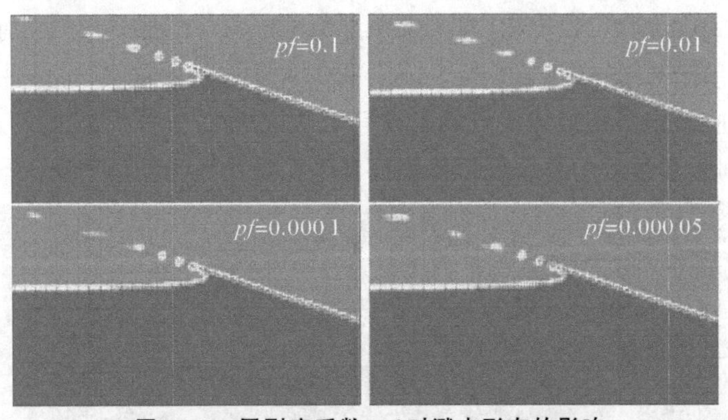

图 6-9　罚刚度系数 pf 对溅水形态的影响

图 6-10　罚刚度系数 pf 过低导致的渗透现象

6.3.3　水的状态方程

常规条件下的结构材料,不必使用状态方程,而高温高压下、高速变形的结构材料及流体则需使用状态方程。材料本构模型分为畸变响应和体积响应：畸变响应利用塑性本构模型来确定，体积响应则用状态方程来描述。状态方程用来描述 P、V、T(压强、体积和温度)之间的关系。通过 LS－DYNA 软件进行流固耦合仿真计算时，是利用 Mie－Gruneisen 状态方程来描述水。Mie－Gruneisen 状态方程为

$$P-P_{\mathrm{K}}(v)=\frac{[E-E_{\mathrm{K}}(v)]\gamma(v)}{v} \tag{6-6}$$

式中：E 表示单位质量内能；P 为压强；下标 K 为"冷"参考状态。冷能 $E_{\mathrm{K}}(v)$，冷压 $P_{\mathrm{K}}(v)$ 和 Gruneisen 系数 $\gamma(v)$ 都是比容 v 的单值函数。

引入 Hugoniot 冲击曲线上状态点(E_{H}，P_{H}，v)代入式(6－6)，用 Mie－Gruneisen 状态方程进行等容外推，得到

$$P=P_{\mathrm{H}}-\frac{(E_{\mathrm{H}}-E_0)\gamma(v)}{v}+\frac{(E-E_0)\gamma(v)}{v} \tag{6-7}$$

忽略初始压力，即 $P_0\approx 0$。推出 Hugoniot 冲击点(P_{H}，v)或(P_{H}，μ)表示的 Mie－Gruneisen 状态方程：

$$P=P_{\mathrm{H}}\left(1-\frac{\gamma\mu}{2}\right)+\gamma(v)(1+\mu)\rho_0(E-E_0) \tag{6-8}$$

式中：μ 为压缩度，$\mu=\frac{v_0}{v}-1$；v_0 为初始比容；E_0 为初始内能；P_{H} 是冲击 Hugoniot 压力。

式(6－8)的未知量(P_{H}，μ)和 $\gamma(v)$，前者由冲击 Hugoniot 曲线确定，后者由常温常压下的 Gruneisen 系数 γ_0 和 γ 的高压物理性质确定。给出 Hugoniot 冲击关系为

$$D=C_0+S_1u+S_2\frac{u^2}{D}+S_3\frac{u^3}{D^2} \tag{6-9}$$

式中：D 代表冲击波波速；C_0 代表常温常压下无扰动状态声速；u 表示冲击波后质点速度，S_1、S_2、S_3 为待定常系数。

除此，给出冲击波关系式以及 P_{H} 关系式为

$$\begin{gathered}\rho_0D=\rho(D-u)\\ P_{\mathrm{H}}=\rho_0Du\end{gathered} \tag{6-10}$$

将式(6－10)与式(6－9)式联立可以得到冲击压力的表达式为

$$P_{\mathrm{H}}=\frac{\rho_0C_0^2\mu(\mu+1)}{[1-(S_1-1)\mu-S_2u^2/(\mu+1)-S_3\mu^3/(\mu+1)^2]} \tag{6-11}$$

将式(6－11)代入式(6－8)就得到了受压状态下的高压状态方程。补充膨胀状态的方程和 γ 的具体表达式，就可得到完整的高压状态方程为

$$\begin{gathered}P_{\mathrm{H}}=\frac{\rho_0C_0^2\mu[1+(1-\gamma_0/2)\mu-a\mu^2/2]}{[1-(S_1-1)\mu-S_2u^2/(\mu+1)-S_3\mu^3/(\mu+1)^2]}+(\gamma_0+a\mu)E_v,\quad \mu\geqslant 0\\ P=\rho_0C_0^2\mu+(\gamma_0+a\mu)E_v,\quad \mu<0\\ \gamma=\frac{\gamma_0+a\mu}{1+\mu}\end{gathered} \tag{6-12}$$

式中：$\mu\geqslant 0$ 压缩材料，$\mu<0$ 膨胀材料；E_v 代表初始单位体积的内能增量，$E_v=\rho_0(E-E_0)$，量纲与压强相同；a 为常数，是 γ_0 的 1 阶体积修正系数。

近年来,经常使用表 6-2 中的参数类型描述水的 Mie-Gruneisen 状态方程。

表 6-2　水的 Mie-Gruneisen 状态方程的参数

Model	Steinberg1	Steinberg2	HULL	SNL
C_0	0.148 0	0.148 0	0.148 3	0.164 7
S_1	2.56	2.56	1.75	1.92
S_2	−1.986	−1.986	0	0
S_3	1.226 8	1.226 8	0	0
γ_0	0.493 4	0.5	0.28	0
a	0	2.67	0	0

其中,HULL 和 SNL 这两种状态方程中 S_2、S_3 均取零,即将水的冲击 $D-\mu$ 关系近似为直线。综上可知,水的状态方程中参数的定义会直接影响入水后结构物的压力响应结果。因此,选择合适的参数类型是仿真模拟的基础。为此,在 LS-DYNA 中对以上 4 种参数类型下的响应结果进行对比分析。

模型仍然利用 6.3.2 节中提出的二维模型,选取 $pf=0.000\ 05$,探究水的状态方程参数对响应结果的影响。表 6-2 给出了 *EOS_GRUNNEISEN 中的参数类型,记 4 种模型分别为 Steinberg1、Steinberg2、HULL、SNL。

输出 4 个模型在同一时刻下楔形体表面同一位置的压力结果,如图 6-11(a)所示。根据以上的理论解可知 SNL 模型将水的冲击 $D-\mu$ 关系近似为直线,对应发现 SNL 模型压力峰值最大(8.86×10^4 Pa)。HULL、Steinberg1 以及 Steinberg2 模型的压力峰值基本一样。因此,在仿真模拟中尽量使用较为准确的 Steinberg 模型。

通过对比表 6-2 中的参数以及图 6-11(a),推断水中的声速 C_0 对压力响应的结果影响较大。为此,将 Steinberg1 的声速由 1 480 m/s 变为 1 647 m/s(记为 Steinberg3 模型),重复上述工作得到图 6-11(b)。由此发现:Steinberg3 的压力峰值与 SNL 模型结果基本一致。因此,水的状态方程参数中声速对压力响应结果的影响不容忽视。对入水试验进行数值仿真计算时,需要对试验状态下的声速进行测量,不能随意地使用常用值。

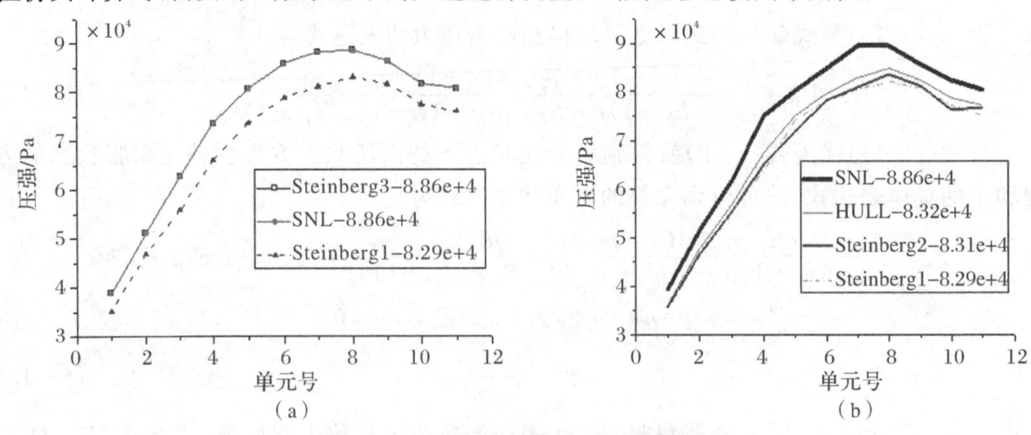

图 6-11　水的状态方程参数分析

(a)水的状态方程对压力响应影响;(b)声速对压力响应的影响

6.3.4 网格影响

数值仿真模拟的结果受网格尺寸的影响极大，因此，想要得到良好的数值计算需要对网格密度的收敛性进行分析。理论上：随着网格密度的增大，计算结果会越好，然而随之带来的就是计算时间的加剧，降低了计算效率。因此，在进行仿真计算时，需要寻找既满足计算精度又不需耗时太久的网格尺寸。基本模型同上，分别讨论楔形体网格尺寸与水-空气网格尺寸比以及网格尺寸对响应结果的影响。

在进行网格划分的时候需要设定结构物和水-空气的网格尺寸比。合理的网格尺寸比会直接影响计算结果和计算时间。进行流固耦合计算时，为保证计算结果及计算时间，通常规定水网格和结构物网格尺寸比为1∶1或水网格密度大于结构网格密度。当结构物和网格尺寸不匹配时会出现“负体积”的报错字样，提示计算无法进行。对比结构物和水-空气网格尺寸比1∶1、1∶2、1∶4下响应结果，如图6-12所示，总结发现：

(1)当结构物与水-空气网格尺寸比1∶1时，加速度峰值为86.5 m/s^2。随水-空气网格尺寸的相对增大，加速度峰值增大，并且响应曲线变得越来越不稳定，震荡加剧。

(2)当结构物与水-空气网格尺寸比为1∶1时，楔形体底面相邻9个单元的压力峰值收敛于理论解。随着水-空气网格尺寸的相对增大，压力峰值分布出现震荡不稳定现象，并且相对于理论解偏大。综上所述，在结构物与水-空气网格尺寸比为1∶1时，仿真结果趋于稳定并且相对准确。因此，建议在进行结构物入水数值建模分析中模型网格划分选取1∶1的比例。

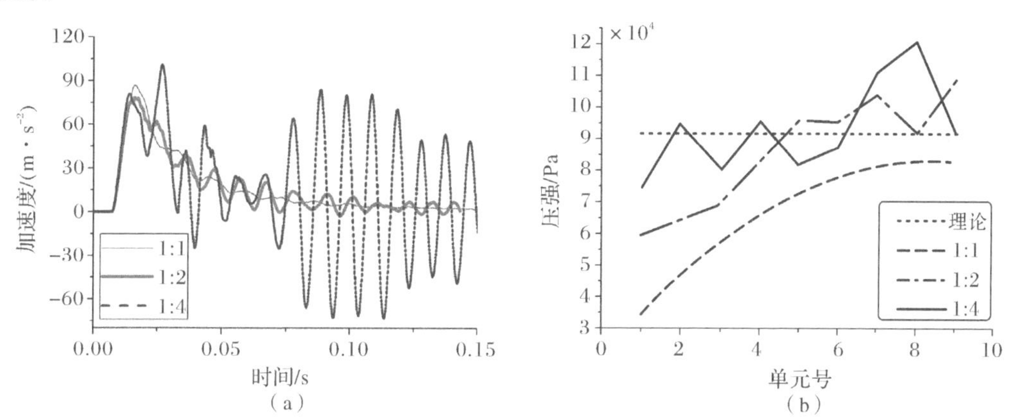

图6-12 网格尺寸比对响应结果的影响

(a)加速度响应比较；(b)压力峰值响应比较

选定网格尺寸比为1∶1的情况下，探究网格密度对响应结果的影响。分别选取网格尺寸为10 mm、20 mm及40 mm建立入水模型，输出相应结果如图6-13所示，总结发现：

(1)10 mm及20 mm网格尺寸下，加速度响应曲线基本一致，而40 mm网格尺寸下的加速度响应曲线震荡过大，结果不稳定。

(2)10 mm及20 mm网格尺寸下，楔形体表面相邻9个单元压力峰值分布收敛于理论值，40 mm 网格尺寸下，压力响应出现波动。

(3)单元网格尺寸减小时，可以输出更加精确位置的压力响应结果。综上所述，针对试验进行仿真计算时，如果仅需要得到楔形体表面压力响应的大致分布和变化情况，在一定范围内不需要选取过小的网格尺寸，因为会造成计算时间的急剧增大。如果需要和试验压力传感器结果进行比较，就需要根据压力传感器尺寸选取合理的网格尺寸，从而得到对应点的压力响应结果。

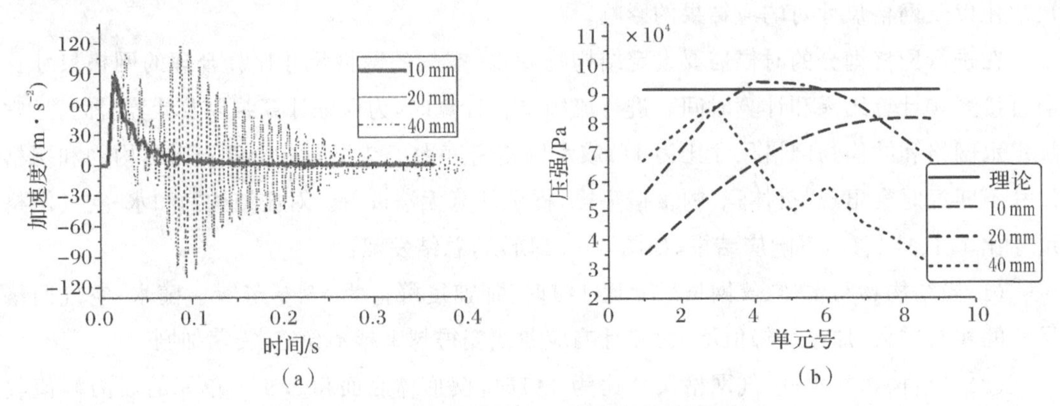

图 6-13　网格密度比对响应结果的影响

(a)加速度响应比较；(b)压力峰值响应比较

6.3.5　结构物入水初始参数研究分析

结构物入水时初始参数主要有：入水速度、底升角、弹性模量以及厚度等，本节通过数值模拟的方法(继续选取前面提到的模型为计算模型)探究这些初始参数对响应结果的影响。

6.3.5.1　入水速度影响

通过仿真计算，研究入水速度的影响规律，取入水速度分别为 2 m/s、4 m/s、6 m/s、8 m/s、10 m/s、12 m/s 时，发现：

(1)随着入水速度的增大，楔形体表面的压力峰值增大，且速度对压力-时间响应曲线的影响很大，如图 6-14(a)所示。

(2)随着入水速度的增大，结构物响应时间明显缩短，且由压力-时间响应曲线的斜率可以看出随入水速度的增大，单位时间内压力的增长率增大，如图 6-14(a)所示。

(3)输出楔形体表面相邻 4 个单元的压力峰值与入水速度平方的关系，如图 6-14(b)所示。发现计算结果中，表面压力峰值的变化与速度平方的大小基本成线性关系。根据式(6-4)可知：当结构物密度以及底升角一定的情况下，即 a 为定值，楔形体表面压力峰值的变化与入水速度平方成线性关系[见式(6-13)]。综上可知，理论与仿真结果一致。

$$P_{\max} = \left(\frac{\rho\pi^2}{8\tan\beta^2}\right)v^2 = \alpha v^2 \tag{6-13}$$

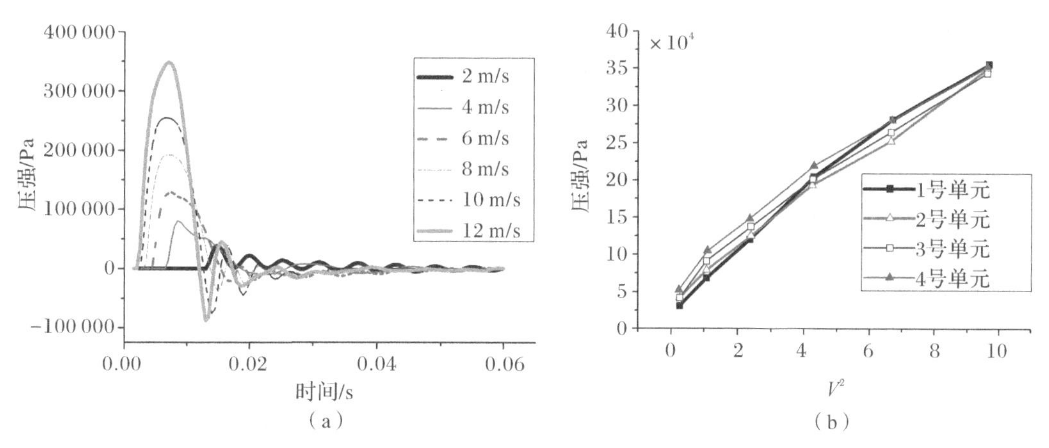

图 6-14　入水速度对响应结果的影响

(a)压力-时间响应曲线;(b)压力峰值与入水速度平方的关系

6.3.5.2　楔形体底升角影响

通过仿真计算,研究结构物底升角 β 的影响规律,取 β 分别为 6°、12°、18°、24°、30°、36°时,发现:

(1)随 β 的增大,楔形体表面的压力峰值降低,并且 β 对压力-时间响应曲线的影响很大,如图 6-15(a)所示。

(2)随 β 的增大,结构物响应时间明显增大,如图 6-15(a)所示。

(3)输出楔形体表面相邻 4 个单元的压力峰值与 $\tan^2\beta$ 的关系,如图 6-15(b)所示。发现计算结果中,表面压力峰值的变化与 $\tan^2\beta$ 基本成反比例关系。根据式(6-4)可知:当结构物密度以及入水速度一定的情况下,即 γ 为定值,楔形体表面压力峰值的变化与 $\tan^2\beta$ 成反比例关系[见式(6-14)]。综上可知,理论与仿真结果一致。

$$P_{\max}=\left(\frac{\rho\pi^2 v^2}{8}\right)\frac{1}{\tan\beta^2}=\gamma\frac{1}{\tan\beta^2} \tag{6-14}$$

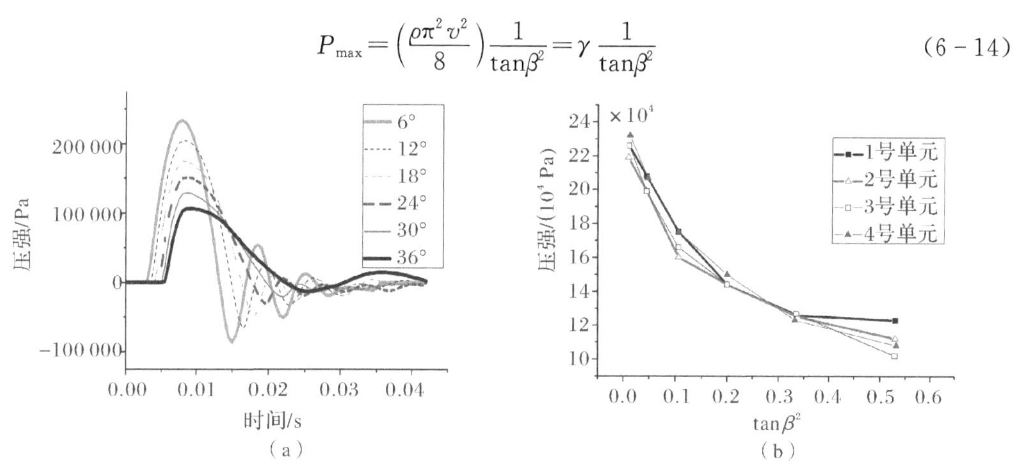

图 6-15　底升角对响应结果的影响

(a)压力-时间响应曲线;(b)压力峰值与 $\tan^2\beta$ 的关系

由这一规律可以推算出,当底升角越小的时候,压力响应结果会越大。实际情况中,水和楔形体底面之间的空气层会对响应结果起到影响,即为气垫效应。当底升角小于 3°～5°

时,气垫对结果的影响会很大,空气层会在物体抨击入水的瞬间对物体起到“保护”作用,降低水和物体之间的耦合响应,这一问题具体在 6.3.6 节中进行讨论。因此,注意本小节的规律适用于结构物底升角大于 5°的入水响应问题。

6.3.5.3 弹性模量及厚度的影响

早期提出的入水理论中均是将楔形体简化为刚体。刚性体入水后,结构并不会产生变形。然而实际情况中,大部分结构物为弹性体,弹性结构物在流体的作用下会产生形变,从而会影响到结构整体以及流场的的耦合效应。本节就弹性体入水进行分析,探究弹性模量和厚度这两个影响结构变形的主要物理量,对入水后响应结果的影响。

建立模型如下:楔形体板宽 $b=0.68$ m,横向底升角 $\beta=18°$,垂直入水速度 $v=8$ m/s,板厚 $t=8$ mm,楔形体弹性模量分别选取 0.5×10^{11} Pa、0.9×10^{11} Pa、1.3×10^{11} Pa、1.7×10^{11} Pa、2.1×10^{11} Pa以及刚体,水域宽 4.8 m,水深 1.3 m,空气域宽 4.8 m,深 0.6 m。由此可以发现:

(1)随着入水结构物弹性模量的增大,压力响应的峰值逐渐增大,当结构物为刚体时,压力响应的峰值对应最大,如图 6-16(a)所示。

(2)随着入水结构物弹性模量的增大,响应时间对应减小,并且当弹性模量增大至一定程度时,模型之间响应时间区别变小,如图 6-16(a)所示。

(3)弹性模量的变化对远离楔形体底部单元压力峰值的影响更大,如图 6-16(b)所示。例如,相同弹性模量变化下,5 号单元压力峰值的变化更明显。

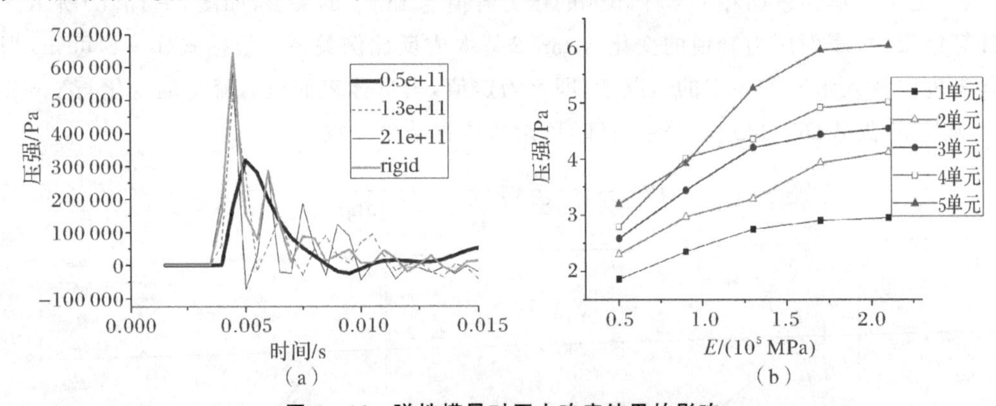

图 6-16 弹性模量对压力响应结果的影响

(a)压力-时间响应曲线;(b)压力峰值与弹性模量的关系

由于厚度的变化同样可以影响到结构的变形特性,从而影响耦合响应的结果。因此,应考虑结构物厚度对响应的影响。但要注意厚度变化同样也会影响到质量的大小,影响入水冲击的势能。因此,在仿真计算中需控制不同厚度的结构物质量一致。基本模型同上,控制入水速度以及弹性模量一致的情况下,改变楔形体厚度为 1 mm、2 mm、4 mm,可以发现:

(1)随着入水结构物厚度的增大,压力响应的峰值逐渐增大,如图 6-17(a)所示。

(2)三个模型下响应时间基本一致,厚度对响应时间的影响不大,如图 6-17(a)所示。

(3)厚度的变化对远离楔形体底部单元压力峰值的影响更大,如图 6-17(b)所示。例如,相同厚度变化下,6 号单元压力峰值的变化更明显。

综上所述,弹性模量及厚度对压力响应的影响趋势一致:随着弹性模量/厚度的增大,压力峰值变大;两个参数对远离楔形体底部单元的压力影响相对较大。

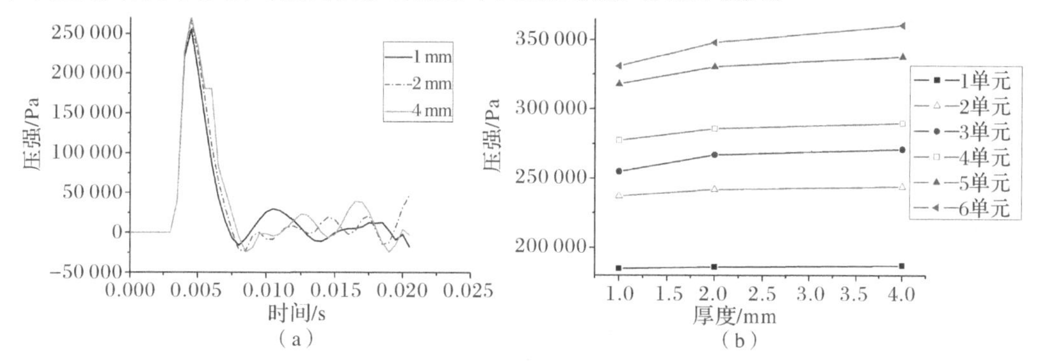

图 6-17 厚度对压力响应的影响

(a)压力-时间响应曲线;(b)各单元压力峰值变化趋势

6.3.6 气垫效应

气垫效应即在两种物体之间有一层气体,可以把物体隔开而不直接接触,从而减小接触力。然而,大多数理论方法中忽略了水弹性以及流体和冲击物之间的空气层。以 Wagner 的入水冲击理论为例,当楔形体底升角变小的时候,压力会趋于无穷大,这与实际的情况是不符合的,该理论适用于底升角较大的结构物入水问题。实际情况中,物体表面与水面夹角较大的时候,物体冲击入水的瞬间,由于瞬时的强烈挤压,空气会沿着物体表面迅速逃逸,因此,空气起到的影响可以忽略不计。然而当物体与水面的夹角小于 3°～5°时,抨击瞬间,空气逃逸会相对较慢,导致物体和水面之间会残留一部分空气,伴随着结构物一起进入水中,随之演变成气泡,这部分空气层很大程度上阻碍了结构物与水的直接作用,起到对物体的“保护”作用。因此,我们认为在小底升角入水时气垫的作用是不能忽略的[319]。表 6-3 为常见的研究楔形体入水问题的方法的适用情况以及该方法是否讨论到了水弹性以及空气层,由表中可以看出 LS-DYNA 方法可以进行气垫效应模拟。本小节通过数值模拟的方法验证气垫效应是否存在、楔形体入水产生气垫效应的条件以及对耦合结果产生的影响。

表 6-3 各个方法对气垫效应的适用性

	水电	截流空气	小斜度角(0～5°)	大斜度角(>5°)
Wanger's solution	×	×	不好	好
MSC. Dytran	√	√	好	好
LS-DYNA	√	√	好	好

想要探究空气层的影响,因此,将物体底面挖空,即底面由之前的楔形变为凹面,从而增大了结构物和水面之间空气层的厚度,放大结构物在入水瞬间空气层对结构物的“保护”作用,用来验证气垫效应存在与否。分别建立模型为:平板、ao-10(由底面向内凹 10 mm)、 ao－20(由底面向内凹 20 mm)入水模型，具体底部形状如图 6－18 所示。

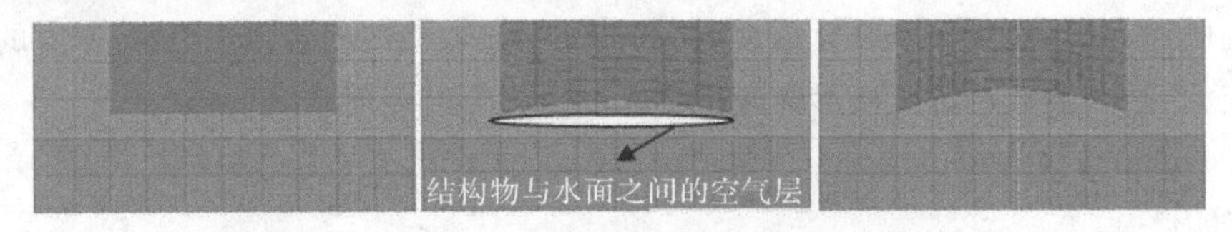

图 6－18　验证气垫效应的模型

取三个模型的入水速度均为 5 m/s，质量均与平板质量一致，为 0.832 kg，材料均为刚体，输出入水后结构物受到水的支反力以及瞬时溅水形态，如图 6－19 和图 6－20 所示，总结发现：

(1)气垫效应对反力的影响：由图 6－19 发现，平板入水受到的水的支反力为 399.9 N，ao－10 受到 398.9 N 的支反力，而 ao－20 受到的支反力减少到 351.9 N，即随着空气层的厚度增大，水对楔形体反力降低。平板横向宽度为 200 mm，当底面向内挖深至 20 mm 时，反力减小 11.8%。

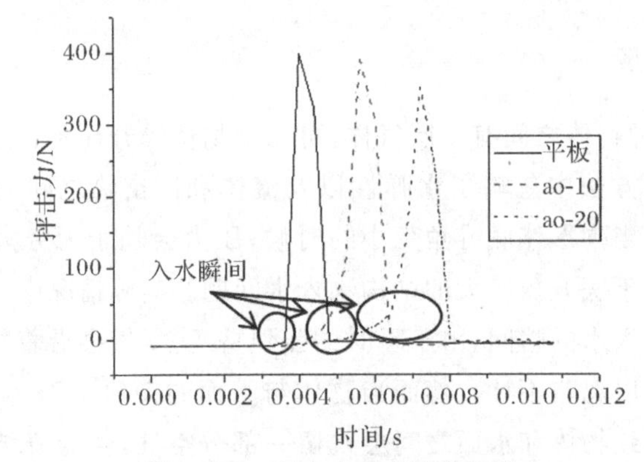

图 6－19　入水支反力响应曲线

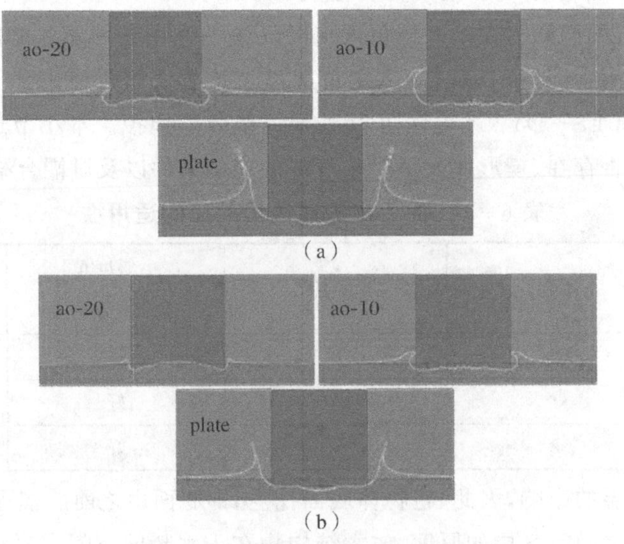

(a)

(b)

图 6－20　气垫对水花飞溅效果影响

(a)t=7.192 29 ms；(b)t=9.199 87 ms

(2)气垫效应对响应时间的影响：由图 6 - 19 发现，随着空气层厚度的增加响应时间由 0.399 ms 增至 2 ms，再增至 3.599 ms，并且发现在冲击瞬间对于平板而言，水对结构物的作用力瞬间增大，随着空气层厚度的增加，入水瞬间支反力单位时间内的增长率变小。

(3)气垫效应对溅水形态的影响：由图 6 - 20 可以发现，同一时刻，ao - 20 水花飞溅高度最低，然后是 ao - 10，而平板的溅水高度相对较大，这是由于空气层的影响导致反力降低和响应时间增长，从而致使溅水形态的变化较为明显。此外可以发现，平板水花是向外飞溅的，而ao - 20 以及 ao - 10 水花是向内飞溅，由此可见空气层以及结构外形对溅水形态的影响较大。

综上所述，空气层的确在冲击入水初期对结构物产生保护作用，由此验证了气垫效应的存在，并且气垫效应在结构物耦合初期对响应结果的影响较大，底面为平面或凹面的结构入水问题中气垫效应对耦合结果的影响是不能忽略的。

6.4 结构物入水空泡计算

结构物入水的问题的研究已经开展了近 100 年，随着高速摄影技术以及可视化技术的发展，研究人员观测到了流固耦合过程中水面以下的空泡物理现象。随后利用试验、数值仿真等方法对空泡的形成和发展以及溃灭过程进行了大量的探究。该现象大量存在于导弹入水以及空投鱼雷、超空泡射弹等军事问题中，对结构物在水中的运动形态有很大的影响。空泡形成机理和发展过程较为复杂多变，本节主要简单介绍相关的理论知识，并利用试验以及仿真模拟的方法初步分析探究空泡现象。

6.4.1 影响入水空泡形成的主要参数

结构物在抨击入水过程中会带动周围空气一同入水，在这个过程中有可能会产生空泡，而空泡现象的形成主要由结构物亲水性和疏水性决定，如图 6 - 21 所示。由图 6 - 21 可以发现，当结构物表现为亲水性时，入水后没有空泡产生，亲水角度＜90°；当结构物表现为疏水时，入水后会伴随空泡的产生，疏水角度＞90°。结构物的亲疏水性主要与结构物本身的几何外形、湿润性、密度、质心、材质、入水过程中的抨击速度以及入水角度等参数有关。本节主要就不同入水速度和入水角度以及结构外形对空泡形态发展的影响进行初步探究。

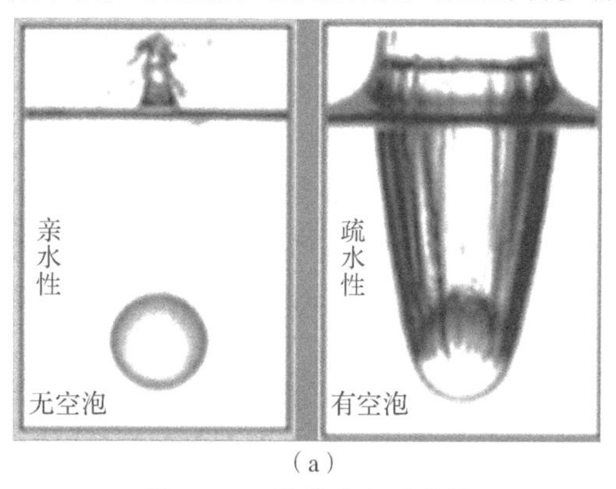

(a)

图 6 - 21 结构物亲疏水性

(a)亲疏水性对空泡形成的影响；

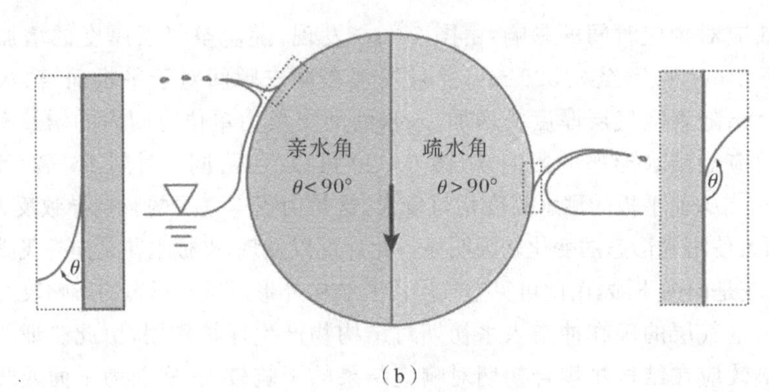

(b)

续图 6-21 结构物亲疏水性

(b)亲水角以及疏水角

6.4.2 弹体低速入水空泡现象的试验

弹体入水的试验平台如图 6-22 所示,主要包括水槽、弹体、高速摄影照相机、计算机、光源。空泡形成发展的时间非常短暂,因此对高速照相机以及光照条件要求较高。试验中选取 Phantom-V711 高速摄影仪,并以 6 000 帧/秒的速度进行拍摄。采用较高亮度的 LED 冷光源提供良好的光照条件。采用直径为 1 cm 的弹珠作为入水弹体。

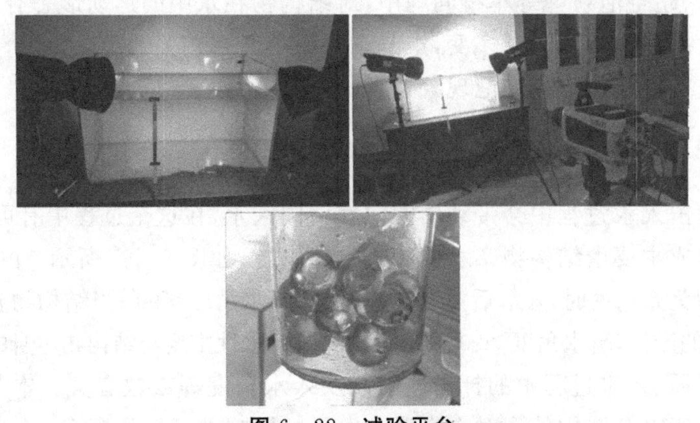

图 6-22 试验平台

弹体以不同的高度垂直自由坠落入水,空泡形成的过程如图 6-23 所示,总结发现:

(1)当下落高度为 0.2 m 时,由于冲击速度较小弹体表现为亲水性。可以发现入水后,弹体周围没有出现空泡,而水面以上弹起水珠。

(2)随着下落高度的增大,弹体逐渐由亲水性变为疏水性,并且在入水后产生空泡现象。可以发现空泡产生的过程是,入水瞬间,弹体周围出现水花飞溅,并且飞溅角为大于 90°(为疏水角),水花在水面以上产生皇冠形状,随后溅起的水包裹着弹体与周围空气一同入水,产生空泡。随着弹体的继续下沉,周围空泡渐渐溃灭。

(3)当下落高度为 1.5 m 时,发现弹体入水后,空泡现象更为明显,形成的空泡更长,并且随着空泡柱在水面以下的拉长,水面以上的水花渐渐由飞溅的皇冠状转变为向内紧缩逐渐形成封闭状态。后期空泡柱出现分离现象,分离后的上部分空泡柱渐渐向水面运动,冲出水面导致封闭面破裂,而分离后的下部分空泡随弹体继续向下运动并逐渐溃灭。

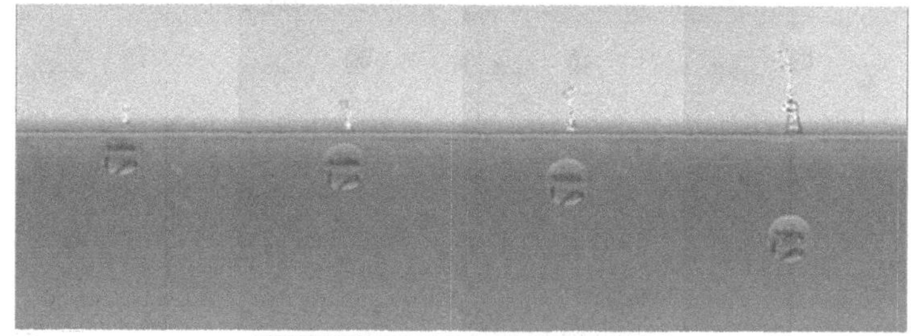

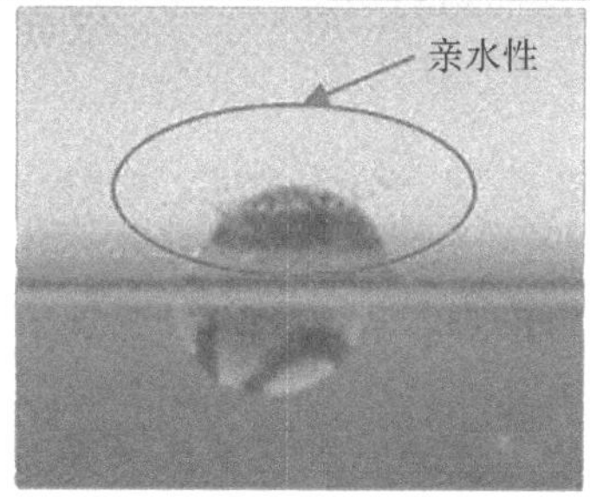

(a)

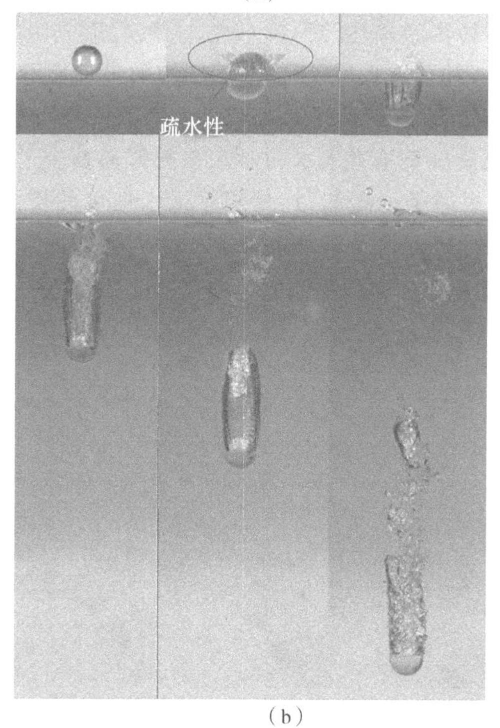

(b)

图 6-23　弹体垂直入水空泡形态

(a)下落高度 h=0.2 m 入水;(b)下落高度 h=0.6 m;

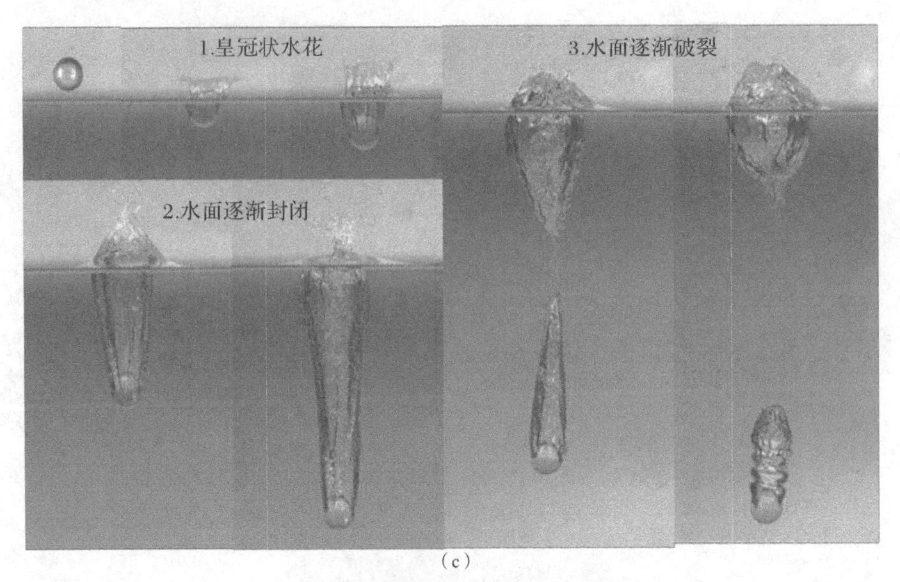

(c)

图 6-23 弹体垂直入水空泡形态

(c)下落高度 $h=1.5$ m

弹体以不同的速度带有攻角的斜冲击入水，空泡形成的过程如图 6-24 所示，总结发现：

(1)同样的入水攻角下，当入水速度较小时，弹体表现为亲水性，入水后没有完整的空泡成型。与垂直入水导致弹体周围溅起水花不同，斜入水后仅在弹体一侧溅起水花；

(2)当速度增大时，弹体由亲水性转为疏水性，入水后形成明显的空泡。随着空泡柱的逐渐拉长，空泡产生分离。并且入水后，弹体沿着空泡的下壁面滑行，随着空泡的逐渐溃灭，弹体运动方向逐渐向下偏折。

通过以上对弹体不同速度下垂直入水和斜入水的试验研究总结发现：垂直入水和斜入下，弹体入水的空泡形成规律是一致的，均是随着入水速度的增大弹体由亲水性转为疏水性，从而在入水后形成空泡，并且随着弹体的继续运动空泡柱逐渐发生分离，最终空泡溃灭。

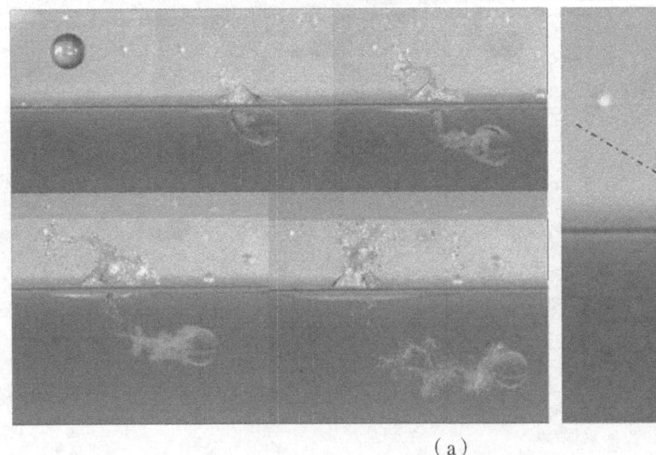

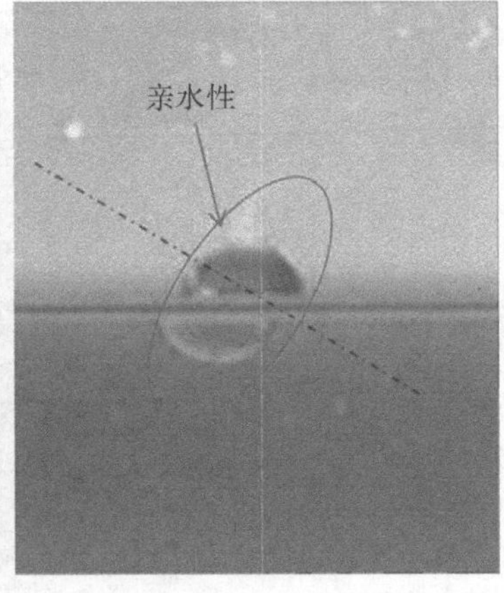

(a)

图 6-24 弹体斜入水空泡形态

(a)低速；

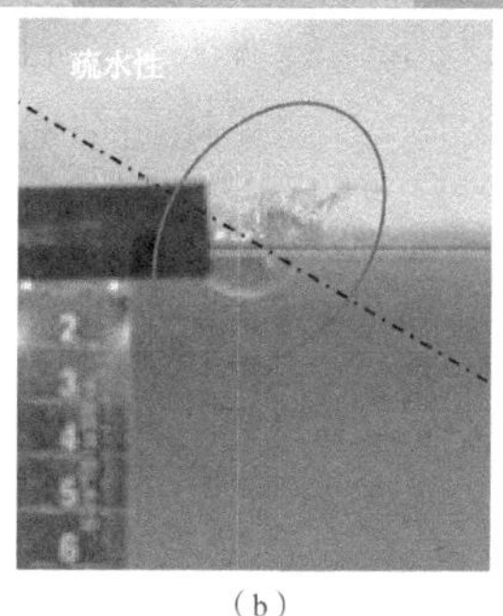

(b)

续图6-24 弹体斜入水空泡形态

(b)较大速度

6.4.3 细长结构入水空泡现象的仿真模拟

通过6.4.2节的试验研究,基本了解了弹体结构入水后空泡形成和发展过程与入水速度及入水角的关系,由6.4.1节知道空泡的形成还受其他因素的影响,本小节主要利用数值模拟的方法就结构外形对的空泡形态的影响进行探究。因此,建立以下入水模型,即钝头体、尖头体,具体形状如图6-25所示。

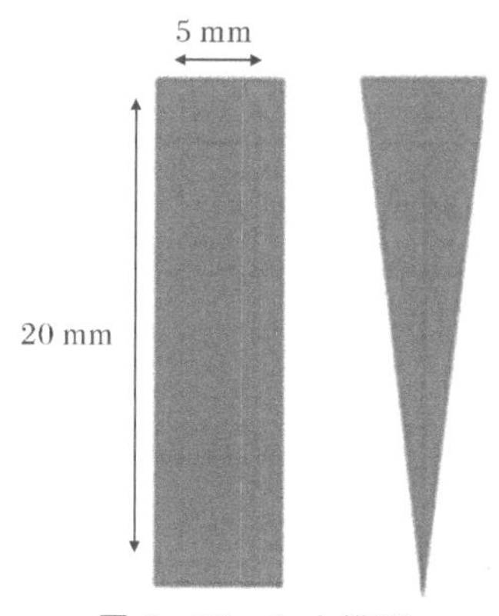

图6-25 入水模型

图 6-26 为两模型以初始速度 4 m/s 自由下落所形成的入水空泡随时间变化过程的形态输出，由输出历程图可以发现细长体入水与弹体入水空泡发展的整个历程基本一致：撞击水面瞬间形成射流、射流包裹空气与结构物一同下落形成空泡、空泡柱外径逐渐扩张并且尾部逐渐封闭最终形成闭合空泡、空泡柱分离、空泡逐渐溃灭。结构表面外形对空泡的形成和发展有很大的影响具体如下：

(1)尖头体在入水初期形成的射流向内收敛而钝头体形成射流向外飞溅；

(2)尖头体形成空泡较钝头体形成的空泡明显变细长；

(3)尖头体形成闭合空泡的时间明显缩短，由图中发现钝头体在 122.8 ms 形成封闭的完整空泡，而尖头体在 73.6 ms 形成封闭的完整空泡；

(4)尖头体入水后很快就形成了空泡分离，并在水面发生水珠起跳现象；

(5)在结构冲击水面的过程中将能量传递给周围水域，水域在耦合作用下产生相对于结构头部表面法线方向的速度，并随着结构的向下运动而沿结构表面排开，并在转折位置与结构表面产生分离。因为钝头体头部与上部过渡尖锐，所以发现流体在结构肩部过渡处发生分离，致使形成的空泡包裹整个钝头体，而尖头体的空泡则主要发生在结构尾部。

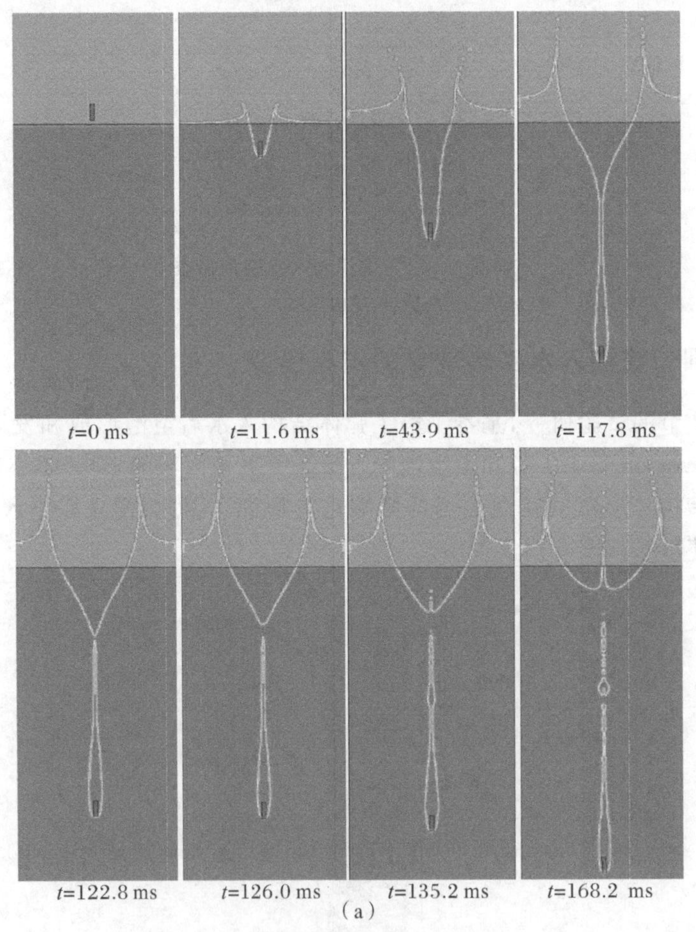

图 6-26 不同结构外形入水空泡形态

(a)钝头入水空泡形态；

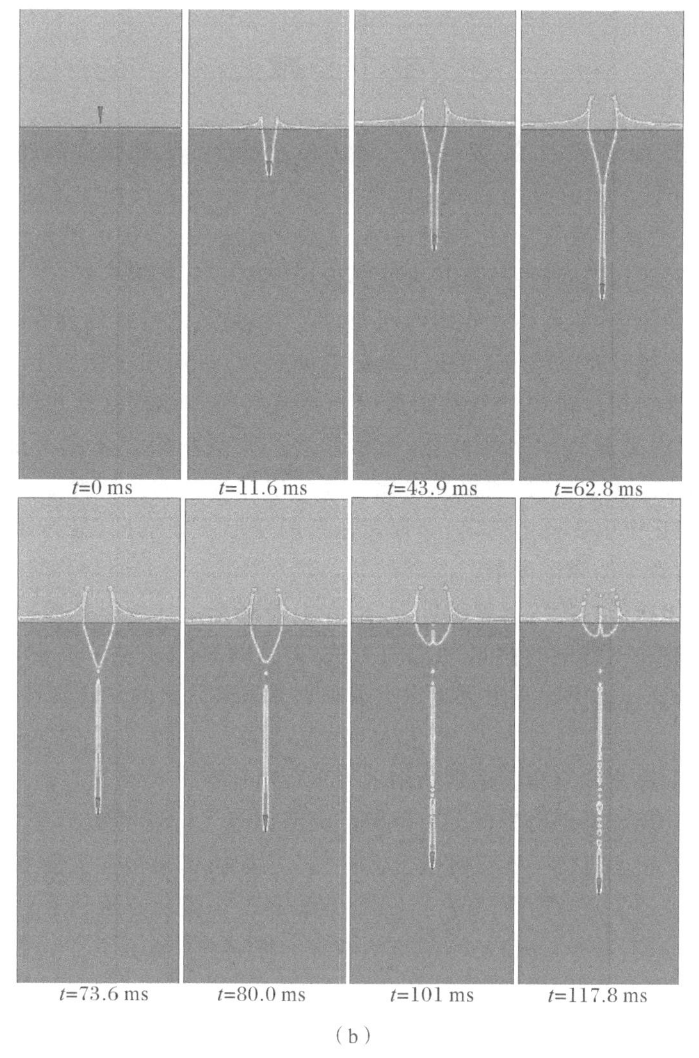

(b)

续图 6-26　不同结构外形入水空泡形态

(b)尖头体入水空泡形态

6.5　本章小结

本章围绕着结构物冲击入水问题的理论、数值仿真进行了介绍。首先介绍了 Wagner 提出的结构物入水后压力分布的基本理论，作为数值模拟结果的参考值。其次，介绍了 ANSYS/LS-DYNA 中用来计算结构物冲击入水流固耦合问题的 ALE 方法。针对仿真计算中需要定义的主要参数（罚刚度、水的状态方程、网格尺寸）进行了研究，发现罚刚度值以及网格尺寸的定义对结果稳定性以及准确性的影响较大。再者，针对结构物入水初始参数，包括入水速度、结构物底升角以及弹性模量和厚度对响应结果的影响进行了介绍，并且探究了气垫效应产生的条件以及对耦合结果的影响。最后，通过物理模型试验以及数值模拟方法相结合的方式探究了结构物低速冲击条件下空泡形成的过程和发展机理。

习　题

练习 1. 涉及气动力、弹性力、惯性力三种力相互耦合的气动弹性问题称之为动气动弹性问题，而仅涉及气动力、弹性力的称为静气动弹性问题(不涉及弹性振动，且与飞行器的质量无关)。现代火箭弹具有质量轻、柔韧性高、大长细比等特点，这可能导致火箭弹产生诸多气动弹性问题。因此，气动弹性分析是火箭弹设计中的一个重要环节。

静气动弹性是流体-结构相互作用的问题，即气动载荷使得弹性体在气流中产生变形，结构变形导致了流场分布的改变，产生了新的气动载荷，再作用在结构上，这种相互作用循环继续进行。弹性结构计算出的气动荷载分布可能与刚性结构计算出的荷载分布大不相同。实际工程中，由于静气动弹性效应，不带制导的常规细长火箭弹可能出现以下情况：①结构响应达到收敛状态，这种现象称为稳定气流中的静气动弹性变形；②在某些情况下，载荷-结构变形相互作用变得不稳定，导致无振荡的变形不断增加，最终导致火箭弹结构失效，这种现象叫做静气动弹性发散。

为了解决上述严重的静气动弹性问题，应在火箭结构设计的早期阶段考虑气动弹性问题。尽管风洞试验和飞行试验是最可信的方法，但这两种方法过于昂贵，一般用于后期验证。因此，采用计算气动弹性方法来确定火箭弹在其研制阶段的气动弹性特性，大大节省设计成本。

计算机技术的进步和工程问题数值解的发展促使研究人员和工程师可以进行计算流体动力学(CFD)和计算结构动力学(CSD)分析。火箭弹等飞行器的整个开发周期中，CFD 的应用越来越多。基于 CFD/CSD 双向耦合方法的 CAE 仿真平台在火箭弹等飞行器气动弹性设计中得到了快速发展。有学者基于 CFD 方法和模态叠加方法仿真计算了大长细比导弹的动气动弹性响应；基于 CFD 的当地流活塞理和模态叠加法计算了大长细比平板尾翼导弹的静气动弹性，该方法同样适用于动气动弹性响应计算；基于定常的 CFD 和静力学方法实现双向耦合研究了大长细比鸭式布局导弹的静气动弹性变形计算。

单向流固耦合的求解方法即为顺序耦合，先仿真出火箭弹的气动力，然后将气动力载荷插值加载到火箭弹结构有限元模型上，求解结构的变形和应力。这种作用是单向的，不考虑结构变形对流场的影响。

双向流固耦合模拟即考虑气动载荷对结构变形的影响，也要考虑结构变形引起的流场变化。首先通过 CFX 软件计算出火箭弹的定常气动力并作为第一步插值到结构有限元模型上，然后将变形位移反馈给 CFX，利用动网格技术，使流网格根据火箭弹的变形而变形，CFX 进一步计算出流场网格变形后的气动载荷，这样相互交换数据，直至结构不再变形，认为计算结果收敛。双向流固耦合的流程如图 6 - 27 所示。

请基于项目二所学习的双向流固耦合的方法，研究两端自由-自由的大长细比卷弧翼火箭弹静气动弹性的变形机理，分析引起卷弧翼火箭弹变形方向和变形程度的原因。在多物理场耦合平台 ANSYS Workbench 下，流体仿真模块为 ANSYS CFX，结构仿真模块为 ANSYS Mechanical，数据交换平台为 ANSYS MFX 模块。采用单、双向流固耦合和惯性释放的方法模拟该火箭弹静气动弹性特性。

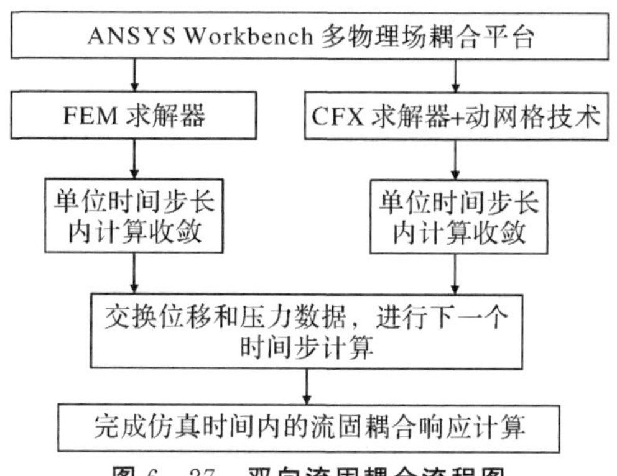

图 6-27　双向流固耦合流程图

练习 2. 随着风力发电机组向大型化发展，风力机不可避免地产生了更多噪声，对周边生态造成影响。风力机技术高速发展以后，对风力机综合性能要求也越来越高，噪声已经成为影响风电发展中不容忽视的一个因素。据 Solford 大学的问卷调查，20%的风电场存在噪声打扰周边居民的情况。大多数国家都对噪声规定了上限，可见在国际上噪声已经是风力机设计过程中的一个重要指标了。噪声不仅引起环境污染，还会造成结构的疲劳和破坏。虽然国家对风力机噪声还没有明确的标准，但这个问题已经得到许多人的重视。

根据噪声产生的声源不同，风力机主要产生的噪声可以分为运行时机械部件产生的机械噪声和气流与叶片相互作用产生的气动噪声。其中，机械噪声比较好控制，但气动噪声较难治理，并且随着风力机叶片逐渐增大，气动噪声将会更加突出。气动噪声中，翼型自身噪声尤为突出。由于边界层发生不稳定或由于边界层中涡与翼型表面的相互作用，即使在完全稳定和无湍流流入的情况下，翼型也会产生噪声，所以翼型的自身噪声不易控制。

翼型自身噪声是改变翼型几何外形后能改变的最主要的噪声。为解决翼型噪声的问题，本书从设计角度出发，设计风力机低噪声二维翼型，以达到降低风力机气动噪声的目的。同时，作为风力机发电的关键，也不能忽略翼型的气动性能。在翼型的设计过程中，应找到在高升阻比与低噪声的矛盾之间一种较好的平衡。

请在项目二所学的相关方法的基础上，基于翼型型线函数、有效集算法和考虑位势流、边界层方程的黏性——无黏性迭代方法，以升阻比为目标设计函数，翼型自身噪声为约束，构建一个以一定翼型为基础优化得到高升阻比低噪声专用翼型的优化设计模型，探究翼型几何外形与气动性能、噪声水平的关系。

练习 3. 1994 年，美国提出开发研究新型的可往复使用飞行器(RLV)，主要包括对高速飞行器的高超声速气动特性、热空气动力学、热弹性力学和飞行器再入时的气动热传递研究，于是超声速、高超声速气动力、气动加热和气动-热-结构耦合力学等研究专题在航天航空领域成为热门。现代的弹箭速度越来越高，超声速高超声速飞行的弹箭需要承受巨大的气动载荷，更要承受由于弹箭和空气摩擦而引起的气动加热导致的更加巨大的热载荷。它们在极其恶劣的热环境和强大气动载荷下飞行，对它们的结构将产生显著影响，可能导致灾难性的结构疲劳破坏。对于超声速飞行的旋转弹箭，旋转有利于弹体的稳定飞行. 可以减易控制，并提高打击密集度。对于飞行速度范围较大、转速较低的弹箭气动力设计是弹箭滚转控制的关键，而且这个关键的气动力设计也是难度较大的部分。尤其是在跨声速飞行阶段，由于弹箭飞行速度与声速接近，此阶段会发生音爆现象，气流不稳定导致滚转力矩等特性变化较大并且不明确。旋转弹箭的滚转力矩及其滚转阻尼力矩决定了它们的平衡转速的大小，对于它们的滚转力矩和滚转阻尼的准确数值计算是很关键的一步，因此对于旋转的弹箭，准确计算其滚转气动特性参数十分必要。

请在项目二所学的相关方法的基础上，研究 F4 弹的气动力特性，绘制出旋转和不旋转的 F4 弹在攻角为 0°和 4°的温度云图和马赫数云图。弹径参考长度为 $D=1.62$ cm。弹为刚体，不考虑其受力变形。

PROJECT

3

项目三

水下航行器操舵系统流固耦合动力学仿真技术与工程应用

第7章 水下航行器舵系统振动特性仿真方法与结果分析

7.1 引 言

为了研究包含结构间隙非线性的水下航行器舵系统流固耦合问题，首先要对舵系统进行振动特性准确计算分析，才能进一步研究舵系统的水弹性问题。在本书第3章对舵系统进行振动特性研究，为第4章的舵系统线性、非线性颤振模型建模做铺垫。根据水下航行器舵系统的流固耦合动力学特性，本章提出基于MSTMM的水下航行器舵系统动力学快速建模方法，借鉴现有水下航行器舵系统的几何特点，推导弯扭耦合梁的传递矩阵，并基于MSTMM建立舵系统的动力学模型，并通过与基于有限元法的商业软件ANSYS的计算结果进行相互对比分析，说明该模型具有较高的计算效率及精度。

7.2 基于MSTMM的舵系统建模

水下航行器的舵系统是一个复杂的多刚柔体系统，如图7-1所示。舵系统主要由舵叶、舵轴、舵柄、传动杆、拉杆、球铰、柱铰、液压系统组成。该舵系统被称为围壳舵，其轴承外表面、导向装置、密封装置、液压缸与该航行器的围壳直接相连，固定在航行器上。球铰允许导向拉杆上下运动带动舵柄转动，舵柄与舵轴固结在一起，因此也带动舵轴转动。传动杆穿过密封装置，只能上下运动。在轴承的两端以及舵叶之间有定位环装置，以确保舵轴没有左右串动。当航行器以一定速度在水流中运动时，舵系统的两片舵叶在水流作用下会发生流固耦合振动。本章主要基于MSTMM对舵系统进行动力学建模，并进振动特性分析。

对水下航行器舵系统建模做如下假设：

(1)假设轴承、导向装置、密封装置、液压缸的外表面为固定边界；

(2)假设舵叶内部的水为附加质量；

(3)忽略舵系统本身的结构阻尼，仅考虑舵叶振动引起的水动力阻尼；

(4)舵叶应变很小，应力、应变为线性关系；

(5)由于本章舵系统振动特性计算服务于流固耦合计算，因此只关注前几阶与舵叶振动特性相关的模态，不研究舵系统的较高阶模态。

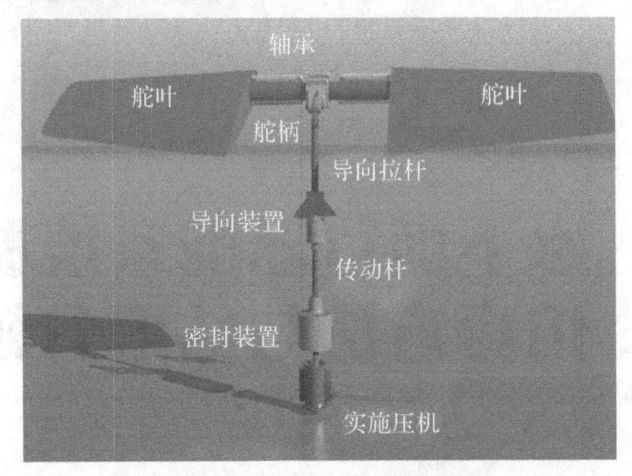

图 7-1　水下航行器舵系统

7.2.1　弯扭耦合梁建模

本书 2.2.1 节中介绍了多体系统传递矩阵法的基本理论，常用的梁、杆、刚体、弹簧铰等的传递矩阵可以查阅文献[125]得到。根据舵叶的变形特性，舵叶一般可以简化为一根弯扭耦合梁。图 7-1 中的舵叶为非等截面水翼，可以将舵叶分成多段等截面不同参数分布的弯扭耦合梁。舵叶主要以弯曲和扭转振动为主，忽略其剪切效应，因此采用欧拉伯努利梁建模。某段等截面舵叶的弯扭耦合梁模型如图 7-2 所示，该段舵叶的长度为 L，x_α 是质心到弹性轴的距离，质心在 Z 轴正方向，则 x_α 为正。

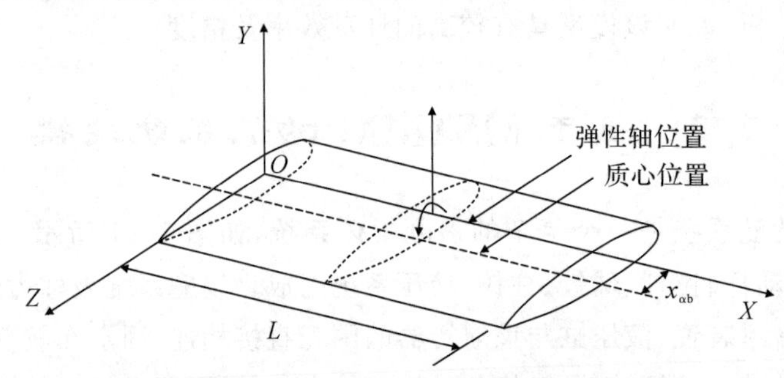

图 7-2　艓叶的弯扭耦合梁建模

弯曲扭转耦合梁的振动微分方程：

$$\left.\begin{aligned} EI\frac{\partial^4 y}{\partial x^4}+m\frac{\partial^2 y}{\partial t^2}-mx_\alpha b\frac{\partial^2 \theta_x}{\partial t^2}=0 \\ GJ\frac{\partial^2 \theta_x}{\partial x^2}+mx_\alpha b\frac{\partial^2 y}{\partial t^2}-I_\alpha\frac{\partial^2 \theta_x}{\partial t^2}=0 \end{aligned}\right\} \tag{7-1}$$

式中：m 为单位长度质量；I_α 为单位长度转动惯量；EI 为弯曲刚度；GJ 为扭转刚度。令

$$\left.\begin{aligned} y(x,t)=Y(x)\sin\omega t \\ \theta_x(x,t)=\Theta_x(x)\sin\omega t \end{aligned}\right\} \tag{7-2}$$

将式(7-2)代入式(7-1)中，式(7-1)变为

$$\left.\begin{aligned} &EI\,\frac{\mathrm{d}^4Y(x)}{\mathrm{d}x^4}-m\omega^2Y(x)+mx_{\mathrm{a}}b\omega^2\Theta_x(x)=0\\ &GJ\,\frac{\mathrm{d}^2\Theta_x(x)}{\mathrm{d}x^2}-\omega^2mx_{\mathrm{a}}bY(x)+I_\alpha\omega^2\Theta_x(x)=0\end{aligned}\right\}\tag{7-3}$$

消去式(7－3)中的 $Y(x)$或者$\Theta_x(x)$，得到

$$\frac{\mathrm{d}^6W}{\mathrm{d}x^6}+\frac{I_\alpha\omega^2}{GJ}\frac{\mathrm{d}^4W}{\mathrm{d}x^4}-\frac{m\omega^2}{EI}\frac{\mathrm{d}^2W}{\mathrm{d}x^2}-\frac{m\omega^2}{EI}\frac{I_\alpha\omega^2}{GJ}\left(1-\frac{mx_\alpha^2b^2}{I_\alpha}\right)W=0\tag{7-4}$$

式中：

$$W=Y\ \text{或者}\ \Theta\tag{7-5}$$

引入无量纲长度

$$\xi=x/L\tag{7-6}$$

式(7－4)可改写成无量纲形式

$$(D^6+aD^4-bD^2-abc)W=0\tag{7-7}$$

式中：

$$\left.\begin{aligned} &a=\frac{I_\alpha\omega^2L^2}{GJ}\\ &b=\frac{m\omega^2L^4}{EI}\\ &c=1-\frac{mx_\alpha^2b^2}{I_\alpha}\\ &D=\frac{d}{d\xi}\end{aligned}\right\}\tag{7-8}$$

六阶微分方程式(7－7)的通解可以表示为

$$W(\xi)=C_1\cosh\alpha\xi+C_2\sinh\alpha\xi+C_3\cos\beta\xi+C_4\sin\beta\xi+C_5\cos\gamma\xi+C_6\sin\gamma\xi\tag{7-9}$$

式中：$C_1－C_6$是常数，并且有

$$\left.\begin{aligned} &\alpha=\left[2\left(\frac{q}{3}\right)^{\frac{1}{2}}\cos\left(\frac{\varphi}{3}\right)-\frac{a}{3}\right]^{\frac{1}{2}}\\ &\beta=\left[2\left(\frac{q}{3}\right)^{\frac{1}{2}}\cos\left(\frac{\pi-\varphi}{3}\right)+\frac{a}{3}\right]^{\frac{1}{2}}\\ &\gamma=\left[2\left(\frac{q}{3}\right)^{\frac{1}{2}}\cos\left(\frac{\pi+\varphi}{3}\right)+\frac{a}{3}\right]^{\frac{1}{2}}\\ &q=b+a^2/3\\ &\varphi=\cos^{-1}[(27abc-9ab-2a^3)/\{2(a^2+3b^2)^{3/2}\}]\end{aligned}\right\}\tag{7-10}$$

式(7－9)中的 $W(\xi)$代表弯曲位移 Y 和扭转角度Θ_x 在不同常数下的解。因此有

$$Y(\xi)=A_1\cosh\alpha\xi+A_2\sinh\alpha\xi+A_3\cos\beta\xi+A_4\sin\beta\xi+A_5\cos\gamma\xi+A_6\sin\gamma\xi\tag{7-11}$$

$$\Theta_x(\xi)=B_1\cosh\alpha\xi+B_2\sinh\alpha\xi+B_3\cos\beta\xi+B_4\sin\beta\xi+B_5\cos\gamma\xi+B_6\sin\gamma\xi\tag{7-12}$$

式中：$A_1\sim A_6$和 $B_1\sim B_6$是两组不同的常数。

将式(7－11)和式(7－12)代入式(7－3)，可以确定常数有如下规律：

$$\left.\begin{aligned}B_1&=k_\alpha A_1\\B_3&=k_\beta A_3\\B_5&=k_\gamma A_5\\B_2&=k_\alpha A_2\\B_4&=k_\beta A_4\\B_6&=k_\gamma A_6\end{aligned}\right\}\tag{7-13}$$

式中，

$$\left.\begin{aligned}k_\alpha&=\frac{b-\alpha^4}{bx_\alpha}\\k_\beta&=\frac{b-\beta^4}{bx_\alpha}\\k_\gamma&=\frac{b-\gamma^4}{bx_\alpha}\end{aligned}\right\}\tag{7-14}$$

从式(7-11)、式(7-12)可以得到无量纲化后的弯曲角度$\Theta_z(\xi)$、弯矩$M_z(\xi)$、剪切力$Q_y(\xi)$和扭矩$M_x(\xi)$的表达式：

$$\begin{aligned}\Theta_z(\xi)=Y'(\xi)/L=(1/L)\{&A_1\alpha\sinh\alpha\xi+A_2\alpha\cosh\alpha\xi-A_3\beta\sin\beta\xi+\\&A_4\beta\cos\beta\xi-A_5\gamma\sin\gamma\xi+A_6\gamma\cos\gamma\xi\}\end{aligned}\tag{7-15}$$

$$\begin{aligned}M_z(\xi)=-(EI/L^2)Y''(\xi)=-(EI/L^2)\{&A_1\alpha^2\cosh\alpha\xi+A_2\alpha^2\sinh\alpha\xi-\\&A_3\beta^2\cos\beta\xi-A_4\beta^2\sin\beta\xi-A_5\gamma^2\cos\gamma\xi-A_6\gamma^2\sin\gamma\xi\}\end{aligned}\tag{7-16}$$

$$\begin{aligned}Q_y(\xi)=-M_z'(\xi)/L=-(EI/L^3)\{&A_1\alpha^3\sinh\alpha\xi+A_2\alpha^3\cosh\alpha\xi+\\&A_3\beta^3\sin\beta\xi-A_4\beta^3\cos\beta\xi+A_5\gamma^3\sin\gamma\xi-A_6\gamma^3\cos\gamma\xi\}\end{aligned}\tag{7-17}$$

$$\begin{aligned}M_x(\xi)=(GJ/L)\Theta_x'(\xi)=(GJ/L)\{&B_1\alpha\sinh\alpha\xi+B_2\alpha\cosh\alpha\xi-B_3\beta\sin\beta\xi+\\&B_4\beta\cos\beta\xi-B_5\gamma\sin\gamma\xi+B_6\gamma\cos\gamma\xi\}\end{aligned}\tag{7-18}$$

因此可得

$$\begin{bmatrix}Y\\\Theta_z\\M_z\\Q_y\\\Theta_x\\M_x\end{bmatrix}=\begin{bmatrix}\cosh\alpha\xi & \sinh\alpha\xi & \cos\beta\xi & \sin\beta\xi & \cos\gamma\xi & \sin\gamma\xi\\(\alpha\sinh\alpha\xi)/I & (\alpha\cosh\alpha\xi)/I & -(A_3\beta\sin\beta\xi)/I & (\beta\cos\beta\xi)/I & -(\gamma\cos\gamma\xi)/I & (\gamma\sin\gamma\xi)/I\\-(EI/I^2)\alpha^2\cosh\alpha\xi & -(EI/I^2)\alpha^2\sinh\alpha\xi & (EI/I^2)\beta^2\cos\beta\xi & (EI/I^2)\beta^2\sin\beta\xi & (EI/I^2)\gamma^2\cos\gamma\xi & (EI/I^2)\gamma^2\sin\gamma\xi\\-(EI/I^3)\alpha^3\sinh\alpha\xi & -(EI/I^3)\alpha^3\cosh\alpha\xi & -(EI/I^3)\beta^3\sin\beta\xi & (EI/I^3)\beta^3\cos\beta\xi & -(EI/I^2)\gamma^2\sin\gamma\xi & (EI/I^3)\gamma^3\cos\gamma\xi\\k_\alpha\cosh\alpha\xi & k_\alpha\sinh\alpha\xi & k_\beta\cos\beta\xi & k_\beta\sin\beta\xi & k_\gamma\cos\gamma\xi & k_\gamma\sin\gamma\xi\\-(GJ/I)k_\alpha\alpha\sinh\alpha\xi & -(GJ/I)k_\alpha\alpha\cosh\alpha\xi & -(GJ/I)k_\beta\beta^3\sin\beta\xi & -(GJ/I)k_\beta\beta^3\cos\beta\xi & -(GJ/I)k_\gamma\gamma^2\sin\gamma\xi & -(GJ/I)k_\gamma\gamma^3\cos\gamma\xi\end{bmatrix}\begin{bmatrix}A_1\\A_2\\A_3\\A_4\\A_5\\A_6\end{bmatrix}\tag{7-19}$$

即 $\boldsymbol{Z}(\xi)=\boldsymbol{B}(\xi)\cdot\boldsymbol{a}$，$\boldsymbol{a}=[A_1,A_2,A_3,A_4,A_5,A_6]^{\mathrm{T}}$。因此有 $\boldsymbol{Z}_l=[\boldsymbol{B}(0)]\boldsymbol{a}$。令 $x=l$ 或 $\xi=1$ 得到

$$\boldsymbol{Z}_O=[\boldsymbol{B}(l)]\boldsymbol{a}=[\boldsymbol{B}(l)][\boldsymbol{B}(0)]^{-1}\boldsymbol{Z}_I=\boldsymbol{D}^{CB}\boldsymbol{Z}_I$$

弯扭耦合梁的传递矩阵为

$$\boldsymbol{D}^{CB}=\boldsymbol{B}(1)\cdot\boldsymbol{B}^{-1}(0)\tag{7-20}$$

式中：

$$
B(0)=\begin{bmatrix}
1 & 0 & 1 & 0 & 1 & 0 \\
0 & \alpha/I & 0 & \beta/l & 0 & \gamma/l \\
-(E//I^2)\alpha^2 & 0 & (EI/I^2)\beta^2 & 0 & (E/I^2)\gamma^2 & 0 \\
0 & -(EI/I^3)\alpha^3 & 0 & (EI/I^3)\beta^3 & 0 & (EI/I^3)\gamma^3 \\
k_\alpha & 0 & k_\beta & 0 & k_\gamma & 0 \\
0 & (GJ/hk_\beta\alpha & 0 & (GJ/hk_\beta\beta & 0 & (GJ/Dk_\gamma\gamma
\end{bmatrix}
$$

$$
\begin{bmatrix}
\cosh\alpha\xi & \sinh\alpha\xi & \cos\beta\xi & \sin\beta\xi & \cos\gamma\xi & \sin\gamma\xi \\
(\alpha\sinh\alpha\xi)/I & (\alpha\cosh\alpha\xi)/I & -(A_3\beta\sin\beta\xi)/I & (\beta\cos\beta\xi)/I & -(\gamma\cos\gamma\xi)/I & (\gamma\sin\gamma\xi)/I \\
-(EI/I^2)\alpha^2\cosh\alpha\xi & -(EI/I^2)\alpha^2\sinh\alpha\xi & (EI/I^2)\beta^2\cos\beta\xi & (EI/I^2)\beta^2\sin\beta\xi & (EI/I^2)\gamma^2\cos\gamma\xi & (EI/I^2)\gamma^2\sin\gamma\xi \\
-(EI/I^3)\alpha^3\sinh\alpha\xi & -(EI/I^3)\alpha^3\cosh\alpha\xi & -(EI/I^3)\beta^3\sin\beta\xi & (EI/I^3)\beta^3\cos\beta\xi & -(EI/I^2)\gamma^2\sin\gamma\xi & (EI/I^3)\gamma^3\cos\gamma\xi \\
k_\alpha\cosh\alpha\xi & k_\alpha\sinh\alpha\xi & k_\beta\cos\beta\xi & k_\beta\sin\beta\xi & k_\gamma\cos\gamma\xi & k_\gamma\sin\gamma\xi \\
-(GJ/I)k_\alpha\alpha\sinh\alpha\xi & -(GJ/I)k_\alpha\alpha\cosh\alpha\xi & -(GJ/I)k_\beta\beta^3\sin\beta\xi & -(GJ/I)k_\beta\beta^3\cos\beta\xi & -(GJ/I)k_\gamma\gamma^2\sin\gamma\xi & -(GJ/I)k_\gamma\gamma^3\cos\gamma\xi
\end{bmatrix}
$$

考虑弯扭耦合梁的轴向振动，将状态矢量写为$[X,Y,\Theta_z,M_z,Q_x,Q_y,\Theta_x,M_x]^{\mathrm{T}}$。

因此得到可以考虑弯曲扭转耦合振动、轴向振动的耦合梁传递矩阵为

$$
U^{CB}=\begin{bmatrix}
\cos(\beta_r l) & 0 & 0 & 0 & -\dfrac{\sin(\beta_r l)}{\beta_r EA} & 0 & 0 & 0 \\
0 & \boldsymbol{D}_{11}^{CB} & \boldsymbol{D}_{12}^{CB} & \boldsymbol{D}_{13}^{CB} & 0 & \boldsymbol{D}_{14}^{CB} & \boldsymbol{D}_{15}^{CB} & \boldsymbol{D}_{16}^{CB} \\
0 & \boldsymbol{D}_{21}^{CB} & \boldsymbol{D}_{22}^{CB} & \boldsymbol{D}_{23}^{CB} & 0 & \boldsymbol{D}_{24}^{CB} & \boldsymbol{D}_{25}^{CB} & \boldsymbol{D}_{26}^{CB} \\
0 & \boldsymbol{D}_{31}^{CB} & \boldsymbol{D}_{32}^{CB} & \boldsymbol{D}_{33}^{CB} & 0 & \boldsymbol{D}_{34}^{CB} & \boldsymbol{D}_{35}^{CB} & \boldsymbol{D}_{36}^{CB} \\
\beta_r EA\sin(\beta_r l) & 0 & 0 & 0 & \cos(\beta_r l) & 0 & 0 & 0 \\
0 & \boldsymbol{D}_{41}^{CB} & \boldsymbol{D}_{42}^{CB} & \boldsymbol{D}_{43}^{CB} & 0 & \boldsymbol{D}_{44}^{CB} & \boldsymbol{D}_{45}^{CB} & \boldsymbol{D}_{46}^{CB} \\
0 & \boldsymbol{D}_{51}^{CB} & \boldsymbol{D}_{52}^{CB} & \boldsymbol{D}_{53}^{CB} & 0 & \boldsymbol{D}_{54}^{CB} & \boldsymbol{D}_{55}^{CB} & \boldsymbol{D}_{56}^{CB} \\
0 & \boldsymbol{D}_{61}^{CB} & \boldsymbol{D}_{62}^{CB} & \boldsymbol{D}_{63}^{CB} & 0 & \boldsymbol{D}_{64}^{CB} & \boldsymbol{D}_{65}^{CB} & \boldsymbol{D}_{66}^{CB}
\end{bmatrix}
$$

式中：$\beta_r=\sqrt{\rho\omega^2/E}$，$l$ 和 A 分别是每一段舵叶的长度和截面积。

7.2.2　舵系统动力学模型

舵系统的轴承座、导向装置、密封装置、液压缸都是螺栓连接在水下航行器上。水下航行器质量远远大于舵系统，因此假设水下航行器为固定边界。螺栓连接刚度用弹簧表示，舵系统的结构示意图如图 7－3(a)所示。考虑舵系统每个部件之间的相互作用，基于 MSTMM 对整个舵系统进行建模，动力学模型如图 7－3(b)所示。

在图 7－3(b)中，舵叶处理为 7 段不同结构参数的弯扭耦合梁(元件 17，1 319)；柱铰(元件 20)处理为铰元件；球铰以及考虑导向装置与水下航行器的连接刚度，因此在球铰元件(元件 22)中添加了 x 方向的弹簧刚度；舵轴(元件 9、11)处理为可以考虑横向、轴向振动以及扭转振动的非耦合梁；轴承与轴承套之间的接触刚度以及定位环与舵叶之间的接触刚度用弹簧铰表示(元件 26、28、30)；轴承座与水下航行器的连接刚度用弹簧表示(元件 27、29、31)；拉杆处理为可以考虑 x 轴方向、轴向振动的非耦合梁(元件 21)；传动杆在密封装置

中只能上下运动，因此处理为杆元件（元件 23）；舵柄处理为刚体（元件 10）；液压缸提供的是液压弹簧刚度，同时考虑到密封装置与水下航行器之间的连接刚度，液压缸处理为一个弹簧铰（元件 24）；液压缸与水下航行器之间的连接刚度处理为一个弹簧铰（元件 25）；传递方向是从左端点和下端点到右端点，所有元件的状态矢量统一为$[X,Y,\Theta_z,M_z,Q_x,Q_y,\Theta_x,M_x]^{\mathrm{T}}$。

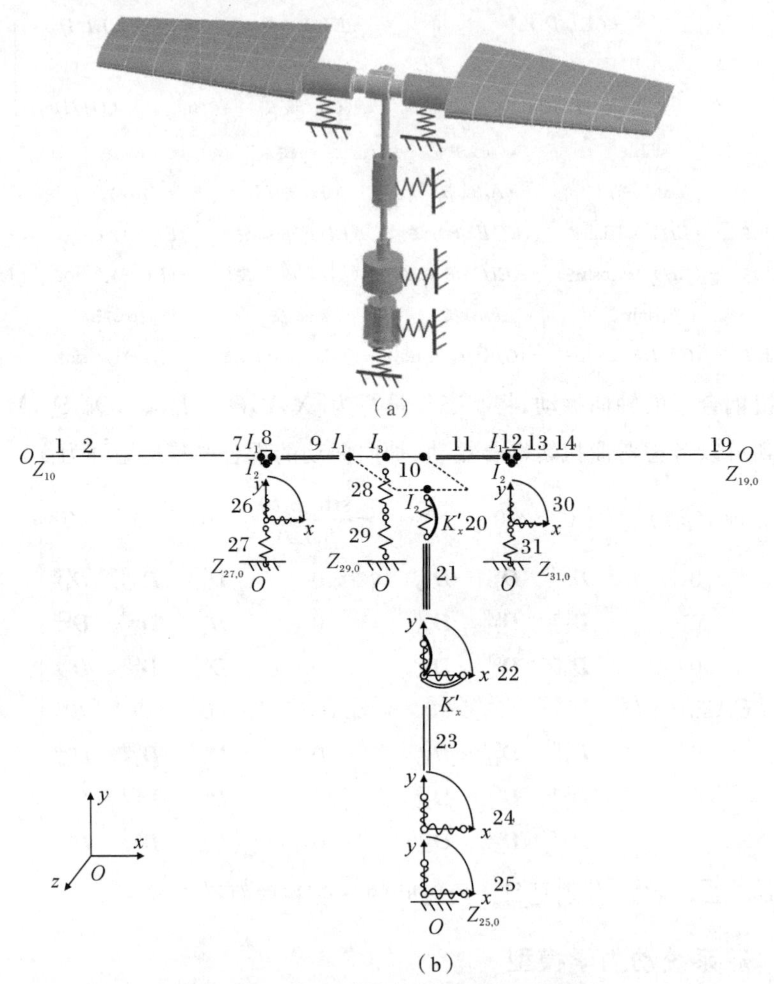

续图 7-3　舵系统结构视图及动力学模型

(a)舵系统结构示意图；(b)舵系统动力学模型

根据文献[336]得到舵系统的传递方程：

$$
\begin{aligned}
\boldsymbol{Z}_{19,0}=&\boldsymbol{U}_{\mathrm{pla}}^{R}\boldsymbol{Z}_{12,13}=\boldsymbol{U}_{\mathrm{pla}}^{R}(\boldsymbol{U}_{12,I_1}\boldsymbol{Z}_{12,11}+\boldsymbol{U}_{12,I_2}\boldsymbol{U}_{30}\boldsymbol{U}_{31}\boldsymbol{Z}_{31,0})=\\
&\boldsymbol{U}_{\mathrm{pla}}^{R}(\boldsymbol{U}_{12,l_1}\boldsymbol{U}_{11}\boldsymbol{Z}_{10,11}+\boldsymbol{U}_{12,l_2}\boldsymbol{U}_{30}\boldsymbol{U}_{31}\boldsymbol{Z}_{31,0})=\\
&\boldsymbol{U}_{\mathrm{pla}}^{R}(\boldsymbol{U}_{12,I_1}\boldsymbol{U}_{11}(\boldsymbol{U}_{10,I_1}\boldsymbol{Z}_{10,9}+\boldsymbol{U}_{10,I_2}\boldsymbol{Z}_{10,20}+\boldsymbol{U}_{10,l_3}\boldsymbol{Z}_{10,28})+\boldsymbol{U}_{12,I_2}\boldsymbol{U}_{30}\boldsymbol{U}_{31}\boldsymbol{Z}_{31,0})=\\
&\boldsymbol{U}_{\mathrm{pla}}^{R}(\boldsymbol{U}_{12,l_1}\boldsymbol{U}_{11}(\boldsymbol{U}_{10,l_1}\boldsymbol{U}_{9}\boldsymbol{Z}_{8,9}+\boldsymbol{U}_{10,I_2}\boldsymbol{U}^{\mathrm{col}}\boldsymbol{Z}_{25,0}+\boldsymbol{U}_{10,I_3}\boldsymbol{U}_{28}\boldsymbol{U}_{29}\boldsymbol{Z}_{29,0})+\boldsymbol{U}_{12,I_2}\boldsymbol{U}_{30}\boldsymbol{U}_{31}\boldsymbol{Z}_{31,0})=\\
&\boldsymbol{U}_{\mathrm{pla}}^{R}(\boldsymbol{U}_{12,I_1}\boldsymbol{U}_{11}(\boldsymbol{U}_{10,I_1}\boldsymbol{U}_{9}(\boldsymbol{U}_{8,I_1}\boldsymbol{Z}_{8,7}+\boldsymbol{U}_{8,I_2}\boldsymbol{U}_{26}\boldsymbol{U}_{27}\boldsymbol{Z}_{27,0})+\\
&\boldsymbol{U}_{10,I_2}\boldsymbol{U}^{\mathrm{col}}\boldsymbol{Z}_{25,0}+\boldsymbol{U}_{10,I_3}\boldsymbol{U}_{28}\boldsymbol{U}_{29}\boldsymbol{Z}_{29,0})+\boldsymbol{U}_{12,I_2}\boldsymbol{U}_{30}\boldsymbol{U}_{31}\boldsymbol{Z}_{31,0})=\\
&\boldsymbol{U}_{\mathrm{pla}}^{R}(\boldsymbol{U}_{12,I_1}\boldsymbol{U}_{11}(\boldsymbol{U}_{10,I_1}\boldsymbol{U}_{9}(\boldsymbol{U}_{8,I_1}\boldsymbol{U}_{\mathrm{pla}}^{L}\boldsymbol{Z}_{1,0}+\boldsymbol{U}_{8,I_2}\boldsymbol{U}_{26}\boldsymbol{U}_{27}\boldsymbol{Z}_{27,0})+\\
&\boldsymbol{U}_{10,I_2}\boldsymbol{U}^{\mathrm{col}}\boldsymbol{Z}_{25,0}+\boldsymbol{U}_{10,I_3}\boldsymbol{U}_{28}\boldsymbol{U}_{29}\boldsymbol{Z}_{29,0})+\boldsymbol{U}_{12,I_2}\boldsymbol{U}_{30}\boldsymbol{U}_{31}\boldsymbol{Z}_{31,0}=
\end{aligned}
$$

$$\boldsymbol{U}_{\mathrm{pla}}^{R}\boldsymbol{U}_{12,I_1}\boldsymbol{U}_{11}\boldsymbol{U}_{10,I_1}\boldsymbol{U}_{9}\boldsymbol{U}_{8,I_1}\boldsymbol{U}_{\mathrm{pla}}^{L}\boldsymbol{Z}_{1,0}+$$
$$\boldsymbol{U}_{\mathrm{pla}}^{R}\boldsymbol{U}_{12,I_1}\boldsymbol{U}_{11}\boldsymbol{U}_{10,I_1}\boldsymbol{U}_{9}\boldsymbol{U}_{8,I_2}\boldsymbol{U}_{26}\boldsymbol{U}_{27}\boldsymbol{Z}_{27,0}+$$
$$\boldsymbol{U}_{\mathrm{pla}}^{R}\boldsymbol{U}_{12,I_1}\boldsymbol{U}_{11}\boldsymbol{U}_{10,I_3}\boldsymbol{U}_{28}\boldsymbol{U}_{29}\boldsymbol{Z}_{29,0}+$$
$$\boldsymbol{U}_{\mathrm{pla}}^{R}\boldsymbol{U}_{12,I_1}\boldsymbol{U}_{11}\boldsymbol{U}_{10,I_2}\boldsymbol{U}^{\mathrm{col}}\boldsymbol{Z}_{25,0}+$$
$$\boldsymbol{U}_{\mathrm{pla}}^{R}\boldsymbol{U}_{12,I_2}\boldsymbol{U}_{30}\boldsymbol{U}_{31}\boldsymbol{Z}_{31,0} \tag{7-21}$$

式(7－21)中：

$$\left.\begin{aligned}\boldsymbol{U}_{\mathrm{pla}}^{R}&=\boldsymbol{U}_{19}\boldsymbol{U}_{18}\boldsymbol{U}_{17}\boldsymbol{U}_{16}\boldsymbol{U}_{15}\boldsymbol{U}_{14}\boldsymbol{U}_{13}\\ \boldsymbol{U}_{\mathrm{pla}}^{L}&=\boldsymbol{U}_{7}\boldsymbol{U}_{6}\boldsymbol{U}_{5}\boldsymbol{U}_{4}\boldsymbol{U}_{3}\boldsymbol{U}_{2}\boldsymbol{U}_{1}\\ \boldsymbol{U}^{\mathrm{col}}&=\boldsymbol{U}_{20}\boldsymbol{U}_{21}\boldsymbol{U}_{22}\boldsymbol{U}_{23}\boldsymbol{U}_{24}\boldsymbol{U}_{25}\end{aligned}\right\} \tag{7-22}$$

令

$$\left.\begin{aligned}\boldsymbol{T}_{1-19}&=\boldsymbol{U}_{\mathrm{pla}}^{R}\boldsymbol{U}_{12,I_1}\boldsymbol{U}_{11}\boldsymbol{U}_{10,I_1}\boldsymbol{U}_{9}\boldsymbol{U}_{8,I_1}\boldsymbol{U}_{\mathrm{pla}}^{L}\\ \boldsymbol{T}_{27-19}&=\boldsymbol{U}_{\mathrm{pla}}^{R}\boldsymbol{U}_{12,I_1}\boldsymbol{U}_{11}\boldsymbol{U}_{10,I_1}\boldsymbol{U}_{9}\boldsymbol{U}_{8,I_2}\boldsymbol{U}_{26}\boldsymbol{U}_{27}\\ \boldsymbol{T}_{29-19}&=\boldsymbol{U}_{\mathrm{pla}}^{R}\boldsymbol{U}_{12,I_1}\boldsymbol{U}_{11}\boldsymbol{U}_{10,I_3}\boldsymbol{U}_{28}\boldsymbol{U}_{29}\\ \boldsymbol{T}_{25-19}&=\boldsymbol{U}_{\mathrm{pla}}^{R}\boldsymbol{U}_{12,I_1}\boldsymbol{U}_{11}\boldsymbol{U}_{10,I_2}\boldsymbol{U}^{\mathrm{col}}\\ \boldsymbol{T}_{31-19}&=\boldsymbol{U}_{\mathrm{pla}}^{R}\boldsymbol{U}_{12,I_2}\boldsymbol{U}_{30}\boldsymbol{U}_{31}\end{aligned}\right\} \tag{7-23}$$

因此,式(7－21)可以写为

$$-\boldsymbol{Z}_{19,0}+\boldsymbol{T}_{1-19}\boldsymbol{Z}_{1,0}+\boldsymbol{T}_{27-19}\boldsymbol{Z}_{27,0}+\boldsymbol{T}_{29-19}\boldsymbol{Z}_{29,0}+\boldsymbol{T}_{25-19}\boldsymbol{Z}_{25,0}+\boldsymbol{T}_{31-19}\boldsymbol{Z}_{31,0}=0 \tag{7-24}$$

式中:$\boldsymbol{T}_{j-19}$的下标$j-19$表示传递方向中从该j稍元件到根元件的传递分支。

根据文献[136],舵系统的几何方程为

$$\left.\begin{aligned}\boldsymbol{H}_{8,I_1}\boldsymbol{Z}_{8,7}&=\boldsymbol{H}_{8,I_2}\boldsymbol{U}_{26}\boldsymbol{U}_{27}\boldsymbol{Z}_{27,0}\\ \boldsymbol{H}_{8,I_1}\boldsymbol{U}_{\mathrm{pla}}^{L}\boldsymbol{Z}_{1,0}&=\boldsymbol{H}_{8,I_2}\boldsymbol{U}_{26}\boldsymbol{U}_{27}\boldsymbol{Z}_{27,0}\end{aligned}\right\} \tag{7-25a}$$

$$\left.\begin{aligned}&\boldsymbol{G}_{1-8}\boldsymbol{Z}_{1,0}+\boldsymbol{G}_{27-8}\boldsymbol{Z}_{27,0}=0\\ &\boldsymbol{G}_{1-8}=-\boldsymbol{H}_{8,I_1}\boldsymbol{U}_{\mathrm{pla}}^{L}\\ &\boldsymbol{G}_{27-8}=\boldsymbol{H}_{8,I_2}\boldsymbol{U}_{26}\boldsymbol{U}_{27}\\ &\boldsymbol{H}_{10,I_1}\boldsymbol{Z}_{10,9}=\boldsymbol{H}_{10,I_2}\boldsymbol{Z}_{10,20}\\ &\boldsymbol{H}_{10,I_1}\boldsymbol{U}_{9}\boldsymbol{Z}_{8,9}=\boldsymbol{H}_{10,I_2}\boldsymbol{U}^{\mathrm{col}}\boldsymbol{Z}_{25,0}\\ &\boldsymbol{H}_{10,I_1}\boldsymbol{U}_{9}(\boldsymbol{U}_{8,I_1}\boldsymbol{U}_{\mathrm{pla}}^{L}\boldsymbol{Z}_{1,0}+\boldsymbol{U}_{8,I_2}\boldsymbol{U}_{26}\boldsymbol{U}_{27}\boldsymbol{Z}_{27,0})=\boldsymbol{H}_{10,I_2}\boldsymbol{U}^{\mathrm{col}}\boldsymbol{Z}_{25,0}\\ &\boldsymbol{G}_{1-10}\boldsymbol{Z}_{1,0}+\boldsymbol{G}_{27-10}\boldsymbol{Z}_{27,0}+\boldsymbol{G}_{25-10}\boldsymbol{Z}_{25,0}=0\end{aligned}\right\} \tag{7-25b}$$

$$\left.\begin{aligned}&\boldsymbol{G}_{1-10}=-\boldsymbol{H}_{10,I_1}\boldsymbol{U}_{9}\boldsymbol{U}_{8,I_1}\boldsymbol{U}_{\mathrm{pla}}^{L}\\ &\boldsymbol{G}_{27-10}=-\boldsymbol{H}_{10,I_1}\boldsymbol{U}_{9}\boldsymbol{U}_{8,I_2}\boldsymbol{U}_{26}\boldsymbol{U}_{27}\\ &\boldsymbol{G}_{25-10}=\boldsymbol{H}_{10,I_2}\boldsymbol{U}^{\mathrm{col}}\\ &\boldsymbol{H}_{10,l_1}\boldsymbol{Z}_{10,9}=\boldsymbol{H}_{10,I_3}\boldsymbol{U}_{28}\boldsymbol{U}_{29}Z_{29,0}\\ &\boldsymbol{H}_{10,I_1'}\boldsymbol{U}_{9}\boldsymbol{Z}_{8,9}=\boldsymbol{H}_{10,I_3}\boldsymbol{U}_{28}\boldsymbol{U}_{29}\boldsymbol{Z}_{29,0}\\ &\boldsymbol{H}_{10,l_1}\boldsymbol{U}_{9}(\boldsymbol{U}_{8,I_1}\boldsymbol{U}_{\mathrm{pla}}^{L}\boldsymbol{Z}_{1,0}+\boldsymbol{U}_{8,I_2}\boldsymbol{U}_{26}\boldsymbol{U}_{27}\boldsymbol{Z}_{27,0})=\boldsymbol{H}_{10,I_3}\boldsymbol{U}_{28}\boldsymbol{U}_{29}\boldsymbol{Z}_{29,0}\\ &\boldsymbol{G}_{1-10}'\boldsymbol{Z}_{1,0}+\boldsymbol{G}_{27-10}'\boldsymbol{Z}_{27,0}+\boldsymbol{G}_{29-10}'\boldsymbol{Z}_{29,0}=0\end{aligned}\right\} \tag{7-25c}$$

$$
\left.
\begin{aligned}
&\boldsymbol{G}'_{1-10}=-\boldsymbol{H}_{10,I_1}\boldsymbol{U}_9\boldsymbol{U}_{8,I_1}\boldsymbol{U}^L_{\text{pla}}\\
&\boldsymbol{G}'_{27-10}=-\boldsymbol{H}_{10,I_1}\boldsymbol{U}_9\boldsymbol{U}_{8,I_2}\boldsymbol{U}_{26}\boldsymbol{U}_{27}\\
&\boldsymbol{G}'_{29-10}=\boldsymbol{H}_{10,I_3}\boldsymbol{U}_{28}\boldsymbol{U}_{29}\\
&\boldsymbol{H}_{12,I_1}\boldsymbol{Z}_{12,11}=\boldsymbol{H}_{12,I_2}\boldsymbol{U}_{30}\boldsymbol{U}_{31}\boldsymbol{Z}_{31,0}\\
&\boldsymbol{H}_{12,I_1}\boldsymbol{U}_{12,I_1}\boldsymbol{U}_{11}\boldsymbol{Z}_{10,11}=\boldsymbol{H}_{12,I_2}\boldsymbol{U}_{30}\boldsymbol{U}_{31}\boldsymbol{Z}_{31,0}\\
&\boldsymbol{H}_{12,I_1}\boldsymbol{U}_{12,I_1}\boldsymbol{U}_{11}(\boldsymbol{U}_{10,I_1}\boldsymbol{Z}_{10,9}+\boldsymbol{U}_{10,I_2}\boldsymbol{Z}_{10,20}+\boldsymbol{U}_{10,I_3}\boldsymbol{U}_{28}\boldsymbol{U}_{29}\boldsymbol{Z}_{29,0})=\boldsymbol{H}_{12,I_2}\boldsymbol{U}_{30}\boldsymbol{U}_{31}\boldsymbol{Z}_{31,0}\\
&\boldsymbol{H}_{12,I_1}\boldsymbol{U}_{12,I_1}\boldsymbol{U}_{11}(\boldsymbol{U}_{10,I_1}\boldsymbol{U}_9\boldsymbol{Z}_{8,9}+\boldsymbol{U}_{10,I_2}\boldsymbol{U}^{\text{col}}\boldsymbol{Z}_{25,0}+\boldsymbol{U}_{10,I_3}\boldsymbol{U}_{28}\boldsymbol{U}_{29}\boldsymbol{Z}_{29,0})=\\
&\boldsymbol{H}_{12,I_2}\boldsymbol{U}_{30}\boldsymbol{U}_{31}\boldsymbol{Z}_{31,0}-\boldsymbol{H}_{12,I_1}\boldsymbol{U}_{12,I_1}\boldsymbol{U}_{11}(\boldsymbol{U}_{10,I_1}\boldsymbol{U}_9(\boldsymbol{U}_{8,I_1}\boldsymbol{Z}_{8,7}+\boldsymbol{U}_{8,I_2}\boldsymbol{U}_{26}\boldsymbol{U}_{27}\boldsymbol{Z}_{27,0})+\\
&\boldsymbol{U}_{10,I_2}\boldsymbol{U}^{\text{col}}\boldsymbol{Z}_{25,0}+\boldsymbol{U}_{10,I_3}\boldsymbol{U}_{28}\boldsymbol{U}_{29}\boldsymbol{Z}_{29,0})=\boldsymbol{H}_{12,I_2}\boldsymbol{U}_{30}\boldsymbol{U}_{31}\boldsymbol{Z}_{31,0}-\\
&\boldsymbol{H}_{12,I_1}\boldsymbol{U}_{12,I_1}\boldsymbol{U}_{11}(\boldsymbol{U}_{10,I_1}\boldsymbol{U}_9(\boldsymbol{U}_{8,I_1}\boldsymbol{U}^L_{\text{pla}}\boldsymbol{Z}_{1,0}+\boldsymbol{U}_{8,I_2}\boldsymbol{U}_{26}\boldsymbol{U}_{27}\boldsymbol{Z}_{27,0})+\\
&\boldsymbol{U}_{10,I_2}\boldsymbol{U}^{\text{col}}\boldsymbol{Z}_{25,0}+\boldsymbol{U}_{10,I_3}\boldsymbol{U}_{28}\boldsymbol{U}_{29}\boldsymbol{Z}_{29,0})=\boldsymbol{H}_{12,I_2}\boldsymbol{U}_{30}\boldsymbol{U}_{31}\boldsymbol{Z}_{31,0}\\
&\boldsymbol{G}_{1-12}\boldsymbol{Z}_{1,0}+\boldsymbol{G}_{27-12}\boldsymbol{Z}_{27,0}+\boldsymbol{G}_{25-12}\boldsymbol{Z}_{25,0}+\boldsymbol{G}_{29-12}\boldsymbol{Z}_{29,0}+\boldsymbol{G}_{31-12}\boldsymbol{Z}_{31,0}=0\\
&\boldsymbol{G}_{1-12}=-\boldsymbol{H}_{12,I_1}\boldsymbol{U}_{12,I_1}\boldsymbol{U}_{11}\boldsymbol{U}_{10,I_1}\boldsymbol{U}_9\boldsymbol{U}_{8,I_1}\boldsymbol{U}^L_{\text{pla}}\\
&\boldsymbol{G}_{27-12}=-\boldsymbol{H}_{12,I_1}\boldsymbol{U}_{12,I_1}\boldsymbol{U}_{11}\boldsymbol{U}_{10,I_1}\boldsymbol{U}_9\boldsymbol{U}_{8,I_2}\boldsymbol{U}_{26}\boldsymbol{U}_{27}\\
&\boldsymbol{G}_{25-12}=-\boldsymbol{H}_{12,I_1}\boldsymbol{U}_{12,I_1}\boldsymbol{U}_{11}\boldsymbol{U}_{10,I_2}\boldsymbol{U}^{\text{col}}\\
&\boldsymbol{G}_{29-12}=-\boldsymbol{H}_{12,I_1}\boldsymbol{U}_{12,I_1}\boldsymbol{U}_{11}\boldsymbol{U}_{10,I_3}\boldsymbol{U}_{28}\boldsymbol{U}_{29}\\
&\boldsymbol{G}_{31-12}=\boldsymbol{H}_{12,I_2}\boldsymbol{U}_{30}\boldsymbol{U}_{31}
\end{aligned}
\right\}
\tag{7-25d}
$$

式中：$\boldsymbol{G}_{k-l}$的下标$k-l$表示几何方程从该元件k到元件l的传递分支。

根据式(7-21)～式(7-25)可以写出舵系统总传递方程为

$$
\boldsymbol{U}_{\text{all}}\big|_{24\times48}\boldsymbol{Z}_{\text{all}}\big|_{48\times1}=0 \tag{7-26}
$$

式中：

$$
\boldsymbol{U}_{\text{all}}=\begin{bmatrix}
\boldsymbol{T}_{1-19}\big|_{8\times8} & \boldsymbol{T}_{27-19}\big|_{8\times8} & \boldsymbol{T}_{29-19}\big|_{8\times8} & \boldsymbol{T}_{25-19}\big|_{8\times8} & \boldsymbol{T}_{31-19}\big|_{8\times8} & -\boldsymbol{I}\big|_{8\times8}\\
\boldsymbol{G}_{1-8}\big|_{4\times8} & \boldsymbol{G}_{27-8}\big|_{4\times8} & \boldsymbol{O}\big|_{4\times8} & \boldsymbol{O}\big|_{4\times8} & \boldsymbol{O}\big|_{4\times8} & \boldsymbol{O}\big|_{4\times8}\\
\boldsymbol{G}_{1-10}\big|_{4\times8} & \boldsymbol{G}_{27-10}\big|_{4\times8} & \boldsymbol{O}\big|_{4\times8} & \boldsymbol{G}_{25-10} & \boldsymbol{O}\big|_{4\times8} & \boldsymbol{O}\big|_{4\times8}\\
\boldsymbol{G}'_{1-10}\big|_{4\times8} & \boldsymbol{G}_{27-10}\big|_{4\times8} & \boldsymbol{G}'_{29-10}\big|_{4\times8} & \boldsymbol{O}\big|_{4\times8} & \boldsymbol{O}\big|_{4\times8} & \boldsymbol{O}\big|_{4\times8}\\
\boldsymbol{G}_{1-12}\big|_{4\times8} & \boldsymbol{G}_{27-12}\big|_{4\times8} & \boldsymbol{G}_{25-12}\big|_{4\times8} & \boldsymbol{G}_{29-12}\big|_{4\times8} & \boldsymbol{G}_{31-12}\big|_{4\times8} & \boldsymbol{O}\big|_{4\times8}
\end{bmatrix},
$$

$$
\boldsymbol{Z}^{\text{T}}_{\text{all}}=[\boldsymbol{Z}^{\text{T}}_{1,0}\quad \boldsymbol{Z}^{\text{T}}_{27,0}\quad \boldsymbol{Z}^{\text{T}}_{29,0}\quad \boldsymbol{Z}^{\text{T}}_{25,0}\quad \boldsymbol{Z}^{\text{T}}_{31,0}\quad \boldsymbol{Z}^{\text{T}}_{19,0}]^{\text{T}} \tag{7-27}
$$

边界条件为

$$
\left.
\begin{aligned}
&\boldsymbol{Z}_{1,0}=[X,Y,\Theta_z,0,0,0,\Theta_x,0]^{\text{T}}\\
&\boldsymbol{Z}_{27,0}=[0,0,0,M_z,Q_x,Q_y,\Theta_x,0]^{\text{T}}\\
&\boldsymbol{Z}_{29,0}=[X,0,\Theta_z,0,0,Q_y,\Theta_x,0]^{\text{T}}\\
&\boldsymbol{Z}_{25,0}=[0,0,0,M_z,Q_x,Q_y,0,M_x]^{\text{T}}\\
&\boldsymbol{Z}_{31,0}=[0,0,0,M_z,Q_x,Q_y,\Theta_x,0]^{\text{T}}\\
&\boldsymbol{Z}_{19,0}=[X,Y,\Theta_z,0,0,0,\Theta_x,0]^{\text{T}}
\end{aligned}
\right\}
\tag{7-28}
$$

对于以上公式中的传递矩阵，大多可以通过多体传递矩阵库查到。根据多体系统传递矩阵法传递矩阵库[136]，虚拟刚体的传递矩阵为

$$\boldsymbol{U}_{8,I_1}=\boldsymbol{U}_{12,I_1}=\begin{bmatrix}1&0&0&0&0&0&0&0\\0&1&0&0&0&0&0&0\\0&0&1&0&0&0&0&0\\0&0&0&1&0&0&0&0\\0&0&0&0&1&0&0&0\\0&0&0&0&0&1&0&0\\0&0&0&0&0&0&1&0\\0&0&0&0&0&0&0&1\end{bmatrix}\tag{7-29}$$

$$\boldsymbol{U}_{8,I_2}=\boldsymbol{U}_{12,I_2}=\begin{bmatrix}0&0&0&0&0&0&0&0\\0&0&0&0&0&0&0&0\\0&0&0&0&0&0&0&0\\0&0&0&1&0&0&0&0\\0&0&0&0&1&0&0&0\\0&0&0&0&0&1&0&0\\0&0&0&0&0&0&0&0\\0&0&0&0&0&0&0&1\end{bmatrix}\tag{7-30}$$

弹簧的传递矩阵为

$$\boldsymbol{U}_{27}=\boldsymbol{U}_{28}=\boldsymbol{U}_{29}=\boldsymbol{U}_{31}=\begin{bmatrix}1&0&0&0&0&0&0&0\\0&1&0&0&0&-1/K_y&0&0\\0&0&1&0&0&0&0&0\\0&0&0&1&0&0&0&0\\0&0&0&0&1&0&0&0\\0&0&0&0&0&1&0&0\\0&0&0&0&0&0&1&0\\0&0&0&0&0&0&0&1\end{bmatrix}\tag{7-31a}$$

$$\boldsymbol{U}_{25}=\boldsymbol{U}_{26}=\boldsymbol{U}_{30}=\begin{bmatrix}1&0&0&0&-1/K_x&0&0&0\\0&1&0&0&0&-1/K_y&0&0\\0&0&1&0&0&0&0&0\\0&0&0&1&0&0&0&0\\0&0&0&0&1&0&0&0\\0&0&0&0&0&1&0&0\\0&0&0&0&0&0&1&0\\0&0&0&0&0&0&0&1\end{bmatrix}\tag{7-31b}$$

$$
\boldsymbol{U}_{24}=\begin{bmatrix}
1 & 0 & 0 & 0 & -1/K_x & 0 & 0 & 0\\
0 & 1 & 0 & 0 & 0 & -1/K_{\mathrm{h}} & 0 & 0\\
0 & 0 & 1 & 0 & 0 & 0 & 0 & 0\\
0 & 0 & 0 & 1 & 0 & 0 & 0 & 0\\
0 & 0 & 0 & 0 & 1 & 0 & 0 & 0\\
0 & 0 & 0 & 0 & 0 & 1 & 0 & 0\\
0 & 0 & 0 & 0 & 0 & 0 & 1 & 0\\
0 & 0 & 0 & 0 & 0 & 0 & 0 & 1
\end{bmatrix} \tag{7-31c}
$$

式中:K_x、K_y 分别为 x 和 y 方向的弹簧刚度;K_{h} 为液压等效弹簧刚度。

柱铰的传递矩阵为

$$
\boldsymbol{U}_{20}=\begin{bmatrix}
1 & 0 & 0 & 0 & 0 & 0 & 0 & 0\\
0 & 1 & 0 & 0 & 0 & -1/K_y & 0 & 0\\
0 & 0 & 1 & 0 & 0 & 0 & 0 & 0\\
0 & 0 & 0 & 1 & 0 & 0 & 0 & 0\\
0 & 0 & 0 & 0 & 1 & 0 & 0 & 0\\
0 & 0 & 0 & 0 & 0 & 1 & 0 & 0\\
0 & 0 & 0 & 0 & 0 & 0 & 1 & 1/K'_x\\
0 & 0 & 0 & 0 & 0 & 0 & 0 & 1
\end{bmatrix} \tag{7-32}
$$

式中:K'_x 为绕 x 轴的扭转刚度。

球铰的传递矩阵为

$$
\boldsymbol{U}_{22}=\begin{bmatrix}
1 & 0 & 0 & 0 & -1/K_x & 0 & 0 & 0\\
0 & 1 & 0 & 0 & 0 & -1/K_y & 0 & 0\\
0 & 0 & 1 & 1/K'_z & 0 & 0 & 0 & 0\\
0 & 0 & 0 & 1 & 0 & 0 & 0 & 0\\
0 & 0 & 0 & 0 & 1 & 0 & 0 & 0\\
0 & 0 & 0 & 0 & 0 & 1 & 0 & 0\\
0 & 0 & 0 & 0 & 0 & 0 & 1 & 1/K'_x\\
0 & 0 & 0 & 0 & 0 & 0 & 0 & 1
\end{bmatrix} \tag{7-33}
$$

式中:K'_z 为绕 z 轴的扭转刚度。

刚体的传递矩阵为

$$
\boldsymbol{U}_{10,l_1}=
$$

$$
\begin{bmatrix}
1 & 0 & 0 & 0 & 0 & 0 & 0 & 0\\
0 & 1 & b_1 & 0 & 0 & 0 & -b_3 & 0\\
0 & 0 & 1 & 0 & 0 & 0 & 0 & 0\\
0 & m\omega^2(b_1-c_1) & -m\omega^2(-b_2c_2-b_1c_1)-\omega^2(J_{zz}+mc_3{}^2) & 1 & 0 & b1 & -m\omega^2b_1c_3+\omega^2 J_{zx} & 0\\
m\omega^2 & 0 & 0 & 0 & 1 & 0 & 0 & 0\\
0 & m\omega^2 & m\omega^2c_1 & 0 & 0 & 1 & -m\omega^2c_3 & 0\\
0 & 0 & 0 & 0 & 0 & 0 & 1 & 0\\
0 & m\omega^2(-b_3+c_3) & -m\omega^2b_3c_1+\omega^2 J_{zx} & 0 & 0 & -b3 & -m\omega^2(-b_3c_3-b_2c_2)-\omega^2(J_{xx}+mc_1^2) & 1
\end{bmatrix} \tag{7-34}
$$

$$
\boldsymbol{U}_{10,I_2}=\begin{bmatrix}
0 & 0 & 0 & 0 & 0 & 0 & 0 & 0\\
0 & 0 & 0 & 0 & 0 & 0 & 0 & 0\\
0 & 0 & 0 & 0 & 0 & 0 & 0 & 0\\
0 & 0 & 0 & 1 & 0 & (b_1-a_1) & 0 & 0\\
0 & 0 & 0 & 0 & 1 & 0 & 0 & 0\\
0 & 0 & 0 & 0 & 0 & 1 & 0 & 0\\
0 & 0 & 0 & 0 & 0 & 0 & 0 & 0\\
0 & 0 & 0 & 0 & 0 & (-b_3+a_3) & 0 & 1
\end{bmatrix} \tag{7-35}
$$

$$
\boldsymbol{U}_{10,I_3}=\begin{bmatrix}
0 & 0 & 0 & 0 & 0 & 0 & 0 & 0\\
0 & 0 & 0 & 0 & 0 & 0 & 0 & 0\\
0 & 0 & 0 & 0 & 0 & 0 & 0 & 0\\
0 & 0 & 0 & 1 & 0 & (b_1-d_1) & 0 & 0\\
0 & 0 & 0 & 0 & 1 & 0 & 0 & 0\\
0 & 0 & 0 & 0 & 0 & 1 & 0 & 0\\
0 & 0 & 0 & 0 & 0 & 0 & 0 & 0\\
0 & 0 & 0 & 0 & 0 & (-b_3+d_3) & 0 & 1
\end{bmatrix} \tag{7-36}
$$

式中：J_{xx}，J_{xx}，J_{zz} 为刚体的质量惯性矩；(c_1,c_2,c_3) 为质心位置；(a_1,a_2,a_3) 为对应 $\boldsymbol{U}_{10,I_2}$ 的输入点坐标；(d_1,d_2,d_3) 为对应 $\boldsymbol{U}_{10,I_3}$ 的输入点坐标；(b_1,b_2,b_3) 为输出点处的坐标。以 $\boldsymbol{U}_{10,I_1}$ 对应的输入点位置为原点。

弯扭耦合梁的传递矩阵为

$$
\begin{aligned}
\boldsymbol{U}_1=\boldsymbol{U}_2=\boldsymbol{U}_3=\boldsymbol{U}_4=\boldsymbol{U}_5=\boldsymbol{U}_6=\boldsymbol{U}_7=&\\
\boldsymbol{U}_{13}=\boldsymbol{U}_{14}=\boldsymbol{U}_{15}=\boldsymbol{U}_{16}=\boldsymbol{U}_{17}=\boldsymbol{U}_{18}=\boldsymbol{U}_{19}=&\boldsymbol{U}^{CB}
\end{aligned} \tag{7-37}
$$

非耦合梁模型一的传递矩阵为

$$
\boldsymbol{U}^{UB1}=
$$

$$
\begin{bmatrix}
\cos(\beta_r l) & 0 & 0 & 0 & -\sin(\beta_r)/(\beta_r EA) & 0 & 0 & 0\\
0 & S(\lambda l) & T(\lambda l)/\lambda & U(\lambda l)/(EI\lambda^2) & 0 & V(\lambda l)/(EI\lambda^3) & 0 & 0\\
0 & \lambda V(\lambda l) & S(\lambda l) & T(\lambda l)/(EI\lambda) & 0 & U(\lambda l)/(EI\lambda^2) & 0 & 0\\
0 & EI\lambda^2 U(\lambda l) & EI\lambda V(\lambda l) & S(\lambda l) & 0 & T(\lambda l)/\lambda & 0 & 0\\
\beta EA\sin(\beta_r l) & 0 & 0 & 0 & \cos(\beta r l) & 0 & 0 & 0\\
0 & EI\lambda^3 T(\lambda l) & EI\lambda^2 U(\lambda l) & \lambda V(\lambda l) & 0 & S(\lambda l) & 0 & 0\\
0 & 0 & 0 & 0 & 0 & 0 & \cos(\gamma l) & \sin(\gamma l)\\
0 & 0 & 0 & 0 & 0 & 0 & -\gamma GJ\sin(\gamma Ll) & \cos(\gamma l)
\end{bmatrix} \tag{7-38}
$$

式中：$\gamma=\sqrt{\rho\omega^2/G}$；$\lambda=\sqrt[4]{m\omega^2/EI}$；$S=\dfrac{ch+c}{2}$；$T=\dfrac{sh+s}{2}$；$U=\dfrac{ch-c}{2}$；$V=\dfrac{sh-s}{2}$；$ch=\cosh(\lambda l)$；$sh=\sinh(\lambda l)$，$c=\cos(\lambda l)$；$s=\sin(\lambda l)$；$l$ 和 A 分别是梁的长度和截面积。因此，$\boldsymbol{U}_9=\boldsymbol{U}_{11}=\boldsymbol{U}^{UB1}$。

考虑轴向和横向振动的平面振动梁的传递矩阵为

$$\boldsymbol{U}^1=\begin{bmatrix}\cos(\beta_r l) & 0 & 0 & 0 & -\sin(\beta_r l)/(\beta_r EA) & 0\\ 0 & S(\lambda l) & T(\lambda l)/\lambda & U(\lambda l)/(EI\lambda^2) & 0 & V(\lambda l)/(EI\lambda^3)\\ 0 & \lambda V(\lambda l) & S(\lambda l) & T(\lambda l)/(EI\lambda) & 0 & U(\lambda l)/(EI\lambda^2)\\ 0 & EI\lambda^2 U(\lambda l) & EI\lambda V(\lambda l) & S(\lambda l) & 0 & T(\lambda l)/\lambda\\ \beta_r EA\sin(\beta_r l) & 0 & 0 & 0 & \cos(\beta_r l) & 0\\ 0 & EI\lambda^3 T(\lambda l) & EI\lambda^2 U(\lambda l) & \lambda V(\lambda l) & 0 & S(\lambda l)\end{bmatrix} \tag{7-39}$$

采用方向余弦矩阵将平面振动梁转动90°,转换矩阵为

$$\boldsymbol{R}=\begin{bmatrix}0 & -1 & 0 & 0 & 0 & 0\\ 1 & 0 & 0 & 0 & 0 & 0\\ 0 & 0 & 1 & 0 & 0 & 0\\ 0 & 0 & 0 & 1 & 0 & 0\\ 0 & 0 & 0 & 0 & 0 & -1\\ 0 & 0 & 0 & 0 & 1 & 0\end{bmatrix} \tag{7-40}$$

转换后的平面振动梁的传递矩阵 $\boldsymbol{U}^2$ 为

$$\boldsymbol{U}^2=\boldsymbol{R}^{\mathrm{T}}\boldsymbol{U}^1\boldsymbol{R} \tag{7-41}$$

因此,非耦合梁模型二传递矩阵为

$$\boldsymbol{U}^{UB2}=\begin{bmatrix}U_{11}^2 & U_{12}^2 & U_{13}^2 & U_{14}^2 & U_{15}^2 & U_{16}^2 & 0 & 0\\ U_{21}^2 & U_{22}^2 & U_{23}^2 & U_{24}^2 & U_{25}^2 & U_{26}^2 & 0 & 0\\ U_{31}^2 & U_{32}^2 & U_{33}^2 & U_{34}^2 & U_{35}^2 & U_{36}^2 & 0 & 0\\ U_{41}^2 & U_{42}^2 & U_{43}^2 & U_{44}^2 & U_{45}^2 & U_{46}^2 & 0 & 0\\ U_{51}^2 & U_{52}^2 & U_{53}^2 & U_{54}^2 & U_{55}^2 & U_{56}^2 & 0 & 0\\ U_{61}^2 & U_{62}^2 & U_{63}^2 & U_{64}^2 & U_{65}^2 & U_{66}^2 & 0 & 0\\ 0 & 0 & 0 & 0 & 0 & 0 & 1 & 0\\ 0 & 0 & 0 & 0 & 0 & 0 & 0 & 1\end{bmatrix} \tag{7-42}$$

因此,$\boldsymbol{U}_{21}=\boldsymbol{U}^{UB2}$。

杆元件的传递矩阵为

$$\boldsymbol{U}^{\mathrm{rod}}=\begin{bmatrix}1 & 0 & 0 & 0 & 0 & 0 & 0 & 0\\ 0 & \cos(\beta_r l) & 0 & 0 & 0 & -\sin(\beta_r l)/(\beta_r EA) & 0 & 0\\ 0 & 0 & 1 & 0 & 0 & 0 & 0 & 0\\ 0 & 0 & 0 & 1 & 0 & 0 & 0 & 0\\ 0 & 0 & 0 & 0 & 1 & 0 & 0 & 0\\ 0 & \beta_r EA\sin(\beta_r l) & 0 & 0 & 0 & \cos(\beta_r l) & 0 & 0\\ 0 & 0 & 0 & 0 & 0 & 0 & 1 & 0\\ 0 & 0 & 0 & 0 & 0 & 0 & 0 & 1\end{bmatrix}$$

因此,$\boldsymbol{U}_{23}=\boldsymbol{U}^{\mathrm{rod}}$。

另外几何矩阵为

$$\boldsymbol{H}_{8,\boldsymbol{I}_1}=\boldsymbol{H}_{8,\boldsymbol{I}_2}=\boldsymbol{H}_{12,\boldsymbol{I}_1}=\boldsymbol{H}_{12,\boldsymbol{I}_2}=\begin{bmatrix}1&0&0&0&0&0&0&0\\0&1&0&0&0&0&0&0\\0&0&1&0&0&0&0&0\\0&0&0&0&0&0&1&0\end{bmatrix} \tag{7-44}$$

$$\boldsymbol{H}_{10,I_1}=\begin{bmatrix}1&0&0&0&0&0&0&0\\0&1&a_1&0&0&0&-a_3&0\\0&0&1&0&0&0&0&0\\0&0&0&0&0&0&1&0\end{bmatrix} \tag{7-45}$$

$$\boldsymbol{H}_{10,I_2}=\boldsymbol{H}_{10,I_3}=\begin{bmatrix}1&0&0&0&0&0&0&0\\0&1&0&0&0&0&0&0\\0&0&1&0&0&0&0&0\\0&0&0&0&0&0&1&0\end{bmatrix} \tag{7-46}$$

$$\boldsymbol{H}_{10,I_1}=\begin{bmatrix}1&0&0&0&0&0&0&0\\0&1&d_1&0&0&0&-d_3&0\\0&0&1&0&0&0&0&0\\0&0&0&0&0&0&1&0\end{bmatrix} \tag{4-47}$$

求解公式(7－26)即可求出舵系统固有频率,再求解方程(7－26)可得到对应于固有频率 ω_k 的系统边界点状态矢量 $\boldsymbol{Z}_{\mathrm{all}}$,进而通过元件传递方程得到系统全部连接点的状态矢量,即为系统的振型。

舵系统的弯曲刚度、扭转刚度等参数一般可以由实验获得,本章主要通过有限元静力学分析获得。

7.3　舵系统动力学参数确定方法

7.3.1　舵系统 FEM 建模

为了获得基于 MSTMM 的舵系统动力学模型计算参数,同时验证舵系统动力学建模的合理性,采用 FEM 对舵系统建模,进行振动特性和静力学计算分析。

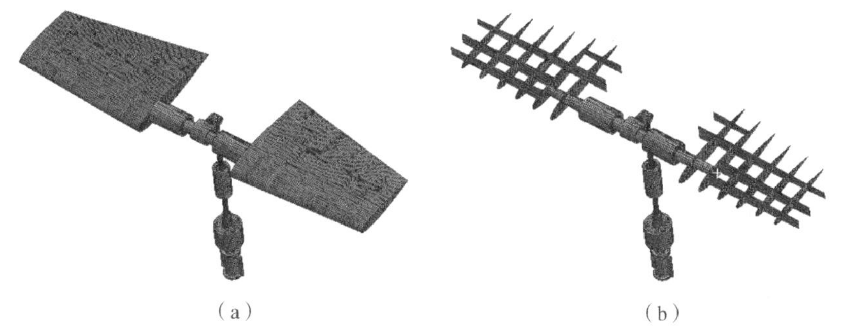

(a)　　　　(b)

图 7－4　舵系统有限元网格

(a)包括蒙皮视图;(b)不包括蒙皮视图

舵系统简化后的几何模型如图 7－1(b)所示,把舵叶的蒙皮和里面的骨架都抽取中面,以便单元划分时，划分为壳单元。对模型中的一些细节，如小孔、倒角、螺栓、键等进行简化，以获得较好的有限元网格。轴承使用的材料为铜合金，其他部件采用的材料全部为结构钢。舵叶中的蒙皮，骨架与轴套都采用 shell181 壳单元，单元节点为 6DOF，根据实际模型中蒙皮和骨架的厚度，设定壳的厚度。其他部件都采用 solid186 和 solid187 两种实体单元，单元节点为 3DOF，部件与部件之间采用接触连接。建模过程中共画了 6 套有限元网格，网格总单元数分别为（N_1）19 220、（N_2）29 468、（N_3）43 985、（N_4）54 995、（N_5）93 193、（N_6）132 523。(N4)套舵系统的有限元网格如图 7 - 4 所示。ANSYS 软件中的接触类型包括 Bonded（绑定）、No separation（不分离）、Frictional（摩擦）。其中，Bonded（绑定）、No separation（不分离）两种接触方式是线性的，计算时只需迭代一次，在接触面的法向不存在分离，不允许有间隙存在，Bonded（绑定）接触切向不允许滑移，而 No separation（不分离）接触允许切向滑移。液压缸、导向装置、轴承、密封装置都是固定不动的，因此采用绑定约束。采用远程端点约束，约束住舵轴，防止舵轴左右窜动。图 7 - 5(a)为绑定约束的位置。图 7 - 5(b)中，A - J 为接触位置。

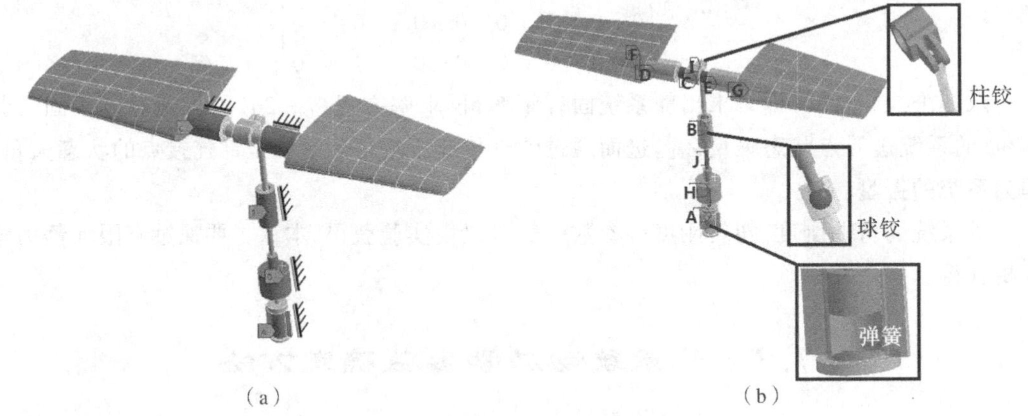

图 7 - 5　固定约束与接触位置

(a)固定约束位置；(b)接触位置

A：液压缸与活塞的接触，设定为 No separation（不分离），允许在接触面的切向方向上有滑移。

B：球铰之间的接触，设定为 No separation（不分离），允许在接触面的切向方向上有滑移，导向装置之间设定为设定为 No separation（不分离），允许在接触面的切向方向上有滑移。

C：舵柄和舵轴之间的接触，设定为 Bonded（绑定）接触，即舵柄和舵轴之间为完全绑定，不存在分离和滑移。

D、E：轴承和舵轴之间的接触，设定为 No separation（不分离），允许在接触面的切向方向上有滑移。

F、G：舵轴和舵叶之间的接触，设定为 Bonded（绑定）接触，即舵柄和舵轴之间为完全线定，不存在分离和滑移。

I：舵柄和柱铰之间的接触，设定为 No separation（不分离），允许在接触面的切向方向上有滑移。

划分完有限元单元，设置好边界条件即可进行动力学和静力学仿真。

7.3.2　基于 FEM 的模型验证分析

采用 AGARDWing445.6 作为有限元模态验证计算的例子，其目的在于验证有限元法建模的合理性，同时也为下一步 CFD/CSD 双向耦合模型验证做铺垫。AGARDWing445.6 软模型机翼平面特征参数为：展弦比＝1.644 0，梢根比＝0.659 2，四分之一弦线机翼后掠角为45°，沿流向翼型为 NASA65A004。图 7－6(a)给出了该机翼模型的相关参数，其他详细参数可见文献[250]。

采用 ANSYS 软件建立了 AGARD445.6 结构有限元模型，网格划分采用六面体 solid186单元，共有 3 977 个节点和 560 个单元，如图 7－6(b)所示。计算所用材料参数如下：E_1＝3.151 1 GPa，E_2＝0.416 2 GPa，μ＝0.31，G＝0.439 2 GPa，ρ＝381.98 kg/m^3。其中E_1 指材料 X 方向的弹性模量，E_2 是指 Y 和 Z 方向的弹性模量(X 沿弦向，Z 沿展向)，μ 是泊松比，G 是指每个方向的剪切模量，ρ 指机翼模型的密度。计算结果见表 7－1，从表中可以看出，仿真结果与 AGARD445.6 机翼模态实验数据对比，误差较小，验证了有限元建模方法的可靠性。

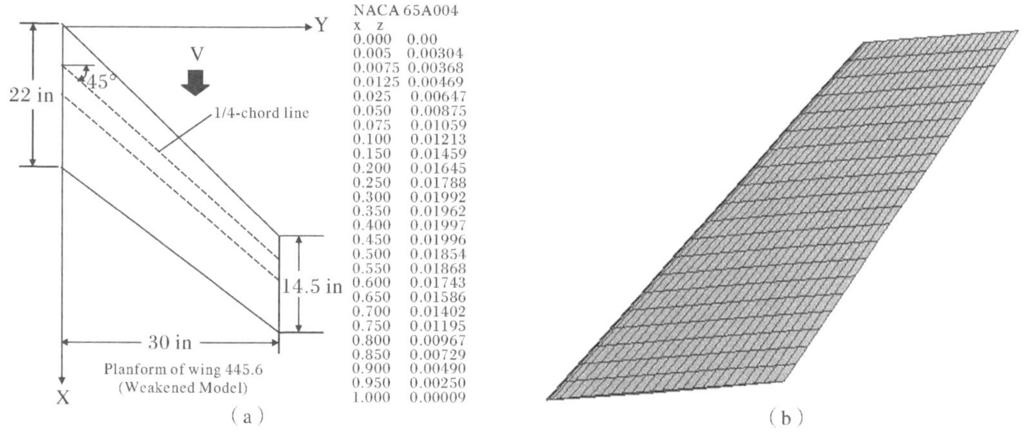

图 7－6　AGARD445.6 机翼模型和计算网格

(a)机翼几何参数；(b)计算网格

表 7－1　AGARD445.6 机翼模态

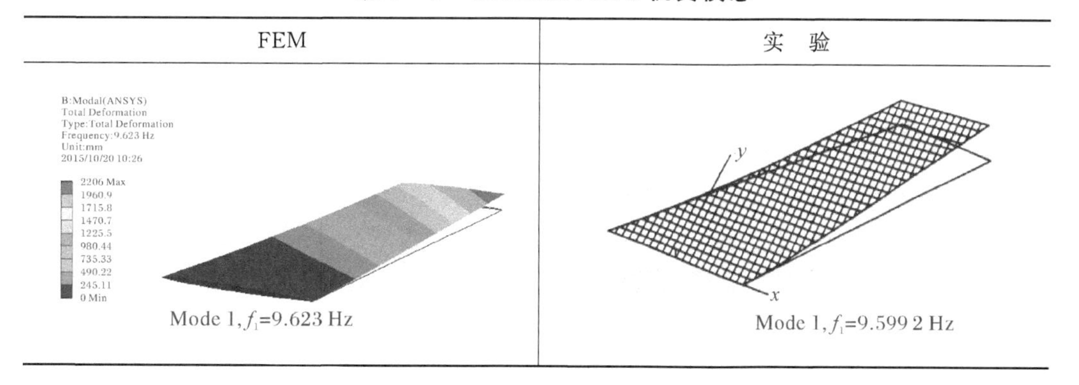

FEM	实　验
Mode 1，f_1=9.623 Hz	Mode 1，f_1=9.599 2 Hz

续 表

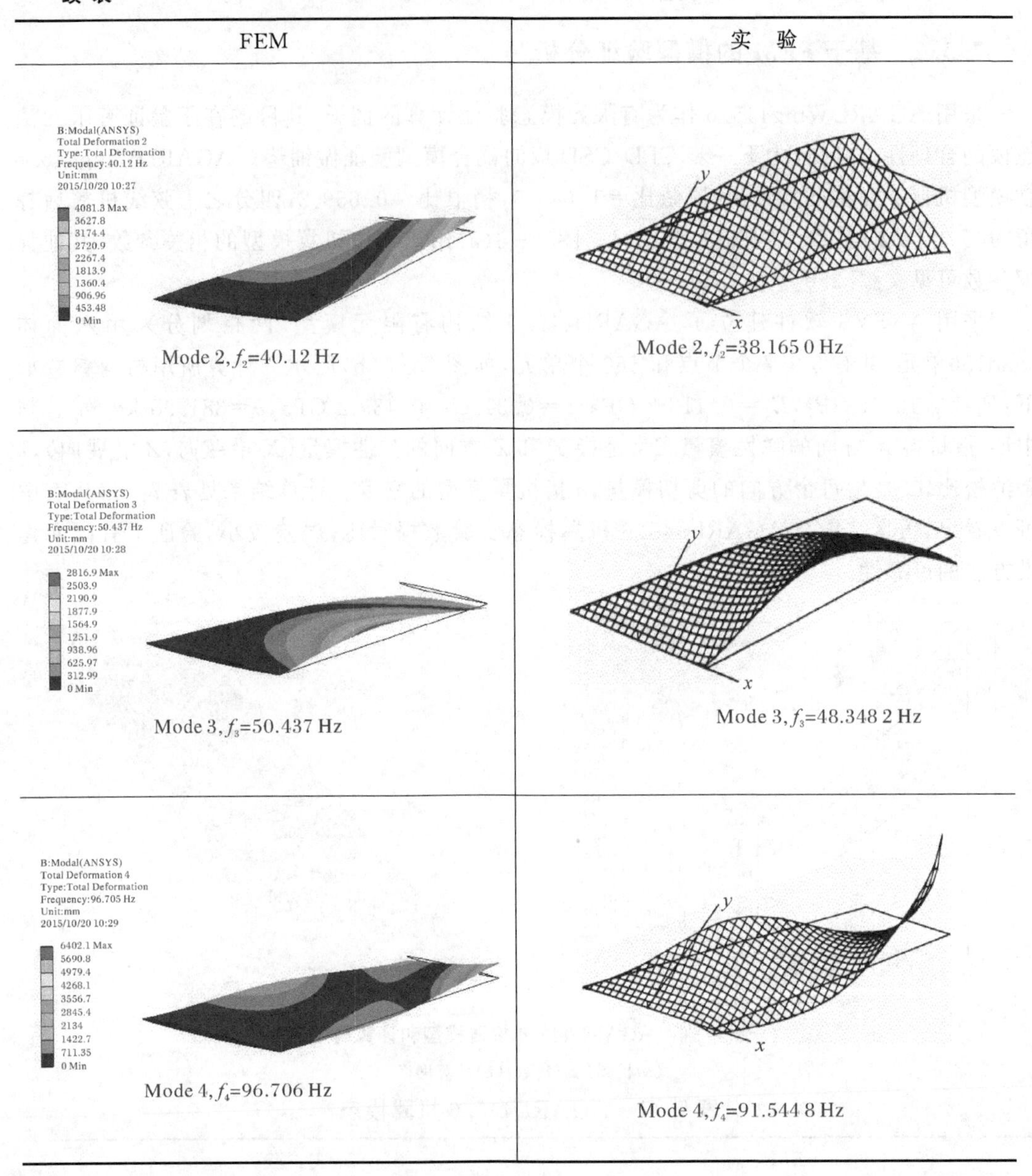

7.3.3 基于 FEM 舵系统网格无关性验证

对舵系统进行振动特性计算，首先要进行网格无关性验证。舵叶的液压刚度是通过实验获得的，当舵叶处于水平位置时，液压的等效弹簧刚度为 $K_{\mathrm{h}}=4\times10^{8}$ N/m。为了验证网格无关性，即有限元结果的收敛性，分别计算了舵系统（液压弹簧刚度为 $K_{\mathrm{h}}=4\times10^{8}$ N/m）6 套网格（网格数量 N1 为 19 220、N2 为 29 468、N3 为 43 985、N4 为 54 995、N5 为 93 193、N6 为 132 523）对应的模态，计算结果见表 7－2。计算出的结果分布如图 7－7(a)所示，随着网格数量的增加，各阶模态计算结果趋于稳定。综合考虑计算机内存及 CPU 性能，选择(N4)套网格为本节舵系统的有限元计算网格。

以(N4)套网格作为舵系统的有限元计算网格，改变液压等效刚度，计算不同液压弹簧刚度情况下的舵系统振动特性。该部分计算的目的是为了和下一节多体系统传递矩阵法快速仿真结果进行对比。表 7-3 为部分不同液压弹簧刚度情况下舵系统模态计算结果，可以看出不同的液压弹簧刚度情况下，舵系统的前四阶振型一致。第 1 阶振型都是俯仰和扭转耦合并且对称的模态，第 2 阶是都是反对称弯曲模态，第 3 阶都是对称的俯仰和弯曲耦合模态，第 4 阶都是反对称的扭转模态。因为从第 5 阶开始，基本上都是舵叶蒙皮的局部模态，舵系统位于高密度的水流中不会发生壁板颤振问题，因此本节对蒙皮的局部模态不做研究。

表 7-2　舵系统有限元网格无关性验证(液压刚度 $K_h=4\times10^8$ N/m)

网格数量	1 阶振型	2 阶振型	3 阶振型	4 阶振型
N_1	$f_1=20.128$ Hz	$f_2=24.41$ Hz	$f_3=27.964$ Hz	$f_4=35.303$ Hz
N_2	$f_1=20.187$ Hz	$f_2=24.394$ Hz	$f_3=27.968$ Hz	$f_4=35.315$ Hz
N_3	$f_1=20.289$ Hz	$f_2=24.335$ Hz	$f_3=28.015$ Hz	$f_4=35.95$ Hz
N_4	$f_1=20.693$ Hz	$f_2=24.31$ Hz	$f_3=28.066$ Hz	$f_4=35.954$ Hz

续表

网格数量	1 阶振型	2 阶振型	3 阶振型	4 阶振型
N_5	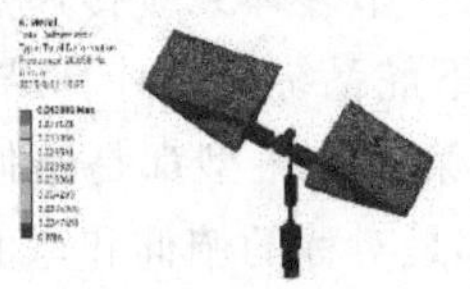 f_1 = 20.658 Hz	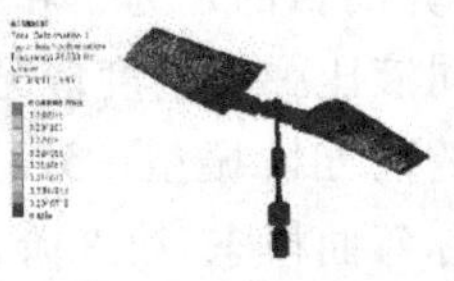 f_2 = 24.333 Hz	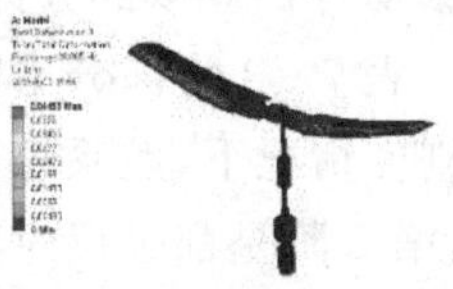 f_3 = 28.065 Hz	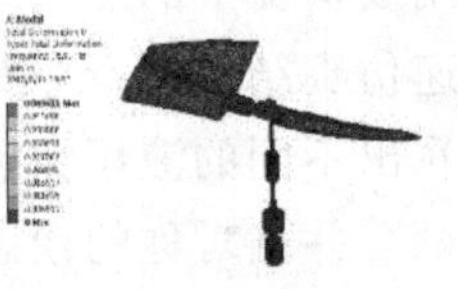 f_4 = 35.935 Hz
N_6	 f_1 = 20.687 Hz	 f_2 = 24.332 Hz	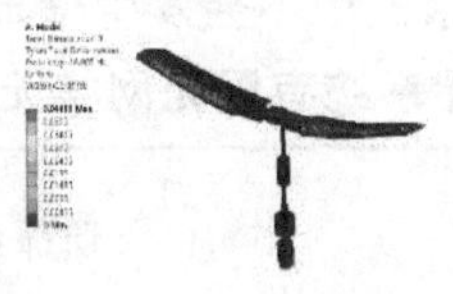 f_3 = 28.066 Hz	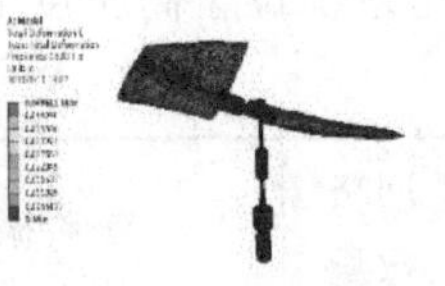 f_4 = 35.943 Hz

表 7-3　不同液压弹簧刚度情况下舵系统振动特性仿真结果

K_h	1 阶振型	2 阶振型	3 阶振型	4 阶振型
1×10^8 N/m	 f_1 = 17.663 Hz	 f_2 = 24.31 Hz	 f_3 = 27.083 Hz	 f_4 = 35.954 Hz
4×10^8 N/m	 f_1 = 20.693 Hz	 f_2 = 24.31 Hz	 f_3 = 28.066 Hz	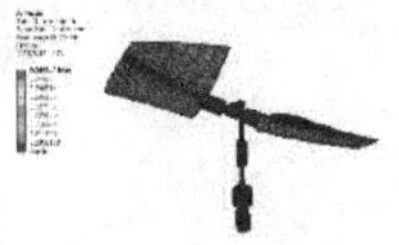 f_4 = 35.954 Hz
9×10^8 N/m	 f_1 = 21.631 Hz	 f_2 = 24.31 Hz	 f_3 = 28.687 Hz	 f_4 = 35.954 Hz
1.9×10^8 N/m	 f_1 = 22.063 Hz	 f_2 = 24.31 Hz	 f_3 = 29.086 Hz	 f_4 = 35.954 Hz

图 7-7(b)为不同液压弹簧刚度情况下舵系统频率分布图,从图中可以看出,第 2 阶和第 4 阶反对称模态的频率值不随液压弹簧刚度改变而改变,也就是说第 2 阶和第 4 阶反对称模态只与两个舵叶和舵轴有关,与操纵系统无关。由图 7-7 还可以看出,随着液压弹簧刚度值的增大,舵系统第 1 阶、第 3 阶频率趋于稳定,说明增加液压弹簧刚度,可以增加系统的第 1 阶和第 3 阶频率,相当于增加了整个操纵系统的扭转刚度,可以抑制舵叶的俯仰运动。此外还可以看出,舵系统的前 4 阶模态主要是与舵叶振动特性相关的模态,拉杆和导向

杆在前 4 阶模态中未发生 x 方向的振动。

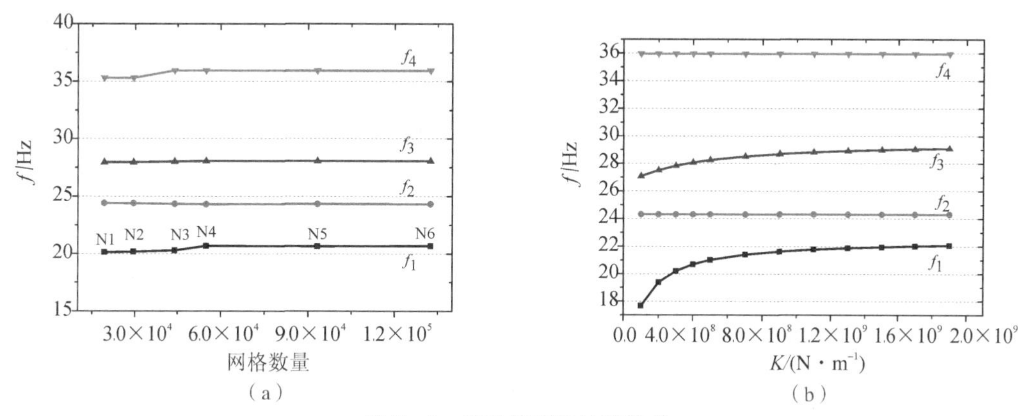

图 7-7　舵系统频率计算结果

(a)网格无关性验证;(b)不同液压刚度情况下的舵系统频率

7.3.4　舵系统弯曲、扭转刚度参数获取

采用(N4)套计算网格,取液压弹簧刚度为 $K_h=4\times10^8$ N/m 进行静力学分析,如图 7-8(a)所示,在舵叶的一端施加等大反向的一对单位力,计算出总变形云图如图 7-8(b)所示,可以看到,图中深色区域总变形接近 0,因此弹性轴在该蓝色区域。在该区域选择一条线,在线的一端施加一个垂直向上的单位力,该条线上的节点没有扭转位移,在线的一端施加单位扭矩,该条线上的节点没有弯曲位移,这样的一条线称为弹性轴。该舵系统舵叶的弹性轴就在舵轴所在的一条直线上,如图 7-8(c)中的线段所示,该线段上一共 8 个节点。

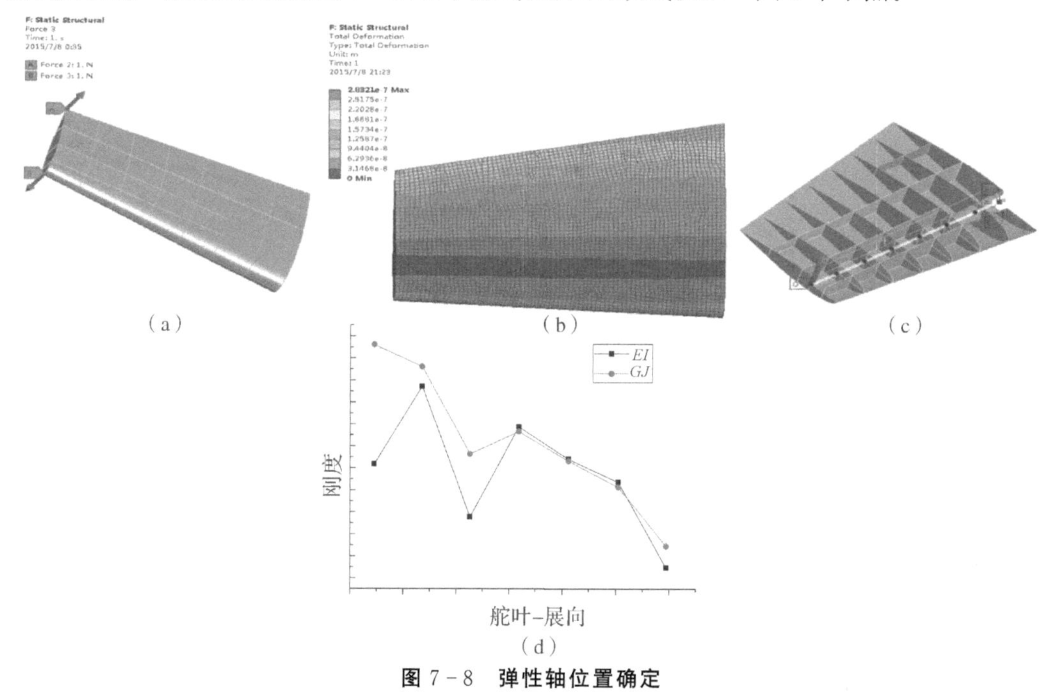

图 7-8　弹性轴位置确定

(a)施加单位力;(b)舵叶变形分布;(c)弹性轴位置;(d)沿舵叶展向的弯曲、扭转刚度分布

确定好弹性轴之后，在舵叶弹性轴的一端分别施加一个垂直向上的单位力和一个扭矩，计算得出弹性轴上每个节点的θ_x、θ_z。通过式(7-48)、式(7-49)计算出舵叶的弯曲刚度、扭转刚度分布，计算结果如图7-8(d)所示。

$$\Delta\theta_z=\frac{1}{EI_{AB}}\int_A^B M\mathrm{d}s \tag{7-48}$$

$$\Delta\theta_x=\frac{1}{GJ_{AB}}\int_A^B T\mathrm{d}s \tag{7-49}$$

式(7-42)、式(7-43)中M为AB段的弯曲力矩，可以由在弹性轴一端施加的单位力求处弹性轴上每一处的M。$\Delta\theta_z$表示AB段的θ_z之差。同样，$\Delta\theta_x$表示AB段的θ_x之差。T为AB段的扭矩。

弹性轴上每两个节点之间是一段，因此MSTMM计算中，舵叶处理为七段弯扭耦合梁，通过几何软件SPACECLAIM测量出每一段舵叶对应的质量、展长、质心到弹性轴的距离以及相对弹性轴处的转动惯量。获得了以上动力学参数，即可以采用MSTMM计算舵系统的动力学特性。

7.4 基于MSTMM的舵系统振动特性仿真结果

舵系统在水下运作时，舵叶中是充满水的，因此需要计算舵叶中充满水情况下的舵系统振动特性，将舵叶中的水处理为附加质量进行计算。求解特征方程，得到舵叶(舵机液压弹簧刚度$K_h=4\times10^8$ N/m)内部不含水和充满水两种情况下的舵系统的圆频率值如图7-9所示。

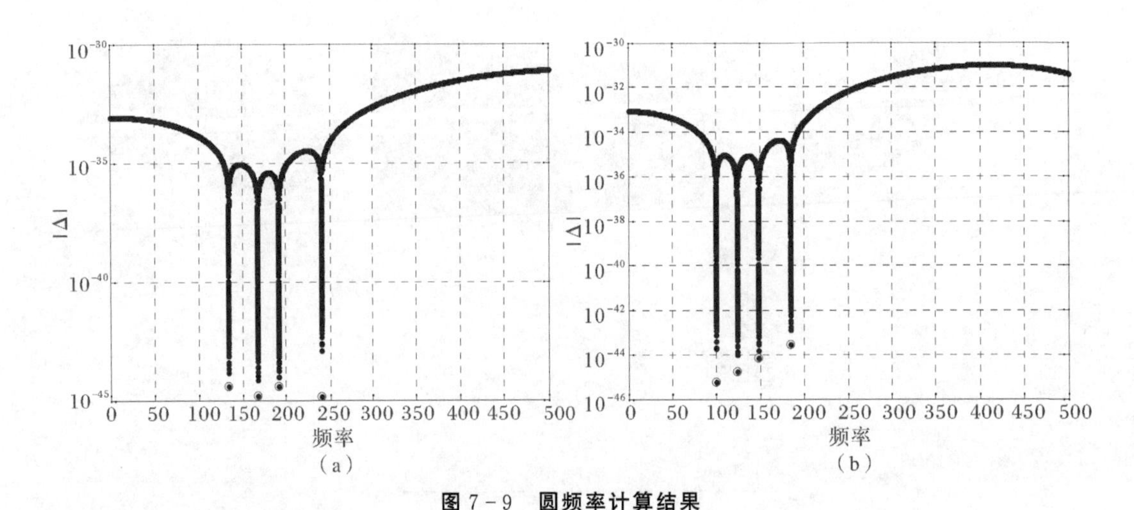

图7-9 圆频率计算结果

(a)舵叶内部不含水；(b)舵叶内部充满水

图7-9采用的是文献[140]的搜根方法，图7-9(a)的横坐标为圆频率，纵坐标表示$|\Delta|$值的大小，当$|\Delta|$值接近于0时即可以求出圆频率。图中显示的竖线即搜根过程，每条

坚线下对应的就是该阶模态的圆频率。从表 7－4 可以看出，基于 MSTMM 计算出的频率与 ANSYS 有限元软件计算结果很接近。可以看出，在考虑舵叶内部充满水的条件下，相较于舵叶内部没有水的情况，舵系统的频率值有所减小。

表 7－4　基于 MSTMM 和 FEM 觟系统频率计算结果对比

	舵叶内部不含水/Hz				能叶内部充满水/Hz			
	f_1	f_2	f_3	f_4	f_1	f_2	f_3	f_4
FEM	20.693	24.31	28.066	35.954	15.384	19.589	23.666	28.485
MSTMM	21.251	26.133	30.103	38.102	15.706	19.6445	23.566	29.466

如表 7－5 所示，基于 MSTMM 的舵系统（内部充满水情况）模态计算结果表明，舵系统前 4 阶振型在 x 方向上没有任何振动。基于 MSTMM 和 FEM 的舵系统（舵叶内部充满水）的振型见表 7－6。从表中可以看出，MSTMM 计算结果和 ANSYS 有限元软件全模型仿真结果十分接近，说明了本章方法的合理性和可行性。同等计算条件下，单核 CPU，采用 ANSYS 计算一组舵系统振动模态需要 28.5 min 左右，而 MSTMM 只需 0.35 min 左右，大大提高了计算效率。舵系统的第 1、3 阶为对称模态，第 2、4 阶为反对称模态。第 2、4 阶反对称模态中看到，只有舵叶和舵轴这条线有振型，而液压缸到舵柄这条线振型为 0，说明第 2、4 阶模态是舵系统的局部模态。局部模态对系统的整体动力学响应的贡献可以忽略。

表 7－5　舵系统 x 方向振动模态

模　态	MSTMM	
1 阶	X; 0; 0 2 4 6 8 10; 舵叶-轴-舵柄-轴-舵叶	X; 0
2 阶	X; 0; 0 2 4 6 8 10; 舵叶-轴-舵柄-轴-舵叶	X; 0; 0 1 2 3 4; 液压弹簧-传动杆-拉杆-舵柄
3 阶	X; 0; 0 2 4 6 8 10; 舵叶-轴-舵柄-轴-舵叶	X; 0; 0 1 2 3 4; 液压弹簧-传动杆-拉杆-舵柄

续表

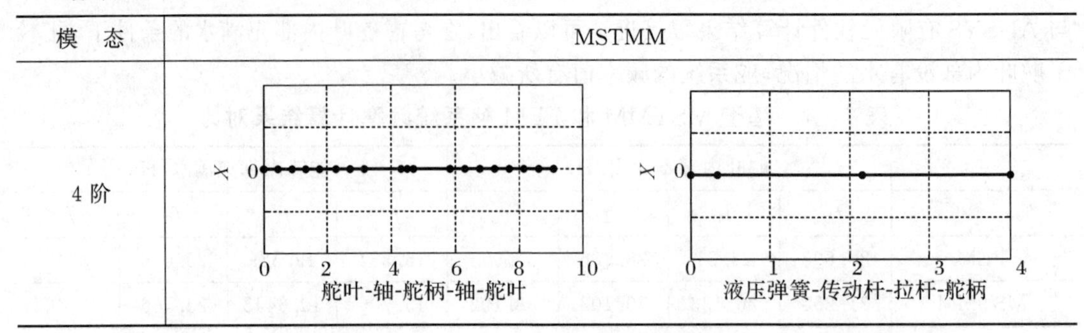

表 7-6 舵系统模态-MSTMM 和 ANSYS 有限元软件仿真结果对比

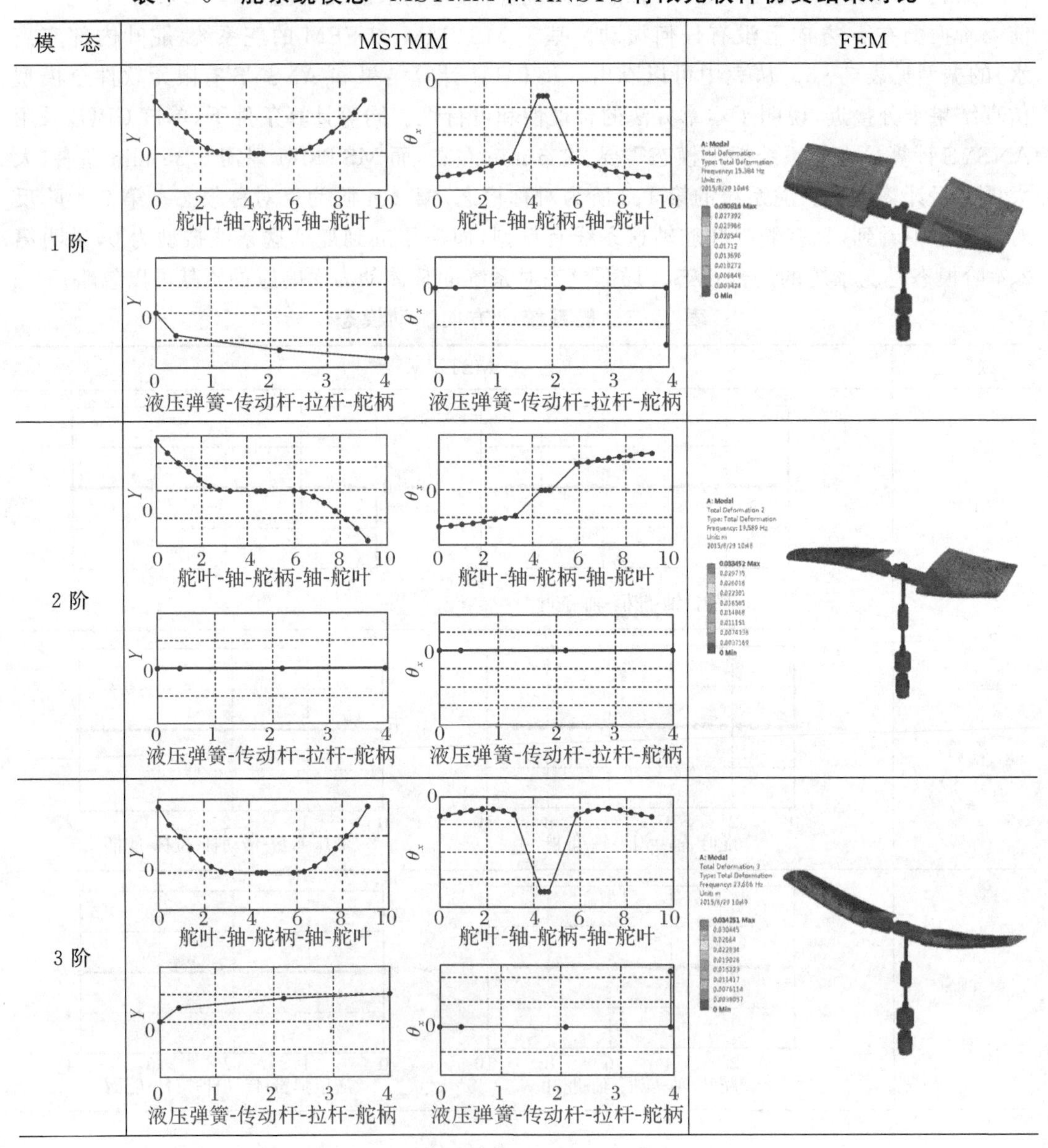

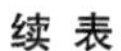
续 表

模　态	MSTMM	FEM
4 阶	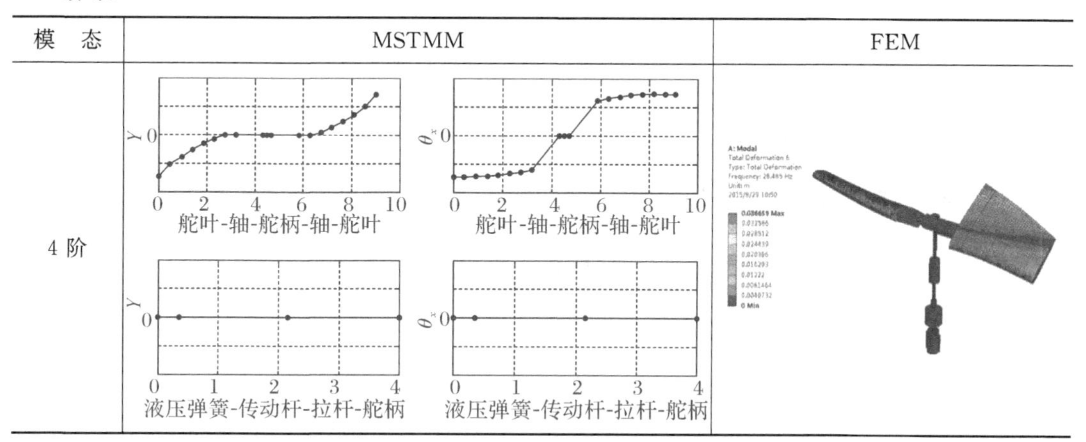	

基于 MSTMM 进行舵系统动力学特性计算，可以方便地改变舵系统中的每个部件的参数，并且能快速计算出结果，研究这些参数对舵系统的振动特性的影响。改变液压等效弹簧刚度的大小，分别计算了舵叶内部没有水和充满水两种情况下的舵叶振动频率，计算结果如图 7－10 所示。对比图 7－7(b)与 7－10(a)可以看出，MSTMM 仿真结果与有限元软件 ANSYS 计算结果几乎一致，但计算效率得到了极大提高。

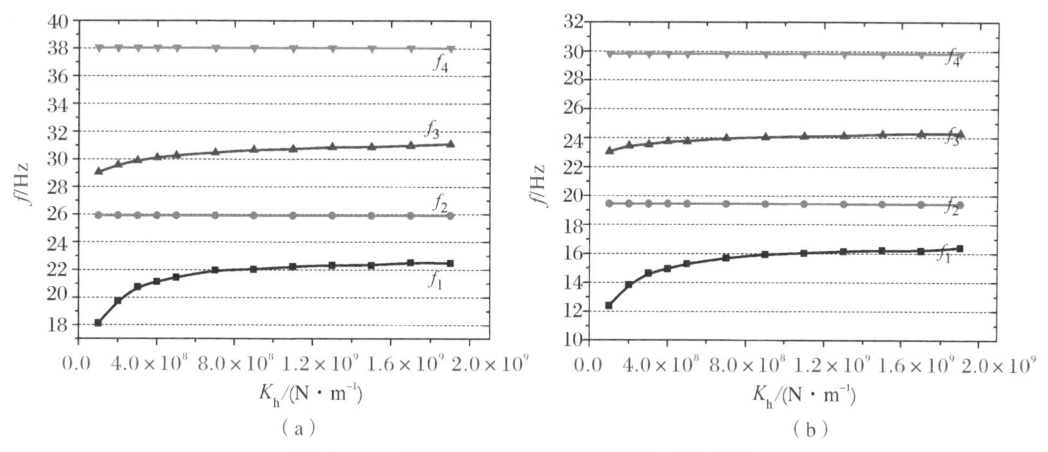

图 7－10　不同液压刚度情况下的舵系统频率

(a)舵叶内部不含水；(b)舵叶内部充满水

7.5　本章小结

本章基于 MSTMM 建立了水下航行器舵系统的动力学模型，振动特性计算结果与 ANSYS 仿真软件的计算结果一致，且计算效率远远高于基于 FEM 的 ANSYS 软件。计算结果表明，舵系统的第 1、3 阶模态为对称模态，第 2、4 阶模态为反对称模态，且为局部模态。增加液压弹簧刚度可以增加系统第 1、3 阶的频率，相当于增加了操纵系统的等效扭转刚度，可以抑制舵叶俯仰运动。

第8章 水下航行器系统水弹性仿真方法与结果分析

8.1 引 言

为了探索舵系统结构是否足够安全，就必须研究结构参数对舵系统水弹性的影响。大量的学者、专家，如 Theodorsen 和 Garrick[251]，采用二元模型来研究机翼、水翼的气动弹性和水弹性问题。对于水下航行器的舵系统，如果结构设计不合理，就可能会发生线性经典颤振、静水弹性发散导致结构破坏。舵系统的操纵系统部分往往由于长期工作磨损而产生间隙，这种间隙可能会引起结构持续发生微弱的、不衰减的振荡，即极限循环振荡(Limiting Cylic Oscillation，LCO)现象。这种现象并不会导致结构发生重大破坏，但会引起水噪声并降低水下航行器的隐蔽性。

二元颤振模型一般用于气动弹性、水弹性问题的原理分析和验证。沿展向的所有剖面的翼型都是相同的，并假定绝对刚硬。舵叶的弯曲和扭转变形分别用二元水翼的沉浮和俯仰运动来模拟。二元水翼是舵叶上面的一个典型截面，一般用于气动弹性问题的早期研究，并且被像 Theodorsen 等气动弹性研究先驱者们所使用。这种典型截面通常应用于大展弦比平直机翼，也可以用于气动力、水动力控制面的建模。这种典型的截面是通过二元模型来对舵叶水弹性建模，一般选取舵叶的 3/4 处的截面。传统线性颤振计算方法不能准确解决非线性系统的水动弹性问题。采用两自由度二元水翼任意运动时域水动力方法计算舵面非线性水弹性问题，这种方法易于工程实现，为舵系统非线性水弹性分析研究提供了一种有效的计算分析途径。

上一章中，基于 MSTMM 研究了舵系统的振动特性，为本章舵系统颤振模型建模提供了基础。本章首先基于 MSTMM/Theodorsen 建立舵系统的线性颤振模型，分别进行频域和时域仿真，并与文献仿真数据、软件仿真结果进行了对比分析，验证模型的准确性，为工程上类似的多柔体结构系统流固耦合问题的快速建模和计算分析提供参考。

前人的大量研究工作中，几乎没有文献提及舵系统到二元颤振模型的简化方法。因此本章详细地给出了舵系统简化为二元颤振模型的方法。基于 MSTMM 计算得到的舵系统的纯弯、纯扭频率，为舵系统二元线性、非线性颤振模型的建立提供基础参数。通过 CFD/FEM 双向流固耦合及动网格技术，得到舵系统的流固耦合振动响应，以验证本章模型简化方法的合理性,并通过与文献实验数据及仿真数据对比分析,验证了二元颤振模型建模方法的合理性。最后,研究结构参数对舵系统线性颤振的影响规律、间隙非线性对舵系统非线性颤振的影响规律,为舵系统的结构减振设计提供理论支撑。

8.2　基于 MSTMM 的舵系统水弹性计算

8.2.1　基于 MSTMM 的舵系统线性颤振模型频域分析

通常飞机或带有升降舵的水下航行器在正常航行时攻角不大,基本上都是在线性攻角范围内。颤振计算主要基于非定常流体理论,而非定常流体理论主要取决于升力系数相对于攻角的导数。线性攻角范围内升力系数导数接近于常数,只作零度攻角的颤振分析产生的误差很小,因此前人的大多数研究工作以及本书研究只考虑舵面零度攻角的颤振。

在本书 2.3.1 节中论述了经典线性颤振一般所采用的 Theodorsen 流体理论。它是一种常用的、基于平板气动力理论的方法,其计算效率高,也可以用来计算水动力,在颤振初步设计阶段有非常好的适用性。

根据舵系统坐标系,将公式(2－19)的 Theodorsen 公式修改为

$$\begin{aligned}L=&\pi\rho b^2(-\ddot{y}+U\dot{\theta}_x-ba\ddot{\theta}_x)+\\&2\Pi\rho UbC(K)\left[U\theta_x-\dot{y}+b\left(\frac{1}{2}-a\right)\dot{\theta}_x\right]\end{aligned}\tag{8-1a}$$

$$\begin{aligned}T_\alpha=&\pi\rho b^2\left[-ba\ddot{y}-Ub\left(\frac{1}{2}-a\right)\dot{\theta}_x-b^2\left(\frac{1}{8}+a^2\right)\ddot{\theta}_x\right]+\\&2\Pi\rho Ub^2\left(a+\frac{1}{2}\right)C(K)\left[U\theta-\dot{y}+b\left(\frac{1}{2}-a\right)\dot{\theta}_x\right]\end{aligned}\tag{8-1b}$$

式中:L 表示升力;T_α 表示力矩;U 为来流速度;ρ 为空气密度;b 为半弦长;a 为刚心距离弦线中点的距离与半弦长的比值,并在中点后为正,$C(K)$为 Theodorsen 函数,其值与折合频率 $K=\omega b/U$ 有关,y 表示沉浮运动,θ_x 表示俯仰运动。

分析式(8－1)中的二元 Theodorsen 理论模型,可以看出该水动力模型包含有两项。其中不含 $C(K)$项是由水流的附加质量引起的,它与舵叶的环量分布无关;含 $C(K)$项是由环量引起的,它与环量分布密切相关,也就表现为与升力线斜率有关。式中 2Π 表示二维平板的升力线斜率,采用 2.3.3 节的 CFD 方法计算出舵叶的升力线斜率修正 Theodorsen 平板水动力理论。

假设舵叶各方向的运动为简谐运动,即

$$\left.\begin{aligned}y&=y_s e^{i\omega t}\\\theta&=\theta_s e^{i\omega t}\end{aligned}\right\}\tag{8-2}$$

将式(8－2)代入到式(8－1)中,可以整理得

$$L=\left\{\begin{aligned}&\pi\rho b^2(\omega^2y_s+i\omega U\theta_s+\omega^2ba\theta_s)+\\&2\Pi\rho UbC(K)\left[U\theta_s-i\omega y_s+i\omega b\left(\frac{1}{2}-a\right)\theta_s\right]\end{aligned}\right\}e^{i\omega t}\tag{8-3a}$$

$$T_\alpha=\left\{\begin{array}{l}\pi\rho b^2\left[ba\omega^2 y_s-i\omega Ub\left(\frac{1}{2}-a\right)\theta_s+\omega^2 b^2\left(\frac{1}{8}+a^2\right)\theta_s\right]+\\ 2\Pi\rho Ub^2\left(a+\frac{1}{2}\right)C(K)\left[U\theta_s-i\omega y_s+i\omega b\left(\frac{1}{2}-a\right)\theta_s\right]\end{array}\right\}e^{i\omega t} \quad (8-3b)$$

令 $f=[L_1,T_{a1},L_2,T_{a2},\cdots,L_n,T_{an}]^T$,$n$ 表示将舵叶分为 n 段,那么 L_n、T_{an} 表示舵叶第 n 段上面的升力和俯仰力矩,令 $v=v_s e^{i\omega t}$,利用式(8-3)可以建立以下位移与水动力的关系:

$$\boldsymbol{f}=\boldsymbol{B}\boldsymbol{v}_s e^{i\omega t} \quad (8-4)$$

式中:$\boldsymbol{B}=[\boldsymbol{B}_1,\boldsymbol{B}_2,\cdots\boldsymbol{B}_n]^T$;$\boldsymbol{v}_s=[\boldsymbol{v}_{s1},\boldsymbol{v}_{s2},\cdots\boldsymbol{v}_{sn}]^T$。

其中,

$$\boldsymbol{B}_n=\omega^2\cdot\begin{bmatrix}-\pi\rho b_n^2\cdot k_a\cdot l_n & \pi\rho b_n^3\cdot(k_b-(0.5+a_n)\cdot k_a)\cdot l_n\\ -\pi\rho b_n^3\cdot[m_a+(0.5+a_n)\cdot k_a]\cdot l_n & \pi\rho b_n^4\cdot\{m_b+(0.5+a_n)\cdot(k_b-m_a)-[(0.5+a_n)^2\cdot k_a]\}\cdot l_n\end{bmatrix}$$

$$k_a=-1+i\cdot\left(\frac{2\Pi}{\pi}\right)\cdot\frac{C(K)}{K}$$

$$k_b=-0.5+i\cdot\frac{1+\frac{2\Pi}{\pi}\cdot C(K)}{K}+\left(\frac{2\Pi}{\pi}\right)\cdot\frac{C(K)}{K^2}$$

$$m_a=0.5$$

$$m_b=\frac{3}{8}-i\cdot\frac{1}{K}$$

$$\boldsymbol{v}_{sn}=\begin{bmatrix}y_{sn}\\ \theta_{sn}\end{bmatrix}$$

式中:b_n、l_n、a_n 分别表示舵叶第 n 段的半弦长、长度、刚心距离弦线中点的距离与半弦长的比值;$\boldsymbol{B}_n$ 为舵叶第 n 段的水动力矩阵;$\boldsymbol{v}_{sn}$ 表示舵叶第 n 段模态坐标下的沉浮和俯仰位移。

基于 MSTMM 的舵系统体动力学方程为

$$\boldsymbol{M}\boldsymbol{v}_n+\boldsymbol{C}\boldsymbol{v}_t+\boldsymbol{K}\boldsymbol{v}=f \quad (8-5)$$

式中:$\boldsymbol{M}$、$\boldsymbol{C}$、$\boldsymbol{K}$ 分别为质量矩阵、阻尼矩阵、刚度矩阵。

将 $\boldsymbol{v}=\boldsymbol{v}_s e^{i\omega t}$ 代入式(8-5)中,则有

$$-\omega^2\boldsymbol{M}\boldsymbol{v}_s+i\omega\boldsymbol{C}\boldsymbol{v}_s+\boldsymbol{K}\boldsymbol{v}_s=\boldsymbol{B}\boldsymbol{v}_s \quad (8-6)$$

基于 MSTMM 计算出的舵系统振型 $\boldsymbol{V}$,由于体动力学方程右边的外力项非解耦,因此把振型写为 $\boldsymbol{V}=[V^1,V^2]$,其中 V^1 为舵系统的第 1 阶振型,V^2 为舵系统的第 3 阶振型。令式(8-6)中的 $\boldsymbol{v}_s=\boldsymbol{V}\boldsymbol{q}$(值得注意的是此处的 $\boldsymbol{q}$ 不是传统意义上的广义坐标)得到

$$-\omega^2\boldsymbol{M}\boldsymbol{V}\boldsymbol{q}+i\omega\boldsymbol{C}\boldsymbol{V}\boldsymbol{q}+\boldsymbol{K}\boldsymbol{V}\boldsymbol{q}=\boldsymbol{B}\boldsymbol{V}\boldsymbol{q} \quad (8-7)$$

文献[136]中已经证明了增广特征矢量的正交性,因此有

$$-\omega^2\boldsymbol{V}^T\boldsymbol{M}\boldsymbol{V}\boldsymbol{q}+i\omega\boldsymbol{V}^T\boldsymbol{C}\boldsymbol{V}\boldsymbol{q}+\boldsymbol{V}^T\boldsymbol{K}\boldsymbol{V}\boldsymbol{q}=\boldsymbol{V}^T\boldsymbol{B}\boldsymbol{V}\boldsymbol{q} \quad (8-8)$$

$$(-\omega^2\overline{\boldsymbol{M}}+i\omega\overline{\boldsymbol{C}}+\overline{\boldsymbol{K}})q=\boldsymbol{V}^T\boldsymbol{B}\boldsymbol{V}\boldsymbol{q} \quad (8-9)$$

式中:$\overline{\boldsymbol{M}}=\boldsymbol{V}^T\boldsymbol{M}\boldsymbol{V}$;$\overline{\boldsymbol{C}}=\boldsymbol{V}^T\boldsymbol{C}\boldsymbol{V}$;$\overline{\boldsymbol{K}}=\boldsymbol{V}^T\boldsymbol{K}\boldsymbol{V}$。

对于线性颤振问题,可以利用 $U-g$ 法对其进行求解。在该方法中需要引入人工结构阻尼 g,在式(8-5)的右边添加人工阻尼力项,$\boldsymbol{D}=\boldsymbol{D}_s e^{i\omega t}=-ig\boldsymbol{K}\boldsymbol{v}_s e^{i\omega t}$,且假设舵系统结构本身阻尼 $\boldsymbol{C}=0$,因此式(8-5)最终可以转化为

$$\frac{1+\mathrm{i}g}{\omega^2}\bar{\boldsymbol{K}}\boldsymbol{q}=\left(\boldsymbol{V}^{\mathrm{T}}\frac{\boldsymbol{B}}{\omega^2}\boldsymbol{V}+\bar{\boldsymbol{M}}\right)\boldsymbol{q} \tag{8-10}$$

因此该颤振过程的求解即被转化为了求解该复特征值的问题,其特征值为

$$\lambda=\frac{(1+\mathrm{i}g)}{\omega^2}=\lambda_{Re}+\mathrm{i}\lambda_{Im} \tag{8-11}$$

由此可以得到

$$\omega=\sqrt{\frac{1}{\lambda_{Re}}};g=\frac{\lambda_{Im}}{\lambda_{Re}};U=\frac{b}{K\sqrt{\lambda_{Re}}} \tag{8-12}$$

该结构阻尼 g 的物理含义是:若该真实结构的结构阻尼系数正好等于该结构阻尼值 g,则系统处于简谐运动状态,即它是一种临界状态。若真实系统的结构阻尼系数小于该值,则说明真实系统的结构阻尼不足以阻碍其发散,需要增加结构阻尼才能使其达到临界状态;反之,若真实系统的结构阻尼系数大于该值,则说明真实的结构阻尼已足够阻碍其发散,需要减小结构阻尼才能使其达到临界状态。因此,对于颤振过程的认定,需要预先知道结构阻尼值,而若计算得到的人工阻尼值 g 大于该真实结构阻尼,则视为发生了颤振,而当人工阻尼值 g 等于该真实结构阻尼时,则视为临界状态,结构发生简谐运动。在本章研究中,通常以人工阻尼值 $g=0$ 为临界状态。

最后,可以通过以下过程来实现基于 MSTMM 的 $U-g$ 法颤振分析:

1)给定流体密度,预设一组折合频率 K;

2)计算指定折合频率 K 下,式(8-11)中的复特征值问题,并得到该折合频率下的 g、ω 和 U;

3)一定步长减小折合频率 K,并重复第 2 步,计算各折合频率下的 g、ω 和 U;

4)判断人工阻尼 g 是否大于 0,若大于 0,则发生了颤振,可以利用线性插值得到具体的临界颤振速度值;

5)计算完所有的折合频率 K 下的数值后,即可绘制相应的 $U-g$ 图和 $U-\omega$ 图。

8.2.2　基于 MSTMM 的舵系统线性颤振模型时域分析

在第 2.3.1 节论述了 Theodorsen 时域水动力模型,通过该模型可以较为准确的计算水翼的非定常水动力。而要计算柔性舵面的水弹性问题,则需要进一步与舵系统结构耦合求解水弹性方程,最终解得舵系统的整个振动过程。考虑舵系统所在坐标系下的 Theodorsen 时域水动力模型为

$$L=\pi\rho b^2(-\ddot{y}+U\dot{\theta}-ba\ddot{\theta})+2\Pi\rho Ub\left[Q_{\frac{3}{4}}(0)\varphi_w(\hat{\tau})+\int_0^{\hat{\tau}}\frac{\mathrm{d}Q_{\frac{3}{4}}(\sigma)}{\mathrm{d}\sigma}\varphi_w(\hat{\tau}-\sigma)\mathrm{d}\sigma\right] \tag{8-13a}$$

$$\begin{aligned}T_\alpha=&\pi\rho b^2\left[-ba\ddot{y}-Ub\left(\frac{1}{2}-a\right)\dot{\theta}-b^2\left(\frac{1}{8}+a^2\right)\ddot{\theta}\right]+\\&2\Pi\rho Ub^2\left(a+\frac{1}{2}\right)\left[Q_{\frac{3}{4}}(0)\varphi_w(\hat{\tau})+\int_0^{\hat{\tau}}\frac{\mathrm{d}Q_{\frac{3}{4}}(\sigma)}{\mathrm{d}\sigma}\varphi_w(\hat{\tau}-\sigma)\mathrm{d}\sigma\right]\end{aligned} \tag{8-13b}$$

式中：

$$Q_{3/4}(\hat{\tau})=U\theta+\dot{y}+b(1/2-a)\dot{\theta}$$

$$\varphi_{\omega}(\hat{\tau})=1-A_{a}e^{-b_1\hat{\tau}}-A_{b}e^{-b_2\hat{\tau}},\hat{\tau}=\frac{Ut}{b}$$

$$A_{a}=0.165,A_{b}=0.335,b_1=0.0455,b_2=0.3$$

同样采用式(8-5)，由于水动力不解耦，令 $\boldsymbol{v}=\boldsymbol{V}\cdot\boldsymbol{q}=[\boldsymbol{V}^1\boldsymbol{V}^2][\boldsymbol{q}^1\boldsymbol{q}^2]^{\mathrm{T}}$，可以将其转化到模态坐标系中，则有

$$\overline{\boldsymbol{M}}\ddot{\boldsymbol{q}}+\overline{\boldsymbol{C}}\dot{\boldsymbol{q}}+\overline{\boldsymbol{K}}\boldsymbol{q}=\boldsymbol{V}^{\mathrm{T}}\boldsymbol{f}(\boldsymbol{V}\boldsymbol{q},\boldsymbol{V}\dot{\boldsymbol{q}},\boldsymbol{V}\ddot{\boldsymbol{q}}) \tag{8-14}$$

由于式(8-13)是 Theodorsen 理论的任意运动时域水动力模型，是一个积分-微分方程，其中存在积分项，因此直接数值积分很繁琐。引入下列新的状态变量以简化计算：

$$\omega_{v1}=\int_0^t e^{-b_1\cdot U/b\cdot(t-\sigma)}\alpha(\sigma)d\sigma,\omega_{v2}=\int_0^t e^{-b_2\cdot U/b\cdot(t-\sigma)}\alpha(\sigma)d\sigma$$

$$\omega_{v3}=\int_0^t e^{-b_1\cdot U/b\cdot(t-\sigma)}h(\sigma)d\sigma,\omega_{v4}=\int_0^t e^{-b_2\cdot U/b\cdot(t-\sigma)}h(\sigma)d\sigma \tag{8-15a}$$

采用式(8-15a)将式(8-13)的积分项展开，然后式(8-13)中将只包括 ω_{v} 项，没有积分项存在，然后利用含有参变量积分的导数公式(8-15b)可以得到状态向量 ω_{v} 应满足的微分方程。

$$F(y)=\int_{x_1(y)}^{x_2(y)}f(x,y)dx$$

$$dF(y)/dy=\int_{x_1(y)}^{x_2(y)}f_y(x,y)dx+f(x_2(y),y)dx_2(y)/dy-f(x_1(y),y)dx_1(y)/dy \tag{8-15b}$$

将 f 中的物理坐标变换成模态坐标并且移至方程的左侧，剩下的留在方程的右侧，得到新的质量矩阵、新的刚度矩阵、新的阻尼矩阵，最后方程可以变换为

$$\boldsymbol{M}_{\text{new}}\ddot{\boldsymbol{q}}+\boldsymbol{D}_{\text{new}}\dot{\boldsymbol{q}}+\boldsymbol{K}_{\text{new}}\boldsymbol{q}+\boldsymbol{G}\boldsymbol{\omega}_{v}=\boldsymbol{V}^{\mathrm{T}}\boldsymbol{f}(t) \tag{8-16}$$

式中：

$$\gamma_i(t)=[\omega_{v1}(t)\quad\omega_{v2}(t)\quad\omega_{v3}(t)\omega_{v4}(t)]^{\mathrm{T}},\quad i=1,2\cdots,n$$

$$\omega_{v}(t)=[\gamma_1(t)\quad\gamma_2(t)\cdots\quad\gamma_n(t)]^{\mathrm{T}}$$

$$\dot{\omega}_{v}(t)=\boldsymbol{E}_{\omega}\omega_{v}(t)+\boldsymbol{E}_{q}\boldsymbol{V}_{q}(t)$$

$$\boldsymbol{E}_{\omega}=\begin{bmatrix}\boldsymbol{e}_{\omega1} & \boldsymbol{0}_{4\times4} & \cdots & \boldsymbol{0}_{4\times4}\\ \boldsymbol{0}_{4\times4} & \boldsymbol{e}_{\omega2} & \cdots & \boldsymbol{0}_{4\times4}\\ \boldsymbol{0}_{4\times4} & \boldsymbol{0}_{4\times4} & \ddots & \boldsymbol{0}_{4\times4}\\ \boldsymbol{0}_{4\times4} & \boldsymbol{0}_{4\times4} & \cdots & \boldsymbol{e}_{\omega\times n}\end{bmatrix},\boldsymbol{E}_{q}=\begin{bmatrix}\boldsymbol{e}_{q1} & \boldsymbol{0}_{4\times2} & \cdots & \boldsymbol{0}_{4\times2}\\ \boldsymbol{0}_{4\times2} & \boldsymbol{e}_{q2} & \cdots & \boldsymbol{0}_{4\times2}\\ \boldsymbol{0}_{4\times2} & \boldsymbol{0}_{4\times2} & \ddots & \boldsymbol{0}_{4\times2}\\ \boldsymbol{0}_{4\times2} & \boldsymbol{0}_{4\times2} & \cdots & \boldsymbol{e}_{qn}\end{bmatrix}$$

$$\boldsymbol{e}_{\omega1}=\boldsymbol{e}_{\omega2}=\cdots=\boldsymbol{e}_{\omega n}=\begin{bmatrix}-b_1 & 0 & 0 & 0\\ 0 & -b_2 & 0 & 0\\ 0 & 0 & -b_1 & 0\\ 0 & 0 & 0 & -b_2\end{bmatrix}$$

$$\boldsymbol{e}_{q1}=\boldsymbol{e}_{q2}=\cdots=\boldsymbol{e}_{qn}=\begin{bmatrix}0 & 1\\0 & 1\\1 & 0\\1 & 0\end{bmatrix}$$

建立状态空间的水弹性方程为

$$\begin{Bmatrix}\dot{\boldsymbol{q}}(t)\\ \ddot{\boldsymbol{q}}(t)\\ \dot{\boldsymbol{\omega}}_{\mathrm{v}}(t)\end{Bmatrix}=\begin{bmatrix}\boldsymbol{0} & \boldsymbol{I} & \boldsymbol{0}\\ -\boldsymbol{M}_{\mathrm{new}}{}^{-1}\boldsymbol{K}_{\mathrm{new}} & -\boldsymbol{M}_{\mathrm{new}}{}^{-1}\boldsymbol{D}_{\mathrm{new}} & -\boldsymbol{M}_{\mathrm{new}}{}^{-1}\boldsymbol{G}\\ \boldsymbol{E}_{\mathrm{q}}\boldsymbol{V} & \boldsymbol{0} & \boldsymbol{E}_{\omega}\end{bmatrix}\begin{Bmatrix}\boldsymbol{q}(t)\\ \dot{\boldsymbol{q}}(t)\\ \boldsymbol{\omega}_{\mathrm{v}}(t)\end{Bmatrix}+\begin{Bmatrix}\boldsymbol{0}\\ \boldsymbol{M}_{\mathrm{new}}{}^{-1}\boldsymbol{V}^{\mathrm{T}}\boldsymbol{f}(t)\\ \boldsymbol{0}\end{Bmatrix}$$

(8-17)

采用龙格库塔法求解式(8-17),可以得到广义坐标 q^1、q^2,结合由 MSTMM 计算出的振型,进而求出物理坐标随时间的响应。

8.2.3 基于弯扭耦合机翼线性颤振的模型验证

采用商业软件 NASTRAN 计算一个悬臂式弯扭耦合机翼的颤振速度。首先对弯扭耦合机翼进行模态计算,NASTRAN 软件仿真结果和 ANSYS 软件以及相关文献的仿真结果基本一致,见表 8-2。然后,应用 NASTRAN 软件计算弯扭耦合机翼的颤振速度,获得弯扭耦合机翼的速度-人工阻尼图和速度-频率图,如图 8-3 所示。从图中可以得出,NASTRAN 软件计算得到的弯扭耦合机翼颤振速度 $U_{\mathrm{F}}=54$ m/s,颤振频率 $f_{\mathrm{F}}=11.3$ Hz,与文献计算结果一致。

表 8-2 弯扭耦合机翼模态计算结果对比

1 阶振型	2 阶振型	3 阶振型	4 阶振型
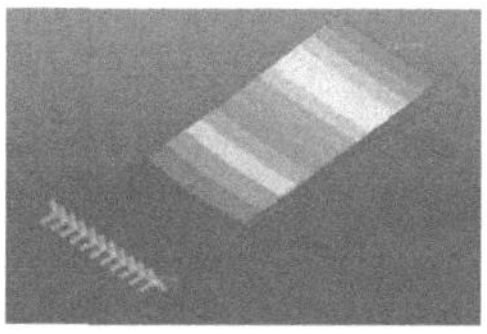 $f_1=5.05$ Hz (NASTRAN)	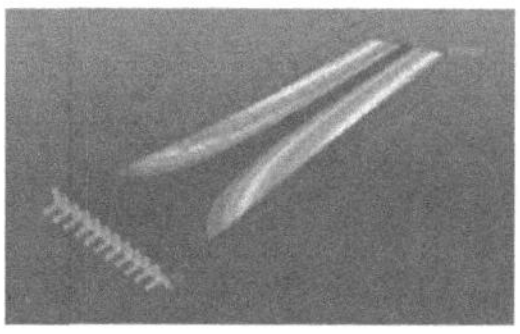 $f_2=21.45$ Hz (NASTRAN)	 $f_3=31.36$ Hz (NASTRAN)	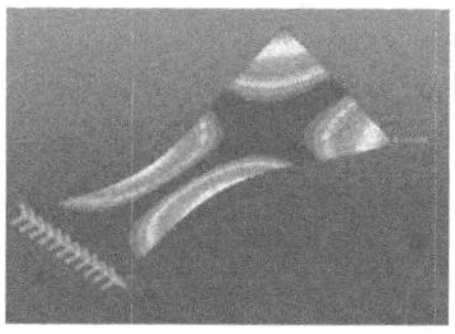 $f_4=69.63$ Hz (NASTRAN)
 $f_1=5.05$ Hz (ANSYS)	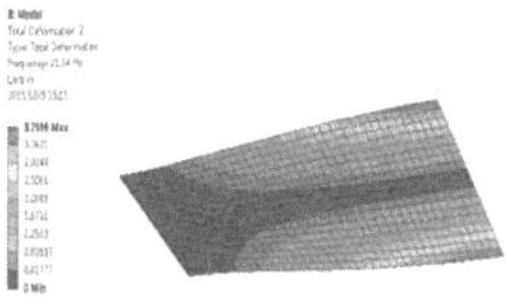 $f_2=21.74$ Hz (ANSYS)	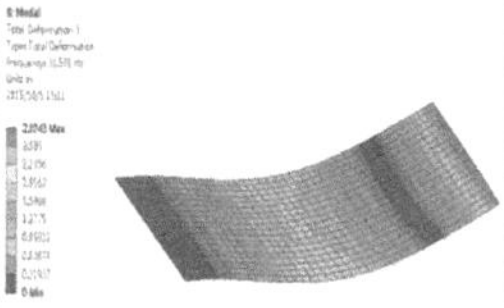 $f_3=31.53$ Hz (ANSYS)	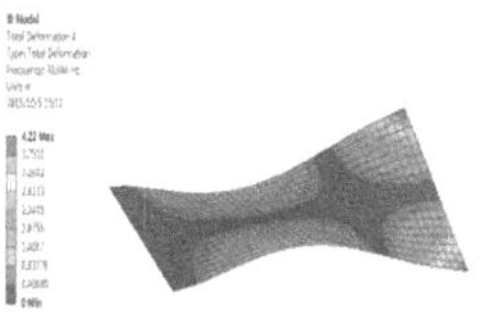 $f_4=70.84$ Hz (ANSYS)
$f_1=5.09$ Hz	$f_2=21.79$ Hz	$f_3=31.56$ Hz	$f_4=70.81$ Hz

计算出弯扭耦合机翼的弹性轴位置以及弯曲刚度、扭转刚度分布。然后基于 MSTMM,计算弯扭耦合机翼的振动模态。ANSYS 软件计算出的振型是质量归一化后的振型,为了与

ANSYS 软件的计算结果对比，因此对 MSTMM 计算出的振型进行质量归一化处理。归一化目的就是将不同尺度上的评判结果统一到一个尺度上，从而可以作比较。

质量归一化的过程即将质量阵 $\boldsymbol{M}$ 进行归一化处理-质量阵为 $\boldsymbol{I}$。假设质量归一化前的振型为 $\boldsymbol{V}_{\circ}$，质量归一化后的振型为 $\boldsymbol{V}$。因此有：$\boldsymbol{V}_{\circ}^{\mathrm{T}}\boldsymbol{M}\boldsymbol{V}_{\circ}=\boldsymbol{M}_{\mathrm{D}}$，式中 $\boldsymbol{M}_{\mathrm{D}}$ 为模态化后的质量阵。为了将质量阵 $\boldsymbol{M}$ 质量归一化，有：$\boldsymbol{V}^{\mathrm{T}}\boldsymbol{M}\boldsymbol{V}=\boldsymbol{I}$。因此，质量归一化后的振型 $\boldsymbol{V}=\boldsymbol{V}_{\circ}/\sqrt{\boldsymbol{V}_{\circ}^{\mathrm{T}}\boldsymbol{M}\boldsymbol{V}_{\circ}}$。

弯扭耦合机翼的圆频率计算结果如图 8-4(a)所示，质量归一化后的弯扭耦合机翼的一阶振型和二阶振型如图 8-4(b)所示，并与 ANSYS 的振型计算结果对比，两种方法计算结果非常接近。将 MSTMM 的前两阶计算结果与 NASTRAN、ANSYS、文献计算结果对比，相差非常小，见表 8-3。最后，采用基于 MSTMM 的时域模型计算弯扭耦合机翼的动力响应。如图 8-5 所示，当来流速度为 40 m/s 时，广义坐标 q_1、q_2 以及广义坐标的导数 $D(q_1)$、$D(q_2)$ 的响应都收敛；来流速度为 55 m/s 时，响应都发散；来流速度为 51 m/s 时，响应发生持续的等幅振荡，即此时发生了颤振。相比 NASTRAN 软件计算结果，两种方法计算结果相差 5.5%，误差较小，验证了时域仿真模型的准确性。

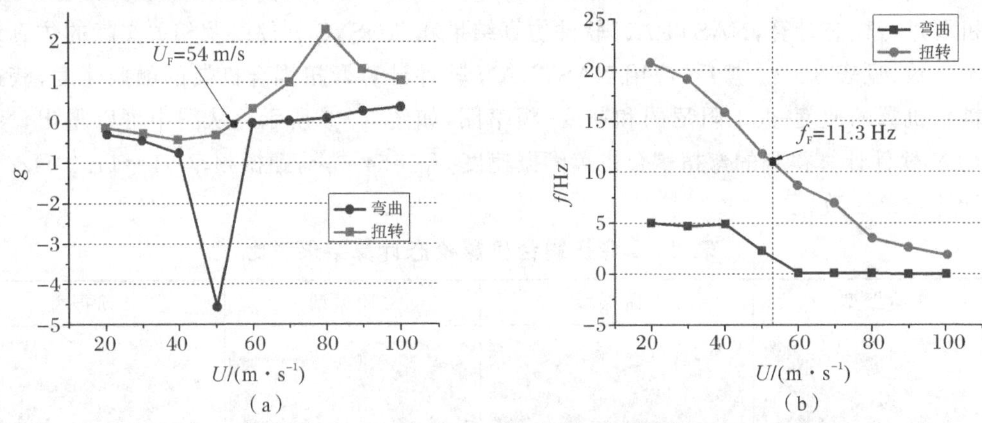

图 8-3　基于 NASTRAN 软件的弯扭耦合机翼颤振速度计算结果

(a)速度-人工阻尼图；(b)速度-频率图

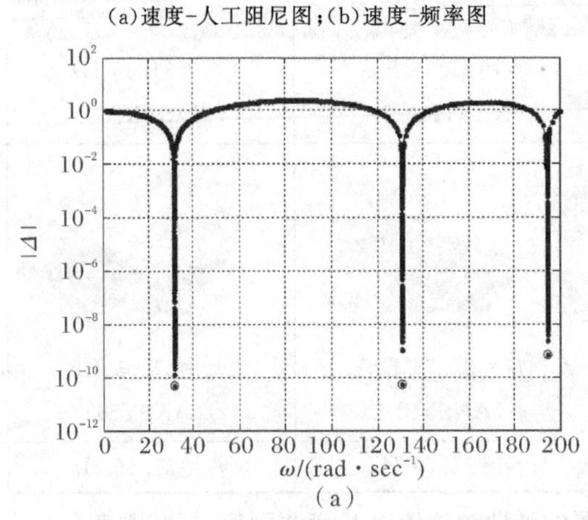

图 8-4　基于 MSTMM 的弯扭耦合机翼圆频率和振型

(a)圆频率；

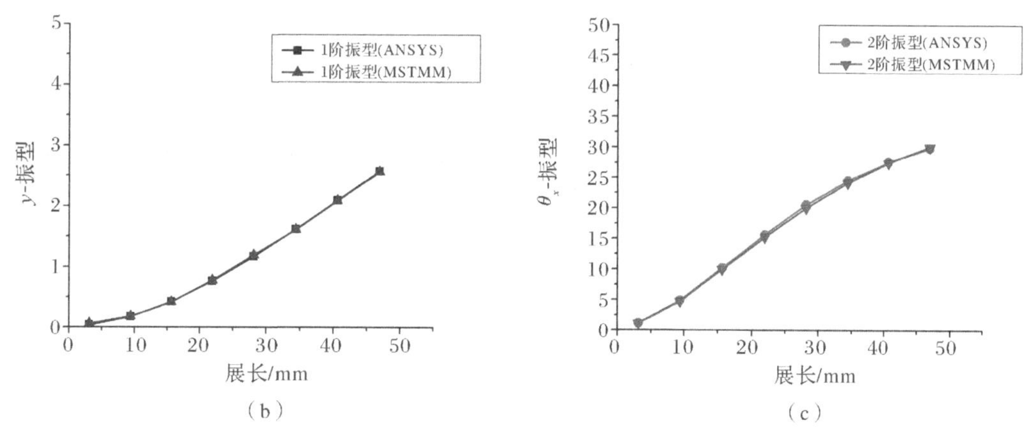

续图 8-4　基于 MSTMM 的弯扭耦合机翼圆频率和振型

(b)1 阶振型；(c)2 阶振型

表 8-3　基于 NASTRAN、ANSYS、MSTMM 和文献的弯扭耦合机翼频率计算结果对比

	文献	NASTRAN	ANSYS	MSTMM
f_1/Hz	5.09	5.05	5.05	5.03
f_2/Hz	21.79	21.45	21.74	21.73

(a)　(b)

(c)

图 8-5　基于 MSTMM 弯扭耦合机翼时域模型仿真结果

(a)U=40 m/s；(b)U=51 m/s；(c)U=55 m/s

8.2.4 基于 MSTMM 的舵系统水弹性计算结果分析

首先采用 CFD 方法计算了舵叶所采用的翼型不同攻角情况下的升力系数。舵叶所采用的翼型为 NACA 系列的某翼型,从图 8-6 可以看出,基于 CFD 的仿真结果与实验数据[252]对比,整体趋势吻合的较好,在发生失速前误差较小。计算出图 8-6 线性部分的斜率即舵叶翼型的升力线斜率 $2\Pi=5.995$,通过该模型也验证了 CFD 数值模型的可靠性。

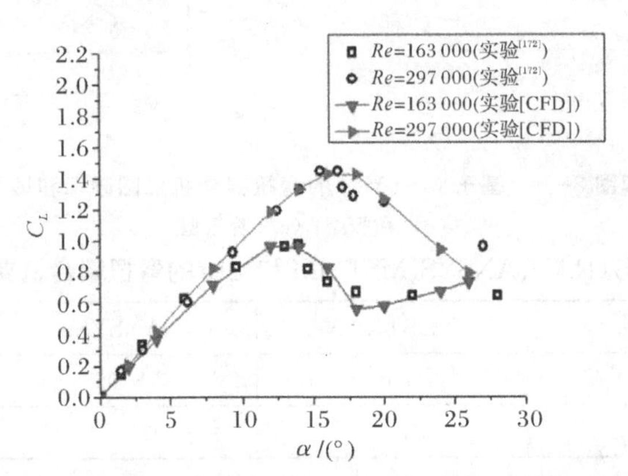

图 8-6 不同攻角情况下舵叶翼型和舵叶的升力系数分布

基于第 3 章中计算得到的舵系统结构参数,通过线性颤振频域分析程序计算得到舵系统的速度-人工阻尼、速度-频率图。改变液压弹簧刚度即相当于改变了操纵系统的等效扭转刚度。如图 8-7(a)～(f)所示,分别计算了液压弹簧刚度 $K_h=4\times10^8$、1×10^7、1×10^9 N/m 情况下的舵系统速度-人工阻尼、速度-频率图。计算结果表明,舵系统在这三种液压弹簧等效刚度的情况下,且来流速度为 0～20 m/s 内都需要添加负的阻尼才能达到颤振的临界状态。说明系统本身的阻尼就足够阻碍其发生颤振。因此,在来流速度为 0～20 m/s 内,增加或减小操纵系统的等效扭转刚度,舵系统都没有发生线性经典颤振。

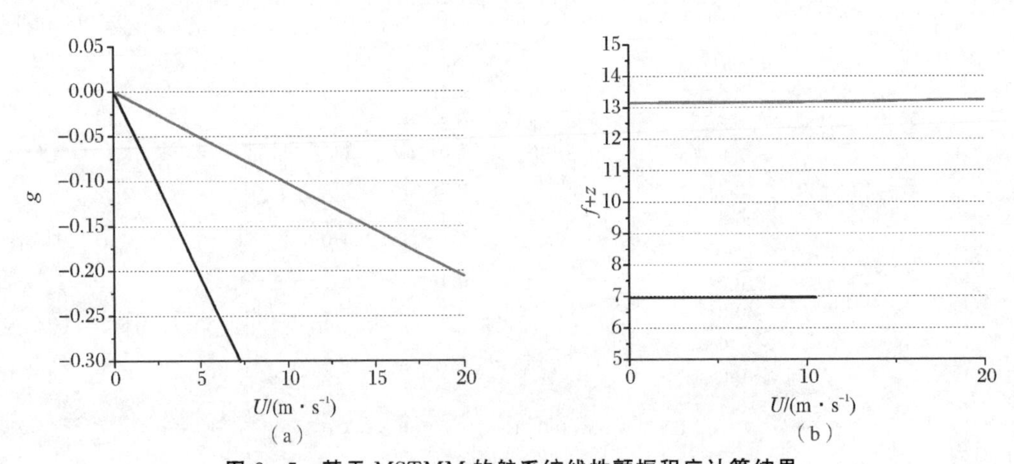

图 8-7 基于 MSTMM 的舵系统线性颤振程序计算结果

(a)速度-人工阻尼图($K_h=4\times10^8$ N/m);(b)速度-频率图($K_h=4\times10^8$ N/m)

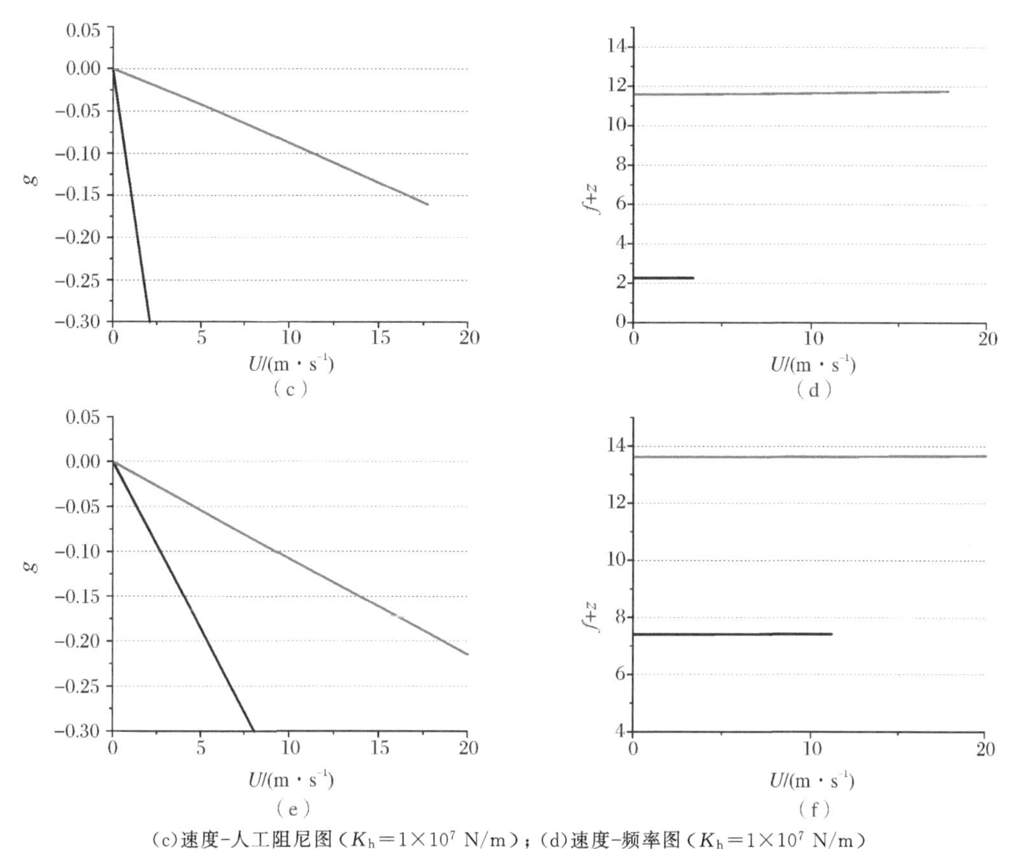

(c)速度-人工阻尼图($K_h=1\times10^7$ N/m);(d)速度-频率图($K_h=1\times10^7$ N/m)
(e)速度-人工阻尼图($K_h=1\times10^9$ N/m);(f)速度-频率图($K_h=1\times10^9$ N/m)

续图 8-7　基于 MSTMM 的舵系统线性颤振程序计算结果

同样的参数,采用时域仿真程序,分别对液压弹簧刚度 $K_b=4\times10^8$、1×10^7、1×10^9 N/m,来流速度为 1 m/s、5 m/s、10 m/s、20 m/s 情况下的舵系统进行动力学响应计算。从图8-8(a)~(l)中可以看出舵系统的流固耦合振动响应都是趋于收敛的,且速度越大,收敛越快。计算结论和采用 CFD/CSD 双向耦合的 8.3.3.1 节一致。同时计算结果也表明,在来流速度为 120 m/s 以内,增加或减小操纵系统的等效扭转刚度,舵系统都未发生持续不衰减的振动,即未发生线性颤振,说明在该舵系统的结构参数情况下,不会发生由于颤振引起的结构破坏问题。

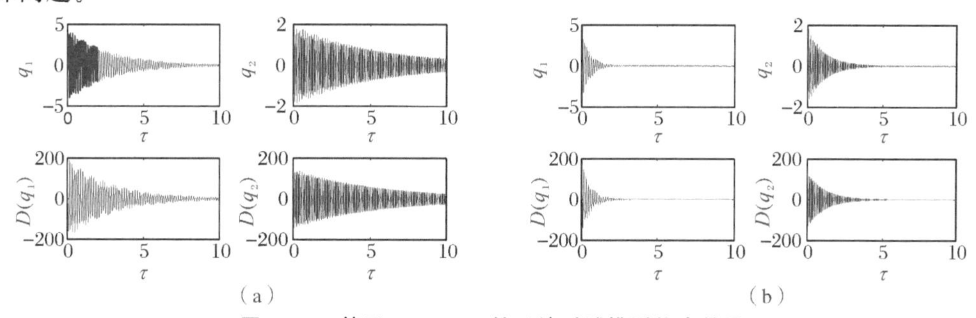

图 8-8　基于 MSTMM 舵系统时域模型仿真结果

(a)$U=1$ m/s($K_h=4\times10^8$ N/m);(b)$U=5$ m/s($K_h=4\times10^8$ N/m);

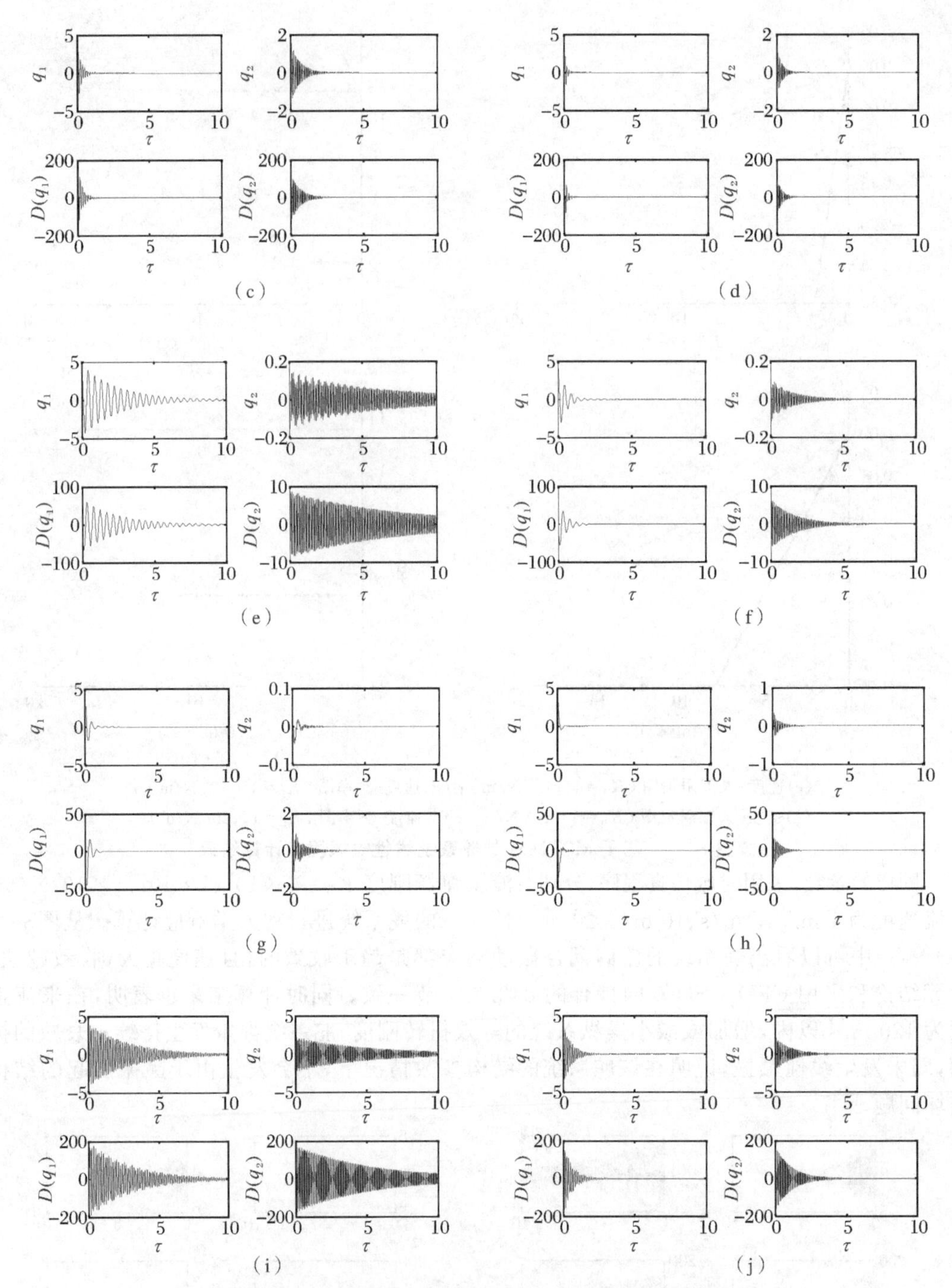

续图 8-8 基于 MSTMM 舵系统时域模型仿真结果

(c)U=10 m/s($K_{\mathrm{h}}=4\times10^{8}$ N/m);(d)U=20 m/s($K_{\mathrm{h}}=4\times10^{8}$ N/m);

(e)U=1 m/s($K_{\mathrm{h}}=1\times10^{7}$ N/m)(f)U=5 m/s($K_{\mathrm{h}}=1\times10^{7}$ N/m);

(g)U=10 m/s($K_{\mathrm{h}}=1\times10^{7}$ N/m);(h)U=20 m/s($K_{\mathrm{h}}=1\times10^{7}$ N/m);

(i)U=1 m/s($K_{\mathrm{h}}=1\times10^{9}$ N/m);(j)U=5 m/s($K_{\mathrm{h}}=1\times10^{9}$ N/m)

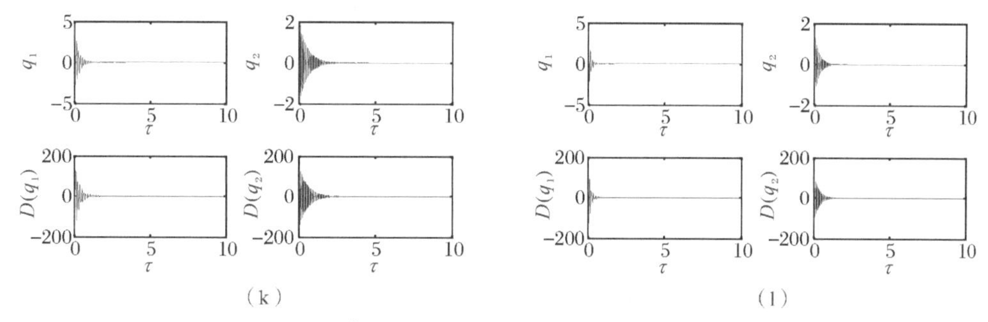

图 8-8 基于 MSTMM 舵系统时域模型仿真结果

(k)$U=10$ m/s($K_h=1\times10^9$ N/m);(l)$U=20$ m/s($K_h=1\times10^9$ N/m)

基于 MSTMM 预测整个舵系统的线性颤振速度和动力学响应效率非常高,计算一个流固耦合工况只需几秒到十几秒的时间,改变参数,很快可以得出新的计算结果,从而可以进行参数研究,也可以进行规律性探索。然而,同等计算条件下,采用 CFD/CSD 尽管计算精度高,考虑因素全,但是计算 1 s 往往需要 10 d 以上的时间,难以满足工程上快速计算的需求。本节所介绍的基于 MSTMM 的多刚柔体系统流固耦合快速建模和仿真的方法可以为工程上类似问题提供参考。由于舵系统模型中不便研究舵叶的结构参数对舵系统水弹性的影响规律,因此在下一节中提出了舵系统简化为二元颤振模型的具体方法,并研究舵叶结构参数和间隙非线性对舵系统水弹性的影响规律。

8.3 结构参数和间隙非线性对舵系统水弹性的影响规律研究

8.3.1 基于 MSTMM 的舵系统二元颤振模型建模方法和参数获取

作用在舵系统的两个舵叶上面的水动力是完全一致的。操纵系统对舵叶提供的相当于是扭矩,使得舵叶可以转动。从仿真结果可以看出,舵系统的 2、4 阶反对称模态和舵机提供的刚度大小没有关系,属于局部模态。因此可以将舵系统简化为一根扭簧连接一个舵叶来捕捉整个舵系统的动力学行为。如图 8-9(a)所示,在舵轴两端施加单位扭矩,即可通过有限元静力学分析得到操纵系统的等效扭簧刚度。简化后的舵系统如图 8-9(b)所示。基于 MSTMM 建立简化后舵系统的动力学模型,如图 8-9(c)所示,链式系统由一个扭簧和 7 段弯扭耦合梁组成。

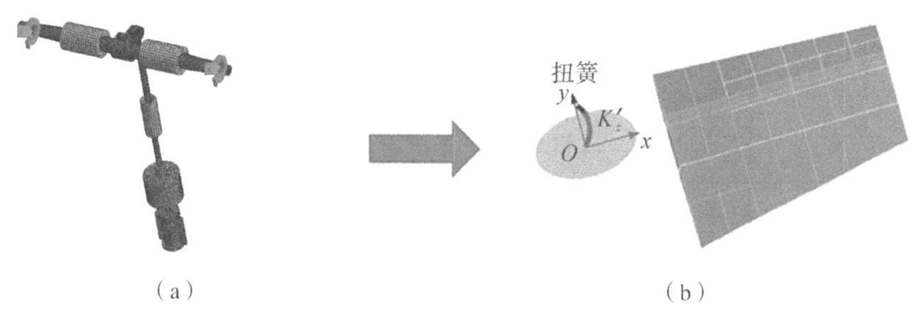

图 8-9 舵系统的等效模型

(a)操纵系统施加单位扭矩;(b)扭簧+舵叶

(c)

续图 8-9　舵系统的等效模型

(c)舵系统简化模型的动力学模型

当液压弹簧刚度取 $K_{\mathrm{h}}=4\times10^{8}$ N/m，此时对应的操纵系统等效扭簧刚度为 $K_{\alpha\_\mathrm{actuator}}=1.23\times10^{7}$ N·m/rad。基于 MSTMM，状态矢量写为 $[X,Y,\Theta_z,M_z,Q_x,Q_y,\Theta_x,M_x]^{\mathrm{T}}$，总传递方程为

$$\boldsymbol{Z}_{8,0}=\boldsymbol{U}_8\boldsymbol{U}_7\boldsymbol{U}_6\boldsymbol{U}_5\boldsymbol{U}_4\boldsymbol{U}_3\boldsymbol{U}_2\boldsymbol{U}_1Z_{1,0}=\boldsymbol{U}_{pla}^{R}\boldsymbol{U}_1Z_{1,0}=\boldsymbol{T}_{1-8}\boldsymbol{Z}_{1,0} \tag{8-18}$$

边界条件为

$$\begin{cases}\boldsymbol{Z}_{1,0}=[0,0,0,M_{z1},Q_{x1},Q_{y1},0,M_{x1}]^{\mathrm{T}}\\ \boldsymbol{Z}_9=[X_9,Y_9,\Theta_{z9},0,0,0,\Theta_{x9},0]^{\mathrm{T}}\end{cases}$$

求解特征方程，得到舵叶内部不含水和充满水两种情况下的简化舵系统的圆频率值如图 8-10 所示。

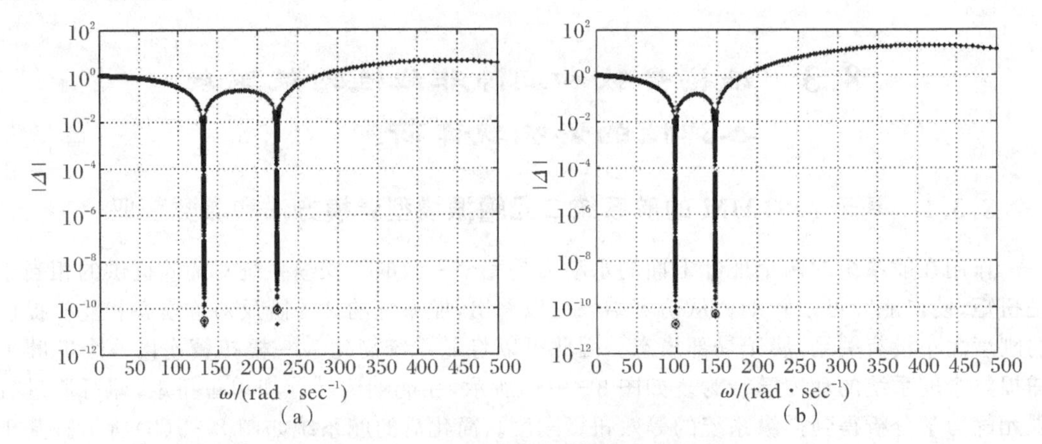

图 8-10　舵系统的等效模型的圆频率

(a)舵叶内部不含水；(b)舵叶内部充满水

采用 MSTMM 和 ANSYS 有限元软件对简化后的舵系统进行动力学特性计算。从表 8-4 可以看出，MSTMM 和 FEM 仿真结果非常接近，且 MSTMM 的计算效率远远大于 FEM 方法。

表 8-4　基于 MSTMM 和 FEM 舵系统简化模型的频率计算结果对比

	舵叶内部不含水/Hz		舵叶内部充满水/Hz	
	f_1	f_2	f_1	f_2
FEM	20.36	28.528	15.484	24.191
MSTMM	20.9	29.4	15.708	23.582

表 8－5 中为舵叶中充满水情况下的舵系统简化模型的振型，并对比了 ANSYS 有限元软件的仿真结果，振型及频率均一致，说明 MSTMM 的仿真效果较好。从表 8－5 中可以看出，舵系统简化模型的第 1 阶模态和未简化的舵系统模型第 1 阶模态接近，舵系统简化模型的第 2 阶模态和未简化的舵系统模型第 3 阶模态接近，说明简化后的舵系统可以捕捉到整个舵系统的动力学特性，同时也说明了全舵系统简化为一根扭簧和一个舵叶组成的简化系统是合理的。

对于舵系统线性、非线性颤振模型的仿真计算，最重要的两个参数即舵系统的纯弯、纯扭频率。如何获得舵系统的非耦合频率是建立舵系统二元颤振模型的关键。基于 MSTMM 将图 8－9(c)中的弯扭耦合梁的质心到弹性轴的距离都改为 0($x_\alpha \approx 0$)，即将弯扭耦合梁中的耦合项去掉，便可以很方便的计算出舵系统的非耦合频率。

表 8－5 解系统简化模型的模态－MSTMM 和 ANSYS 有限元软件仿真结果对比

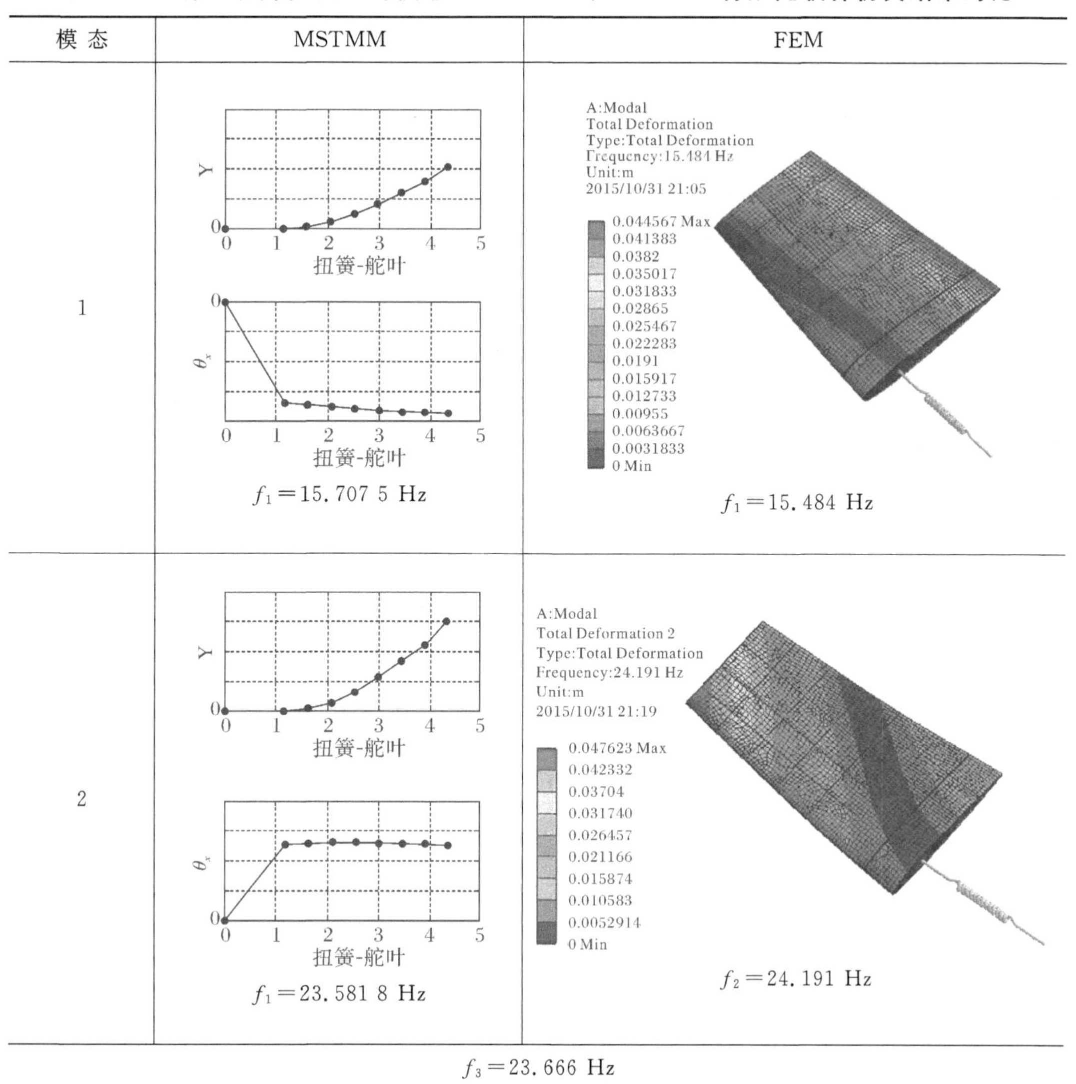

模 态	MSTMM	FEM
1	$f_1 = 15.707\ 5$ Hz	$f_1 = 15.484$ Hz
2	$f_1 = 23.581\ 8$ Hz	$f_2 = 24.191$ Hz
	$f_3 = 23.666$ Hz	

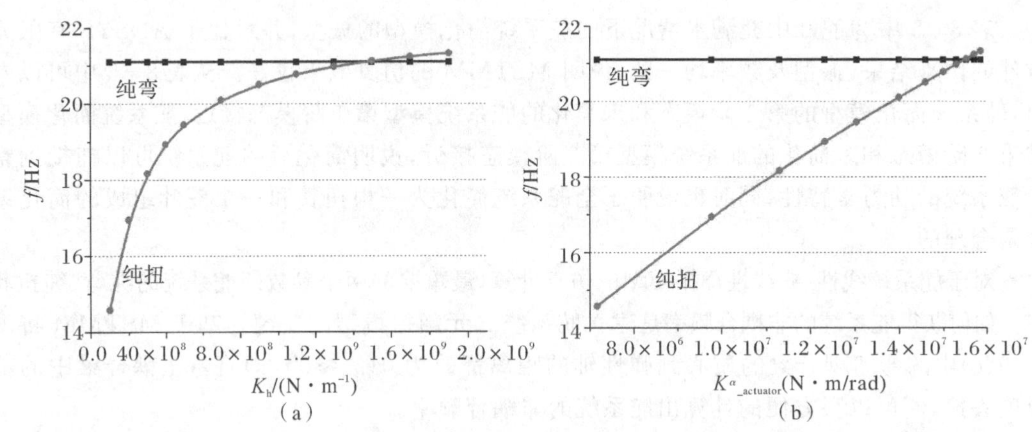

图 8-11 舵系统的等效模型的非耦合频率计算结果

(a)不同液压弹性刚度;(b)不同操纵系统等效扭转刚度

舵系统不同液压弹簧刚度 K_h 可以等效出不同操纵系统的扭转刚度 $K_{\alpha-\text{actuator}}$。基于MSTMM求解舵系统简化后模型的纯弯、纯扭频率,计算结果如图 8-11 所示。图 8-11(a)为不同液压弹簧刚度情况下舵系统纯弯、纯扭频率分布图,随着液压弹簧刚度的增加,即操纵系统扭转刚度增加,舵系统的纯扭频率随之增加,但增大幅度慢慢变小;从图 8-11(a)(b)都可以看到舵系统的纯弯频率没有改变,说明增大系统的扭转刚度对系统的纯弯频率不产生影响。当液压弹簧的等效刚度大于 $K_h=1.5\times10^9$ N/m 时,舵系统简化模型的第 1 阶纯扭模态切换成了纯弯曲模态。这也符合实际,等效液压弹簧刚度以及拉杆、传动杆等连接部件只改变操纵系统的等效扭转刚度,并不改变操纵系统的弯曲刚度,因此舵系统简化模型的纯弯频率一直不变。舵系统的弯曲刚度大于扭转刚度,这是由于舵叶小展弦比决定的,当操纵系统的等效扭簧刚度达到一定值时,第 1 阶振型会变成纯弯曲。液压弹簧刚度为$K_h=4\times10^8$ N/m 时(即 $K_{\alpha\_\text{actuator}}=1.23\times10^7$ N·m/rad)时的振型图见表 8-6。从表 8-6 中可以看出,第 1 阶振型是纯扭转,第 2 阶振型是纯弯曲。

表 8-6 基于 MSTMM 的舵系统简化模型的非耦合振型

第 1 阶-纯扭转	第 2 阶-纯弯曲
Y; 0; 0 1 2 3 4 5; 扭簧-舵叶	Y; 0; 0 1 2 3 4 5; 扭簧-舵叶
θ_x; 0; 0 1 2 3 4 5; 扭簧-舵叶	θ_x; 0; 0 1 2 3 4 5; 扭簧-舵叶

8.3.2　舵系统的二元颤振模型建模

图 8－12(a)为舵叶的示意图，取 3/4 舵叶展长处的截面，建立的两元水翼颤振模型如图 8－12(b)所示。在水翼弹性轴处固定一根刚度为 K_h 弹簧以及一根刚度为 K_α 的扭簧，弹性轴在翼弦中点前 ab 处，质心到弹性轴的距离为 $x_\alpha b$，水翼弦长为 $2b$。水翼有两个自由度，即随弹性轴的沉浮运动 h(向下为正)和绕弹性轴的俯仰转动 α(抬头为正)。二元颤振模型里面考虑的非线性是间隙非线性。如图 8－12(b)(c)所示，h_s 是沉浮间隙，α_s 是俯仰间隙。

两自由度舵叶水弹性控制方程：

$$\begin{aligned} m\ddot{h}+mx_\alpha b\ddot{\alpha}+c_h\dot{h}+F(h)&=-L(t) \\ mx_\alpha b\ddot{h}+I_\alpha\ddot{\alpha}+c_\alpha\dot{\alpha}+G(\alpha)&=T_\alpha(t) \end{aligned} \tag{8-19}$$

式中：m 为单位展长舵叶的质量；$I_\alpha=mb^2r_\alpha^2$ 为相对于弹性轴的单位展长转动惯量；r_α 是水翼对刚心的回转半径；c_h 和 c_α 分别是沉浮和俯仰阻尼；L 为升力，取向上的方向为正方向；对弹性轴的水动力矩 T_α 则以抬头为正。非线性项 $F(h)$、$G(\alpha)$ 分别表示回复力和回复力矩，根据图 8－12(c)其表达式为

$$\left.\begin{aligned} F(h)&=\begin{cases} K_h(h-h_s) & h>h_s \\ 0, & -h_s\leqslant h\leqslant h_s \\ K_h(h+h_s), & h<h_s \end{cases} \\ G(\alpha)&=\begin{cases} K_\alpha(\alpha-\alpha_\alpha), & \alpha>\alpha_\alpha \\ 0, & -\alpha_\alpha\leqslant\alpha\leqslant\alpha_\alpha \\ K_\alpha(\alpha+\alpha_\alpha), & \alpha<\alpha_\alpha \end{cases} \end{aligned}\right\} \tag{8-20}$$

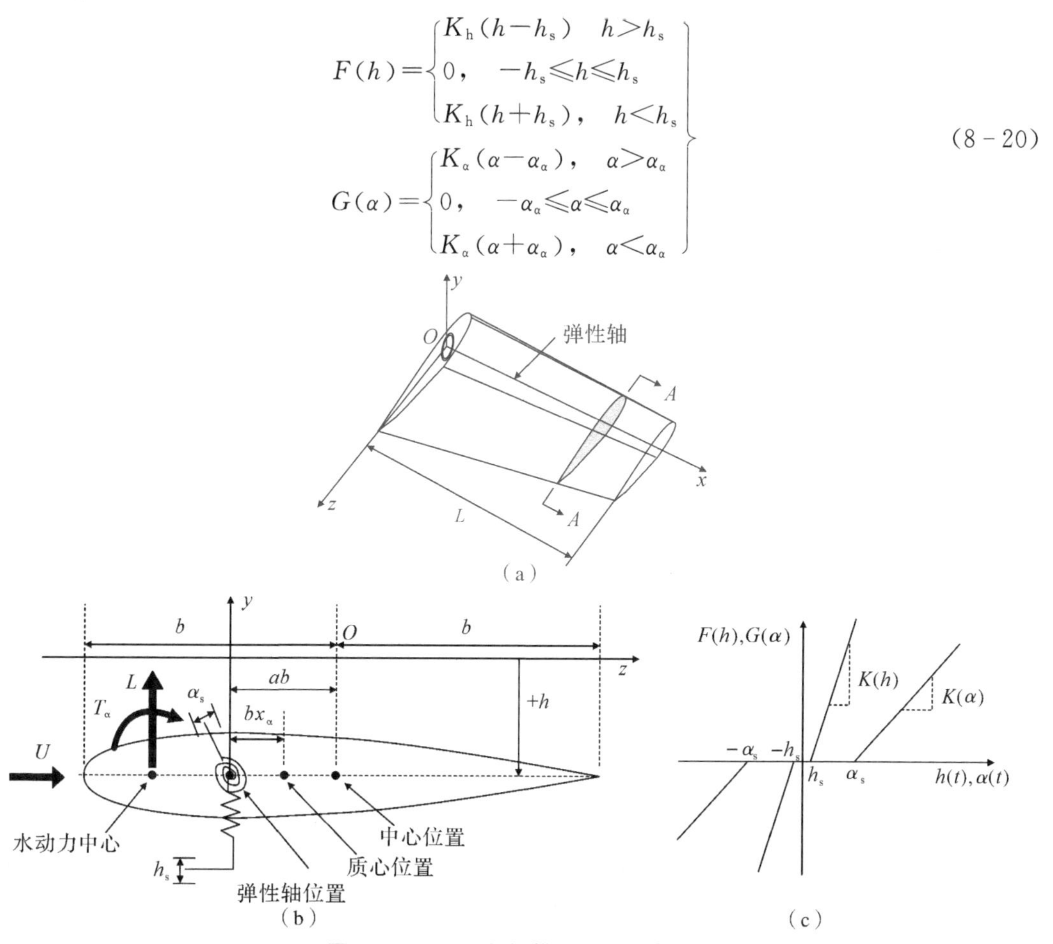

图 8－12　二元题振模型几何示意图

(a)舵叶示意图；(b)二元水翼模型；(c)沉浮、俯仰间隙非线性示意图

(1)二元线性颤振模型频域分析。式(2-19)为 Theodorsen 水动力理论,将式(2-19)重新整理为更加简洁的形式,以方便推导:

$$L(t)=L_A(t)+L_C(t)=(L_{Ah}+L_{AU}+L_{A\alpha})+(L_{Ch}+L_{CU}+L_{C\alpha})$$
$$T_\alpha(t)=T_A(t)+T_C(t)=(abL_{Ah}-(b/2-ab)L_{AU}+ (b^2/8+a^2b^2)L_{A\alpha})/ab+(b/2+ab)(L_{Ch}+L_{CU}+L_{C\alpha}) \tag{8-21}$$

式中:$L_{Ah}=\pi\rho b^2\ddot{h}$;$L_{AU}=\pi\rho b^2U\dot{\alpha}$;$L_{A\alpha}=-\pi\rho b^2ab\ddot{\alpha}$;$L_{Ch}=C_{L\alpha}\rho bUC(K)\dot{h}$;$L_{CU}=C_{L\alpha}\rho bU^2C(K)\alpha$;$L_{C\alpha}=C_{L\alpha}\rho bUC(K)(b/2-ab)\alpha$;$L_{Ah}$、$L_{AU}$、$L_{A\alpha}$水流的附加质量引起的,它是与舵叶的环量分布无关的升力组成部分;L_{Ch}、L_{CU}、$L_{C\alpha}$是与环量分布有关的升力组成部分,主要表现为与升力线斜率有关。由8.3.4节可知,升力线斜率 $C_{L\alpha}=5.995$。

同样基于$U-g$法,忽略非线性项,建立二元水翼频域上的颤振方程。当来流速度等于颤振速度时,水翼作简谐运动,令 $h=\bar{h}e^{i\omega t}$,$\alpha=\bar{\alpha}e^{i\omega t}$。且在这个方法中,需要引入人工结构阻尼。首先假定系统的结构阻尼为零,引入人工结构阻尼,在式(8-19)右边添加耗散结构阻尼力 $D_{ht}=\bar{D}_h e^{i\omega t}=-igm\omega_h{}^2\bar{h}e^{i\omega t}$,$D_\alpha=\bar{D}_\alpha e^{i\omega t}=-igI_\alpha\omega_\alpha{}^2\bar{\alpha}e^{i\omega t}$。$\omega_h$、$\omega_\alpha$、$g$ 分别为舵系统的非耦合纯弯、纯扭频率及人工阻尼。通过方程推导可以将式(8-19)写为

$$\begin{bmatrix}A_1 & A_2\\ A_3 & A_4\end{bmatrix}\begin{Bmatrix}\bar{h}/b\\ \bar{\alpha}\end{Bmatrix}=0 \tag{8-22}$$

式中:$A_1=\dfrac{1}{\mu}L_1+1-\dfrac{(1+ig)}{\Omega^2}\bar{\omega}^2$;$A_2=\dfrac{1}{\mu}\left[L_2-\left(\dfrac{1}{2}+a\right)L_1\right]+x_\alpha$;$A_3=\dfrac{1}{\mu}\left[M_1-\left(\dfrac{1}{2}+a\right)L_1\right]+x_\alpha$;$A_4=\dfrac{1}{\mu}\left[M_2-\left(\dfrac{1}{2}+a\right)(L_1+M_1)+\left(\dfrac{1}{2}+a\right)^2L_1\right]+r_\alpha^2-\dfrac{(1+ig)}{\Omega^2}r_\alpha^2$;

$L_1=1-i\dfrac{C_{L\alpha}}{\pi}C(K)\dfrac{1}{K}$;$\rho_{\text{water}}\mu$;$L_2=\dfrac{1}{2}-i\dfrac{1+\dfrac{C_{L\alpha}}{\pi}C(K)}{K}-\dfrac{\dfrac{C_{L\alpha}}{\pi}C(K)}{K^2}$,$M_1=\dfrac{1}{2}$,$M_2=\dfrac{3}{8}-i\dfrac{1}{K}$,$\mu=m/(\pi\rho_{\text{water}}b^2)$;$\Omega^2=\omega^2/\omega_\alpha^2$,$\bar{\omega}=\omega_h/\omega_\alpha$ 分别为流体的密度、质量比;ω_h 和 ω_α 分别为无耦合沉浮和俯仰固有频率;$\bar{\omega}$ 为舵系统纯弯纯扭频率比。

因为 A_1、A_4 中都包含$\dfrac{(1+ig)}{\Omega^2}$项,所以可以将式(8-22)写成求解广义特征值问题,特征值为 $\lambda=\dfrac{(1+ig)}{\Omega^2}=\dfrac{(1+ig)\omega_\alpha^2}{\omega^2}=\lambda_{Re}+i\lambda_{Im}$,因此有

$$\left.\begin{aligned}\omega&=\omega_\alpha\sqrt{\frac{1}{\lambda_{Re}}}\\ g&=\frac{\lambda_{Im}}{\lambda_{Re}}\\ U&=\frac{\omega_\alpha b}{k\sqrt{\lambda_{Re}}}\end{aligned}\right\} \tag{8-23}$$

(2)二元间隙非线性颤振模型时域分析。在2.3.1节中介绍了 Theodorsen 任意运动水动力计算公式,为了方便推导非线性主颤振方程,将升力和力矩整理为

$$L(t)=L_A(t)+L_B(t)=(L_{Ah}+L_{AU}+L_{A\alpha})+(L_Q+L_H)$$
$$T_\alpha(t)=T_A(t)+T_B(t)=[abL_{Ah}-(b/2-ab)L_{AU}+$$

$$\frac{1}{ab}(b^2/8+a^2b^2)L_{A\alpha}]+(b/2+ab)(L_Q+L_j) \tag{8-24}$$

式中：$L_Q=C_{L\alpha}\rho bU[Q_{3/4}(0)\varphi_\omega(\hat{\tau})]$；$L_f=C_{L\alpha}\rho bU\int_0^{i}\frac{\mathrm{d}Q_{3/4}(\sigma)}{\mathrm{d}\sigma}\varphi_\omega(\hat{\tau}-\sigma)\mathrm{d}\sigma$；$Q_{3/4}(\hat{\tau})=U\alpha+\dot{h}+b(1/2-a)\dot{\alpha}$；$\varphi_\omega(\hat{\tau})=1-A_a\mathrm{e}^{-b_1\hat{\tau}}-A_b\mathrm{e}^{-b_2\hat{\tau}}$；$\hat{\tau}=\frac{Ut}{b}$；$A_a=0.165$；$A_b=0.335$；$b_1=0.0455$，$b_2=0.3$。

由于式(8-24)中存在积分项，引入新的状态变化量为

$$\left.\begin{aligned}\omega_{r1}&=\int_0^{\hat{\tau}}\mathrm{e}^{-b_1\cdot(\hat{\tau}-\sigma)}\alpha(\sigma)\mathrm{d}\sigma\\ \omega_{r2}&=\int_0^{\hat{\tau}}\mathrm{e}^{-b_2\cdot(\hat{\tau}-\sigma)}\alpha(\sigma)\mathrm{d}\sigma\\ \omega_{r3}&=\int_0^{\hat{\tau}}\mathrm{e}^{-b_1\cdot(\hat{\tau}-\sigma)}\xi(\sigma)\mathrm{d}\sigma\\ \omega_{r4}&=\int_0^{\hat{\tau}}\mathrm{e}^{-b_2(\hat{\tau}-\sigma)}\xi(\sigma)\mathrm{d}\sigma\end{aligned}\right\} \tag{8-25}$$

根据式(8-19)、式(8-20)、式(8-28)和式(8-25)可以推导出状态空间中两自由度二元非线性水翼无量纲形式的水弹性方程为

$$\begin{Bmatrix}\boldsymbol{q}'(\hat{\tau})\\ \boldsymbol{q}''(\hat{\tau})\\ \boldsymbol{\omega}'_r(\hat{\tau})\end{Bmatrix}=\begin{bmatrix}\boldsymbol{0}_{2\times2} & \boldsymbol{I}_{2\times2} & \boldsymbol{0}_{2\times2}\\ -\boldsymbol{M}^{-1}\boldsymbol{K} & -\boldsymbol{M}^{-1}\boldsymbol{D} & -\boldsymbol{M}^{-1}\boldsymbol{G}\\ \boldsymbol{E}_q & \boldsymbol{0}_{4\times2} & \boldsymbol{E}_\omega\end{bmatrix}\begin{Bmatrix}\boldsymbol{q}(\hat{\tau})\\ \boldsymbol{q}'(\hat{\tau})\\ \boldsymbol{\omega}_r(\hat{\tau})\end{Bmatrix}+$$

$$\begin{Bmatrix}\boldsymbol{0}_{2\times1}\\ -\boldsymbol{M}^{-1}\boldsymbol{S}\boldsymbol{q}_\eta(\hat{\tau})\\ \boldsymbol{0}_{4\times1}\end{Bmatrix}+\begin{Bmatrix}\boldsymbol{0}_{2\times1}\\ -\boldsymbol{M}^{-1}\boldsymbol{f}(\hat{\tau})\\ \boldsymbol{0}_{4\times1}\end{Bmatrix} \tag{8-26}$$

式中：$\boldsymbol{M}=\begin{bmatrix}c_0 & c_1\\ d_0 & d_1\end{bmatrix}$；$\boldsymbol{D}=\begin{bmatrix}c_2 & c_3\\ d_2 & d_3\end{bmatrix}$；$\boldsymbol{K}=\begin{bmatrix}c_{44} & c_5\\ d_4 & d_{55}\end{bmatrix}$；$\boldsymbol{S}=\begin{bmatrix}c_4 & 0\\ 0 & d_5\end{bmatrix}$；

$\boldsymbol{G}=\begin{bmatrix}c_6 & c_7 & c_8 & c_9\\ d_6 & d_7 & d_8 & d_9\end{bmatrix}$；$\boldsymbol{f}(\hat{\tau})=\begin{Bmatrix}f(\hat{\tau})\\ g(\hat{\tau})\end{Bmatrix}$；$\boldsymbol{q}(\hat{\tau})=\begin{Bmatrix}\xi(\hat{\tau})\\ \alpha(\hat{\tau})\end{Bmatrix}$；$\boldsymbol{q}_\eta(\hat{\tau})=\begin{Bmatrix}\eta_s(\hat{\tau})\\ \eta_\alpha(\hat{\tau})\end{Bmatrix}$；

$c_0=1+\frac{1}{\mu}$；$c_1=x_\alpha-\frac{a}{\mu}$；$c_2=2\zeta_\xi\frac{\bar{\omega}}{V_{\mathrm{non}}}+\frac{2}{\mu}(1-A_a-A_b)$；$c_3=\frac{1+2(0.5-a)(1-A_a-A_b)}{\mu}$；

$c_4=(\bar{\omega}/V_{\mathrm{non}})^2$；$c_{44}=\frac{2}{\mu}(A_ab_1+A_bb_2)$；$c_5=\frac{2}{\mu}[1-A_a-A_b+(0.5-a)(A_ab_1+A_bb_2)]$；

$c_6=\frac{2}{\mu}A_ab_1[1-(0.5-a)b_1]$；$c_7=\frac{2}{\mu}A_bb_2\left[1-\left(\frac{1}{2}-a\right)b_2\right]$；$c_8=-\frac{2}{\mu}A_ab_1^2$；$c_9=-\frac{2}{\mu}A_bb_2^2$；

$d_0=\frac{x_\alpha}{r_\alpha^2}-\frac{a}{\mu r_\alpha^2}$；$d_1=1+\frac{1+8a^2}{8\mu r_\alpha^2}$；$d_2=-\frac{(1+2a)(1-A_a-A_b)}{2\mu r_\alpha^2}$；

$d_3=2\zeta_\alpha\frac{1}{V_{\mathrm{non}}}+\frac{1-2a}{2\mu r_\alpha^2}-\frac{(1-2a)(1+2a)(1-A_a-A_b)}{2\mu r_\alpha^2}$；$d_4=\frac{(1+2a)(A_ab_1+A_bb_2)}{\mu r_a^2}$；

$d_5=\frac{1}{V_{\mathrm{non}}^2}$；$d_{55}=-\frac{(1+2a)(1-A_a-A_b)}{\mu r_\alpha^2}-\frac{(1-2a)(1+2a)(A_ab_1+A_bb_2)}{2\mu r_\alpha^2}$；

$d_6=-\frac{(1+2a)A_a b_1(1-(0.5-a)b_1)}{\mu r_\alpha^2}$；$d_7=-\frac{(1+2a)A_b b_2(1-(0.5-a)b_2)}{\mu r_\alpha^2}$；

$d_8=\frac{(1+2a)A_a b_1^2}{\mu r_\alpha^2}$；$d_9=\frac{(1+2a)A_b b_2^2}{\mu r_\alpha^2}$；

$f(\hat{\tau})=\frac{(C_{La}/\pi)}{\mu}[(0.5-a)\alpha(0)+\xi(0)](A_a b_1 e^{-b_1\hat{\tau}}+A_b b_2 e^{-b_2 t})$；$g(\hat{\tau})=-\frac{1+2a}{2r_\alpha^2}f(\hat{\tau})$；

$\omega_r(\hat{\tau})=\{\omega_{r1}(\hat{\tau})\quad\omega_{r2}(\hat{\tau})\quad\omega_{r3}(\hat{\tau})\quad\omega_{r4}(\hat{\tau})\}^T$；$\boldsymbol{\omega}'_r(\hat{\tau})=\boldsymbol{E}_\omega\omega_r(\hat{\tau})+\boldsymbol{E}_q q(\hat{\tau})$；

$$\boldsymbol{E}_\omega=\begin{bmatrix}-b_1&0&0&0\\0&-b_2&0&0\\0&0&-b_1&0\\0&0&0&-b_2\end{bmatrix};\boldsymbol{E}_q=\begin{bmatrix}0&1\\0&1\\1&0\\1&0\end{bmatrix}。$$

其中：$\xi=h/b$；$k_h=m\omega_h^2$；$k_\alpha=mr_\alpha^2\omega_\alpha^2$；$V_{non}=U/(\omega_\alpha b)$；$\zeta_\alpha=c_\alpha/(2\sqrt{mr_\alpha^2k_\alpha})$；$\zeta_\xi=c_h/(2\sqrt{mk_h})$；$\xi_s=h_s/b$。

$$\eta_s=\begin{cases}\xi-\xi_s, & \xi>\xi_s\\0, & -\xi_s\leqslant\xi\leqslant\xi_s,\eta_\alpha\\\xi+\xi_s,\xi<-\xi_s= & \begin{cases}\alpha-\alpha_s, & \alpha>\alpha_s\\0, & -\alpha_s\leqslant\alpha\leqslant\alpha_s\\\alpha+\alpha_s, & \alpha<-\alpha_s\end{cases}\end{cases}$$

式中：ξ、α，ζ_ξ、ζ_α，ξ_s、α_s 分别为沉浮和俯仰两个方向上的无量纲位移、阻尼比系数、间隙；V_{non} 为无量纲来流速度；$\hat{\tau}$ 为无量纲时间。

采用龙格库塔法求解式(8-26)及给定合适的初始条件（一般给 α 一个较小的初值）可以得到二元水翼的时域响应。

8.3.3 舵系统二元颤振模型建模合理性验证

8.3.3.1 基于 CFD/FEM 双向流固耦合的舵系统建模及计算

为了验证舵系统模型简化方法的合理性，采用 CFD/FEM 双向耦合模型计算舵系统水弹性响应，查看两边舵叶的响应是否完全对称。

既考虑流场计算出的压力对结构场的影响，又考虑结构变形对流场的影响，先通过稳态的 CFD 计算获得舵叶表面压力分布，并作为 FEM 分析的初始边界条件，然后进行瞬态计算，在每个时间步长内，通过数据交换平台，采用了全局守恒型插值方法，用于 CFD 网格和 FEM 网格数据传递。首先把 FEM 计算出来的位移传递到 CFD 计算的流场网格上，并采用动网格技术，使网格变形，再通过 CFD 计算出新的压力分布，相互迭代，进行水弹性时域仿真，该方法称为双向耦合方法。仿真过程中网格运动通过弹簧比拟法实现，为了避免流场中心域和环绕域之间的变形过于迅速造成计算失败，采取小体积网格单元部分网格刚度系数大，主要靠大体积网格吸收变形的做法。舵系统双向流固耦合流程图如图 8-13(a)所示。图 8-13(b)为舵叶表面的 CFD 计算网格，图 8-13(c)为舵系统去除蒙皮后的内部有限元网格展示图。

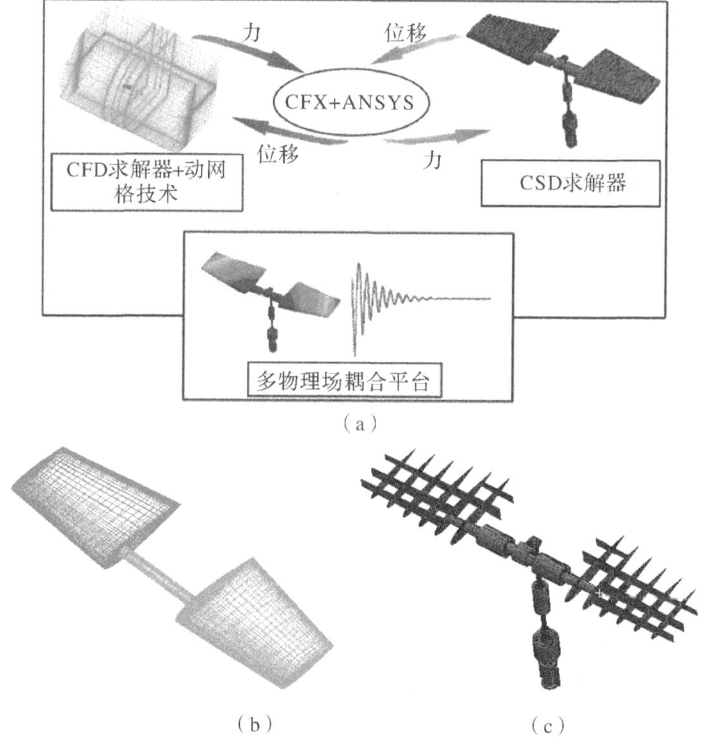

(a)

(b)　　(c)

图 8-13　CAE 多物理场耦合平台 AWB 下双向流固耦合流程

(a)双向耦合流程;(b)舵叶 CFD 网格;(c)舵系统蒙皮内部有限元网格

舵系统双向流固耦合数值模拟步骤如下:

(1)利用 CFD 解算器 CFX,获得舵叶的水动力参数。

(2)通过 ANSYS Workbench 数据交换平台将水动力载荷参数传递到用于有限元分析的 CSD 解算器中的舵叶表面单元上。

(3)将 CFD 模块计算出来的节点压力值插值到 CSD 模块中的单元网格节点上。

(4)通过 CSD 解算器计算出舵系统上的舵叶表面每个单元网格节点的位移。

(5)通过 ANSYS Workbench 数据交换平台将 CSD 计算出的单元网格节点的位移传递到用于 CFD 计算的表面网格上。

(6)利用动网格技术使得流场网格变形。

(7)利用 CFD 解算器计算出变形后舵叶的水动力参数。

(8)重复步骤(1)～(7)进行流固双向耦合时域仿真。

(1)双向流固耦合模型验证。采用 AGARD445.6 模型作为流固耦合时域仿真验证计算的例子。AGARD445.6 机翼是美国兰利研究中心风洞颤振实验验证的一个国际上公认的标准颤振计算模型。该模型的风洞颤振实验结果一般用于考察数值方法的准确性。AGARDWing445.6 机翼的结构参数见本书。CFD 网格和 FEM 网格以及双向耦合流程图如图 8-14 所示。

颤振速度系数为

$$V_{\mathrm{non}}=U/b_s\omega_\alpha\sqrt{\mu} \tag{8-27}$$

式中：U 为来流速度；b_s 为参考长度，一般取翼根处的半弦长；ω_a 为参考频率，一般取机翼的第一阶扭转频率；$\bar{\mu}$ 为质量比，$\bar{\mu}=\bar{m}/\rho v$。v 为以翼根弦长作为底面直径，翼梢弦长作为顶面，半展长为高的锥台体积。

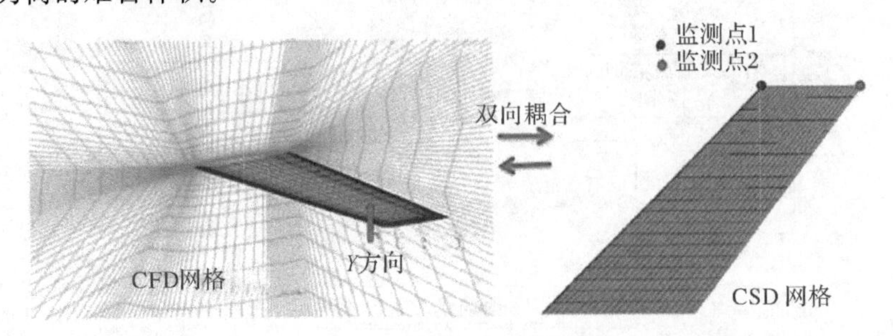

图 8-14　*AGARD*445.6 双向流固耦合流程图

分别计算 $Ma=0.499$、0.678、0.901、0.960、1.072、1.141 对应的颤振速度系数。图 8-15(a)(b)为 $Ma=1.072$、1.141 时监测机翼翼稍的两个端点的响应曲线，从图中可以看出，振动响应都是处于等幅振动状态，说明此时达到颤振临界点。图 8-15(c)为双向流固耦合仿真计算出的颤振速度系数与实验数据的对比图，从图中可以看出，仿真数据与实验数据大体趋势一致，在个别点上略有偏差，但是都出现了跨声速段“凹坑”现象，说明机翼在跨声速段飞行具有更大的危险性。

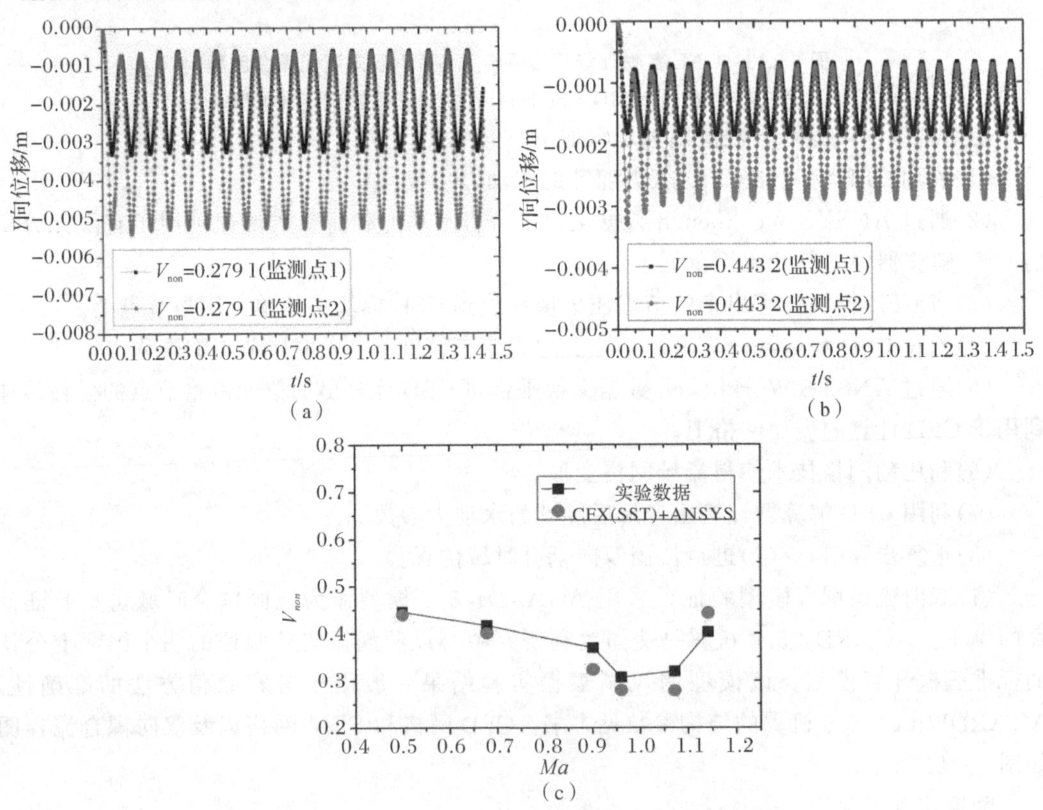

图 8-15　AGARD445.6 双向流固耦合流程图

(a)$Ma=1.072$；(b)$Ma=1.141$；(c)颤振速度系数与实验数据的对比图

本节仿真结果与实验数据对比,误差较小,说明本章所采用的双向流固耦合方法可行。

(2)双向流固耦合模型计算结果。基于CFD/CSD双向耦合的方法计算了来流速度分别为1 m/s、5 m/s,攻角都为0°,且液压弹簧刚度为4×10^8 N/m时的舵系统的水弹性响应。图8-16中标注的字母A、B、C、D、E、F、G、H为舵叶根部和稍部的监测点。图8-17(a)(c)为监测点的y方向线位移y,图8-17(b)(d)为x方向角位移θ_x的动力学响应,从图中可以看出,两个舵叶的动力学响应完全对称,即A和E、B和F、C和G、D和H的响应完全一致,并且逐渐衰减。从图8-17还可以看出,当来流速度增大时,舵系统的水弹性响应加速收敛。这是由于水的速度增加,增大了外部阻尼力。

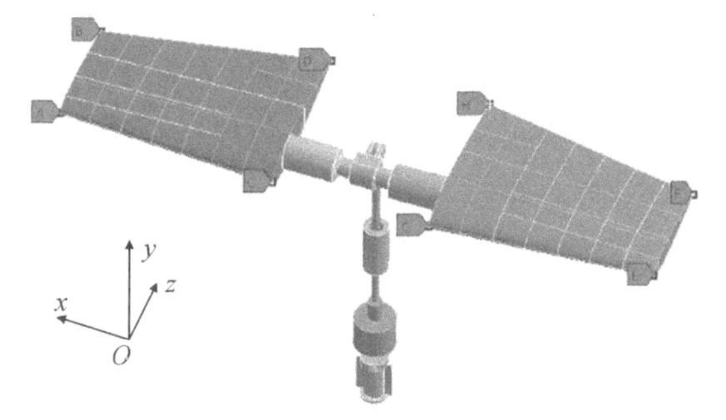

图8-16 监测点位置

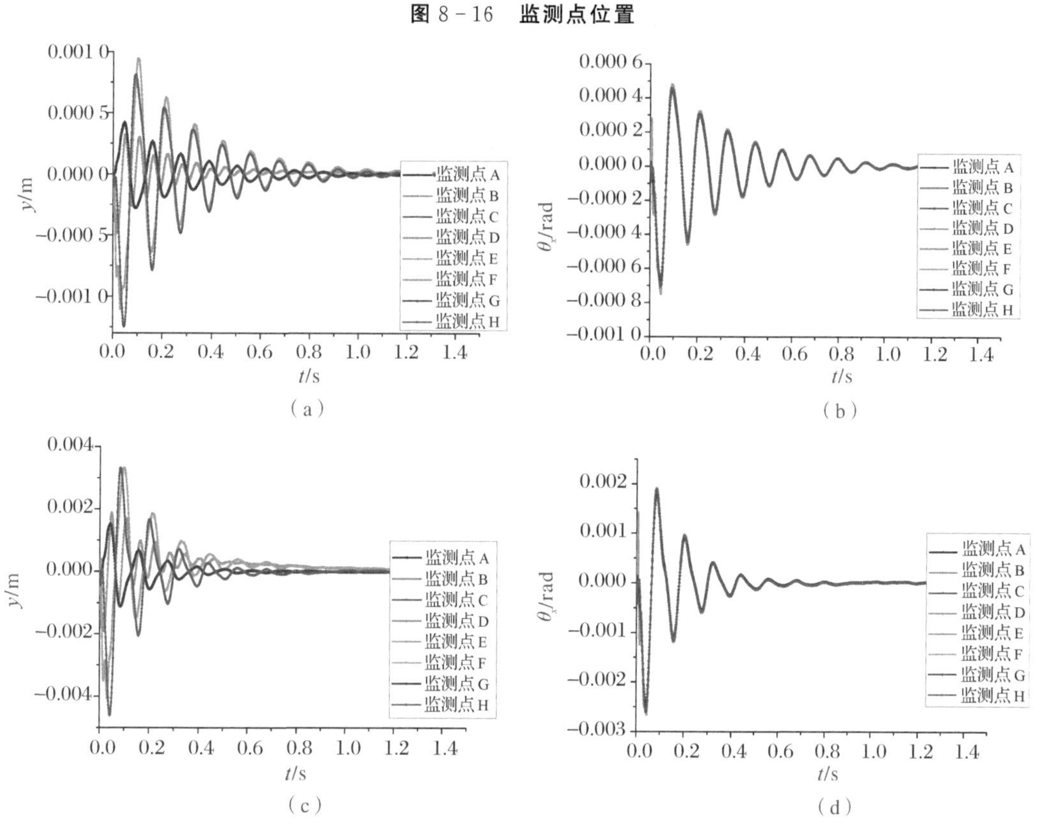

图8-17 舵叶监测点上的水弹性响应

(a)$U=1$ m/s;(b)$U=1$ m/s;(c)$U=5$ m/s;(d)$U=5$ m/s

舵系统的两个舵叶的水弹性响应完全对称,说明了舵系统可以简化为单个舵叶加一个扭簧的简化模型。采用 CFD/CSD 双向耦合方法对整个舵系统进行水弹性分析非常耗时，采用单个 CPU 计算仿真 1 s 需要 10 d 以上的时间，无法满足工程快速分析的需求。

8.3.3.2 二元线性、非线性颤振模型验证

美国戴维泰勒海军研究中心(Department of the Navy David Taylor Model Basin)做过大量的船舶、水下航行器的舵叶、水翼的水弹性实验与仿真，积累了大量的试验和仿真数据[19]。本章二元线性颤振程序所使用的方法与该研究中心对舵叶水弹性计算所使用的方法一致。在文献[19]中做了 A、B、C、D 四组仿真和实验，选取 B 组参数作为本章二元水翼颤振程序验证模型的计算参数，文献[19]给出的 B 组无量纲参数为 $\mu=3.25$，$r_\alpha=0.703$，$\bar{\omega}=0.9623$，$a=-0.5$，$x_\alpha=0.180$、0.192、0.203、0.213、0.221、0.229、0.234、0.243。为了和文献实验数据及仿真数据对比，因此采用和文献一致的单位。图 8-18(a)为文献所采用的实验装置，图 8-18(b)为文献的 B 组仿真结果。图 8-19 为采用本章的二元水翼线性颤振程序的仿真结果。图 8-19(a)(b)分别为速度-阻尼、速度-频率图。对比图 8-19(b)，仿真结果基本上完全吻合，验证了二元水翼线性颤振仿真程序的准确性。然后从 B 组数据找一组参数采用本章的二元水翼非线性颤振程序计算(将程序中沉浮和俯仰间隙设置为 0)，如图8-20(a)(b)(c)所示，计算 $x_\alpha=0.243$ 时，不同速度下的二元水翼流固耦合响应。当速度$U=157.48$ in/s时，响应收敛；当 $U=234.25$ in/s，响应发生等幅振荡；当 $U=314.96$ in/s，响应发散。所以可以判定速度 $U=234.25$ in/s 时，水翼发生颤振。同样的方法，采用二元水翼非线性颤振程序，计算出不同 x_α 情况下的颤振速度。如图 8-21 所示，采用本章的二元水翼线性、非线性颤振仿真程序的计算结果与文献仿真结果十分接近，相比实验数据误差略小，从而验证了本章建立的二元水翼线性、非线性颤振仿真程序的正确性。

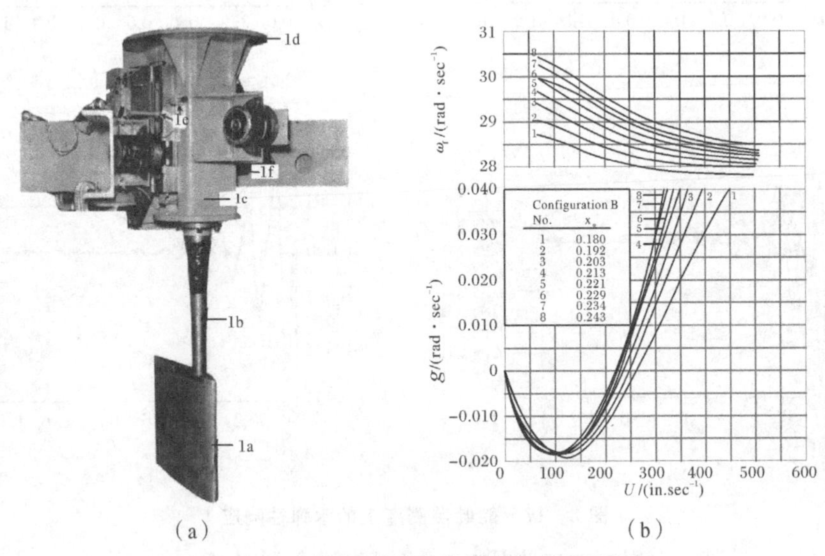

图 8-18 文献中的实验装置与仿真结果[364]

(a)实验装置；(b)B 组仿真结果

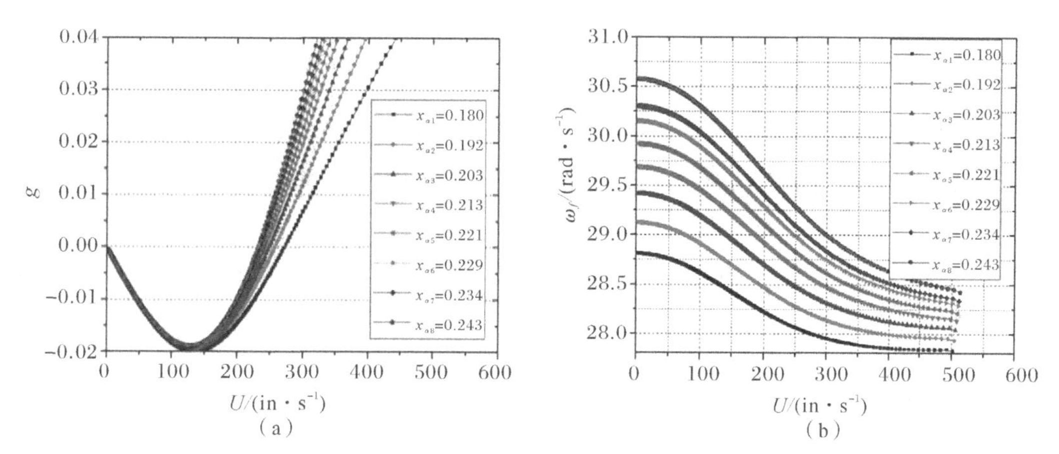

图 8-19 二元水翼线性颤振程序计算结果

(a)速度-人工阻尼图;(b)速度-频率图

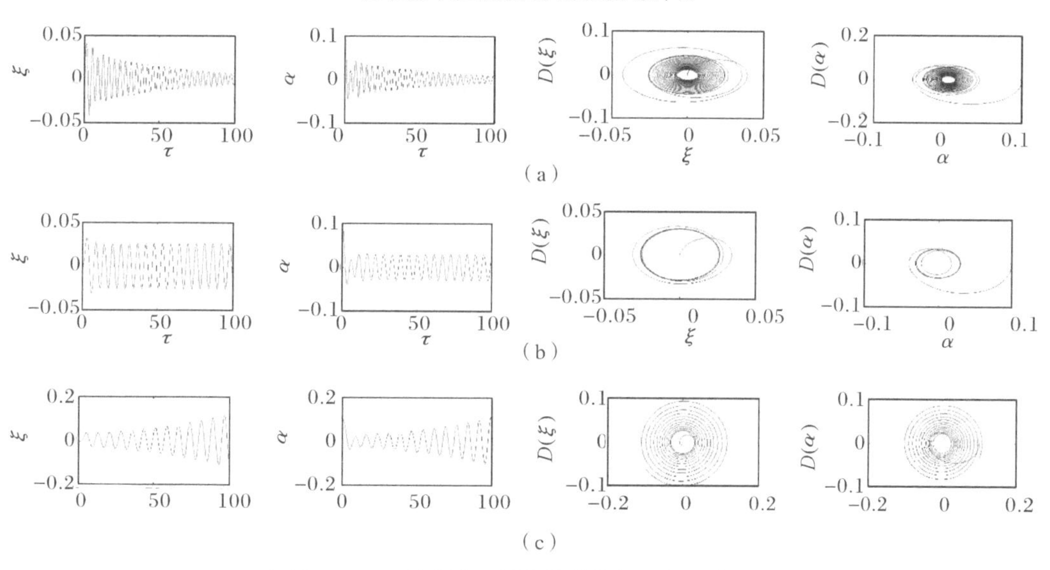

图 8-20 二元水翼时域非线性颤振程序仿真结果

(a)$x_{\alpha 7}=0.243$,$U=157.48$ in/s;(b)$x_{\alpha 7}=0.243$,$U=234.25$ in/s;(c)$x_{\alpha 7}=0.243$,$U=314.96$ in/s

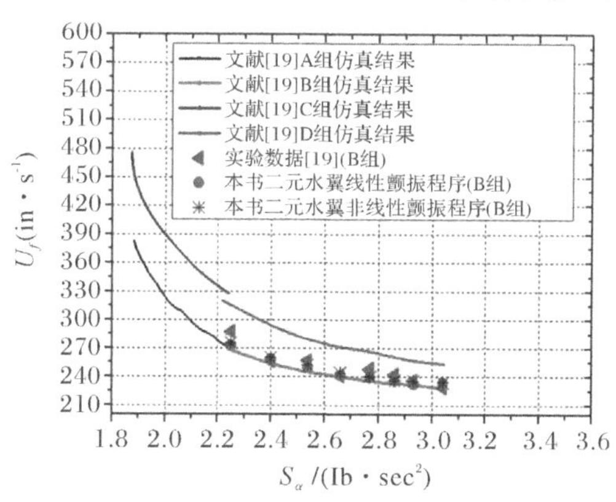

图 8-21 二元水翼线性、非线性颤振程序计算结果与文献实验数据、仿真数据对比

8.3.4 计算结果讨论

二元线性颤振程序对舵系统颤振边界预测需要 5 个无量纲参数，即 μ、a、r_{α}^{2}、$\bar{\omega}^{2}$、x_{α}。其中，$\bar{\omega}^{2}$ 是纯弯、纯扭频率之比的二次方，主要由基于 MSTMM 的计算获得。由 3.5 节的计算结果可知，当液压弹簧刚度 $K_{h}=4\times10^{8}$ N/m 时，舵系统的非耦合纯弯频率为 21.094 Hz，非耦合纯扭频率为 18.931 Hz。其他参数均可以通过几何软件测得。整理得到二元水翼颤振模型的计算参数见表 8-8。

表 8-8 二元水翼颤模型计算参数

参数名称	参数值
C_{La}	5.995
x_{α}	0.288 9(变量)
r_{α}^{2}	0.405(变量)
ω_{h}/Hz	21.094(变量)
ω_{α}/Hz	18.931(变量)
$\bar{\omega}^{2}$	1.241 4(变量)
b/m	0.9
μ	0.403(变量)
a	−0.48(变量)
a_{s}/rad	0～0.006 5
ξ_{s}	0～0.000 5

将舵系统的结构参数代入二元水翼线性颤振程序，计算结果如图 8-22 所示。从图中可以看出，舵系统并未发生线性经典颤振，这与 8.2.4 节和 8.3.3.1 节的计算结论一致。

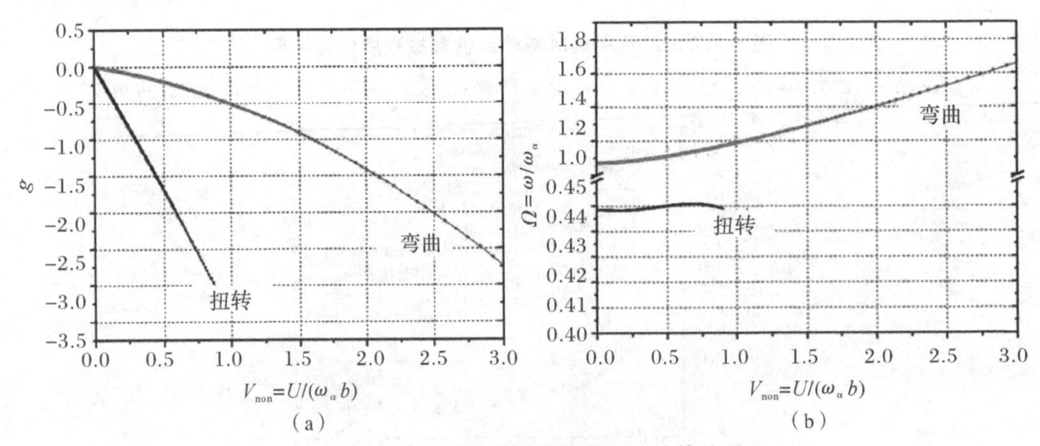

图 8-22 二元水翼线性颤振程序计算结果

(a)速度-人工阻尼图；(b)速度-频率图

根据舵系统的设计中，各结构参数都有一个可能发生变化的范围。本节首先研究线性颤振的 5 个参数对舵系统线性颤振边界的影响规律。根据舵系统的实际结构，给定各参数的变化范围为：$\mu=0.2\rightarrow2$、$x_\alpha=0.2\rightarrow0.6$、$\bar{\omega}^2=0.01\rightarrow4$、$a=-0.1\rightarrow-0.6$、$\bar{r}_\alpha^2=0.09\rightarrow0.64$。质量比的变化一般是由舵叶材料改变或者舵叶内部结构改变造成的，同时舵叶质量改变也可能导致质心前移或者后移、回转半径变大或者变小。另外，频率比的改变主要和系统的结构刚度有关，例如 8.3.1 节的计算结果表明，当液压刚度足够大时，舵系统的第 1 阶纯扭模态转变为第 1 阶纯弯模态，频率比由大于 1 变成了小于 1。弹性轴位置的确定不够十分准确也会导致 a 的值有所变化。采用二元水翼线性颤振程序，研究每个参数对舵系统的颤振速度的影响，计算出大量的数据，并绘制成云图，如图 8－25 所示。

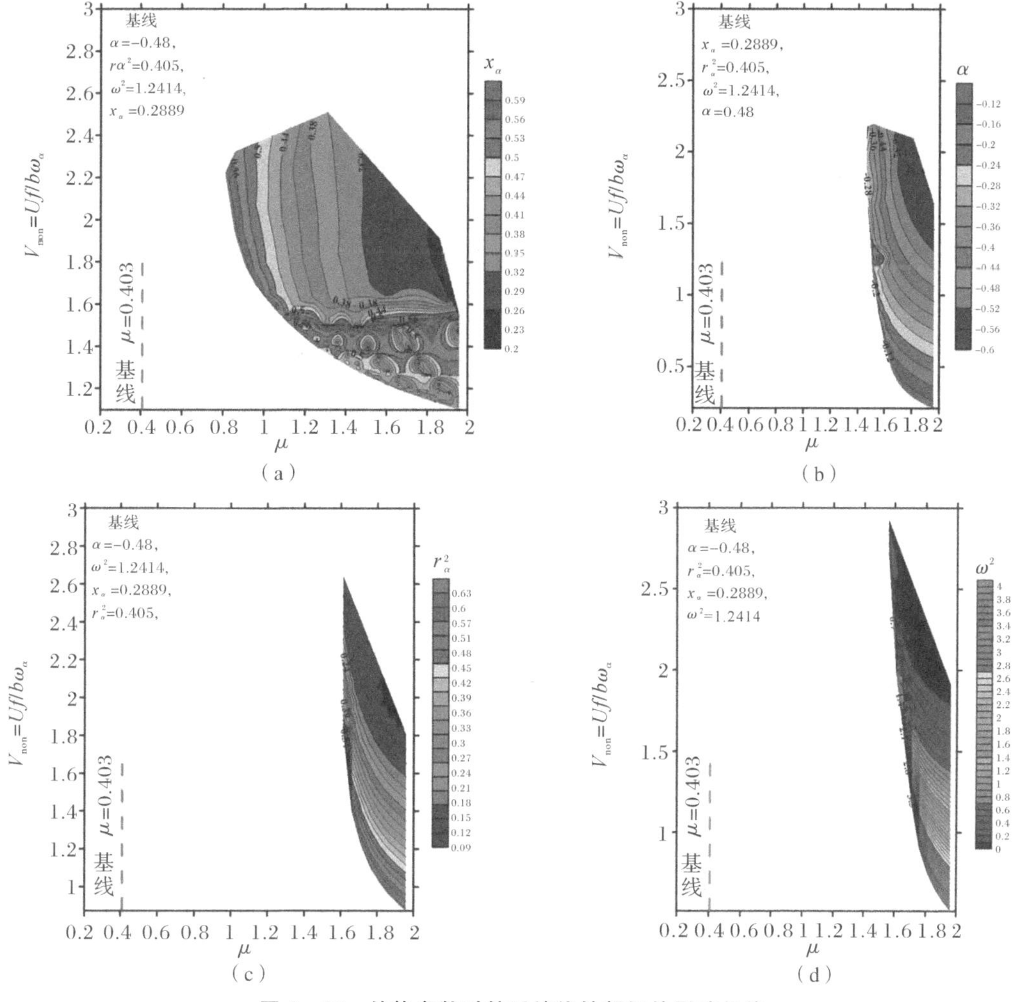

图 8－23　结构参数对舵系统线性颤振的影响规律

(a)不同的 x_α；(b)不同的 a；(c)不同的 r_α^2；(d)不同的$\bar{\omega}^2$

x_α 的大小表示质心位置距离弹性轴的距离大小的无量纲量，x_α 的值越大说明质心距离弹性轴距离越大，x_α 的值越小说明质心距离弹性轴距离越小，从图 8－23(a)可以看出，在同等质量比 μ 的情况下，x_α 的值越大，颤振速度越小，越容易发生颤振。即质心前移可以提高畝振速度，通常可以采用在水翼前缘增加配重来使得质心前移。a 的绝对值越大，说明弹性轴位置距离翼弦中心的距离越大，说明弹性轴越往翼的前缘移动。从图 8－25(b)可以看出，a 的绝对值越大，舵系统的颤振速度越大，说明越不容易发生颤振。图 8－23(a)(b)也说明了弹性轴、质心位置尽量都向水动力中心靠近，可以提高颤振速度。从图 8－23(c)可以看出，水翼回转半径越大，颤振速度越低，越容易发生颤振，说明转动惯量越大，越容易发生颤振。从图 8－23(d)可以看出，频率比的值越大，颤振速度越小，越容易发生颤振。频率比越小，说明舵系统的扭转刚度越大，颤振速度越大，越不容易发生颤振。因此，增加舵系统的扭转刚度可以降低舵系统发生线性经典颤振的危险。从图 8－23 的 4 个图中都可以看出，当质量比 μ 的值小于 0.8 时，没有线性经典颤振发生，也就是说舵叶越轻，质量比越小，越不容易发生颤振。一旦质量比大于 1，且舵叶的结构设计不合理，就很可能发生线性经典颤振，从而导致舵系统结构发生破坏。

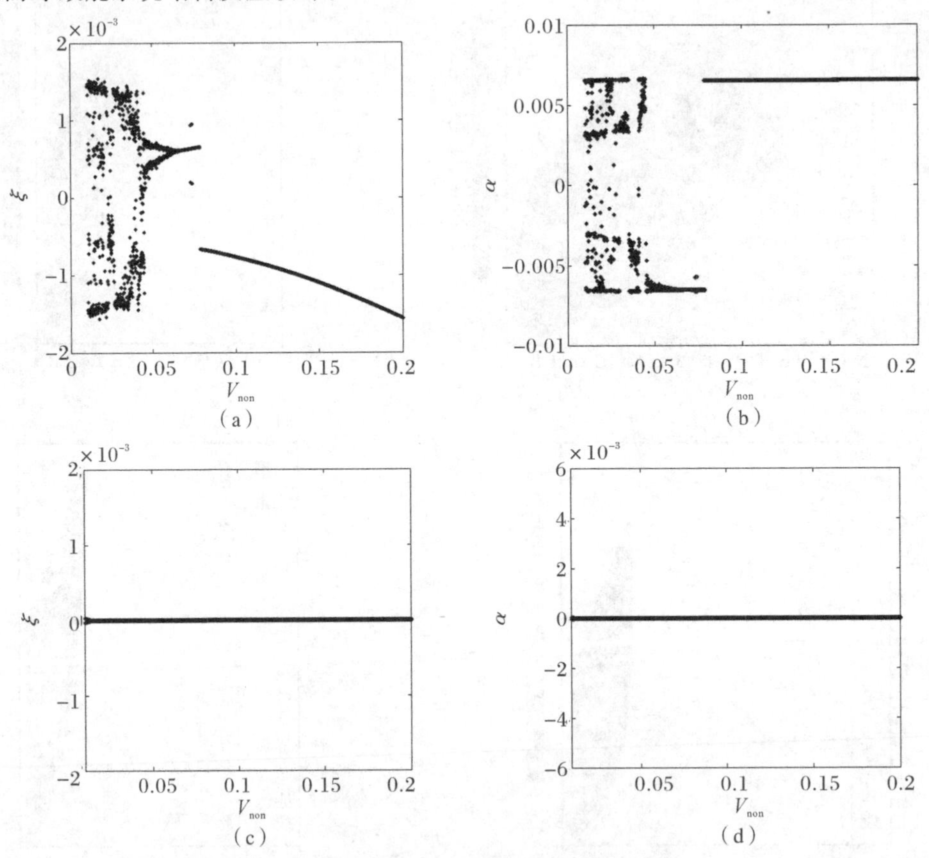

图 8－24　沉浮和俯仰振幅随着速度变化图

(a)$\alpha_s=0.006\ 5$，$\xi_s=0.000\ 5$；(b)$\alpha_s=0.006\ 5$，$\xi_s=0.000\ 5$；(c)$\alpha_s=0$，$\xi_s=0$；(d)$\alpha_s=0$，$\xi_s=0$

图 8－24(b)所示的舵系统示意图中，活塞筒、球铰、柱铰、轴承之间可能存在间隙。因此，舵系统可能存在间隙非线性。工程实践中，测得该舵系统的活塞筒、球铰、柱铰的间隙总和不大于 3 mm。由于拉杆、导向杆垂直运动，带动舵轴和舵叶转动，因此这些球铰和柱铰的间隙引起的是舵叶俯仰运动方向的间隙，根据舵柄的长度推算出俯仰间隙范围为 0～0.006 5 rad。工程实际中，测得该舵系统轴承内部的间隙不大于 0.5 mm。因此沉浮间隙无量纲量的范围 $\xi_s=0\sim0.000\ 5$。同样，工程实际中，该水下航行器的航行速度小于 20 m/s，因此

$V_{non}<0.2$(以下的 $V_{non}=U/b\omega_\alpha$,表示速度系数)。仿真时间统一为 20 s,无量纲时间表达式为 $\tau=t^*U/b$。二元非线性颤振程序的计算参数见表 8-8。初始条件都设置为 $\xi(0)=0$,$\alpha(0)=0.01$ rad。沉浮和俯仰振幅随着 V_{non} 变化图如图 8-26 所示。从图 8-26(a)(b)可以看出,当俯仰间隙和沉浮间隙的值为 $\alpha_s=0.0065$,$\xi_s=0.0005$ 时,$V_{non}<0.07$ 舵系统发生极限循环振动(LCO)现象,这种持续的振动可能诱发水噪声,降低水下航行器的隐蔽性。当 $V_{non}>0.07$ 时,舵系统只是发生了静变形,可能会降低舵面的操纵效率。在 $V_{non}\approx0.08$ 左右时,舵系统的静变形发生跳跃现象。因此,舵系统在包含间隙非线性的情况下,可能发生 LCO 和静变形等现象。图 8-26(c)(d)是沉浮和俯仰间隙都为 0 时随着速度变化的振幅分布图。从图 8-26 中可以看出,沉浮和俯仰振幅一直维持是 0,即没有发生 LCO 现象,也没有静变形现象发生。

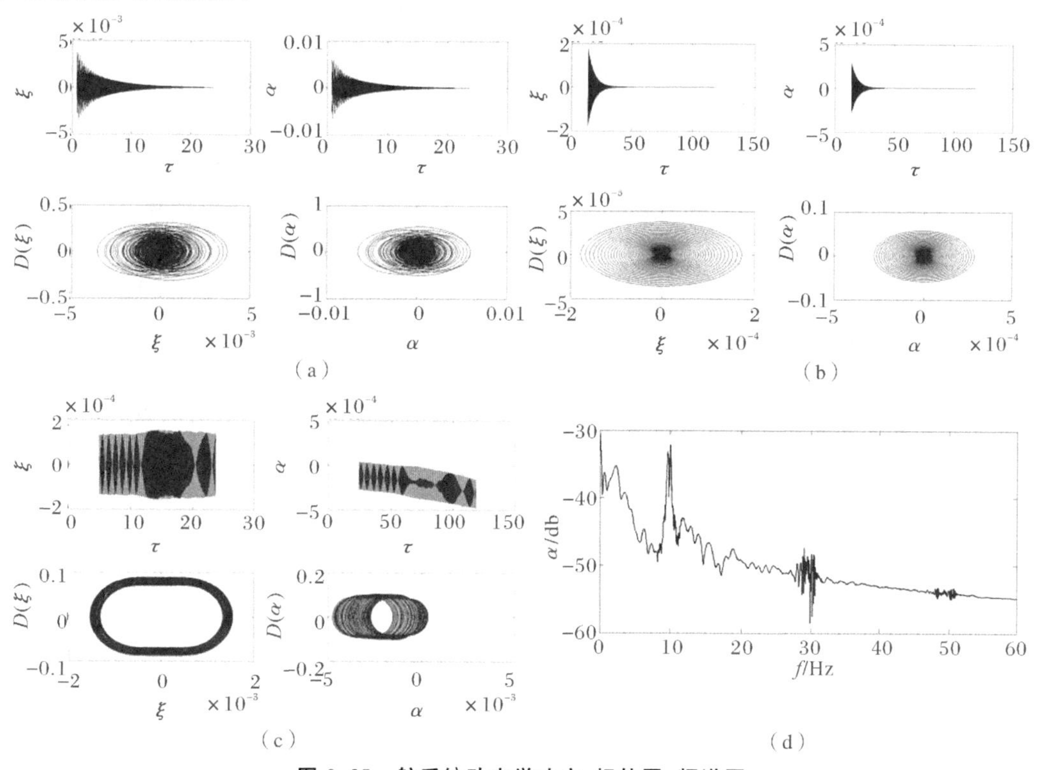

图 8.25 舵系统动力学响应、相轨图、频谱图

(a)$V_{non}=0.01$,$\alpha_s=\xi_s=0$;(b)$V_{non}=0.05$,$\alpha_s=0$,$\xi_s=0$;

(c)$V_{non}=0.01$,$\alpha_s=0.0065$,$\xi_s=0.0005$;(d)$V_{non}=0.01$,$\alpha_s=0.0065$,$\xi_s=0.0005$

为了说明图 8-24 中的计算结果,给出了图 8-24 中的部分响应计算结果图。如图 8-25(a)(b)所示,当间隙都为 0 时,舵系统的响应迅速收敛,且当来流速度增加,响应收敛加速,说明速度增大,相当于增大了流体阻尼,从而加速抑制舵叶的振动。从图 8-27(c)可以看出,当间隙为 $\alpha_s=0.0065$,$\xi_s=0.0005$,来流速度为 $V_{non}=0.01$,舵系统发生了 LCO 现象,对应的频谱分析图如图 8-25(d)所示,在频率为 10.09 Hz 左右有一个离散峰,离散峰处的能量相比其他处要高,表明此处容易激发出水噪声。

对图 8-24(a)(b)工况下计算出的响应做频谱分析,获得响应频率,绘制出不同来流速度下响应频率的分布图，如图 8－26 所示。从图 8－26 中可以看出，随着速度的增加，系统的响应频率逐渐降低。

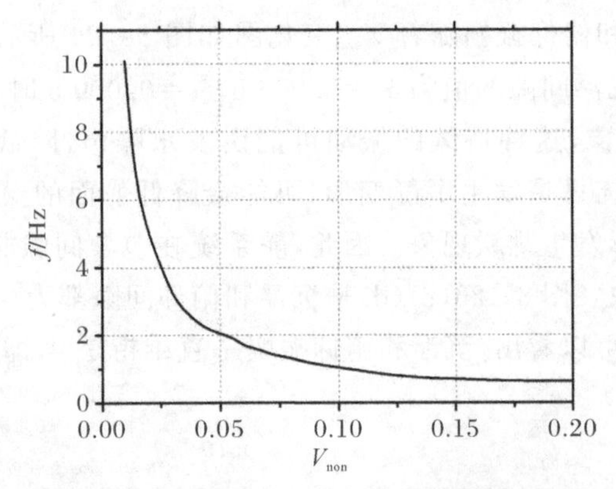

图 8－26　不同来流速度下的响应频率分布

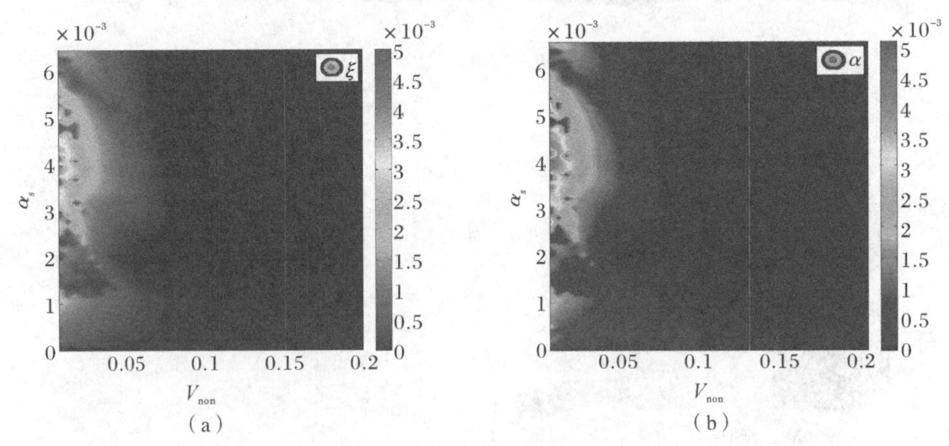

图 8－27　$\xi_s=0$ 时，不同来流速度情况下俯仰间隙对舵系统 LCO 幅值的影响

(a)$\xi_s=0$；(b)$\xi_s=0$

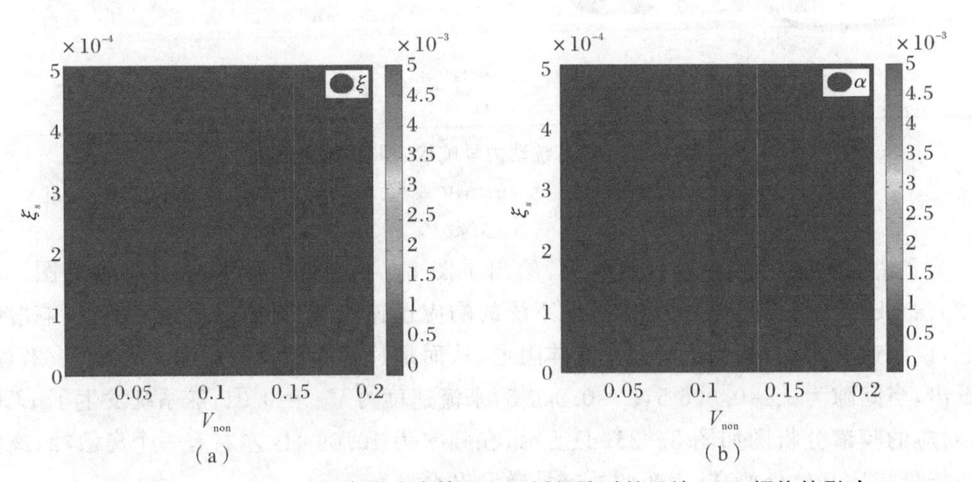

图 8－28　$\alpha_s=0$ 时，不同来流速度情况下沉浮间隙对舵系统 LCO 幅值的影响

(a)$\alpha_s=0$；(b)$\alpha_s=0$

本节针对间隙非线性对 LCO 幅值的影响做了大量的计算，并绘制成云图。当沉浮间隙 $\xi_s=0$，不同来流速度情况下俯仰间隙（$\alpha_s<0.0065$）对舵系统 LCO 幅值的影响规律如图 8-29所示。计算结果表明，沉浮和俯仰方向的 LCO 幅值都小于 0.005。当 $V_{non}>0.07$ 时，不存在 LCO 现象，舵系统将只发生静变形。从图 8-28 可以看出，当 $\alpha_s=0$，$\xi_s<0.0005$ 时，舵系统没有发生 LCO 现象，只存在静变形。当 $V_{non}=0.01$ 时，不同的沉浮和俯仰间隙对舵系统振幅的影响规律如图 8-29 所示。从图 8-29 中可以看出，当存在俯仰间隙时，沉浮间隙越大发生 LCO 的可能性越大。俯仰间隙对舵系统的 LCO 振动幅值影响比沉浮间隙大。

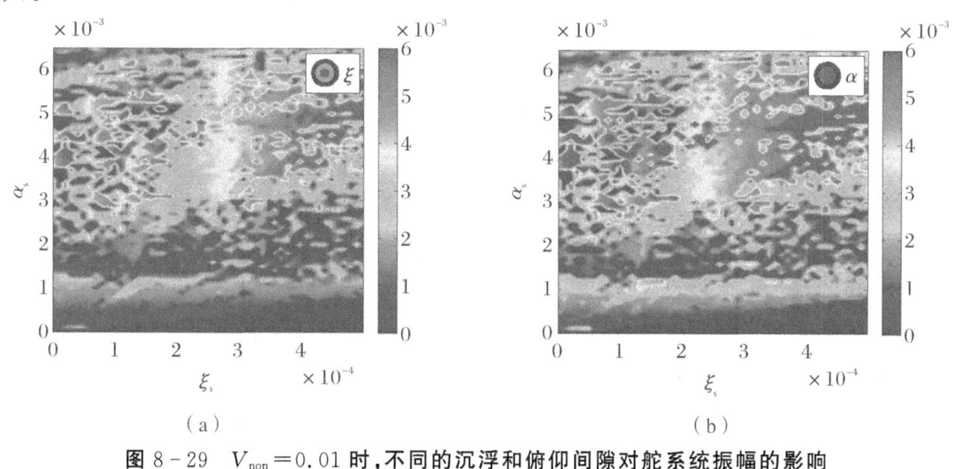

（a）　（b）

图 8-29　$V_{non}=0.01$ 时，不同的沉浮和俯仰间隙对舵系统振幅的影响

(a)$V_{non}=0.01$；(b)$V_{non}=0.01$

8.4　本章小结

本章首先基于 MSTMM 建立了舵系统线性颤振模型，并进行频域和时域分析，快速计算了整个舵系统的动力学响应，计算结果表明，该舵系统未发生线性经典颤振。为了研究舵叶的结构参数对舵系统的水弹性的影响规律，本章提出了舵系统到二元颤振模型的具体建模方法，研究了结构参数和间隙非线性对舵系统水弹性的影响规律。计算结果说明，如果舵系统结构设计不当，可能会发生线性经典颤振，导致舵系统结构破坏。质心前移，增加舵系统的扭转刚度，减小舵叶的质量都可以增大颤振速度，降低发生线性经典颤振的危险。舵系统内部存在的间隙可能诱发舵系统发生极限循环振荡，引起水噪声，舵系统也可能会发生静变形，降低舵系统的操纵效率。

习　题

练习 1. 航天航空领域和船舶与海洋工程领域中，失速问题对飞行器的机翼、水下航行器的控制舵和高速船舶的水翼等舵面结构的设计和使用产生重大的影响。尤其在失速状态下，机翼、舵叶可能发生非线性颤振，进而会导致机翼、舵叶结构发生持续的振动，诱发结构疲劳损伤。因而，对于失速下的颤振分析是十分必要的。通过对翼型颤振进行时域分析，可以有效预测翼型颤振速度，并且直观展现气动弹性响应。

对于建立在非定常力气动模型基础上的气动弹性问题的研究是于 20 世纪的六七十年代开始的。在工程应用实际问题的需要下，专家学者在早年时期对非定常气动力和气动弹性分析应用上做了大量的计算研究；在简谐振荡非定常气动力计算理论的基础上，利用有理式对气动力进行了拟合，通过傅里叶积分计算气动力，该计算方法可以应用于在任意运动或扰动下的飞行器的非定常气动力的工程计算上。使用最小二乘无网格算法实现了翼型的流场数值模拟。二元颤振模型一般用于气动弹性的原理分析和验证。沿展向的所有剖面的翼型都是相同的，并假定绝对刚硬。叶片的弯曲和扭转变形分别用二元水翼的沉浮和俯仰运动来模拟。这种典型截面通常应用于大展弦比平直机翼，也可以用于气动力控制面的建模。传统线性颤振计算方法不能准确解决非线性系统的气动弹性问题。采用两自由度二元翼型任意运动时域气动力方法计算叶片非线性气动弹性问题，这种方法易于工程实现，为叶片非线性气动弹性分析研究提供了一种有效的计算分析途径。

ONERA 气动力模型是一个非定常、非线性、半经验的气动力计算模型。该气动力模型是在二维翼型经风洞试验获得的实验数据的基础上，经过拟合获得的一种半经验的模型，可以用于大攻角的情况。

请在项目三所学的相关方法的基础上，采用的 ONERA 失速气动力模型，建立二元翼型非线性颤振动力学模型，分析不同结构参数对大攻角二元翼型非线性气动弹性的影响。

练习 2. 风力机是一个复杂的多刚柔体系统，实际风力机在风载荷下处于叶片-塔筒耦合振动状态。因此，在研究风力机柔塔结构上产生的涡激振动中，也应该考虑其叶轮结构和柔塔结构的耦合作用。

请在项目三所学的相关方法的基础上，基于建立的叶轮模型和柔塔模型，将两者结合，进一步建立了简化的风力机整机结构模型，以探索叶塔耦合下的柔塔振动特性。

本节选择美国可再生能源实验室(NREL)开发 NREL5MW 风力机作为计算模型，该风力机在行业内常被用作参考风力机，其主要特征见表 8－9。NREL5MW 风力机由叶片、轮毂、机舱和柔塔基本结构构成的。

表 8－9　NREL 风力机主要特性

参　数	数　值
额定功率/MW	5
叶片数	3 叶片
叶轮直径/m	126
轮毂直径/m	3
切入、额定、切出风速/($m \cdot s^{-1}$)	3、11.4、25
切入、额定转速/rpm	6.9、12.1
翼型截面	NACA 和 DU 翼型
基本控制	变速、变桨
叶轮质量/kg	110 000
机舱质量/kg	240 000
塔架质量/kg	347 460

NREL 风力机塔筒底部直径 6 m，厚度 0.027 m；顶部直径 3.87 m，厚度 0.019 m，可假设塔筒半径和厚度从塔底到塔顶线性变化。塔筒材料为钢，弹性模量 E 为 210 GPa，剪切模量 G 为 80.8 GPa，密度为 8 500 kg/m^3，可将其当作一种理想的弹塑性材料。塔筒总质量为 347 460 kg。NREL 风力机叶片采用 NACA 和 DU 翼型，材料为玻璃钢。单个叶片长为 61.5 m，总质量为 17 740 kg。

NREL 风力机轮毂半径为 1.5 m，其重心位于偏航轴线上风向 5 m。轮毂质量为 56 780 kg，绕主轴的转动惯量为 115 926 $kg \cdot m^2$。风力机主轴质量为 87 078 kg，绕中心轴转动惯量为 120 573 $kg \cdot m^2$。偏航轴承位于塔顶，距离塔底 87.6 m。机舱质量为 240 000 kg，绕偏航轴线的转动惯量为 2 607 890 $kg \cdot m^2$，重心位置位于偏航轴向下风向 1.9 m，偏航轴承上方 1.75 m。

练习 3. 研究结构参数对舵系统水弹性的影响决定着舵系统结构的安全性。有研究采用二元模型来研究机翼、水翼的气动弹性和水弹性问题。对于水下航行器的舵系统，如果结构设计不合理，就可能会发生线性经典颤振、静水弹性发散导致结构破坏。舵系统的操纵系统部分往往由于长期工作磨损而产生间隙，这种间隙可能会引起结构持续发生微弱的、不衰减的振荡现象。这种现象并不会导致结构发生重大破坏，但会引起水噪声并降低水下航行器的隐蔽性。

请在项目三所学的相关方法的基础上，基于 MSTMM 计算 Goland+机翼的圆频率，获得翼型振型，并采用线性颤振频域仿真程序求解翼型颤振速度。

表 8-10　Goland+翼型计算参数

名　称	数　值
弦长，c	6.0 ft(1.829 m)
半展长，s	20.0 ft(6.096 m)
线质量，m	11.249 slug/ft(539.6 kg/m)
前缘到弹性轴距离	2.0ft(0.609 6 m)
弹性轴到中心距离的无量纲量，a	$-1/3$
前缘到质心的距离	2.6ft(0.792 5 m)
对 x 轴的单位展长的转动惯量，I_x	0.249 21 slug$-ft^2$/ft(1.111 kg$-m^2$/m)
对 y 轴的单位展长的转动惯量，I_y	25.170 slug$-ft^2$/ft(112.2 kg$-m^2$/m)
弯曲刚度(EI)	$23.647\times10^6 lb \cdot ft^2$($9.76\times10^6 N \cdot m^2$)
扭转刚度(GJ)	$2.389 9\times10^6 lb \cdot ft^2$($9.88\times10^5 N \cdot m^2$)

参考答案

项目一　柔性柱体流固耦合仿真技术与工程应用

练习 1

1. 计算方法

1.1　**结构动力学模型**

流体流过柱体结构时，柱体两侧会不断生成和脱落交替的漩涡，在此过程中，柱体结构会受到流向和横向的压力。前人研究柔性柱体涡激振动大多基于二维弹性支撑柱体的数值模拟，因此本书也通过模拟二维弹性支撑柱体，有效研究柱体结构的涡激振动现象和机理，根据牛顿的第二定律，可以将柱体的运动控制方程写为

$$m\ddot{x}+c\dot{x}+kx=F_{\mathrm{D}}(t) \tag{1}$$

$$m\ddot{y}+c\dot{y}+ky=F_{\mathrm{L}}(t) \tag{2}$$

式中：m 为柱体质量；c 为结构阻尼系数；k 为结构刚度系数；$\ddot{x}$ 为柱体的加速度；$\dot{x}$ 为柱体的速度；x 为柱体的位移；F_{D} 为柱体受到的阻力；F_{L} 为柱体受到的升力。

可以将其无量纲化为

$$\ddot{x}+2\xi\omega_0\dot{x}+\omega_0^2 x=\frac{F_{\mathrm{D}}}{m} \tag{3}$$

$$\ddot{y}+2\xi\omega_0\dot{y}+\omega_0^2 y=\frac{F_{\mathrm{L}}}{m} \tag{4}$$

式中：柱体固有频率 $\omega_0=\sqrt{\dfrac{k}{m}}$；阻尼比 $\xi=\dfrac{c}{2\sqrt{km}}$。

1.2　**计算流体力学控制方程**

CFD 可以很好地模拟复杂模型的流场结构，根据 CFD 基本理论，二维非定常不可压缩流体 RANS 方程为

$$\frac{\partial \bar{u}_i}{\partial \bar{x}_i}=0 \tag{5}$$

$$\frac{\partial \bar{u}_i}{\partial t}+\frac{\partial \bar{u}_i \bar{u}_j}{\partial x_j}=-\frac{1}{\rho_f}\frac{\partial \bar{p}}{\partial x_i}+\mu \Delta^2 \bar{u}_i-\frac{\partial \bar{u}_i^* \bar{u}_j^*}{\partial x_j} \tag{6}$$

式中：i，j 分别代表水平和垂直方向；u_i 表示对应方向上的瞬时速度分量；$\bar{u}_i$ 为对应方向速度的时间平均值；ρ_f、p、μ 分别代表流体的密度、压力和运动黏度。

通过 FLUENT 计算流场，可以得到流场中柱体的压力分布，进而可以获得升力系数和阻力系数的关系式：

$$F_L=\frac{1}{2}C_L\rho_f U^2 D \tag{7}$$

$$F_D=\frac{1}{2}C_D\rho_f U^2 D \tag{8}$$

1.3 基于 CFD 的弹性柱体 VIV 建模

翼型干涉下的弹性振动柱体 VIV 模型如图 1 所示。柱体直径 $D=0.038\ 1$ m，前壁面距离柱体中心 $10D$，后壁面距离柱体中心 $20D$，上下壁面距离柱体中心 $10D$，翼型与柱体中心距离为 X_d。流场入口设置为速度入口，出口设置为压力出口，上下壁面设置为对称面，柱体表面设置为无滑移壁面。

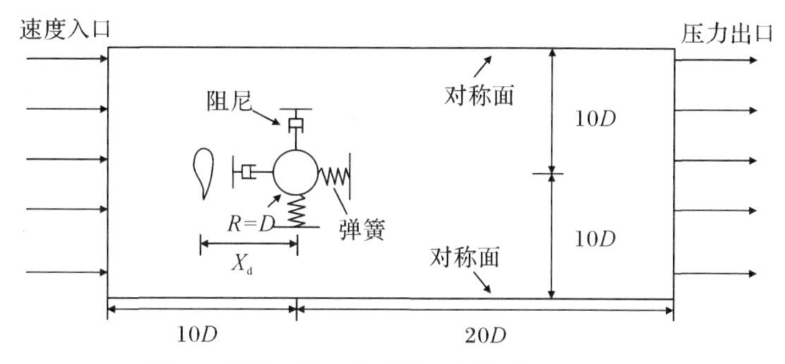

图 1 翼型干涉下的弹性振动柱体 VIV 模型

柱体的涡激振动会导致流场发生变化，对网格质量有着较高的要求。当柱体发生较大振动时，可能造成负网格或网格畸变，这样会导致计算的失败。本书选择采用嵌套网格的动网格技术，如图 2 所示，既不会造成网格畸变，同时不会导致网格的计算量过大。本书采用的嵌套网格包括一个背景网格和两个组分网格，柱体的组分网格如图 2(a)所示（网格数为 23 364)，在柱体外画一个与柱体同圆心的外边界，直径为 $2D$。采用"O"形剖切，靠近柱体边界的网格 $Y^+<1$，这样可以较好地保证网格质量。翼型的组分网格如图 2(b)所示（网格数为 27 277)，采用"C"形网格剖切，满足边界层网格 $Y^+<1$，较好地保证网格质量。背景网格（网格数为 40 349)与组分网格交界区域进行"挖洞"和插值，实现嵌套。在流场域中，对柱体网格区域进行局部加密，可以更好地捕捉到柱体的涡激振动情况，同时不会造成过大的网格计算量。

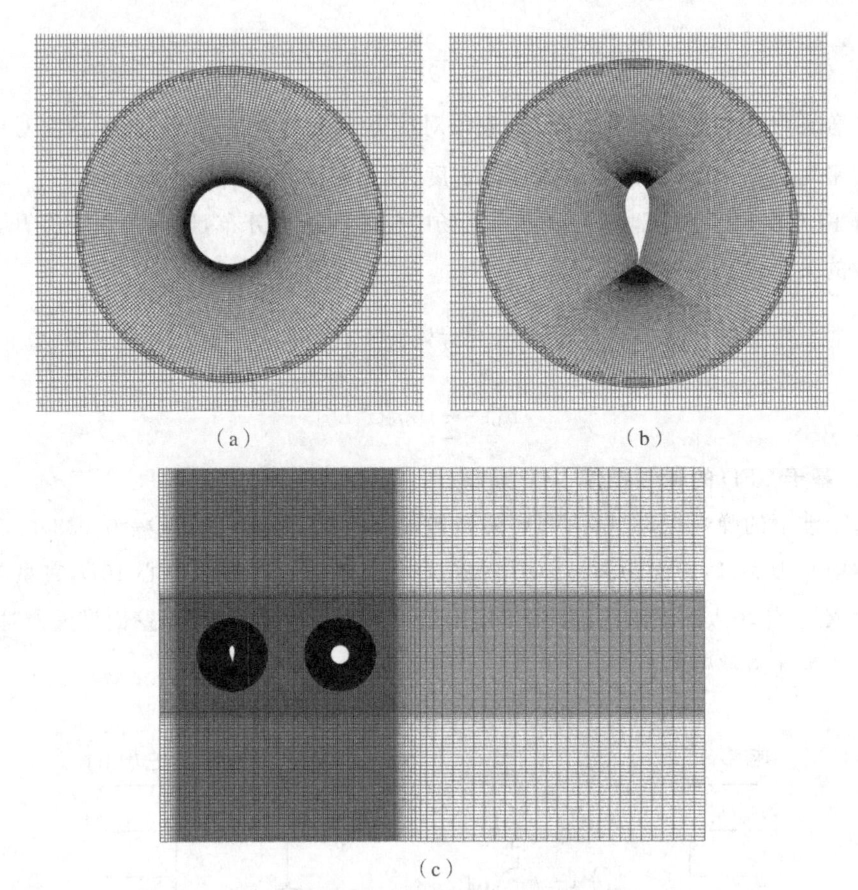

图2　翼型干涉下柱体的流场计算网格

(a)柱体网格；(b)翼型网格；(c)整个流场域网格

整个流场域的计算通过 FLUENT 进行，湍流模型选择 SST $k-\omega$ 模型，采用二阶迎风离散格式，速度分量与压力的耦合采用 COUPLED 算法进行处理。

根据设置的条件获得流场和柱体表面的压力和速度，代入结构动力学方程计算出柱体相应的速度与位移，再根据柱体的速度与位移更新流场的网格，以便于进行下一步的计算。整个过程借助龙格-库塔法编写的用户自定义函数(UDF)来实现。

本书无量纲时间 $\tau=\frac{U}{D}\Delta t=0.01$，取时间步长为 0.005 s。

2. 仿真模型验证

为了验证本书仿真的可靠性，本部分进行了无翼型干涉时单柱体的涡激振动仿真，并将仿真结果与文献对比，进行验证。仿真采用 Khalak 和 Williamson 实验参数，柱体质量 $m=2.7325$ kg，阻尼比 $\xi=0.00542$，固有频率 $f_n=0.4$ Hz，约化速度 U_r 取在 2～13 的范围内。

图3展示了柱体在不同约化速度下的的流向振幅和横向振幅。流向和横向振幅均在 $U_r=5$ 时取得最大值，流向最大无量纲化振幅为 0.1785，横向最大无量纲化振幅为 0.979。整体上来看，横向振幅在较多情况下明显大于流向振幅。

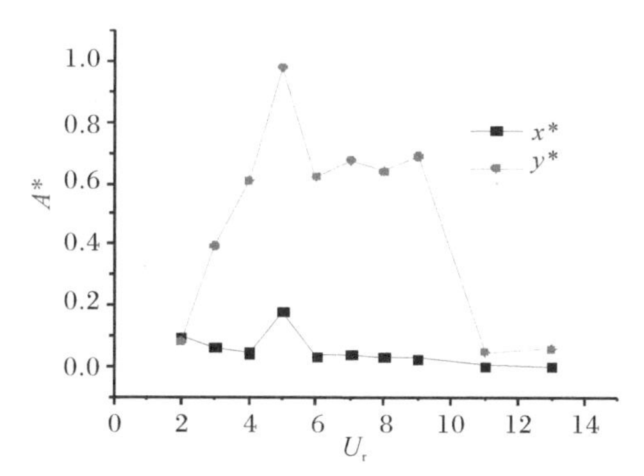

图 3　圆柱振幅随约化速度变化图

$U_r=3$ 和 $U_r=9$ 时的位移时程图如图 4(a)(b)所示。可以发现当约化速度较小时，流向振幅的振幅中心点是比较靠近柱体原始位置的，横向振幅的振幅中心更加靠近柱体原始位置。当约化速度较大时，流向振幅的振幅中心点开始远离柱体原始位置，横向振幅的振幅中心仍然比较靠近柱体原始位置。

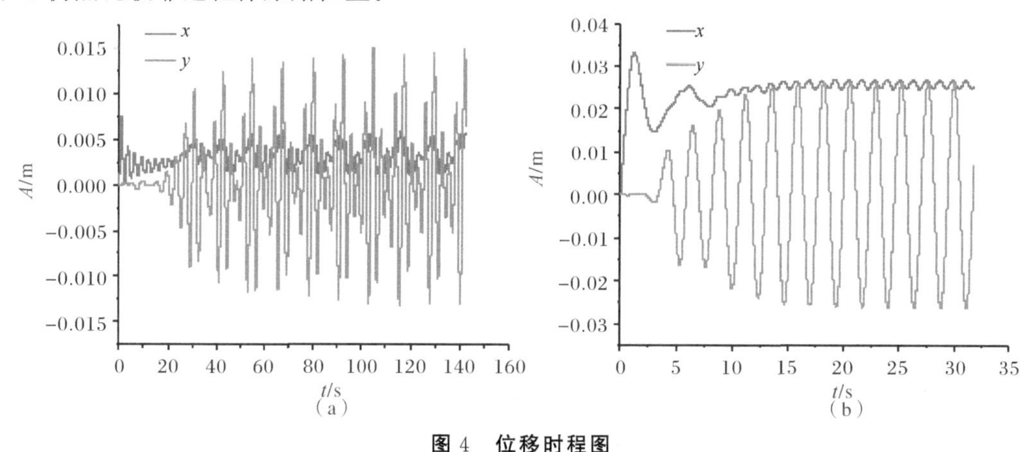

图 4　位移时程图

(a)$U_r=3$；(b)$U_r=9$

柱体在 $U_r=2\sim13$ 范围内的功率谱密度如图 5 所示，从图中可以得出漩涡脱落频率。

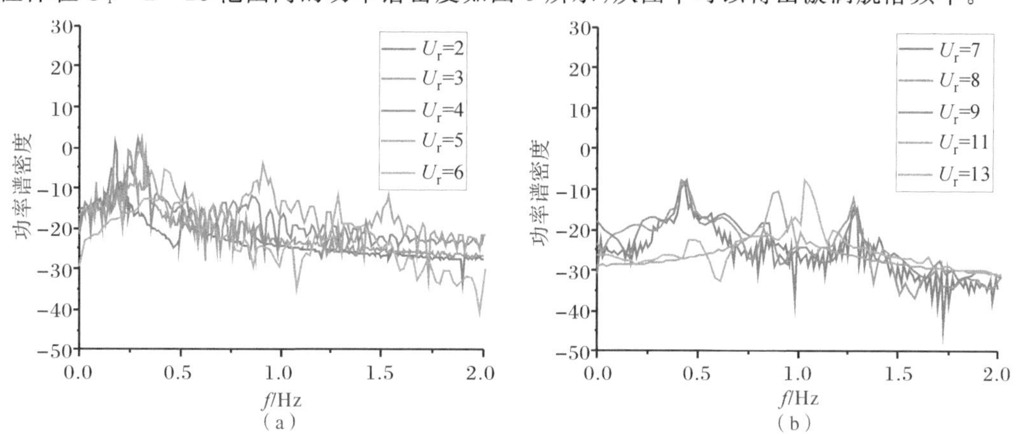

图 5　不同约化速度下的功率谱密度图

(a)$U_r=2\sim6$；(b)$U_r=7\sim13$

本书对横向振幅和柱体振动频率的数值模拟与文献的实验和仿真数据对比结果如图 6 所示。图 6(a)为柱体横向无量纲振幅随约化速度变化图,从图中可以发现数值模拟可以较为精确地捕捉到柱体的最大振幅,且整体趋势与实验和仿真结果较为吻合。图 6(b)为柱体频率比随约化速度变化图,在约化速度 $U_r=6\sim8$ 的区间柱体的涡脱频率与固有频率比接近 1,此时发生了频率"锁定"现象。总而言之,本书数据明显出现"锁定区"并且与文献中实验和 CFD 模拟大致吻合,说明本书的模拟数据较为可靠。

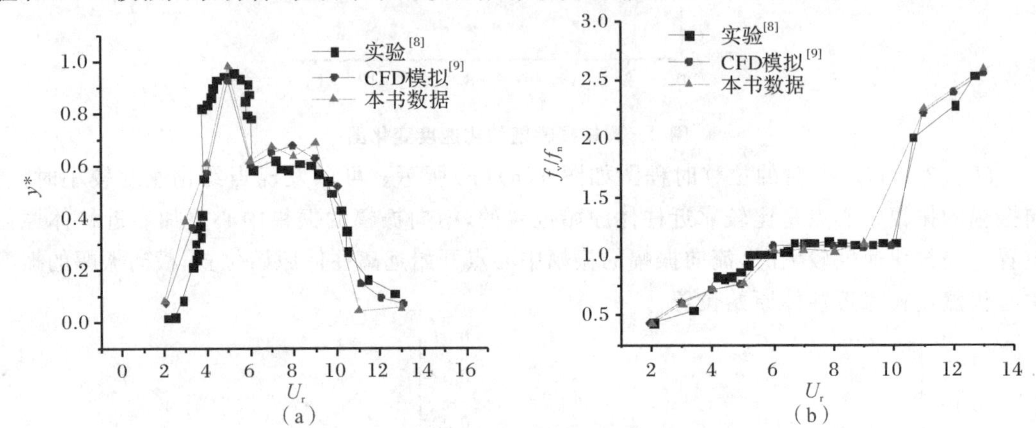

图 6 本书计算结果与仿真和实验对比

(a)横向无量纲振幅随约化速度变化图;(b)频率比随约化速度变化图

3. 计算结果分析

3.1 不同约化速度下有无翼型干涉对比

单柱体在涡激振动时的横向振幅响应远大于流向振幅,因此本书通过计算翼型干涉下柱体的横向振幅以及振动频率,与单柱体的计算数据进行对比分析。

选择翼型与柱体之间的距离为 $3D$,保证翼型处在一个对柱体影响较大的位置,计算出柱体在约化速度 $U_r=3\sim9$ 的情况下的无量纲振幅 $y^*=\dfrac{y}{D}$ 与频率比 $\dfrac{f_v}{f_n}$,并与无翼型干涉时单柱体的计算数据进行对比,结果如图 7 所示。

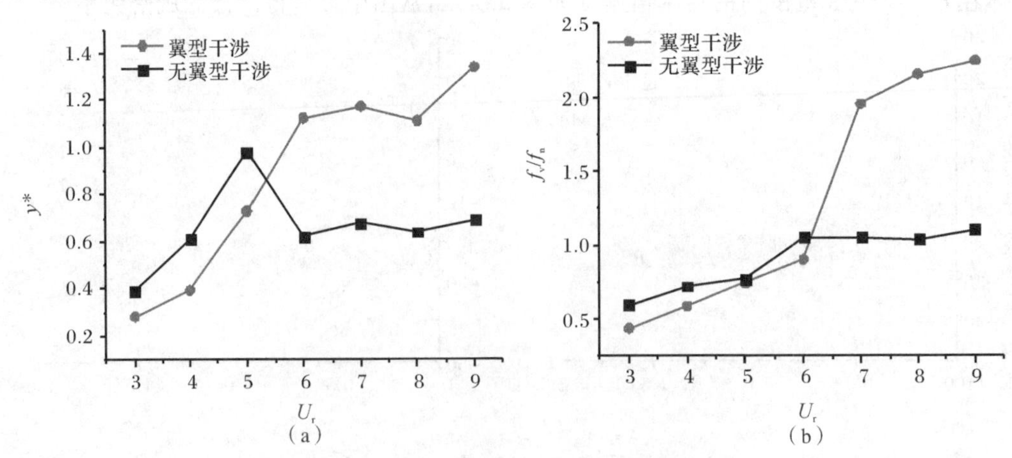

图 7 翼型干涉下柱体 VIV 横向振幅与频率比

(a)有无翼型干涉柱体横向无量纲振幅;(b)有无翼型干涉柱体频率比

从图 7 中可以看出，在 $U_r=3\sim5$ 的时候，两种情况的横向振幅与频率比都持续增大，有翼型干涉时的柱体横向振幅和频率比均略小于单柱体，此时翼型对于柱体具有抑制振动的作用。当 $U_r=6$ 时，有翼型干涉时的柱体横向振幅超过了单柱体的横向振幅，频率比还是略小于单柱体。在 $U_r=7\sim9$ 时，有翼型干涉时的柱体横向振幅均大于单柱体的横向振幅并仍有增大的趋势，此时单柱体的频率比已经“锁定”维持在 1 左右，而有翼型干涉时的柱体频率比持续增大且超过 2，没有进入“锁定区”。

频率“锁定”区间的响应频率约为 0.4 Hz，那么周期 $T=2.5$ s。图 8 和图 9 给出了 $U_r=4$ 和 $U_r=8$ 时弹性支撑柱体的 100～103 s 的涡量云图，包含了一个周期的运动，从图中可以看出：$U_r=4$ 时的涡脱模式为 2S 模式，此时柱体的振幅很小；$U_r=8$ 时的涡脱模式为 2P 模式，此时柱体的振幅较大。

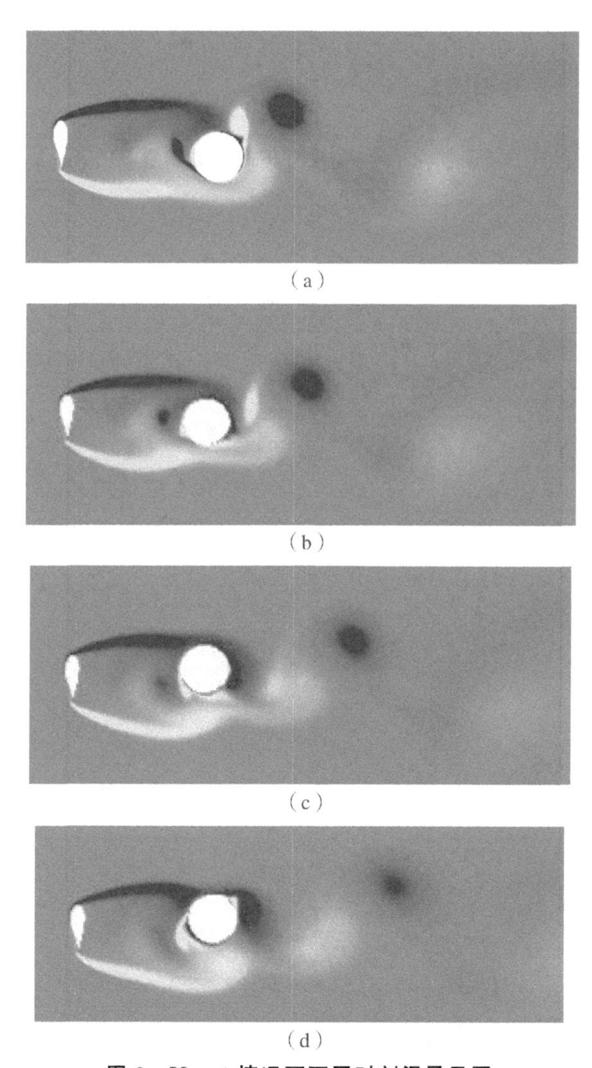

(a)

(b)

(c)

(d)

图 8　$U_r=4$ 情况下不同时刻涡量云图

(a)$t=100$ s；(b)$t=100.6$ s；(c)$t=101.2$ s；(d)$t=101.8$ s；

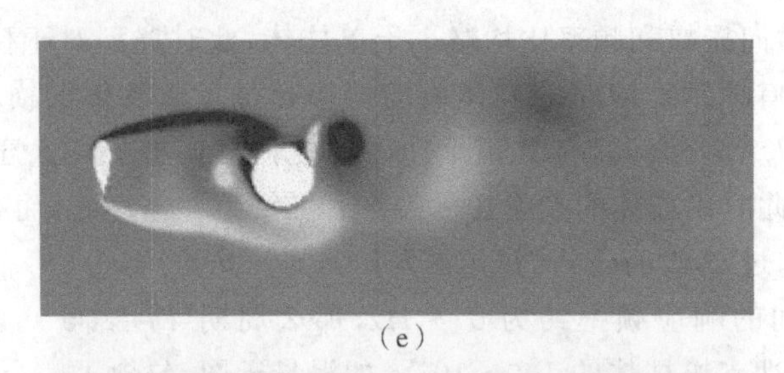

(e)

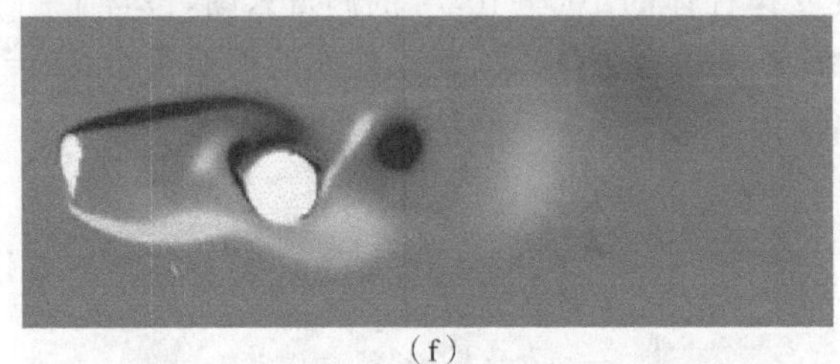

(f)

续图 8　$U_r=4$ 情况下不同时刻涡量云图

(e)$t=102.4$ s;(f)$t=103$ s

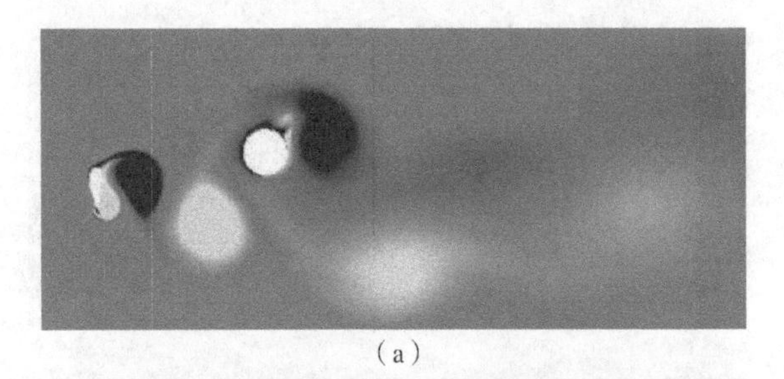

(a)

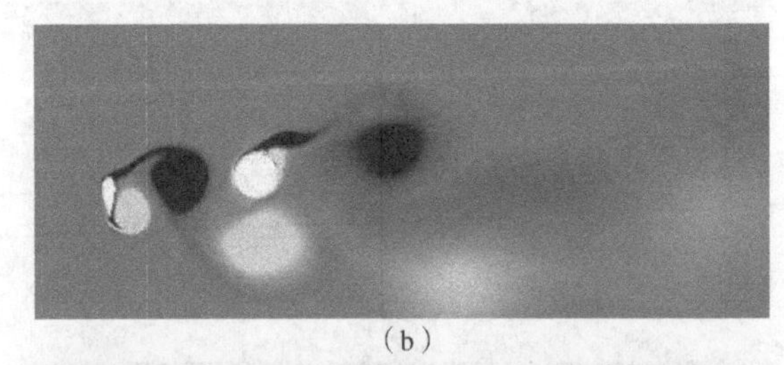

(b)

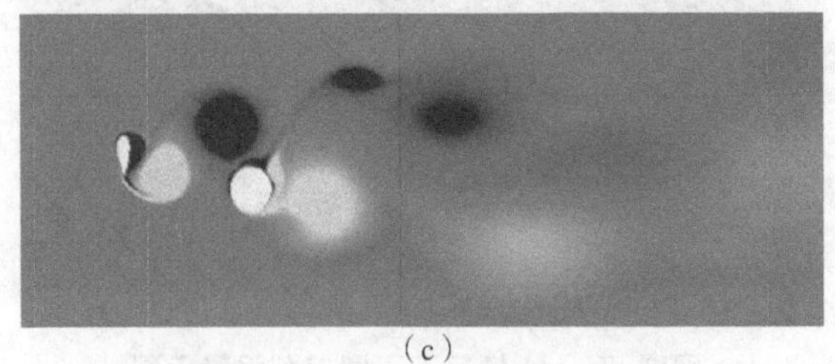

(c)

图 9　$U_r=8$ 情况下不同时刻涡量云图

(a)$t=100$ s;(b)$t=100.6$ s;(c)$t=101.2$ s;

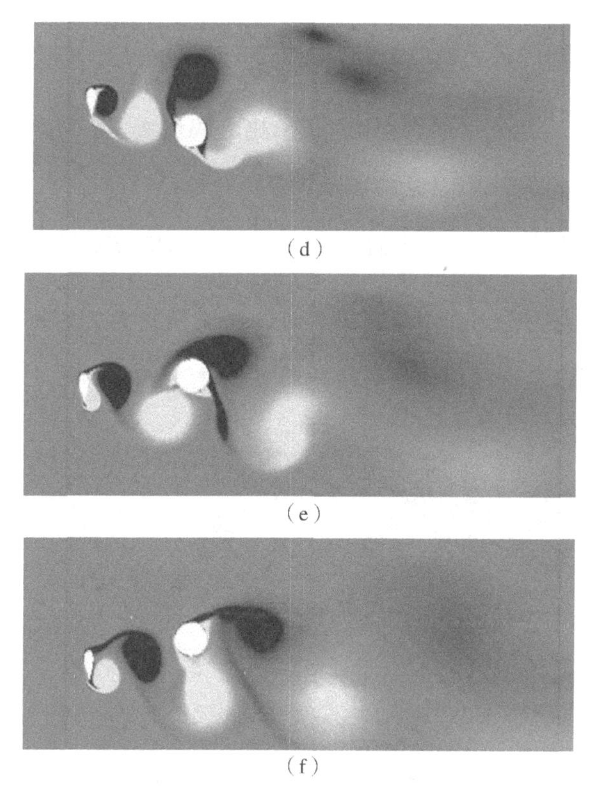

续图 9 $U_r=8$ 情况下不同时刻涡量云图

(d)$t=101.8$ s;(e)$t=102.4$ s;(f)$t=103$ s

3.2 不同距离对柱体振动的影响

选择约化速度 $U_r=5$,调整翼型与柱体结构之间距离(X_d),计算 $\frac{X_d}{D}=2\sim6$ 的情况下的无量纲振幅 y^* 与频率比 $\frac{f_v}{f_n}$,分析不同的距离对于翼型影响效果的变化,结果如图 10 所示。

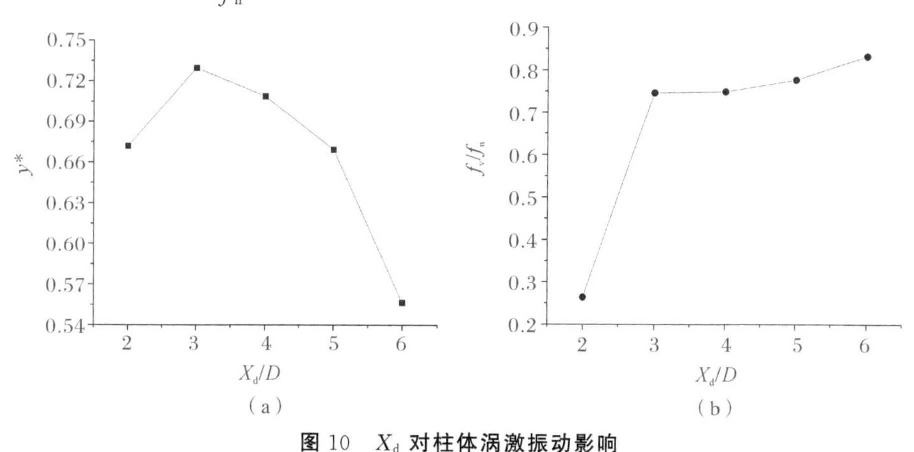

图 10 X_d 对柱体涡激振动影响

(a)X_d 对横向振幅的影响;(b)X_d 对频率比的影响

当 $\frac{X_d}{D}=2\sim3$ 时,柱体的横向振幅逐渐增大,当 $\frac{X_d}{D}>3$ 时,柱体的横向振幅逐渐减小,当

$\frac{X_{\mathrm{d}}}{D}=3$ 时，取得柱体振动的最大横向振幅，如图 10(a)所示，过大或过小的距离都会使柱体的横向振幅减小。当 $\frac{X_{\mathrm{d}}}{D}=2\sim3$ 时，柱体的频率比大幅增大，当 $\frac{X_{\mathrm{d}}}{D}>3$ 时，柱体的频率比较为稳定，有小幅增大的趋势，如图 10(b)所示。

$\frac{X_{\mathrm{d}}}{D}=2$ 和 $\frac{X_{\mathrm{d}}}{D}=6$ 时弹性支撑柱体的 100～103 s 的涡量云图如图 11 和图 12 所示，包含了一个周期的运动，从图中可以看出，$\frac{X_{\mathrm{d}}}{D}=2$ 时的涡脱模式为 2P 模式，$\frac{X_{\mathrm{d}}}{D}=6$ 时涡脱模式变成了 P+S 模式，可以发现过远的距离会减弱翼型对柱体的影响。

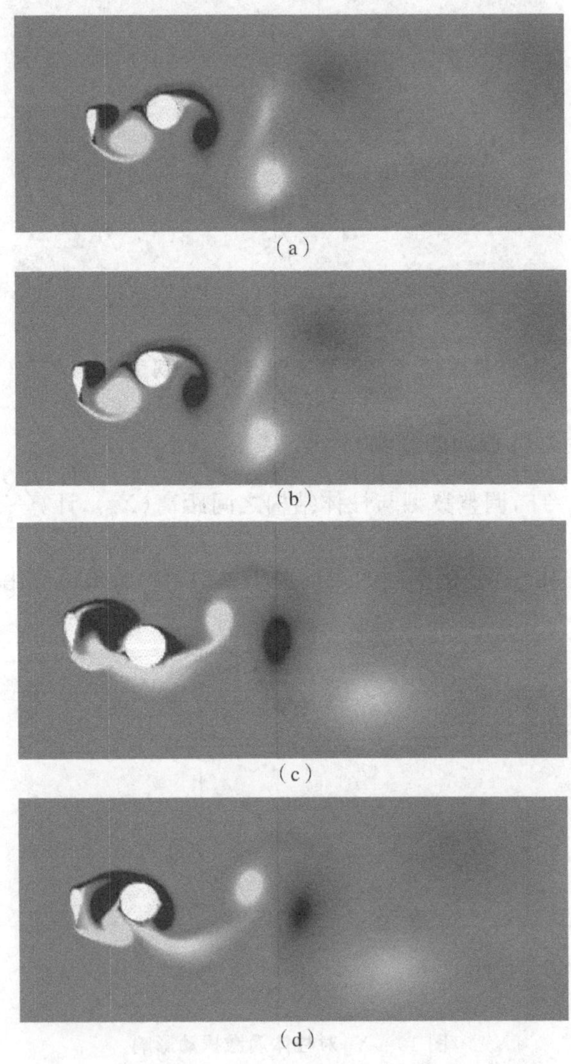

(a)

(b)

(c)

(d)

图 11 $\frac{X_{\mathrm{d}}}{D}=2$ 情况下不同时刻涡量云图

(a)t=100 s；(b)t=100.6 s；(c)t=101.2 s；(d)t=101.8 s；

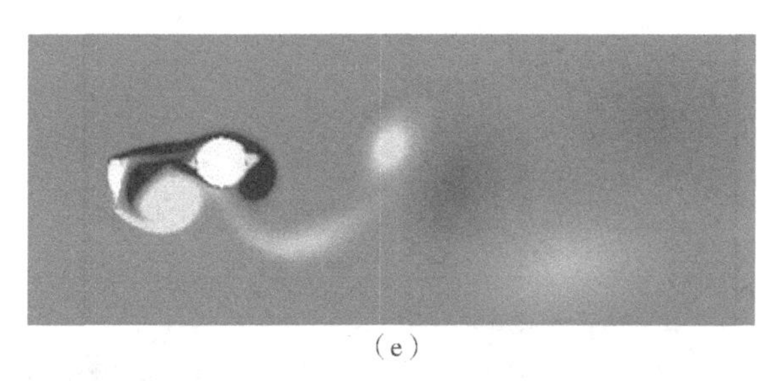

(e)

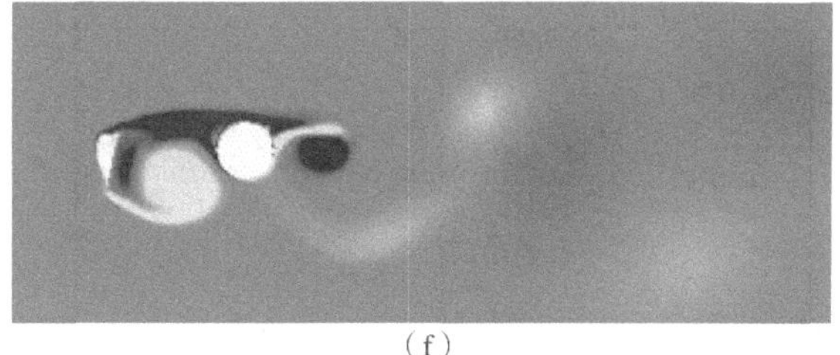

(f)

续图 11　$\frac{X_d}{D}=2$ 情况下不同时刻涡量云图

(e)$t=102.4$ s；(f)$t=103$ s

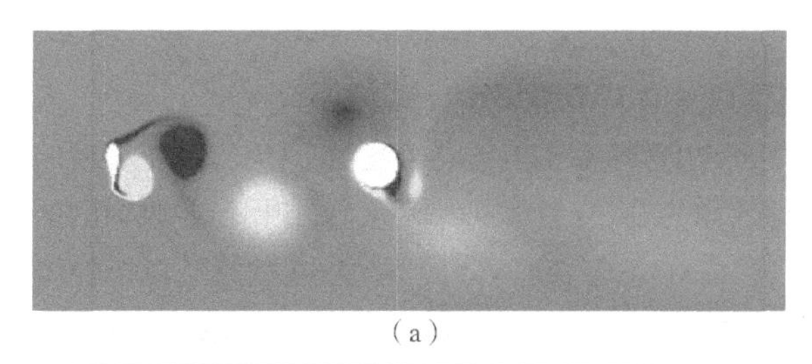

(a)

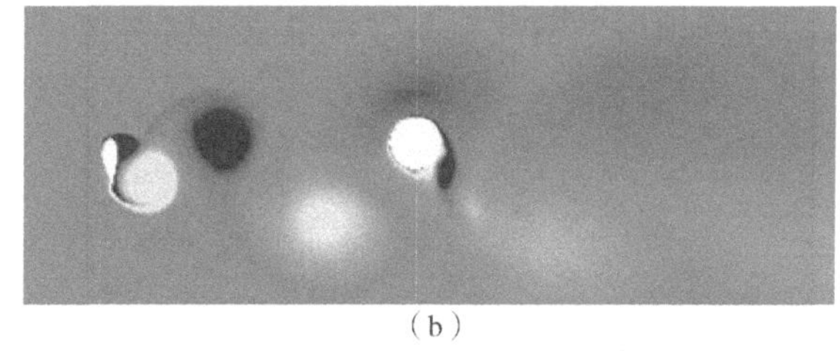

(b)

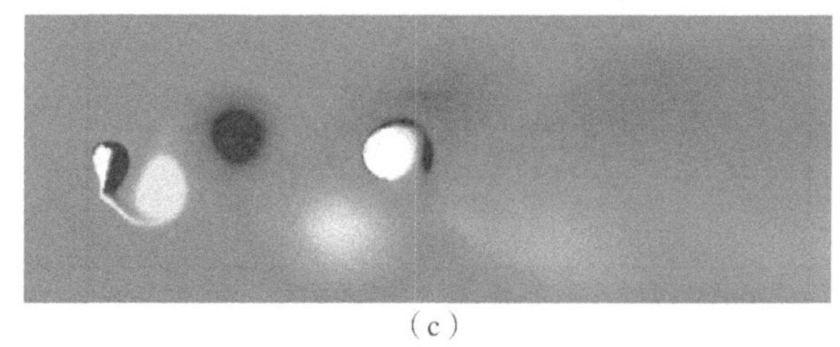

(c)

图 12　$\frac{X_d}{D}=6$ 情况下不同时刻涡量云图

(a)$t=100$ s；(b)$t=100.6$ s；(c)$t=101.2$ s；

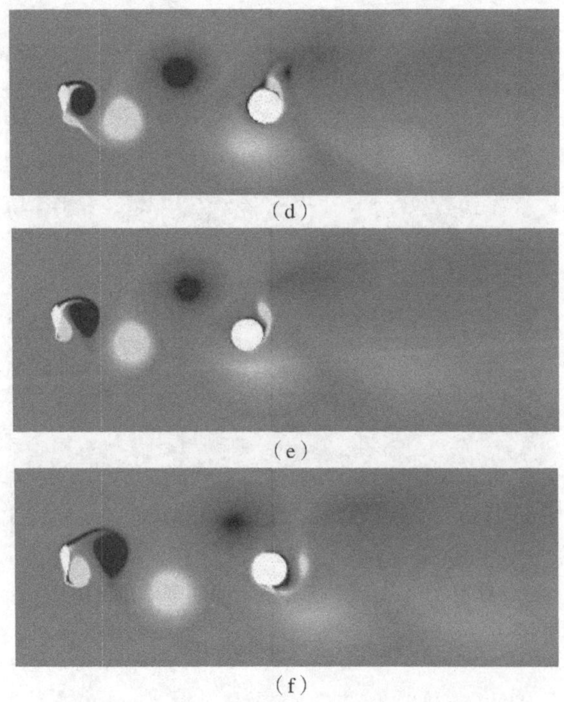

续图 12 $\frac{X_d}{D}=6$ 情况下不同时刻涡量云图

(d)$t=101.8$ s；(e)$t=102.4$ s；(f)$t=103$ s

3.3 不同攻角翼型对柱体振动的影响

选择翼型与柱体之间的距离为 $3D$，约化速度为 $U_r=5$，改变翼型的攻角。前面计算的来流方向与翼型弦线垂直(即攻角为 90°)，考虑到实际风力机叶片自身的扭角一般为 0～20°，选择对应翼型的攻角分别为 90°、95°、100°、105°、110°，分析不同攻角的翼型对于柱体振动的影响。

当攻角为 90°～100°时，横流向振幅随着攻角增大而减小，频率比也随着攻角增大而减小，当攻角为 100°～110°时，横流向振幅开始随着攻角增大而增大，频率比也随着攻角增大而增大，如图 13 所示。

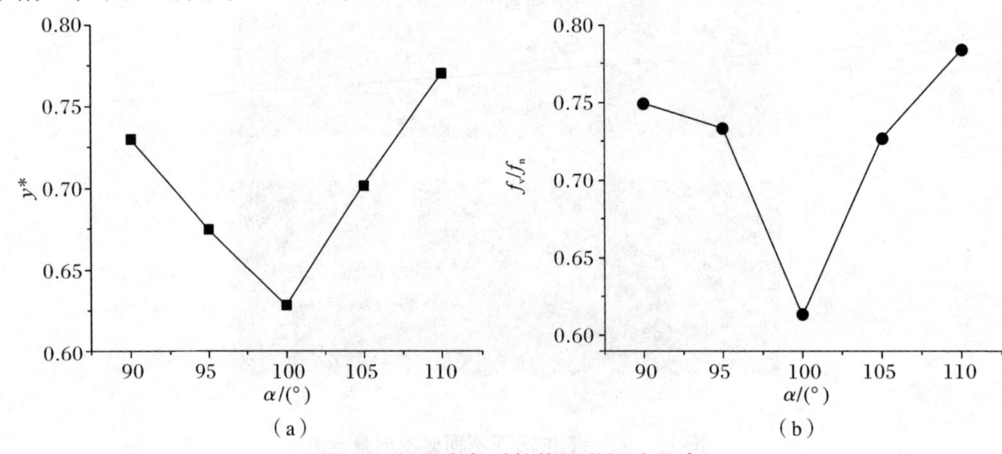

图 13 不同攻角对柱体涡激振动影响

(a)不同攻角下横流向无量纲振幅；(b)不同攻角下柱体的振动频率比

图 14、15、16 给出了 $\alpha=90°$、$\alpha=100°$、和 $\alpha=110°$时弹性支撑柱体的 100～103 s 的涡量云图，包含了一个周期的运动，从图中可以看出，$\alpha=90°$和 $\alpha=110°$时柱体的涡脱模式为 2P 模式，单当 $\alpha=100°$时柱体的涡脱模式为 P+S 模式，此时的振幅会小于 2P 模式下的振幅。

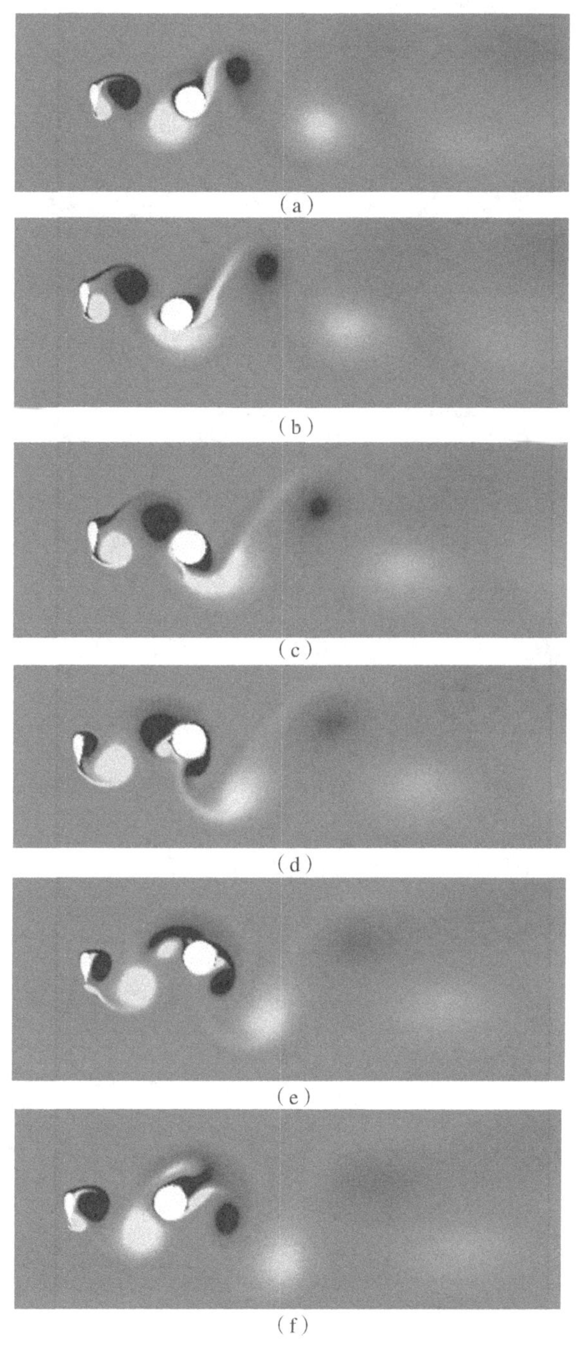

(a)

(b)

(c)

(d)

(e)

(f)

图 14　$\alpha=90°$情况下不同时刻涡量云图

(a)$t=100$ s；(b)$t=100.6$ s；(c)$t=101.2$ s；(d)$t=101.8$ s；(e)$t=102.4$ s；(f)$t=103$ s

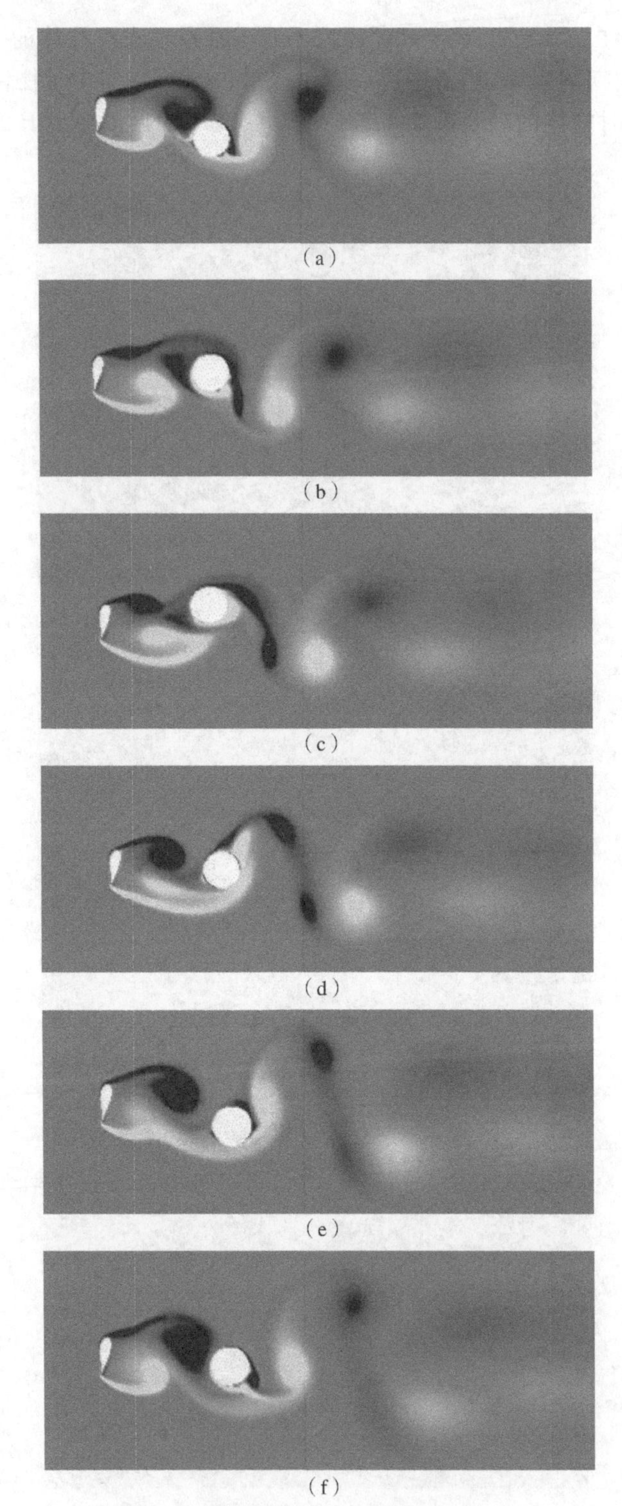

图 15　$\alpha=100°$情况下不同时刻涡量云图

(a)$t=100$ s；(b)$t=100.6$ s(c)$t=101.2$ s；(d)$t=101.8$ s；(e)$t=102.4$ s；(f)$t=103$ s

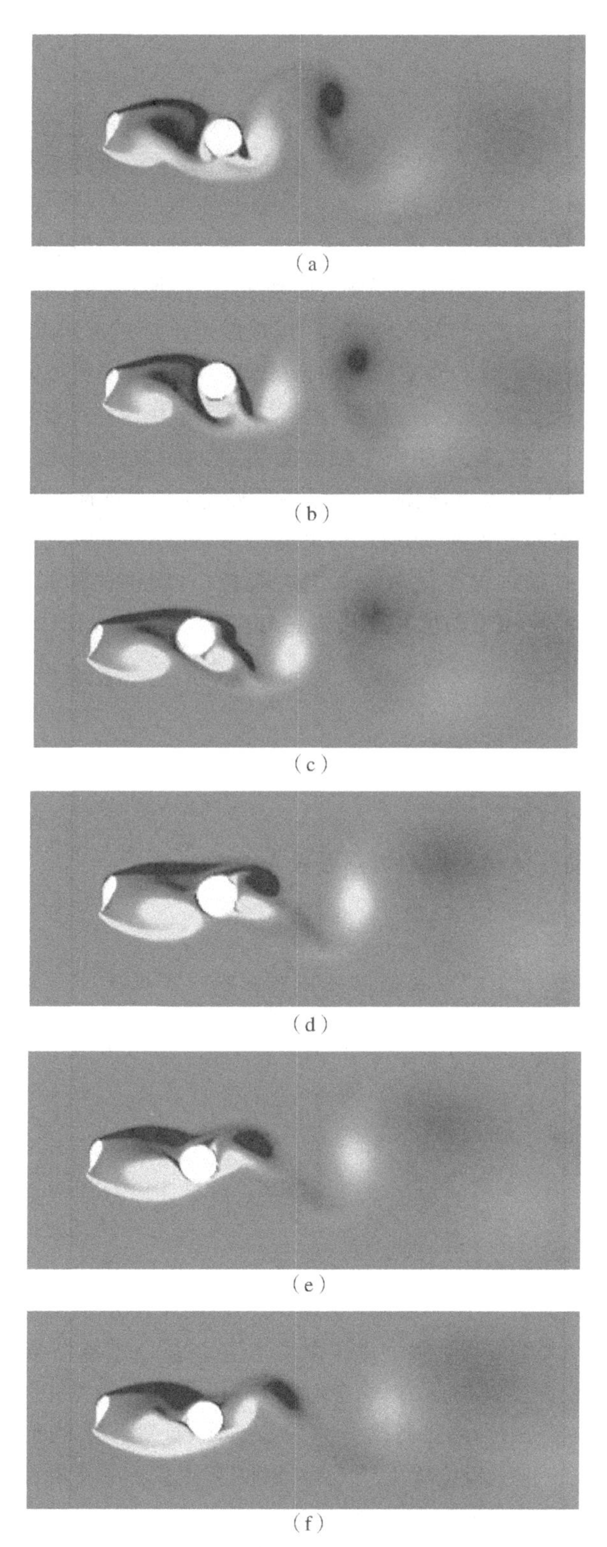

（a）

（b）

（c）

（d）

（e）

（f）

图 16　$\alpha=110^{\circ}$情况下不同时刻涡量云图

(a)t=100 s；(b)t=100.6 s；(c)t=101.2 s；(d)t=101.8 s；(e)t=102.4 s；(f)t=103 s

4. 结论

本书基于 FLUENT，使用 UDF 二次开发，结合嵌套网格技术，在振动柱体之前设置了翼型进行尾流干涉，并对其进行数值模拟，分析了在翼型干涉下的柱体与单柱体的不同，并分析了不同因素对于翼型干涉的影响，得出主要结论如下：

(1)无翼型干涉时，柱体主要以横向振动为主，并且横向振动的振动中心大致在柱体中心附近，而流向振动尤其是约化速度较大时，振动中心会沿着流向偏离原始中心位置。

(2)翼型到柱体距离为 $3D$ 的情况下，$U_r<5$ 时翼型干涉的柱体横向振幅和振动频率均小于单柱体；当 $U_r>6$ 时，翼型干涉的柱体横向振幅和振动频率明显高于单柱体情况。

(3)在约化速度 $U_r=5$ 的情况下，翼型与柱体间距离为 $2D\sim3D$ 时，翼型干涉的柱体横向振幅随着距离增大而增加，振动频率也随着距离增大而大幅提升；当距离大于 $3D$ 时，翼型干涉的柱体横向振幅不断减小，同时振动频率开始稳定，缓慢地增加。

(4)在翼型与柱体之间的距离为 $3D$，约化速度为 $U_r=5$ 的情况下，在翼型攻角为 $90°\sim100°$时，翼型干涉的柱体横向振幅随着攻角增大而减小，频率比随着攻角增大而减小；当翼型攻角为 $100°\sim110°$时，翼型干涉的柱体横向振幅随着攻角增大而增大，频率比随着攻角增大而增大。

练习 2

1. 计算方法

1.1 **结构动力学模型**

二维弹性支撑振动柱体运动的控制方程写为

$$m\ddot{x}+c\dot{x}+kx=F_D(t) \tag{1}$$

$$m\ddot{y}+c\dot{y}+ky=F_L(t) \tag{2}$$

式中：m 为小圆柱的质量；c 为阻尼系数；k 为刚度系数。

将其无量纲化，也可以写为

$$\ddot{x}+2\xi\omega_0\dot{x}+\omega_0^2x=\frac{F_D}{m} \tag{3}$$

$$\ddot{y}+2\xi\omega_0\dot{y}+\omega_0^2y=\frac{F_L}{m} \tag{4}$$

式中：柱体固有频率 $\omega_0=\sqrt{\frac{k}{m}}$；阻尼比 $\xi=\frac{c}{2\sqrt{km}}$。

基于 CFD 方法求解非定常不可压缩流体 RANS 方程，计算出作用在二维柱体上的升力系数和阻力系数，结合结构动力学方程求解小圆柱振动响应。CFD 求解器采用 FLUENT 软件，通过计算流场得出柱体表面受到的压力，每个时间步内，分别将升力和阻力代入柱体的结构动力学方程，使用 Runge - Kutta 法进行微分方程的迭代，计算得出当前时间步长下柱体的速度与位移，再利用此时的速度和位移更新流场，以便于计算下一个时间步长。整个计算过程通过加入 C 语言编制的 UDF 程序来实现。

1.2 **翼型流动控制数值模型**

SST $k-\omega$ 湍流模型能够较好地模拟翼型的气动性能。选用 SST $k-\omega$ 湍流模型求解不可压非定常 N－S 方程，对翼型和小圆柱的二维非定常绕流流场进行模拟。边界条件为速度入口和压力出口，翼型和微小圆柱的物面边界条件设为无滑移壁面。由于小圆柱的振动，流场会随之变化，本书使用嵌套网格技术来实现小圆柱边界的运动。流场计算域如图 1 所示，以翼型的前缘处为坐标原点。为保证流场计算中不受边界影响，背景网格为长为 $60c$，宽为 $40c$ 的长方形，速度入口距离翼型前缘 $20c$，压力出口边界距离翼型前缘 $40c$，上下两侧各距离翼型 $20c$，边界条件为对称边。图 2 为整个流场域的计算网格，即背景网格。图 3 为翼型周围网格，即组分网格 1，是一个以翼型前缘为圆心，半径为 $3c$ 的圆围成的区域网格。图 4 展示的是小圆柱周围网格，区域大小是一个半径为 $6D$ 的圆，该区域即组分网格 2。为了保证网格的质量，背景网格和两个组分网格均为结构化网格，翼型近壁面第一层网格高度为 2.95×10^{-5} m，小圆柱近壁面第一层网格高度为 1.85×10^{-5} m，均满足 $Y^{+}<1$，并且在小圆柱周围和翼型的前缘尾缘部分进行网格加密以保证较好的网格质量。通过嵌套网格技术，将翼型组份网格、柱体组份网格、背景网格嵌套在一起。计算中，数值方法采用二阶迎风格式，压力与速度项采用 Coupled 算法。

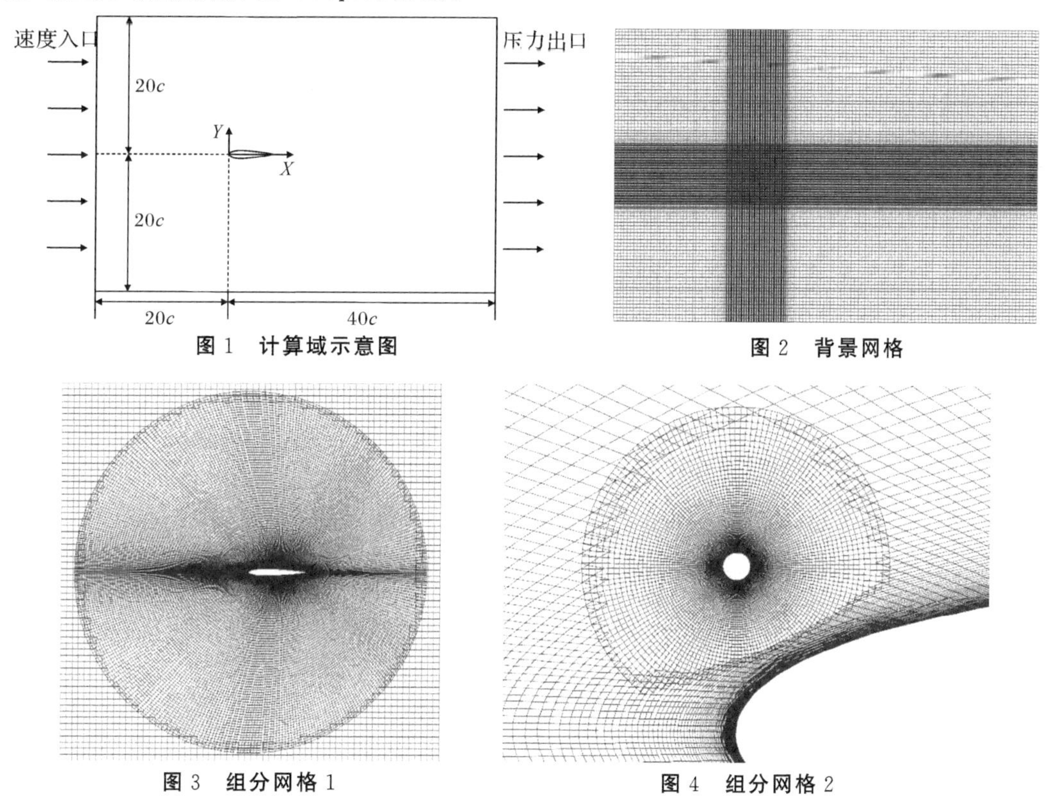

图 1　计算域示意图

图 2　背景网格

图 3　组分网格 1

图 4　组分网格 2

2. 仿真模型验证

首先对 NACA0012 翼型画出了四种密度不同的网格，将四种网格计算的结果进行对比，通过网格无关性验证以及计算资源综合考虑，计算域背景网格采用 3.1 万左右，翼型周围网格为 6.4 万左右，小圆柱周围网格为 1.5 万左右的计算网格。模拟单个 NACA0012 翼型在 $Re=4\times10^{6}$ 的情况下的升阻力系数随来流攻角改变而变化的情况，并与实验结果进行对比。从图5中可以发现，来流攻角小于17°时，仿真模拟结果与实验结果非常接近，在大攻角时由于产生了复杂的流动分离，仿真结果与实验值略有偏差。总体而言，模拟的翼型升阻力系数与实验数据的变化规律基本一致，说明本书所使用的模型和网格较为可靠。

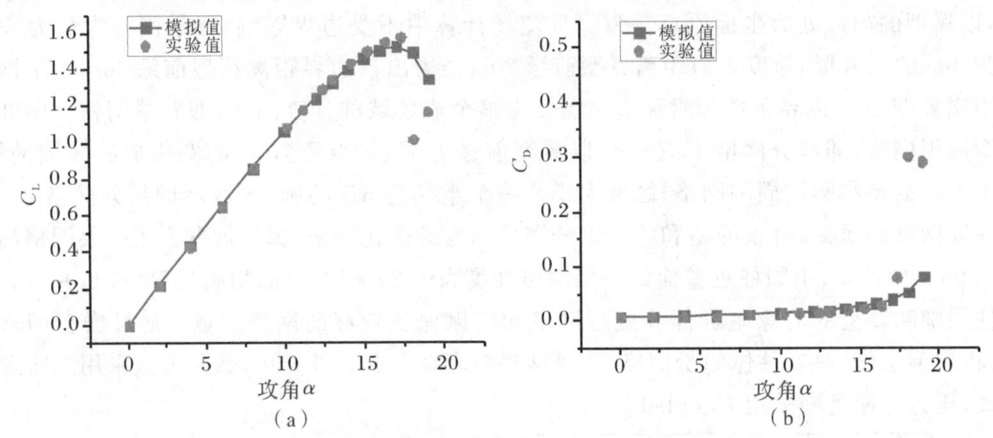

图5　模拟与实验的阻力系数对比图

(a)升力系数对比图；(b)阻力系数对比图

关于柱体结构涡激振动数值模型和方法的验证，前期对圆柱涡激振动的数值方法进行了验证，如图6所示，数值模拟的振幅呈现一个由小变大再变小的过程，在锁定区间的涡泻频率与柱体固有频率的比也能保持在1.15左右。总而言之，数值模拟的结果与前人的实验基本一致。

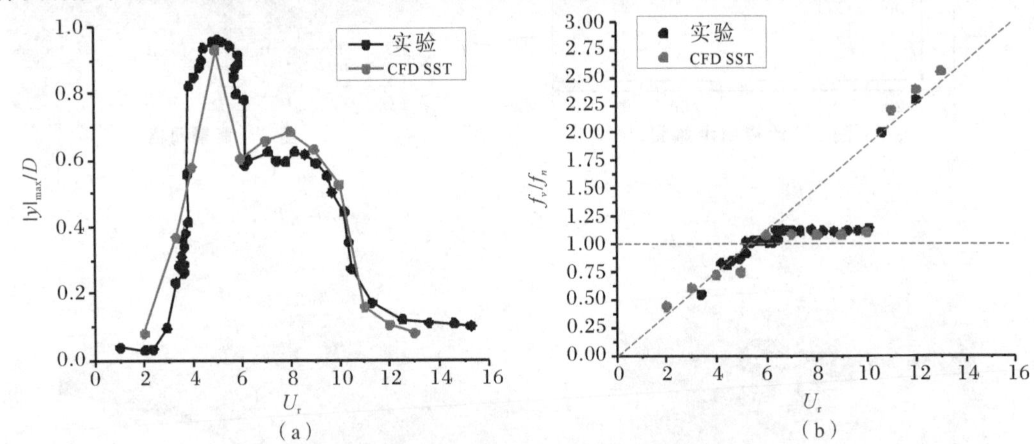

图6　不同约化速度下的振幅和频率大小图

(a)不同约化速度下的振幅图；(b)不同约化速度下的频率图

3. 计算结果分析

3.1　静止小圆柱对翼型气动力的影响

选取直径为0.01c，距离翼型上方L为0.05c和0.06c的小圆柱，分别模拟了在攻角17°～20°情况下的升力系数和阻力系数。

图7为不同距离L和原翼型在各个攻角下的升阻力系数对比图。从图7(a)中可以看出，在17°攻角下增加小圆柱后的升力系数小于原始翼型，但在攻角大于17°后，增加小圆柱后的升力系数均大于原始翼型，设置距离L为0.06c小圆柱后的翼型升力系数在各攻角下

均大于设置距离 L 为 $0.05c$ 小圆柱后的翼型升力系数。从图 23(b)中可以看出，在 17°和 18°攻角下增加小圆柱后的阻力系数略大于原始翼型，在 19°和 20°攻角下，增加小圆柱后的阻力系数均小于原始翼型，设置距离 L 为 $0.06c$ 小圆柱后的翼型阻力系数在各攻角下均小于设置距离 L 为 $0.05c$ 小圆柱后的翼型阻力系数。结果表明在大攻角的情况下，翼型前缘上方设置小圆柱能够有效限制流动的分离，改善翼型的气动力恶化，小圆柱与翼型之间的距离不同，对于流动分离的控制效果也不同。

选取小圆柱直径 D 为 $0.01c$，与翼型距离 L 为 $0.05c$ 的情况来分析翼型前缘上方小圆柱对翼型的流动抑制机理，图 8 和图 9 所示为在 20°攻角下原始 NACA0012 翼型与增加小圆柱后翼型的流线图和涡量云图。如图 8(a)所示，原始翼型上方出现很大的流动分离，分离涡几乎占据了整个吸力面，气动力出现恶化。如图 8(b)所示，原始翼型在前缘上方存在一个负涡区，而紧贴翼型的是一层很薄的正涡区，正涡区会使流体有着逆时针方向的趋势，因此吸力面上方会产生较大的流动分离。在翼型前缘上方增加了小柱体后，如图 8(a)所示，翼型上方的流动分离受到抑制，吸力面的分离涡几乎没了，但是在尾缘还存在略微的流动分离。如图 9(b)所示，小圆柱后方出现了一个正涡区，而紧贴翼型的是负涡区，负涡区使流体更加贴近翼型流动，减少了原本的流动分离趋势。图 10 为静止小圆柱周围的流线图和涡量云图，可以看出小圆柱后方有少量脱落的涡，改变了翼型上方的流场，对于翼型的流动分离有着一定的抑制作用。

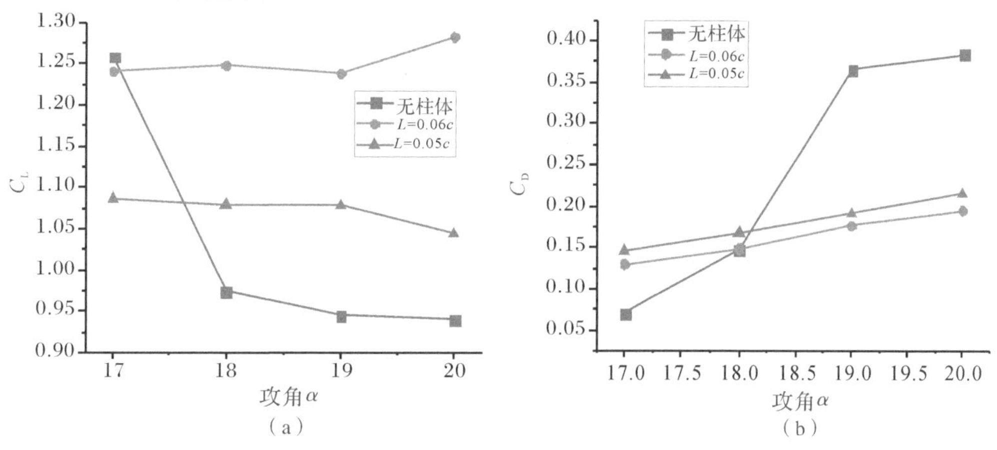

图 7　不同距离小圆柱下的翼型升阻力系数

(a)翼型升力系数；(b)翼型阻力系数

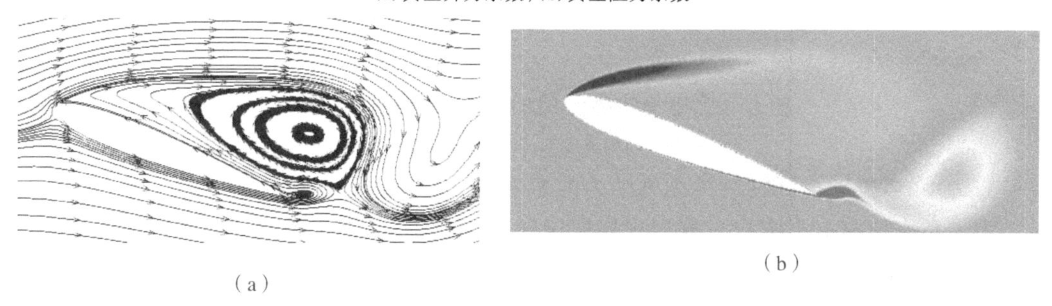

图 8　20°攻角下 NACA0012 翼型的流线图和涡量云图

(a)原翼型流线图；(b)原翼型涡量云图

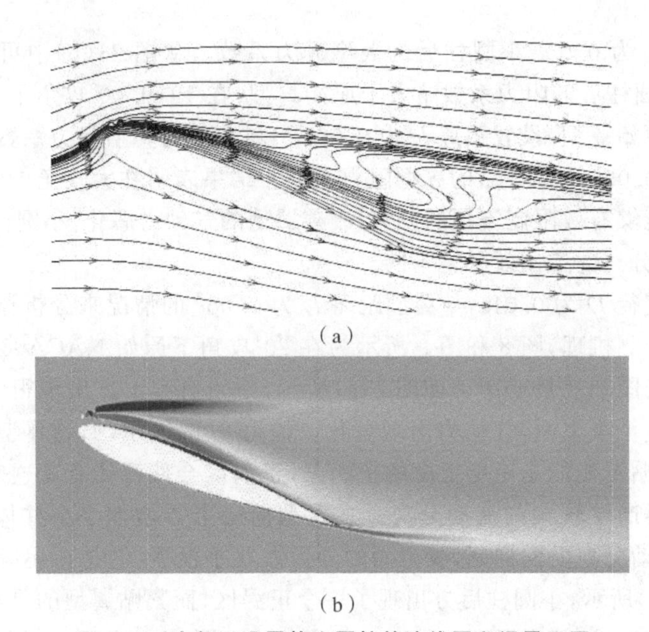

（a）

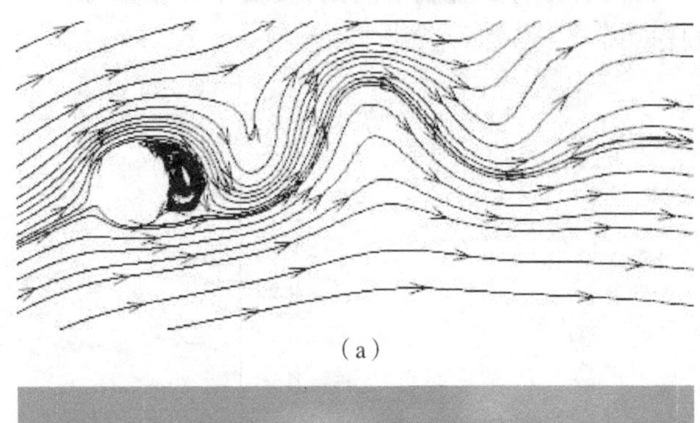

（b）

图 9　20°攻角下设置静止圆柱的流线图和涡量云图

(a)设置静止小圆柱的流线图；(b)设置静止小圆柱的涡量云图

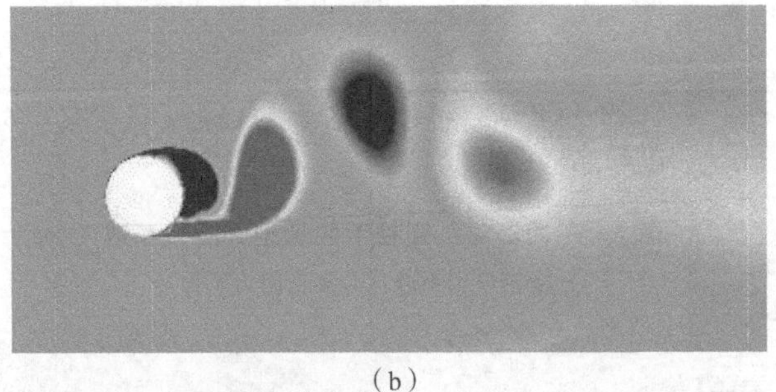

（a）

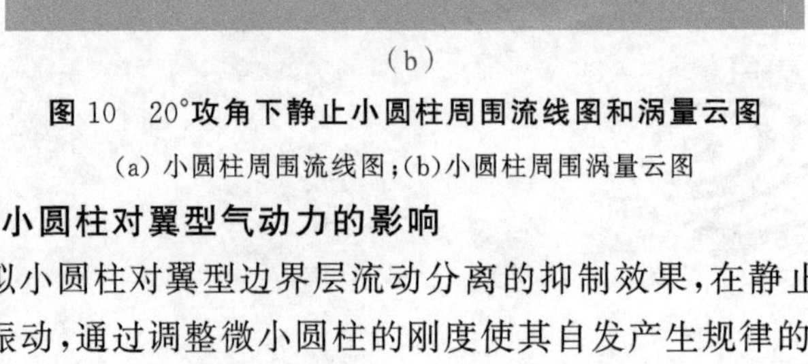

（b）

图 10　20°攻角下静止小圆柱周围流线图和涡量云图

(a) 小圆柱周围流线图；(b)小圆柱周围涡量云图

3.2　涡激振动小圆柱对翼型气动力的影响

为了真实地模拟小圆柱对翼型边界层流动分离的抑制效果，在静止小圆柱的基础上考虑柔性柱体的涡激振动，通过调整微小圆柱的刚度使其自发产生规律的周期性的涡激振动，研究振动的小圆柱对于翼型边界层流动分离的抑制情况。本书选取翼型来流风速 $v=10$ m/s，测得小圆柱周围的风速约为 12.5 m/s，故调整柱体固有频率为 250 Hz，使其满足亚

临界 St 约为 0.2。为了让小圆柱产生涡激振动，其单位质量选择为 0.01 kg/m。在翼型前缘上方加入静止小柱体和振动小柱体时翼型的升阻力系数，如图 11 和图 12 所示，产生振动的小圆柱相较于静止小圆柱更能有效地提高翼型的升力系数，降低翼型的阻力系数。

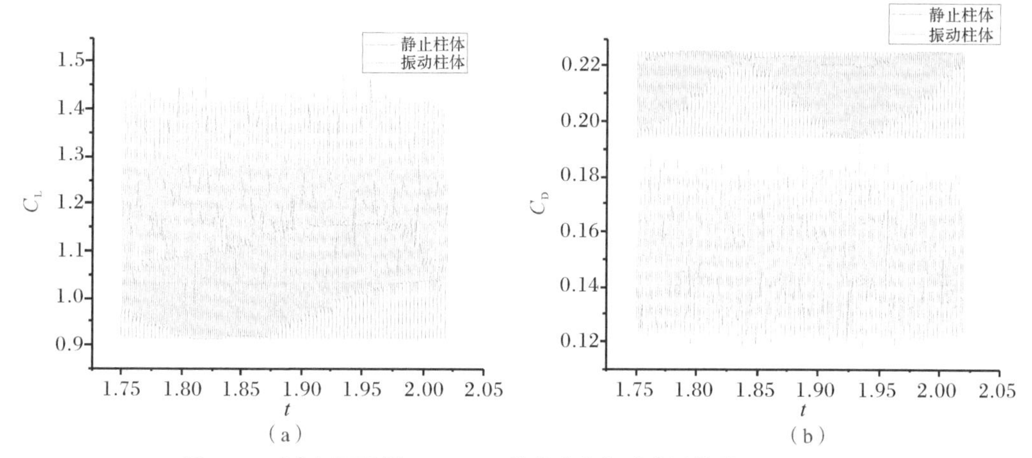

图 11　20°攻角下设置 $L=0.05c$ 的静止和振动小圆柱的升阻力系数

(a)设置 $L=0.05c$ 静止和振动小圆柱的翼型升力系数；(b)设置 $L=0.05c$ 静止和振动小圆柱的翼型阻力系数

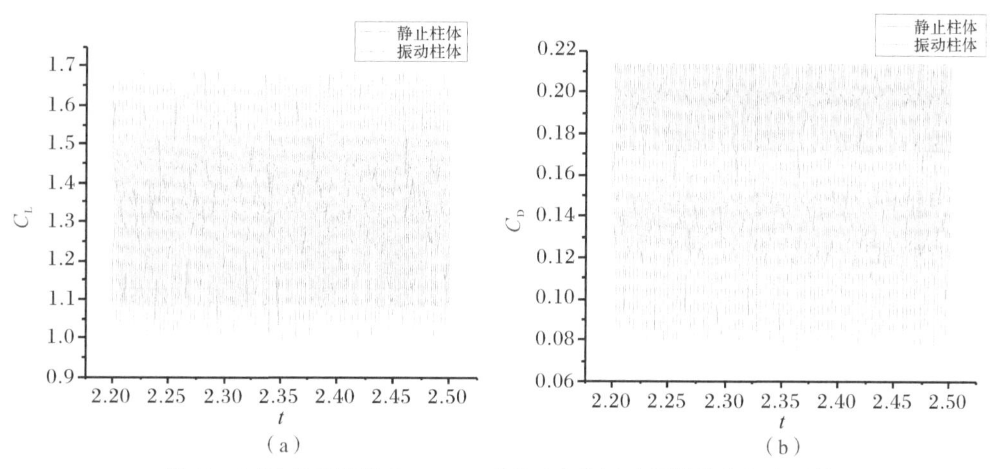

图 12　20°攻角下设置 $L=0.06c$ 的静止和振动小圆柱的升阻力系数

(a)设置 $L=0.06c$ 静止和振动小圆柱的翼型升力系数；(b)设置 $L=0.06c$ 静止和振动小圆柱的翼型阻力系数

表 1 为在 20°攻角下，原翼型与设置 $L=0.05c$ 的静止小圆柱和振动小圆柱的升阻力系数及升阻比。从表 1 可以看出，在攻角为 20°时，设置 $L=0.05c$ 的静止小圆柱将升阻比提高了 97%，当小圆柱振动起来后，升阻比较静止时又提高了 66%，较原翼型提高了 228%。表 2 为在 20°攻角下，原翼型与设置 $L=0.06c$ 的静止小圆柱和振动小圆柱的升阻力系数及升阻比。从表 2 可以看出，在攻角为 20°时，设置 $L=0.06c$ 的静止小圆柱将升阻比提高了 169%，当小圆柱振动起来后，升阻比较静止时又提高了 53%，较原翼型提高了 312%。可以发现，小圆柱的振动有利于抑制翼型大攻角的流动分离，能够大大提升翼型的升阻比。

表 1　20°攻角下原翼型与设置 $L=0.05c$ 的静止、振动小圆柱的升阻力系数及升阻比

	升力系数	阻力系数	升阻比
原始翼型	0.940 4	0.384 1	2.448
设置静止小圆柱	1.044 4	0.215	4.837
设置振动小圆柱	1.218 6	0.151 6	8.038

表 2　20°攻角下原翼型与设置 $L=0.06c$ 的静止、振动小圆柱的升阻力系数及升阻比

	升力系数	阻力系数	升阻比
原始翼型	0.940 4	0.384 1	2.448
设置静止小圆柱	1.282 2	0.194 7	6.586
设置振动小圆柱	1.413 4	0.179 4	10.08

图 13 给出了考虑涡激振动小圆柱的位移，可以发现小圆柱的振动方向几乎垂直于来流方向，振幅约为 1D。图 14 为振动小圆柱在不同时刻的涡量云图，可以发现小圆柱振动的周期大约为 0.004 s，产生涡激振动的小圆柱开始脱落正负交替的涡并向翼型尾缘流去，改善了翼型吸力面的流场，从而能够抑制流动分离，优化翼型气动力。图 15 为 20°攻角下设置 $L=0.05c$ 振动小圆柱的流线图和涡量云图。

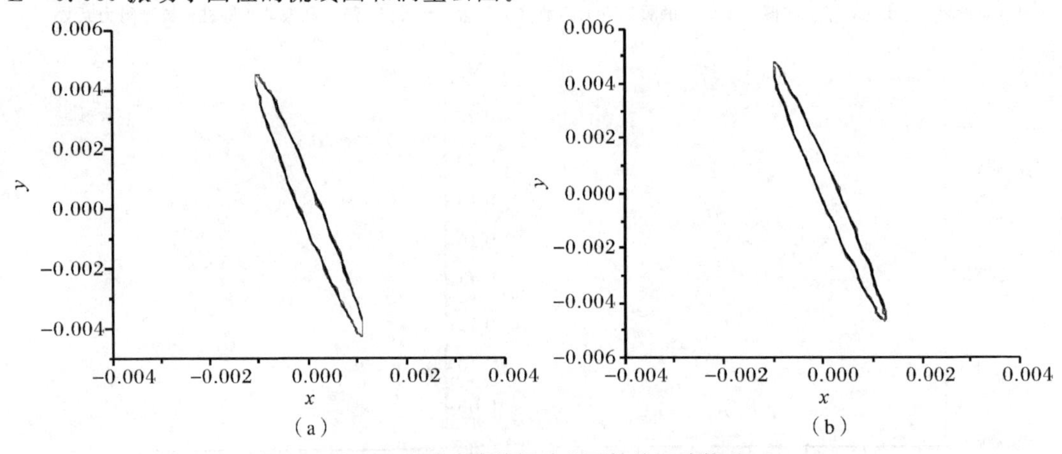

图 13　两种距离的振动小圆柱的运动轨迹

(a)$L=0.05c$ 的振动小圆柱的运动轨迹；(b)$L=0.06c$ 的振动小圆柱的运动轨迹

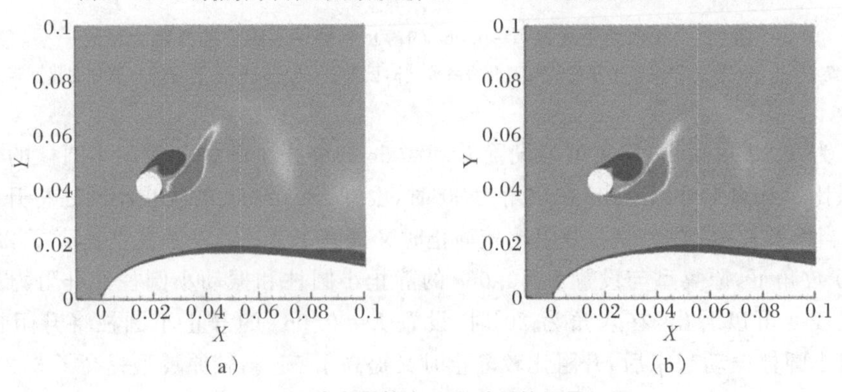

图 14　振动小圆柱在不同时刻的涡量云图

(a)$t=1.976\ 8$ s；(b)$t=1.977\ 2$ s；

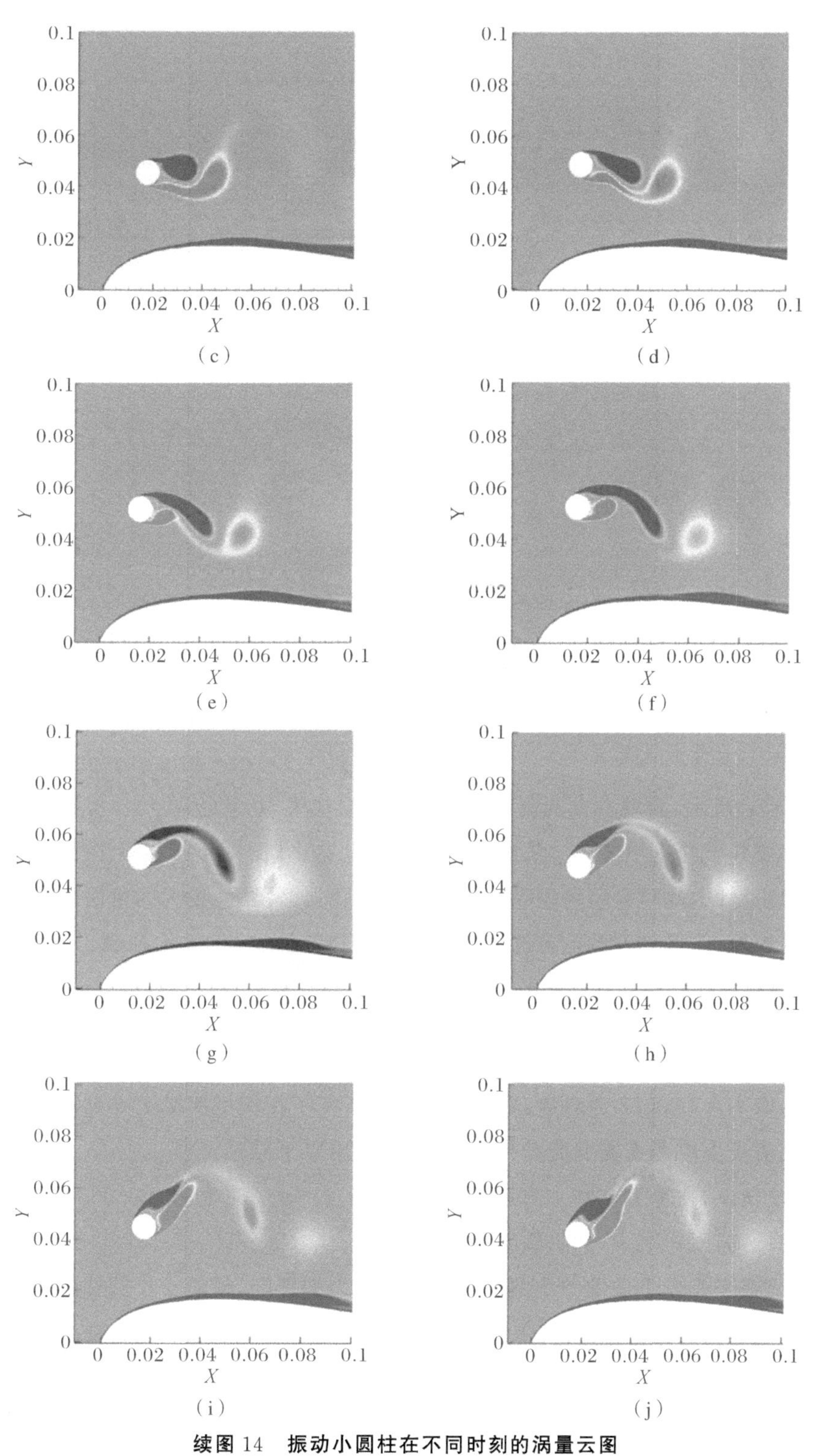

续图 14　振动小圆柱在不同时刻的涡量云图

(c)t=1.977 6 s;(d)t=1.988 0 s;(e)t=1.978 4 s;(f)t=1.978 8 s;

(g)t=1.979 2 s;(h)t=1.979 6 s;(i)t=1.980 0 s;(j)t=1.980 4 s

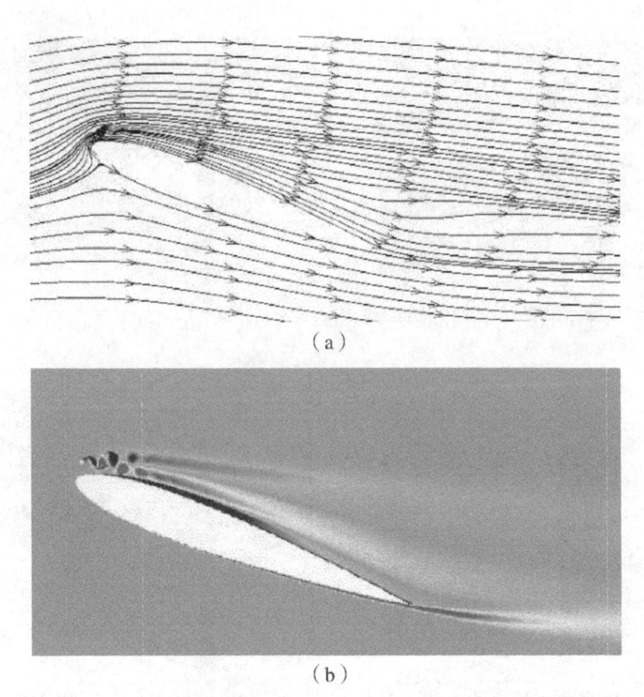

图 15　20°攻角下设置振动圆柱的流线图和涡量云图

(a)设置振动小圆柱的翼型流线图；(b)设置振动小圆柱的翼型涡量云图

如图 15(a)所示，翼型上方的流动分离已经完全消失，相较于图 10(a)，振动小圆柱的流动控制效果要好于静止小柱体。从图 15(b)也可以看出，振动小圆柱后方下部产生一个沿翼型方向的正涡区，此时紧贴翼型吸力面边界层的负涡区增大，更大的负涡区有着引导流体顺时针旋转的力，使得吸力面上方的流体沿着翼型边缘流动，有效地抑制了流动分离，使得翼型气动力得到优化。

4. 结论

本书选取 NACA0012 为对象，采用数值模拟研究了在翼型前缘上方设置静止小圆柱与振动小圆柱对于大攻角下翼型流动分离的影响，得出以下结论：

(1)大攻角下，在翼型前缘上方设置 $D=0.01c$，$L=0.05c$ 和 $L=0.06c$ 的静止小圆柱，翼型的升力增加，阻力减少，升阻比明显提高。

(2)研究在来流风下振动的小圆柱对翼型气动力的影响，使静止小圆柱的基础上自发产生规律的周期性的涡激振动，在 $L=0.05c$ 和 $L=0.06c$ 两种工况下增加振动小圆柱的翼型升阻比分别比增加静止小圆柱的翼型升阻比高出 66%和 53%。

(3)产生涡激振动的小柱体能够很好地改善翼型吸力面上方的流场，阻止正涡区使流体逆时针旋转而产生分离涡，涡激振动小圆柱的流动控制效果要好于静止小柱体。

(4)在实际工程中，可以利用细钢丝绳或者纤维材料来制作能发生涡激振动的柔性小柱体，通过调节绳子的松紧来改变柔性小柱体的刚度。

练习 3

采用 NES 来抑制涡激振动时，不同参数的 NES 对柱体振动的抑制效果不同。但在实际设计中，人为选取 NES 的参数，通常设计出的 NES 往往并不能达到最优的抑制效果，同时效率较低。因此本节为了避免漫无目的地选取 NES 参数，建立了用于柱体结构涡激振动抑制的 T－NES 减振装置优化设计仿真模型，使用优化算法快速设计出合适的 T－NES 来有效抑制柱体结构的涡激振动，为实物设计提供参考设计目标。

基于尾流振子模型，建立 T－NES 作用下的柱体涡激振动模型：

$$(1-\beta)\ddot{y}_1+2\varsigma\omega_0\dot{y}_1+\omega_0^2 y_1+2\varsigma_{\mathrm{nes}}\omega_0(\dot{y}_1-\dot{y}_2)+\gamma\frac{\omega_0^2}{D^2}(y_1-y_2)^3=$$

$$-\frac{1}{2m}C_D\rho_f DU\dot{y}_1+\frac{1}{4m}C_{L0}\rho_f DU^2 q(t) \tag{1}$$

$$\beta\ddot{y}_2+2\varsigma_{\mathrm{nes}}\omega_0(\dot{y}_2-\dot{y}_1)+\gamma\frac{\omega_0^2}{D^2}(y_1-y_2)^3=0 \tag{2}$$

$$\ddot{q}_v+\varepsilon\omega_0(q_v^2-1)\dot{q}_v+\omega_0^2 q_v=\frac{A}{D}\ddot{y}_1 \tag{3}$$

式中：A、ε、C_D、C_{L0} 等系数由实验和经验确定。通过 4 阶的 Runge－Kutta 法求解该方程组，可得到柱体的振动响应。

使用优化算法与 VIV 仿真模型相结合，以 T－NES 对柱体涡激振动的抑制要求作为优化目标，对 T－NES 参数进行优化设计，建立 T－NES 减振装置优化设计仿真模型。优化模块中，以 T－NES 的三个参数（无量纲质量之比 β、无量纲阻尼之比 ξ 和无量纲刚度之比 γ）为设计参数。

考虑到 NES 的工程实际应用，优化设计中对 T－NES 的无量纲质量之比、阻尼之比和刚度之比进行约束。工程实际中，T－NES 质量越小越好，一方面减小柱体结构的承重，另一方面便于安装在柱体结构内部，因此对 β 做出约束，令 $0<\beta<0.3$。同理，工程上也难以生产出过高阻尼、过高或者过柔刚度的 T－NES，所以对 T－NES 的 ξ 和 γ 做出限制：$0<\xi<0.3$、$0<\gamma<0.3$。这样使得 T－NES 在有效抑制横向振动的同时，也符合实际情况。为了防止该风速段内某一风速下出现极大振幅造成结构损坏，对该风速段内出现的最大振幅进行限制，使 T－NES作用下的柱体在设定风速段内出现的最大无量纲振幅都在 0.2 以下，即 $(y_1/D)_{\max}<0.2$。同时为了防止放置在柱体结构内部的 NES 振动与柱体内壁发生碰撞，限制 $|y_1-y_2|/D<0.5$。

优化流程主要是基于柱体 VIV 模型对一定设计参数下的柱体振动响应进行模拟，在此基础上优化模块对设计参数进行优化使柱体振动响应接近目标条件，最后判断 NES 对柱体涡激振动的抑制效果是否满足输出条件。满足后输出设计参数，若不满足则将优化后的设计参数再代入第一步循环，直到输出满足条件的 NES 参数。具体优化流程如图 1 所示。

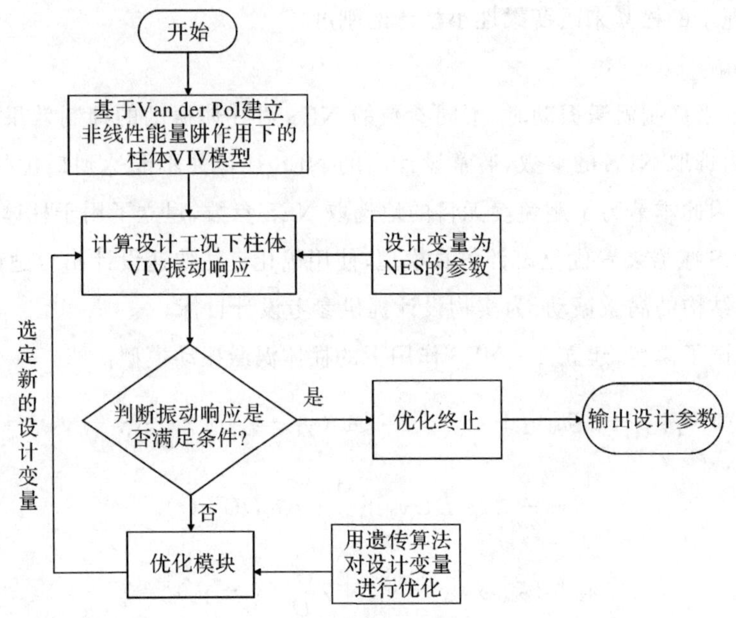

图 1 优化流程图

运用上述建立的优化设计仿真模型，为质量 m=15.708 kg、刚度 k=2 530.1 N/m、阻尼比ς=0.001 3、圆柱直径 D=0.02 m、固有频率 f_n=2 Hz 的圆柱结构设计 T－NES，减小其在折减速度 U_r=5～7 时的横向振动。编制的 MATLAB 程序如下：

```
function gentic
x0=[0.03 1 0.7];
A = [];
B = [];
Aeq = [];
Beq = [];
ub =[0.3;2;3];
lb = zeros(3,1);
nvars=3;
[x,fval] = ga(@myfun,nvars,A,B,Aeq,Beq,
lb,ub);

function CC = myfun(X)
  [m,ss]=duan(X);
  CC=ss;

function [m,ss]=duan(Q)
global Ue rou CLo P nameda CD M D omqs
ome_ga ke_si beta ke_si_nes K_nes m ss
Q=Q';
zhiliangbi=Q(1);
zunibi=Q(2);
gangdubi=Q(3);
Ur=[5:0.1:7];
for i=1:length(Ur)
f0=2;
D=0.02;
Ue=Ur(i) * f0 * D;
rou=1000;
CLo=0.3;
P=15;
nameda=0.24;
CD=1.2;
Mwater=rou * pi * D^2/4;
```

```
Mcylinder=50 * Mwater;
M=Mcylinder+Mwater;
St=0.2;
omqs=2 * pi * St * Ue/D;
ome_ga=2 * pi * f0;
ke_si=0.0013;
mu=0.001003;
re=rou * Ue * D/mu;
ratio=Mcylinder/Mwater;
beta=zhiliangbi;
ke_si_nes=ke_si * zunibi;
K_nes=gangdubi * M * ome_ga^2/(D^2);
kkkkk=M * ome_ga^2;
[t,y]=ode45(@dynew,[0:0.001:100],[0.0000001 0 0 0 0 0]);
response1=y(:,1)/D;
response2=y(:,5)/D;
response3=abs(max(y(:,5)/D)-max(y(:,1)/D));
ydmax(i)=max(y(50000:end,1)/D);
end
m=max(ydmax)
for i=1:length(Ur)-1
    ss(i)=[ydmax(i)+ydmax(i+1)]/2 * 0.1;
end
ss=sum(ss)
disp(Q')

function dy=dynew(t,y)
  global Ue rou CLo P nameda CD M D omqs ome_ga ke_si beta ke_si_nes K_nes

    y1=y(1);
    y2=y(2);
    y3=y(3);
    y4=y(4);
    y5=y(5);
    y6=y(6);

    dy1=y2;

  dy2=(-0.5 * (1/M) * CD * rou * D * Ue * y2+0.25 * (1/M) * CLo * rou * D * ((Ue^2) * y3)-2 * ke_si * ome_ga * y2-(ome_ga^2) * y1-2 * ke_si_nes * ome_ga * (y2-y6)-(K_nes/M) * ((y1-y5)^3)) * (1/(1-beta));
    dy3=y4;
  dy4=(P/D) * ((-0.5 * (1/M) * CD * rou * D * Ue * y2+0.25 * (1/M) * CLo * rou * D * ((Ue^2) * y3)-2 * ke_si * ome_ga * y2-(ome_ga^2) * y1-2 * ke_si_nes * ome_ga * (y2-y6)-(K_nes/M) * ((y1-y5)^3)) * (1/(1-beta)))-nameda * omqs * (y3^2-1) * y4-y3 * (omqs^2);
    dy5=y6;
  dy6=(1/beta) * (-2 * ke_si_nes * ome_ga * (y6-y2)-(K_nes/M) * ((y5-y1)^3));

  dy=[dy1;
      dy2;
      dy3;
      dy4;
      dy5;
      dy6];

end
```

最终优化获得 T－NES 参数 β＝0.131 6、ξ＝1.135 6、γ＝1.649 6，求得在此 T－NES 作用下约化速度 U_r＝5～7 内的柱体涡激振动最大振幅为 y_1/D＝0.155 3，此时约化速度 U_r＝6。对该 T－NES 作用下的柱体涡激振动情况进行验证，在该 T－NES 作用下，设计约化速度内的计算结果如图 2 所示。图 2(a)为最大振幅随约化速度变化曲线图，从图中可看出：无 T－NES 情况下，约化速度 U_r＝5.5 时，振幅接近 0.5 并达到最大值。T－NES 作用情况下，在约化速度 U_r＝3～4.5 和 U_r＝6.5～7 时，振幅都几乎为 0；而在约化速度 U_r＝4.5～6.5区间，柱体横向振幅显著增加，并在 U_r＝6 时，振幅达到最大值。在约化速度 U_r＝6 时，柱体产生最大振幅，但此时 y_1/D 依然在 0.2 以内，说明在该约化速度范围内柱体的涡激振动振幅都较小，满足设计减振要求。其中增加了文献[96]中 T－NES 参数下的振幅随约化速度变化曲线，β＝0.05、ξ＝0.8、γ＝0.8，发现在这几个参数下 T－NES 对涡激振动的抑制效果良好，故用于本书中进行对比。从图 2 中可看到，该 T－NES 作用下柱体振幅略小于无 T－NES 情况下，可见减振效果尚未达到目标。图 6－15 (b)为频率比随约化速度变化曲线对比图。从图中可以看出，单个柱体在约化速度 U_r＝4.5～5.5 时，发生了频率锁定现象，对应于图 6－15(a)中振幅也达到较大值；而加了 T－NES 以后，频率比在 U_r＝4.5～5.5 这一区间依旧继续上升，避免了涡激共振的产生，以此达到减振效果。由此可知，通过本方法设计完成的 T－NES 对柱体涡激振动具有良好的抑制作用，可根据本模型设计方法应用于柱体减振装置设计。观察到优化 T－NES 与文献[96]中 T－NES 主要是 β 的变化，因此同样将文献[96]中 T－NES 的 β 修改为 0.1 和 0.15 进行对比，得到的最大振幅随约化速度变化曲线图。从如图 2(c)所示中可以看出，随着 β 的增大，T－NES 对柱体涡激振动的抑制效果更好。优化 T－NES 的效果要优于文献[96]中 T－NES β 的情况，同时 β 也小于 0.15，证明了本模型的优化作用。

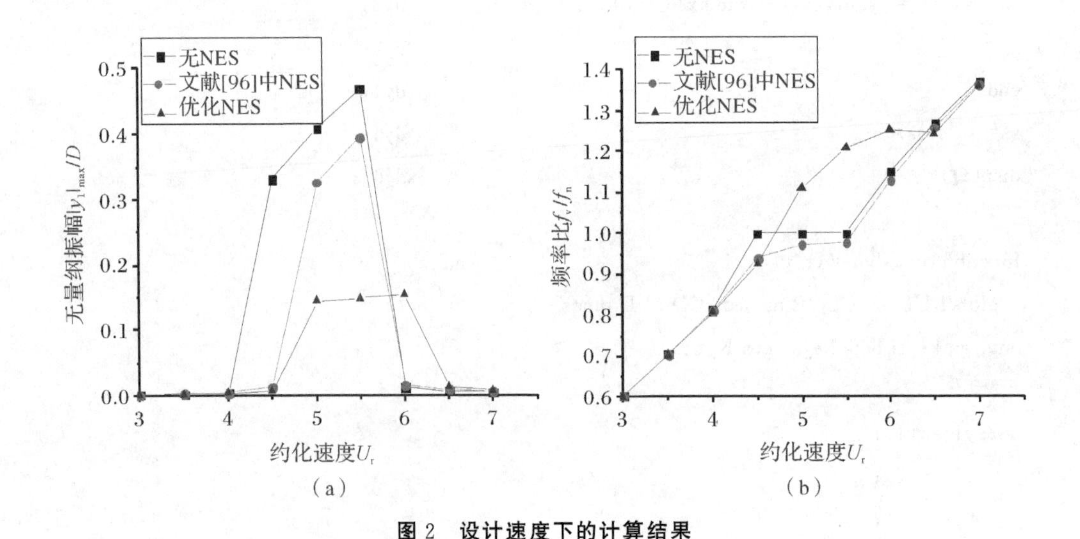

图 2　设计速度下的计算结果

(a)最大振幅随约化速度变化曲线图；(b) 频率比随约化速度变化曲线对比图

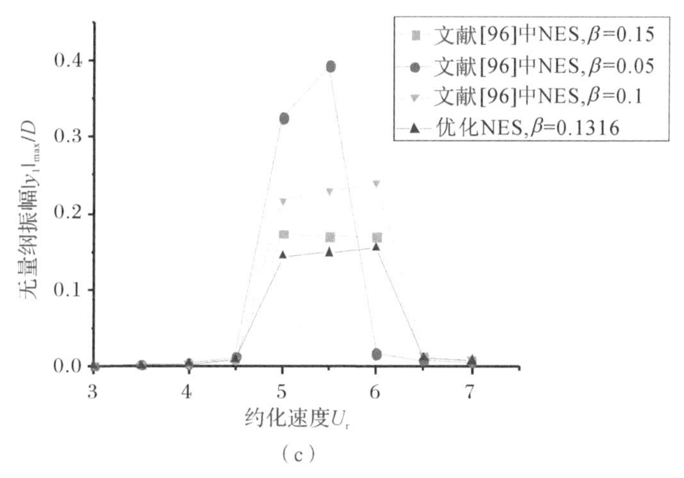

(c)

续图 2 设计速度下的计算结果

(c) 最大振幅随约化速度变化曲线图

柱体有无 T－NES 作用的振动响应对比如图 3 所示。图 3 (a)为振动位移对比图,振幅小的曲线为在设计 T－NES 作用下柱体产生最大振幅来流速度下 $U_r=6$ 的振动位移,振幅大的曲线则是单个柱体产生最大振幅来流速度下 $U_r=5.5$ 的涡激振动位移图。从图中可以看出,无 T－NES 情况下的柱体最大无量纲振幅将达到 0.5,远大于 T－NES 作用情况下,说明在该约化速度范围内下柱体的涡激振动都得到了较好的抑制,满足了设计要求。图 3 (b)则是对应于图(a)中振动位移曲线的功率谱密度,从图中可以看出,无 T－NES 情况下频谱曲线在 2 Hz 处到达峰值,对应于柱体的固有频率处,代表在该约化速度下正发生着涡激共振;在 T－NES 作用情况下,频谱曲线产生了更多的波动,但频谱曲线峰值避开了柱体固有频率 2 Hz,避免了频率锁定的发生,这也是 T－NES 能抑制涡激共振的主要原因。

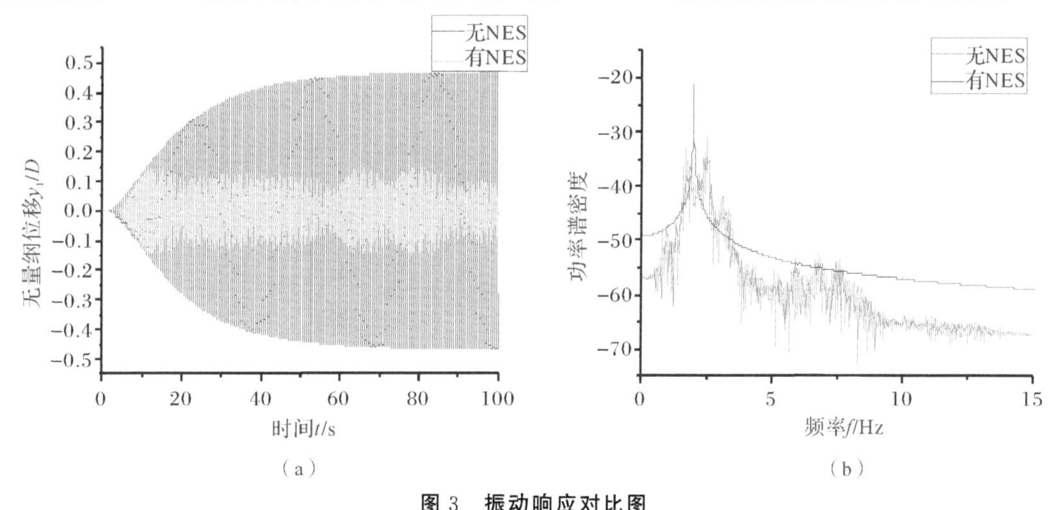

图 3 振动响应对比图

(a)振动位移对比图;(b)功率谱密度

当 $U_r=5.5$ 时,柱体有无 NES 情况下涡激振动二维相图如图 4 所示,图中横坐标为柱体的横向位移,纵坐标为柱体横向振动速度,外部曲线为无 T－NES 情况下的柱体振动相图,内部曲线为 T－NES 作用下柱体振动相图。可以从图 4 中看出,无 T－NES 情况下的曲线相轨被限制在极限环上，此时柱体发生等幅振动，而 T－NES 作用下的相轨则在一定范围内波动，说明在 T－NES 作用下柱体横向振动变得不规律，但 T－NES 作用下的曲线最大半径远小于另一条曲线，说明此时 T－NES 对柱体振动起到了限制作用。

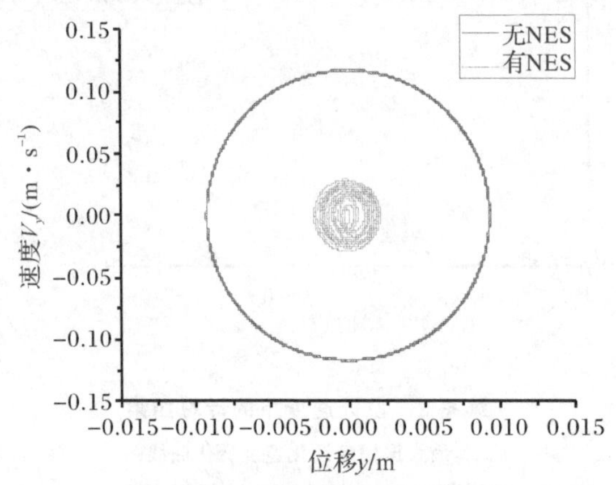

图 4　柱体涡激振动二维相图

项目二　弹箭飞行器流固耦合动力学仿真技术与工程应用

练习 1

1. 计算方法

1.1　CFD 控制方程

求解火箭弹等飞行器的从亚声速到超声速的空气动力学特性，需要求解流体动力学的质量、动量和能量守恒方程，以及压力、密度和温度的状态方程。雷诺平均 N－S 方程(RANS)可写为

$$\frac{\partial\rho}{\partial t}+\frac{\partial(\rho\bar{u}_i)}{\partial x_i}=0 \tag{1}$$

$$\frac{\partial(\rho\bar{u}_i)}{\partial t}+\frac{\partial(\rho\bar{u}_i\bar{u}_j)}{\partial x_i}=-\frac{\partial\bar{p}}{\partial x_i}+\frac{\partial}{\partial x_j}[\mu(\frac{\partial\bar{u}_i}{\partial x_j}+\frac{\partial\bar{u}_i}{\partial x_i}-\frac{2}{3}\delta_{ij}\frac{\partial\bar{u}_{\mathrm{m}}}{\partial x_{\mathrm{m}}})]+\frac{\partial}{\partial x_j}(-\rho\overline{u_i'u_j'}) \tag{2}$$

其中雷诺应力张量为

$$-\rho\overline{u'_iu'_j}=R_{ij}=-\rho\begin{Bmatrix}\overline{u'u'} & \overline{u'v'} & \overline{u'w'}\overline{v'u'}\\ \overline{w'u'} & \overline{w'v'} & \overline{w'w'}\end{Bmatrix}=$$

$$\mu_t\left(\frac{\partial\bar{u}_i}{\partial x_j}+\frac{\partial\bar{u}_j}{\partial x_i}\right)-\frac{2}{3}\delta_{ij}\left(\rho k+\mu_t\frac{\partial\bar{u}_{\mathrm{m}}}{\partial x_{\mathrm{m}}}\right) \tag{3}$$

在本书的研究中，综合考了 SST $k-\omega$ 湍流模型的优点，选用该湍流模型来封闭 RANS 方程组。SST $k-\omega$ 湍流模型它综合了在边界层内能较好模拟低雷诺数流动的标准 $k-\omega$ 湍流模型和在边界层外能较好模拟完全湍流流动的 $k-\varepsilon$ 湍流模型的优点。采用混合函数连

接两个模型，k 和 ω 的输运方程为

$$\frac{\mathrm{d}(\rho k)}{\mathrm{d}t}=\tau_{ij}\frac{\partial u_i}{\partial x_j}-\beta^{*}\rho\omega k+\frac{\partial}{\partial x_j}\left[(\mu+\sigma_k\mu_t)\frac{\partial k}{\partial x_j}\right] \tag{4}$$

$$\frac{\mathrm{d}(\rho\omega)}{\mathrm{d}t}=\frac{\gamma\rho}{\mu_t}\tau_{ij}\frac{\partial u_i}{\partial x_j}-\beta\rho\omega^2+\frac{\partial}{\partial x_j}\left[(\mu+\sigma_\omega\mu_t)\frac{\partial\omega}{\partial x_j}\right]+2\rho(1-F_1)\sigma_{\omega 2}\frac{1}{\omega}\frac{\partial k}{\partial x_j}\frac{\partial\omega}{\partial x_j} \tag{5}$$

以上的 CFD 方程都是高度非线性的，无法直接求解。因此，需要将 CFD 方程线性化。将流场域离散成许多网格，然后线性化，得到线性方程组的数值解。为了研究弹体轴向法向力分布对火箭弹静气动弹性的影响，因此将火箭弹沿着轴向分成 24 段，从而可以计算出每一个小段上面的法向力。本书所建立的火箭弹流场域计算网格数量为 92.8 万，$Y^{+}\leqslant 5$，流场计算网格如图 2(a)所示，弹体表面的网格如图 2(b)所示，可以看出弹体表面流场网格被分成了 24 段。

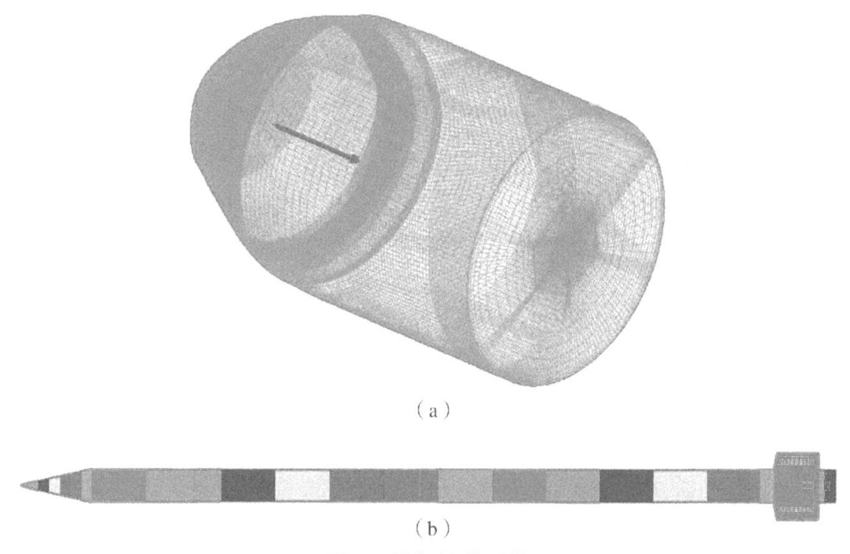

(a)

(b)

图 2　流场计算网格

(a)流场计算网格图；(b)弹体表面网格图

密度、速度、压力等可以通过求解每个网格节点处的 SST 湍流模型和 RANS 方程来计算，然后分别求出法向力、轴向力、升力、阻力、俯仰力矩系数和压心系数。

$$C_{\mathrm{N}}=N/q_\infty S \tag{6}$$

$$C_{\mathrm{A}}=A/q_\infty S \tag{7}$$

$$C_{\mathrm{L}}=C_{\mathrm{N}}\cos\alpha-C_{\mathrm{A}}\sin\alpha \tag{8}$$

$$C_{\mathrm{D}}=C_{\mathrm{N}}\sin\alpha+C_{\mathrm{A}}\cos\alpha \tag{9}$$

$$C_{\mathrm{m}}=M/q_\infty Sl \tag{10}$$

$$x_{\mathrm{cp}}=x_{\mathrm{cg}}-(C_{\mathrm{m}}/C_{\mathrm{N}}) \tag{11}$$

式中：C_{N} 是法向力系数；C_{A} 是轴向力系数；C_{L} 是升力系数；C_{D} 是阻力系数；C_{m} 是俯仰力矩系数；x_{cp}是压心位置；x_{cg}是重心位置；$q_\infty=\frac{1}{2}\rho v^2$ 为动压；S 为截面积；l 为参考长度。

在计算方法上采用全隐式多网格完全耦合求解技术，同时求解动量方程和连续性方程，相比传统算法需要“假设压力项-求解-修正压力项”的反复迭代过程要快许多。

采用 CFX 软件的 CEL 语言编写包含来流参数及气动系数计算公式的 CCL 文件如下：

```
LIBRARY:
CEL:
EXPRESSIONS:
Ma=340[m/s]
Uinf=0.4*Ma
AOA=4[deg]
Ux=Uinf*cos(AOA)
Uy=Uinf*sin(AOA)
Denom=0.5*massFlowAve(Density)@Inlet*Uinf^2*S
S=3.14*(0.3/2)[m]*(0.3/2)[m]
Fx=force_x()@rocket
Fy=force_y()@rocket
Lift=cos(AOA)*Fy-sin(AOA)*Fx
Drag=cos(AOA)*Fx+sin(AOA)*Fy
cD=Drag/Denom
cL=Lift/Denom
cN=Fy/Denom    cm=torque_z()@rocket/(Denom*7.6[m])
Xcp=-cm/cN
END
END
END
COMMAND FILE:
Version=16.0.0
```

1.2 CSD 控制方程

静气动弹性分析涉及静态响应的计算，结构或部件中不产生显著惯性和阻尼效应。静气动弹性是由气动力与弹性力耦合引起的，因此需要通过气动分析与结构分析方法的耦合迭代求解。线性结构响应求解方程表示为

$$[K]\{\delta\}=\{F\} \tag{12}$$

式中：$[K]$、$\{\delta\}$、$\{F\}$分别是刚度矩阵、位移矢量和由 CFD 方程组计算出来的火箭弹表面压力。

火箭弹的结构场求解也需要将结构域离散成许多网格单元，所建立的火箭弹有限元网格如图 3 所示。网格单元采用都是 shell181 壳单元。火箭弹弹体由厚度为 4 mm 的刚材料构成。为了将 CFD 计算出的压力可以插值到火箭弹轴向每一小段上，因此也将火箭弹结构

域切割成 24 段，与 CFD 网格部分一一对应。

图 3 固体域网格

采用惯性释放的方法来实现火箭弹自由-自由的边界条件。

1.3 **动网格方法和耦合面边界条件**

本书采用全局守恒插值方法对不同计算网格中的 CFD 和 CSD 数据进行传输。利用 ANSYS Workbench 生成的映射对耦合界面两侧不同网格间的载荷进行插值。流体和结构解算器通过一系列迭代前进。流场与结构场的耦合交界面上需要满足以下的条件：

$$d_f = d_s \tag{13}$$

$$n \cdot \tau_f = n \cdot \tau_s \tag{14}$$

式中：下标 f 和 s 分别代表流体和固体；d 是位移场；τ 是应力场；n 代表法向方向。

本书采用的动网格方法为 CFX 软件中的基于单元体积的网格扩散光顺的方法。动网格计算过程中，为了避免流场中心域或者靠近火箭弹壁面地方的由于网格变形太迅速而造成网格扭曲或者负体积网格产生，从而导致计算失败。因此，将靠近火箭弹物面的小体积网格单元的网格刚度系数调大，主要依靠靠近远场的大体积网格变形来吸收火箭弹的静气动弹性变形。采用这种方法可以保证计算有效的进行同时也保证了仿真网格的质量。

2. 模型验证

以 AGARD 445.6 模型作为静气动弹性双向流固耦合验证算例。AGARD 445.6 机翼的结构参数详见文献[187]。CFD 网格和 FEM 网格以及双向耦合流程图如图 4 所示。计算所需的来流条件中马赫数 $Ma=0.8$，来流攻角为 $\alpha=1°$，来流速度 $u=247.09$ m/s，密度 $\rho=0.09411$ kg/m^3。

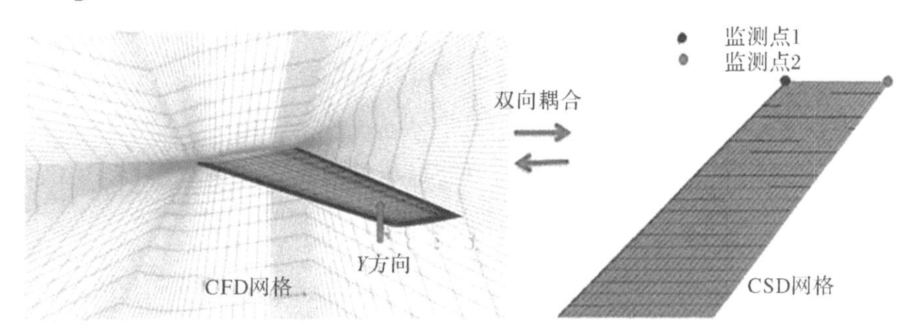

图 4 AGARD 445.6 机翼静气弹流程图

AGARD 445.6 机翼静气弹 Y 方向变形计算的迭代过程如图 5 所示。从图 5 中可以看出，AGARD 445.6 机翼在 200 个迭代步之后监测点处的变形已经不再发生变化，对应的值即为机翼的静气弹变形的最终结果。图 6 为 AGARD 445.6 机翼静气弹变形云图。在表 1 中对比了本书的静气弹计算结果与文献[187]的计算结果，误差较小，验证本书数值建模方法的正确性。

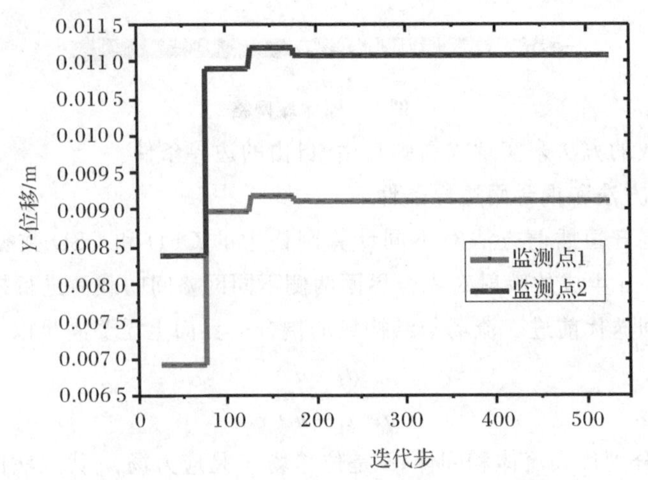

图 5 AGARD 445.6 机翼静气弹变形迭代过程

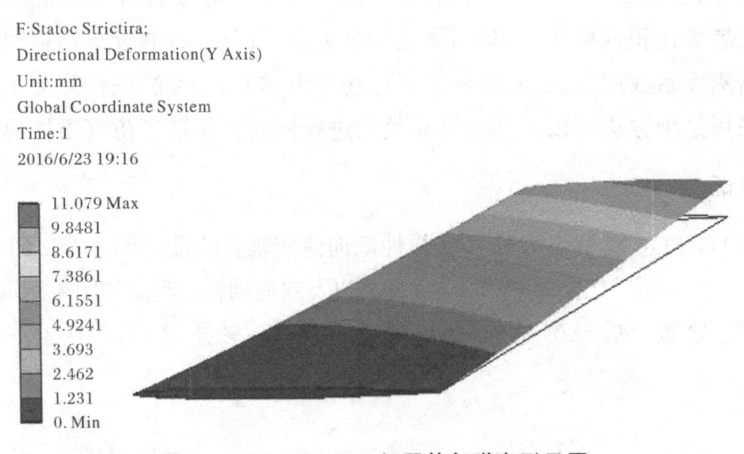

图 6 AGARD 445.6 机翼静气弹变形云图

表 1 静气弹变形结果对比

位置/mm	本 书	文 献	文 献
监测点 1	9.134 3	10.722 1	9.168 9
监测点 2	11.078	11.940 3	10.909 2

3. 结果分析

首先计算了刚性火箭弹的阻力系数、升力系数、俯仰力矩系数随着马赫数的变化值，并与实验数据对比结果较好，验证了流场域数值模型的准确性，如图 7 (a)(b)(c)所示，误差均在 15%以内。

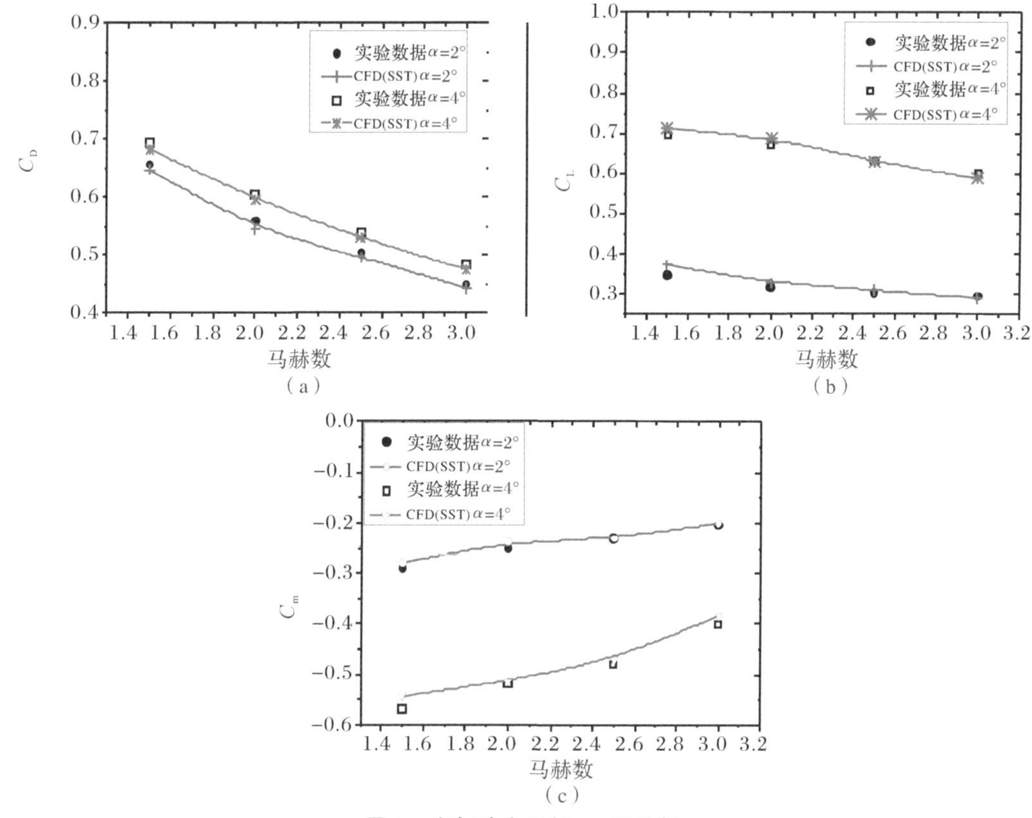

图 7　空气动力系数 vs. 马赫数

(a)C_D vs. Ma；(b)C_L vs. Ma；(c)C_M vs. Ma

验证了流场域的数值方法之后，采用同样的流场域数值方法耦合有限元模型进行两端自由-自由的卷弧翼火箭弹静气动弹性。计算了双向流固耦合情况下马赫数为 2、3，攻角为 4°时火箭弹轴向的法向力分布。从图 8(a)可以看出，卷弧翼火箭弹的总变形在 160 个迭代步之几乎不再发生变化，说明此时计算收敛。从图 8(b)可以看出，在火箭弹的弹头和卷弧翼处的法向力显著大于火箭弹弹身中间位置。

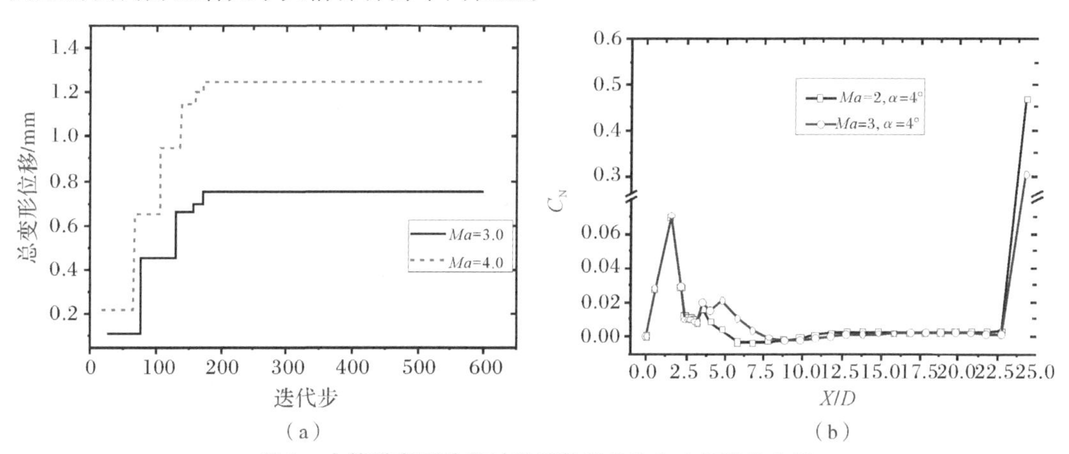

图 8　火箭弹变形迭代过程及沿弹身法向力系数分布图

(a)火箭弹迭代变形过程；(b)法向力系数沿弹身分布

根据所采用的惯性释放方法的原理可知，软件通过计算出的同等大小惯性力来平衡掉弹体表面的提供载荷，且以火箭弹上的某点为虚支座，然后进行静力计算，计算出火箭弹其他所有节点相对于虚支座的位移。从图 9 (a)(b)可以看出，火箭弹 Y 方向变形都是向上弯曲的，结合图 8 看以看出，火箭弹 Y 方向的变形是由法向力决定的，因为火箭弹两头的法向力大，中间小，因此，火箭弹的弯曲形态是两头翘起，中间凹下。

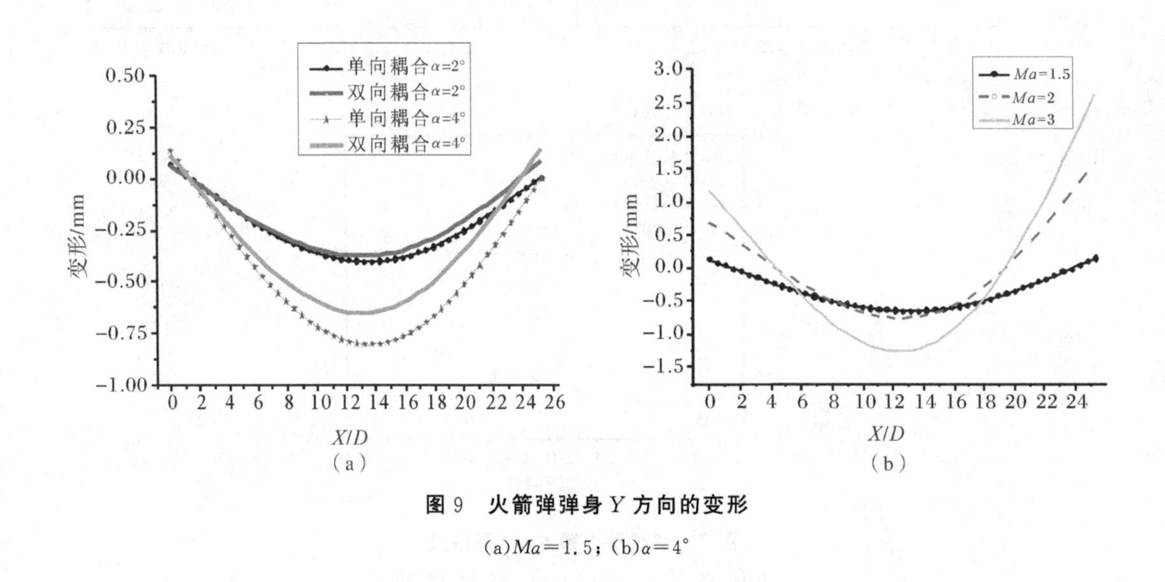

图 9　火箭弹弹身 Y 方向的变形

(a)$Ma=1.5$；(b)$\alpha=4°$

$Ma=1.5$，攻角为 2°和 4°情况下，单向和双向流固耦合情况下火箭弹的静气动弹性变形计算结果如图 9(a)所示。从图 9 中可以看出，在小攻角情况下，单向和双向耦合情况下的计算结果很接近。在攻角变大后，两种方法的计算结果相差变大，但依然在一个数量级以上。双向耦合计算出的变形结果比单向耦合计算出的结果略小，这是由于采用双向流固耦合方法计算出的火箭弹弹性变形后弹身法向力变小造成的。图 9(b)是采用双向流固耦合的方法，攻角为 4°，Ma 为 1.5、2、3 时火箭弹的弹身 Y 方向静气动弹性变形图。从图 9 中可以看出，最大变形总是在弹身中间处，且速度越大变形越大。

图 10 为火箭弹马赫数为 1.5，攻角为 2°时火箭弹的总变形云图和流线图。为了静气动弹性变形对柔性火箭弹气动特性的影响。分别计算了刚性火箭弹和柔性火箭弹在不同攻角、不同速度情况下的阻力系数，升力系数，俯仰力矩系数，压心位置随马赫数变化图。从图 11(a)(b)(c)(d)可以看出，柔性火箭弹相比刚性火箭弹阻力系数变小、升力系数变小，俯仰力矩系数变大，压心位置前移，且攻角越大、速度越大，这种差别越大。火箭弹静气动弹性变形引起压心前移，将导致火箭弹静稳定性降低。气动特性的变化将影响火箭弹的飞行弹道。

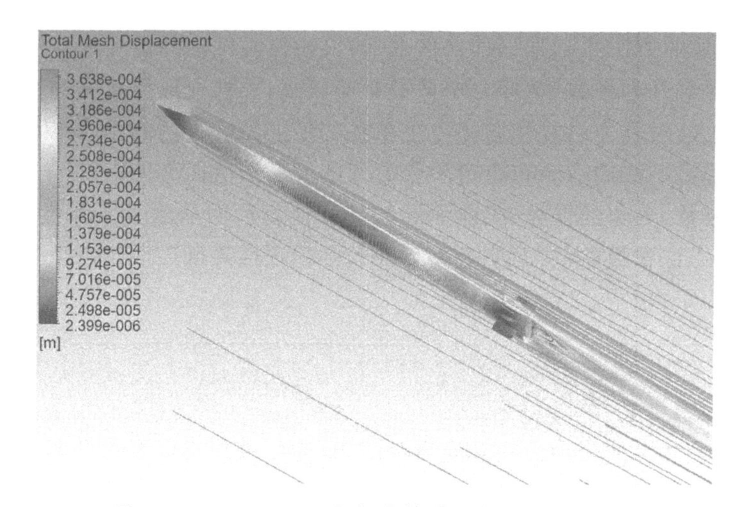

图 10　$Ma=1.5$，$\alpha=2°$时，火箭弹总变形和流线云图

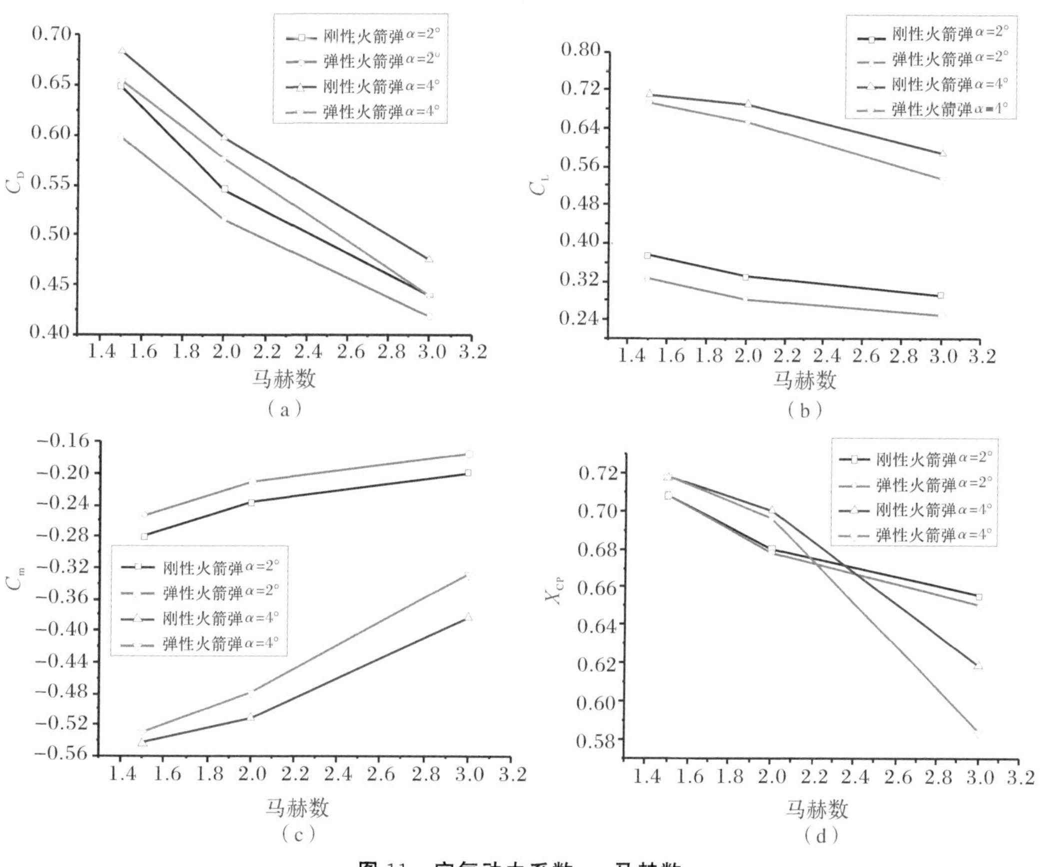

图 11　空气动力系数 vs. 马赫数

(a)C_D vs. Ma；(b)C_L vs. Ma；(c)C_M vs. Ma；(d)X_{cp} vs. Ma

4. 结论

基于 ANSYS CFX 流体仿真平台、ANSYS Workbench 多物理耦合平台以及双向流固耦合的方法对细长火箭的气动特性和静气动弹性进行了仿真分析。采用扩散光顺的动网格

技术以及惯性释放的方法来计算“自由-自由”的火箭弹静气动弹性变形,得到如下结论:

(1)柔性变形对升力系数、俯仰力矩系数影响较大,柔性变形导致升力系数变小,俯仰力矩系数绝对值变大,对升力系数和俯仰力矩系数的最大影响可达到10%以上;

(2)火箭弹弹身的法向力分布决定了火箭弹的静变形弯曲方向;

(3)随着马赫数、攻角的增加,火箭弹静气动弹性变形明显增大。弹性变形引起的气动参数改变导致压心位置提前,从而使得火箭弹的静稳定性降低。

练习 2

1. 计算方法

1.1 **翼型轮廓生成**

为了计算翼型相关的气动参数和噪声等级,首先要合理选择翼型的型线函数,画出二维翼型几何轮廓。翼型型线研究通常基于 Joukowski 保角变换理论,可以将复平面 Z 上的一偏心圆 Zc 通过保角变换,变到另一复平面 ζ 上变成另一个图形,如图 1 所示。该图形是与翼型相似的曲线,表达式为

$$\zeta = f(zc) = zc + a^2/zc \tag{1}$$

式中:a 为翼型弦长的 1/4,而复平面上的圆需要经过 $x=a$ 这个点,来让翼型的后缘产生尖角。

在另一复平面ς上,翼型就可以用以下公式描绘出来:

$$\left.\begin{aligned} x &= (r + a^2/r)\cos\theta \\ y &= (r - a^2/r)\sin\theta \end{aligned}\right\} \tag{2}$$

式中:y 为翼型在复平面 ζ 上纵坐标,x 为横坐标;θ 为幅角,r 为翼型在复平面中的矢径。

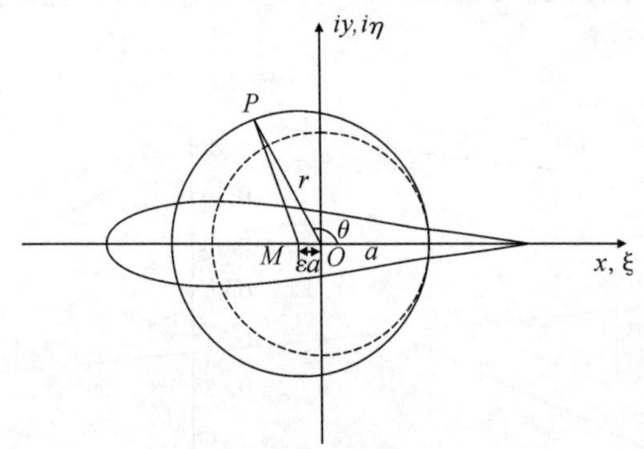

图 1 翼型保角变换

在此基础上产生的翼型虽然与实际使用的翼型相近,但坐标关系是无法完全对应的。之后西奥道森发现将实际翼型逆向转换,即可得到的一个相应的拟圆。由此,该拟圆可以用一个方便而且通用的公式表达,即

$$z = a\exp[\varphi(\theta) + \mathrm{i}\theta] \tag{3}$$

式中:θ 为幅角;$\varphi(\theta)$是函数的主要变量。当 $\varphi(\theta)$为常数时,式(3)即为圆形。通过选取不同的 $\varphi(\theta)$下,就能得到不同的翼型,如不同的厚度及最大厚度所在位置、弯度及最大弯度所在位置、前缘半径及尾缘夹角。

$\varphi(\theta)$可以用泰勒展开为

$$\varphi(\theta)=\sum_{k=1}^{n}ak\ (1-\cos\theta)^{k}+bk\ \sin^{k}\theta,\quad k=1,2,3,\cdots,n \tag{4}$$

式中:k,ak,bk 等参数为经验参数,并无实际物理意义。但改变这些参数就能获得不同的函数 $\varphi(\theta)$,描绘出不同的翼型。式(4)将翼型的型线用一个非线性多元函数描绘出来。

1.2 **优化方法**

本书采用基于黏性-无黏性迭代方法开发的 xfoil 软件计算翼型气动特性。该程序同时求解边界层和位势流方程无黏流动,判断层流湍流过渡点,特别适用于带过渡分离气旋的低雷诺数翼型流动的快速分析。计算出的气动参数用于判断翼型优劣。

本书使用优化算法与翼型气动仿真模型相结合,以高升阻比低噪声的翼型为设计目标,对翼型的外形进行优化,建立了风力机叶片优化设计模型。

1.2.1 **优化条件**

优化模块中,选择 $\varphi(\theta)$ 的前十项系数作为设计变量,记为 $X=(x_1,x_2,x_3,x_4,x_5,x_6,x_7,x_8,x_9,x_{10})$。通过设计这些变量,得到不同的函数 $\varphi(\theta)$,将 $\varphi(\theta)$ 带入式(3)即可得到相应参数下的翼型。

风力机是捕获风能的工具,所以风能转换为机械能的效率是决定风力机好坏的至关重要的条件。作为风力机的核心部件,叶片又对捕风效率有重要影响。因此,通常将翼型的最大升力系数或升阻比作为主要的优化目标。具有较高的升阻比翼型,具有更高的捕风效率。因此本书将翼型在设计攻角 8°下的升阻比作为优化目标:

$$f(x)=\max\left(\frac{C_L}{C_d}\right) \tag{5}$$

式中:C_L、C_d 分别为该翼型的升力系数和阻力系数。

翼型厚度作为翼型结构特性中相对较重要的要素,本书选择设计出一个相对厚度为25%的常用翼型,即

$$\frac{d}{c}=0.25 \tag{6}$$

式中:c 是翼型弦长;d 是垂直于翼型弦线上的最大厚度。

为防止翼型局部修型失去翼型的形状,设计变量变化范围也要限定在一定范围内,所以对设计变量 X 设下如下上下边界条件:

$$X-0.001|X|<X<X+0.001|X| \tag{7}$$

尾缘噪声是风力机运行中最主要的噪声。Heller 和 Dobrzynski[12] 根据合理的实验得出结论:在一定攻角条件下,噪声主要来源于翼型吸力面边界层。根据 BPM 模型[13],也可看出主要由尾缘上边界层构成了尾缘噪声。因此,在一定的攻角及黏性条件下,尾缘噪声主要由尾缘区吸力面边界层的厚度决定,而尾缘区上边界层厚度则与翼型有关,通过改变翼型上边界层厚度即可控制翼型的噪声。上边界层越薄,翼型噪声越小。因此本书在优化翼型过程中,将上边界层厚度作为限制翼型自身噪声的主要条件,让优化后的翼型尾缘吸力面边界层厚度小于初始翼型边界层厚度,来判断翼型自身噪声是否降低,由此约束为

$$BL_n<BL_c \tag{8}$$

式中:BL_n 是当前翼型上边界层厚度;BL_c 为初始翼型尾缘吸力面边界层厚度。

为了保证翼型有一定的气动性能,不会为了满足低噪声,牺牲过多升阻比,还对升阻比

进行约束,即

$$\frac{C_L}{C_d} \geqslant 135 \tag{9}$$

1.2.2　**优化流程**

本书采用直接优化方法,将求解翼型气动性能的 xfoil 程序与翼型的参数方程相结合,在一次迭代中得到相应翼型的升力、阻力、边界层厚度等几何和气动参数,以升阻比为目标函数,以噪声、翼型厚度等为限制条件,通过优化程序不断改变参数方程中的参数得到不同的几何形状来寻找限制条件下升阻比最大值。高升力和低阻力是设计的基本目标,同时兼顾噪声,设计出符合具体状况最合适的翼型。

优化流程为:首先基于一定的设计参数画出原始翼型,然后利用 xfoil 求解器计算得到翼型相应的参数,在此基础上优化算法根据设置条件对设计参数进行相应的优化以接近目标条件,最后判断翼型是否满足输出条件。满足后输出设计参数,若不满足则继续优化,对翼型进行逐步的修型,直到获得期望的高升阻比低噪声翼型。基本流程框架如图 2 所示。

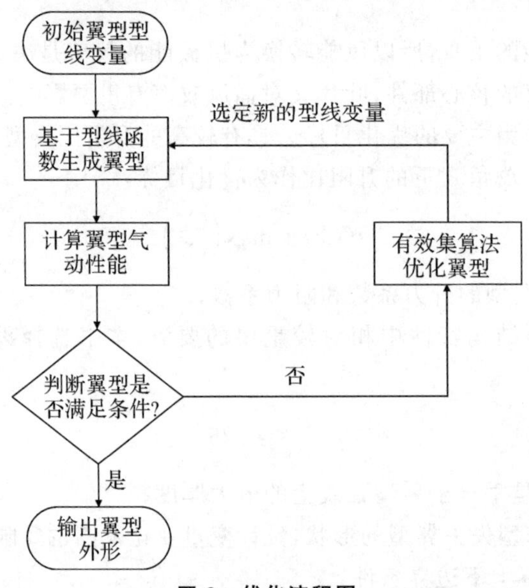

图 2　优化流程图

1.2.3　**优化算法**

本书模型本质为求解约束优化问题,因此优化算法选择有效集法算法。有效集法最早由 Polyak 为求解凸二次规划问题而提出,其特点是迭代点会循着约束边界前进,直到达到问题的最优点。

本书利用有效集从描绘初始翼型的设计参数 $X_0=(x_1,x_2,x_3,x_4,x_5,x_6,x_7,x_8,x_9,x_{10})$这个初始点出发,进行寻优迭代,在每一次迭代过程中产生一个有效集的估计,将问题转化为等式约束问题进行求解,经过反复筛选最终得到最优解。

2. 计算结果及分析

2.1　优化算例

运用上述建立的优化设计仿真模块,选取设计攻角 8°和雷诺数 3 000 000 为初始条件,翼型弦长为1，尾缘钝度固定为0.001，本书对厚度为26.86%的初始翼型进行优化，以设计相对厚度为25%的高升阻比低噪声翼型为设计目标，基于上述目标函数和约束条件，设计得到优化后的高升阻比低噪声翼型。

优化前后翼型的几何参数变化见表1。从表1可以看出，翼型的弯度及弦向位置都没变，主要改变的就是最大相对厚度减小。相应地，在8°设计攻角下，翼型的升力和阻力都减小了，但升阻比增大了，满足了设计要求。尾缘吸力面边界层厚度有略微的减小，翼型自身噪声也会有相应的下降。

表1 优化前后翼型的各项参数

翼型	厚度	最大厚度弦向位置	弯度	最大弯度弦向位置	升力	升阻比	尾缘吸力面边界层厚度
初始翼型	26.86%	0.2	0.051	0.53	1.702 4	141.74	0.012 2
优化翼型	25%	0.2	0.051	0.53	1.692 0	146.11	0.011 0

化前后翼型对比如图3所示。从图3中可以看出，两个翼型最大相对厚度位置都偏前，翼型整体外形并没有太大的变化，主要在弦向位置0.2处减小厚度修型，使翼型满足约束要求。翼型的前缘半径也有相应的减小，但尾缘部分几乎相同。

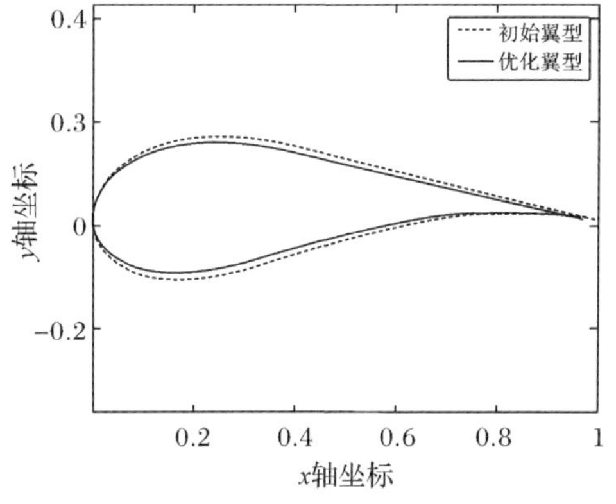

图3 优化前后翼型形状对比图

图4为初始翼型和优化翼型在3 000 000雷诺数下，随着攻角在−5°～25°变化，升力、阻力和升阻比相应变化的曲线。

图4(a)为两个翼型的升力系数随攻角变化曲线，在攻角为−5°～15°时，都呈现线性增长；但在攻角大于15°以后，翼型失速，升力系数就都开始减小。初始翼型攻角在15°左右，最大升力系数达到2.28；而优化翼型攻角在16°时，最大升力系数达到2.32。对比两个翼型，在攻角大于13°以后，优化翼型升力系数明显高于初始翼型。27%的最大相对厚度限制了最大升力系数的大小，适当减小可得到更大的最大升力系数。最大相对厚度更小的优化翼型，失速攻角也要略大于初始翼型。

图4(b)为两个翼型的阻力系数随攻角变化曲线，攻角在−5°～13°间变化时，阻力系数都没有较大变化；但在攻角大于13°以后，阻力系数呈现飞速增长，同时优化翼型阻力系数明显都要低于初始翼型，减少了风能的损耗。当攻角为15°时，翼型阻力系数曲线斜率变化最为剧烈，此时翼型也开始转换成失速状态。

图 4(c)为两个翼型的升阻比系数随攻角变化曲线，从图中可以看出，优化后的翼型在各攻角下，升阻比明显优于初始翼型，并且表现出更好的失速特性。并且攻角在 6°～12°的设计运行范围内，优化翼型比初始翼型的升阻比变化更平缓，可更有效地捕捉风能。初始翼型的最大升阻比为 141.74；优化翼型最大升阻比 146.11，都在攻角为 8°处得到，可以看出升阻比有明显提升。

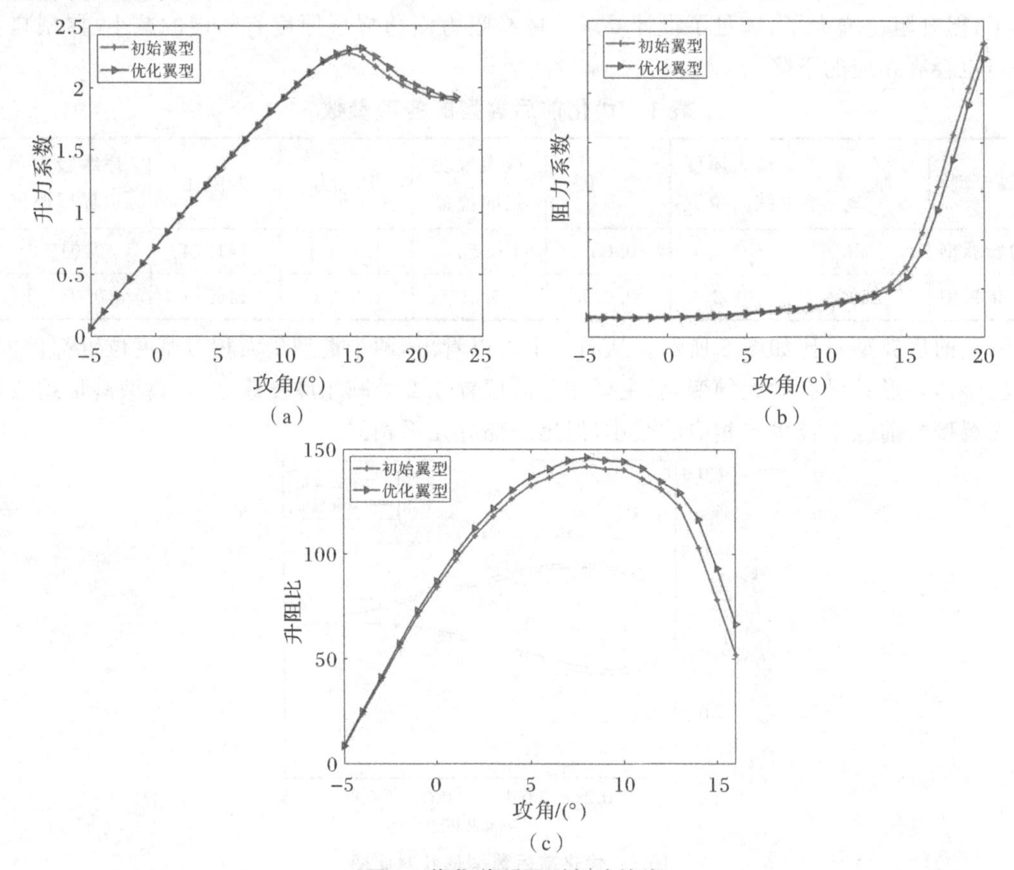

图 4　优化前后翼型气动性能

(a)升力曲线；(b)阻力曲线；(c)升阻比曲线

2.2　噪声验证

本书采用 NAFNoise 软件对翼型自身噪声进行预测分析，并验证优化翼型噪声是否降低。NAFNoise 软件由 Moriarty 等人做出，引入了 BPM 模型、TNO 湍流边界层尾缘噪声模型和 Amiet 湍流来流噪声预测模型，对预测翼型噪声具有一定参考性。计算初始参数见表 2。

表 2　NAFNoise 计算初始参数设置

声速/($m\cdot s^{-1}$)	337.755 9	翼展长度/m	1
黏性系数/($Pa\cdot s$)	$1.452\,9\times10^{-5}$	翼型弦长/m	1
空气密度/($kg\cdot m^{-3}$)	1.225	攻角/(°)	5
来流速度/($m\cdot s^{-1}$)	43.587	尾缘钝度/m	0.001
钝度角	12.5°	观察角度	90°
观测距离/m	1		

图 5 是优化翼型在设定工况下，以 1/3 倍频程频画出的翼型自身噪声曲线图，由图可看出：当频率小于 1 000 Hz 时，吸力面噪声占翼型自身噪声的主要部分；当频率大于 1 000 Hz 时，压力面噪声占主要部分。相比于压力面噪声，吸力面噪声更为突出。在吸力面噪声达到峰值的 200 Hz 频率处，总噪声也达到最大值。

经过加权计算，初始翼型自身噪声为 75.65 dB，而优化翼型自身噪声为 75.08 dB。根据图 6 可以看出，优化过后升阻比有了一定的提高，翼型自身噪声并没有相应地增大，而是也很好地限制在一定范围内。当频率低于 200 Hz 时，优化翼型的翼型自身噪声明显低于初始翼型。频率在 200 Hz 处，翼型噪声达到最大值。总体上看，优化过后翼型的噪声具有更优的噪声性能。

图 7 是初始翼型和优化翼型自身噪声随攻角变化图。除了攻角，其余工况不变。由图可看出，噪声曲线主要在攻角 10°处显著高于其他攻角处。对比两个翼型，优化翼型在各个攻角下，产生的翼型自身噪声都要小于初始翼型。尤其表现在 11°攻角附近，优化翼型峰值噪声比初始翼型低了 1.3 dB。

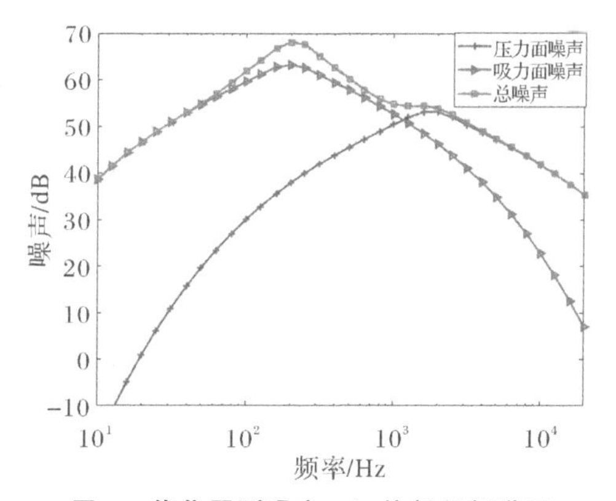

图 5　优化翼型噪声 1/3 倍频程频谱图

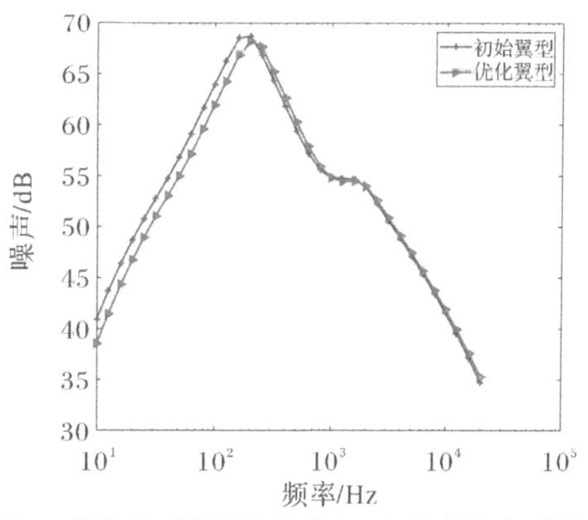

图 6　优化前后翼型自身噪声 1/3 倍频程频谱图

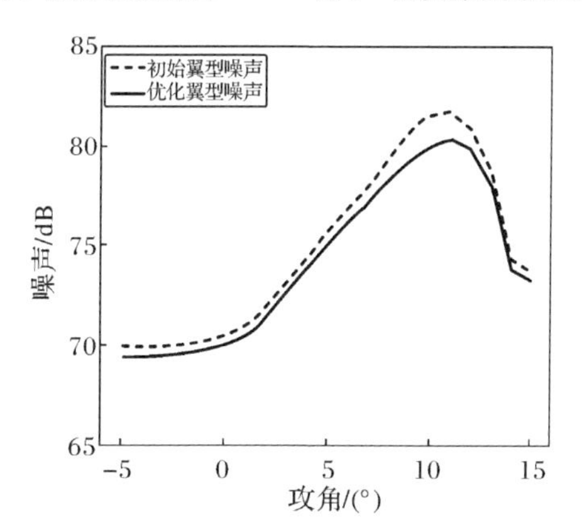

图 7　各攻角下优化前后翼型噪声对比图

3. 结论

本书基于翼型型线函数、有效集算法和 xfoil 计算，建立了高升阻比低噪声翼型优化设计模型，并用本方法完成一优化算例，验证了模型的可用性。优化结果表明：

(1)用上边界层厚度代表翼型噪声进行优化具有可行性,简略了优化模型中翼型噪声计算过程,提高了计算效率;

(2)薄翼型受到阻力小,更易获得高升阻比;

(3)有效集算法对一翼型进行优化,可以从初始翼型出发,对翼型逐步修型,更易获得规定厚度下的翼型,但需要多次迭代,计算时间较长。

练习 3

图 1(a)为亚声速和跨声速计算流场区域,$Ma<1.4$。远场前端距离弹头约 $10D$,后端距离弹尾约 $15D$,周向距弹体约 $12D$。图 1(b)为超声速计算流场区域,$Ma>1.4$。远场前端距弹头约 $1D$,后端距弹尾约 $8D$,周向距弹身约 $5D$。同样,设定 F4 弹为刚体,不考虑受力变形。F4 弹流场条件及转速见表 1。远场自由来流同样采用标准大气条件,攻角 0°到 5°不等。

表 1　F4 弹来流速度与转速关系

马赫数	$u_\infty/(\mathrm{m\cdot s^{-1}})$	旋转速率/$(\mathrm{rad\cdot s^{-1}})$
0.8	272	62.8
1.2	408	62.8
2	680	62.8

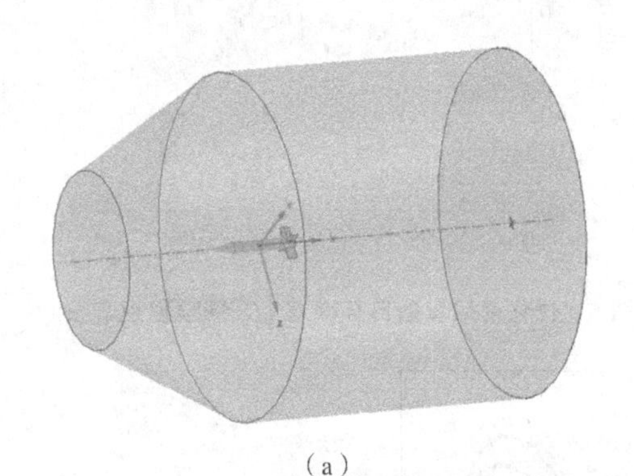
(a)

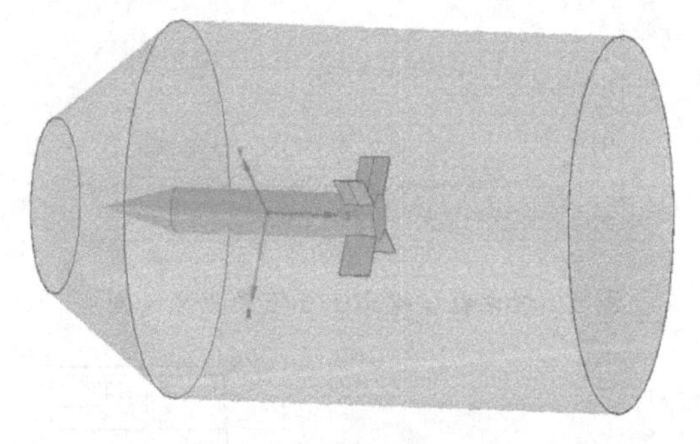
(b)

图 1　F4 弹几何模型和流体控制域

(a)流体控制域($Ma<1.4$);(b)流体控制域($Ma>1.4$)

此处研究的对象是旋转弹箭的气动特性问题,因此可以在旋转坐标系下求解流体控制方程,通过添加附加的加速度项来完成对动量方程的处理。对于光弹体 M910 弹丸,本书采用 moving wall 来处理,对于翼身组合体 F4 弹模型采用单一的旋转坐标系模型(SRF)来处理弹的旋转问题。在旋转的参考坐标系下,靠近壁面的单元区域是移动的,需要指定的是相对旋转域的旋转速度。如果选择的是绝对速度,那么速度为零就意味着壁面在绝对坐标系中是静止的。本书都是指定为相对速度,相对速度为零就代表在相对坐标系中壁面是静止的。因此,选择在绝对坐标系中以相对于邻近单元的速度计算,就相当于壁面固定在旋转的参考坐标系上,优点是修改邻近单元区域的速度时不需要对壁面的速度做任何修改。

计算中选用涡黏模型(EVM)中的 SST $k-\omega$ 湍流模型,采用隐式时间推进法。隐式时间推进法具有很好的稳定性,并且可以取较大的时间步长,迭代次数少。特别是在对于超声速黏性流动，飞行器近壁面处的流场会产生急剧的变化，在近壁面处和激波处需要很密的网格的这种情况下，隐式方法具有突出的优势。

对于F4弹模型，流体与壁面间相互作用，很多因变量具有较大的梯度，而且黏度对传输过程有很大的影响。为了准确模拟滚转阻尼等系数以及流场与固体交接面附近的温度梯度。在对边界层内进行网格加密，保证 $y^{+}\leqslant 0.5$，保证有十层以上的网格在边界层内。在激波处也进行了加密，保证一定计算精度下，能够较好预测激波和边界层相互作用带来的影响。本书采用多Block生成流场拓扑结构，外O Block生成弹体边界层的方法，生成了高质量的结构化网格。F4弹的流场计算网格如图2所示。

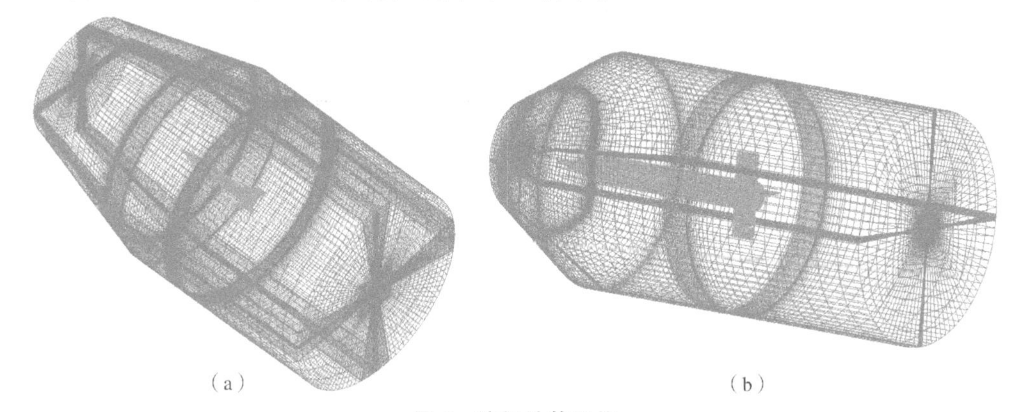

(a)　　(b)

图2　流场计算网格

(a) F4弹流场计算网格($Ma<1.4$)；(b)F4弹流场计算网格($Ma>1.4$)

项目三　水下航行器舵系统流固耦合动力学仿真技术与工程应用

练习1

1. 计算方法

1.1　ONERA失速气动力模型

ONERA气动模型利用小幅度振动试验数据来预估失速振动时受到的气动力，并且模型中的线性部分模拟了Theodorsen气动力，非线性部分对静态失速影响进行了考虑。ONERA气动力模型，其表达式在各个文献中各不相同，本书选用的气动力模型表达式为

$$\left.\begin{aligned}
&C_z=C_{za}+C_{zb}\\
&C_{za}=t_\tau s_{z1}\dot{\alpha}+t_\tau^2 s_{a2}\ddot{\theta}+t_\tau s_{z3}\dot{\theta}+C_{zy}\\
&t_\tau\dot{C}_{zy}+\lambda_1 C_{zy}=\lambda_1 C_{oz}(\alpha+t\tau\dot{\theta})+\lambda_2 a_{oz}(t_\tau\dot{\alpha}+t_\tau^2\ddot{\theta})\\
&t_\tau^2\ddot{C}_{zb}+t_\tau r_{1z}\dot{C}_{zb}+r_{2z}C_{zb}=-r_{2z}\Delta C_z-t_\tau r_{3z}\frac{\partial\Delta C_z}{\partial\alpha}\dot{\alpha}
\end{aligned}\right\}\tag{1}$$

其中：$t_\tau=\dfrac{b}{V}$；$A=\theta-\dfrac{\dot{h}}{V}$；$\alpha$ 为有效攻角，θ 为瞬时攻角，b 为翼型半弦长，h 代表翼型的俯仰位移。当 $z=L$，表示的为升力相关系数，$z=M$ 时，表示的为力矩相关系数。

因为 ONERA 气动模型可以看成线性和非线性两部分，线性部分又表示的是对 Theodorsen 气动力的模拟，所以根据两部分关系，表1给出了线性部分的相关参数值。

表1 ONERA 气动模型线性部分相关参数值

系　数	升力相关系数	力矩相关系数
s_{z_1}	$s_{L_1}=\pi$	$s_{M_1}=-\pi/4$
s_{z_2}	$s_{L_2}=\pi/2$	$s_{M_2}=-3\pi/16$
s_{z_3}	$s_{L_3}=0$	$s_{M_3}=-\pi/4$
α_{oz}	$\alpha_{oL}=5.9$	$\alpha_{oM}=0$
λ_1	0.15	
λ_2	0.55	

非线性部分是对静态失速的影响的考虑，其中相关的参数值为

$$r_{1z}=\begin{cases}0.25+0.1\Delta C_z^2, & Re>340\ 000\\ 0.25+0.4\Delta C_z^2, & Re\leqslant 340\ 000\end{cases}\qquad r_{1L}=r_{1M} \tag{2}$$

$$r_{2z}=\begin{cases}(0.2+0.1\Delta C_z^2)^2, & Re>340\ 000\\ (0.2+0.23\Delta C_z^2)^2, & Re\leqslant 340\ 000\end{cases}\qquad r_{2L}=r_{2M} \tag{3}$$

$$r_{3z}=\begin{cases}(0.2+0.1\Delta C_z^2)^2(-0.6\Delta C_z^2), & Re>340\ 000\\ (0.2+0.23\Delta C_z^2)^2(-2.7\Delta C_z^2), & Re\leqslant 340\ 000\end{cases}\qquad r_{3L}=r_{3M} \tag{4}$$

式中：ΔC_z 为静态空气动力系数曲线的线性延长部分与非线性部分的差，可见图1中的展示，同时表示为

$$\Delta C_z(\alpha)=\alpha_{oz}\alpha-C_z(\alpha) \tag{5}$$

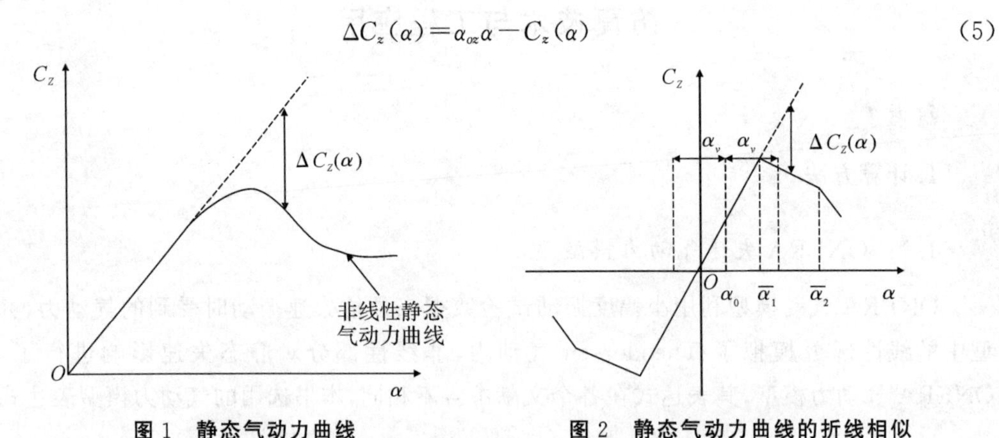

图1 静态气动力曲线　　　　图2 静态气动力曲线的折线相似

通常，为了简化计算，将静态气动力曲线用其折线相似代替，因此 ΔC_z 可以写为

$$\Delta C_L=\begin{cases}0, & 0<\alpha\leqslant\bar{\alpha}_1\\ 6.322\ 84(\alpha-\bar{\alpha}_1), & \bar{\alpha}_1<\alpha\leqslant\bar{\alpha}_2\\ 6.322\ 84(\alpha-\bar{\alpha}_1)-0.422\ 84(\alpha-\bar{\alpha}_2), & \alpha>\bar{\alpha}_2\end{cases} \tag{6a}$$

$$\Delta C_L=\begin{cases}0, & -\bar{\alpha}_1<\alpha\leqslant 0\\ 6.322\,84(\alpha+\bar{\alpha}_1), & \bar{\alpha}_2<\alpha\leqslant\bar{\alpha}_1\\ 6.322\,84(\alpha+\bar{\alpha}_1)-0.422\,84(\alpha+\bar{\alpha}_2), & \alpha\leqslant\bar{\alpha}_2\end{cases} \tag{6b}$$

$$\Delta C_M=\begin{cases}0, & 0<\alpha\leqslant\bar{\alpha}_1\\ 0.653\,17(\alpha-\bar{\alpha}_1), & \bar{\alpha}_1<\alpha\leqslant\bar{\alpha}_2\\ 0.623\,17(\alpha-\bar{\alpha}_1)-0.481\,28(\alpha-\bar{\alpha}_2), & \alpha>\bar{\alpha}_2\end{cases} \tag{6c}$$

$$\Delta C_M=\begin{cases}0, & -\bar{\alpha}_1<\alpha\leqslant 0\\ 0.653\,17(\alpha+\bar{\alpha}_1), & \bar{\alpha}_2<\alpha\leqslant\bar{\alpha}_1\\ 0.653\,17(\alpha+\bar{\alpha}_1)-0.481\,28(\alpha+\bar{\alpha}_2), & \alpha\leqslant\bar{\alpha}_2\end{cases} \tag{6d}$$

其中：$\bar{\alpha}_1=0.139\,6$ rad$=8°$；$\bar{\alpha}_2=0.314\,2$ rad$=18°$。

ΔC_z 对 α 的偏导数为

$$\frac{\partial\Delta C_L}{\partial\alpha}=\begin{cases}0, & -\bar{\alpha}_1<\alpha\leqslant\bar{\alpha}_1\\ 6.322\,84, & \bar{\alpha}_1<\alpha\leqslant\bar{\alpha}_2,-\bar{\alpha}_2<\alpha\leqslant\bar{\alpha}_1\\ 5.9, & \alpha>\bar{\alpha}_2,\alpha\leqslant-\bar{\alpha}_2\end{cases} \tag{7a}$$

$$\frac{\partial\Delta C_M}{\partial\alpha}=\begin{cases}0, & -\bar{\alpha}_1<\alpha\leqslant\bar{\alpha}_1\\ 0.653\,17, & \bar{\alpha}_1<\alpha\leqslant\bar{\alpha}_2,-\bar{\alpha}_2<\alpha\leqslant\bar{\alpha}_1\\ 0.171\,9, & \alpha>\bar{\alpha}_2,\alpha\leqslant-\bar{\alpha}_2\end{cases} \tag{7b}$$

1.2 二元翼型非线性气动弹性模型

单位展长的二元机翼结构模型如图 3 所示，不考虑其厚度。该模型长度为 $2b$，有一个刚度系数为 k_h 的拉伸弹簧和一个刚度系数为 k_α 的扭转弹簧。$x_\alpha b$ 是重心到刚心的距离，重心在刚心后面，即重心在 Z 轴的正方向，此时 x_α 为正。$\bar{a}\cdot b$ 为刚心到悬臂梁中点的距离，刚心在中点之后时，$\bar{a}>0$。同时该模型有垂直方向上位移 h 和扭转方向上扭角 α 两个自由度，其中规定：垂直向下和扭转迎风抬头为正。

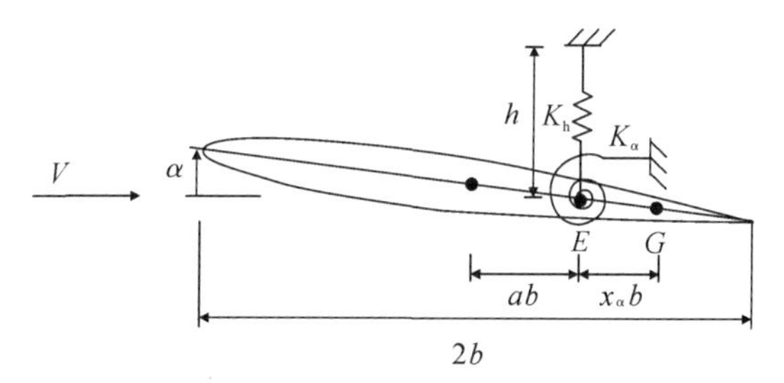

图 3 二元翼型结构模型

对上述的二元机翼结构模型可以推导出气弹方程：

$$\begin{bmatrix}m & mx_\alpha\\ mx_\alpha & me_\alpha^2\end{bmatrix}\begin{bmatrix}\ddot{h}\\ \ddot{\theta}\end{bmatrix}+\begin{bmatrix}k_h & 0\\ 0 & k_a\end{bmatrix}\begin{bmatrix}h\\ \theta\end{bmatrix}=\begin{bmatrix}L\\ T_\alpha\end{bmatrix}=\frac{1}{2}\rho_0V^2c\begin{bmatrix}C_L\\ C_M\end{bmatrix} \tag{8}$$

式中：c 为机翼的弦长；ρ_a 为空气密度；m 为单位展长的机翼质量；L 和 T_α 分别代表气动升

力和力矩；C_L 和 C_M 分别表示升力系数和力矩系数；r_α 为悬臂梁对刚心的回转半径；x_α 为弹性轴与质心距离；V 为来流速度，式中(·)代表对时间的导数。

结合 ONERA 气动力模型对气弹方程建立状态方程：

$$\begin{bmatrix} \boldsymbol{q}' \\ \boldsymbol{q}'' \\ C'_{L\gamma} \\ C'_{M\gamma} \\ C'_{Lb} \\ C''_{Lb} \\ C'_{Mb} \\ C''_{Mb} \end{bmatrix} = \begin{bmatrix} 0 & 1 & 0 & 0 & 0 & 0 & 0 & 0 \\ -\boldsymbol{A}^{-1}\boldsymbol{B} & \boldsymbol{A}^{-1}\boldsymbol{C} & 0 & 0 & 0 & 0 & 0 & 0 \\ 0 & 0 & -\lambda_1/t_\tau & 0 & 0 & 0 & 0 & 0 \\ 0 & 0 & -\lambda_1/t_\tau & 0 & 0 & 0 & 0 & 0 \\ 0 & 0 & 0 & 0 & 0 & 1 & 0 & 0 \\ 0 & 0 & 0 & 0 & 0 & 0 & 0 & 1 \\ 0 & 0 & 0 & 0 & 0 & 1 & -r_{2M}/t_\tau^2 & -r_{1M}/t_\tau \end{bmatrix} \begin{bmatrix} \boldsymbol{q} \\ \boldsymbol{q}' \\ C_{L\gamma} \\ C_{M\gamma} \\ C_{Lb} \\ C'_{Lb} \\ C_{Mb} \\ C'_{Mb} \end{bmatrix} +$$

$$\begin{bmatrix} 0 & 0 & 0 & 0 & 0 & 0 \\ 0 & 0 & 0 & 0 & 0 & 0 \\ 0 & (\lambda_1 a_{oL})/t_\tau & -(\lambda_1 a_{oL})/b & (\lambda_1+\lambda_2)/a_{oL} & -(\lambda_2 a_{oL})/V & \lambda_2 a_{oL} t_\tau \\ 0 & (\lambda_1 a_{oM})/t_\tau & -(\lambda_1 a_{oM})/b & (\lambda_1+\lambda_2)/a_{oM} & -(\lambda_2 a_{oM})/V & \lambda_2 a_{oM} t_\tau \\ 0 & 0 & 0 & 0 & 0 & 0 \\ 0 & 0 & 0 & -\left(r_{3L}\dfrac{\partial \Delta C_L}{\partial \alpha}\right)/t_\tau & \left(r_{3L}\dfrac{\partial \Delta C_L}{\partial \alpha}\right)/b & 0 \\ 0 & 0 & 0 & 0 & 0 & 0 \\ 0 & 0 & 0 & -\left(r_{3M}\dfrac{\partial \Delta C_M}{\partial \alpha}\right)/t_\tau & \left(r_{3M}\dfrac{\partial \Delta C_M}{\partial \alpha}\right)/b & 0 \end{bmatrix} \begin{bmatrix} h \\ \theta \\ h' \\ \theta' \\ h'' \\ \theta'' \end{bmatrix} +$$

$$\begin{bmatrix} 0 \\ \rho_a V^2 b\boldsymbol{M} \\ 0 \\ 0 \\ 0 \\ -\left(r_{2L}\dfrac{\partial \Delta C_L}{\partial \alpha}\right)/t^2\tau \\ 0-\left(r_{2M}\dfrac{\partial \Delta C_M}{\partial \alpha}\right)/t^2\tau \end{bmatrix} \tag{9}$$

其中：$\boldsymbol{A}=\begin{bmatrix} m+\rho_a Vbt_\tau s_{L1} & mx_\alpha-\rho_a V^2 bt_\tau^2 s_{L2} \\ mx_\alpha+\rho_a Vbt_\tau s_{M1} & mx_\alpha+\rho_a V^2 bt_\tau^2 s_{M2} \end{bmatrix}$；$\boldsymbol{B}=\begin{bmatrix} k_h & 0 \\ 0 & k_\alpha \end{bmatrix}$；$\boldsymbol{C}=\begin{bmatrix} 0 & \rho_a V^2 bt_\tau(s_{L1}+s_{L2}) \\ 0 & \rho_a V^2 bt_\tau(s_{M1}+s_{M2}) \end{bmatrix}$；

$\boldsymbol{M}=\begin{bmatrix} C_{L\gamma}+C_{Lb} \\ C_{M\gamma}+C_{Mb} \end{bmatrix}$；$q=\begin{bmatrix} h \\ \theta \end{bmatrix}$。

对方程(9)利用 Runge - Kutta 法进行求解，可以获得非线性气动弹性响应。计算时间步长为 0.001 s，初始沉浮速度为 0 m/s，初始俯仰速度为 0.01 rad/s。

2. 结果分析

ONERA 气动模型仿真所用物理参数见表 2。

表 2　仿真参数

空气密度/(kg·m^{-3})	1.225	俯仰固有频率ω_θ/Hz	22.03
半弦长 b/m	1.2	沉浮固有频率ω_h/Hz	8.85
单位展长质量 m/kg	51.8	弹性轴与质心距离x_a	0
回转半径r_a/m	0.5	雷诺数 Re	600 00

分别对来流速度为 600 m/s、900 m/s 两种工况进行仿真，计算结果如图 4 和图 5 所示。可以发现当来流速度为 600 m/s 时，二元翼型俯仰和弯曲运动都随时间减小，即趋于收敛；而当来流速度为 900 m/s 时，翼型振动逐渐增大，即趋于发散。通过二分法在 600 m/s 和 900 m/s 范围内搜索非线性颤振临界速度。通过仿真计算可以确定，在该组参数的情况下，非线性颤振速度为 811 m/s。计算出的振动响应曲线如图 6 所示，翼型俯仰和弯曲运动保持稳定。

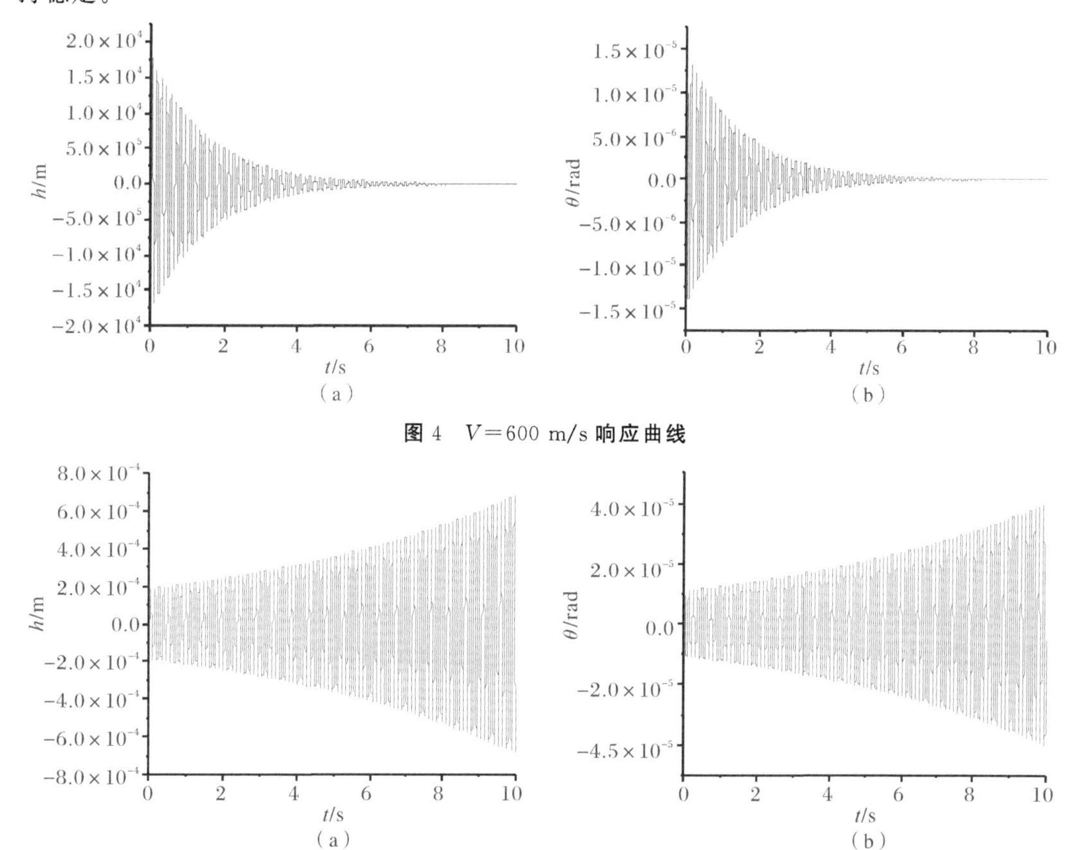

图 4　V=600 m/s 响应曲线

图 5　V=900 m/s 响应曲线

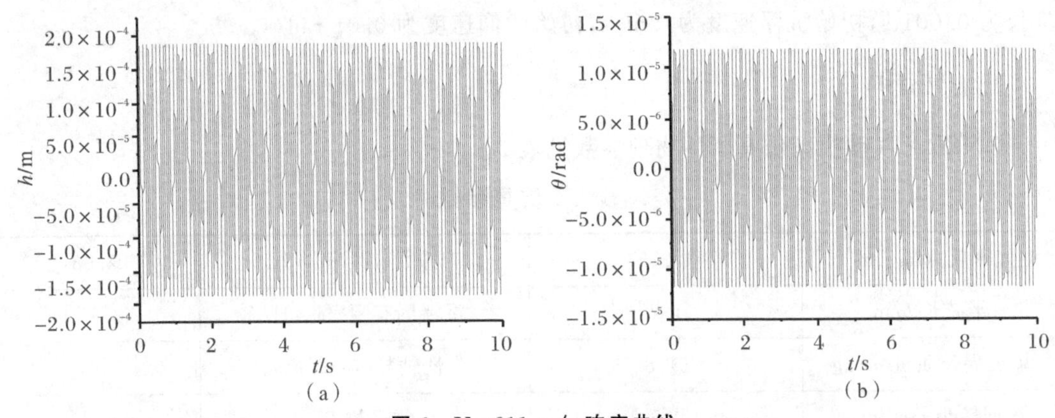

图 6　$V=811$ m/s 响应曲线

采用同样的方法，研究半弦长的变化对该组参数情况下翼型非线性颤振的影响规律，其他参数保持不变。图 7 所示为不同半弦长下计算出的翼型颤振临界速度。图中显示随着半弦长 b 的值增大到 0.4 处，颤振临界速度会发生明显的阶跃。当 $b=0.5$ m 时，该组参数情况下，非线性颤振临界速度达到一个极大值。b 继续增大，颤振临界速度趋于 800 m/s。这表明翼型的弦长设计有一个最佳的点，在该点下翼型的颤振临界速度达到最大，即翼型发生颤振的难度增大。同时在较大的半弦长下，翼型的颤振临界速度变化不大。

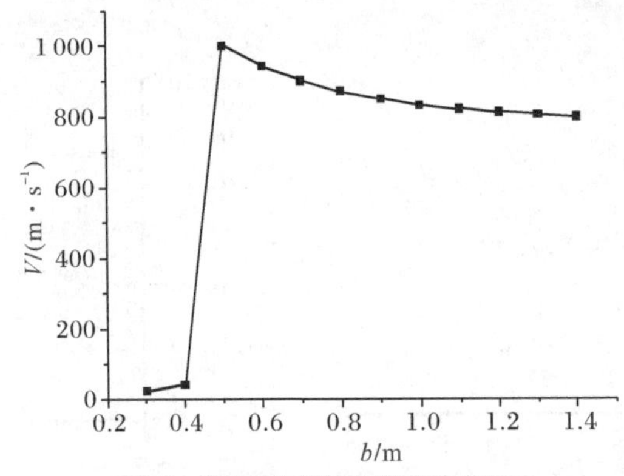

图 7　颤振速度随半弦长变化图

3. 结论

本书基于 ONERA 失速气动模型，利用二分法，对某特定参数下大攻角失速翼型的非线性气动弹性进行了仿真，确定在 ONERA 气动失速模型下的翼型颤振临界速度。同时，通过仿真预测了半弦长对失速翼型气动弹性的影响规律，计算发现，半弦长的值变大，颤振速度会发生突跃，在某一个点，颤振速度存在极值点。颤振速度越大，发生颤振的难度越大。因此通过本书的方法可以预测不同的结构参数对失速翼型颤振速度的影响，从而可以帮助合理地设计翼型结构。

练习 2

1. 计算方法

1.1　**风力机叶塔耦合物理模型简化**

风力机结构可以看作主要由叶片、轮毂、主轴、机舱和塔筒构成，这些结构通过适当的运动学约束连接在一起。由于风力机顶部机舱内存在复杂的结构,并且自身变形较小,因此在建立风力机系统多体系统模型时,通常可将其简化为空间刚体。在风力机叶塔耦合系统建模中,结构模型由7个部分构成:3个叶片、轮毂、主轴、机舱、塔筒。其中,叶片和塔筒结构采用前文中提出的建模方法,轮毂和机舱则视作空间刚体,主轴视作简单的 Euler - Bernoulli 梁结构。对于各部件之间的连接,叶片、轮毂和主轴之间为固定连接;轮毂与机舱通过轴承连接,在叶轮静止时被锁住,为考虑连接处的弹性效应,将其视为由扭簧构成的弹性铰约束;同样当偏航机构停止运行时,机舱和塔筒之间可视为弹性铰约束。

考虑到计算效率和研究重点,在本书建立的叶轮模型和柔塔模型的基础上,对风力机整机结构建模进一步做出如下假设和简化:

(1)假设轮毂和机舱为空间刚体,忽略其中复杂部件的影响;

(2)假设叶片为内部没有空隙的实心结构体;

(3)忽略叶片、塔筒自身的结构阻尼;

(4)根据塔架的高质量比特性,忽略塔筒内部空气质量;

(5)忽略塔筒模型扭转和轴向运动;

(6)忽略风力机叶轮仰角和锥角;

(7)假设风力机与地面固结,忽略浮动平台或基础结构;

(8)忽略齿轮箱、发电机和塔筒内部传动轴等部件连接的作用。

为了将 MSTMM 应用于风力机结构,需要根据其拓扑结构将多刚柔体系统划分为多个元件。风力机耦合系统的动力学模型及建立的 MSTMM 拓扑结构如图1所示,其中箭头方向代表传递矩阵的传递方向,xyz 轴是全局右手坐标系,与图4.2中全局坐标系相同。根据 MSTMM 拓扑结构图中对风力机结构的离散,每个元件由一个特定的数字标识,该数字按箭头方向排序。其中,元件1～144为旋转弯扭耦合梁段;元件145是由轮毂简化的具有三个输入端(I_1,I_2,I_3)的刚体;元件146是代表叶轮主轴的 Euler - Bernoulli 梁,元件147是由机舱简化的空间刚体。风力机耦合模型中的系统状态矢量 $\boldsymbol{Z}$ 形式为 $\boldsymbol{Z}=[X,Y,Z,\Theta_x,\Theta_y,\Theta_z,M_x,M_y,M_z,Q_x,Q_y,Q_z]^{\mathrm{T}}$。树拓扑结构包含4个边界条件,即 $Z_{1,0}$、$Z_{49,0}$、$Z_{97,0}$(tip)和 $Z_{157,0}$(root)。树拓扑结构中,系统传递方向从 tip 到 root。

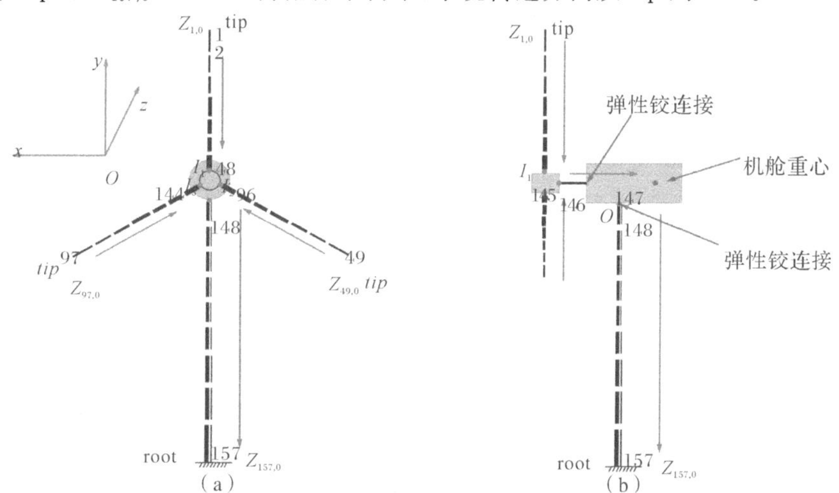

图1 风力机叶塔耦合模型的 MSTMM 拓扑结构

(a)主视图;(b)侧视图

1.2　**风力机叶塔耦合系统建模**

根据图 4.19 中的风力机 MSTMM 拓扑组装这些元件,系统传递方程可表示为

$$\left.\begin{aligned}&\boldsymbol{Z}_{157,0}=\boldsymbol{U}_{\text{tower}}\boldsymbol{Z}_{147,148}=\boldsymbol{U}_{\text{tower}}\boldsymbol{U}_{\text{hinge2}}\boldsymbol{U}_{147}\boldsymbol{U}_{\text{hinge1}}\boldsymbol{U}_{146}\boldsymbol{U}_{145}\\&\qquad(\boldsymbol{U}_{145,I_1}\boldsymbol{T}_1\boldsymbol{U}_{\text{blade1}}\boldsymbol{Z}_{1,0}+\boldsymbol{U}_{145,I_2}\boldsymbol{T}_2\boldsymbol{U}_{\text{blade2}}\boldsymbol{Z}_{49,0}+\boldsymbol{U}_{145,I_3}\boldsymbol{T}_3\boldsymbol{U}_{\text{blade3}}\boldsymbol{Z}_{97,0})\\&\text{或}\\&\boldsymbol{U}_{\text{tower}}\boldsymbol{Z}_{147,148}-\boldsymbol{Z}_{157,0}=0\end{aligned}\right\}\tag{1}$$

其中:

$$\left.\begin{aligned}\boldsymbol{U}_{145,I_1}&=\begin{bmatrix}I_{12\times12}\\O_{12\times12}\end{bmatrix}\\\boldsymbol{U}_{145,I_2}&=\begin{bmatrix}O_{12\times6}&O_{12\times6}\\O_{6\times6}&I_{6\times6}\\O_{6\times6}&O_{6\times6}\end{bmatrix}\\\boldsymbol{U}_{145,I_3}&=\begin{bmatrix}O_{12\times6}&O_{12\times6}\\O_{6\times6}&O_{6\times6}\\O_{6\times6}&I_{6\times6}\end{bmatrix}\end{aligned}\right\}\tag{2}$$

而叶片传递矩阵$\boldsymbol{U}_{\text{blade1}}=\boldsymbol{U}_{48}\cdots\boldsymbol{U}_2\boldsymbol{U}_1$,$\boldsymbol{U}_{\text{blade2}}=\boldsymbol{U}_{96}\cdots\boldsymbol{U}_{50}\boldsymbol{U}_{49}$,$\boldsymbol{U}_{\text{blade3}}=\boldsymbol{U}_{144}\cdots\boldsymbol{U}_{98}\boldsymbol{U}_{97}$,塔筒传递矩阵$\boldsymbol{U}_{\text{tower}}=\boldsymbol{U}_{157}\cdots\boldsymbol{U}_{149}\boldsymbol{U}_{148}$,$\boldsymbol{U}$ 的下标代表了元件的编号;$\boldsymbol{U}_{145,\text{I}_1}$、$\boldsymbol{U}_{145,\text{I}_2}$、$\boldsymbol{U}_{145,\text{I}_3}$为编号 145 的刚体元件的输入传递矩阵,$\boldsymbol{U}_{145}$为刚体元件 145 的传递矩阵$\boldsymbol{U}_{\text{rigid}}$;$\boldsymbol{U}_{146}$为编号 146 的简单 Euler - Bernoulli 梁元件(代表主轴)的传递矩阵$\boldsymbol{U}_{\text{shaft}}$;$\boldsymbol{U}_{147}$为刚体元件 145(代表机舱)的传递矩阵,其传递矩阵形式与$\boldsymbol{U}_{\text{rigid}}$相同;$\boldsymbol{U}_{\text{hinge1}}$和$\boldsymbol{U}_{\text{hinge2}}$分别代表主轴和机舱之间、机舱和塔筒之间的弹性铰约束。

整个系统的整体传递方程可改写成为

$$\bar{\boldsymbol{U}}_{\text{all}}\big|_{36\times48}\bar{\boldsymbol{Z}}_{\text{all}}\big|_{48\times1}=0\tag{3}$$

其中,

$$\bar{\boldsymbol{U}}_{\text{all}}=\begin{bmatrix}U_{\text{rest}}U_{145}U_{145,\text{I}_1}T_1U_{\text{blade1}}&U_{\text{rest}}U_{145}U_{145,\text{I}_1}T_2U_{\text{blade2}}&U_{\text{rest}}U_{145}U_{145,\text{I}_1}T_3U_{\text{blade3}}&-I_{12}\\H_{I_1}T_1U_{\text{blade1}}&-H_{\text{I}_2}T_2U_{\text{blade2}}&O_{12\times12}&O_{12\times12}\\H_{\text{I}_1}T_1U_{\text{blade1}}&O_{12\times12}&-H_{\text{I}_3}T_3U_{\text{blade3}}&O_{12\times12}\end{bmatrix}\tag{4}$$

$$\bar{\boldsymbol{Z}}_{\text{all}}=[\text{Z}_{1,0},\text{Z}_{49,0},\text{Z}_{97,0},\text{Z}_{157,0}]^{\text{T}}\tag{5}$$

$$\boldsymbol{U}_{\text{rest}}=\boldsymbol{U}_{\text{tower}}\boldsymbol{U}_{\text{hinge2}}\boldsymbol{U}_{147}\boldsymbol{U}_{\text{hinge1}}\boldsymbol{U}_{146}\tag{6}$$

确认风力机系统边界条件,塔筒底端为固定边界,叶片尖端为自由振动,则边界状态矢量可定义为

$$\begin{aligned}&\boldsymbol{Z}_{1,0}=\boldsymbol{Z}_{49,0}=\boldsymbol{Z}_{97,0}=[X,Y,Z,\Theta_x,\Theta_y,\Theta_z,,,,,0,0,0]^{\text{T}}\\&\boldsymbol{Z}_{157,0}=[0,0,0,0,0,0,M_x,M_y,M_z,Q_x,Q_y,Q_z]^{\text{T}}\end{aligned}\tag{7}$$

将风力机边界状态矢量(7)带入到总传递方程(3)中,可以求解出方程的特征值。同样,使用递归扫描法和 SVD 法可计算出系统的固有频率及对应的模态振型。

在上述使用 MSTMM 建立的风力机多体动力学模型中,叶轮结构各元件的传递矩阵已在 4.2.3 节中写出,可以直接使用。而柔塔结构的传递矩阵也在 4.3.2 节中推导,只需根据当前坐标系进行修改。除此之外,只有两个弹性铰的传递矩阵尚未写出。

此处建立的模型为风力机处于静止状态下,叶轮无旋转、偏航,不考虑气动载荷。主轴和机舱之间的弹性铰限制叶轮的旋转运动,即约束主轴绕 z 轴方向的旋转,其传递矩阵可以写为

$$\boldsymbol{U}_{\text{hinge1}}=\begin{bmatrix}1&0&0&0&0&0&0&0&0&0&0&0\\0&1&0&0&0&0&0&0&0&0&0&0\\0&0&1&0&0&0&0&0&0&0&0&0\\0&0&0&1&0&0&0&0&0&0&0&0\\0&0&0&0&1&0&0&0&0&0&0&0\\0&0&0&0&0&1&0&0&1/k'_z&0&0&0\\0&0&0&0&0&0&1&0&0&0&0&0\\0&0&0&0&0&0&0&1&0&0&0&0\\0&0&0&0&0&0&0&0&1&0&0&0\\0&0&0&0&0&0&0&0&0&1&0&0\\0&0&0&0&0&0&0&0&0&0&1&0\\0&0&0&0&0&0&0&0&0&0&0&1\end{bmatrix}\tag{8}$$

同样,机舱和塔筒之间的弹性铰限制机舱的偏航运动,即约束其绕 y 轴方向的旋转,其传递矩阵可以写为

$$\boldsymbol{U}_{\text{hinge2}}=\begin{bmatrix}1&0&0&0&0&0&0&0&0&0&0&0\\0&1&0&0&0&0&0&0&0&0&0&0\\0&0&1&0&0&0&0&0&0&0&0&0\\0&0&0&1&0&0&0&0&0&0&0&0\\0&0&0&0&1&0&0&1/k'_y&0&0&0&0\\0&0&0&0&0&1&0&0&0&0&0&0\\0&0&0&0&0&0&1&0&0&0&0&0\\0&0&0&0&0&0&0&1&0&0&0&0\\0&0&0&0&0&0&0&0&1&0&0&0\\0&0&0&0&0&0&0&0&0&1&0&0\\0&0&0&0&0&0&0&0&0&0&1&0\\0&0&0&0&0&0&0&0&0&0&0&1\end{bmatrix}\tag{9}$$

在当前坐标系下,柔塔中的梁模型如图 2 所示。柔塔中的梁结构需要承受塔顶叶轮、机

舱的压力和塔筒自身重力作用,其传递矩阵已推导出,根据当前坐标系和状态矢量形式进行修改,可写出其传递矩阵形式如下为

$$\boldsymbol{U}_{\text{tower}}=\begin{bmatrix} u_1 & 0 & 0 & 0 & 0 & u_2 & 0 & 0 & u_3 & u_4 & 0 & 0 \\ 0 & 1 & 0 & 0 & 0 & 0 & 0 & 0 & 0 & 0 & 0 & 0 \\ 0 & 0 & u_1 & u_2 & 0 & 0 & u_3 & 0 & 0 & 0 & 0 & u_4 \\ 0 & 0 & u_5 & u_6 & 0 & 0 & u_7 & 0 & 0 & 0 & 0 & u_8 \\ 0 & 0 & 0 & 0 & 1 & 0 & 0 & 0 & 0 & 0 & 0 & 0 \\ u_5 & 0 & 0 & 0 & 0 & u_6 & 0 & 0 & u_7 & u_8 & 0 & 0 \\ 0 & 0 & u_9 & u_{10} & 0 & 0 & u_{11} & 0 & 0 & 0 & 0 & u_{12} \\ 0 & 0 & 0 & 0 & 0 & 0 & 0 & 1 & 0 & 0 & 0 & 0 \\ u_9 & 0 & 0 & 0 & 0 & u_{10} & 0 & 0 & u_{11} & u_{12} & 0 & 0 \\ u_{13} & 0 & 0 & 0 & 0 & u_{14} & 0 & 0 & u_{15} & u_{16} & 0 & 0 \\ 0 & 0 & 0 & 0 & 0 & 0 & 0 & 0 & 0 & 0 & 1 & 0 \\ 0 & 0 & u_{13} & u_{14} & 0 & 0 & u_{15} & 0 & 0 & 0 & 0 & u_{16} \end{bmatrix} \tag{10}$$

式中:$u_1 \sim u_{16}$的定义与式(4.42)中相同,只需修改为当前柔塔的结构数。

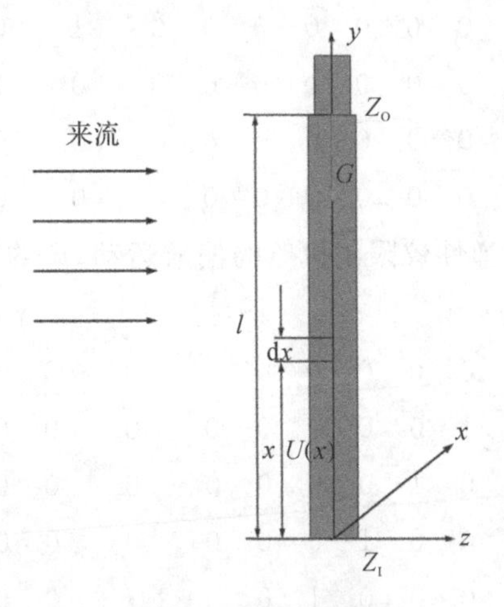

图 2　柔塔梁模型

2. 模型验证

为了评估风力机叶塔耦合模型精度,此处基于 NREL 5MW 模型进行了数值算例验证。验证中分别计算了 NREL 叶片和 NREL 风力机整机,并与相关文献中的数值模拟结果进行了对比。

基于 NREL 叶片数据,此处建立单个叶片的弯扭耦合梁模型,其静止状态前 6 阶固有频率计算结果对比见表 4.1。从表中可看出各方法计算出的低阶固有频率结果基本相同,但对高阶固有频率的计算略有差别。

表 1　单个 NREL 叶片固有频率计算结果对比

模 态	固有频率 f_k/Hz					
	BModes	FAST	文献[124]	文献[125]	文献[126]	MSTMM
1st	0.69	0.68	0.67	0.68	0.68	0.69
2nd	1.12	1.10	1.11	1.09	1.10	1.11
3rd	2.00	1.94	1.93	1.99	1.98	1.99
4th	4.12	4.00	3.96	4.05	3.99	4.13
5th	4.64	4.43	4.43	—	4.66	4.58
6th	5.61	5.77	5.51	5.74	5.53	5.80

NREL 叶片模态振型如图 3 所示，图中将当前 MSTMM 计算结果与文献对比。从图中对比可以看出叶片主要振型基本一致，由于本书建模中使用的是弯扭耦合梁，因此在扭转模态中可以同时观察到挥舞和扭转运动的耦合。扭转模态通常不会单独出现，而是与其他模态耦合。叶片运动的耦合也会对其气动稳定性产生影响。

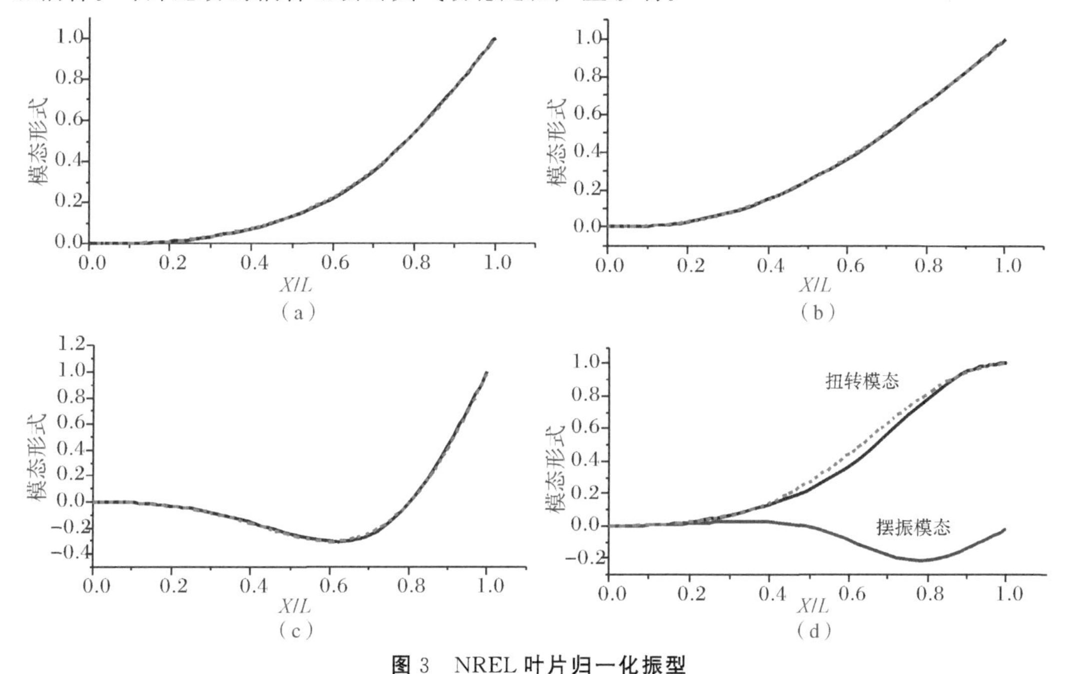

图 3　NREL 叶片归一化振型

(a)第 1 阶挥舞模态；(b)第 1 阶摆振模态；(c)第 2 阶挥舞模态；(d)第 2 阶扭转模态

对 NREL 风力机整机振动特性计算中，风力机叶片静止时无旋转，无气动载荷，同时机舱固定无偏航。NREL 风力机系统的固有频率如图 3 所示，其中 MSTMM 计算结果与参考文献中结果进行对比。文献[127]～[128]中为 NREL 提供的采用 FAST 和 ADAMS 软件的分析结果，其中 FAST 模型为 16 个自由度的整机模型，而 ADAMS 模型为 438 个自由度的整机多体系统模型，两种方法对主轴和机舱都只采用一个自由度描述。文献同样使用传递矩阵方法，但对于叶片和塔筒都采用无质量无耦合梁单元，整体结构相对简单。文献也采用 ADAMS 软件进行分析,对叶片、塔筒等柔性结构采用超级单元描述,即用刚体、万向节和旋转铰共同描述柔体的特性,因此对叶片、塔筒高阶模态的计算会产生一定误差。本书模型考虑了叶轮、机舱等结构对塔筒的压力和塔筒自身重力的影响,并且采用弯扭耦合梁描述叶片,模型对 NREL 风力机振动特性的计算结构与参考文献都一致。且振型都与官方文件中的描述相同,证明了当前建模方法的准确性。为进一步研究风力机塔筒的涡激振动,需取出塔筒的模态振型,其振型如图 4 所示。

表 2 NREL 风力机整机固有频率计算结果对比

模 态	固有频率 f_k/Hz				
	ADAMS	FAST	文献[119]	文献[120]	MSTMM
1 阶塔筒前后向 (fore-aft)	0.319 5	0.324 0	0.335 2	0.300 6	0.302 1
1 阶塔筒侧向 (side-to-side)	0.316 4	0.312 0	0.327 6	0.301 2	0.326 7
1 阶不对称叶片挥舞 (flapwise)	0.629 6	0.666 4	0.662 9	0.620 5	0.667 9
1 阶不对称叶片挥舞 (flapwise)	0.668 6	0.667 5	—	0.646 0	0.669 3
1 阶对称叶片挥舞 (flapwise)	0.701 9	0.699 3	0.713 4	0.688 5	0.702 3
1 阶不对称叶片摆振 (edgewise)	1.074 0	1.079 3	1.000 7	1.099 3	1.113 7
1 阶不对称叶片摆振 (edgewise)	1.087 7	1.089 8	1.101 9	1.108 4	1.128 2
2 阶不对称叶片挥舞 (2nd flapwise)	1.650 7	1.933 7	—	1.556 4	1.885 7
2 阶不对称叶片挥舞 (2nd flapwise)	1.855 8	1.922 3	1.923 4	1.665 9	1.905 5
2 阶对称叶片挥舞 (2nd flapwise)	1.960 1	2.020 5	2.020 7	—	2.010 3
2 阶塔筒前后向 (fore-aft)	2.859 0	2.900 3	3.017 9	—	3.047 0
2 阶塔筒侧向 (side-to-side)	2.940 8	2.936 1	3.107 4	—	3.031 9

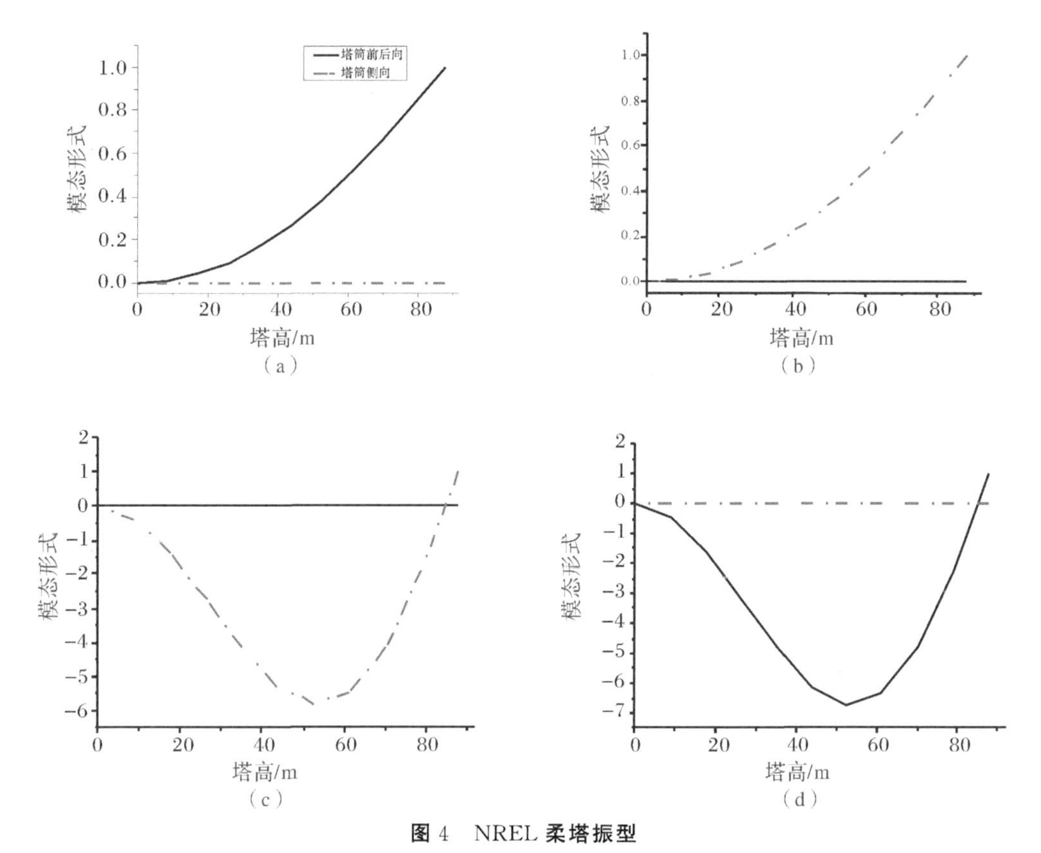

图 4　NREL 柔塔振型

(a)1 阶塔筒前后向;(b)1 阶塔筒侧向;(c)2 阶塔筒侧向;(d)2 阶塔筒前后向

练习 3

以 Goland+机翼模型为例,其结构参数详见表 1。首先基于 MSTMM,只需令 $x_\alpha \approx 0$,就可以很方便的计算了 Goland+机翼的纯弯频率和纯扭频率,计算结果如图 1 所示。图 1(a)为 Goland+机翼前 4 阶非耦合频率,对应的频率见表 1。从图 1(b)(c)可以看出,所计算出的 Goland+机翼第 1 阶为纯弯振型,第 2 阶为纯扭振型。

表 1　基于 MSTMM 的 Goland+机翼非耦合频率

阶　数	1 阶	2 阶	3 阶	4 阶
非耦合频率/Hz	2.028 3	3.851 8	11.555 3	12.711 4

采用二元水翼线性颤振模型计算,通过以上的 MSTMM 计算得到颤振程序计算所需的重要参数,即 $\omega_h = 2.028\ 3$ Hz,$\omega_\alpha = 3.851\ 8$ Hz。其他参数可从表 1 获得。图 2 为计算得到的速度-人工阻尼、速度-频率图,因此,颤振速度为 179.7 ft/s 与相关文献计算 Goland+的颤振速度 180 ft/s 非常接近,验证了本书二元水翼线性颤振模型的准确性。同时,也验证了采用非耦合频率建模的正确性。

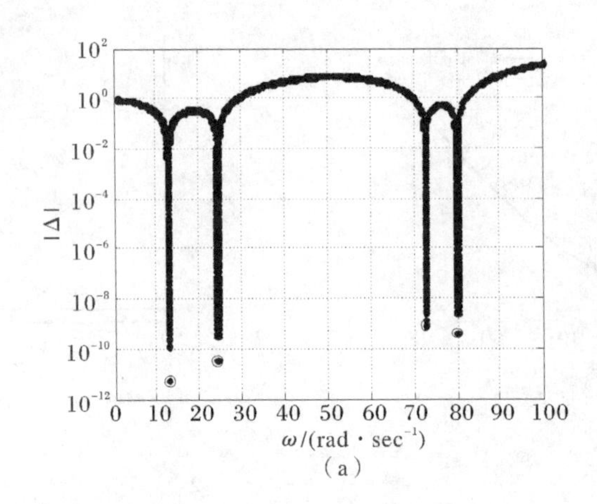

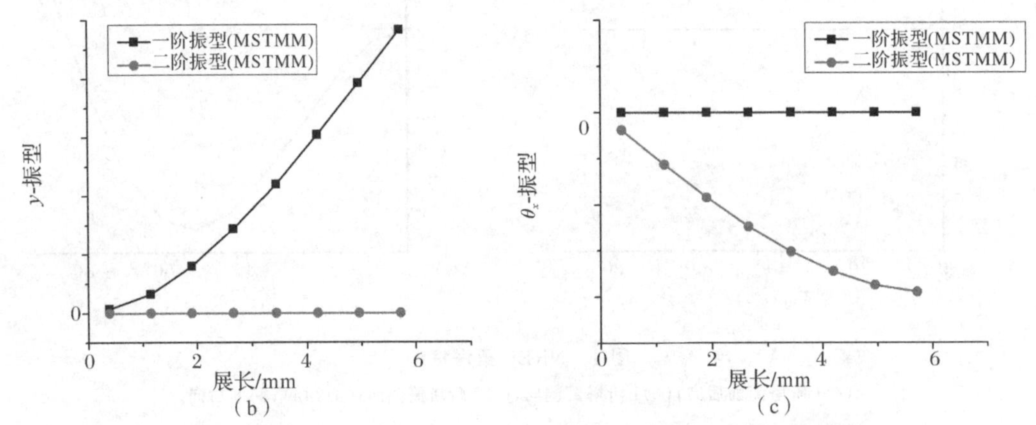

图 1　基于 MSTMM 的 Goland＋机翼纯弯、扭频率和纯弯、扭振型

(a) 前四阶非耦合圆频率；(b) 纯弯曲振型；(c) 纯扭转振型

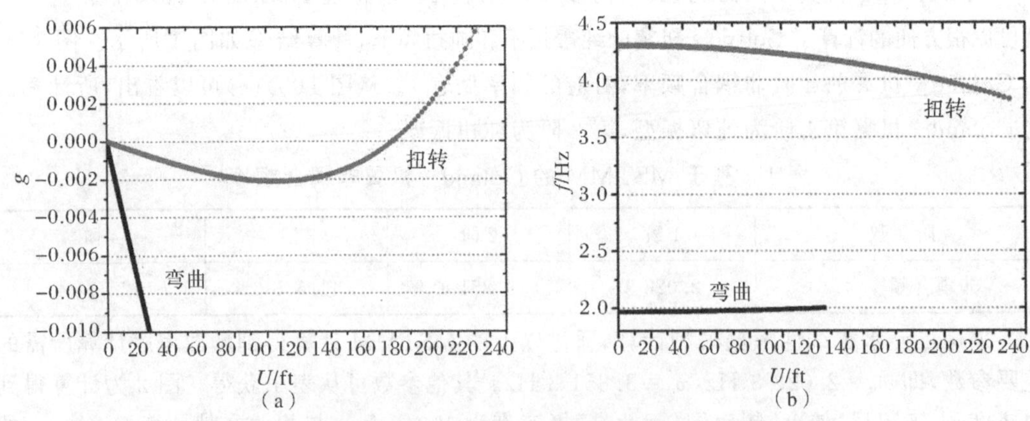

图 2　基于 MSTMM 的二元水翼线性颤振程序计算结果

(a) 速度-人工阻尼图；(b) 速度-频率图

参考文献

[1] HELLER S R, ABRAMSON H N. Hydroelasticity: a new naval science[J]. Journal of America Society of Naval Engineers, 1959, 71 (2): 205 - 209.

[2] BISHOP R E D, PRICE W G. Hydroelasticity ofships[M]. Oxford: Cambridge University Press, 1979.

[3] CHEN X J, WUB Y S, CUI W C, et al. Review of hydroelasticity theories for global response of marine structures[J]. Ocean Engineering, 2006, 33 (3/4): 439 - 457.

[4] FUNG Y C. An introduction to the theory of aeroelasticity[M]. New York: Courier Dover Publications, 2008.

[5] MARSHALL J G, IMREGUN M. A review of aeroelasticity methods with emphasis on turbomachinery applications[J]. Journal of Fluids and Structures, 1996, 10(3): 237 - 267.

[6] DOWELL E, EDWARDS J, STRGANAC T. Nonlinear aeroelasticity[J]. Journal of Aircraft, 2003, 40(5): 857 - 874.

[7] GARRICK I E, REED Ⅲ W H. Historical development of aircraft flutter[J]. Journal of Aircraft, 1981, 18(11): 897 - 912.

[8] 沈克杨. 气动弹性力学原理[M]. 上海：上海科学技术文献出版社，1982.

[9] 陈文俊，尹传家. 气动弹性力学现代教程[M]. 北京：宇航出版社，1991.

[10] WATKINS C E, RUNYAN H L, WOOLSTON D S. On the Kernel function of the integral equation relating the lift and downwash distributions of oscillating finite wings in subsonic flow[J]. Technical Report Archive & Image Library, 1956, 96(31): 1070 - 1075.

[11] ALBANO E, RODDEN W P. A doublet-lattice method for calculating lift distributions on oscillating surfaces in subsonic flows[J]. Aiaa Journal, 2015, 7(11): 279 - 285.

[12] RODDEN W P, GIESING J P, KALMAN T P. Refinement of the nonplanar aspects of the subsonic doublet-lattice lifting surface method[J]. Journal of Aircraft, 2012, 9

(1):69 - 73.

[13] RODDEN W P,TAYLOR P F,MCINTOSH S C. Further refinement of the subsonic doublet-lattice method[J]. Journal of Aircraft,2015,35(5):720 - 727.

[14] 陆志良,郭同庆,管德. 跨音速颤振计算方法研究[J]. 航空学报,2004,25(3):214 - 217.

[15] GUO T Q,LU Z L. A CFD/CSD model for transonic flutter[J]. Computers Materials & Continua,2005,2(2):105 - 111.

[16] 管德. 气动弹性研究的新进展[J]. 航空学报,1984,5(2):112 - 117.

[17] WIGGERT D C,TIJSSELING A S. Fluid transients and fluid-structure interaction in flexible liquid-filled piping[J]. Applied Mechanics Reviews,2001,54(5): 455 - 481.

[18] 杨林. 非线性流固耦合问题的数值模拟方法研究[D]. 青岛:中国海洋大学,2011.

[19] JEWELL D A,MCCORMICK M E. Hydroelastic instability of a control surface[R]. Washington: David Taylor Model Basin Washington DC,1961.

[20] MCCORMICK M E,CARACOGLIA L. Hydroelasticinstability of low aspect ratio control surfaces[J]. Journal of Offshore Mechanics & Arctic Engineering,2004,126(1):84 - 89.

[21] 陈东阳. 海洋柔性结构流固耦合动力学研究[D]. 南京:南京理工大学,2018.

[22] GIURGIUTIU V. Active-materials induced-strain actuation for aeroelastic vibration control [J]. Shock and Vibration Digest,2000,32(5): 355 - 368.

[23] BAIRSTOW L,FAGE A. Oscillations of the tailplane and body of an aeroplane in flight [R]. Washington:ARC R. & M. 276,1916.

[24] WRIGHT J R,COOPER J E. Introduction toaeroelasticity and loads[M]. London: Wiley Publications,2007.

[25] THEODORSEN T,GARRICK I E. Generalpotential theory of arbitrary wing sections[J]. Technical Report Archive & Image Library,1979,37(5):1415 - 1421.

[26] THEODORSEN T,GARRICK I E. Mechanism offlutter,a theoretical and experimental investigation of the flutter problem[R]. Washington: NACA Technical Report,1938.

[27] 张效慈,司马灿,吴有生. 潜艇舵低速颤振现象及其预报[J]. 船舶力学,2001,5(1):70 - 72.

[28] 余志兴,刘应中,缪国平. 二维机翼弹簧系统的涡激振动[J]. 船舶力学,2002,6(5):25 - 32.

[29] 余志兴. 粘性流场中的水弹性计算[D]. 上海:上海交通大学,1999.

[30] 刘晓宙,缪国平,余志新,等. 流体通过涡激振动机翼的声辐射研究[J]. 声学学报(中文版),2005(1):55 - 62.

[31] ZHANG L,GUO Y,WANG W. Large eddy simulation of turbulent flow in a true 3D Francis hydro turbine passage with dynamical fluid structure interaction[J]. International Journal for Numerical Methods in Fluids,2010,54(5):517 - 541.

[32] AMROMIN E,KOVINSKAYA S. Vibration of cavitating elastic wing in a periodically

perturbed flow: excitation of subharmonics[J]. Journal of Fluids & Structures,2000,14(5):735 - 751.

[33] YOUNG Y L. Fluid - structure interaction analysis of flexible composite marine propellers [J]. Journal of Fluids & Structures,2008,24(6):799 - 818.

[34] AKCABAY D T,CHAE E J,YIN L Y,et al. Cavity induced vibration of flexible hydrofoils [J]. Journal of Fluids & Structures,2014,49(8):463 - 484.

[35] CHAE E J. Dynamicresponse and stability of flexible hydrofoils in incompressible and viscous flow[D]. Ann Arbor:University of Michigan,2015.

[36] TANER B B. Flutter analysis and simulated flutter test of wings[D]. New York: Natural and Applied Sciences of Middle East Technical University,2012.

[37] MARZOCCA P, LIBRESCU L, CHIOCCHIA G. Aeroelastic response of 2 - D lifting surfaces to gust and arbitrary explosive loading signatures[J]. International Journal of Impact Engineering,2001,25(1):41 - 65.

[38] SCANLAN R H,ROSENBAUM R A. Introduction to the study of aircraft vibration and flutter[M]. New York:Dover Publications,1951.

[39] DIMITRIADIS G,COOPER J E. Flutterprediction from flight flutter test data[J]. Journal of Aircraft,2001,38(2):355 - 367.

[40] 赵婧. 海洋立管涡致耦合振动 CFD 数值模拟研究[D]. 青岛:中国海洋大学,2012.

[41] 黄旭东,张海,王雪松. 海洋立管涡激振动的研究现状、热点与展望[J]. 海洋学研究,2009,27(4):95 - 101.

[42] 张友林. 海洋立管涡激振动抑制方法研究[D]. 镇江:江苏科技大学,2011.

[43] 郭海燕,傅强,娄敏. 海洋输液立管涡激振动响应及其疲劳寿命研究[J]. 工程力学,2005,22(4):220 - 224.

[44] 陈伟民,付一钦,郭双喜,等. 海洋柔性结构涡激振动的流固耦合机理和响应[J]. 力学与实践,2016,47(5):25 - 91.

[45] 韩翔希. 柔性立管流固耦合特性数值模拟研究[D]. 广州:华南理工大学,2014.

[46] 刘昊. 深海复合材料立管力学特性分析与优化设计研究[D]. 上海:上海交通大学,2013.

[47] 陈东阳,ABBAS L K,王国平,等. 复合材料立管涡激振动数值计算[J]. 上海交通大学学报,2017,51(4):495 - 503.

[48] 高薇薇,张玉,段梦兰,等. 深海复合材料立管有限元分析与研究[J]. 石油机械,2015(4):64 - 68.

[49] 张学志,黄维平,李华军. 考虑流固耦合时的海洋平台结构非线性动力分析[J]. 中国海洋大学学报(自然科学版),2005,35(5): 823 - 826.

[50] 刘昊,杨和振. 基于多岛遗传算法的深海复合材料悬链线立管优化设计[J]. 哈尔滨工程大

学学报,2013(7):819 - 825.

[51] 沈钦雄,杨和振,朱云.深海复合材料悬链线立管基于可靠度的优化设计[J].中国舰船研究,2014,9(5):77 - 84.

[52] BEYLE A I,GUSTAFSON C G,KULAKOV V L,et al. Composite risers for deep-water offshore technology: problems and prospects. 1. metal - composite riser[J]. Mechanics of Composite Materials,1997,33(5):403 - 414.

[53] RAKSHIT T,ATLURI S,DALTON C. VIV of a composite riser at moderate Reynolds number using CFD[J]. Journal of Offshore Mechanics & Arctic Engineering,2005,130(1):853 - 865.

[54] KRUIJER M P,WARNET L L,AKKERMAN R. Analysis of the mechanical properties of a reinforced thermoplastic pipe (RTP)[J]. Composites Part A Applied Science & Manufacturing,2005,36(2):291 - 300.

[55] BAI Y,RUAN W,CHENG P,et al. Buckling of reinforced thermoplastic pipe (RTP) under combined bending and tension[J]. Ships & Offshore Structures,2014,9(5):525 - 539.

[56] BAI Y,TANG J D,XU W P,et al. Collapse of reinforced thermoplastic pipe (RTP) under combined external pressure and bending moment[J]. Ocean Engineering,2015,94(15):10 - 18.

[57] BAI Y,LIU T,CHENG P,et al. Buckling stability of steel strip reinforced thermoplastic pipe subjected to external pressure[J]. Composite Structures,2016,152(9):528 - 537.

[58] SUN X S,TAN V B C,CHEN Y,et al. Anefficient analytical failure analysis approach for multilayered composite offshore production risers[J]. Materials Science Forum,2015,813(1):3 - 9.

[59] POST N L,CASE S W,LESKO J J. Modeling the variable amplitude fatigue of composite materials: a review and evaluation of the state of the art for spectrum loading[J]. International Journal of Fatigue,2008,30(12):2064 - 2086.

[60] 张玉川,王德禧,吴念.增强热塑性塑料(RTP)复合管材的发展[J].上海建材,2007(1):20 - 22.

[61] 王大鹏,孙岩,张友强,等.增强热塑性塑料复合管的现状及进展[J].塑料,2017(4):69 - 72.

[62] 张玉川.高压增强热塑性塑料管[J].国外塑料,2008,26(10): 42 - 45.

[63] MATHELIN L,LANGRE E D. Vortex-induced vibrations and waves under shear flow with a wake oscillator model[J]. European Journal of Mechanics-B/Fluids,2005,24(4):478 - 490.

[64] 蔡杰,尤云祥,李巍,等.均匀来流中大长径比深海立管涡激振动特性[J].水动力学研究与进展,2010,25(1):50 - 58.

[65] 秦伟.涡激振动的非线性振子模型研究[D].哈尔滨:哈尔滨工程大学,2011.

[66] 唐世振，黄维平，刘建军，等. 不同频率比时立管两向涡激振动及疲劳分析[J]. 振动与冲击，2011，30(9)：124－128.

[67] SRINIL N. Analysis and prediction of vortex-induced vibrations of variable-tension vertical risers in linearly sheared currents[J]. Applied Ocean Research，2011，33(1)：41－53.

[68] 王艺. 均匀来流条件下的圆柱涡激振动研究[D]. 北京：中国科学院研究生院，2010.

[69] WILLIAMSON C H K，GOVARDHAN R. Vortex-induced vibrations[J]. Annual Review of Fluid Mechanics，2004，36(1)：413－455.

[70] KHALAK A，WILLIAMSON C H K. Dynamics of a hydroelastic cylinder with very low mass and damping[J]. Journal of Fluids and Structures，1996，10(5)：455－472.

[71] WANG E，XIAO Q，ZHU Q，et al. The effect of spacing on the vortex-induced vibrations of two tandem flexible cylinders[J]. Physics of Fluids，2017，29(7)：077103.

[72] CHEN D Y，ABBAS L K，RUI X T，et al. Dynamic modeling of sail mounted hydroplanes system-part Ⅱ：hydroelastic behavior and the impact of structural parameters and free-play on flutter[J]. Ocean Engineering，2017，131(1)：322－337.

[73] 娄敏. 海洋输流立管涡激振动试验研究及数值模拟[D]. 青岛：中国海洋大学，2007.

[74] HARTLEN R T，CURRIE I G. Lift-oscillator model of vortex-induced vibration[J]. Journal of the Engineering Mechanics Division，1970，96(5)：577－591.

[75] SKOP R A，GRIFFIN O M. On a theory for the vortex－excited oscillations of flexible cylindrical structures[J]. Journal of Sound & Vibration，1975，41(3)：263－274.

[76] FACCHINETTI M L，LANGRE E D，BIOLLEY F. Vortex－induced travelling waves along a cable[J]. European Journal of Mechanics，2004，23(1)：199－208.

[77] 陈伟民，张立武，李敏. 采用改进尾流振子模型的柔性海洋立管的涡激振动响应分析[J]. 工程力学，2010，27(5)：240－246.

[78] 秦伟. 双自由度涡激振动的涡强尾流振子模型研究[D]. 哈尔滨：哈尔滨工程大学，2013.

[79] 李骏，李威. 基于 SST $k-\omega$ 湍流模型的二维圆柱涡激振动数值仿真计算[J]. 舰船科学技术，2015，37(2)：30－34.

[80] 赵婧，郭海燕. 两自由度不同截面形式柱体涡激振动的 CFD 数值模拟[J]. 船舶力学，2016，20(5)：530－539.

[81] 龚慧星. 大跨度桥梁主梁涡激振动展向效应试验研究[D]. 长沙：湖南大学，2016.

[82] 赵宗文. 立管模型涡激振动的数值模拟研究[D]. 舟山：浙江海洋大学，2016.

[83] 刘勇，陈炉云. 涡激振动对管道液固两相流流场的影响[J]. 上海交通大学学报，2017，51(4)：485－489.

[84] LIU J W，GUO H Y，ZHAO J，et al. Design and CFDanalysis of the flow field of the VIV experiment of marine riser in deepwater[J]. Periodical of Ocean University of China，2013，

43(4):106 - 111.

[85] HOW B V E,GE S S,CHOO Y S. Active control of flexible marine risers[J]. Journal of Sound and Vibration,2009,320(4): 758 - 776.

[86] WANG C L,TANG H,YU S C M,et al. Active control of vortex-induced vibrations of a circular cylinder using windward-suction-leeward-blowing actuation[J]. Physics of Fluids, 2016,28(5): 053601.

[87] MUDDADA S,PATNAIK B S V. Active flow control of vortex induced vibrations of a circular cylinder subjected to non-harmonic forcing[J]. Ocean Engineering,2017,142(15): 62 - 77.

[88] KANG L,GE F,WU X,et al. Effects of tension on vortex - induced vibration (VIV) responses of a long tensioned cylinder in uniform flows[J]. Acta Mechanica Sinica,2017,33 (1): 1 - 9.

[89] ZHU H J,YAO J,MA Y,et al. Simultaneous CFD evaluation of VIV suppression using smaller control cylinders[J]. Journal of Fluids and Structures,2015,57(1): 66 - 80.

[90] SONG Z H,DUAN M L,GU J. Numerical investigation on the suppression of VIV for a circular cylinder by three small control rods[J]. Applied Ocean Research,2017,64(1): 169 - 183.

[91] HOLLAND V,TEZDOGAN T,OGUZ E. Full-scale CFD investigations of helical strakes as a means of reducing the vortex induced forces on a semi-submersible[J]. Ocean Engineering, 2017,137(1): 338 - 351.

[92] ZHENG H X,WANG J S. Numerical study of galloping oscillation of a two-dimensional circular cylinder attached with fixed fairing device[J]. Ocean Engineering,2017,130(15): 274 - 283.

[93] TUMKUR R K R,DOMANY E,GENDELMAN O V,et al. Reduced-order model for laminar vortex-induced vibration of a rigid circular cylinder with an internal nonlinear absorber[J]. Communications in Nonlinear Science and Numerical Simulation,2013,18(7): 1916 - 1930.

[94] TUMKUR R K R,CALDERER R,MASUD A,et al. Computational study of vortex-induced vibration of a sprung rigid circular cylinder with a strongly nonlinear internal attachment [J]. Journal of Fluids and Structures,2013,40(1): 214 - 232.

[95] MEHMOOD A,NAYFEH A H,HAJJ M R. Effects of a non-linear energy sink (NES) on vortex-induced vibrations of a circular cylinder[J]. Nonlinear Dynamics,2014,77(3): 667 - 680.

[96] DAI H L,ABDELKEFI A,WANG L. Vortex - induced vibrations mitigation through a

nonlinear energy sink[J]. Communications in Nonlinear Science and Numerical Simulation, 2017,42(1): 22 - 36.

[97] WISER R,MILLSTEIN D. Evaluating the economic return to public wind energy research and development in the United States[J]. Applied Energy,2020,261(1): 1 - 14.

[98] VEERS P,DYKES K,LANTZ E,et al. Grand challenges in the science of wind energy[J]. Science,2019,366(6464):443.

[99] LENNIE M,SELAHI - MOGHADDAM A,HOLST D,et al. Vortexshedding and frequency lock in on stand still wind turbines:a baseline experiment[J]. Journal of Engineering for Gas Turbines and Power,2018,140(11):1 - 13.

[100] MOHAMMADI E,FADAEINEDJAD R,MOSCHOPOULOS G. Implementation of internal model based control and individual pitch control to reduce fatigue loads and tower vibrations in wind turbines[J]. Journal of Sound and Vibration,2018,421(1):132 - 152.

[101] HUO T,TONG L. An approach to wind induced fatigue analysis of wind turbine tubular towers[J]. Journal of Constructional Steel Research,2020,166(1): 105917.

[102] CHOU J S,OU Y C,LIN K Y,et al. Structural failure simulation of onshore wind turbines impacted by strong winds[J]. Engineering Structures,2018,162(1): 257 - 269.

[103] 李本立. 风力机结构动力学[M]. 北京:北京航空航天大学出版社,1999.

[104] DIMITRIOS L. Investigation ofvortex induced vibrations in wind turbine towers [D]. New York: Delft University of Technology ,2018.

[105] 姜贵庆,杨希霓. 气动防热理论的某些发展与应用[M]. 北京:国防工业出版社,1997.

[106] PERELMAN T L. On conjugated problems of heat transfer[J]. International Journal of Heat and Mass Transfer ,1961,3(4): 293 - 303.

[107] 吕红庆. 乘波体结构热响应及防护问题研究[D]. 哈尔滨:哈尔滨工程大学,2010.

[108] 杨琼梁. 超声速飞行器烧蚀与结构热耦合计算及气动伺服弹性分析[D]. 上海:复旦大学,2011.

[109] 王华毕,黄晓鹏,吴甲生. 大长径比旋转火箭弹气动弹性数值计算[J]. 弹箭与制导学报,2006(2):242 - 245.

[110] 夏刚,刘新建,程文科,等. 钝体高超声速气动加热与结构热传递耦合的数值计算[J]. 国防科技大学学报,2003(1):35 - 39.

[111] 黄唐,毛国良,姜贵庆,等. 二维流场、热、结构一体化数值模拟[J]. 空气动力学学报, 2000(1):115 - 119.

[112] 苏大亮. 高超音速飞行器热结构设计与分析[D]. 西安:西北工业大学,2006.

[113] 杨荣,王强. 高超声速旋转体气动加热、辐射换热与结构热传导的耦合数值分析[J]. 上海航天,2009,26(4):25 - 29.

[114] 李国曙,万志强,杨超.高超声速翼面气动热与静气动弹性综合分析[J],北京航空航天大学学报,2012,38(1):53－58.

[115] RASMUSSEN M L,BOYD R. Hypersonic flow[M]. New York:John Wiley & Sons,1994.

[116] MCNAMARA J J. Aeroelastic and aerothermoelastic behavior of two and three dimensional lifting surfaces in hypersonic flow[D]. New York: University of Michigan,2005.

[117] VAN DYKE M D. A study of second-order supersonic-flow theory[R]. Washington: US Government Printing Office,1952.

[118] THORNTON E A,DECHAUMPHAI P. Coupled flow,thermal,and structural analysis of aerodynamically heated panels[J]. Journal of Aircraft,1988,25(11): 1052－1059.

[119] SHAHRZAD P,MAHZOON M. Limit cycle flutter of airfoils in steady and unsteady flows [J]. Journal of Sound and Vibration,2002,256(2): 213－225.

[120] LIBRESCU L,CHIOCCHIA G,MARZOCCA P. Implications of cubic physical/aerodynamic non-linearities on the character of the flutter instability boundary[J]. International Journal of Non-Linear Mechanics,2003,38(2): 173－199.

[121] YANG Z C,ZHAO L C. Analysis of limit cycle flutter of an airfoil in incompressible flow [J]. Journal of Sound and Vibration,1988,123(1): 1－13.

[122] ZHAO L C, YANG Z C. Chaotic motions of an airfoil with non-linear stiffness in incompressible flow[J]. Journal of Sound and Vibration,1990,138(2): 245－254.

[123] WILLIAM T T. Theory of vibration with applications[M]. 4th edition. Englewood: Prentice Hall,1992.

[124] ABBAS L K,RUI X. Freevibration characteristic of multilevel beam based on transfer matrix method of linear multibody systems[J]. Advances in Mechanical Engineering,2014,2014(1):792478.

[125] 芮筱亭.多体系统传递矩阵法[M].北京:科学出版社,2008.

[126] RUI X,WANG G,LU Y,et al. Transfer matrix method for linear multibody system[J]. Multibody System Dynamics,2008,19(3):179－207.

[127] ABBAS L K,LI M J,RUI X T. Transfermatrix method for the determination of the natural vibration characteristics of realistic thrusting launch vehicle-Part I[J]. Mathematical Problems in Engineering,2013,2013(2):388－400.

[128] RUI X T,LU Y Q,WANG G P,et al. Simulation and test methods of launch dynamics of multiple launch rocket system[M]. Beijing: National Defence Industry Press,2003.

[129] BESTLE D,ABBAS L,RUI X. Recursive eigenvalue search algorithm for transfer matrix method of linear flexible multibody systems[J]. Multibody System Dynamics,2014,32(4): 429－444.

[130] 高群涛.结构弹性对底部砰击压力的影响[D].哈尔滨:哈尔滨工程大学,2007.

[131] 罗宁.三维结构撞水的流固耦合动力响应分析[D].武汉:华中科技大学,2005.

[132] 郑传彬.结构物砰击入水问题研究进展[J].科学技术与工程,2008,8(21):7.

[133] WORTHINGTON A M,COLE R S. A study of splashes[M]. New York: Longmans Green and Company,1908.

[134] 张志荣.入水初期流场的测量方法[J].水动力学研究与进展A辑,2001,16(3):5.

[135] SEMENOV YU A,IAFRATI A. On the nonlinear water entry problem of asymmetric wedges [J]. Journal of Fluid Mechanics,2006,547(1): 231 - 256.

[136] ZHAO R,FALTINSEN O M. Water entry of two-dimensional bodies [J]. Journal of Fluid Mechanics,1993,246(1): 593 - 612.

[137] LU C H,HE Y S,WU G X. Coupled analysis of nonlinear interaction between fluid and structure during impact[J]. Journal of Fluids and Structures,2000(14): 127 - 146.

[138] GREENHOW M. Wedge entry into initially calm water [J]. Applied Ocean Research, 1987,9(4):214 - 223.

[139] HOWISON S D,OCKENDON J R,WILSON S K. Incompressible water-entry problems at small dead-rise angles [J]. Journal of Fluid Mechanics,1991,222(1): 215 - 230.

[140] WU G X. Hydrodynamic force on a rigid body during impact with liquid [J]. Journal of Fluids and Structures ,1998,12(5):549 - 559.

[141] 卢炽华,何友声.二维弹性结构入水冲击过程中的流固耦合效应[J].力学学报,2000(2), 129 - 140.

[142] BENSON D. An efficient accurate,simple ALE method for nonlinear finite element programs [J]. Computer Methods in Applied Mechanics and Engineering,1989(33),689 - 723.

[143] FALTINSEN O M. Water entry of a wedge with finite dearrise angle[J]. Journal of Ship Research,2002(46): 39 - 51.

[144] WU G X,SUN H,HE Y S. Numerical simulation and experimental study of water entry of a wedge in free fall motion [J]. Journal of Fluids and Structures,2004,19 (3): 277 - 289.

[145] WU G X. Fluid impact on a solid boundary[J]. Journal of Fluids and Structures. 2007,23(5):755 - 765.

[146] 陈宇翔,郜冶,刘乾坤,等.应用VOF方法的水平圆柱入水数值模拟[J].哈尔滨工程大学学报,2011,32(11):4.

[147] 史如坤.基于Level - Set方法的小孔和熔池动态形成过程模拟研究[D].长沙:湖南大学,2013.

[148] GLENDENNING I. Ocean wave power[J]. Applied Energy ,1977(3),197 - 222.

[149] CRUZ J. Ocean wave energy: current status and future prespectives[M]. Springer Science & Business Media,2007.

[150] SALTER S, JEFFERY D, TAYLOR J. The architecture of nodding duck wave power generators[J]. Naval Architect,1976 (1): 21 - 24.

[151] ERIKSSON M, ISBERG J, LEIJON M. Hydrodynamic modelling of a direct drive wave energy converter[J]. International Journal of Engineering Science, 2005,43(18):1377 - 1387.

[152] ANTONIO F D O. Wave energy utilization: a review of the technologies[J]. Renewable and Sustainable Energy Reviews,2010,14(3): 899 - 918.

[153] DELLICOLLI V, CANCELLIERE P, MARIGNETTI F, et al. A tubular generator drive for wave energy conversion[J]. IEEE Transactions on Industrial Electronics, 2006,53(4):1152 - 1159.

[154] HALS J, FALNES J, MOAN T. Constrained optimal control of a heaving buoy wave energy converter [J]. Offshore Mechanics & Arctic Engineering, 2011, 133 (1): 011401.

[155] GOGGINS J, FINNEGAN W. Shape optimisation of floating wave energy converters for a specified wave energy spectrum[J]. Renewable Energy,2014,71(1):208 - 220.

[156] SON D, YEUNG R W. Optimizing ocean-wave energy extraction of a dual coaxial-cylinder WEC using nonlinear model predictive control[J]. Applied Energy,2017, 187(1):746 - 757.

[157] LI Y, YU Y H. A synthesis of numerical methods for modeling wave energy converter-point absorbers[J]. Renewable & Sustainable Energy,2012,16(6): 4352 - 4364.

[158] YU Z, FALNES J. State-space modelling of a vertical cylinder in heave[J]. Applied Ocean Research,1995,17(5): 265 - 275.

[159] TAGHIPOUR R, PEREZ T, MOAN T. Hybrid frequency-time domain models for dynamic response analysis of marine structures[J]. Ocean Engineering,2008,35(7): 685 - 705.

[160] BABARIT A, CLEMENT A H. Optimal latching control of a wave energy device in regular and irregular waves[J]. Applied Ocean Research,2006,28(2):77 - 91.

[161] BACKER G D. Hydrodynamic Design optimization of wave energy converters consisting of heaving point absorbers[D]. Ghent, Belgium: Ghent University,2009.

[162] FALNES J. Ocean waves and oscillating systems: linear interactions including wave-energy extraction[J]. Applied Mechanics Reviews,2003,56(1):286.

[163] VANTORRE M, BANASIAK R, VERHOEVEN R. Modelling of hydraulic

performance and wave energy extraction by a point absorber in heave[J]. Applied Ocean Research, 2004 (26): 61 - 72.

[164] ERIKSSON M, WATERS R, SVENSSON O. et al. Wave power absorption: experiments in open sea and simulation[J]. Journal of Applied Physics, 2007, 102 (1): 84 - 91.

[165] YU Y H, LI Y. Reynolds-averaged navier stokes simulation of the heave performance of a two-body floating-point absorber wave energy system[J]. Computers & Fluids, 2013, 73(1): 104 - 114.

[166] WEI Y J, RAFIEE A, HENRY A, et al. Wave interaction with an oscillating wave surge converter, Part I: viscous effects[J]. Ocean Engineering, 2015, 104(1): 185 - 203.

[167] SON D, BELISSEN V, YEUNG R W. Performance validation and optimization of a dual coaxial-cylinder ocean-wave energy extractor[J]. Renewable Energy, 2016, 92(1): 192 - 201.

[168] DAVIDSON J, GIORGI S, RINGWOOD J V. Linear parametric hydrodynamic models for ocean wave energy converters identified from numerical wave tank experiments[J]. Ocean Engineering, 2015, 103(15): 31 - 39.

[169] BEATTY S J, HALL M, BUCKHAM B J, et al. Experimental and numerical comparisons of self-reacting point absorber wave energy converters in regular waves [J]. Ocean Engineering, 2015, 104(1): 370 - 386.

[170] BHINDER M A, BABARIT A, GENTAZ L, et al. Potential time domain model with viscous correction and cfd analysis of a generic surging floating wave energy converter[J]. International Journal of Marine Energy, 2015 (10): 70 - 96.

[171] GUO B, PATTON R, JIN S, et al. Nonlinear modeling and verification of a heaving point absorber for wave energy conversion[J]. Institute of Electrical and Electronics Engineers, 2018(9): 453 - 461.

[172] RUI X, ZHANG J, ZHOU Q. Automatic deduction theorem of overall transfer equation of multibody system[J]. Advances in Mechanical Engineering, 2014, 2014(2): 1 - 12.

[173] TANG W, RUI X, WANG G, et al. Dynamics design for multiple launch rocket system using transfer matrix method for multibody system[J]. Proceedings of the Institution of Mechanical Engineers, Part G: Journal of Aerospace Engineering, 2016, 230(14): 2557 - 2568.

[174] 刘飞飞,芮筱亭,于海龙,等.自行火炮行进间发射动力学研究[J].振动工程学报,2016, 29(3): 380 - 385.

[175] RUI X, ZHANG J, ZHOU Q. Automaticdeduction theorem of overall transfer equation of multibody system[J]. Advances in Mechanical Engineering, 2014(2): 1 - 12.

[176] RUI X, WANG G, ZHANG J, et al. Study on automatic deduction method of overall

transfer equation for branch multibody system[J]. Advances in Mechanical Engineering, 2016,8(6):1 - 16.

[177] HE B,RUI X T,ZHANG H L. Transfer matrix method for natural vibration analysis of tree system[J]. Mathematical Problems in Engineering,2012(2):397 - 415.

[178] 王勖成,邵敏. 有限单元法基本原理和数值方法[M]. 2 版. 北京:清华大学出版社,1997.

[179] 主伯芬. 有限单元法原理与应用[M]. 北京:水利电力出版社,1979.

[180] 王新敏. ANSYS 工程结构数值分析[M]. 北京:人民交通出版社,2007.

[181] 龚曙光. ANSYS 参数化编程与命令手册[M]. 北京:机械工业出版社,2009.

[182] 赵永辉. 气动弹性力学与控制[M]. 北京:科学出版社,2007.

[183] 张杰. 深海立管参激-涡激联合振动与疲劳特性研究[D]. 天津:天津大学,2014.

[184] 宋芳,林黎明,凌国灿. 圆柱涡激振动的结构-尾流振子耦合模型研究[J]. 力学学报, 2010,42(3):357 - 365.

[185] IWAN W D. The vortex-induced oscillation of non-uniform structural systems[J]. Journal of Sound & Vibration,1981,79(2):291 - 301.

[186] BLEVINS R D,SAUNDERS H. Flow-induced vibration[M]. New York: Van Nostrand Reinhold Co,1977.

[187] 于勇,张俊明,姜连田. FLUENT 入门与进阶教程[M]. 北京:北京理工大学出版社,2008.

[188] 温正,石良辰,任毅如. FLUENT 流体计算应用教程[M]. 北京:清华大学出版社,2009.

[189] WATTS M,TU S,ALIABADI S. Numerical simulation of a spinning projectile using parallel and vectorized unstructured flow solver[J]. Lecture Notes in Computational Science & Engineering,2009,67(1):1 - 8.

[190] 赵国庆,招启军,吴琪. 旋翼非定常气动特性 CFD 模拟的通用运动嵌套网格方法[J]. 航空动力学报,2015,30(3):546 - 554.

[191] 李鹏,招启军. 倾转旋翼典型飞行状态气动特性的 CFD 分析[J]. 航空动力学报,2016,31(2):421 - 431.

[192] HUANG K. Riser VIV and its numerical simulation[J]. Engineering Sciences, 2013(4):55 - 60.

[193] ZHU H,YAO J. Numerical evaluation of passive control of VIV by small control rods[J]. Applied Ocean Research,2015,51(1):93 - 116.

[194] 陈东阳. 超音速旋转弹箭气动特性及流固耦合计算分析[D]. 南京:南京理工大学,2014.

[195] MENTER F R. Two-equation eddy-viscosity models for engineering applications[J]. AIAA Journal,1994,32(8): 1598 - 1605.

[196] CHEN D,ABBAS L K,RUI X,et al. Aerodynamic and static aeroelastic computations of a

slender rocket with all-movable canard surface[J]. Proceedings of the Institution of Mechanical Engineers Part G Journal of Aerospace Engineering,2018,232(6):1103 - 1119.

[197] ABBAS L K,CHEN D,RUI X. Numericalcalculation of effect of elastic deformation on aerodynamic characteristics of a rocket[J]. International Journal of Aerospace Engineering, 2014 (3/4):1 - 11.

[198] FENG C. The measurement of vortex induced effects in flow past stationary and oscillating circular and d - section cylinders[D]. Columbia: University of British Columbia,1968.

[199] BEARMAN P W. Vortex shedding from oscillating bluff bodies[J]. AnRFM,1984,16(1): 195 - 222.

[200] KHALAK A,WILLIAMSON C H K. Fluid forces and dynamics of a hydroelastic structure with very low mass and damping[J]. Journal of Fluids and Structures, 1997, 11(8): 973 - 982.

[201] PAN Z Y,CUI W C,MIAO Q M. Numerical simulation of vortex-induced vibration of a circular cylinder at low mass-amping using RANS code[J]. Journal of Fluids & Structures,2007,23(1):23 - 37.

[202] 陈文礼,李惠. 基于 RANS 的圆柱风致涡激振动的 CFD 数值模拟[J]. 西安建筑科技大学学报(自然科学版),2006,38(4):509 - 513.

[203] 何长江,段忠东. 二维圆柱涡激振动的数值模拟[J]. 海洋工程,2008,26(1):57 - 63.

[204] XU J L,ZHU R Q. Numerical simulation of VIV for an elastic cylinder mounted on the spring supports with low mass-ratio[J]. 船舶与海洋工程学报(英文版),2009,8(3): 237 - 245.

[205] SHIN W H, LEE S J, LEE I, et al. Effects of actuator nonlinearity on aeroelastic characteristics of a control fin[J]. Journal of Fluids and Structures, 2007, 23(7): 1093 - 1105.

[206] CHEN G L,RUI X T,YANG F F,et al. Study on the natural vibration characteristics of flexible missile with thrust by using riccati transfer matrix method[J]. Journal of Applied Mechanics,2016,83(3):031006.

[207] LI M J,RUI X T,ABBAS L K. Elasticdynamic effects on the trajectory of a flexible launch vehicle[J]. Journal of Spacecraft & Rockets,2015,52(6):1 - 17.

[208] WANG E,XIAO Q. Numerical simulation of vortex - induced vibration of a vertical riser in uniform and linearly sheared currents[J]. Ocean Engineering,2016,121(15): 492 - 515.

[209] CHANDRASHEKHARA K,BANGERA K M. Free vibration of composite beams using a refined shear flexible beam element[J]. Computers & Structures,1992,43(4): 719 - 727.

[210] CARBERRY J,SHERIDAN J,ROCKWELL D. Forces and wake modes of an oscillating

cylinder[J]. Journal of Fluids and Structures,2001,15(3): 523 - 532.

[211] SADOWSKI A J,CAMARA A,MÁLAGA - CHUQUITAYPE C,et al. Seismic analysis of a tall metal wind turbine support tower with realistic geometric imperfections [J]. Earthquake Engineering & Structural Dynamics,2017,46(2): 201 - 219.

[212] ZHAO Z,DAI K,CAMARA A,et al. Wind turbine tower failure modes under seismic and wind loads[J]. Journal of Performance of Constructed Facilities,2019,33(2): 04019015.

[213] QU Y,METRIKINE A V. A single van der pol wake oscillator model for coupled cross-flow and in-line vortex-induced vibrations [J]. Ocean Engineering, 2020, 196 (15): 106 - 132.

[214] RUI X,WANG X,ZHOU Q,et al. Transfer matrix method for multibody systems (Rui method) and its applications [J]. Science China Technological Sciences, 2019, 62 (5): 712 - 720.

[215] DAI K,HUANG Y,GONG C,et al. Rapid seismic analysis methodology for in-service wind turbine towers [J]. Earthquake Engineering and Engineering Vibration, 2015, 14 (3): 539 - 548.

[216] BREIDENICH C,MAGRAW D,ROWLEY A,et al. The Kyoto protocol to the United Nations framework convention on climate change[J]. AJIL,1998,92(2):315 - 331.

[217] MIRCHI A, HADIAN S, MADANI K, et al. Worldenergy balance outlook and OPEC production capacity: implications for global oil security [J]. Energies, 2012, 5 (12): 2626 - 2651.

[218] ASTARIZ S,VAZQUEZ A,IGLESIAS G. Evaluation and comparison of the levelized cost of tidal,wave,and offshore wind energy[J]. Journal of Renewable & Sustainable Energy, 2015,7(5):815 - 821.

[219] HENDERSON R. Design, simulation, and testing of a novel hydraulic power take-off system for the pelamis wave energy converter [J]. Renewable Energy, 2006, 31 (2): 271 - 283.

[220] SALTER S H. Wave power[J]. Nature,1974,249(5459):720 - 724.

[221] DE S P M G,GARDNER F,DAMEN M,et al. Modelling and test results of the archimedes wave swing[J]. Proceedings of the Institution of Mechanical Engineers,Part A:Journal of Power & Energy,2006,220(8):855 - 868.

[222] KOFOED J P,FRIGAARD P,FRIIS M E,et al. Prototype testing of the wave energy converter wave dragon[J],Renewable Energy,2006,31(2):181 - 189.

[223] FALCAO A F O,HENRIQUES J C C. Oscillating-water-column wave energy converters and air turbines: a review[J]. Renewable Energy,2016,85(1):1391 - 1424.

[224] MUSTAPA M A, YAAKOB O B, AHMED Y M, et al. Wave energy device and breakwater integration: a review[J]. Renewable and Sustainable Energy Reviews,2017,77(1):43-58.

[225] SHARMILA N,JALIHAL P,SWAMY A K,et al. Wave powered desalination system[J]. Energy,2004,29(11):59-72.

[226] GEGG P,WELLS V. The development of seaweed-derived fuels in the UK:an analysis of stakeholder issues and public perceptions[J]. Energy Policy,2019,133(1):110-121.

[227] MASUDA Y. An experience of wave power generator through tests and improvement[J]. Springer,1986(1):45-52.

[228] BYERS M F,HAJI M N,SLOCUM A H,et al. Cost optimization of a symbiotic system to harvest uranium from seawater via an offshore wind turbine[J]. Ocean Engineer,2018,169(1):227-41.

[229] ZANUTTIGH B, ANGELELLI E. Expcrimental investigation of floating wave energy converters for coastal protection purpose[J]. Coast Engineer,2013,80(1):148-159.

[230] MENDOZA E,SILVA R,ZANUTTIGH B,et al. Beach response to wave energy converter farms acting as coastal defence[J]. Coast Engineer,2014,87(1):97-111.

[231] YU Z,FALNES J. State-space modelling of a vertical cylinder in heave[J]. Applied Ocean Research,1995,17(5):265-275.

[232] TAGHIPOUR R,PEREZ T,MOAN T. Hybrid frequency time domain models for dynamic response analysis of marine structures[J]. Ocean Engineer,2008,35(7):685-705.

[233] SCHOEN M P,HALS J,MOAN T. Wave prediction and robust control of heaving wave energy devices for irregular waves[J]. Energy,2011,26(2): 627-638.

[234] GUO B,PATTON R J,JIN S,et al. Numerical and experimental studies of excitation force approximation for wave energy conversion[J]. Renewable Energy,2018,125(1):877-889.

[235] MORISON J,JOHNSON J,SCHAAF S,et al. The force exerted by surface waves on piles [J]. Journal of Petroleum Technology ,1950,2(5):149-154.

[236] GUO B,PATTON R,JIN S,et al. Nonlinear modeling and verification of a heaving point absorber for wave energy conversion[J]. Energy,2018,9(1):453-461.

[237] PIPES L. Analysis of a nonlinear dynamic vibration absorber[J]. Journal of Applied Mechanics-transactions of the ASME,1953,20(4): 515-518.

[238] HARIS A,MOTATO E,MOHAMMADPOUR M,et al. On the effect of multiple parallel nonlinear absorbers in palliation of torsional response of automotive drivetrain [J]. International Journal of Non-Linear Mechanics,2017,96(1): 22-35.

[239] ZHANG Y W,ZHANG H,HOU S,et al. Vibration suppression of composite laminated

plate with nonlinear energy sink[J]. Acta Astronautica，2016，123(1)：109－115.

[240] SANAATI B，KATO N. Vortex-induced vibration (VIV) dynamics of a tensioned flexible cylinder subjected to uniform cross-flow[J]. Journal of Marine Science & Technology，2013，18(2)：247－261.

[241] CHEN D Y，ABBAS L K，WANG G P，et al. Suppression of vortex-induced vibration features of a flexible riser by adding helical strakes[J]. Journal of Hydrodynamics，2018(1)：1－10.

[242] 宋丕极. 枪炮与火箭外弹道学[M]. 北京：兵器工业出版社，1993.

[243] KLEB W L，WOOD W A，GNOFFO P A，et al. Computational aeroheating predictions for X－34[J]. Journal of spacecraft and rockets，1999，36(2)：179－188.

[244] 胡训传，李松年，赵天惠. 复合材料弹翼结构热力力学分析[J]. 北京航空航天大学学报，1996，22(3)：374－378.

[245] KLEB W L，WOOD W A，GNOFFO P A，et al. Computational aeroheating predictions for X－34[J]. Journal of spacecraft and rockets，1999，36(2)：179－188.

[246] 耿湘人，张涵信，沈清. 高速飞行器流场和固体结构温度场一体化计算新方法的初步研究[J]. 空气动力学学报，2002，20(4)：423－427.

[247] 夏刚，刘新建，程文科. 钝体高超音速气动加热与结构热传递耦合的数值计算[J]. 国防科技大学学报，2003，25(1)：35－39.

[248] 周德娟. 不同尾翼结构形式的翼身组合体的滚转阻尼导数及其它气动特性的研究[D]. 南京：南京理工大学，2012.

[249] 赵晓利，孙振旭，安亦然. 高超声速气动热的耦合计算方法研究[J]. 科学技术与工程，2010，10(22)：5450－5456.

[250] YATES E C. AGARD Standard Aeroelastic configurations for dynamic response[J]. European Psychiatry，1987，25(10)：1596－1597.

[251] THEODORSEN T. General theory of aerodynamic instability and the mechanism of flutter：NASA NACA－TR－496－1935[S]. Washington：NACA，1935.

[252] JACOBS E N，SHERMAN A. Airfoil section characteristics as affected by variations of the Reynolds number [J]. Technical Report Archive & Image Library，1937，8(2)：286－290.

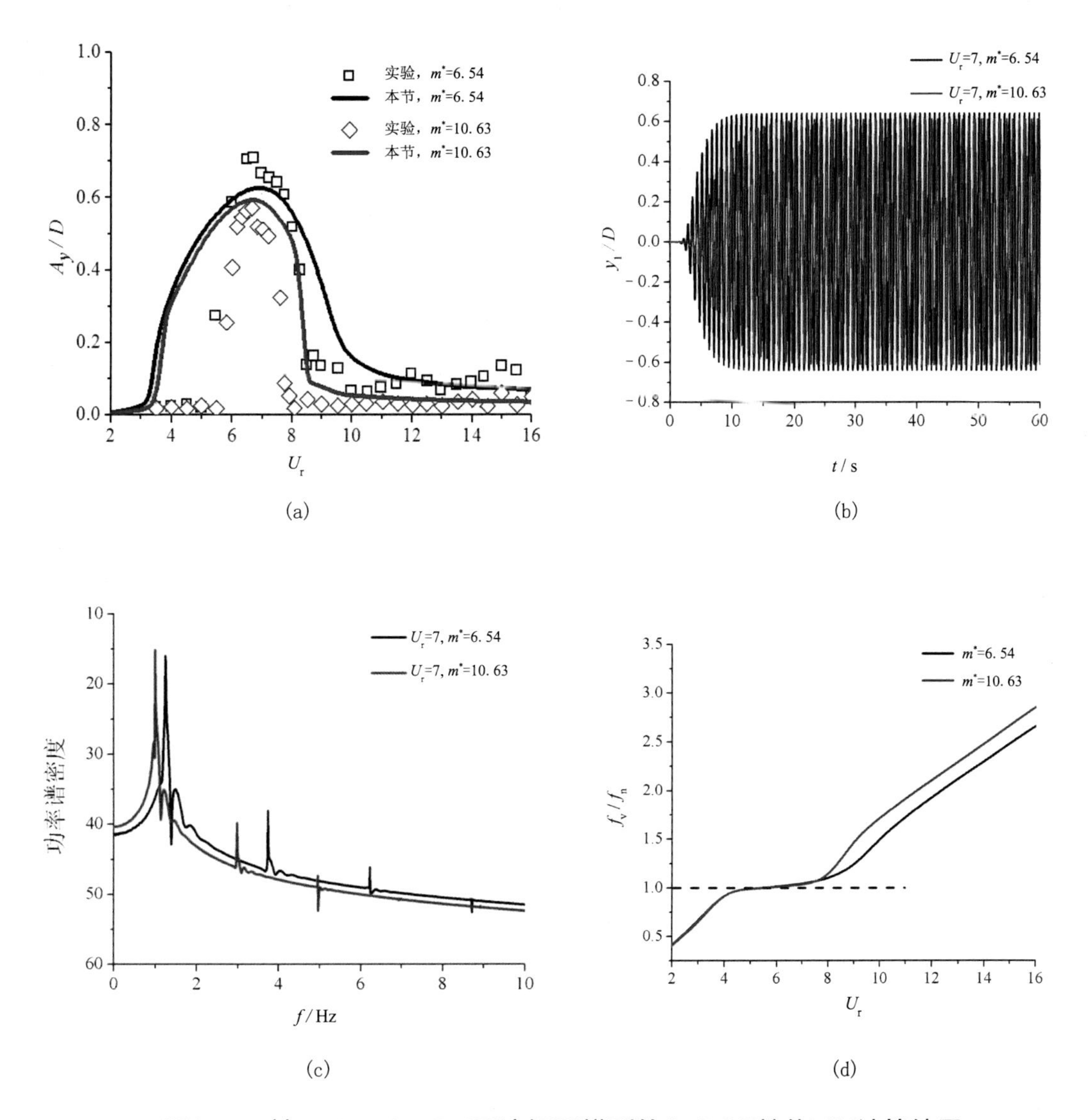

图3-5　基于Van der Pol尾流振子模型的1-DOF柱体VIV计算结果

(a) 圆柱振幅随约化速度变化图；(b) U_r =7时振动响应；

(c) U_r =7时的频谱图；(d) 频率比随约化速度变化图

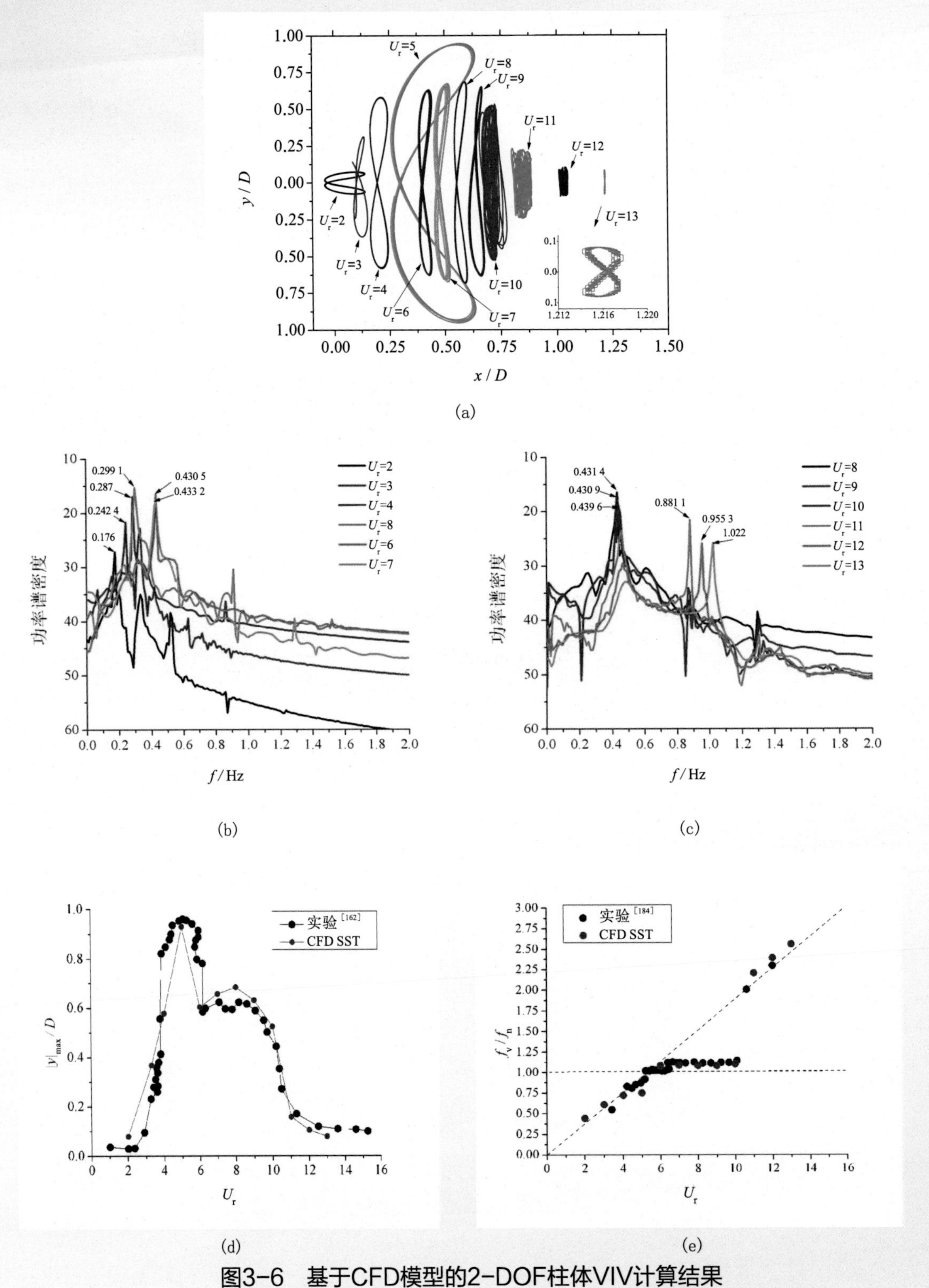

图3-6　基于CFD模型的2-DOF柱体VIV计算结果

(a) 2-DOF柱体的运动轨迹；(b) 不同约化速度下的频谱图；(c) 不同约化速度下的频谱图；(d) 不同约化速度下的振幅分布；(e) 频率比随约化速度变化图